“十三五”国家重点出版物出版规划项目

岩石力学与工程研究著作丛书

应变岩爆实验力学

何满潮 著

科学出版社

北 京

内 容 简 介

应变岩爆主要发生在完整的硬脆性深部岩体中，是深部地下工程中最常见的工程地质灾害，也是一种复杂的非线性动力学现象，其研究的难点是不易进行现场观测。因此，在实验室开展岩爆的物理模拟实验具有重要意义。本书介绍了作者自主研制的应变岩爆实验系统以及利用该实验系统进行的一系列基础实验研究成果，主要包括应变岩爆实验系统的设计理论与方法、典型应变岩爆的破坏特征、应变岩爆声发射信号的分析、岩体结构和黏土矿物对应变岩爆的影响、围岩刚度对应变岩爆的影响、应变岩爆碎屑的特征以及岩爆工程实例分析等内容。

本书可作为地下工程、隧道建设、采矿工程等相关领域的工程技术人员、科研工作者、高校教师等的科研工作参考书，也可以作为高校研究生和本科生专业课的参考用书。

图书在版编目(CIP)数据

应变岩爆实验力学/何满潮著. —北京：科学出版社，2020. 6

(岩石力学与工程研究著作丛书)

“十三五”国家重点出版物出版规划项目

ISBN 978-7-03-060115-5

Ⅰ. ①应…　Ⅱ. ①何…　Ⅲ. ①应变-岩爆-实验应力分析　Ⅳ. P642

中国版本图书馆 CIP 数据核字(2018)第 281046 号

责任编辑：刘宝莉　牛宇锋 / 责任校对：郭瑞芝

责任印制：师艳茹 / 封面设计：陈　敬

科 学 出 版 社 出版

北京东黄城根北街 16 号

邮政编码：100717

http://www.sciencep.com

中国科学院印刷厂 印刷

科学出版社发行　各地新华书店经销

*

2020 年 6 月第　一　版　开本：720×1000 1/16

2020 年 6 月第一次印刷　印张：25 1/2

字数：512 000

定价：198.00 元

(如有印装质量问题，我社负责调换)

#《岩石力学与工程研究著作丛书》编委会

《岩石力学与工程研究著作丛书》序

随着西部大开发等相关战略的实施，国家重大基础设施建设正以前所未有的速度在全国展开：在建、拟建水电工程达30多项，大多以地下硐室(群)为其主要水工建筑物，如龙滩、小湾、三板溪、水布垭、虎跳峡、向家坝等水电站，其中白鹤滩水电站的地下厂房高达90m、宽达35m、长400多米；锦屏II级水电站4条引水隧道，单洞长16.67km，最大埋深2525m，是世界上埋深与规模均为最大的水工引水隧洞；规划中的南水北调西线工程的隧洞埋深大多在400～900m，最大埋深1150m。矿产资源与石油开采向深部延伸，许多矿山采深已达1200m以上。高应力的作用使得地下工程冲击地压显现剧烈，岩爆危险性增加，巷(隧)道变形速度加快、持续时间长。城镇建设与地下空间开发、高速公路与高速铁路建设日新月异。海洋工程(如深海石油与矿产资源的开发等)也出现方兴未艾的发展势头。能源地下储存、高放核废物的深地质处置、天然气水合物的勘探与安全开采、CO_2地下隔离等已引起高度重视，有的已列入国家发展规划。这些工程建设提出了许多前所未有的岩石力学前沿课题和亟待解决的工程技术难题。例如，深部高应力下地下工程安全性评价与设计优化问题，高山峡谷地区高陡边坡的稳定性问题，地下油气储库、高放核废物深地质处置库以及地下CO_2隔离层的安全性问题，深部岩体的分区碎裂化的演化机制与规律，等等。这些难题的解决迫切需要岩石力学理论的发展与相关技术的突破。

近几年来，863计划、973计划、“十一五”国家科技支撑计划、国家自然科学基金重大研究计划以及人才和面上项目、中国科学院知识创新工程项目、教育部重点(重大)与人才项目等，对攻克上述科学与工程技术难题陆续给予了有力资助，并针对重大工程在设计和施工过程中遇到的技术难题组织了一些专项科研，吸收国内外的优势力量进行攻关。在各方面的支持下，这些课题已经取得了很多很好的研究成果，并在国家重点工程建设中发挥了重要的作用。目前组织国内同行将上述领域所研究的成果进行了系统的总结，并出版《岩石力学与工程研究著作丛书》，值得钦佩、支持与鼓励。

该丛书涉及近几年来我国围绕岩石力学学科的国际前沿、国家重大工程建设中所遇到的工程技术难题的攻克等方面所取得的主要创新性研究成果，包括深部及其复杂条件下的岩体力学的室内、原位实验方法和技术，考虑复杂条件与过程(如高应力、高渗透压、高应变速率、温度-水流-应力-化学耦合)的岩体力学特性、变形破裂过程规律及其数学模型、分析方法与理论，地质超前预报方法与技术，工程地质灾害预测预报与防治措施，断续节理岩体的加固止裂机理与设计方法，灾害环境下重大工程的安全性，岩石工程实时监测技术与应用，岩石工程施工过程仿真、动态反馈分析与设计优化，典型与特殊岩石工程(海底隧道、深埋长隧洞、高陡边坡、膨胀岩工程等)超规范的设计与实践实例，等等。

岩石力学是一门应用性很强的学科。岩石力学课题来自于工程建设，岩石力学理论以解决复杂的岩石工程技术难题为生命力，在工程实践中检验、完善和发展。该丛书较好地体现了这一岩石力学学科的属性与特色。

我深信《岩石力学与工程研究著作丛书》的出版，必将推动我国岩石力学与工程研究工作的深入开展，在人才培养、岩石工程建设难题的攻克以及推动技术进步方面将会发挥显著的作用。

2007 年 12 月 8 日

《岩石力学与工程研究著作丛书》编者的话

近20年来，随着我国许多举世瞩目的岩石工程不断兴建，岩石力学与工程学科各领域的理论研究和工程实践得到较广泛的发展，科研水平与工程技术能力得到大幅度提高。在岩石力学与工程基本特性、理论与建模、智能分析与计算、设计与虚拟仿真、施工控制与信息化、测试与监测、灾害性防治、工程建设与环境协调等诸多学科方向与领域都取得了辉煌成绩。特别是解决岩石工程建设中的关键性复杂技术疑难问题的方法，973计划、863计划、国家自然科学基金等重大、重点课题研究成果，为我国岩石力学与工程学科的发展发挥了重大的推动作用。

应科学出版社诚邀，由国际岩石力学学会副主席、岩石力学与工程国家重点实验室主任冯夏庭教授和黄理兴研究员策划，先后在武汉市与葫芦岛市召开《岩石力学与工程研究著作丛书》编写研讨会，组织我国岩石力学工程界的精英们参与本丛书的撰写，以反映我国近期在岩石力学与工程领域研究取得的最新成果。本丛书内容涵盖岩石力学与工程的理论研究、实验方法、实验技术、计算仿真、工程实践等各个方面。

本丛书编委会编委由75位来自全国水利水电、煤炭石油、能源矿山、铁道交通、资源环境、市镇建设、国防科研领域的科研院所、大专院校、工矿企业等单位与部门的岩石力学与工程界精英组成。编委会负责选题的审查，科学出版社负责稿件的审定与出版。

在本丛书的策划、组织与出版过程中，得到了各专著作者与编委的积极响应；得到了各界领导的关怀与支持，中国岩石力学与工程学会理事长钱七虎院士特为丛书作序；中国科学院武汉岩土力学研究所冯夏庭教授、黄理兴研究员与科学出版社刘宝莉编辑做了许多烦琐而有成效的工作，在此一并表示感谢。

“21世纪岩土力学与工程研究中心在中国”，这一理念已得到世人的共识。我们生长在这个年代里，感到无限的幸福与骄傲，同时我们也感觉到肩上的责任重大。我们组织编写这套丛书，希望能真实反映我国岩石力学与工程的现状与成果，希望对读者有所帮助，希望能为我国岩石力学学科发展与工程建设贡献一份力量。

《岩石力学与工程研究著作丛书》

编辑委员会

2007年11月28日

前　言

岩爆是迄今为止岩石力学领域尚未解决的世界性难题，其特点是发生时间与空间的随机性、灾变孕育的复杂性以及难于预测性。为了说明岩爆的复杂性，首先和读者们分享我学术生涯的一个片断。

2012 年 11 月 22 日，具有 175 年悠久历史的蒙斯大学(University of Mons)隆重举行了校庆典礼，值此重要时刻，我被授予了蒙斯大学荣誉博士学位。在校庆期间，我与同时被授予荣誉博士学位的其他四位国际著名学者(物理学家 Hervé Biausser、欧洲空间局宇航员 Frank de Winne、物理学家 Bertrand Piccard 和航空飞行专家 André Borschberg)进行了有关科学前沿共性问题的研讨，并共同接受了记者的采访。

在回答科学问题的"复杂性"时，我阐述了如下观点：无论是航空航天的力学系统，还是地学系统，均为复杂性系统。航空航天力学系统的特点是该复杂性系统是"人"设计的，其内在的关系是已知的。而地学学科面对的是以地质体为主的自然物质系统，这个复杂性系统是"大自然"设计的。因此，对于地学系统的复杂性，人们尚不能完全认知，这是地震、岩爆等发生在地学系统中的问题难以取得突破性进展的主要原因。

深部岩体具有非连续、非均质、各向异性、非线性本构关系等特征，围岩变形、破坏和稳定性规律也异常复杂。深部开采中，对顶板垮落、冲击地压、瓦斯突出、岩爆等工程地质灾害的机理认识一直是岩石力学界面临的主要挑战。其原因主要有两方面：一是深部岩体本构关系的复杂性，使得这些灾害的发生机制非常复杂，经典的岩石力学理论难以准确地运用；二是现场岩爆现象难观测性和数据获取不充分性，给基于现场监测数据的统计与反演分析带来很大的困难。

作为岩石力学领域的科学工作者，我一直致力于解决地学系统中的复杂性问题，其方法是提出新思路、新理论，开发新型人工装置，将复杂性问题中的未知转化为已知。例如，提出了"双体力学"原理，将地震与滑坡中的共性归因于两个地质体相对于构造面的运动，根据构造面上机械力的平衡关系，阐明了地震、滑坡发生的充分必要条件；研发了具有负泊松比结构的锚索，由于其具有拉不断、高恒阻力、理想弹塑性本构关系等超常特性，可用来探测构造面上的机械力；以及研发了可真实再现岩爆发生应力路径的真三轴岩爆实验系统。

岩爆分为应变岩爆、构造岩爆和冲击岩爆。应变岩爆主要发生在高应力且完整的硬脆性深部岩体中，是矿山开采、隧道与水电站建设等工程中最常见的工程地质灾害，具有突发性和难预测性，对地下工程结构和人员具有极大的危害，高烈度的岩爆相当于小型地震。因此，研发一种能在实验室再现岩爆现象的实验系统，对推动岩爆发生机制的研究具有重要意义。

与刚性伺服岩石力学实验机模拟的岩石材料破坏不同，岩爆是发生在围岩中的结构性岩石破坏。岩爆破坏须具备三个条件：①岩石处于高应力水平，即通常发生在深部岩体中；②具有临空面，即存在地下空间的开挖活动，产生围岩的结构；③岩石在围岩系统中被加载并积累了足够的应变能，并在一定的触发条件下发生弹性能的突然释放，破裂的岩块被弹射出去后发生具有较大初速度的空间运动(平动加转动)。因此，岩爆实验机必须能够模拟上述围岩的加载、应变能储存以及应力与几何边界条件转化的状态与过程。

为了实现上述岩爆的三个条件，我提出了岩爆物理模拟实验机的原型机设计方案，主持研制了应变岩爆实验系统。该系统是一种改进的真三轴系统，可以实现加载和瞬时卸载，与之对应，我设计了用于岩爆实验岩石试件的几何形状与岩爆应力路径，配套了数据采集系统。2006 年，深部岩土力学与地下工程国家重点实验室研究团队成功完成了首例应变岩爆实验。迄今为止，已为国内外用户完成了 400 余例不同岩性样品的岩爆实验，其成果分别发表在 *International Journal of Rock Mechanics and Mining Science*，*Rock Mechanics and Rock Engineering*，*Engineering Geology*，*Tunnelling and Underground Space Technology*，以及《岩石力学与工程学报》等期刊上，得到了国内外同行的高度关注。

应变岩爆实验系统的成功研制，为应变岩爆发生机制的深入研究提供了一个平台。岩爆的研究是一个多学科交叉的前沿科学问题。从已发表的有关应变岩爆实验的学术论文来看，岩爆的研究涉及岩石力学、采矿科学、岩石动力学、统计力学、非线性系统以及信号处理等学科，因此，本书将仅限于介绍利用应变岩爆实验系统开展的基础性实验研究工作。

本书是学术团队共同努力的成果，在此向我的学生贾雪娜副教授、聂雯副教授、苗金丽高级工程师、程骋博士、赵菲博士、张昱副教授、任富强博士等表示衷心的感谢。

出版本书的目的是全面、详细地向读者介绍利用应变岩爆实验系统开展的基础实验研究成果，使读者了解如何开展岩爆的实验室物理模拟实验；如何根据现场工程地质条件调查结果设计岩爆的应力路径、制备岩石试样、获取实验数据、选定分析方法，为深入研究岩爆的非线性动力学现象提供实验理论与方法的指导。

如前所述，岩爆是一个复杂的非线性动力过程，而对复杂性科学问题的认识却是永无止境的。因此，书中介绍的应变岩爆实验研究成果，给相关科研工作者、高校教师与学生等不同层次的读者从事岩爆研究提供了参考，并希望广大读者在本书的基础上，能够在岩爆的研究过程中不断取得新的认识与成果。在实验室里系统地开展岩爆的物理模拟实验研究还是一个全新的科学实践，书中难免存在不妥之处，希望广大读者提出宝贵意见。

中国科学院院士
阿根廷工程院院士
2020 年 1 月

目　　录

Contents

第1章　绪　　论

1.1　地下工程中的岩爆概况

岩体工程进入深部以后，所处环境复杂，受高地应力、高水压、高地温及工程扰动的影响，深部岩体工程灾害频发[1]。在硬岩矿井、煤矿、深埋隧道、地下水电站泵房及引水隧洞等地下工程中，围岩会突发猛烈的破坏，伴随能量的瞬间快速释放，通常把岩体的这种破坏称为岩爆[2]。岩爆破坏严重影响生产及工作人员的生命安全，造成巨大的经济损失。岩爆多发生于硬脆岩体中，如花岗岩、大理岩、石灰岩、片麻岩、闪长岩、石英岩及砂岩等[3~5]；在某些强度较低的煤岩和盐岩中也会发生岩爆现象[6,7]。

在煤矿行业中，将上述发生在煤层中的具有冲击性的煤体破坏现象称为冲击地压(广义上也可称为岩爆)[8]。冲击地压是指井巷或工作面周围岩体，由于弹性变形能的瞬时释放而产生的突然剧烈破坏的动力现象，常伴有煤体的抛出、巨响及气浪现象，具有极大的破坏性，是煤矿的重大灾害之一。冲击地压和岩爆的共同特点是在地应力高的岩体中开挖硐室时，由于围岩应力突然释放，产生岩块破裂并抛出的动力现象；二者区别在于，采矿工程中把这种动力现象是否具有破坏性、是否成为灾害作为冲击地压发生的依据，将需要采取治理措施的岩石破坏动力现象称为冲击地压[9]。

世界上最早的冲击地压记录于1738年发生在英国南斯坦福煤田的莱比锡煤矿[10]。受煤矿冲击地压灾害影响的代表性国家有波兰、德国、英国、挪威、瑞典、加拿大、南非、印度和中国。

中国最早的冲击地压记录于1933年发生在抚顺胜利煤矿[11]。随着开采向深部发展，冲击地压发生更加频繁[12]。1999年17处大中型煤矿就发生1377次冲击地压，震级最大达里氏4级。例如，在抚顺老虎台煤矿，冲击地压在采深大于300m时开始出现，大于500m发生频次急剧增加；2002年，该矿发生各类冲击地压6127次，其中，大于3级21次，平均每天发生冲击地压17次，严重威胁煤矿安全生产和城市的公共安全。在我国山西大同主产煤区，许多煤矿也记录了不同程度的冲击地压[13]。中国是世界上煤矿冲击地压危害最严重的国家之一。2014年国家安监总局组织多家单位对我国冲击地压矿井进行系统调研统计，结果显示，全国国有在产煤矿有冲击地压矿井达到142处，截止到2016年，达到160处。随着采深增加，冲击地压发生的频次和强度有增加趋势，诱发的次生灾害也随之增加[14]。

在金属矿山开采中较早的岩爆记录于1900年发生在印度的Kolar金矿[15]。1958年，加拿大的Springhill矿发生的一次岩爆导致75人死亡[16]；1963年南非的6个金属矿发生了281次岩爆[17]。金属矿山发生岩爆的代表性国家有南非、印度、加拿大、德国、俄罗斯、奥地利等。我国金属矿山，如辽宁红透山铜矿[18]、安徽铜陵冬瓜山铜矿[19,20]等都有岩爆发生。红透山铜矿围岩均为片麻岩，单轴抗压强度为100～110MPa，该矿从1976年开始发生轻微岩爆，随着采深的增加，1999年发生较强烈岩爆，距地表约900m。冬瓜山铜矿围岩主要为大理岩、粉砂岩、石英闪长岩等，矿藏埋深超千米，矿体埋深670～1007m，在埋深830～790m处有岩爆发生。

隧道方面的岩爆最早发生在美国纽约市的引水隧道[12]。我国的交通隧道及地下水电工程岩爆频发，如秦岭隧道、苍岭隧道、锦屏II级水电站辅助洞引水隧洞、关村坝水电站等。

秦岭隧道位于陕西省长安县与柞水县交界处，长18km，近南北向穿越近东西向展布的秦岭山脉，隧道埋深在500m以上的洞段达9km，最大埋深1600m。隧道通过的岩石为混合片麻岩和混合花岗岩，共计43段发生了岩爆，累计长度约1900m，其中除10m发生在混合花岗岩之外，其他岩爆皆发生在混合片麻岩中，单轴抗压强度为90～130MPa，埋深大于50m就有岩爆发生，强烈岩爆发生深度大于900m[21]。锦屏II级水电站辅助洞由A、B两条平行隧道组成，最大埋深2375m，两孔隧道水平中心距约35m。A线辅助洞长17485m，成洞断面宽5.5m，净高4.5m；B线辅助洞长17504m，成洞断面宽6.0m，净高5.0m[22]；围岩均由三叠系(T)地层组成，岩性主要为碳酸盐岩及少量砂岩、板岩、绿泥石片岩。碳酸盐岩有大理岩、角砾大理岩、条带状云母大理岩、结晶灰岩、泥灰岩。除泥灰岩外，大多为厚层状，岩石较新鲜完整。其中，白山组厚层块状白色大理岩在洞线上分布长度约8600m，碳酸盐岩类岩石在整个洞线上约占91%，大理岩单轴抗压强度为110MPa。辅助洞发生岩爆地段围岩主要为II、III类大理岩，累计发生400余次，岩爆频次及强烈程度均随着埋深的增大而增加[23]。图1.1为锦屏II级水电站辅助洞岩爆后现场。

从上述发生岩爆的情况来看，岩爆发生的工程领域很多，且随着工程向深部发展。由于地质环境的改变，高应力条件下硬脆岩体的岩爆问题变得越来越突出。此外，地下工程中发生的岩爆现象难以进行细致的现场观测，且实际工程岩体地质结构与力学环境复杂多变，岩爆的孕育与发生是一个复杂的力学转化过程。

(a) 岩爆石块

(b) 岩爆后洞壁

图1.1 锦屏II级水电站辅助洞岩爆现场

1.2 岩爆基本概念

1.2.1 岩爆定义

2005年在澳大利亚召开的第6届矿山岩爆与微震会议上，南非岩爆专家Ortlepp[2]回顾了矿山岩爆机理和控制的研究历程并且指出，由于岩爆的复杂性，本领域学术界对岩爆尚无统一的定义。迄今为止，研究者从不同的视角、根据不同的研究经历，给出了不尽相同的岩爆定义。下面列举一些具有代表性的岩爆定义或描述。

国外学者具有代表性的岩爆定义或描述包括：Cook[24]把岩爆定义为伴有剧烈能量释放的岩石破坏过程；Blake[25]认为，岩爆是在围岩中，具有岩石崩解与喷射，并伴有剧烈能量释放的岩石突然破坏过程；Russenes[26]认为，岩体破坏时只要有岩石开裂的声音，产生片帮、爆裂剥落甚至弹射等现象，有新鲜破裂面即可称为岩爆；Curtis[27]认为，岩爆是一种伴随着冲击或震动发生的，突然且剧烈的自然现象；Ortlepp[28,29]认为，岩爆就是由于岩体震动事件造成土木工程和地下巷道(包括采场工作面、井巷工程和硐室)猛烈严重的破坏；Kaiser等[30]将岩爆定义为对地下空间的突然、猛烈破坏，并伴有地震现象。Bowers和Douglas[31]认为，岩爆是由于采矿区域内岩体震动的扰动，使该区域内部分或全部地下巷道遭到破坏的过程。

国内学者具有代表性的岩爆定义或描述包括：谭以安[32]认为，只有围岩产生弹射、抛掷性破坏的现象才能称为岩爆；徐林生等[33]认为，岩爆是高地应力条件下地下工程开挖过程中，硬脆性围岩因开挖卸荷导致洞壁应力重新分布，储存于岩体中的弹性应变能突然释放，因而产生爆裂松脱、剥落、弹射甚至抛掷现象的一种动力失稳地质灾害；王兰生等[34]认为，岩爆是地下硐室中处于一定原始地应力条件下的围岩，在硐室开挖过程中，因开挖卸荷引起周边应力集中，造成岩石内部破裂和弹性应变能的释放引起的突然脆性爆裂；郭然等[12]认为，岩爆是岩体的一种破坏形式，它是处于高应力或极限平衡状态的岩体，在开挖活动的扰动下，内部储存的应变能瞬间释放，造成开挖空间周围部分岩石从母岩体中急剧、猛烈地突出或弹射出来的一种动态力学现象。

岩爆是包含岩石材料破坏与岩体结构破坏的复杂动力学过程，其发生从本质上应从能量的突然释放来定义或描述。作者基于大量工程实践与现场调研重新定义了岩爆，即岩爆是指能量岩体沿着开挖临空面瞬间释放能量的非线性动力学现象。定义中指出了岩爆的四要素，包括能量岩体、开挖临空面、瞬间释放能量与动力学过程的复杂性。

(1) 能量岩体。能量岩体是指在一定条件下，因自重应力(由地球引力产生)或构造应力，受到压缩而储存了能量的岩体，该能量从微观层次上可以理解为晶格能。并不是所有能量岩体都发生岩爆，只有其积蓄的能量满足岩爆发生条件时才发生岩爆。

(2) 开挖临空面。岩体工程中，岩爆的发生一定要有工程扰动的作用——开挖产生临空面。

(3) 瞬间释放能量。岩体发生岩爆时，能量瞬间释放，并有多余的能量使脱离岩体的岩块或岩片产生动能。

(4) 动力学过程的复杂性。岩爆现象之一是有岩块、岩片的弹射。脱离围岩系统的岩块、岩片以一定的初速度运动的初始动力源，是其瞬间从其周围岩体所获得的能量，该能量的大小决定了弹射岩块、岩片的速度。围岩释放给脱离体能量的大小受岩体特性控制(内因)的同时，还受到围岩系统的加载幅度和加载速率的影响(外因)。然而，在岩爆孕育过程中实际工程岩体的围岩系统与脱离体，往往难以分割，这是造成岩爆现象复杂性的主要原因之一。

1.2.2 岩爆分类

为了深入了解岩爆机理，人们对煤矿、金属矿山、交通隧道及水电等工程领域发生的岩爆进行了分类。

1. 国外比较有代表性的岩爆分类

(1) Ryder[35]将岩爆分为两种类型：C(压碎垮落)型岩爆和S(剪切滑移)型岩爆。

(2) Hasegawa等[36]将开采引起的震动事件分为六种类型：硐室垮落、矿柱爆裂、采空区顶板断裂、正断层滑移、逆断层断裂和近水平冲断层断裂。

(3) Kuhnt等[37]将岩爆分为采矿型岩爆(静态岩爆)和构造型岩爆(动态岩爆)。前者与采矿直接有关;后者与整个区域的采场应力重分布有关。

(4) Ortlepp和Stacey[29]将岩爆分为五种类型:应变岩爆、弯折剥离、矿柱表层压碎岩爆、剪切破裂岩爆和断层滑移岩爆。

(5) Corbett[38]将岩爆分为五种类型:宏观冲击、微观冲击、冲击地压、岩爆和构造岩爆。

(6) Hoek等[39]认为由采矿或其他工程扰动引起的岩爆以及微震事件所造成的围岩不稳定状态可包括沿原有裂隙面的滑移和完整岩体的裂隙化,进而将岩爆定义成两种类型:断裂型岩爆和应变型岩爆。

(7) Kaiser和Cai[40]将岩爆分为三种类型:应变型岩爆、矿柱型岩爆和剪切滑移型岩爆。

2. 我国学者对岩爆的分类

(1) 汪泽斌[41]根据国内外34个地下工程岩爆特征,将岩爆划分为六种类型:破裂松脱型、爆裂弹射型、爆炸抛出型、冲击地压型、远围岩地震型和断裂地震型。

(2) 谭以安[42]从形成岩爆的应力作用方式出发,将岩爆划分为水平应力型、垂直应力型、混合应力型三大类和若干亚类。

(3) 张倬元等[43]按岩爆发生部位及所释放的能量,将岩爆分为三种类型:硐室围岩表面岩石突然破裂引起的岩爆、矿柱或大范围围岩突然破坏引起的岩爆、断层错动引起的岩爆。

(4) 王兰生等[33]根据岩爆破坏形式,将岩爆划分为四种类型:爆裂松脱型、爆裂剥落型、爆裂弹射型和爆裂抛掷型。

(5) 徐林生和王兰生[44]根据岩爆岩体高地应力的成因,将岩爆划分为四种类型:自重应力型、构造应力型、变异应力型和综合应力型。

3. 对岩爆分类的新认识

作者针对煤矿进入深部开采和深部岩体工程开挖岩爆增加的现象,根据岩爆发生的机理,将岩爆分为应变岩爆、构造岩爆和冲击岩爆三大类,如图1.2所示[45]。其中,应变岩爆是能量岩体沿开挖临空面突然释放能量而产生的非线性动力学破坏现象,是直接由应力和应变演化作用的结果。应变岩爆也称为自启动岩爆(self-initiated rock burst),当开挖界面上的第一主应力超过岩体强度时,岩体的破坏以非稳定的方式进行,围岩中储存的应变能在破坏过程中猛烈释放时,表现为临空面不同部位岩块、岩片弹射等动力破坏现象[30,45]。构造岩爆是沿断层面、岩脉、剪切面、岩墙等部位突然滑移导致开挖临空面产生岩爆的破坏现象。冲击岩爆是指开挖巷道顶板突然断裂冲击围岩而产生的岩爆现象,主要有重力冲击、构造应力冲击和应力复合冲击等。

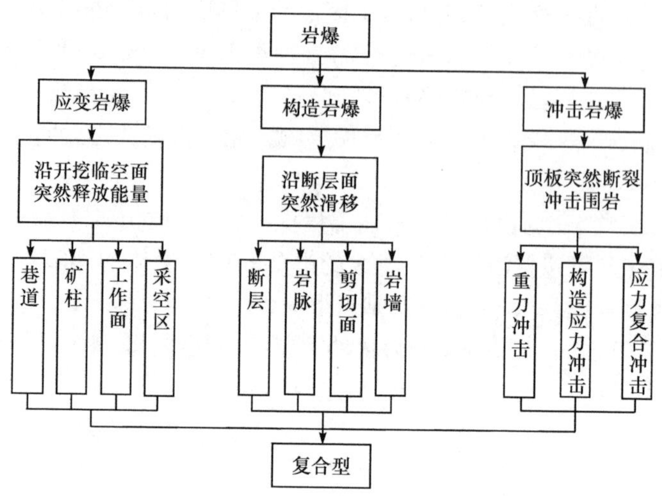

图 1.2 岩爆成因分类[45]

1.3 岩爆理论研究

1.3.1 岩爆静力学研究

传统的岩爆理论研究基本上是以经典的岩石静力学理论为基础，主要关注围岩初始应力状态及开挖后应力场调整的最终结果，从热力学第一定律出发，研究在岩爆过程中能量的平衡、转化与耗散。代表性的岩爆理论主要有能量理论、失稳与突变理论、断裂破坏理论、损伤理论等。

1. 能量理论

20 世纪 60 年代，Cook 等[46~48]提出并完善了岩爆能量理论；70～80 年代，Salamon[49]、Walsh[50]以及 Brady 和 Brown[51]丰富了岩爆能量理论；1984 年，Salamon[52]基于热力学第一定律提出了开采前后两个状态能量变化的数学表达式。

能量理论认为，若岩体在力学系统平衡状态破坏时释放的能量大于消耗的能量，则发生岩爆。Feit 等[53]认为，岩爆的发生强度及危险程度与岩体释放的气体能量和固体能量有关，并给出其计算公式。刘泉声等[54]根据能量守恒原理，指出围岩体内能大部分为岩体弹性应变能，小部分转化为围岩体内部微小破裂、滑移的耗散能。

徐则民等[55]在岩爆过程释放的能量分析中认为，岩爆本质上是一系列板状、层状岩片的形成过程，释放的能量属于破裂面两侧断裂晶体(矿物)的应变能，而并非应力重分布范围内围岩整体的应变能。张黎明等[56]认为处于三轴应力状态下的岩体，如果某一方向的应力突然降低造成岩石在较低应力水平下破坏，那么原岩储存的弹性应变能会对外释放，释放的能量将转换为破裂岩块的动能，进而可能引起岩爆。Bagde 和 Petorš[57]指出，当岩体有足够的应变能克服开裂面的表面能时，剩余的能量就会使裂缝不稳定并继续扩展；通过实验得到了不同岩样在循环载荷下的疲劳强度损失值及动力变形特征。

Kidybinski[58]提出了弹性能量指数。蔡美峰等[59]对玲珑金矿深部开采岩体能量特征进行了分析，并提出了基于单轴压缩条件下的线弹性能准则，用于判定岩爆发生的强烈程度。谢和平等[60]指出岩石变形破坏是能量耗散与能量释放的综合；讨论了岩石变形破坏过程中能量耗散、能量释放与岩石强度和整体破坏的内在联系，给出了基于能量耗散的强度丧失准则和基于可释放应变能的整体破坏准则，分析了各种应力状态下岩石单元整体破坏的临界应力，并应用上述准则讨论了隧洞围岩发生整体破坏的临界条件。何满潮等[61]根据岩爆发生力学模型，提出剩余能量理论并给出岩爆发生的判别条件和计算公式。金小川和周宗红[62]用岩体储存的弹性能 E、工程开挖深度 H、岩石的抗压强度 σ_c 这 3 个因素对岩爆进行判定，并建立岩爆的能量公式。邓林等[63]通过计算岩爆能量指数(应力-应变全过程曲线峰前储存能量与峰后塑性变形能量之间的关系)的大小来判断岩爆是否发生。

2. 失稳与突变理论

20 世纪 80 年代，章梦涛[64]开始将突变理论引入岩爆失稳过程的研究。90 年代，徐曾和等[65]对岩爆的失稳理论进行了深入的阐述，指出失稳理论包含了其他各种岩爆发生理论的合理部分，因而更符合岩爆发生的实际情况。

祝方才和宋锦泉[66]将矿山岩体看成一个变形系统，变形系统的平衡状态取决于系统势能泛函的性质，当驻值不为极小值时，其平衡状态是非稳定态。根据岩体所处的力学状态，可将岩体分为弹性区和塑性区(应变软化区)。根据变分原理，利用岩体中势能的二次变分的相对大小确定岩体的失稳程度。若系统势能的一次变分为零，势能的二次变分小于零，则系统势能为极大值，系统为不稳定平衡，岩体将失稳并发生岩爆。

唐春安[67]采用突变理论分析了断层冲击地压问题，提出煤岩体系失稳破裂的临界条件和弹性释放能量表达式；还分析了岩石破坏失稳存在于一定变形区间内，并据此分析了岩爆发生的失稳特性。潘岳和王志强[68]详细论述了岩体动力失稳的功、能增量——突变理论研究方法，根据能量守恒原理推导了平衡位置有微位移时的围岩弹性能释放的增量，处于软化阶段的岩体微裂纹扩展、连通耗散的能量增量和外力功增量的平衡关系式。

3. 断裂破坏理论

1982年，Nemat-Nasser和Horii[69]通过理论分析与实验研究，认为岩爆产生的机理是在远场应力压缩作用下导致的岩体中原生裂纹产生的张拉破坏，并认为初始开裂时裂纹扩展是稳定的，但当裂纹扩展达到一定长度后，扩展速度会急剧增加。Mansurov[70]给出了岩体破裂过程的演变规律与能量及断裂的关系，以及固体强度的动能概念及刚度不连续下的开采微震事件岩爆预测方法。

肖望强和侯发亮[71]根据断裂力学的基本原理和方法，利用岩爆的能量释放率和裂纹阻力的关系，指出岩爆的发生实质就是岩体的动力失稳破坏。Dyskin和Germanovich[72]认为岩爆产生的机理为开挖后，应力集中导致围岩产生平行于临空面的裂纹，裂纹贯通之后会产生非稳定扩展，导致平行于临空面的岩层的分离，当分离的岩层足够长时会产生弯折破坏，从而形成岩爆现象，分离岩层的厚度会决定岩爆破坏的剧烈程度。王桂尧等[73]认为裂纹的失稳扩展会导致岩爆的发生，其产生必须同时满足裂纹开裂判据和裂纹失稳扩展判据这两个必要条件，并认为岩爆会在应力强度因子等值线的范围内产生。

苗金丽等[74]根据岩爆实验过程中声发射信号的频率及幅值特征来分析微裂纹的张剪特征。何满潮等[75]运用分形的方法分别对单轴压缩实验、真三轴压缩实验和岩爆实验得到的花岗岩断裂表面的三维形貌进行对比分析，结果表明岩爆实验产生的断裂表面比其他两种实验产生的断裂表面更粗糙。

4. 损伤理论

刘小明和李焯芬[76]基于损伤力学的理论及大量的实验研究，建立了弹脆性岩石的损伤力学模型，并且基于岩爆产生的条件为岩石释放的弹性能大于岩石损伤过程中耗散掉的能量，给出了脆性岩石的岩爆损伤能量指数。凌建明和刘尧军[77]认为硐室的失稳破坏是围岩中损伤逐步积累的结果，并建立了卸荷条件下的损伤模型，同时将该模型应用于青岛地铁硐室围岩稳定性分析。秦跃平[78]对煤岩的损伤进行了研究，提出了在不考虑岩石破坏后的残余应力条件下的单轴压缩损伤演化模型。谢和平等[79]按释放能量进行分类，应用内变量理论得到损伤能量释放率，并建立岩爆的损伤演化方程。

1.3.2 岩爆动力学研究

岩爆是在不同的地质和开采条件下，多种能量（重力能、势能、构造能量）之间相互组合和转化过程中产生的复合型能量在空间上非均匀积蓄，在时间上非稳定转化的过程。岩爆发生有三条规律，分别为能量的储存规律、能量释放的地质规律和能量释放的工程规律。对于复合型能量，包括应变能、断裂弹性波的波动能、裂纹扩展表面能、共振作用的势能与动能的转化[80]。

徐则民[81]通过现场实测及实验室实验结果分析，认为岩爆是围岩对整个开挖过程及其结果的综合响应，而这种响应已经超出了岩石静力学的范畴。李四年等[82]通过对岩爆进行数值分析，依据失稳理论，指出岩石破裂引起的岩石突出（岩爆）是能量由静态积聚逐渐转化为动态释放的过程，是兼有静、动态两种属性的过程。

戴俊[83]指出，入射到自由表面的压缩波经反射会形成拉伸波。这些反射回来的拉伸波会与入射压缩波的后续部分相互作用，其结果有可能在邻近自由表面附近造成拉应力，若所形成的拉应力满足某种动态的断裂准则，则在该处引起材料破坏。裂口足够大的、整块的裂片便会携带着其中的能量而飞离。Fan 与 Wong[84]通过数值分析阐述了能量传播受卸载波的影响非常显著，且该影响具有频率和幅值依赖性。邵鹏等[85]提出了岩爆作为一种复杂的非线性动力失稳过程，是围岩结构在远离平衡条件下，受一定外部扰动后将积蓄的弹性应变能非稳定、非均匀释放的结果，可以采用随机共振理论研究岩爆的发生机制。Tannant 等[86]和 Baidoe[87]揭示了基于能量基础的地下支护设计的理念，通过现场两个独立的爆孔（长 16m、直径 38mm）进行岩爆的模拟，计算了岩爆发生时的岩块速度，进而计算出岩块的总动能。

1.3.3 岩爆准则

在岩爆的研究过程中，专家学者提出了许多不同的岩爆判别准则[26,58,88~93]如表 1.1 所示。

表 1.1 代表性岩爆判别准则

Russenes[26]岩爆判别准则	彭祝等[88]岩爆判别准则
$\sigma_\theta/\sigma_c<0.2$，无岩爆 $0.2\leqslant\sigma_\theta/\sigma_c<0.3$，弱岩爆 $0.3\leqslant\sigma_\theta/\sigma_c<0.55$，中岩爆 $\sigma_\theta/\sigma_c\geqslant0.55$，强岩爆	$\sigma_c/\sigma_t>40$，无岩爆 $26.7<\sigma_c/\sigma_t\leqslant40$，弱岩爆 $14.5<\sigma_c/\sigma_t\leqslant26.7$，中岩爆 $\sigma_c/\sigma_t\leqslant14.5$，强岩爆
Barton 等[89]岩爆判别准则	**张津生等[90]岩爆判别准则**
$0.25\leqslant\sigma_c/\sigma_1\leqslant5$ 或 $0.16\leqslant\sigma_t/\sigma_1\leqslant0.33$，中等岩爆 $\sigma_c/\sigma_1<2.5$ 或 $\sigma_t/\sigma_1<0.16$，严重岩爆	$\sigma_\theta/\sigma_c\geqslant(0.3+0.2\sigma_t/\sigma_\theta)$ 且 $W_{et}\geqslant5$， 发生岩爆

续表

徐林生[91]岩爆判别准则	侯发亮等[92]岩爆判别准则
$\sigma_\theta/\sigma_c<0.3$,无岩爆 $0.3\leqslant\sigma_\theta/\sigma_c<0.5$,弱岩爆 $0.5\leqslant\sigma_\theta/\sigma_c<0.7$,中岩爆 $\sigma_\theta/\sigma_c\geqslant0.7$,强岩爆	$\sigma_1<0.3\sigma_c$,无岩爆 $0.3\sigma_c\leqslant\sigma_1<0.37\sigma_c$,弱岩爆 $0.37\sigma_c\leqslant\sigma_1<0.62\sigma_c$,中岩爆 $\sigma_1\geqslant0.62\sigma_c$,强岩爆
许梦国等[93]岩爆判别准则	**Kidybinski[58]岩爆判别准则**
$\eta<3.5$,无岩爆 $3.5\leqslant\eta<4.2$,轻微岩爆 $4.2\leqslant\eta<4.7$,中等岩爆 $\eta\geqslant4.7$,强烈岩爆	$W_{et}<2$,无冲击倾向 $2\leqslant W_{et}<5$,中等冲击倾向 $W_{et}\geqslant5$,强烈冲击倾向

注:σ_θ 为围岩最大切向应力;σ_1 为工程区最大地应力;σ_c 为岩石单轴抗压强度;σ_t 为岩石单轴抗拉强度;W_{et}是弹性能量指数,$W_{et}=\dfrac{\phi_o}{\phi_h}$;$\eta$ 为岩爆能量比指标,$\eta=\dfrac{\phi_k}{\phi_o}$;$\phi_k$ 为抛出破碎岩片的能量;ϕ_o 为试块储存的最大弹性应变能;ϕ_h 为消耗能量。

表 1.1 中的岩爆判据给出了利用测得的应力或计算的能量来判断岩爆发生倾向,是岩爆研究从机理认识到研究结果应用于工程的过程。然而,岩爆的产生是多因素综合作用的结果,上述判据仅仅从某一个方面,如强度应力比、应力强度比、刚度或能量等对岩爆发生与否进行判别,具有片面性和局限性[94]。随着工程实践认识的增加以及室内实验所得结果的进一步分析研究,研究者提出的岩爆判据,呈现出从单一判据向复合化多元判据发展的趋势。岩爆的复合判据在实际工程应用中表现出更好的适用性。如表 1.2 所示,复合判据综合考虑了开挖后的围岩最大切向应力、岩石的单轴抗压强度和抗拉强度及弹性能量指数 W_{et}[95]。

表 1.2　岩爆综合判别准则[95]

指标	无岩爆	弱岩爆	中岩爆	强岩爆
$\sigma_{\theta\max}/\sigma_c$	<0.3	0.3～0.5	0.5～0.7	>0.7
σ_c/σ_t	>40	40～26.7	26.7～14.5	<14.5
W_{et}	<2	2～3.5	3.5～5	>5

以上岩爆的分类及判据用于实际工程时,具有一定的作用,但还没有真正做到较准确地预测岩爆。并且岩爆的判据标准相差较大,还没有统一标准。我们尝试从工程岩体上选取岩块进行系列实验,综合考虑地应力条件,对工程岩体发生岩爆的可能性及可能发生岩爆的临界应力进行判定。

1.4 岩爆实验研究现状

关于岩爆物理模拟实验,国内外进行了大量的研究工作,基于单轴应力状态、双轴应力状态以及三轴应力状态都有过实验研究,部分实验还引入了动静组合载荷方式,或者加-卸载方式模拟岩爆,部分研究介绍如下。

1. 基于单轴应力状态的实验研究

早期的岩爆机理实验研究,学者们采用对脆性岩石进行单轴加载的方法模拟岩爆的发生。20 世纪 60 年代,Cook 最早进行了单轴压缩岩爆实验,模拟矿柱岩爆,随后 Brady 和 Brown[96]也进行了单轴加载模拟岩爆的实验研究。Salamon[97]分析了单轴加载系统刚度与岩石实验样品的力-变形曲线的关系以及和现场岩柱与围岩的对应关系。

Singh[98]基于单轴压缩加-卸载实验的应力-应变曲线,提出冲击倾向指数、缩减模量和岩爆能量释放指数,来预测矿井围岩的岩爆倾向性。

Li 等[99]通过室内单轴压缩实验研究了岩石在动静复合载荷作用下的动力响应及破坏特征,进而分析岩爆的机理。左宇军等[100]用单轴动静组合载荷对红砂岩进行了岩石力学特性的实验,指出在静载增加时,岩石由脆性向塑性转化;不同应力状态的岩体处于不同的稳定状态;低稳定状态的岩体在小扰动下就可以发生岩爆,而较高稳定状态的岩体必须在叠加大的动载荷下才可能发生岩爆。

Pettitt 和 King[101]为了研究岩爆发生前的声发射特性,在单轴动循环加-卸载的条件下,采集了岩石破坏过程中的声发射信号,得到了岩石破坏前的声发射特性。Cho 等[102]进行了岩石的动力拉伸实验并分析了在动力载荷下的试件破裂过程和碎屑脱离试件的飞出速度。

2. 基于双轴应力状态的实验研究

Steif[103]利用双轴压缩实验分析了假设应力强度因子是常数的条件下翼形裂纹扩展与应力的关系。Barquins 和 Petit[104]利用双轴和单轴压缩实验研究了在有预裂纹的情况下灾变性裂纹扩展条件与加载速率和局部的内应力场有关。张艳博和徐东强[105]进行了双轴压缩实验,结果表明,在最大集中应力达到破坏强度的70%左右时,孔壁内侧出现片状剥离,并随着载荷的增加,孔壁出现碎片弹射现象,层状剥离向深层发展,当载荷达到极限应力时,孔壁坍塌破坏。左宇军等[106]研究了岩石双轴等条件下的动静组合岩爆实验特征。

3. 基于三轴应力状态的实验研究

为了更好地再现岩爆的应力条件,许多学者考虑采用三轴或真三轴压缩实验机开展岩爆的物理模拟实验研究。Höfer 和 Thoma[107]利用三轴压缩实验对不同的盐岩进行了不同围压下的实验研究，根据实验结果给出了不同盐矿开采的岩爆倾向。Nemat-Nasser 和 Horii[108]通过单轴和三轴压缩实验，得到了轴向劈裂和剪切破坏分别是由单轴和三轴压缩条件引起的结论，并分析了裂纹的非稳定扩展和岩石的脆性-延性力学特性转化特征。

王贤能和黄润秋[109]利用三轴压缩实验机研究了灰岩及混合花岗岩在卸载条件下的变形与破坏行为，得出在低围压下以张性破坏和张剪复合型破坏为主，在高围压下以剪切破坏为主，认为硐室围岩侧压被卸载后，应力重分布，当调整后的应力状态达到岩体强度的极限状态时，便发生岩爆。尤明庆[110]汇总了大量的岩石室内实验成果，描述了岩样三轴压缩应力状态下的卸围压过程，并与常规加载实验进行了对比，指出岩石在卸围压过程中，其强度未降低，但脆性增加。

徐林生[111]进行了卸载状态下岩爆岩石力学实验。采用的是常规三轴卸围压实验，应用 MTS815 Teststar 程控伺服岩石力学实验系统，采用线性可变差动变压器，给出了围压为零及一定压力下增加围压岩石试件破坏的特征，得出在低围压下卸围压对应弱岩爆现象，在高围压下卸围压对应强岩爆特征，但位移控制对岩爆实验的适用性有待研究。

葛修润[112]总结了岩石卸围压实验结果。实验过程为将试件加载到临近破坏前的某一应力状态，再以 0.004MPa/s 的速率卸围压，直到破坏，用 CT(computed tomography)扫描试件的破坏过程，发现裂纹扩展具有迟滞性，卸荷破坏具有突发性，损伤演化具有不均匀性(局部弱化)且具有主破裂面方向。

邱士利等[113,114]对深埋大理岩进行不同卸荷速率下的三轴卸围压实验，研究认为卸围压速率的变化改变了材料强度的弱化及摩擦强度的强化程度，讨论了卸荷速率对大理岩岩爆特征的影响。Yin 等[115]对砂岩采用预先三维加载再围压卸载的动静组合加载的实验方法研究其破坏特性，利用 I 型和 II 型应力-应变曲线揭示了高应力下动力扰动诱发岩爆，释放弹性储能的现象。

侯发亮[116]利用真三轴压缩实验机进行了岩石真三轴压缩实验，在模型材料中开挖孔洞模拟巷道破坏，并且进行了单向卸载实验，记录了岩石的应力与声发射特征。该实验是真三轴卸载实验的研究，并且是针对具体工程进行，结合地应力资料，根据岩石材料内钻孔后在应力作用下的实验，获得了发生岩爆的临界应力。许东俊等[117]应用真三轴进行岩石加载实验，结果表明，当 $\sigma_3=0$，$\sigma_2/\sigma_1\leqslant 0.3$ 时，岩石表现为片状劈裂和剪胀的混合型破坏；当 $\sigma_3=0$，$0.4\leqslant\sigma_2/\sigma_1\leqslant 0.7$ 时，以片状劈裂为主；当 $\sigma_1>\sigma_2>\sigma_3$ 时，呈片状劈裂和剪切错动复合型破坏。该实验结果说明了三向应力状态对岩石破坏的影响。祝方才和宋锦泉[66]用 WY-300 型气液稳压器，利用自行设计的真三轴加载设备进行了不同应力路径下相似材料模型破坏的实验研究，得出了孔壁应变的测试结果。陈景涛和冯夏庭[118]利用真三轴加载系统研究了高地应力下地下工程开挖对岩石破坏的影响。

Haimson[119]综述了真三轴压缩并考虑中间主应力对岩石脆性破坏的影响；总结了三个不同的破坏机理：由大量微破裂汇合形成的剪切破坏、沿第一主应力方向的劈裂破坏和非扩容剪切破坏。Lee 和 Haimson[120]设计了一系列真三轴压缩实验，详细描述了花岗岩在三轴应力状态下的强度、变形及破坏。

1.5　岩爆物理模拟实验的新进展

专家学者开展了大量的岩爆实验研究，为岩爆机理认识以及在工程实践中对岩爆进行控制与预测打下了良好的基础。然而，作为一个复杂的非线性动力学现象，地下工程中岩爆的预测与控制还存在不小的困难。岩爆实验未能很好地解释实际工程中的岩爆现象，岩爆的机理仍待探索。

通过大量的工程实例可知，在地下工程中，岩爆发生的必要条件之一是开挖产生的临空面，即原来处于三向压缩状态的深部岩体，由于地下空间的开挖形成临空面，其中一个方向的应力快速卸载，并且最大主应力足够大，形成了产生岩爆的应力状态[121,122]。

岩爆的物理模拟实验的应力状态与加载路径，经历了由单向应力状态、平面应力状态、三轴应力状态($\sigma_2=\sigma_3$)、真三轴应力状态($\sigma_1>\sigma_2>\sigma_3$)的发展过程，以及加载、卸载、动-静组合、循环加-卸载及冲击载荷等不同的实验方式；已开展的实验室岩爆实验主要是对某些发生过或可能发生岩爆的工程实例的物理模拟，尚未形成一个系统的岩爆物理模拟实验的理论、实验技术与方法。

在单轴、双轴或三轴压缩状态下进行的岩爆模拟实验，与实际岩爆的应力状态有较大的差别，只能用来观测岩爆的某一个阶段，或某一个方面的破坏现象。模拟岩爆的三轴或真三轴加-卸载实验，是在通用的三轴或真三轴压缩实验机上进行的。由于没有进行专门的研发设计，其加-卸载控制系统的响应速度及加-卸载方式难以模拟地下空间开挖过程中的应力转化过程。另外，上述研究中应用单/三轴压缩实验机是由液压伺服系统控制的刚性实验机，实验机的机架可以看成刚体，得到的是岩石的材料破坏性质。

岩爆破坏是地下空间岩体结构的破坏，即由于围岩释放储存的弹性势能，在一定条件下猛烈释放的结果[30]，而刚性实验机无法完全模拟围岩的弹性能储存与释放。因此，为了真实再现岩爆的应力状态，有必要研制专用的真三轴岩爆实验机，使其具有真三轴加-卸载的控制响应特性，且实验机的机架为柔性，可以模拟围岩的弹性能储存与释放功能。

在开发真三轴岩爆实验机的同时，还需要根据岩爆的分类(见1.2.2节)，设计不同类型岩爆的应力路径，并提出相应的岩爆理论准则，形成系统的实验室岩爆物理模拟的理论、技术与装备。考虑岩爆成因、应力来源和时间等综合因素，对应变岩爆与冲击岩爆的分类进行了完善，如图 1.3 所示。应变岩爆一般发生在地下空间开挖过程中，可以由隧道开挖、回采、岩柱开挖引起。冲击岩爆一般发生在开挖完成后，其冲击载荷来自于爆破冲击、顶板垮落冲击与断层滑动冲击。

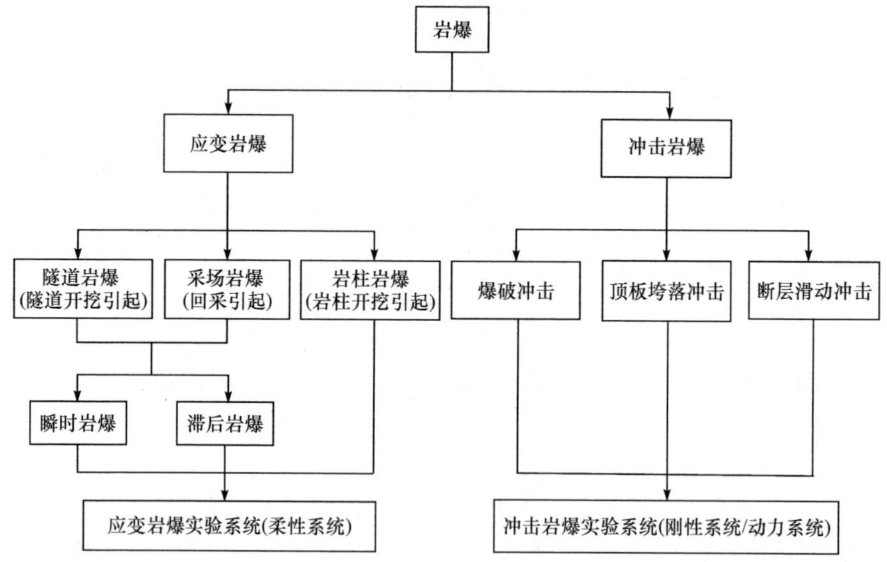

图 1.3 岩爆分类

针对上述问题，在国家重点研发计划项目“煤矿深井建设与提升基础理论及关键技术”(2016YFC0600900)，国家自然科学基金重大项目“深部岩体力学基础研究与应用”(50490270)与国家重点基础研究发展计划项目“深部煤炭资源赋存规律、开采地质条件与精细探测基础研究”(2006CB202206)的支持下，作者带领团队研制了应变岩爆实验系统[123]与冲击岩爆实验系统[124]，提出了系统的实验室物理模拟实验理论与方法，并开展了大量的实验研究工作[71,121～139]。

岩爆过程是一个复杂的非线性动力学现象。岩爆机理研究是一个多学科交叉的前沿科学问题，研究涉及岩石力学、采矿科学、岩石动力学、统计力学、非线性系统以及信号处理等学科。限于篇幅，本书主要介绍依托深部岩土力学与地下工程国家重点实验室应变岩爆实验系统[123]所进行的一系列应变岩爆研究，提出应变岩爆研究的新思维(第 1 章)，介绍应变岩爆物理模拟实验机的原理与研制思想、应变岩爆实验设计的理论与方法(第 2 章)，阐明典型岩石试件应变岩爆的破坏特征(第 3 章)、应变岩爆声发射信号的分析(第 4 章)、岩体结构和黏土矿物对应变岩爆的影响(第 5 章)、围岩刚度对应变岩爆的影响(第 6 章)、应变岩爆碎屑的特征(第 7 章)，以及岩爆工程实例的分析(第 8 章)。在实验室岩石试件尺度上，冲击地压与岩爆具有相同的力学机制，在本书的研究中统称为岩爆。

参考文献

[1] He M C. Rock mechanics and hazard control in deep mining engineering in China//Proceedings of the 4th Asian Rock Mechanics Symposium. Singapore: World Scientific Publishing, 2006:29-46.

[2] Ortlepp W D. RaSiM comes of age—A review of the contribution to the understanding and control of mine rockbursts//Proceedings of the 6th International Symposium on Rockburst and Seismicity in Mines, Perth, 2005:9-11.

[3] 王元汉，李卧东，李启光，等. 岩爆预测的模糊数学综合评判方法. 岩石力学与工程学报，1998,17(5):493-501.

[4] 张志强，关宝树，翁汉民. 岩爆发生条件的基本分析. 铁道学报，1998,20(4):82-85.

[5] 徐林生，王兰生，李天斌，等. 二郎山公路隧道岩爆特征与预测研究. 地质灾害与环境保护，1999,10(2):55-59.

[6] 潘一山，李忠华，章梦涛. 我国冲击地压分布、类型、机理及防治研究. 岩石力学与工程学报，2003,22(11):1184-1851.

[7] Berest P, Brouard B, Feuga B, et al. The 1873 collapse of the Saint-Maximilien panel at the Varangeville salt mine. International Journal of Rock Mechanics and Mining Sciences, 2008, 45(7):1025-1043.

[8] 潘一山. 煤与瓦斯突出、冲击地压复合动力灾害一体化研究. 煤炭学报，2016,41(1):105-112.

[9] 姜耀东，潘一山，姜福兴，等. 我国煤炭开采中的冲击地压机理和防治. 煤炭学报，2014,39(2):205-213.

[10] 赵本钧. 冲击地压及其防治. 北京：煤炭工业出版社，1995.

[11] 林景云. 抚顺胜利矿的冲击地压. 北京：煤炭工业出版社，1959.

[12] 郭然，潘长良，于润沧. 有岩爆倾向硬岩矿床采矿理论与技术. 北京：冶金工业出版社，2003.

[13] 范维唐. 提高煤炭生产整体水平保障煤矿生产安全. 中国煤炭，2005,31(4):5-17.

[14] 齐庆新，李宏艳，邓志刚，等. 我国冲击地压理论、技术与标准体系研究. 煤矿开采，2017,22(1):1-5.

[15] Behera P K. Ultradeep mining problem in Kolar Gold Mines//International Society for Rock Mechanics International Symposium, Pau, 1989:687-694.

[16] Hedley D G F. Rockburst Handbook for Ontario Hardrock Mines. Toronto: Toronto Public Library, 1992.

[17] 布霍依诺 G. 矿山压力和冲击地压. 李玉生，译. 北京：煤炭工业出版社，1985.

[18] 石长岩. 红透山铜矿深部地压及岩爆问题探讨. 有色矿冶，2000,16(1):4-8.

[19] 祝方才，潘长良，曹平. 冬瓜山典型矿岩岩爆倾向性基于灰色关联度的模糊综合评判. 有色金属，2002,54(1):71-74.

[20] 唐礼忠,潘长良,谢学斌,等. 冬瓜山铜矿深井开采岩爆危险区分析与预测. 中南工业大学学报:自然科学版,2002,33(4):335-338.

[21] 谷明成,何发亮,陈成宗. 秦岭隧道岩爆的研究. 岩石力学与工程学报,2002,21(9):1324-1329.

[22] 黄晓彬,唐剑. 锦屏辅助洞西端岩爆现象及防治. 西部探矿工程,2008,(1):154-156.

[23] 曹强,贾海波,廖卓. 锦屏辅助洞岩爆特征及防治措施研究. 隧道建设,2009,29(5):510-512.

[24] Cook N G W. A note on rockbursts considered as a problem of stability. Journal of the Southern African Institute of Mining and Metallurgy,1965,65(8):437-446.

[25] Blake W. Rock-burst mechanics. Quarterly of the Colorado School of Mines,1972,67:1.

[26] Russenes B F. Analyses of rockburst in tunnels in valley sides. Trondheim:Norwegian Institute of Technology,1974.

[27] Curtis J F. Rockburst phenomena in the gold mines of the Witwatersrand:A review. Transactions of the Institution of Mining and Metallurgy,1981,90:163-176.

[28] Ortlepp W D. Rock fracture and rockbursts:An illustrative study. Johannesburg:South African Institute of Mining and Metallurgy,1997.

[29] Ortlepp W D,Stacey T R. Rockburst mechanisms in tunnels and shafts. Tunneling and Underground Space Technology,1994,9(1):59-65.

[30] Kaiser P K,Tannant D D,McCreath D R. Canadian rockburst support handbook. Sudbury:Laurentian University,1996.

[31] Bowers D,Douglas A. Characterisation of large mine tremors using *P* observed at teleseismic distances//Rockbursts and Seismicity in Mines. Gibowicz S J,Lasocki S,eds. Rotterdam:Balkema,1997:55-60.

[32] 谭以安. 岩爆特征及岩体结构效应. 中国科学:B辑,1991,(9):985-991.

[33] 徐林生,王兰生,李天斌. 国内外岩爆研究现状综述. 长江科学院院报, 1999,16(4):24-27.

[34] 王兰生,李天斌,徐进,等. 二郎山公路隧道岩爆及岩爆烈度分级. 西南公路,1998,(4):22-26.

[35] Ryder J A. Excess shear stress in the assessment of geologically hazardous situations. Journal of the Southern African Institute of Mining and Metallurgy,1988,88(1):27-39.

[36] Hasegawa H S,Wetmiller R J,Gendzwill D J. Induced seismicity in mines in Canada—An overview. Pure and Applied Geophysics,1989,129(3):423-453.

[37] Kuhnt W, Knoll P, Grosser H, et al. Seismological models for mining-induced seismic events. Pure and Applied Geophysics,1989,129(3):513-521.

[38] Corbett G R. The development of coal mine portable micro seismic monitoring system for the study of rock gas outbursts in the sydney coal field,Nova Scotia. Montreal:McGill University,1996.

[39] Hoek E,Kaiser P K,Bawden W F. Support of Underground Excavations in Hard Rock. Boca Raton:CRC Press,2000.

[40] Kaiser P K, Cai M. Design of rock support system under rockburst condition. Journal of Rock Mechanics and Geotechnical Engineering, 2012, 4(3): 215-227.

[41] 汪泽斌. 岩爆实例、岩爆术语及分类的建议. 工程地质, 1988, (3): 32-38.

[42] 谭以安. 岩爆类型及其防治. 现代地质, 1991, 5(4): 450-456.

[43] 张倬元, 王士天, 王兰生. 工程地质分析原理. 2版. 北京: 地质出版社, 1994: 397-403.

[44] 徐林生, 王兰生. 岩爆类型划分研究. 地质灾害与环境保护, 2000, 11(3): 245-247, 262.

[45] He M C, Miao J L, Li D J, et al. Characteristics of acoustic emission on the experimental process of strain burst at depth Controlling seismic hazard and sustainable development of deep mines//Proceedings of the 7th International Symposium on Rockburst and Seismicity in Mines, Dalian, 2009, 181-188.

[46] Cook N G W. The basic mechanics of rockbursts. Journal of the Southern African Institute of Mining and Metallurgy, 1963, 64: 71-81.

[47] Cook N G W, Hoek E, Pretorius J P, et al. Rock mechanics applied to study of rockbursts. Journal of the Southern African Institute of Mining and Metallurgy, 1966, 66(10): 435-528.

[48] Cook N G W. The design of underground excavations//The 8th U. S. Symposium on Rock Mechanics, Minneapolis, 1966: 167-193.

[49] Salamon M D G. Rock mechanics of underground excavations//Proceedings of the 3rd Congress of the International Society of Rock Mechanics, Denver, 1974: 951-1099.

[50] Walsh J B. Energy changes due to mining. International Journal of Rock Mechanics and Mining Sciences & Geomechanics Abstracts, 1977, 14(1): 25-33.

[51] Brady B H G, Brown E T. Energy changes and stability in underground mining: Design applications of boundary element methods. Transactions of the Institution of Mining and Metallurgy, 1981, 90: 61-68.

[52] Salamon M D G. Energy considerations in Rock mechanics: fundamental results. Journal of the Southern African Institute of Mining and Metallurgy, 1984, 84(8): 233-246.

[53] Feit G N, Malinnikova O N, Zykov V S, et al. Prediction of rockburst and sudden outburst hazard on the basis of estimate of rock-mass energy. Journal of Mining Science, 2002, 38(1): 61-63.

[54] 刘泉声, 张华, 林涛. 煤矿深部岩巷围岩稳定与支护对策. 岩石力学与工程学报, 2004, 23(21): 3732-3737.

[55] 徐则民, 吴培关, 王苏达, 等. 岩爆过程释放的能量分析. 自然灾害学报, 2003, 12(3): 104-110.

[56] 张黎明, 王在泉, 贺俊征, 等. 卸荷条件下岩爆机理的试验研究. 岩石力学与工程学报, 2005, 24(1): 469-477.

[57] Bagde M N, Petroš V. Fatigue properties of intact sandstone samples subjected to dynamic uniaxial cyclical loading. International Journal of Rock Mechanics and Mining Sciences, 2005, 42(2): 237-250.

[58] Kidybinski A. Bursting liability induces of coal. International Journal of Rock Mechanics and

Mining Sciences and Geomechanics Abstracts,1981,18(4):295-304.

[59] 蔡美峰,王金安,王双红. 玲珑金矿深部开采岩体能量分析与岩爆综合预测. 岩石力学与工程学报,2001,20(1):38-42.

[60] 谢和平,鞠杨,黎立云. 基于能量耗散与释放原理的岩石强度与整体破坏准则. 岩石力学与工程学报,2005,24(17):3003-3010.

[61] He M C, Xia H M, Jia X N, et al. Studies on classification, criteria and control of rockbursts. Journal of Rock Mechanics and Geotechnical Engineering,2012,4(2):97-114.

[62] 金小川,周宗红. 岩爆的能量公式. 金属矿山,2012,41(8):40-43.

[63] 邓林,武君,吕燕. 基于岩石应力应变过程曲线的岩爆能量指数法. 铁道标准设计,2012,(7):108-120.

[64] 章梦涛. 冲击地压失稳理论与数值模拟计算. 岩石力学与工程学报,1987,6(3):197-204.

[65] 徐曾和,李宏,徐曙明. 矿井岩爆及其失稳理论. 中国安全科学学报,1996,6(5):9-14.

[66] 祝方才,宋锦泉. 岩爆的力学模型及物理数值模拟述评. 中国工程科学,2003,5(3):83-88.

[67] 唐春安. 岩石破裂过程的灾变. 北京:煤炭工业出版社,1993.

[68] 潘岳,王志强. 岩体动力失稳的功、能增量——突变理论研究方法. 岩石力学与工程学报,2004,23(9):1433-1438.

[69] Nemat-Nasser S, Horii H. Compression-induced nonplanar crack extension with application to splitting, exfoliation, and rockburst. Journal of Geophysical Reasearch: Solid Earth,1982,87(B8):6805-6821.

[70] Mansurov V A. Prediction of rockbursts by analysis of induced seismicity data. International Journal of Rock Mechanics and Mining Sciences,2001,38(6):893-901.

[71] 肖望强,侯发亮. 断裂力学在岩爆分析中的应用//第二届全国岩石动力学学术会议,宜昌,1990:244-254.

[72] Dyskin A V, Germanovich L N. Model of rockburst caused by cracks growing near free surface. Rockbursts and Seismicity in Mines,1993,93:169-175.

[73] 王桂尧,孙宗颀,卿笃干. 隧洞岩爆机理与岩爆预测的断裂力学分析. 中国有色金属学报,1999,9(4):841-845.

[74] 苗金丽,何满潮,李德建,等. 花岗岩应变岩爆声发射特征及微观断裂机制. 岩石力学与工程学报,2009,28(8):1593-1603.

[75] He M C, Nie W, Zhao Z Y, et al. Macro-fracture characteristics of granite in different boundary conditions//The 12th International Congress on Rock Mechanics of the International Society for Rock Mechanics, Beijing,2011.

[76] 刘小明,李焯芬. 脆性岩石损伤力学分析与岩爆损伤能量指数. 岩石力学与工程学报,1997,16(2):140-147.

[77] 凌建明,刘尧军. 卸荷条件下地下洞室围岩稳定的损伤力学分析方法. 石家庄铁道学院学报,1998,11(4):5-10.

[78] 秦跃平. 岩石损伤力学模型及其本构方程的探讨. 岩石力学与工程学报,2001,20(4):560-560.

[79] 谢和平,彭瑞东,鞠杨. 岩石变形破坏过程中的能量耗散分析. 岩石力学与工程学报,2004,23(21):3565-3570.

[80] 苗金丽. 岩爆的复合能量动力学机理. 金属矿山,2008,(11):16-19.

[81] 徐则民. 长大隧道岩爆灾害研究进展. 自然灾害学报,2004,13(2):16-23.

[82] 李四年,唐春安,王述红. 深部开采岩爆机理数值分析方法与应用. 湖北工业大学学报,2003,18(1):46-49.

[83] 戴俊. 岩石动力学特性与爆破理论. 北京:冶金工业出版社,2002.

[84] Fan L F,Wong L N Y. Stress wave transmission across a filled joint with different loading/unloading behavior. International Journal of Rock Mechanics and Mining Sciences,2013,60:227-234.

[85] 邵鹏,张勇,贺永年. 岩爆发生的随机共振机制. 煤炭学报,2004,29(6):668-671.

[86] Tannant D D,Kaiser P K,Chan D H. Effect of tunnel excavation on transmissivity distributions and flow in a fracture zone. Canadian Geotechnical Journal,1993,30(1):155-169.

[87] Baidoe J B. Assessment of rockburst-mitigating effects of the area liners. Kingston:Queen's University at Kingston,2003.

[88] 彭祝,王元汉,李廷芥. Griffith理论与岩爆的判别准则. 岩石力学与工程学报,1996,15(s):491-495.

[89] Barton N,Lien R,Lunde J. Engineering classification of rock masses for the design of tunnel support. Rock Mechanics,1974,6(4):189-236.

[90] 张津生,陆家佑,贾愚如. 天生桥二级水电站引水隧洞岩爆研究. 水利发电,1991,(10):34-37.

[91] 徐林生. 二郎山公路隧道岩爆特征与防治措施的研究. 土木工程学报,2003,37(1):61-64.

[92] 侯发亮,刘小明,王敏强. 岩爆成因再分析及烈度划分探讨//第三届全国岩石动力学学术会议,武汉,1992.

[93] 许梦国,杜子建,姚高辉,等. 程潮铁矿深部开采岩爆预测. 岩石力学与工程学报,2008,27(s1):2921-2928.

[94] 陶振宇,潘别桐. 岩石力学原理与方法. 北京:地质出版社,1990.

[95] 王元汉,李卧东,李启光,等. 岩爆预测的模糊数学综合评判方法. 岩石力学与工程学报,1998,17(5),493-501.

[96] Brady B H G,Brown E T. 地下采矿岩石力学. 3版. 佘诗刚,等译. 北京:科学出版社,2011.

[97] Salamon M D G. Stability,instability and design of pillar workings. International Journal of Rock Mechanics and Mining Science,1970,7(6):613-631.

[98] Singh S P. Classification of mine workings according to their rockburst proneness. Mining Science and Technology,1989,8(3):253-262.

[99] Li X,Ma C,Chen F,et al. Experimental study of dynamic response and failure behavior of rock under coupled static-dynamic loading//Proceedings of the ISRM International Symposium. Rotterdam:Mill Press,2004:891-895.

[100] 左宇军,李夕兵,马春德,等. 动静组合载荷作用下岩石失稳破坏的突变理论模型与试验研究. 岩石力学与工程学报,2005,24(5):741-746.

[101] Pettitt W S,King M S. Acoustic emission and velocities associated with the formation of sets of parallel fractures in sandstones. International Journal of Rock Mechanics and Mining Sciences,2004,41(1):151-156.

[102] Cho S H,Ogata Y,Kaneko K. A method for estimating the strength properties of a granitic rock subjected to dynamic loading. International Journal of Rock Mechanics and Mining Sciences,2005,42(4):561-568.

[103] Steif P S. Crack extension under compressive loading. Engineering Fracture Mechanics,1984,20(3):463-473.

[104] Barquins M,Petit J P. Kinetic instabilities during the propagation of a branch crack:Effects of loading conditions and internal pressure. Journal of Structural Geology,1992,14(8-9):893-903.

[105] 张艳博,徐东强. 岩爆在不同岩石中的模拟实验. 河北联合大学学报(自然科学版),2002,24(4):8-11.

[106] 左宇军,李夕兵,唐春安,等. 受静荷载的岩石在周期荷载作用下破坏的试验研究. 岩土力学,2007,28(5):927-932.

[107] Höfer K H,Thoma K. Triaxial tests on salt rocks. International Journal of Rock Mechanics and Mining Sciences & Geomechanics Abstracts,1968,5(2):195-196.

[108] Nemat-Nasser S,Horii H. Rock failure in compression. International Journal of Engineering Science,1984,22(8-10):999-1011.

[109] 王贤能,黄润秋. 岩石卸荷破坏特征与岩爆效应深埋隧道工程水、热、力作用的基本原理及其灾害地质效应研究. 山地研究,1998,16(4):281-285.

[110] 尤明庆. 岩石试样的强度及变形破坏过程. 北京:地质出版社,2000.

[111] 徐林生. 卸荷状态下岩爆岩石力学试验. 重庆交通学院学报,2003,22(1):1-4.

[112] 葛修润. 岩土损伤宏细观试验研究. 北京:科学出版社,2004.

[113] 邱士利,冯夏庭,张传庆,等. 不同卸围压速率下深埋大理岩卸荷力学特性试验研究. 岩石力学与工程学报,2010,29(9):1807-1817.

[114] 邱士利,冯夏庭,张传庆,等. 不同初始损伤和卸荷路径下深埋大理岩卸荷力学特性试验研究. 岩石力学与工程学报,2012,31(8):1686-1696.

[115] Yin Z,Li X,Jin J,et al. Failure characteristics of high stress rock induced by impact disturbance under confining pressure unloading. Transactions of Nonferrous Metals Society of China,2012,22(1):175-184.

[116] 侯发亮. 岩爆的真三轴实验研究//第四届全国岩石动力学学术会议,成都,1994.

[117] 许东俊,章光,李廷芥,等. 岩爆应力状态研究. 岩石力学与工程学报,2000,19(2):169-172.

[118] 陈景涛,冯夏庭. 高地应力下岩石的真三轴试验研究. 岩石力学与工程学报,2006,25(8):1537-1543.

[119] Haimson B. True triaxial stresses and the brittle fracture of rock. Pure and Applied Geo-

physics,2006,163(5-6):1101-1130.

[120] Lee H,Haimson B C. True triaxial strength,deformability,and brittle failure of granodiorite from the San Andreas Fault Observatory at Depth. International Journal of Rock Mechanics and Mining Sciences,2011,48(7):1199-1207.

[121] 何满潮,苗金丽,李德建,等. 深部花岗岩试样岩爆过程实验研究. 岩石力学与工程学报,2007,26(5):865-876.

[122] 何满潮,刘冬桥,宫伟力,等. 冲击岩爆实验系统研发及实验. 岩石力学与工程学报,2014,33(9):1729-1739.

[123] 何满潮,李德建,孙晓明,等. 一种深部岩爆过程模型实验方法:中国,ZL 2007 1 0099297.1. 2007.

[124] 何满潮,杨晓杰,孙晓明. 模拟冲击型岩爆的实验方法:中国,ZL 2012 1 0102230. X. 2012.

[125] He M C,Miao J L,Feng J L. Rock burst process of limestone and its acoustic emission characteristics under true-triaxial unloading conditions. International Journal of Rock Mechanics and Mining Sciences,2010,47(2):286-298.

[126] 李德建,贾雪娜,苗金丽,等. 花岗岩岩爆实验碎屑分形特征分析. 岩石力学与工程学报,2010,29(1):3280-3289.

[127] He M C,Jia X N,Gong W L,et al. A modified true triaxial test system that allows a specimento be unloaded on one surface. True Triaxial Testing of Rocks,2012,4:251.

[128] 何满潮,杨国兴,苗金丽,等. 岩爆实验碎屑分类及其研究方法. 岩石力学与工程学报,2009,28(8):1521-1529.

[129] He M C,Jia X N,Coli M,et al. Experimental study of rockbursts in underground quarrying of Carrara marble. International Journal of Rock Mechanics and Mining Sciences,2012,52(6):1-8.

[130] He M C,Jia X N,Gong W L,et al. Progress in study of rockburst experiments and control countermeasures//The 12th International Society for Rock Mechanics Congress,Beijing,2011.

[131] 何满潮,贾雪娜,等. 岩爆机制及其控制对策实验研究//第十一届全国岩石力学与工程学术大会,武汉,2010:46-56.

[132] He M C,Nie W,Zhao Z Y,et al. Experimental investigation of bedding plane orientation on the rockburst behavior of sandstone. Rock Mechanics and Rock Engineering,2012,45(3):311-326.

[133] 宫宇新,何满潮,汪政红,等. 岩石破坏声发射时频分析算法与瞬时频率前兆研究. 岩石力学与工程学报,2013,32(4):787-799.

[134] 何满潮,赵菲,杜帅,等. 不同卸载速率下岩爆破坏特征试验分析. 岩土力学,2014,35(10):2737-2747.

[135] 刘东桥,何满潮,汪承超,等. 动载诱发冲击地压的实验研究. 煤炭学报,2016,41(5):1099-1105.

[136] 宫伟力,汪虎,何满潮,等. 深部开采中岩爆岩块弹射速度的理论与实验. 煤炭学报,2015,40(10):2269-2278.

[137] He M C, Zhao F, Cai M, et al. A novel experimental technique to simulate pillar burst in laboratory. Rock Mechanics and Rock Engineering, 2015, 48(5): 1833-1848.

[138] Gong W L, Peng Y Y, Wang H, et al. Fracture angle analysis of rock burst faulting planes based on true-triaxial experiment. Rock Mechanics and Rock Engineering, 2015, 48(3): 1017-1039.

[139] Gong Y X, Song Z J, He M C, et al. Precursory waves and eigen frequencies identified from acoustic emission data based on singular spectrum analysis and laboratory rock-burst experiment. International Journal of Rock Mechanics and Mining Sciences, 2017, 91: 155-169.

第 2 章　应变岩爆实验系统与方法

根据现场岩爆特征及发生岩爆的工程环境特征，分析了岩爆的演化进程。为实现岩爆破坏的室内模拟，研发了应变岩爆实验系统，并设计了岩爆实验方法。实验系统由五个子系统组成，分别为岩爆实验主机系统、液压控制系统、力和变形数据采集系统、声发射监测系统和高速图像记录系统，详细介绍了五个组成部分的构成及功能。根据岩爆的应力发生条件，确立了三种应变岩爆实验方法来模拟瞬时岩爆（方法 I）、滞后岩爆（方法 II）和岩柱岩爆（方法 III）。运用 Hoek-Brown 强度准则解释应变岩爆路径，提出只有岩石内积聚的应变能超过岩石本身破坏所需要的能量，多余的能量才有可能以动能和其他形式的能量释放出来，形成岩爆。此外，还对岩爆实验的试件要求及岩爆的实验步骤进行叙述。

2.1　工程现场岩爆特征及演化过程

2.1.1　国内外工程现场岩爆特征

岩爆的研究从 20 世纪 60 年代开始引起专家学者的重视。岩爆的室内实现非常困难，因此早期的研究[1~4]更多基于工程现场岩爆特征。

表 2.1 列举了中国部分工程实例中岩爆发生的情况[5~32]。无论是浅埋硬岩隧洞（如二滩水电站导流洞，岩性为正长岩/玄武岩，单轴抗压强度 176MPa，埋深 180m），还是深埋硬岩隧道（锦屏 II 级水电站引水隧洞，岩性为大理岩，单轴抗压强度 110MPa，最大埋深 2500m），均有岩爆发生。岩爆破坏特征表现为松脱、剥离、剥落、崩落、垮落、弹射、抛射，脱离围岩的岩块形状为薄片（鳞片、笋片、葱皮）状、板状、透镜状、块状等。

表 2.1　中国工程现场中典型岩爆实例记录

工程	埋深 /m	岩性	单轴抗压强度 /MPa	主应力($\sigma_1/\sigma_2/\sigma_3$) /MPa	岩爆特征
南桐煤矿[5,6]	230～770	矽质灰岩	95～187	35/21/—	抛射、崩落、垮落
台吉煤矿[7~9]	670～870	砂岩、砾岩	70～80	53.5/—/—	崩落、弹射

续表

工程	埋深/m	岩性	单轴抗压强度/MPa	主应力($\sigma_1/\sigma_2/\sigma_3$)/MPa	岩爆特征
门头沟煤矿[10]	200～600	煤系岩石	20～30	24～43/12～21/—	煤岩爆冲击、岩层折断
老虎台煤矿[11]	200～800	煤	15～25	—	煤岩爆、冲击
大台井巷[12,13]	680～880	辉绿岩、砂岩	53	22.5/50/—	弹射
红透山铜矿[3]	1000	片麻岩	104～110	85/29/—	岩块弹射、帮壁崩落
冬瓜山铜矿[14]	800～1000	矽卡岩、大理岩	170 50～74	33～38/12～33/9～31	炸裂、抛掷
崟鑫金矿[15]	1015～1210	混合岩	126	—	片状剥落、张裂松脱
会泽铅锌矿[16]	920	白云岩、灰岩	54～83	28/—/—	片状剥落
天生桥二级水电站引水隧洞[17,18]	200～250	石灰岩	88～131	21/18.5/4.5	剥落、片状弹射
锦屏Ⅱ级水电站引水隧洞[19]	50～2500	大理岩	78～108	42/26/16	剥落、弹射 鳞片状、薄片状
太平驿水电站引水隧洞[20]	80～650	花岗岩、闪长岩	140～200	30.7/10.2/—	爆落、弹射
二滩水电站左岸导流洞[21]	180	正长岩、玄武岩	176	26/9/2.5	片状剥落
渔子溪水电站引水隧洞[1]	200～650	花岗闪长岩	170～180	12.3～11.4/—/—	片状弹射、崩落 笋皮状薄片剥离
周宁水电站[22,23]	250～300	花岗岩	100～130	16/10/8	岩块弹射
福堂水电站引水隧洞[24]	450～700	花岗岩	150～250	—	弹射及崩落 块状、小薄片状
二郎山公路隧道[25,26]	760	粉砂岩、砂质泥岩	92 60～65	35/15/8	剥落、松脱、弹射
秦岭终南山特长公路隧道[27]	1600	混合片麻岩	78～325	36/28/16	剥落、少量弹射 板状、透镜状
苍岭隧道[28～30]	120～768	凝灰岩	157	18/12/8	松脱、剥离、弹射 薄片状、透镜状
都汶公路福堂坝隧道[31,32]	320～360	花岗岩	80～120	7.3/—/—	剥落及弹射 薄片状、板状

表 2.2 列举了国外部分工程实例中岩爆发生的情况[2,33]。和国内的情况类似，发生岩爆的工程埋深变化范围大，从几米至 3200m 不等。在浅埋硬岩隧道，如挪威的 Sewage 隧道(花岗岩，单轴抗压强度 180MPa，埋深 130m)和瑞典 Forsmark 核电站水工隧洞(片麻花岗岩，单轴抗压强度 280MPa，埋深 5～15m)；或深埋硬岩矿山巷道，如印度 Kolar 金矿(角闪长石，单轴抗压强度 297MPa，埋深 2100～3000m)，均发生了岩爆。岩爆破坏特征为剥落、崩落、劈裂、爆裂、弹射、冲击等。

表 2.2　国外工程现场中典型岩爆实例记录

工程	埋深/m	岩性	单轴抗压强度/MPa	主应力($\sigma_1/\sigma_2/\sigma_3$)/MPa	岩爆特征
印度 Kolar 金矿[33]	2100～3000	角闪长石	297	—	岩片弹射
南非 Hoist 地下硐室[2]	1450	石英岩	198～230	44.3/39/—	—
日本关越公路隧道	750～1050	石英闪长岩	236	89/16.2/—	—
日本清水隧洞	1000～1300	石英闪长岩	183	89/27/—	岩爆
苏联基洛夫矿	>700	花岗岩	200	50.5/19/—	—
德国鲁尔煤矿	600～1000	煤	—	—	冲击地压
波兰上西里西亚煤矿	600	煤	10～35	—	冲击地压
挪威兰峡湾公路隧道	200～1500	花岗片麻岩 片麻闪长岩	60～200	34/9/—	—
挪威赫古拉公路隧道	—	花岗片麻岩	175	—	岩片剥离、弹射
挪威西马水电站	700	花岗岩 花岗片麻岩	180～200	48.8/19.5/—	大块岩片弹射
挪威 Sewage 隧道	130	花岗岩	180	35/3.5/—	岩片劈裂
挪威 Eikesdal 公路隧道	800	片麻岩	200	30.6/21.2/—	—
瑞典 Headrace 隧道	300	石英岩	200	28/2～8/—	—
瑞典 Ritsem 交通洞	130	糜棱岩	—	—	岩片劈裂
瑞典 Forsmark 核电站水工隧洞	5～15m	片麻花岗岩	280	20～30/—/—	岩片弹射，伴有岩石开裂的声音

续表

工程	埋深/m	岩性	单轴抗压强度/MPa	主应力($\sigma_1/\sigma_2/\sigma_3$)/MPa	岩爆特征
美国 Galena 铅矿	1700	石英岩	180	49.6/45.7/—	—
加拿大 Creighton 镍矿	2500	花岗岩	120	103/83/72	岩片剥离、弹射
加拿大 Sudbury 镍矿	1200	苏长岩、碧玉、硫化物	220/400/280	55.2/44.2/34.8	—

因各行业涉及的工程岩体特性差异，发生岩爆的临界深度（发生岩爆的最小埋深深度）也有所不同，国外主要采矿国家岩爆发生的临界深度见表 2.3[34]。

表 2.3　国外主要采矿国家岩爆发生的临界深度[34]

国家	美国	加拿大	波兰	德国	南非	印度	英国
临界深度/m	150	180	240	300	300	480	600

根据现场的岩爆现象观测与记录，总结、归纳出岩爆主要有以下五个特征。

1. 岩爆发生的位置具有选择性

在隧道及硐室中岩爆主要发生于顶板，有时也发生于靠近底部的侧壁；有多个临空面（如矿柱）及在构造应力集中部位（如褶皱带）易发生岩爆[35]。隧道岩爆多发生在新开挖的工作面附近，个别也有距新开挖的工作面较远，常见的岩爆位置在拱部或拱腰部位[36]。在隧道工程中，表现为岩爆位置随掌子面推进而前进，在煤矿生产中则与开采工作面的前进方向引起的矿压显现有关[20]。

2. 岩爆的发生具有突发性

以锦屏 II 级水电站辅助洞工程区岩爆实例为例，岩爆未发生前，无明显征兆、无空响声，岩爆时会伴有岩石开裂的声音[36]。

3. 岩爆易发生于较脆硬、较完整及较干燥的岩体中

发生岩爆的岩石通常为高弹性储能的硬脆性岩浆岩（如花岗岩、花岗闪长岩和闪长岩等）和灰岩、白云岩、砂岩等沉积岩以及混合花岗岩、花岗片麻岩、片麻岩、石英岩、大理岩等变质岩。

在单轴抗压强度大于 110MPa 的岩体中易于发生岩爆，对于沉积岩，在单轴抗压强度大于 60MPa 的坚硬岩体中也易于发生岩爆[2,20]。徐林生和王兰生[26]介绍了在我国二郎山公路隧道施工中砂质泥岩发生轻微岩爆的现象，其成分为伊利石 35%～49%、绿泥石 25%、石英 26%～39%，单轴抗压强度为 65MPa。

杨涛和李国雄[37]的研究表明，完整岩体强度较高，可储存较大应变能，而破碎岩体不易于能量的储存。因此，特别完整和特别破碎的岩体均不易发生岩爆。除此之外，当围岩富水时，岩体间摩擦减小，不利于能量的积聚，也不易发生岩爆[38]。

4. 岩爆发生具有追踪性

岩爆在开挖后陆续出现，多发生在爆破后的 2～3h，24h 内最为明显，延续时间一般为 1～2 月，有的甚至延长 1 年以上[36]。罗贻岭[39]通过对成昆铁路北段的关村坝、乌斯河和塔足古等几座隧道岩爆的实录分析，指出岩爆多发生在爆破作业完成后的 2～3h，在第 1 次岩爆发生后，还会间断发生岩爆，间隔时间拉长，开始以小块石片弹射为主，之后以大块坠落为主。

5. 岩爆碎块形状及动力学特征

现场观测表明，岩爆碎块往往呈中间厚、边侧薄的形状。岩爆在临空面产生时，往往会伴随着岩块、片的弹射、抛掷等特征。

2.1.2 应变岩爆演化过程

国内外学者从现场岩爆发生的条件出发，不断探索在室内进行岩爆实验，并采用数值模拟的手段进行验证，并且逐渐地认识到采用三轴压缩实验更加符合现场情况。考虑到岩爆由围岩开挖卸载引起，利用真三轴压缩系统卸载来模拟地下开挖的过程，且卸载速率及实验机刚度对岩石的强度有一定影响，通过控制开挖的速率可以在一定程度上减少岩爆的发生[40]；利用真三轴压缩实验装置模拟含水率对岩爆的影响等[41]。但受实验设备的限制，以往的室内实验不能完全模拟现场岩爆发生的条件。

对于现场岩爆的演化及发展过程，主流观点认为岩爆破坏过程经历了劈裂成板、剪断成块、块片弹射三个阶段[42～45]。劈裂成板是开挖产生切向应力集中导致裂纹沿平行于临空面方向扩展呈板状；受临空面的作用，在应力调整过程中，岩板剪断呈块状；当围岩体储存足够的能量时，就会在完成前两个阶段后继续发展，产生碎片、岩块弹射或崩落。

在三种应变岩爆中，岩柱岩爆的应力条件类似于单轴压缩。但对于巷道或地下硐室围岩及工作面发生的岩爆，尤其是隧道开挖过程中岩爆发生的应力条件，显然与单轴压缩条件情况不符。从岩爆发生的特征及规律来看，岩爆的确是岩体破坏的一种形式，但岩爆又与一般实验室岩石破坏实验发生的条件及破坏特征有所不同，主要表现在以下几个方面：

(1) 应力条件，主要指破坏时的受力方式。岩爆破坏可以在试件端面应力不变条件下因内部应力的调整在某一时刻发生突然破坏，表现为时间相关性。单轴压缩和三轴压缩是在试件端面所受应力不断变化过程中发生的破坏。

(2) 边界条件,指试件具有自由表面情况。岩爆是试件在一面或多面临空的条件下发生,单轴压缩破坏时侧向临空,而三轴压缩破坏没有临空面。

(3) 破坏特征,指试件破坏后的破裂特征。岩爆碎屑呈块状、板状、薄片状和透镜体状等,与单轴压缩(劈裂或剪切)和三轴压缩(剪切)的破裂形状不同。

岩爆发生的控制因素既有岩性的作用(内因),也有工程活动的作用(外因)。岩爆是在进行地下工程开挖后,在高应力条件下围岩发生破坏的现象。开挖使围岩具有临空面,导致围岩中应力的重新分布,是岩爆发生的必要条件。

2.2 应变岩爆实验系统设计原理

2.2.1 岩爆实验系统应具备功能

在实验室条件下对岩爆进行物理模拟,需要再现工程岩体中发生力学行为(指岩石的脆性和延性)转化的应力条件,并能够模拟开挖形成临空面的边界条件。岩爆实验对理解岩石的破坏机制有重要的作用,可以用于校准数值模型、优化力学路径和揭示岩爆机制。因此,研制与开发能够真实模拟岩爆应力与边界条件的实验系统具有重要意义。

从单轴岩爆实验到利用三轴或真三轴加载来模拟岩爆破坏,研究人员进行了不懈的努力并取得了一些研究成果[46~53]。

但以往的岩爆实验没能真实地模拟现场岩爆过程中发生力学行为转化的应力条件与开挖形成临空面的边界条件。为了能够在实验室真实地再现岩爆的动力学过程,模拟岩爆过程力学行为转化的应力条件与开挖临空面的边界条件,作者在真三轴实验机基础上研制了单面快速卸载装置,下面将进行介绍。

2.2.2 围岩力学行为转化

围岩力学行为转化,是指在浅部表现为脆性的岩石,随着埋深的增加,由于所处的应力条件的改变,会表现为延性特征。在深部地下空间开挖时,由于开挖形成的卸载效应,岩石的特性又会由延性向脆性转化;室内三轴加载及卸载实验已经证明了岩石这种力学行为的变化特征[54]。

地下空间的开挖,在引起围岩中应力重分布的同时,也改变了围岩的几何边界条件,使岩爆的发生成为可能。深部岩体由于开挖形成的力学行为转化及几何边界条件变化可用图 2.1 所示的物理模型来表示[45]。图中,微元体代表地下岩体原始应力状态为三向六面受力状态[见图 2.1(a)],在深部条件下,岩石的力学行为将发生脆性—延性转换;当深部岩体开挖时,将形成自由面[见图 2.1(b)],其应力状态演化为五面(或三面,当位于交叉隧道或巷道出口时)受力的状态,也称为岩爆应力状态。

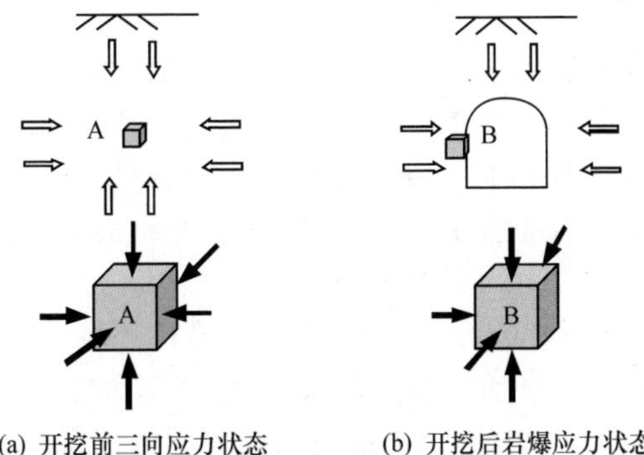

图 2.1　岩爆岩石微元应力与边界变化示意图[45]

图 2.2 为岩爆发生过程临空面围岩演化模型。在岩爆应力状态下，围岩首先发生垂直板裂化破坏[见图 2.2(a)]，即围岩破坏区形成非连续的板状结构；板状结构继续演化，发生屈曲变形[见图 2.2(b)]和岩爆[见图 2.2(c)]。

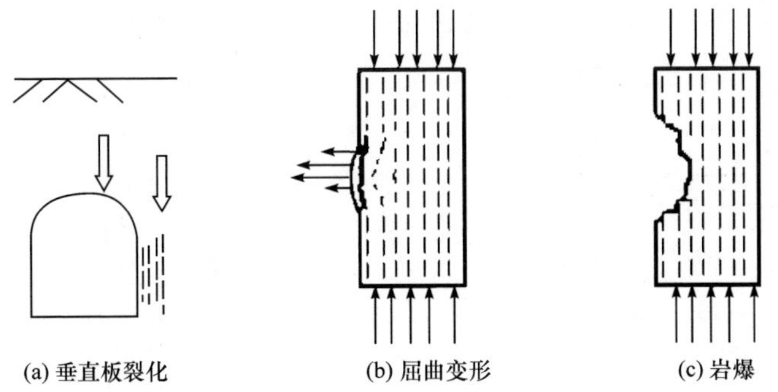

图 2.2　岩爆发生过程临空面围岩演化模型[45]

力学行为转化过程可以用图 2.3 表示。浅部的脆性岩石，随着埋深的增加，当达到一定深度(常定义为临界深度)时转化为延性，在地下空间开挖的卸载影响下，有可能转化为深部脆性并发生岩爆。岩爆的力学行为转化过程实质是岩体系统在外部条件发生变化时力学响应的变化。

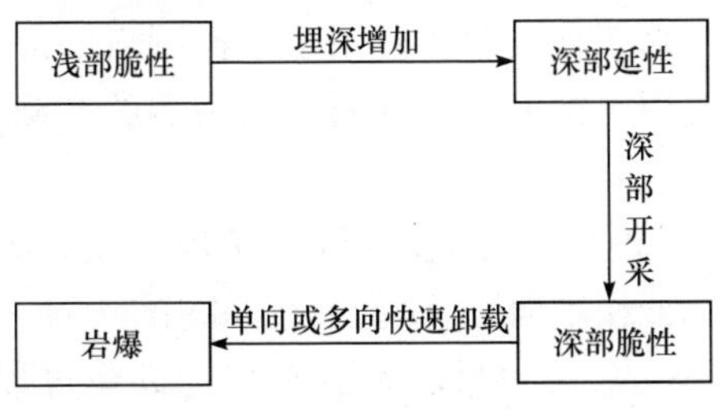

图 2.3　力学行为转化过程

2.2.3 力学行为转化的物理模型

研制实验室岩爆物理模拟系统，需要提出一个物理模型，用以表征上述力学行为转化过程。按 1.2 节提出的岩爆概念，岩爆是岩块从其周围的岩体获取能量，弹射、脱离围岩系统的动力学过程。在实际的岩爆孕育过程中，围岩系统与弹射岩块往往难以分割。然而，在实验室物理模拟中，围岩系统的加载作用可以用非刚性实验机来模拟，岩块可用合适尺寸的岩石试件来模拟。

对于岩石试件几何形状的选择，综合考虑已有的现场观测与调研结果，确定为长方体板状结构，如图 2.4 所示。图 2.4(a)给出了试件受到真三轴压缩加载的状态，用于模拟地下空间开挖初期，未形成自由面并开始板裂化的状态，其中 σ_3 为最小主应力，其方向为即将产生的自由面的法线方向；图 2.4(b)为试件处于五面受力的应力状态(岩爆应力状态)，用于模拟开挖引起的卸载，并在最小主应力方向创造了自由面的应力边界条件。

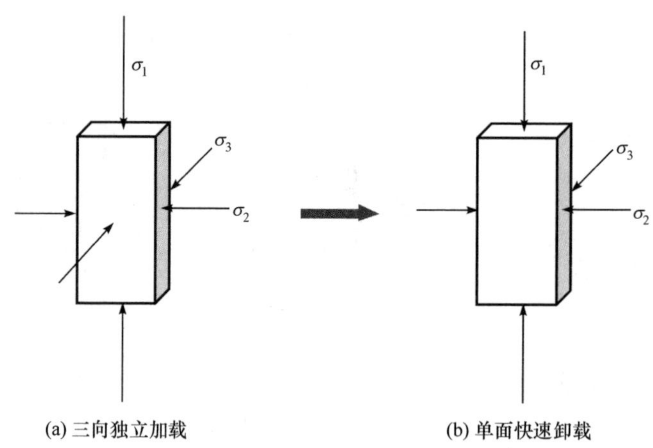

(a) 三向独立加载　　(b) 单面快速卸载

图 2.4　应力转化过程示意图

将围岩系统的加载作用设计成真三轴加-卸载应变岩爆物理模拟实验系统，图 2.5 为单面快速卸载装置的加-卸载轴掉落示意图。与一般的真三轴加载装置不同的是，真三轴加-卸载应变岩爆物理模拟实验系统由真三轴加载装置与单面快速卸载装置组成。其中，真三轴加载装置用于模拟围岩的应力集中与弹性能储存功能；单面快速卸载装置用于模拟地下空间开挖引起的卸载效应，同时，创造了自由面的几何边界条件。

为实现图 2.5 所示[54]的单面卸载功能，以实现上述岩爆应力转化过程，设计了岩爆快速卸载装置，保证在单面卸载时，迅速暴露试件的一个表面。单面快速卸载装置的原理如图 2.6 所示[55]。可以看出，在快速卸载过程中，轴力沿与加载方向相反的方向快速撤除，加-卸载轴与压头在重力的作用下掉落，在快速卸载轴向应力的同时，创造了临空面，进而形成了岩爆的几何与应力边界条件。

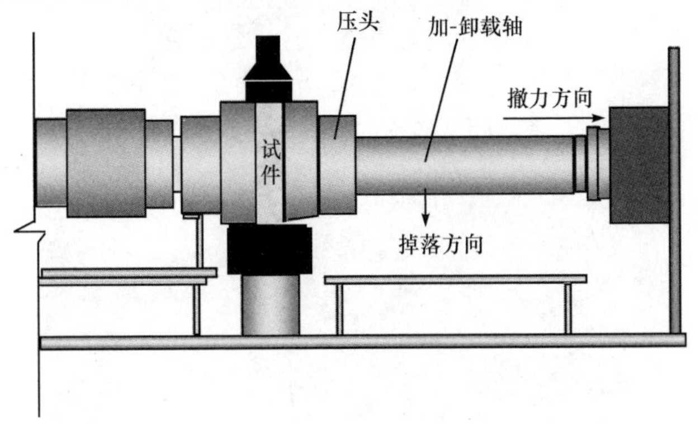

图 2.5　单面快速卸载装置的加-卸载轴掉落示意图[54]

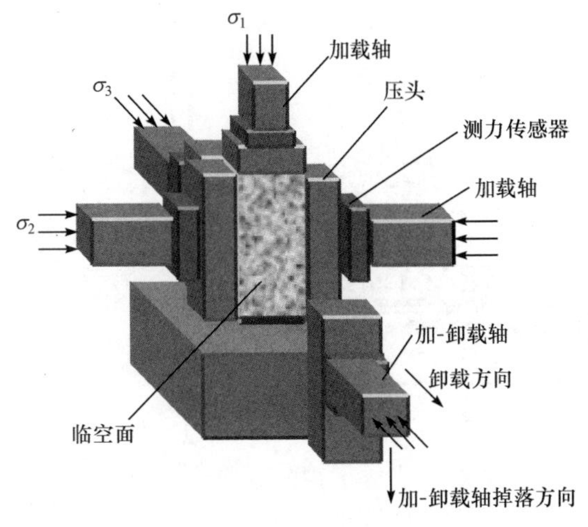

图 2.6　单面快速卸载装置原理图[55]

2.3　应变岩爆实验系统组成

2.3.1　应变岩爆实验系统

应变岩爆实验系统由岩爆实验主机系统、液压控制系统、力和变形数据采集系统、声发射监测系统和高速图像记录系统五个子系统组成。其中前三个子系统为实验系统的主体部分，其实物及装置如图 2.7 和图 2.8 所示。

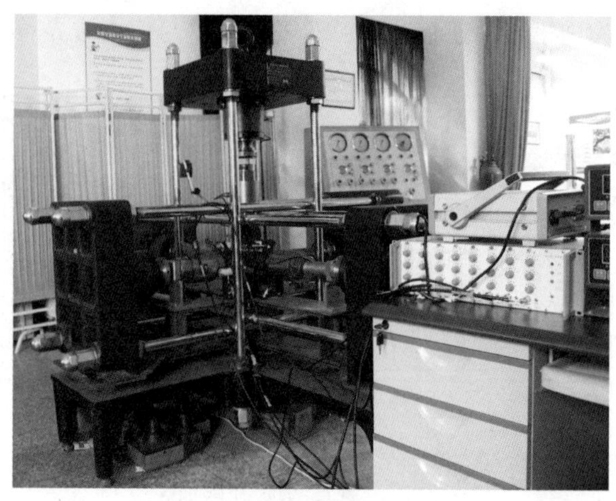

图 2.7 应变岩爆实验系统

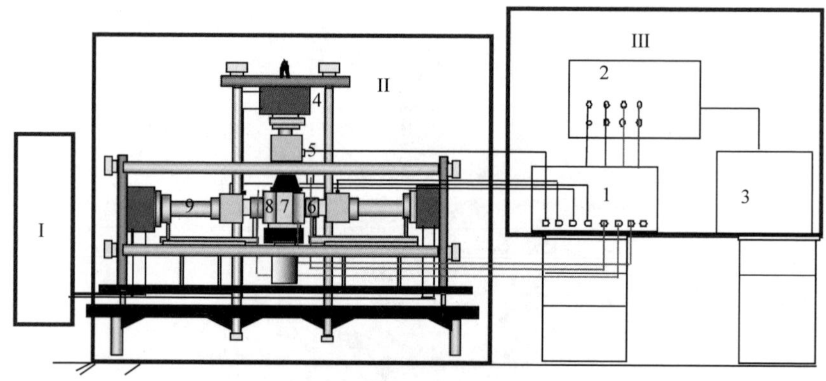

图 2.8 应变岩爆实验系统原理

I. 液压控制系统；II. 岩爆实验主机系统；III. 力和变形数据采集系统；1. 应变放大仪；2. 数据采集系统；3. 计算机；4. 油缸；5. 传感器；6. 压头；7. 试件；8. 垫块；9. 传力杆

应变岩爆实验系统可进行应变岩爆实验、单/双轴压缩及真三轴压缩实验。在岩爆实验中，可实现三向加载至某一应力状态，然后启用单面快速卸载装置，暴露试件一侧表面，形成岩爆应力状态与几何边界条件。系统的主要性能指标如下：

(1) 试件最大尺寸可以为150mm×150mm×150mm，岩爆实验试件采用长方体板状试件，加载系统最大压力为450kN，最大拉力为75kN。

(2) 载荷精度：<0.5%；载荷对称性偏差：<3%。

(3) 主机外形尺寸：2240mm（长）× 1960mm（宽）× 1800mm（高）；总重：2300kg。

(4) 液压控制台总重：100kg；外形尺寸：950mm(长)×840mm(宽)×1570mm(高)。

(5) 电动油泵外形尺寸：800mm（长）×450mm（宽）×900mm（高）；总重：80kg；电机额定功率：2.2kW；额定电压：380V。

2.3.2　实验主机系统

如图 2.9 所示，岩爆实验主机由反力框架、真三轴加载装置与单面快速卸载装置等组成。主机有互相独立的三套加载系统，其中两套系统水平加载，一套系统垂直加载。水平方向的两个载荷支承结构分别由一对载荷支承梁和四根拉杆组成，互相独立，正交设置；垂直方向载荷支承结构下部为刚性约束。主机的加载系统可实现三个互相垂直方向的独立加载，互不干扰。

图 2.9　岩爆实验主机系统

为保证设备正常、安全工作和加载位置准确，要求主要承载部件应具有足够的强度和刚度，安全系数不小于 1.5；载荷支承梁的最大挠度小于 1mm，以保证卸载后变形能够恢复。在水平方向载荷支承梁下设置了两个平行的定位槽，定位槽与滑动支承板上的定位条组合在一起，内置若干个能自由滑动的钢球，使载荷支承梁可以前后移动，但不能左右移动。这样既方便了试件的安装和调整，又保证了载荷支承结构的正交性。加载传力结构由对中盘、传力杆、钢球和压头组成。由一油缸加载，经过该传力结构使作用于试件表面的载荷成为均布载荷。

主机系统的单面快速卸载装置是实现岩石力学行为转换、模拟岩爆发生的应力状态与几何边界条件的关键装置。单面快速卸载装置如图 2.10 所示。

图 2.10　单面快速卸载装置

2.3.3　液压控制系统

液压控制系统由液压泵站和控制台两部分组成，其实物照片如图 2.11 所示。液压泵站由油箱、油滤、电机泵组等组成。液压控制系统的卸载控制部分采用了高精度伺服阀控制单面快速卸载装置，具有极高的动态响应特性。因此，岩爆实验机可以在实验过程中的任一瞬时进行单面快速卸载，真实地模拟开挖边界形成的岩爆条件。液压控制系统的装置图如图 2.12 所示。

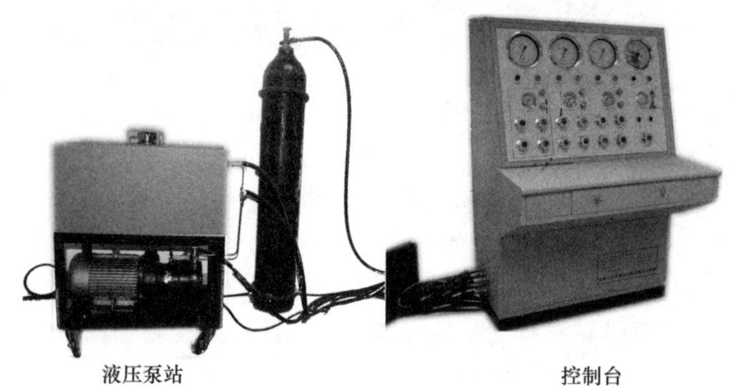

图 2.11　液压控制系统

控制台由操作台、软管、单向阀、蓄能器、电磁阀、电压表、油源压力表、气源压力表、指示灯、高压软管、开关等组成。图 2.12 中，左边三组为气压控制系统，右边一组为油压控制系统。气压控制系统的压力表采用精密 YB-150A 型压力表，工作压力为 0～60MPa，载荷精度为±0.25%，使用环境温度为 5～40℃。油压控制系统的压力表采用 YXC-60 型压力表，工作压力为 0～100MPa，载荷精度为 1.5%，使用环境条件为 −40～70℃。

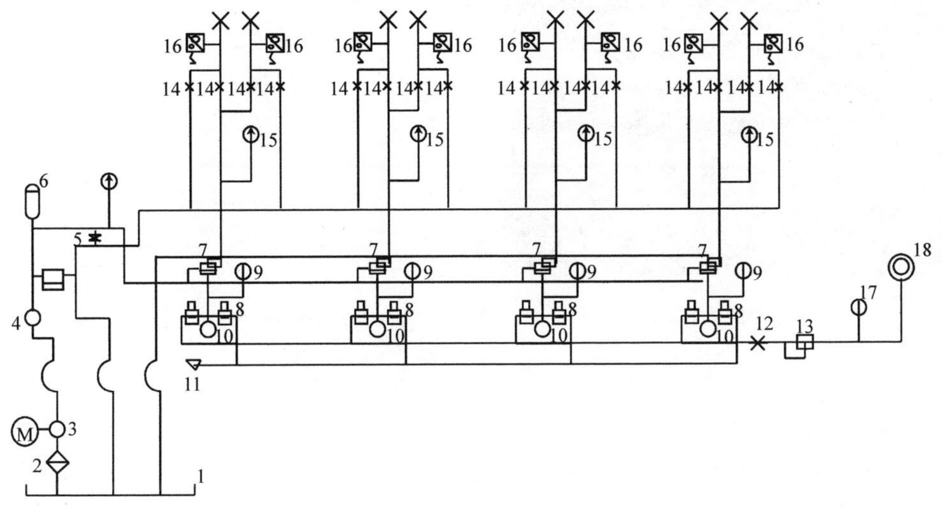

图 2.12　液压控制系统装置图

1. 油箱；2. 油滤；3. 电机泵组；4. 单向阀；5. 开关；6. 蓄能器；7. 气控开关；8. 电磁阀；9. 电压表；10. 气容；11. 消音器；12. 微调开关；13. 降压阀；14. 开关；15. 油压表；16. 液压转换开关；17. 气压表；18. 气源

四个侧向加载油缸（见图 2.9）分别固定在载荷支承梁内侧中央部位，油缸活塞轴线和试件中线重合。纵向油缸安装在纵向上载荷支承梁内侧的中央部位，与水平方向的油缸正交。可拉伸方向和不可拉伸方向各使用一对油缸，每对油缸并联在一条油路上，两个方向的载荷独立控制，以满足不同侧压系数和复合应力实验以及常规力学性能实验时的加载技术要求。纵向油缸单独使用一条油路，可以独立控制载荷。

2.3.4　力和变形数据采集系统

为了采集到岩爆破坏过程中力和位移的变化，实验系统配备了 DSG9803 应变放大器和 USB8516 便携式动态数据采集仪[见图 2.13(a)]，数据采集系统由传感器、放大器、数据采集仪、计算机及相关的处理软件组成，可自动、动态地对大量的测试数据进行准确、可靠的采集和编辑处理。该动态采集仪可实现最高 100000s^{-1}（每秒采集 100000 个点）的高速采集，记录实验过程中力和位移的变化，捕捉到在某种应力组合作用下岩石岩爆过程的力与位移的非线性快速动态变化特征。

图 2.13(b)显示了花岗岩岩爆时典型的竖向载荷变化曲线。可以看出，在岩爆发生时竖向载荷在很短的时间内有较大的应力降过程，能够详细记录竖向力的

变化过程，为分析岩爆过程中的力学行为变化特征奠定了基础。

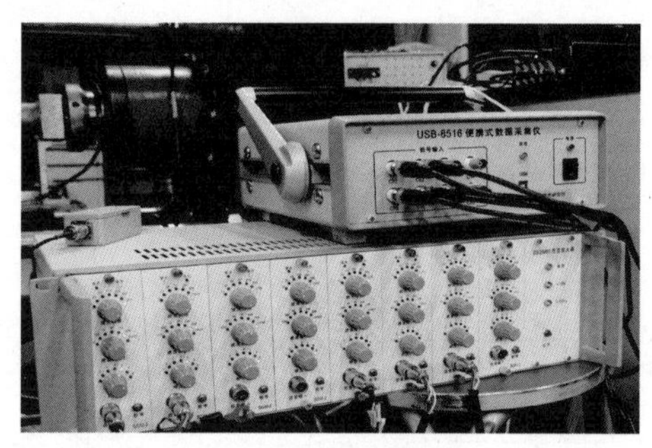

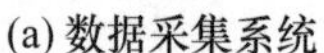

(a) 数据采集系统

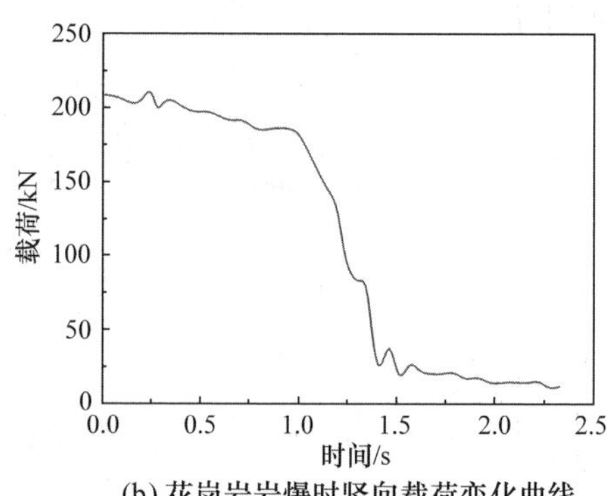

(b) 花岗岩岩爆时竖向载荷变化曲线

图 2.13 力和变形数据采集系统及典型采集结果

数据采集系统的主要技术参数如下：

(1) 通道：8 通道，可同时连接 8 个传感器。

(2) 采样频率：1～10^5 Hz。

(3) A/D 分辨率：16bit。

(4) 采集输入电压范围：±0.1～±100V 动态范围信号。

(5) 系统精度：±0.5%～±2% FS。

(6) 非线性：±0.1% FS。

(7) 低通滤波：100Hz、300Hz、1kHz、3kHz、10kHz、30kHz、50kHz。

2.3.5 声发射监测系统

1. 声发射监测系统原理

固体物质具有惯性和可变形性，在外载荷作用下，会产生弹性变形或塑性变形。在弹性变形内，外载荷越大，弹性变形越大，储存的弹性能也越多。当外力超过其弹性范围时，脆性物质会瞬间发生破坏，释放的部分能量以应力波的形式传播，称为声发射[56]。

受载岩石的破坏过程是一个微裂纹形成、发展和汇合的过程，该过程伴随着损伤的演化，涉及从微观到宏观的各种尺度。在这个过程中，会产生不同频率范围的声发射信号。通过声发射信号的监测与分析，可以研究断裂的局部化以及裂纹的萌生和扩展，乃至整个断裂过程。对声发射进行监测，并分析其信号特征，可以了解岩石内部的损伤演化过程。

声发射监测系统的原理及实验用监测设备如图 2.14 所示。受载岩石试件中，由于应力的重分布而产生破裂，即为应力波源；当应力波传播到试件的表面时，由

图 2.14(a)中的声发射传感器拾取信号，信号经放大器放大后，由数据采集器进行信号采集；同时，声发射信号监测系统具有初步统计分析的信号处理功能；最后，采集到的信号可以在计算机显示屏上实时显示与记录[见图 2.14(b)]，以进行现场观测与后续的数据深度处理与分析。

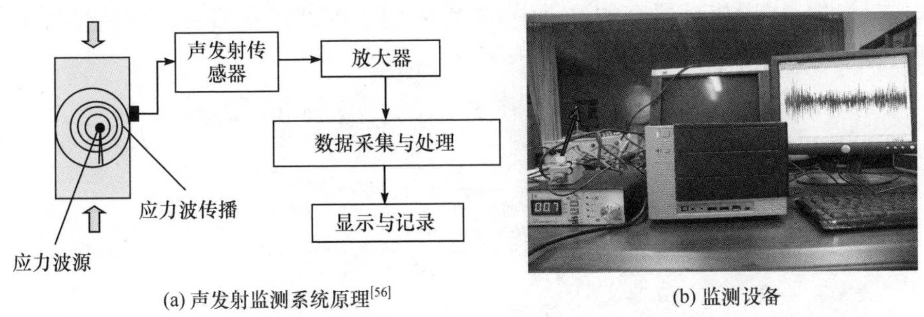

(a) 声发射监测系统原理[56]　(b) 监测设备

图 2.14　声发射监测系统原理及监测设备

声发射监测系统的工作原理可由图 2.15 所示的框图来表示。首先，从岩石试件中有弹性波出现，被传感器接收并转化为电信号，经前置放大器放大、滤波器去噪、主放大器进一步放大后，进入信号处理器处理，并通过数模转换后进行显示与存储。

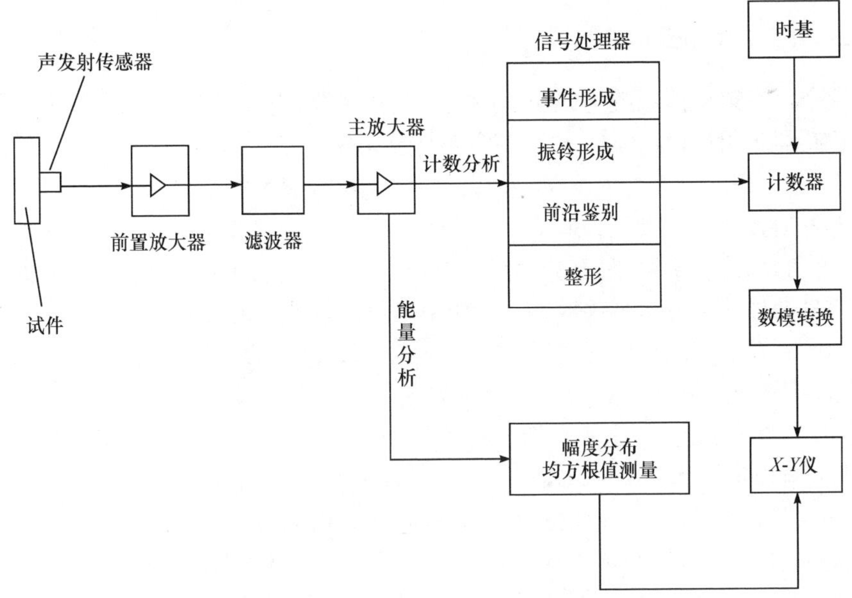

图 2.15　声发射监测系统工作原理

声发射监测需要通过传感器把声发射信号转换成电信号，选择合适的传感器，需要了解实验室岩石力学试件破坏所处的频率范围。如图 2.16 所示，岩石产生的声发射信号的频率为几十千赫兹到几百千赫兹[57]。岩石是一种各向异性、声波衰减系数较小的材料。岩石力学实验中声发射传感器的选择，应当考虑岩石产生的声发射信号的频率范围、幅度范围、噪声信号和样品的形状等因素。我们在利用声发射信号进行岩爆机理研究的过程中，先后采用了国产的窄带声发射传感器和进口的宽带声发射传感器。

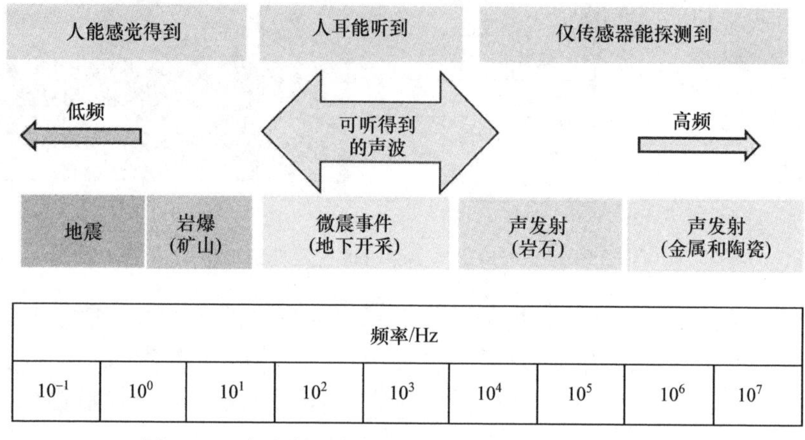

频率/Hz								
10^{-1}	10^0	10^1	10^2	10^3	10^4	10^5	10^6	10^7

图 2.16 声发射频率范围及其所对应的工程领域[57]

2. 国产声发射监测系统

国产声发射监测系统为四通道声发射监测系统，由前置放大器、主放大器及声发射传感器等组成(见图 2.15)。其主要性能指标包括：国产声发射采集卡最高采样频率为 20MHz，实验时一般采用 1MHz，采样精度为 12 位；处理器为 P4 2.4GHz；前置放大器带宽为 0.01～2MHz，增益为(40±1)dB。国产声发射监测系统可长时间连续采集，具有自动记录波形数据、自动波形回放等功能；采集软件可在线自动计算声发射事件数、能量、能率等声发射波形的统计特征参数。

国产声发射监测系统配备了 PXR15 型谐振式高灵敏度传感器，这是一种窄带传感器，其外观及灵敏度频响标定曲线如图 2.17 所示，其中图 2.17(a)为其外观图，图 2.17(b)为其灵敏度频响标定曲线。从曲线中可以看出，传感器共振频率为 150kHz，响应带宽为 100～300kHz，灵敏度为 65dB。

谐振式窄带声发射传感器具有较高的精度，在谐振频率附近具有优良的频率响应特性；当已知信号的频宽时，应用具有特定谐振频率的窄带传感器可以获得品质好的声发射信号。谐振式窄带传感器的缺点是响应的频带较窄，当被测信号的频宽未知时，测得的声发射信号有可能存在较大的失真。

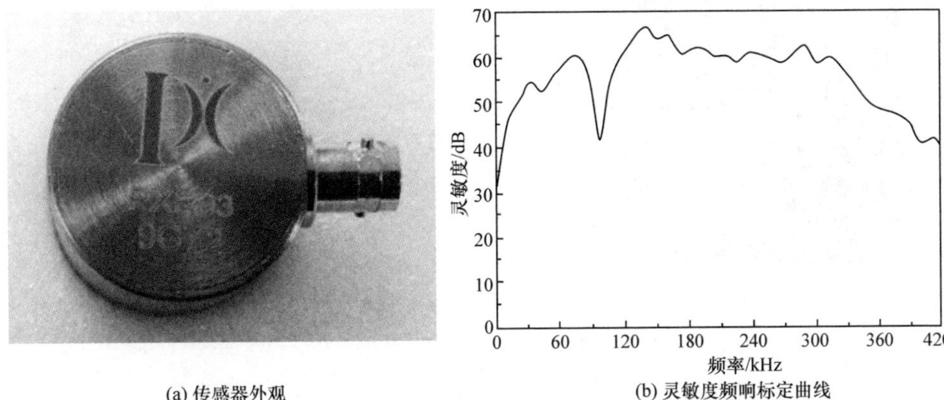

(a) 传感器外观　(b) 灵敏度频响标定曲线

图 2.17　窄带声发射传感器外观及灵敏度频响标定曲线

3. 进口声发射监测系统

进口宽带声发射监测系统的前置放大器为差分式传感器输入、可变带宽插件筛选器。此放大器有 20dB/40dB/60dB 三个档,可以根据实际应用需要任意选取。该系统具有 18bit A/D,0.001～3MHz 频率范围,其主要技术参数如下:

(1) 内置 18bit A/D 转换器和处理器,可对采样进行实时分析且具有很高的信号处理精度,最大信号幅度为 100dB。

(2) 最大采样频率:40MHz。

(3) 动态范围:>85dB。

(4) 每个通道上声发射特性实时处理 FPGA 硬件进行高速信号处理。

(5) PCI 总线和 DMA 技术进行高速数据传输、存储。

与谐振型窄带声发射传感器不同,宽带型声发射传感器具有较宽的频带,然而在特定频带上的动态响应特性不如谐振型窄带传感器,可以理解为在该频带上拾取的信号精度不如谐振型。然而,随着传感技术的飞速发展,宽带型传感器的性能得到了迅速改进。因此,宽带型声发射传感器得到了更多的应用。

进口的声发射监测系统配备的是宽带声发射传感器,其频响为 0.001～1MHz,采样频率为 2MHz,即每秒可采集 2048 个数据点,实验过程中一般采用 1MHz。图 2.18 为其外观及灵敏度频响标定曲线。可以看出,在很宽的频带内,宽带声发射传感器的灵敏度可达 38dB,适当增加放大器的增益,这一指标仍可较好地满足声发射信号采集的精度要求。宽带声发射传感器在具有宽频带、合适的灵敏度的同时,不需要预先知道被测信号的频率区间,可以避免窄带传感器采集“假信号”的问题。

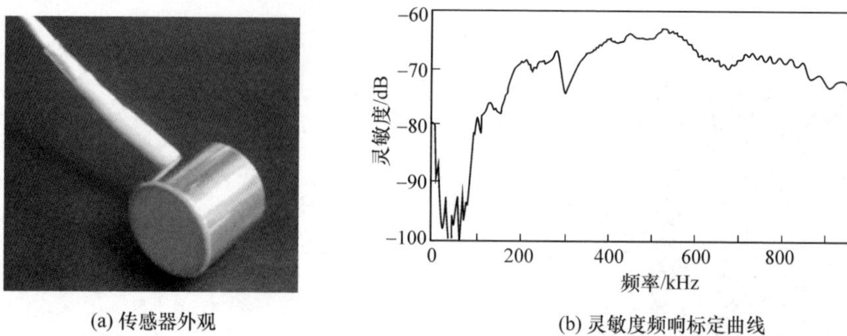

(a) 传感器外观　　(b) 灵敏度频响标定曲线

图 2.18　宽带声发射传感器外观及灵敏度频响标定曲线

2.3.6　高速图像记录系统

为了记录单面卸载后试件暴露面的岩爆破坏情况，除常规数字摄像外，还配备了高速图像采集装置[见图 2.19(a)]，用于高速记录岩爆时卸载面变化和弹射碎屑的运动特征。该套装置由高速相机、主机及采集卡、用于存储的磁盘阵列和相关的控制软件组成[见图 2.19(b)]。

(a) 高速相机

(b) 采集操作界面

图 2.19　高速图像记录系统

利用数码相机可真实记录岩爆破坏过程的现象。高速摄影采样频率满幅 1000 帧/s，高速存储磁盘阵列记录时长最长为 30min。通过对记录图像的分析，可进行岩爆碎片、块的弹射抛掷特征研究，进行速度计算及动能估算。主要技术参数如下：

（1）相机：MC-1310。

（2）存储单元：光纤硬盘阵列。

（3）分辨率：1024×1024。

（4）速度：采样频率满幅 1000 帧/s。

(5) 记录时间:30min。
(6) 支持多相机同时工作,最高写入速度可达 850MB/s。

2.4　应变岩爆实验方法

2.4.1　岩石基本物理力学实验

在开展岩爆实验前,为了得到岩石试件的微观结构特性与基础宏观力学性质,需要开展岩石基本物理力学实验与分析,主要包括扫描电子显微镜(scanning electron microscope,SEM)分析、X 射线衍射(X-ray diffraction,XRD)分析、工业 CT 扫描、单轴压缩与三轴压缩实验等。

通过 SEM 分析,可以得到岩石的微细观结构特征;通过 XRD 分析,可以得到岩石的成分;工业 CT 扫描分析的目的是对岩石内部是否存在节理、裂隙等原生缺陷进行描述;单轴压缩实验的目的是为岩爆实验的应力设计提供参考,并为岩爆实验结果分析提供基本的强度参数指标;由三轴压缩实验可以得到岩石的黏聚力(c)与内摩擦角(ϕ)等参数,并与岩爆实验进行比较。

对于上述岩石基本物理力学实验与分析项目,在开展岩爆实验前,一般需先进行 SEM 分析、XRD 分析及单轴压缩实验,其余可根据研究的具体目的进行选用。对于常规岩石力学实验,可参照《岩石物理力学性质试验规程》(DZ/T 0276—2015)[58]。本书将只对如何开展应变岩爆实验进行介绍。

2.4.2　应变岩爆应力路径

1. Hoek-Brown 强度准则

Hoek-Brown 强度准则[59]考虑了岩体和岩块强度对岩体力学行为的影响,能够较好地诠释岩体非线性破坏的特征,因此采用 Hoek-Brown 强度准则描述应变岩爆发生的过程。

Hoek-Brown 强度准则如式(2.1)所示:

$$\sigma_1 = \sigma_3 + \sqrt{m\sigma_c + s\sigma_c^2} \tag{2.1}$$

式中,σ_1 和 σ_3 分别为岩体受力破坏时的最大主应力和最小主应力;σ_c 为岩石单轴抗压强度;m 和 s 为岩体质量的无量纲经验系数。

2. 应变岩爆应力路径准则

应变岩爆应力路径准则的提出是建立在长期大量的室内实验结果分析和经典 Hoek-Brown 强度准则的基础之上的。图 2.20 中,纵坐标上三角形表示岩爆点,

σ_{1c}(或 σ'_{1c})表示发生岩爆破坏时对应的临界最大主应力，σ_c 表示岩石单轴抗压强度，σ_r 表示岩石蠕变强度，σ_t 表示岩石抗拉强度。将包络线下方区域按照发生岩爆的可能性及类型划分为 Z_1、Z_2 和 Z_3 三个区域，其中 Z_1 代表可能发生瞬时或岩柱岩爆的潜在区，Z_2 代表可能发生滞后或岩柱岩爆的潜在区，Z_3 代表不会发生任何类型岩爆的安全区。

下面将分别说明三种类型岩爆的应力路径破坏准则特征。

1) 瞬时岩爆

如图 2.20(a)所示为瞬时岩爆应力路径：A 点代表现场工程岩体开挖前的原岩应力点，对应实验中通过分级加载，使岩石试件处于初始应力状态(σ_1，σ_3)，该应力状态组合可以是 Z_1 区中的任何一点，且 $\sigma_1>\sigma_c$，然后卸载 σ_3 至 0，穿过强度准则线，发生瞬时岩爆破坏，此时 σ_{1c}与初始 σ_1 相等；σ_{1c}与 σ_c 两者之间的应力差 $\Delta\sigma$ 达到一定程度，使得积聚在岩石内部的应变能超过了岩石本身破坏所需要的能量，多余的能量才有可能以动能和其他形式的能量释放出来，形成瞬时岩爆。

2) 滞后岩爆

如图 2.20(b)～(d)所示为滞后岩爆应力路径：B 点代表现场工程岩体开挖前的原岩应力点。对应实验中通过分级加载，使岩石试件处于初始应力状态(σ_1，σ_3)，该应力状态组合可以是 Z_2 区中的任何一点，且 $\sigma_1<\sigma_c$，在 Hoek-Brown 强度准则曲线以下，工程岩体开挖往往会引起应力集中，导致 σ_1 增加，当最大主应力由于应力集中所导致的积聚应变能超过岩石破坏所需要的能量时，多余的能量就会以动能和其他形式的能量释放出来，形成滞后岩爆。根据滞后岩爆发生的应力特点，又将其具体分为三种情况：

(1) 如图 2.20(b)所示，工程岩体开挖 σ_3 卸载至 0，由于开挖引起的应力集中导致最大主应力 σ_1 增加，超过岩石单轴抗压强度 σ_c 且突破强度线上升至 σ_{1c}，此时 σ_{1c}与 σ_c 二者之间的应力差 $\Delta\sigma$ 达到一定程度，使得积聚在岩石内部的应变能超过了岩石本身破坏所需要的能量，多余应变能释放出来，形成滞后岩爆。

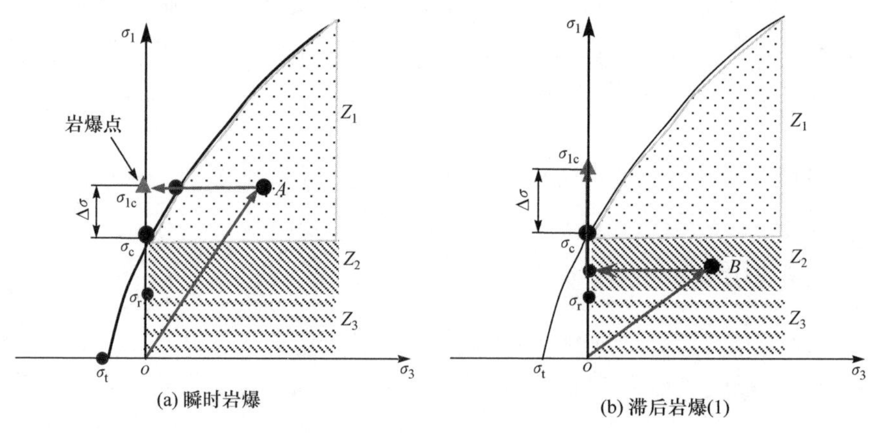

(a) 瞬时岩爆　　(b) 滞后岩爆(1)

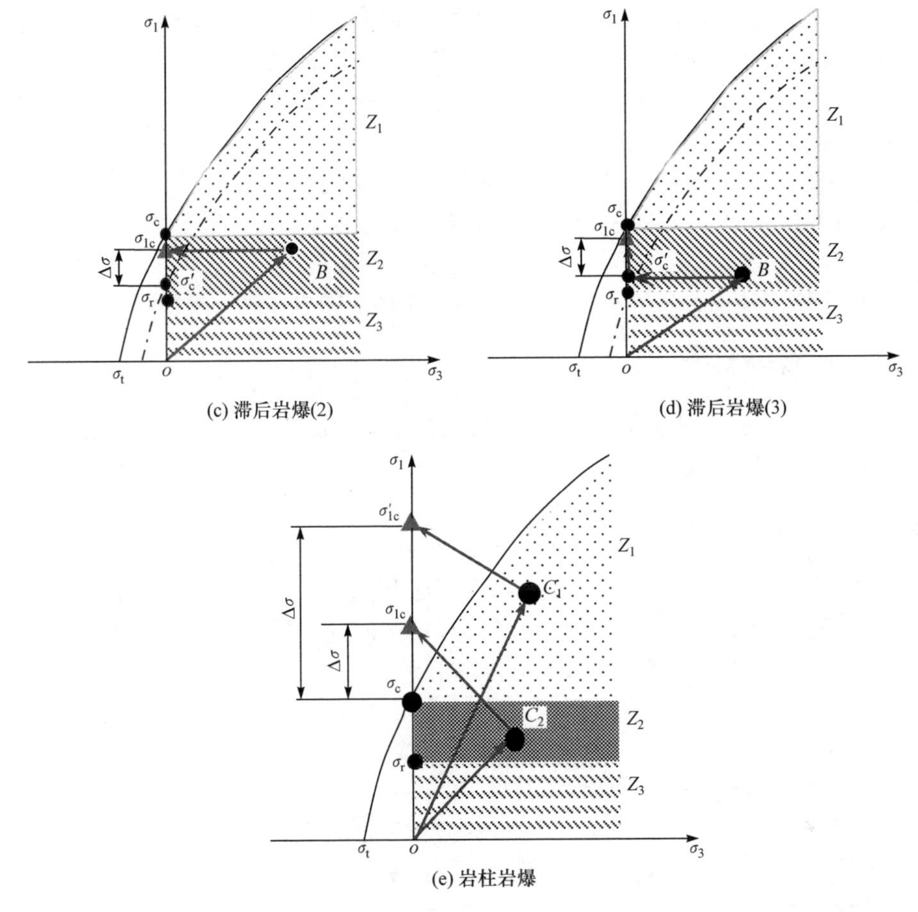

(c) 滞后岩爆(2)

(d) 滞后岩爆(3)

(e) 岩柱岩爆

图 2.20　应变岩爆应力路径

(2) 如图 2.20(c)所示,工程岩体开挖引起的扰动过大导致岩石单轴抗压强度 σ_c 下降为 σ_c',这时候强度准则线变为虚线,同时工程岩体开挖 σ_3 卸载至 0,穿过虚线应力准则线,发生滞后岩爆破坏,此时 σ_{1c} 与初始 σ_1 相等;σ_{1c} 与 σ_c' 两者之间的应力差 $\Delta\sigma$ 达到一定程度,使得积聚在岩石内部的应变能超过了岩石本身破坏所需要的能量,多余应变能释放出来,形成滞后岩爆。

(3) 如图 2.20(d)所示,工程岩体开挖 σ_3 卸载至 0,由于开挖引起的扰动过大而导致岩石本身的强度 σ_c 下降为 σ_c',这时候强度准则线变为虚线,同时应力集中导致最大主应力 σ_1 上升至 σ_{1c},σ_{1c} 与 σ_c' 两者之间的应力差 $\Delta\sigma$ 达到一定程度,使得积聚在岩石内部的应变能超过了岩石本身破坏所需要的能量,多余应变能释放出来,形成滞后岩爆。

3) 岩柱岩爆

如图 2.20(e)所示为岩柱岩爆路径:Z_1 和 Z_2 区是此类岩爆可能发生的潜在

区，C_1 点和 C_2 点代表现场工程岩体开挖前的原岩应力点，对应实验中通过分级加载，使岩石试件处于初始应力状态(σ_1，σ_3)，该应力状态组合可以是 Z_1 区或 Z_2 区中的任何一点，由于开挖预留岩柱，随着开挖的进行，岩柱尺寸变细，即竖向最大主应力 σ_1 逐渐增大，同时水平侧向应力 σ_3 逐渐减小，当应力状态突破强度准则线时，最大主应力 σ_{1c}(或 σ'_{1c})和岩石原本破坏强度 σ_c 之间的应力差 $\Delta\sigma$ 达到一定程度，使得积聚在岩石内部的应变能超过了岩石本身破坏所需要的能量，多余应变能释放出来，岩柱岩爆发生。例如房柱式开采留设的岩柱、分层充填采矿法中的留设点柱和长壁法采场工作面等的突然破坏诱发矿柱周围岩体瞬间垮落。

2.4.3　应变岩爆实验设计

应变岩爆实验设计包括试件尺寸设计、初始应力设计、应变岩爆应力路径设计以及实验控制与测试设定等。

1. 试件尺寸设计

通过搜集现场岩爆坑的形状特征参数，发现岩爆破坏后的岩爆坑形状分为三种基本类型：直角形、锅底形和阶梯形[40]，岩爆坑的深度从几厘米至几米不等。岩爆表面沿开挖面轴向长度从几米至几百米不等。

发生不同强烈程度的岩爆影响范围 h/B(破坏波及深度与洞径或跨度之比，下同)与洞壁的 σ_θ/σ_c(洞壁切向应力与洞壁岩石单轴抗压强度之比)有一定的对应关系[49]。对于轻微的岩爆，$h/B<0.1$，$\sigma_\theta/\sigma_c=0.3\sim0.5$；对于中等强度的岩爆，$h/B<0.1\sim0.2$，$\sigma_\theta/\sigma_c=0.5\sim0.7$；对于比较强烈的岩爆，$h/B<0.2\sim0.3$，$\sigma_\theta/\sigma_c=0.7\sim0.9$；对于非常剧烈的岩爆，$h/B>0.3$，$\sigma_\theta/\sigma_c>0.9$。

岩爆的影响深度对岩爆实验试件的尺寸设计有一定的借鉴意义[27]。$h/B<0.1$ 时易发生轻微岩爆，$h/B>0.3$ 时易发生剧烈岩爆，即岩爆的影响深度相当于洞径的 1/10～1/3。

根据本应变岩爆实验系统的加载能力(最大加载力为 450kN)，结合现场应变岩爆的破坏特征及范围，可确定岩爆实验试件形状为长方体板状，基本尺寸设计为 150mm×60mm×30mm。对于加载能力较大的实验设备，可按照几何相似的原则，确定试件尺寸，试件加工精度需满足《工程岩体试验方法标准》(GBT 50266—2013)要求。

2. 初始应力设计

确定应变岩爆实验初始应力的方法有两种：一种是无构造应力作用，按自重应力场考虑，水平应力按岩石的泊松比进行换算，初始应力的最大主应力可参照该岩石的单轴抗压强度确定；另一种是按照场地的原岩地应力条件确定初始应力，考虑开挖引起的应力重分布效应及现场工程岩体和实验岩样的尺寸效应，进行岩爆实验第 1

次卸载的初始应力值设计，并按不同深度的应力进行反复实验，直至某级应力下岩爆。

对于浅埋地区，地形相对平坦，无显著构造应力作用，可以采用第一种方法；对于地形起伏较大的山岭地区以及有构造应力影响的工程，应采用第二种方法。有工程背景的试件也建议采用第二种设计方法，需要从该工程地区获取地应力、地质条件及其他工程资料。

以自重应力场或构造应力场为基本值，在进行初始应力设计时，同时还要考虑工程开挖的应力集中作用(对最大主应力按 2～3 倍应力集中考虑)以及现场工程岩体开挖尺度与室内实验尺度的尺寸效应。

例如，对于深度为 h 的岩石试件，其单位容重为 γ，其泊松比为 μ。按第一种初始应力确定方法，最大主应力由自重应力引起，$\sigma_1=\gamma h$，水平应力为 $\sigma_3=\sigma_1 K_0$。K_0 为由泊松比 μ 换算得来的侧压系数。为获得三向不等的真三轴应力状态，可取 $\sigma_2=2\sigma_3$。

3. 岩爆应力路径设计

与一般岩石实验所采用的力控制或位移控制有明显的不同，岩爆的应力路径设计要更多地考虑实际工程岩体的环境，包括围岩特征、区域的稳定性等，对地下矿山工程，还涉及多水平开采扰动问题。对于某岩石试件，在进行了初始应力的设计后，还必须进行岩爆过程的应力路径设计，目前主要按三向应力组合模拟不同深度的围岩应力状态，设计不同的应力组合值，分级加载至相应的应力。

初始应力状态下卸载后所设计的应变岩爆应力路径对岩爆的发生有很大影响。可以采用不同应力路径模式模拟不同的应变岩爆过程，包括瞬时岩爆、滞后岩爆及岩柱岩爆。上述三种应变岩爆现场开挖应力转化示意图如图 2.21 所示。

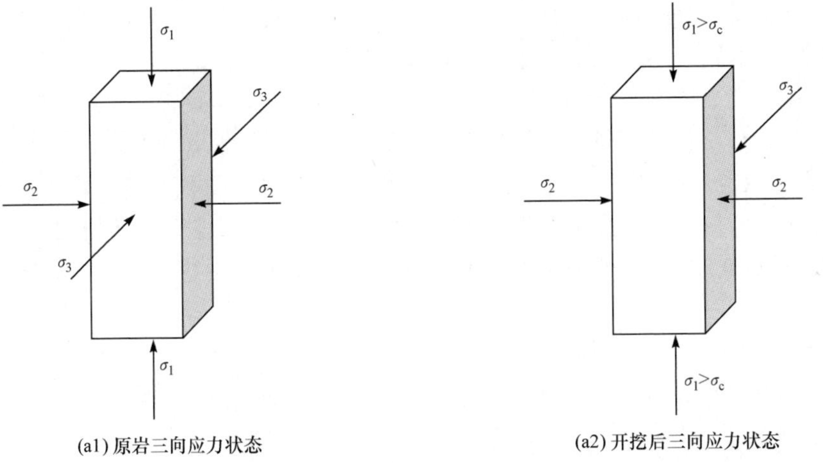

(a1) 原岩三向应力状态　(a2) 开挖后三向应力状态

(a) 瞬时岩爆

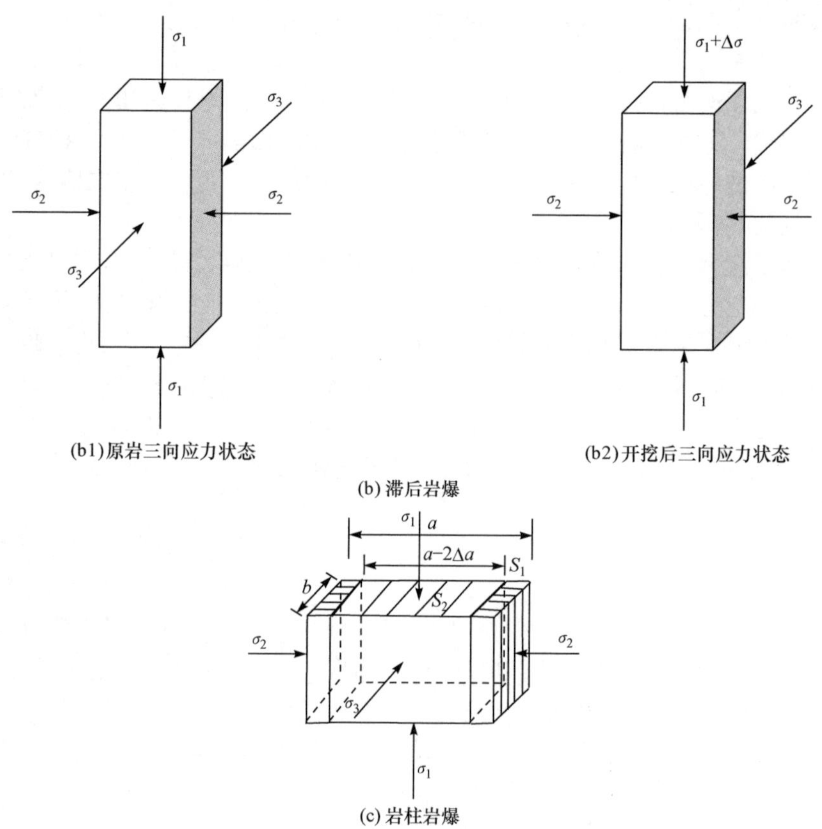

图 2.21　三种应变岩爆现场开挖应力转化示意图

图 2.21(a)为瞬时岩爆现场开挖应力转化示意图，表示围岩在较高应力作用下开挖后在临空面单向应力为零，应力状态改变导致原岩应力的最大主应力大于岩体强度，围岩应力还未进行重新分布，瞬时产生了岩爆，即瞬时应变岩爆。

图 2.21(b)为滞后岩爆现场开挖应力转化示意图，表示围岩在开挖后，切向应力逐渐集中。因开挖形状不同，应力集中部位及集中系数也有不同，最大集中系数可达到 4 以上[60]。发生滞后岩爆有三种情况：第一种是开挖后最大集中应力大于岩石强度；第二种是应力 σ_1 保持过程中，由于岩石本身的强度 σ_c 下降，使得最大应力超过岩石强度；第三种是应力 σ_1 集中过程中其最大集中应力大于岩石降低后的强度 σ_c。

图 2.21(c)为岩柱岩爆现场开挖应力转化示意图。在开挖前岩柱体的竖向应力为 σ_1，随着开挖的进行，岩柱体面积逐渐减小，竖向应力逐渐增大，直至发生岩爆。岩柱发生岩爆前后的竖向应力的变化可以表示为

$$\begin{cases} \sigma_1 = \dfrac{P_0}{S_1}, & S_1 = ab \\ \sigma_{1c} = \dfrac{P_0}{S_2}, & S_2 = (a - 2\Delta a)b \end{cases} \tag{2.2}$$

式中，σ_1 为竖直方向的初始应力值，MPa；σ_{1c} 为开挖岩柱后，随着岩柱横截面面积减小，竖向应力逐渐增大的应力值，MPa；P_0 为施加在竖直方向的力，kN；S_1 为深部巷道围岩某一单元体岩柱的初始面积；S_2 为岩柱岩爆发生之前的临界面积；a、b 为深部巷道围岩某一单元体的长和宽；Δa 为岩柱单元体在横截面方向开挖的长度。

根据上述发生不同应变岩爆的应力转化过程，可设计相应的应变岩爆应力路径实现方法，如图 2.22 所示。

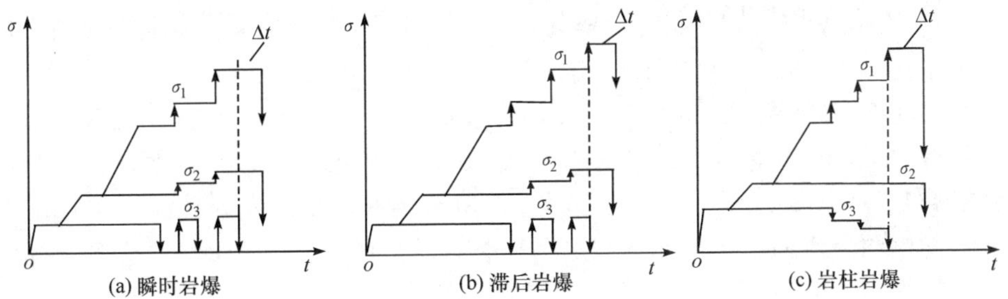

图 2.22　应变岩爆应力路径实现方法

1）瞬时岩爆

瞬时岩爆实验方法的应力控制过程可以概括为三向六面加载—单面快速卸载—轴向保载，如图 2.22(a)所示。采用此应力路径模拟深部围岩在三向应力状态下，由于开挖卸载，产生临空面，在高应力下可能瞬时发生岩爆的现象。根据工程要求，对一定深度的围岩，首先根据地应力值，设计实验的三向应力值，作为三向加载的应力设计依据。三向加载模拟地下原岩的三向应力状态，并产生能量积聚；单面快速卸载模拟地下工程开挖，产生临空面，能量向临空面释放，产生岩爆。

2）滞后岩爆

滞后岩爆实验方法的应力控制过程可以概况为三向六面加载—单面快速卸载—轴向加载，如图 2.22(b)所示。采用此路径模拟深部围岩三向应力状态下，由于开挖卸载，产生临空面后竖直方向应力集中作用，在高应力下可能发生岩爆的现象。根据工程要求，对一定深度的围岩，首先根据地应力值，设计实验的三向应力值，作为三向加载的应力设计依据。三向加载模拟地下原岩的三向应力状态，并产生能量积聚；单面快速卸载模拟地下工程开挖，产生临空面，能量向临空面释放；增加轴向载荷模拟切向应力增加，在应力转化过程中，条件适宜时会产生岩爆。

3）岩柱岩爆

岩柱岩爆实验方法的应力控制可以概括为三向六面加载—单面分级卸载再快

速卸载—轴向分级加载至破坏，如图 2.22(c)所示。加载三向主应力至设计值，分级减小 σ_3，分级加载 σ_1，最后快速卸载 σ_3，并快速增加 σ_1，直到岩柱岩爆发生。可以模拟深部工程由于开挖预留岩柱或者煤柱，随着矿柱尺寸变细，竖向应力增大而水平侧向应力减小产生岩柱岩爆的过程。

4. 实验控制与测试设定

实验控制与测试设定包括加-卸载、力采集速率、声发射设置、多设备工作同步设置等方面。

(1) 应变岩爆实验过程中有加载及卸载过程，对设定好的应力值，采用手动控制加-卸载，加载速率为 0.5～1.0MPa/s，卸载速率为 5～30MPa/s(快速卸载)。

(2) 实验过程中力的采集速率分别为 0.1 次/s(缓慢加载及保持过程中)和 10000 次/s(卸载及岩爆过程中)。

(3) 声发射设置：采样频率为 1MHz，前置放大器 20dB 增益，门槛值 40～50dB，传感器峰值频率为 531.25kHz，高速摄影采样频率满幅 1000 帧/s。声发射传感器布置示意图如图 2.23 所示。图 2.23(a)为实验中声发射传感器布置正立面图，图中两个传感器 CH_1 和 CH_2 紧贴岩石放置，目的是减少垫块效应等干扰因素，能够得到更准确、更真实的声发射信号。图 2.23(b)为声发射传感器布置俯视图；图 2.23(c)为实际实验中的传感器布置图；图 2.23(d)为传感器的安装步骤。首先为了传感器能够在实验中紧贴岩石且减少摩擦，保证实验过程中声发射传感器能够实时准确地接收到声波信号，在垫块孔洞中按照其直径和深度先贴一层聚四氟乙烯用于减少摩擦产生的声发射信号；然后安装一个弹力适中的弹簧，使在加载条件下保持传感器和岩石紧密接触；最后在传感器周围涂抹凡士林，进一步减少摩擦和加强润滑作用，减少噪声信号的产生。

(4) 多设备工作同步设置：为保证所有工作设备能够同一时间开展工作，在开始实验前，必须将各设备系统时间调整一致，包括力与位移采集系统、声发射系统、高速摄像系统、普通摄影系统及其他测试设备。

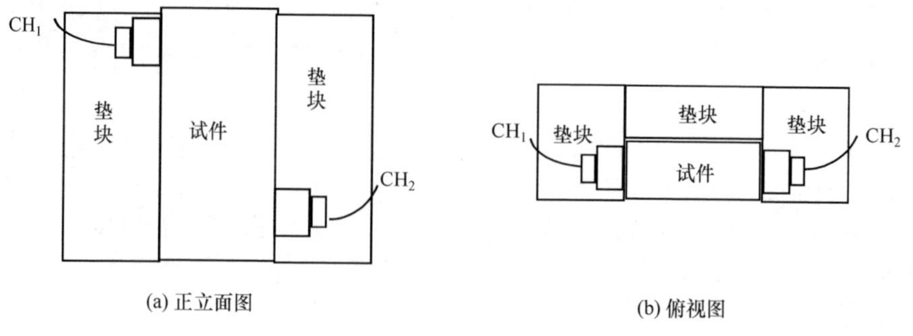

(a) 正立面图　　(b) 俯视图

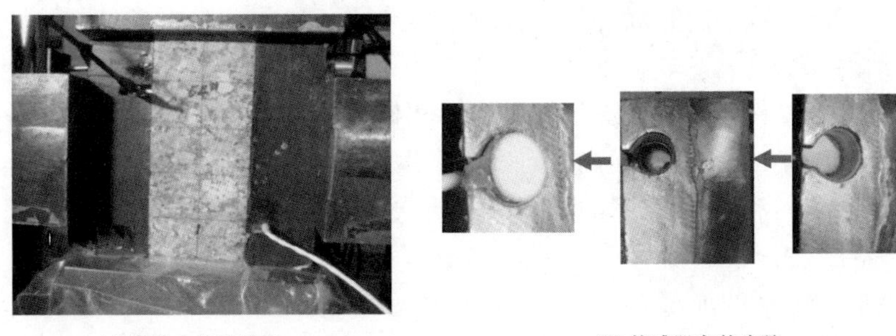

(c) 实验中的传感器　　(d) 传感器安装步骤

图 2.23　声发射传感器布置示意图

2.4.4　应变岩爆实验步骤

1. 应变岩爆实验注意事项及操作步骤

(1) 将试件置于三向加载压头中间，使试件中心与加载中心重合。

(2) 固定各方向压头，装配力与位移传感器及声发射传感器，做好采集准备。

(3) 加载前将采集力的各通道数值清零；三向施加较小的力值后，将采集位移的各通道数值清零。

(4) 每级载荷值按岩石强度确定，可取单轴抗压强度的 1/10～1/8；按设计的应力状态均匀施加各级载荷，加载速率为 0.5～1.0MPa/s。

(5) 连续采集整个实验过程中的力、位移数据和声发射信号。

(6) 加载到设计应力状态后，保持 15～30min，做好卸载前的准备工作。

(7) 将低速采集状态(0.1 次/s)换为高速采集状态(10000 次/s)并启动快速卸载装置，迅速卸载最小主应力(或中间主应力)，暴露试件卸载面，同时进行高速采集及摄像。

(8) 单面卸载试件有暴露面后，观察并记录实验现象，主要包括应力与变形数据变化特征、声发射特征、试件卸载面的变化特征以及是否有试件开裂的声音等。

(9) 根据实验现象(卸载面有无裂隙扩展、试件有无开裂声音等)确定下一步实验过程。

2. 应变岩爆实验过程

1) 瞬时岩爆

在达到初始应力水平前，各向应力均采用分级加载，每一级载荷保持 5min，在达到初始应力状态后保持 30min，然后快速卸载 σ_3，卸载后保持 σ_1 不变，若在 15～30min 内没有发生岩爆，则恢复卸载前的应力状态，增大 σ_1 或者同时增大 σ_1 和 σ_2

后再保持 30min 后再次卸载,依此循环直到岩爆发生。

2) 滞后岩爆

初始应力水平的加载方式与瞬时岩爆相同,保持同样的时间后卸载 σ_3,与此同时加载 σ_1,若在 15～30min 内没有发生岩爆,则恢复卸载前的应力状态,增大 σ_1 或者同时增大 σ_1 和 σ_2 后再保载 30min 后再次卸载,依此循环直到岩爆发生。

3) 岩柱岩爆

初始应力水平的加载方式与前述两种类型的岩爆相同,同样保载 30min 后分级卸载 σ_3,同时竖向分级加载 σ_1,然后保持 20min,若没有发生岩爆,则继续增加 σ_1 直至岩爆发生。

参考文献

[1] 王元汉,李卧东,李启光,等. 岩爆预测的模糊数学综合评判方法. 岩石力学与工程学报,1997,17(5):493-493.

[2] 关宝树,张志强. 隧道发生岩爆的基本条件研究//中国土木工程学会隧道及地下工程分会第十届年会,西安,1998.

[3] 石长岩. 红透山铜矿深部地压及岩爆问题探讨. 有色矿冶,2000,16(1):4-8.

[4] Kaiser P K,Cai M. Rockburst support reference book. Volume II: Rock support to mitigate rockburst damage caused by dynamic excavation failures. Sudbury: MIRARCO, Laurentian University,2018.

[5] 李信,杨建民,刘文新. 南桐煤矿岩爆发生原因分析. 矿业安全与环保,1985,(2):27-32.

[6] 何唐镰,赵斌. 南桐矿区岩爆实用防治技术研究. 西安科技大学学报,1994,14(4):324-331.

[7] 吴德成,邢长征. 北票台吉急倾斜水采面坚硬顶板断裂的数值模拟研究. 辽宁工程技术大学学报(自然科学版),1996,15(3):365-367.

[8] 王元汉,李卧东,李启光,等. 岩爆预测的模糊数学综合评判方法. 岩石力学与工程学报,1998,17(5):493-501.

[9] 于广明,邵军. 构造应力对岩土工程损害及防护研究. 中国地质灾害与防治学报,1999,10(1):7-13.

[10] 左文智. 北京西山地区地应力场特征及地质灾害关系研究. 北京地质,1997,(4):1-8.

[11] 王庆阳,张德利,李国宏. 冲击地压的发生与防治. 煤矿安全,2002,33(7):9-11.

[12] 李忠华,张永利,孙可明. 大台井深部岩巷岩爆发生机理与预测措施研究. 岩土力学,2003,24(s):630-632.

[13] 张永利,李忠华,陈德怀. 北京大台井深部岩巷岩爆发生条件及影响因素. 中国地质灾害与防治学报,2006,17(3):84-86.

[14] 薛奕忠. 冬瓜山铜矿床开采过程中岩爆问题的探讨. 中国矿山工程,2005,34(5):1-3.

[15] 王军强. 崟鑫金矿岩爆与发生机理初探. 采矿与安全工程学报,2005,22(4):121-122.

[16] 唐绍辉,吴壮军,陈向华. 地下深井岩爆矿山岩爆发生规律及形成机理研究. 岩石力学与工程学报,2003,22(8):1250-1254.

[17] 张津生,陆家佑,贾愚如. 天生桥二级水电站引水隧洞岩爆研究. 水利发电,1991,

(10):34-37.
[18] 邹成杰. 天生桥二级水电站引水发电隧洞岩爆烈度与分级的研究. 红水河,1996,15(3):46-48.
[19] 单治钢. 锦屏二级水电站引水隧洞岩爆初步分析//第3届全国岩石动力学学术会议,桂林,1992:523-537.
[20] 万姜林,洪开荣. 太平驿水电站引水隧洞的岩爆及其防治//中国土木工程学会隧道及地下工程学会第八届年会,洛阳,1994.
[21] 史红光. 二滩水电站左岸导流洞岩爆分析. 水电站设计,1995,11(1):35-40.
[22] 安其美,丁立丰,王海忠. 福建周宁水电站水压致裂地应力测量及其应用. 岩土力学,2004,25(10):1672-1676.
[23] 韦传恩. 周宁水电站地下厂房围岩稳定性研究. 海峡科学,2006,(1):65-66.
[24] 吴勇. 福堂水电站引水隧洞防治岩爆的施工技术. 水电站设计,2006,22(1):68-71.
[25] 王兰生,李天斌,徐进,等. 二郎山公路隧道岩爆及岩爆烈度分级. 西南公路,1998,(4):22-26.
[26] 徐林生,王兰生. 二郎山公路隧道岩爆特征与预测研究. 地质灾害与环境保护,1999,10(2):55-59.
[27] 郭志强. 秦岭终南山特长公路隧道岩爆特征与施工对策. 现代隧道技术,2003,40(6):58-62.
[28] 汪琦,唐义彬,李忠. 浙江苍岭隧道工程地质特征分析与岩爆措施研究. 工程地质学报,2004,(2):276-280.
[29] 汪波,何川. 苍岭隧道施工中岩爆理论预测研究. 公路隧道,2007,58(2):1-4.
[30] 汪波,何川,吴德兴,等. 基于岩爆破坏形迹修正隧道区地应力及岩爆预测的研究. 岩石力学与工程学报,2007,26(4):811-817.
[31] 李科. 都汶公路福堂坝隧道岩爆及其防治. 路基工程,2006,124(1):123-125.
[32] 郝健,何鹏,吴赛钢. 裂隙化岩体中圆形断面调压井围岩稳定性分析. 岩土工程技术,2006,20(5):244-247.
[33] 徐增和,李宏,徐曙明. 矿井岩爆及其失稳理论. 中国安全科学学报,1996,6(5):9-14.
[34] 唐绍辉,陈向华. 某深井矿山岩爆特征与成因研究//第七次全国岩石力学与工程学术大会,西安,2002:624-628.
[35] 陈宗基. 岩爆的工程实录、理论与控制. 岩石力学与工程学报,1987,6(1):1-18.
[36] 武选正,李名川,伍宇腾. 锦屏水电枢纽辅助洞工程岩爆现象分析及防治措施. 山东大学学报(工学版),2008,38(3):28-33.
[37] 杨涛,李国维. 基于先验知识的岩爆预测研究. 岩石力学与工程学报,2000,19(4):429-431.
[38] 周春宏. 某水电站长探洞的岩爆特征. 地质灾害与环境保护,2006,17(1):78-81.
[39] 罗贻岭. 对隧道岩爆现象的一些认识. 力学与实践,1980,2(4):45-47.
[40] Huang R Q, Wang X N, Chan L S. Triaxial unloading test of rocks and its implication for rock burst. Bulletin of Engineering Geology and the Environment, 2001, 60(1):37-41.
[41] Alexeev A D, Revva V N, Alyshev N A, et al. True triaxial loading apparatus and its application to coal outburst prediction. International Journal of Coal Geology, 2004, 58(4):245-250.
[42] 谭以安. 岩爆特征及岩体结构效应. 中国科学:B辑,1991,(9):985-991.
[43] 张倬元,王士天,王兰生. 工程地质分析原理. 2版. 北京:地质出版社,1994:397-403.

[44] 谷明成,何发亮,陈成宗. 秦岭隧道岩爆的研究. 岩石力学与工程学报,2002,21(9):1324-1329.

[45] He M C. Rock mechanics and hazard control in deep mining engineering in China// Proceedings of the 4th Asian Rock Mechanics Symposium. Singapore: World Scientific Publishing, 2006:29-46.

[46] Cook N G W. A note on rockbursts considered as a problem of stability. Journal of the Southern African Institute of Mining and Metallurgy, 1965, 65(8):437-446.

[47] Mogi K. Effect of the intermediate principal stress on rock failure. Journal of Geophysical Research, 1967, 72(20):5117-5131.

[48] Crawford A M, Wylie D A. A modified multiple failure state triaxial testing method//The 28th US Symposium on Rock Mechanics, Tucson, 1987:133-140.

[49] Chang C, Haimson B. True triaxial strength and deformability of the German Continental Deep Drilling Program (KTB) deep hole amphibolite. Journal of Geophysical Research: Solid Earth, 2000, 105(B8):18999-19013.

[50] 周宏伟,谢和平,左建平. 深部高地应力下岩石力学行为研究进展. 力学进展,2005,35(1):91-99.

[51] 陈景涛,冯夏庭. 高地应力下岩石的真三轴试验研究. 岩石力学与工程学报,2006,25(8):1537-1543.

[52] Haimson B. True triaxial stresses and the brittle fracture of rock. Pure and Applied Geophysics, 2006, 163(5-6):1101-1130.

[53] Lee H, Haimson B C. True triaxial strength, deformability, and brittle failure of granodiorite from the San Andreas Fault Observatory at Depth. International Journal of Rock Mechanics and Mining Sciences, 2011, 48(7):1199-1207.

[54] 何满潮,苗金丽,李德建,等. 深部花岗岩试样岩爆过程实验研究. 岩石力学与工程学报,2007,26(5):865-876.

[55] He M C, Xia H M, Jia X N, et al. Studies on classification, criteria and control of rockbursts. Journal of Rock Mechanics and Geotechnical Engineering, 2012, 4(2):97-114.

[56] 杨明纬. 声发射检测. 北京:机械工业出版社,2005.

[57] Cai M, Kaiser P K, Morioka H, et al. FLAC/PFC coupled numerical simulation of AE in large-scale underground excavations. International Journal of Rock Mechanics and Mining Sciences, 2007, 44(4):550-564.

[58] 中华人民共和国地质矿产行业标准. 岩石物理力学性质试验规程(DZ/T 0276—2015). 北京:中国标准出版社,2015.

[59] Hoek E, Brown E T. Underground Excavations in Rock. London: Institution of Mining and Metallurgy, 1980.

[60] Martin C D. Seventeenth Canadian geotechnical colloquium: The effect of cohesion loss and stress path on brittle rock strength. Canadian Geotechnical Journal, 1997, 34(5), 698-725.

第 3 章　应变岩爆实验分析

影响应变岩爆实验的因素有很多，主要包括岩石的物质成分、岩石的结构、载荷控制条件和实验机刚度等。应变岩爆实验结果分析包括实验过程中试件的破坏特征、应力变化模式及应力降特征、声发射特征、碎屑形状及运动特征和最后应变岩爆破坏特征等。通过对强度较高的硬岩，如花岗岩、石灰岩、大理岩、玄武岩、砂岩及脆性煤等典型岩石的应变岩爆实验结果进行分析总结，归纳出应变岩爆过程应力变化模式特征、应变岩爆四个不同阶段（平静期、颗粒弹射、混合弹射、全面爆裂）特征及三种不同类型应变岩爆（瞬时岩爆、滞后岩爆和岩柱岩爆）的特征。

3.1　应变岩爆实验影响因素

3.1.1　岩石矿物成分

根据岩石的静力学破坏理论，岩石的物质成分对其力学行为有很大影响。一定应力状态的深部地下围岩，由于开挖卸载，在由原平衡态向新的平衡态转化的过程中，会出现两种非线性的力学变形特征，即软岩的大变形和硬岩的岩爆。软岩在大变形过程中逐渐消耗储存的能量；硬岩在破坏前变形小，储存的能量大部分在破坏瞬间快速释放，储存的能量除断裂形成碎屑消耗能量外，还有多余的能量转化为碎屑运动的动能。

岩石由不同矿物组成，造岩矿物有 200 多种，地球上分布较为广泛的有几十种。常见的造岩矿物以硅酸盐为主，如石英、长石、橄榄石、辉石、角闪石、黑云母、白云母、黏土矿物等，其次是碳酸盐矿物，如白云石、方解石等。硬岩和软岩的力学特性有很大差异，引起差异的重要因素之一是其组成的成分不同，且其中的黏土矿物含量对岩石的物理力学性质产生很大的影响。

在岩浆岩、沉积岩和变质岩三大类岩石中，黏土矿物含量和成分有所不同。对于岩浆岩，其原生矿物中的黏土矿物可能只有少量的黑云母，但在次生矿物中可以由角闪石和辉石蚀变成绿泥石黏土矿物或长石次生形成高岭石黏土矿物；对于非黏土岩类的沉积岩，由于遭受风化作用等因素，往往含有较多的黏土矿物；对于变质岩，由于母岩不同，其黏土矿物的来源及含量会有很大变化。

上述矿物主要是晶体矿物，组成晶体矿物的晶体结构主要有四种类型：三方晶系、六方晶系、单斜晶系和三斜晶系。不同的晶体结构有不同的物理力学性质。

晶体的格子构造对其弹性特性及应力波的传播有很大的影响[1]。根据固体物理学晶格振动理论及固体中的超声波和各向异性介质中波的研究[2]，当晶格结构不同时，在外力作用下处于平衡态的晶体体积模量不同，它与内能及原子间作用力参数成正比，而与平衡距离的三次方成反比。当岩石被压缩时，相当于其矿物受到不同的压缩，由于晶体中的离子间距被压缩，相当于距离减小，能量增加。对处于三向应力状态下的岩体，当一面应力快速卸载后，从晶体层面上对其进行分析，可以理解为平衡态被破坏后岩体在进入新的平衡态过程中，晶格的结构和连接性不同会影响其弹性力学储能及破坏过程。

3.1.2　岩石结构

岩体与其他工程材料的重要区别之一是岩体内部包含不连续结构。实验室尺度下岩石的结构是指岩石中矿物(及岩屑)颗粒相互之间的关系，包括颗粒大小、形状、排列、结构连结特点，以及岩石中的微结构面(即内部缺陷)。其中结构连结和微结构面对实验室尺度下岩石的特性影响较大[3]。

岩石中的结构连结类型主要有结晶连结和胶结连结。其中结晶连结的岩石一般强度较大，如岩浆岩、大部分变质岩以及部分沉积岩，但随着结构的不同强度多有差异。例如在岩浆岩中等粒结晶结构比非等粒结构强度大；同为等粒结构，细粒结晶结构比粗粒的强度高。沉积岩中的化学沉积岩也是以结晶连结为主，连结强度较大，以等粒细晶的岩石强度最高。胶结连结是指颗粒与颗粒间通过胶结物连结，常见的胶结物中硅质与铁质胶结的岩石强度较高，钙质次之，泥质胶结最弱。

岩石中的微结构是指存在于矿物颗粒内部或矿物颗粒与矿物集合体之间的弱面及空隙，主要包括矿物的解理、微裂隙、晶格缺陷、晶体边界、粒间孔隙等。矿物的解理面是矿物晶体或晶体受力后沿一定结晶方向分裂成的光滑表面。常见造岩矿物中黑云母、方解石、角闪石、正长石和斜长石等都具有解理，是岩石中的微弱面。微裂隙是指矿物颗粒之间或者其内部的破裂迹线，常具有方向性，主要与构造应力有关。

岩石的部分微结构特征需要在显微镜下观察才可以发现，并且其对岩石力学性质的影响很大。当岩石在较低围压下，受力时易在微裂隙或孔隙末端造成应力集中，使得裂隙扩展，导致岩石强度降低。若微结构面具有方向性，会使得岩石呈现各向异性特性。当岩石在较高地应力作用下，由于高压下微裂隙等被压密、闭合，所以岩石的微结构影响较小。然而在岩爆应力条件下，在局部围压卸载后，岩石的结构会降低岩石(尤其是脆性岩石)的强度，并且会在优势方向迅速扩展，严重影响岩爆过程。

3.1.3　载荷水平

应变岩爆破坏形成碎屑的特征与现场工程岩体的应力变化密切相关。对于不同的岩体工程,其不同部位的应力变化受多种因素控制,包括原岩应力、人工扰动、开挖与支护方式等。对于煤矿,由于多水平、不同采场位置的变化,在对发生应变岩爆破坏程度的影响因素中,应力的影响非常重要。

1. 原岩应力

区域应力的变化会导致地下工程围岩的应力变化,在开挖过程中,由于应力的调整,使得围岩应力处于变化之中,是动态的平衡过程。在某一特定的工程环境下,地应力的变化对应变岩爆的发生有很大的影响。应力的大小决定着岩石在未开挖前的能量储蓄量,与变形量的大小相关,工程开挖后应力的调整对应岩石破坏的过程。能量释放率的高低同样受控于应力调整的过程,并且对于不同岩性与结构的岩石,释放的能量转变成其他能量的比例不同。

我国实测的地应力资料表明,区域地应力有如下特征[4,5]:

(1) 地应力有明显的分区性和方向变化性。

(2) 我国华北及周边地区地应力资料较多,地应力特征明显,以太行山为界,其东侧主压应力轴方向近东西向,西侧主压应力轴方向近南北向;秦岭以南的华南地区,主压应力轴方向为北西西至北西向;东北地区主压应力轴方向以北东东向为主;西部地区主压应力轴方向以北北东向为主,个别为南北向。

(3) 我国东、西部地区地应力值不同,东部地区偏低,埋深300m的最大地应力一般不超过10MPa;西部地区偏高,如甘肃金川矿区,埋深300m的最大地应力超过23MPa。

(4) 一般随着埋深的增加,地应力也相应增大。在浅部一般最大主应力为水平方向,达到一定埋深后(不同地区有所不同,一般在1000~2000m),垂直应力多为最大主应力。

对于具体工程,当工程开挖时,由于岩性和工程结构的影响,围岩内的地应力值和方向不断变化,且与岩性有关。通常硬岩中的原岩应力值较高,软岩中的原岩应力值较低。

2. 人工扰动

人工扰动对围岩的影响表现为多方面。开挖首先引起围岩岩体结构完整性降低,然后引起应力集中,爆破开挖还会产生动力扰动。围岩结构完整性降低是应力调整引起的岩体破坏。开挖引起应力集中是岩体的不均匀性导致的局部应力增加现象及应力重分布效应。动力扰动是工程活动(如炮采震动)引起的波动效应等。炮采引起的扰动是波动动力学问题,表现为应力波在岩体中能量的传播对岩体破坏的影响。

3. 开挖与支护方式

地下工程支护设计和施工过程的不同也会影响岩体的稳定性及破坏方式。地下工程类型、几何形状和尺寸,以及不同的支护设计方案都会对围岩的受力产生影响。尤其是分步开挖顺序的设计,是围岩能量释放的重要影响因素之一。分步开挖的顺序不同,能量释放的规律也有变化。

Mitri 和 Saharan[6]认为,在深部硬岩开挖过程中可以采用逐步应力解除法对应变岩爆进行控制。如图 3.1 所示为分步开挖对能量释放的影响示意图,通过应力解除法可以实现深部开挖。开挖前岩体中的某单元体受初始应力 σ_0 作用,储存了一定的弹性能,开挖引起应力变化而产生的弹性应变能如图 3.1(a)所示。图 3.1(b)显示了分步开挖可以达到能量分步缓慢释放的目的,图中 E_1、E_3 和 E_4 分别表示分步开挖所释放的能量,E_2 表示第一次分步开挖后剩余的应变能。

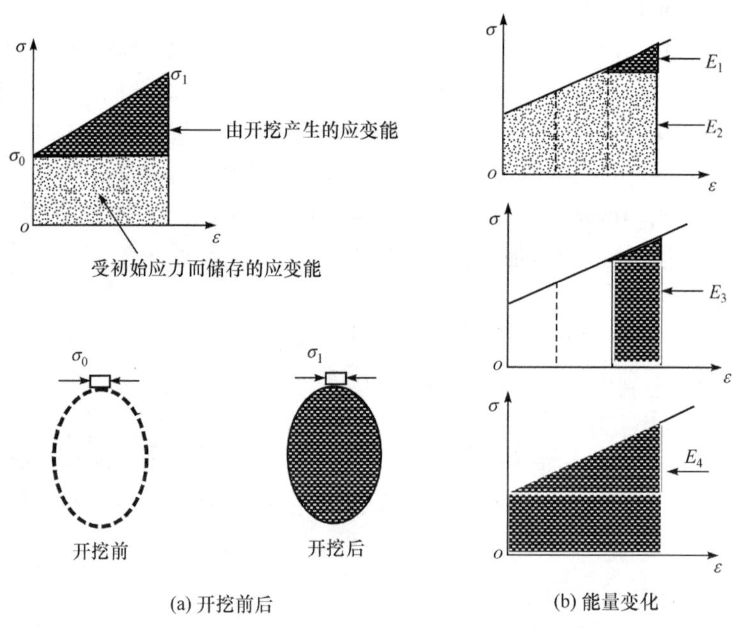

图 3.1　分步开挖对能量释放的影响示意图[6]

3.1.4　实验机刚度

实验机刚度是影响岩爆猛烈程度的一个重要因素。在进行应变岩爆实验时,所施加的载荷会引起实验机加载框架的变形,并以弹性能的形式储存下来。实验机刚度越低,则变形越大,储存的弹性能越高。当岩石试件发生破坏时,这些弹性能会随着载荷的降低释放出来,并施加在岩石试件上,可能会对岩石试件破坏的猛烈程度产生影响。该方面的影响将在第 6 章中进行分析。

3.2　应变岩爆实验分析项目

综合应变岩爆的影响因素，应变岩爆实验结果将从基本物理力学参数测试、应变岩爆过程应力变化、应变岩爆过程声发射统计分析、应变岩爆破坏过程特征、应变岩爆碎屑特征和临界应力状态六个方面对进行分析。

1. 基本物理力学参数测试

选取岩石试件，观测其宏观和微观结构，并分析主要矿物成分。进行单轴压缩实验，获得基本力学参数。对已加工完成的应变岩爆实验试件测量其基础几何参数和物理参数。

(1) 微观结构实验。采取用于制作应变岩爆实验的同一岩块上有代表性的小岩块，对微观结构进行 SEM 扫描，观察其微观结构特征，并对典型的结构表面进行拍照。相关实验要求及方法等参照有关实验规程。

(2) 矿物成分分析。选取代表性岩样，在实验室进行岩石的全岩矿物及黏土矿物成分检测实验，获得全岩矿物成分比例和黏土矿物相对含量。

(3) 单轴压缩实验。按照《岩石物理力学性质试验规程》(DZ/T 0276—2015)[7]进行，获得单轴抗压强度。

(4) 应变岩爆实验试件的基础几何参数和物理参数：主要包括质量、各方向尺寸、密度、纵波波速等。

2. 应变岩爆过程应力变化计算

假设各个加载接触面光滑无摩擦且试件为长方体，根据应变岩爆实验试件尺寸及实验过程中记录的三向载荷数据，计算三向应力，计算公式为

$$\sigma_i=\frac{F_i}{A_i} \tag{3.1}$$

式中，σ_i 为各方向的主应力，MPa；F_i 为各主应力方向的载荷，N；A_i 为岩爆实验试件各加载面的面积，mm^2。

3. 应变岩爆过程声发射统计分析

对实验过程中记录的声发射数据，得到试件-撞击参数曲线、能率-时间曲线及累计能率-时间曲线等基本数据图。对于声发射波形信号，利用大数据分析系统，可直接获得对声发射基本参数及时频分析的提取等。

4. 应变岩爆破坏过程特征

对应变岩爆破坏过程特征的结果整理包括不同应力变化模式的破坏特征、应

变岩爆不同阶段破坏特征和不同类型应变岩爆破坏特征等。

5. 应变岩爆碎屑特征

对岩爆碎屑形状及其特征进行统计分析，具体方法为：对岩爆实验后的碎屑进行粒组划分，按粒度大小分为四组，即微粒碎屑、细粒碎屑、中粒碎屑和粗粒碎屑。通过不同粒组碎屑的质量分布、粒度分形以及微裂纹特征来描述应变岩爆碎屑特征。

6. 应变岩爆临界应力分析

根据室内模拟实验发生岩爆的临界应力确定现场岩爆的临界深度，并与现场发生岩爆的实际深度进行对比，得出折减系数。但如何将室内的临界应力状态与现场的岩爆临界深度相对应，还需要大量的实验及工程实践进行对比验证分析，通过不断完善岩爆室内实验结果用于指导现场岩爆的防治。

3.3 典型岩石应变岩爆实验结果

本书作者研究团队通过设计不同应力路径，模拟不同类型应变岩爆，共进行了各类不同岩性的应变岩爆实验 400 余例。岩性包括花岗岩、石灰岩、玄武岩、大理岩、白云岩、片麻岩、橄榄岩、砂岩和煤等。为了与硬脆岩石应变岩爆特征进行对比，还进行了少量泥岩、板岩和页岩的应变岩爆实验。为说明应变岩爆破坏特征，本章仅列出部分应变岩爆实验结果。

3.3.1 应变岩爆实验基本参数

1. 样品概况

应变岩爆实验样品取自不同地区及不同埋深，见表 3.1。

表 3.1 采样情况

岩性	岩石代号	取样地点	取样埋深/m
花岗岩	LZHG	山东莱州采石场	150
	JNHG	内蒙古集宁隧道	80
	BSHG	甘肃北山采石场	100
砂岩	YQXS	姚桥煤矿	840
	PZNS	平庄西露天矿	320
石灰岩	JHSH	夹河煤矿地下水仓	1040
玄武岩	FRXW	芙蓉白皎煤矿二水平西运输大巷道	350

续表

岩性	岩石代号	取样地点	取样埋深/m
大理岩	JPDL	锦屏 II 级水电站引水隧洞	2300
	IDL	意大利卡拉拉采石场	500
煤	YQM	姚桥煤矿	510、580
	KZM	孔庄煤矿	810
	PZM	平庄西露天煤矿	320
	ATBM	安太堡露天煤矿	300
	HGM	鹤岗南山煤矿	560
	JHM	夹河煤矿	840、940
	JNM	济宁煤矿	770
泥岩	PZN	平煤集团西露天煤矿	320
页岩	JHY	夹河煤矿地下水仓	1040
板岩	B	某石材市场	—

2. 基本物理力学参数

对实验用岩石样品测定其单轴抗压强度、弹性模量和泊松比。对应变岩爆实验试件测量尺寸，计算密度，测定纵波速度，主要参数见表 3.2。

表 3.2　岩石样品基本物理力学参数

岩性	岩石代号	密度 ρ /(g/cm^3)	单轴抗压强度 /MPa	弹性模量 /GPa	泊松比	纵波速度 /(m/s)
花岗岩	LZHG	2.57	131	21.0	0.23	4480
	JNHG	2.68	100	19.5	0.28	4500
	BSHG	2.61	72.9	51.0	0.10	3176
砂岩	YQXS	2.51	108.0	19.4	0.28	5200
	PZNS	1.67	11.5	2.01	0.37	3200
石灰岩	JHSH	2.69	78.4	36.7	0.28	6320
玄武岩	FRXW	2.91	157	62	0.31	5570
大理岩	JPDL	2.76	108	50	0.23	5198
	IDL	2.71	58.4	43.1	0.18	5475

续表

岩性	岩石代号	密度 ρ /(g/cm³)	单轴抗压强度 /MPa	弹性模量 /GPa	泊松比	纵波速度 /(m/s)
煤	YQM	1.37	10.0	2.40	0.26	2380
	KZM	1.35	9.0	2.00	0.26	2100
	PZM	1.31	6.3	3.50	0.30	1780
	ATBM	1.34	8.0	3.00	0.37	1900
	HGM	1.30	16.1	1.43	0.29	1800
	JHM-1	1.51	12.8	1.40	0.27	2170
	JHM-2	1.20	11.0	1.10	0.25	1770
	JNM	1.43	11.5	2.38	0.33	2600
泥岩	ATBN	2.61	83.0	37.5	0.22	5100
页岩	JHY	2.62	90.2	15.2	0.32	6990
板岩	B	2.65	58.3	13.5	0.24	5250/4920/1600（沿三个方向）

(1) LZHG:莱州花岗岩,矿物成分主要为长石、石英和云母,黏土矿物含量为5%;粗晶块状结构,致密,浅肉红色,肉眼未见裂纹;密度为2.57g/cm³,纵波速度为4480m/s,单轴抗压强度为131MPa,弹性模量为21.0GPa,泊松比为0.23。

(2) JNHG:集宁隧道花岗岩,矿物成分主要为石英、长石和黏土矿物,黏土矿物含量为3%;浅肉红色和灰色,无原生裂纹,致密完整;密度约为2.68g/cm³,纵波速度为4500m/s,单轴抗压强度为60~140MPa,平均值为100MPa,弹性模量为16~23GPa,平均值为19.5GPa,泊松比为0.25~0.32,平均值为0.28。

(3) BSHG:北山花岗岩,矿物成分主要为长石、石英和云母,黏土矿物含量为1.3%;结构较完整,致密,灰色,肉眼未见裂纹;密度为2.61g/cm³,纵波速度为3176m/s,单轴抗压强度为72.9MPa,弹性模量为51.0GPa,泊松比为0.1。

(4) YQXS:姚桥煤矿细砂岩,呈灰白色,有细黑色纹理。主要由石英、长石和少量方解石组成,黏土矿物含量为6.5%;密度为2.51g/cm³,纵波速度为5200m/s;单轴抗压强度为104~113MPa,平均值为108MPa,弹性模量为14.6~25.0GPa,平均值为19.4GPa,泊松比为0.23~0.33,平均值为0.28。

(5) PZNS:平庄泥质砂岩,灰绿色,含大量中粗砂颗粒,颗粒成分主要为长石,其次是石英。黏土矿物含量为31.1%,其成分主要为绿泥石及伊蒙混层等。泥质胶结,岩体强度较低,遇水软化崩解。密度为1.67g/cm³,纵波速度为3200m/s,单轴抗压强度为11.5MPa,弹性模量为2.01GPa,泊松比为0.37。

(6) JHSH:夹河煤矿埋深1040m水仓海相沉积石灰岩,灰色。矿物成分主要为方解石,含少量的白色石英脉,细晶及粉晶结构,肉眼可见非常细的隐性裂纹。密度为2.69g/cm^3,纵波速度为6320m/s,单轴抗压强度为78.4MPa,弹性模量为36.7GPa,泊松比为0.28。

(7) FRXW:白皎煤矿玄武岩,其矿物成分主要为石英、长石和辉石,黏土矿物含量为10%;密度为2.91g/cm^3,纵波速度为5570m/s,单轴抗压强度为157MPa,弹性模量为62GPa,泊松比为0.31。

(8) JPDL:锦屏大理岩,其矿物成分主要由方解石和少许云母组成;密度为2.76g/cm^3,纵波速度为5198m/s,单轴抗压强度为108MPa,弹性模量为50GPa,泊松比为0.23。

(9) IDL:意大利卡拉拉采石场大理岩,其矿物成分主要由方解石和少许云母组成;密度为2.71g/cm^3,纵波速度为5475m/s,单轴抗压强度为58.4MPa,弹性模量为43.1GPa,泊松比为0.18。

(10) YQM:姚桥煤矿煤,其密度为1.32~1.42g/cm^3,平均值为1.37g/cm^3,纵波速度为2380m/s,单轴抗压强度为7.6~13.0MPa,平均值为10.0MPa,弹性模量为2.0~3.1GPa,平均值为2.4GPa,泊松比为0.26。

(11) KZM:孔庄煤矿煤,密度为1.35g/cm^3,纵波速度为2100m/s,单轴抗压强度为9.0MPa,弹性模量为2.0GPa,泊松比为0.26。

(12) PZM:平庄煤矿煤,较破碎,有很多裂纹,有植物化石;密度为1.28~1.34g/cm^3,平均值为1.31g/cm^3,纵波速度为1780m/s,单轴抗压强度为4.6~8.0MPa,平均值为6.3MPa,弹性模量为2.9~4.2GPa,平均值为3.5GPa,泊松比为0.30。

(13) ATBM:安太堡煤,表面裂纹较多,呈暗黑色;主要由非晶质碳组成,占90.9%,黏土矿物含量为9.1%,其成分主要为高岭石,占黏土矿物总量的93%;密度为1.34g/cm^3,纵波速度为1900m/s,单轴抗压强度为8.0MPa,弹性模量为3.0GPa,泊松比为0.37。

(14) HGM:鹤岗南山煤矿煤,有大量宏观裂纹,暗煤与亮煤相间分布;密度为1.30g/cm^3,纵波速度为1800m/s,单轴抗压强度为14.7~17.4MPa,平均值为16.1MPa,弹性模量为1.21~1.65GPa,平均值为1.43GPa,泊松比为0.19~0.38,平均值为0.29,黏土矿物含量为1%。

(15) JHM-1:夹河煤矿煤,埋深850m;密度为1.51g/cm^3,纵波速度为2170m/s,单轴抗压强度为12.8MPa,弹性模量为1.4GPa,泊松比为0.27。

(16) JHM-2:夹河煤矿煤,埋深910m;密度为1.20g/cm^3,纵波速度为1770m/s,单轴抗压强度为11.0MPa,弹性模量为1.1GPa,泊松比为0.25。

(17) JNM:济宁煤矿煤,埋深770m,试件表面宏观裂纹众多;密度为1.43g/cm^3,

纵波速度为2600m/s，单轴抗压强度为11.5MPa，弹性模量为2.38GPa，泊松比为0.33。

(18) ATBN：安太堡露天煤矿砂质泥岩，强度较高，密度为2.61g/cm^3，纵波速度为5100m/s，单轴抗压强度为83.0MPa，弹性模量为37.5GPa，泊松比为0.22。

(19) JHY：页岩，取自夹河煤矿埋深1040m的水仓，呈灰黑色，层理发育，肉眼可见裂纹；密度为2.62g/cm^3，纵波速度为6990m/s，单轴抗压强度为90.2MPa，弹性模量为15.2GPa，泊松比为0.32，黏土矿物含量为44.7%。

(20) B：板岩，浅绿色，层状结构明显，矿物成分主要为石英、方解石和黏土矿物，其中黏土矿物占27%；密度为2.65g/cm^3，纵波速度：长度方向为5250m/s、宽度方向为4920m/s、厚度方向为1600m/s，从波速结果分析，其力学性质具有明显的各向异性。单轴抗压强度为58.3MPa，弹性模量为13.5GPa，泊松比为0.24。

3. 岩石全岩矿物成分和黏土矿物成分及微观扫描

表3.3和表3.4分别列出了实验用岩石样品的全岩矿物成分和黏土矿物成分的X射线衍射结果。可以看出，花岗岩、砂岩、石灰岩、玄武岩、大理岩和煤含黏土矿物较少，都小于10%，属于硬脆岩类。除煤(主要由非晶态的碳组成)外，其他几种岩石的矿物成分主要为石英、长石和方解石(石灰岩和大理岩主要由方解石组成，玄武岩还含有22%的辉石)。黏土矿物含量较多的有砂质泥岩、页岩和板岩，属于软岩类，除黏土矿物外，其矿物成分主要为石英、长石、方解石和白云石。

表3.3 岩石全岩矿物成分

岩石代号	岩性	矿物成分含量/%									
		石英	钾长石	斜长石	云母类	方解石	白云石	黄铁矿	菱铁矿	非晶态碳	黏土矿物
LZHG	花岗岩	27.0	37.0	31.0	—	—	—	—	—	—	5.0
JNHG	花岗岩	69.6	21.1	6.3	—	—	—	—	—	—	3
BSHG	花岗岩	30.9	13.5	27	7.3	—	—	—	—	—	1.3
YQXS	砂岩	54.5	12.2	23.6	—	1.4	—	—	1.8	—	6.5
PZNS	砂岩	28.4	13.4	26.0	—	1.1	—	—	—	—	—
JHSH	石灰岩	3.7	—	—	—	96.3	—	—	—	—	0

续表

岩石代号	岩性	矿物成分含量/%									
		石英	钾长石	斜长石	云母类	方解石	白云石	黄铁矿	菱铁矿	非晶态碳	黏土矿物
FRXW	玄武岩	38	—	34	—	—	—	—	—	—	6
JPDL	大理岩	1	—	—	4	95	—	—	—	—	—
IDL	大理岩	—	—	—	—	99.2	—	—	—	—	0.8
YQM-1	煤	—	—	—	—	—	—	—	—	90.3	9.7
YQM-2	煤	1.2	—	—	—	—	—	0.8	—	97.0	1.0
KZM	煤	—	—	—	—	—	—	—	—	96.0	4.0
PZM	煤	1.8	—	—	—	—	0.4	0.6	—	90.8	6.4
ATBM	煤	—	—	—	—	—	—	—	—	90.9	9.1
HGM	煤	0.5	—	—	—	1.6	0.5	—	—	96.4	1.0
JHM-1	煤	0.4	—	—	—	1.9	0.3	—	—	90.3	7.1
JHM-2	煤	—	—	—	—	1.4	—	—	—	97.6	1.0
JNM	煤	—	—	—	—	0.2	0.3	0.6	—	94.5	4.4
ATBN	泥岩	34.9	0.8	—	—	—	—	—	—	—	64.3
JHY	页岩	29.5	0.2	2.1	—	0.7	22.0	0.8	—	—	44.7
B	板岩	30.9	0.9	1.8	—	26.9	—	2.1	2.3	—	27.0

表 3.4　黏土矿物成分

岩石代号	岩性	矿物成分含量/%						混层比/%	
		S	I/S	I	K	C	C/S	I/S	C/S
LZHG	花岗岩	—	—	56	—	64	—	—	—
JNHG	花岗岩	—	20	25	55	—	—	40	—
BSHG	花岗岩	—	8	80	7	5	—	35	—
YQXS	砂岩	—	41	8	51	—	—	30	—
PZNS	砂岩	—	69	5	20	6	—	65	—
JHSH	石灰岩	—	—	—	—	—	—	—	—
FRXW	玄武岩	—	—	1	25	58	16	—	30
JPDL	大理岩	—	—	40	—	60	—	—	—

续表

岩石代号	岩性	矿物成分含量/%						混层比/%	
		S	I/S	I	K	C	C/S	I/S	C/S
IDL	大理岩	—	—	—	—	—	—	—	—
YQM-1	煤	—	—	18	82	—	—	—	—
YQM-2	煤	—	8	17	75	—	—	25	—
KZM	煤	—	10	—	90	—	—	50	—
PZM	煤	—	26	14	60	—	—	30	—
ATBM	煤	—	5	3	92	—	—	—	—
HGM	煤	—	25	—	75	—	—	30	—
JHM-1	煤	—	24	—	76	—	—	35	—
JHM-2	煤	—	—	—	100	—	—	—	—
JNM	煤	—	11	—	61	28	—	25	—
ATBN	泥岩	—	23	5	72	—	—	—	—
JHY	页岩	—	49	6	32	13	—	25	—
B	板岩	14	—	66	—	20	—	—	—

注:S为蒙皂石类,I/S为伊蒙混层,I为伊利石,K为高岭石,C为绿泥石,C/S为绿蒙混层,下同。

图3.2为不同岩性样品的典型微观结构图。可以看出,无论是强度较高的花岗岩、砂岩、石灰岩、大理岩还是强度较低的煤,其微观结构特征表明岩石都是由不同矿物组成的集合体,不同矿物结构相差很大,并且存在大量的缺陷(裂纹、孔洞和孔隙),且其形状、尺寸和位置多变。

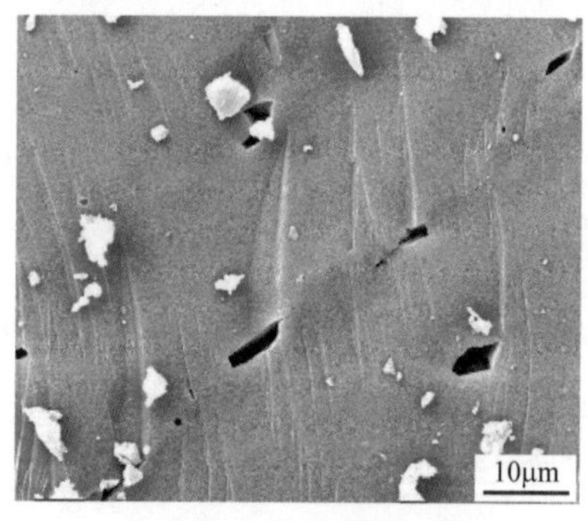

(a) LZHG花岗岩石英晶体表面溶孔

(b) LZHG花岗岩石英晶体与长石

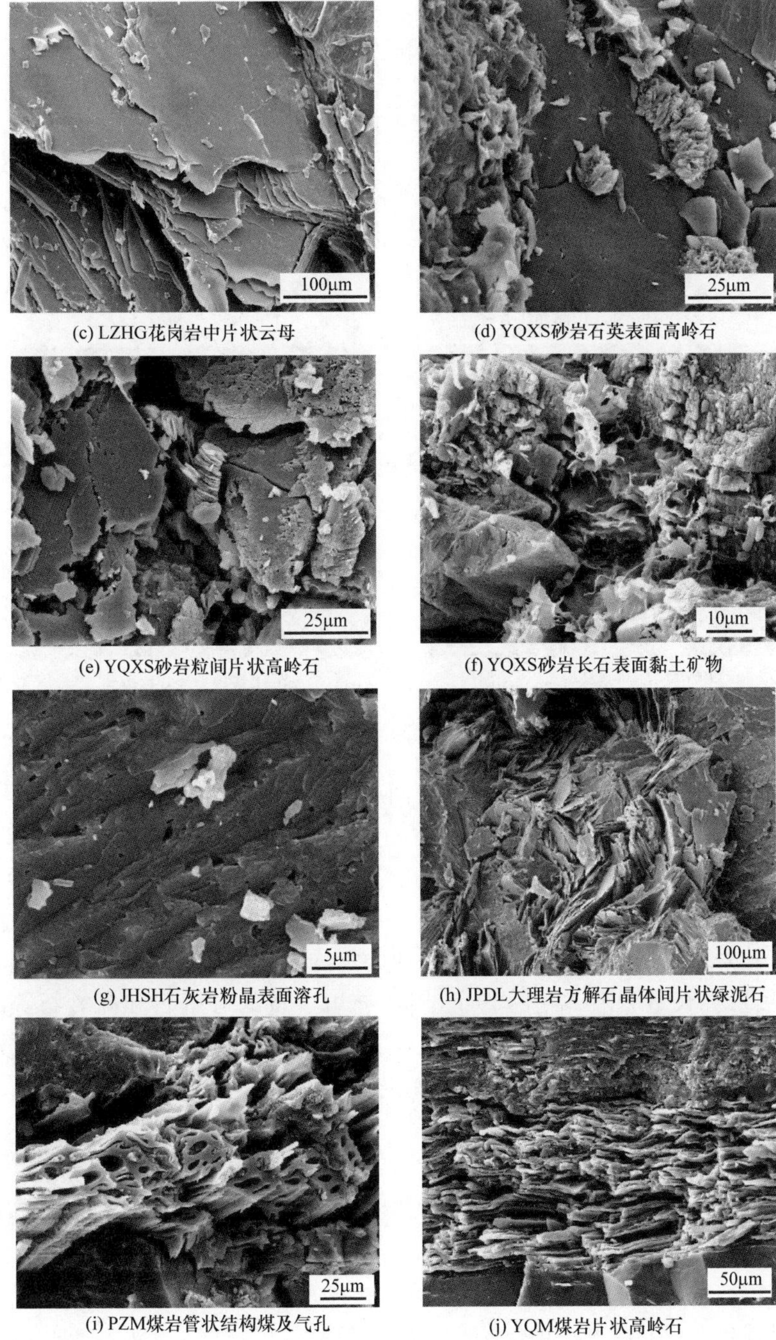

(c) LZHG花岗岩中片状云母　(d) YQXS砂岩石英表面高岭石

(e) YQXS砂岩粒间片状高岭石　(f) YQXS砂岩长石表面黏土矿物

(g) JHSH石灰岩粉晶表面溶孔　(h) JPDL大理岩方解石晶体间片状绿泥石

(i) PZM煤岩管状结构煤及气孔　(j) YQM煤岩片状高岭石

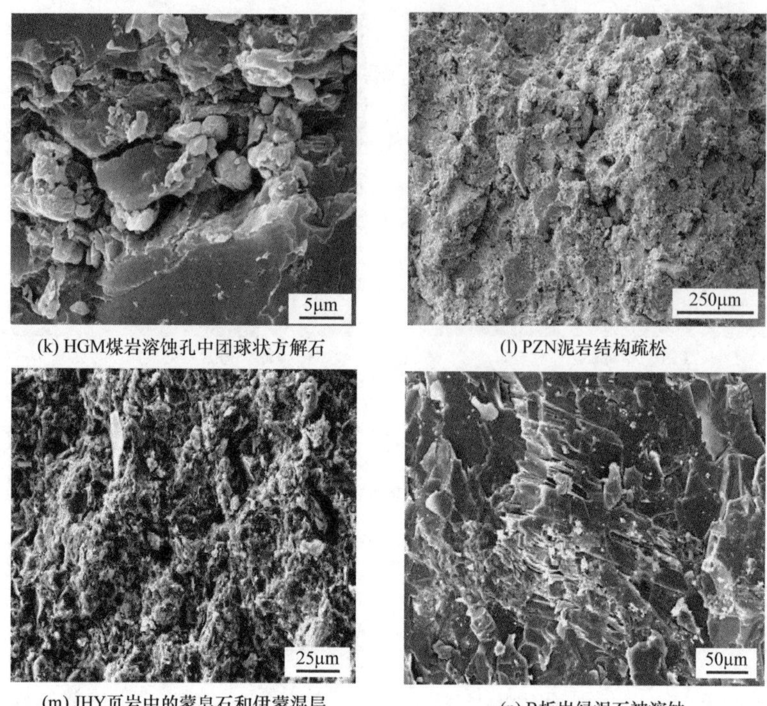

(k) HGM煤岩溶蚀孔中团球状方解石　(l) PZN泥岩结构疏松

(m) JHY页岩中的蒙皂石和伊蒙混层　(n) B板岩绿泥石被溶蚀

图 3.2　不同岩性样品的典型微观结构图

花岗岩中最硬的矿物是石英，其表面有溶孔或气孔构造，大小为 2～3μm，呈椭圆状，其中长石晶体明显，而云母矿物晶体是片状结构；砂岩中石英晶体形状不规则，有溶孔，内部充填高岭石，粒间微孔隙可达到 10μm 以上，充填不同形状的黏土矿物；石灰岩虽然宏观致密，在 SEM 下同样可以看到在粉晶表面上的溶孔为 0.5～2μm；大理岩是由不同矿物晶体组成的不均匀结构；煤裂隙发育，肉眼可见裂纹，放大后可见大量裂隙、溶孔，管状结构，充填少量的方解石和高岭石等晶体矿物。而软岩中的泥岩、页岩和板岩表现为样品结构较疏松，黏土矿物含量较高，并有一些被溶蚀的绿泥石和蒙皂石等矿物成分。

3.3.2　应变岩爆实验设计

按照 2.4.3 节所述方法，进行应变岩爆实验设计，确定初始应力值，具体实验时会稍有偏差。表 3.5 为典型应变岩爆实验设计。

所有应变岩爆实验在应变岩爆实验系统上进行，同时采用多种采集手段对应变岩爆过程信息进行采集，包括力的采集、声发射波形数据采集和应变岩爆过程图

表 3.5　典型应变岩爆实验设计

岩性	岩石代号	模拟应变岩爆类型	初始应力设计 ($\sigma_1/\sigma_2/\sigma_3$)/MPa	试件数量/件	试件编号
花岗岩	LZHG	瞬时岩爆	120/60/30	9	LZHG-I-1～9
		滞后岩爆	60/60/10	3	LZHG-II-1～3
	BSHG	滞后岩爆	15/15/10	3	BSHG-II-1～3
	JNHG	岩柱岩爆	40/10/5	3	JNHG-III-1～3
砂岩	YQXS	瞬时岩爆	140/60/30	6	YQXS-I-1～6
	PZNS	瞬时岩爆	15/6/4	3	PZNS-I-1～3
		滞后岩爆	15/5/5	1	PZNS-II-1
石灰岩	JHSH	瞬时岩爆	110/60/30	3	JHSH-I-1～3
玄武岩	FRXW	瞬时岩爆	110/60/50	1	FRXW-I-1
		滞后岩爆	30/20/20	2	FRXW-II-1～2
大理岩	JPDL	瞬时岩爆	80/30/20	3	JPDL-I-1～3
		滞后岩爆	40/30/25	1	JPDL-II-1
	IDL	瞬时岩爆	110/40/30	3	IDL-I-1～3
		滞后岩爆	15/5/5	4	IDL-II-1～4
煤	YQM	瞬时岩爆	20/18/10	9	YQM-I-1～9
		滞后岩爆	9/8/7	2	YQM-II-1～2
	KZM	瞬时岩爆	12/8/4	3	KZM-I-1～3
		滞后岩爆	12/8/6	4	KZM-II-1～4
	PZM	瞬时岩爆	12/8/4	12	PZM-I-1～12
	ATBM	瞬时岩爆	17/8/4	3	ATBM-I-1～3
		滞后岩爆	5/4/3	2	ATBM-II-1～2
	HGM	瞬时岩爆	15/10/4	9	HGM-I-1～9
		滞后岩爆	15/10/8	6	HGM-II-1～6
	JHM1	瞬时岩爆	18/13/7	1	JHM1-I-1
		滞后岩爆	12/8/3	1	JHM1-II-1
	JHM2	瞬时岩爆	22/18/12	3	JHM2-I-1～3
	JNM	瞬时岩爆	18/11/4	5	JNM-I-1～5
		滞后岩爆	18/12/5	4	JNM-II-1～4
泥岩	ATBN	瞬时岩爆	70/30/15	3	ATBN-I-1～3
		滞后岩爆	20/20/15	2	ATBN-II-1～2
页岩	JHY	瞬时岩爆	60/40/20	2	JHY-I-1～2
板岩	B	瞬时岩爆	165/45/20	1	B-I-1
		滞后岩爆	30/30/20	1	B-II-1

像记录等。采用三种应力路径控制方法模拟对应的三种类型应变岩爆,分别为应力路径控制方法 I(三向加载—单面快速卸载—轴向保载)模拟瞬时岩爆、应力路径控制方法 II(三向加载—单面快速卸载—轴向加载)模拟滞后岩爆和应力路径控制方法 III(三向六面加载—单面分级卸载再快速暴露—轴向分级加载至破坏)模拟岩柱岩爆,有关实验步骤及实验过程控制参见 2.4 节。

3.3.3 应变岩爆实验特征

对于不同岩石,其破坏过程特征不同。花岗岩、石灰岩、砂岩、玄武岩、大理岩及大部分的煤都有应变岩爆现象发生,如颗粒弹射、片状剥离伴随颗粒混合弹射及全面爆裂等;泥岩、板岩和页岩等则没有应变岩爆现象,表现为压致挤出和剪切等。以下分别列出了花岗岩、砂岩、石灰岩、玄武岩、大理岩、煤的典型应变岩爆实验结果及没有应变岩爆特征的泥岩、页岩、板岩采用应变岩爆实验方法得到的实验结果。因模拟不同类型应变岩爆所采用的应力路径控制方法不同,为使卸载前三向应力与应变岩爆三向应力相对应,以下实验结果表中(σ_1,σ_2,σ_3)应力值,与通常概念的最大主应力 σ_1、中间主应力 σ_2、最小主应力 σ_3 不完全对应。

花岗岩、石灰岩、大理岩和姚桥细砂岩的应变岩爆破坏现象明显,其矿物成分主要为硅酸盐矿物石英、钾长石和斜长石(花岗岩和砂岩),或碳酸岩矿物方解石和白云石(大理岩和石灰岩),黏土矿物含量小于 10%(大理岩除外)。

姚桥煤、孔庄煤及鹤岗南山煤的应变岩爆特征较为明显,普遍特征是在全面爆裂前先听到试件开裂的声音,其次是块状及较厚片状碎屑颗粒弹射。由于煤的强度比岩石强度低,一般情况下其冲击较弱。

1. 花岗岩

表 3.6 列出了 18 例花岗岩试件应变岩爆实验结果,包含三个地区的花岗岩,其中山东莱州花岗岩 12 例,内蒙古集宁花岗岩和甘肃北山花岗岩各 3 例。18 例实验中,采用应力路径控制方法 I 模拟瞬时岩爆的有 9 例,采用应力路径控制方法 II 模拟滞后岩爆的有 6 例,采用应力路径控制方法 III 模拟岩柱岩爆的有 3 例。

表 3.6 花岗岩试件应变岩爆实验结果

试件编号	实验方法	卸载前应力 ($\sigma_1/\sigma_2/\sigma_3$)/MPa	应变岩爆应力 ($\sigma_1/\sigma_2/\sigma_3$)/MPa	应变岩爆过程特征			
				$\dot{\sigma}_1$ /(MPa/s)	破坏特征	Δt_1	Δt_2
LZHG-I-1	I	205/78/60	202/77/0	—	瞬间爆裂	120s	0.5s
LZHG-I-2	I	191/69/32	184/67/0	220000	瞬间压剪破坏	2s	0.5s
LZHG-I-3	I	120/65/29	113/64/0	184	劈裂,侧向呈弧形	1s	1s

续表

试件编号	实验方法	卸载前应力 $(\sigma_1/\sigma_2/\sigma_3)$/MPa	应变岩爆应力 $(\sigma_1/\sigma_2/\sigma_3)$/MPa	应变岩爆过程特征			
				$\dot{\sigma}_1$ /(MPa/s)	破坏特征	Δt_1	Δt_2
LZHG-I-4	I	130/70/32	128/67/0	—	碎屑颗粒弹射，板块状剥离	105s	18s
LZHG-I-5	I	163/63/31	163/63/0	24000	顶部弯折	15s	1s
LZHG-I-6	I	141/60/31	141/60/0	67000	中部弯折	10s	0.5s
LZHG-I-7	I	130/62/30	128/62/0	53000	下部局部爆裂	20min	0.5s
LZHG-I-8	I	151/61/31	150/61/0	673	剪切，中间折断	25s	0.5s
LZHG-I-9	I	129/41/20	128/0/20	20857	下部折断	115s	1s
LZHG-II-1	II	60/60/30	237/60/0	298339	中部弯折，碎屑颗粒弹射	—	0.5s
LZHG-II-2	II	170/60/30	170/0/30	—	剪切	—	2s
LZHG-II-3	II	137/7/7	137/7/0	267750	下部局部爆裂	—	0.5s
BSHG-II-1	II	110/39/31	130/39/0	72	压剪	1.85min	1.8s
BSHG-II-2	II	139/56/28	140/80/0	7.3	压剪	1.26min	10.9s
BSHG-II-3	II	103/39/27	113/39/0	8.6	全面爆裂	—	13.1s
JNHG-III-1	III	62/10/3	122/10/0	226	压剪	127min	0.5s
JNHG-III-2	III	63/11/3	104/11/0	294	压剪	23min	0.28s
JNHG-III-3	III	61/11/3	55/10/0	17	劈裂	20.7s	1.92s

注：1) $\dot{\sigma}_1$ 为最大主应力方向的应力降速率，MPa/s，表示在应变岩爆破坏瞬间极短时间内的应力差，本节所有表格中不同方向的应力降速率的解释同此。

2) Δt_1 为卸载至平静期结束时间。

3) Δt_2 为应变岩爆过程持续时间。

表 3.6 中还列出了应变岩爆实验卸载前以及应变岩爆时刻对应的三向应力状态，其中除 LZHG-I-9 和 LZHG-II-2 卸载中间主应力 σ_2 外，其余实验均是卸载最小主应力 σ_3。卸载前的最大主应力 σ_1 最大为 205MPa，最小为 60MPa，大多数集中在 100～190MPa；中间主应力 σ_2，除 LZHG-II-3 以及 JNHG-III-1、JNHG-III-2、JNHG-III-3 比较小(10MPa 左右)外，其余均大于 30MPa，最大的达到了 78MPa。此外，最小主应力 σ_3 最大为 60MPa，大部分在 30MPa 左右，还有个别(LZHG-I-9)为 20MPa。

从表 3.6 还可以看出岩爆时刻的应力状态变化特征。对于卸载 σ_3 的实验，σ_3 降为 0 的同时，σ_2 基本保持不变；对于卸载 σ_2 的实验，σ_2 降为 0 的同时，σ_3 基本保持不变。σ_1 的变化特征依赖于实验方法的选择，采用方法 I 的 9 例实验中，大部分表现出 σ_1 略有降低，少数实验中(LZGH-I-5 和 LZGH-I-6)σ_1 保持不变；而方法 II 与方法 III 由于卸载后还需要增加最大主应力，因此应变岩爆时的 σ_1 均比卸载前大。

应变岩爆实验试件最终破坏模式有所不同，例如，LZHG-I-1 试件瞬间碎裂成碎块状，而 LZHG-I-4 试件是碎屑颗粒弹射以及卸载表面的板块状碎屑颗粒混合弹射，在破坏的同时垂直方向的应力(σ_1)会产生应力降，如表 3.6 所示，应力降的大小与试件实验方法有很大关系，整体上方法 I 和方法 II 对应的应力降大于方法 III，即通常表现为应力降较大时，容易产生强烈岩爆。

从破坏特征可以看出，方法 I 与方法 II 的应变岩爆特征更为明显。试件的破坏分为局部爆裂和全面爆裂，且局部破坏的数量(12 例)要多于整体破坏(6 例)。整体破坏分为两种：一种是试件表面大面积的破坏；另一种是试件整体表现为压剪破坏。局部破坏表现为局部的碎屑颗粒弹射、劈裂和弯折破坏。

除了破坏模式不同，从卸载至平静期结束时间 Δt_1 及应变岩爆过程持续时间 Δt_2 也不同，Δt_1 大部分在 2min 之内，少数超过 20min，最长的甚至达到了 127min；Δt_2 大部分在 2s 之内，少数的多于 2s，最长的为 18s。

图 3.3 为表 3.6 中所列典型花岗岩试件应变岩爆实验应力-时间曲线。在达到初始应力水平前，各向应力均采用分级加载，每一级载荷保持 5min，在达到初始应力状态后保持 30min，然后快速卸载或者分级卸载，方法 I 在卸载后保持最大主应力 σ_1 不变，若在 15～30min 内没有发生应变岩爆，则恢复卸载前的应力状态，增大 σ_1 或者同时增大 σ_1 和 σ_2 后再保载 30min 后再卸载，依此循环直到应变岩爆发生。采用方法 I 的 9 例应变岩爆实验和采用方法 II 的 6 例应变岩爆实验循环加-卸载最多经历了 6 次，最少的为 1 次。

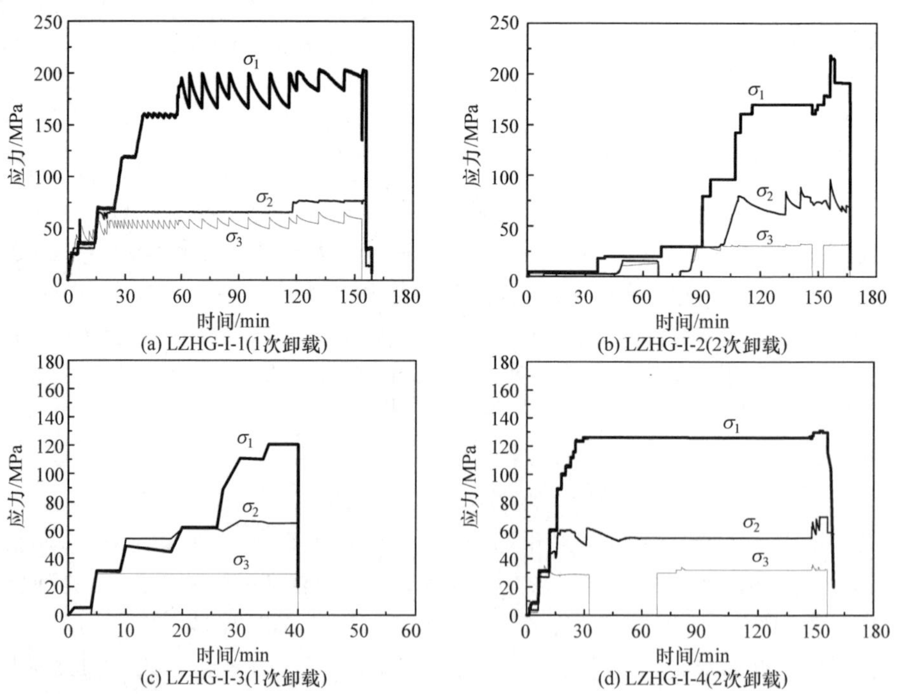

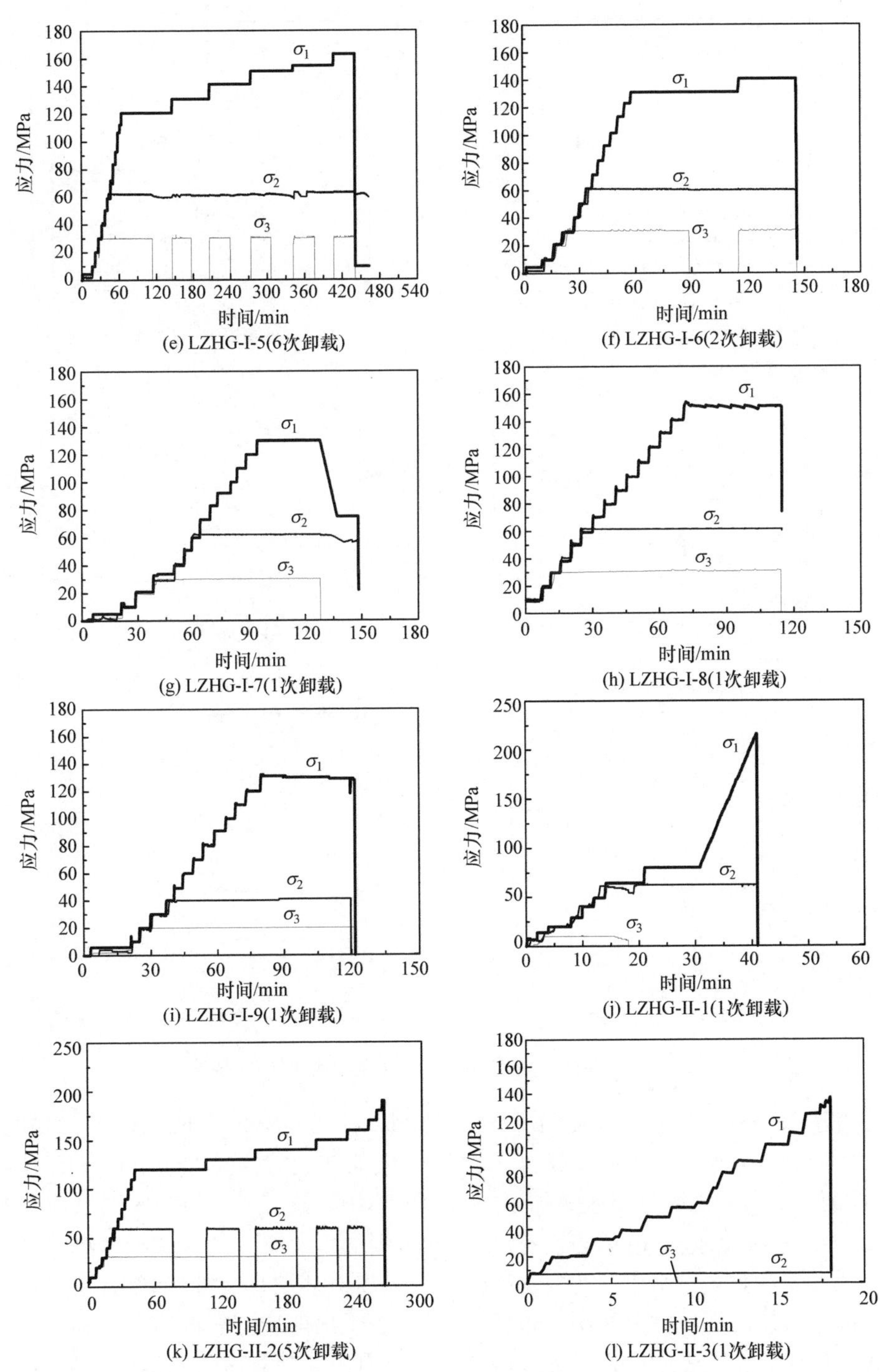

(e) LZHG-I-5(6次卸载)

(f) LZHG-I-6(2次卸载)

(g) LZHG-I-7(1次卸载)

(h) LZHG-I-8(1次卸载)

(i) LZHG-I-9(1次卸载)

(j) LZHG-II-1(1次卸载)

(k) LZHG-II-2(5次卸载)

(l) LZHG-II-3(1次卸载)

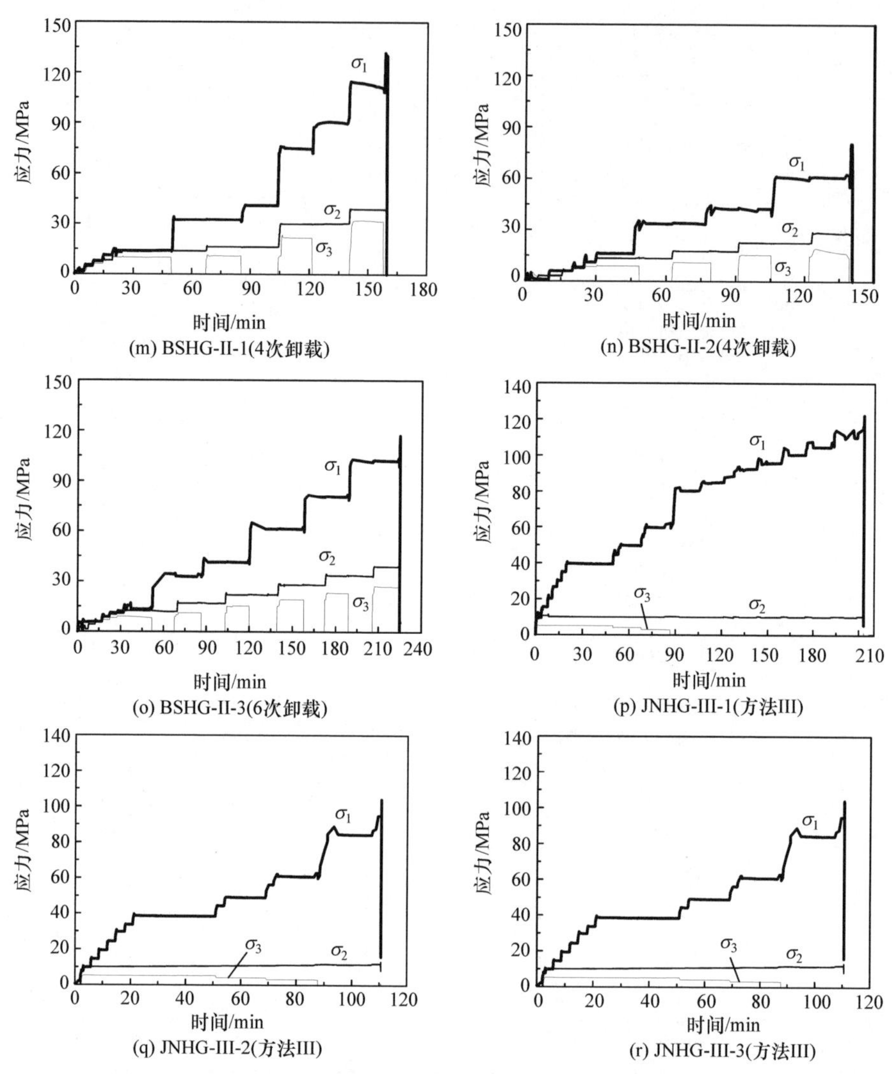

图 3.3　花岗岩试件应变岩爆实验应力-时间曲线

方法 III 模拟岩柱岩爆(JNHG-III-1、JNHG-III-2、JNHG-III-3)采用分级卸载最小主应力 σ_3，分三次将 σ_3 卸载为 0，最后一次的卸载方式与方法 I 和方法 II 相同，前两次卸载的同时分两级增加 σ_1，每一级 5MPa，最后一次卸载的同时增加 σ_1 约 30MPa，然后保持 20min，若没有应变岩爆，则继续增加 σ_1 直至应变岩爆发生。

图 3.4 为表 3.6 中所列花岗岩试件应变岩爆破坏图片。可以看出，在不同三向六面应力状态下试件单面快速卸载后，试件表现出的应变岩爆模式不同。处于较大三向应力作用下的试件(LZHG-I-1)，在单面快速卸载后瞬间发生应变岩爆，而处于较低应力状态的试件(LZHG-I-9)，在单面快速卸载后会在不同时间(0～

30min)发生应变岩爆。虽然在卸载后发生应变岩爆的时间不同,但大部分花岗岩的应变岩爆突然,应力降速率快。

对于方法 II 的 6 例实验,其共同的特征是应变岩爆比较突然,只是在应变岩爆发生前的瞬间有试件开裂的声音,在应变岩爆面上是局部的片状弯折,弹射后有爆坑(LZHG-II-1),破坏后试件侧面可以看到中上部的剪切破坏面。

(a) LZHG-I-1　(b) LZHG-I-2　(c) LZHG-I-3　(d) LZHG-I-4

(e) LZHG-I-5　(f) LZHG-I-6　(g) LZHG-I-7　(h) LZHG-I-8

(i) LZHG-I-9　(j) LZHG-II-1　(k) LZHG-II-2　(l) LZHG-II-3

(m) BSHG-II-1　(n) BSHG-II-2　(o) BSHG-II-3

(p) JNHG-III-1　(q) JNHG-III-2　(r) JNHG-III-3

图 3.4　花岗岩试件应变岩爆破坏图片

由图 3.3 和图 3.4 可以看出，花岗岩试件典型应变岩爆过程(LZHG-I-4)为：卸载后首先是一段相对平静期，表面没有变化特征；接着在局部有小颗粒的弹射，进而发展成较大范围内的片状剥离及颗粒混合弹射；最后是试件的全面爆裂。以上过程可以归结为卸载后的平静期、颗粒弹射阶段、混合弹射阶段和全面爆裂阶段。

应变岩爆过程时间及破坏形式与岩爆实验方法没有直接对应关系，三种应变岩爆实验方法都有压致剪切或弯折破坏等。应变岩爆主要破坏特征有颗粒弹射、片状剥离伴有颗粒混合弹射以及全面爆裂。

当应力水平较高时，卸载通常表现为强烈的瞬间岩爆现象，卸载后再增加某一个或两个方向的载荷发生的应变岩爆表现为弯折、剪切的复合型破坏形式。结合现场的调查结果，可以说明应变岩爆过程中伴随着剪切的发生，而大量弹射出的片状及板状碎块又说明有张应力的作用(LZHG-I-3 和 LZHG-I-4)。

卸载及应变岩爆都对应着应力降，卸载的应力降一般较小，时间一般为 1s；破坏时有明显的最大主应力降，且时间短暂，最短为 0.7ms，其他方向应力降较小。

高应力降对应着较大的快速变形或快速岩爆。

2. *砂岩*

1）姚桥细砂岩

表 3.7 列出了 6 例姚桥细砂岩试件的应变岩爆实验结果。全部采用方法 I，卸载前的三向应力状态：σ_1 为 120～177MPa，σ_2 约为 60MPa、75MPa 和 85MPa，σ_3 约为 30MPa 和 35MPa。应变岩爆发生时最大主应力与中间主应力均会产生应力降，且最大主应力降要远大于中间主应力降。不同的试件平静期时间也各不相同，从 3～30min 不等，破坏过程持续时间除 YQXS-I-6 较长外，大部分都比较短（小于 3s）。

表 3.7　姚桥细砂岩试件应变岩爆实验结果

试件编号	实验方法	卸载前应力 ($\sigma_1/\sigma_2/\sigma_3$) /MPa	应变岩爆应力 ($\sigma_1/\sigma_2/\sigma_3$) /MPa	应变岩爆过程特征				
				$\dot{\sigma}_1$ /(MPa/s)	$\dot{\sigma}_2$ /(MPa/s)	破坏特征	Δt_1	Δt_2
YQXS-I-1	I	177/63/31	166/62/0	490	23	局部块片折断	18min	瞬间
YQXS-I-2	I	142/62/30	138/61/0	94400	1440	块片折断弹射	9min 42s	0.1s
YQXS-I-3	I	132/85/36	96/81/0	20000	108	上部剪切	26min 24s	0.5s
YQXS-I-4	I	130/75/30	130/76/0	876	69	片粒弹射	2min 47s	3s
YQXS-I-5	I	120/75/35	110/73/0	804	49	粒及块片弹射，全面爆裂	4min 10s	2s
YQXS-I-6	I	145/75/35	105/73/0	3462	73	下部块片折断	11min 13s	21min 28s

注：$\dot{\sigma}_2$ 为中间主应力方向的应力降速率。

图 3.5 为部分姚桥细砂岩试件（YQXS-I-1、YQXS-I-2、YQXS-I-4、YQXS-I-5）的应变岩爆实验应力-时间曲线。其中，试件 YQXS-I-1 和 YQXS-I-2 分别经历了 4 次和 2 次循环加-卸载，其余两个试件均是 1 次卸载后发生应变岩爆。加载的过程同样是分级加载，每级加载 5MPa，保载 5min，加到初始应力状态后保载 30min 后卸载。从图中可以看出，在卸载时 σ_1 和 σ_2 会产生应力降。

图 3.6 为部分姚桥细砂岩试件（YQXS-I-1、YQXS-I-2、YQXS-I-4、YQXS-I-5）应变岩爆破坏图片。其中，YQXS-I-1 为突然破坏，为局部块片折断破坏；YQXS-I-2 呈块片碎屑弹射，在试件上半部产生块片折断弹射破坏；YQXS-I-4 的应变岩爆特征最为明显，先是小颗粒弹射，然后是片状、块状弹射，在试件的中部有片状碎屑弹射；YQXS-I-5 的破坏最为严重，卸载后依次出现了颗粒弹射、片状混合弹射，最后试件全面爆裂。

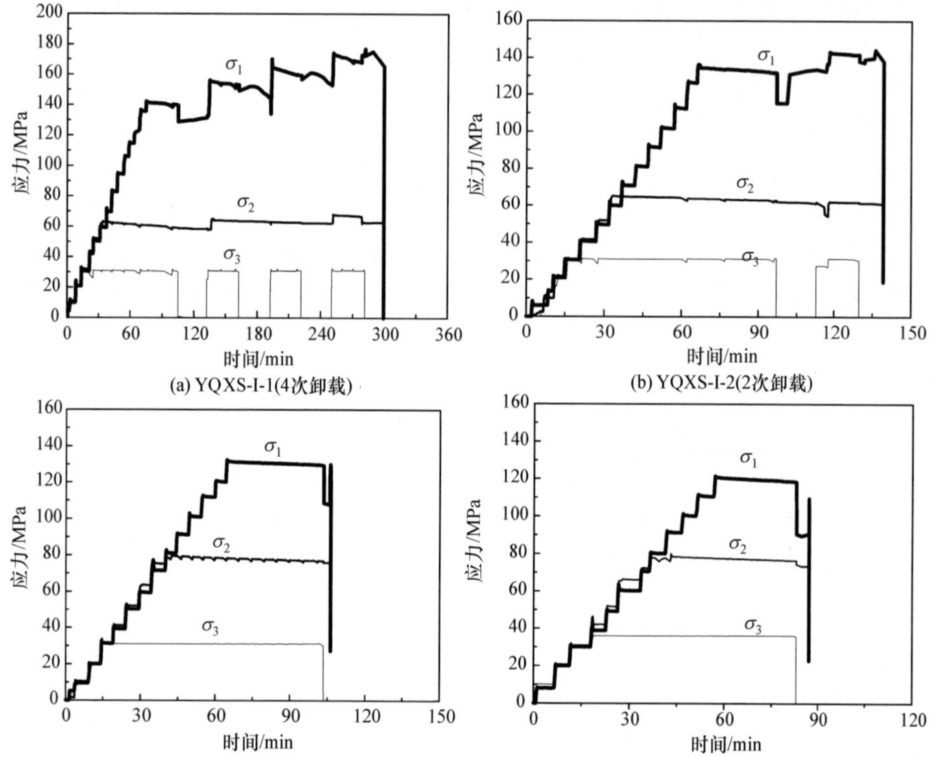

(a) YQXS-I-1(4次卸载)

(b) YQXS-I-2(2次卸载)

(c) YQXS-I-4(1次卸载)

(d) YQXS-I-5(1次卸载)

图 3.5 姚桥细砂岩试件应变岩爆实验应力-时间曲线

(a) YQXS-I-1 (b) YQXS-I-2 (c) YQXS-I-4 (d) YQXS-I-5

图 3.6 姚桥细砂岩试件应变岩爆破坏图片

姚桥细砂岩试件的应变岩爆实验特征为：有明显的颗粒弹射、片状混合弹射和全面爆裂过程。破坏形式有突然失稳破坏、块片弯折张剪破坏和剪切破坏。试件开裂的声音特征有两种情况：一种是在卸载后就可以断续听到试件开裂的声音；另一种是在卸载后听不到试件开裂的声音，但可以看到声发射事件在破坏前急剧增加，试件破坏时伴有试件开裂的声音。

实验所用的砂岩试件从结构特征上可以分为两类：含明显可见裂纹的试件(YQXS-I-3、YQXS-I-4、YQXS-I-5、YQXS-I-6)和无明显可见裂纹的试件(YQXS-I-1、YQXS-I-2)。结果表明，与最大主应力方向垂直的裂纹对应变岩爆破坏形式影响甚微。

2) 平庄泥质砂岩

表 3.8 列出了 4 例平庄泥质砂岩试件应变岩爆实验结果。采用应力路径控制方法 I 模拟瞬时岩爆的有 3 例，采用应力路径控制方法 II 模拟滞后岩爆的有 1 例。其中，除试件 PZNS-II-1 卸载最小主应力外，其余均是卸载中间主应力。破坏形式均是剪切破坏。无论卸载后到破坏的持续时间还是破坏持续时间，都较短。

表 3.8　平庄泥质砂岩试件应变岩爆实验结果

试件编号	实验方法	卸载前应力 $(\sigma_1/\sigma_2/\sigma_3)$/MPa	应变岩爆应力 $(\sigma_1/\sigma_2/\sigma_3)$/MPa	应变岩爆过程特征			
				$\dot{\sigma}_1$ /(MPa/s)	破坏形式	Δt_1	Δt_2
PZNS-I-1	I	16/6/4	16/0/4	—	剪切	瞬间	瞬间
PZNS-I-2	I	20.3/8.0/6.2	20.0/0/4.3	—	剪切	5s	2s
PZNS-I-3	I	14.7/5.4/3.6	12.5/0/3.6	12	剪切	17s	0.7s
PZNS-II-1	II	14.2/6.0/3.4	15.3/5.9/0	19	剪切	30s	1.8s

图 3.7 为平庄泥质砂岩试件 PZNS-II-1 和 PZNS-I-2 应变岩爆实验应力-时间曲线。可以看出，试件 PZNS-I-2 经历了 5 次循环加-卸载，试件 PZNS-II-1 只有 1 次加-卸载，破坏时的应力状态分别为 20.0MPa/0MPa/4.3MPa 和 15.3MPa/5.9MPa/0MPa，卸载时会有最大主应力降。

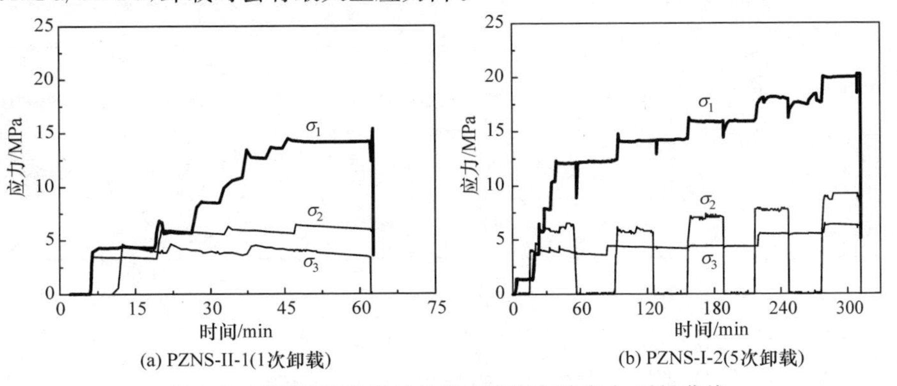

(a) PZNS-II-1(1次卸载)　(b) PZNS-I-2(5次卸载)

图 3.7　平庄泥质砂岩试件应变岩爆实验应力-时间曲线

图 3.8 为平庄泥质砂岩试件 PZNS-II-1 和 PZNS-I-2 应变岩爆破坏图片。可以看出，试件 PZNS-II-1 上半部有大块碎屑弹射，试件 PZNS-I-2 有碎块状碎屑挤出掉落。

(a) PZNS-II-1

(b) PZNS-I-2

图 3.8　平庄泥质砂岩试件应变岩爆破坏图片

平庄泥质砂岩试件的应变岩爆实验特征为：卸载时有应力降；实验过程中比较平静；破坏形式主要为剪切破坏，破裂面与最大主应力的夹角约为 22°。

3. *石灰岩*

表 3.9 列出了 3 例夹河石灰岩试件应变岩爆实验结果，全部采用方法 I。可以看出，3 例实验均为卸载最小主应力，卸载速率分别为 43MPa/s、30MPa/s 和 48MPa/s，卸载前的应力状态较为接近，均有明显的应变岩爆特征，卸载后到应变岩爆发生的时间各异，应变岩爆阶段持续的时间较长。

表 3.9　夹河石灰岩试件应变岩爆实验结果

试件编号	实验方法	卸载前应力 $(\sigma_1/\sigma_2/\sigma_3)$ /MPa	应变岩爆过程特征					
			$\dot{\sigma}_3$ /(MPa/s)	$\dot{\sigma}_1$ /(MPa/s)	$\dot{\sigma}_2$ /(MPa/s)	破坏特征	Δt_1	Δt_2
JHSH-I-1	I	116.1/52.0/27.5	43	—	—	弹射压剪	1min 24s	7min 53s
JHSH-I-2	I	101.1/60.4/28.9	30	48444	778	块片弹射	5min 28s	6min 33s
JHSH-I-3	I	123.1/63.6/30.9	48	—	—	块片弹射	28s	2min 38s

注：$\dot{\sigma}_3$ 为最小主应力方向的应力降速率，MPa/s。

图 3.9 为石灰岩试件应变岩爆实验应力-时间曲线。

试件 JHSH-I-1 进行 3 次循环加-卸载发生应变岩爆，第 1 次卸载后有试件开裂的声音；第 2 次卸载后没有试件开裂的声音；第 3 次卸载后 1min 24s 时在试件左下角发生片状弹射，3min 50s 时在上次发生弹射部位的左侧边缘又有小颗粒弹射，4min 49s 时在左侧中部有小颗粒弹射，5min 时在第 1 次片状弹射部位有小片状岩块剥离，9min 17s 后试件破坏。

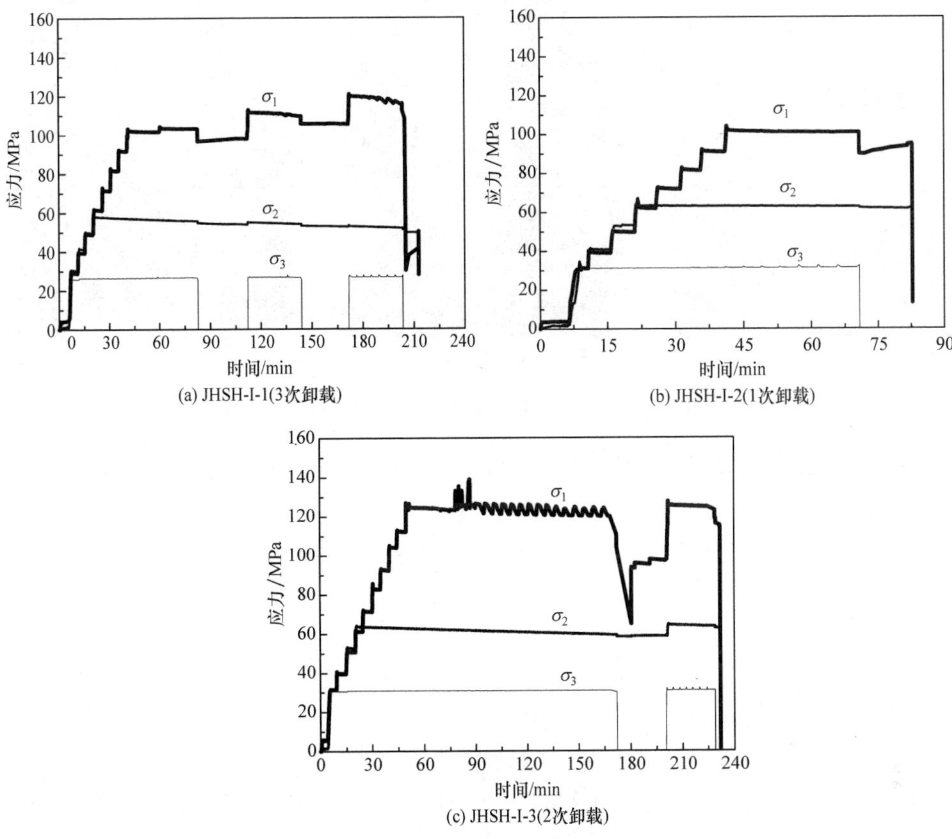

(a) JHSH-I-1(3次卸载)　(b) JHSH-I-2(1次卸载)

(c) JHSH-I-3(2次卸载)

图 3.9　夹河石灰岩试件应变岩爆实验应力-时间曲线

试件 JHSH-I-2 进行 1 次单面卸载后发生应变岩爆，卸载后 5min 28s 时从中间有片状碎屑小颗粒弹射，应变岩爆开始，最后全面爆裂时间为卸载后 12min 1s。

试件 JHSH-I-3 进行了 2 次循环加-卸载发生应变岩爆，第 1 次卸载后没有试件开裂的声音；第 2 次卸载后有试件开裂的声音，在试件中部偏上产生裂纹，28s 时在试件中部偏左有薄片碎屑颗粒弹射，1min 41s 时在第 1 次弹射的部位有小片碎屑剥离，3min 6s 时试件卸载表面块、片碎屑颗粒混合弹射，最终全面爆裂。在临近应变岩爆前有试件开裂的声音。

图 3.10 为表 3.9 中所列石灰岩试件应变岩爆破坏图片。可以看出，试件 JHSH-I-1 先有弹射，最后呈压剪破坏；试件 JHSH-I-2 在上部有一斜向裂纹，最后中上部块、片状弹射破坏；试件 JHSH-I-3 的片状弹射特征明显。

(a) JHSH-I-1

(b) JHSH-I-2

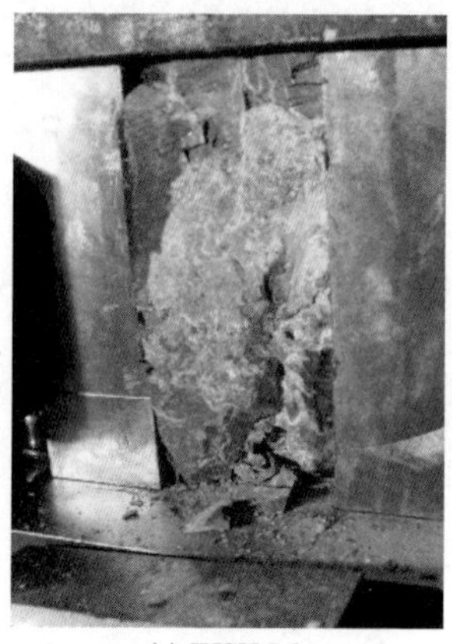
(c) JHSH-I-3

图 3.10　夹河石灰岩试件应变岩爆破坏图片

石灰岩试件的应变岩爆实验特征为：首先表面开裂，而后有薄片状碎屑颗粒弹射，最后产生突然的应力降，发生局部爆裂或全面爆裂。其中试件 JHSH-I-3 在应变岩爆时，有大量碎屑颗粒弹射，最远弹射距离达到 3m。

4. 玄武岩

表 3.10 列出了 3 例芙蓉玄武岩试件应变岩爆实验结果。其中，采用方法 I 模拟瞬时岩爆 1 例（FRXW-I-1），采用方法 II 模拟滞后岩爆 2 例（FRXW-II-1、FRXW-II-2）。可以看出，3 例实验均卸载最小主应力 σ_3，各例实验卸载前的应力水平各异，采用方法 I 的试件 FRXW-I-1 应力水平最高，采用方法 II 的 2 例试件应力水平一高一低，试件 FRXW-II-1 的较高。3 例试件应变岩爆时刻的最大主应力 σ_1 较为接近，并且对应的最大主应力降也非常接近。应变岩爆破坏特征各异，采用方法 II 的 2 例试件卸载到应变岩爆发生的时间 Δt_1 较为接近，均大于采用方法 I 的。此外，应变岩爆阶段的持续时间均比较短。

表 3.10　芙蓉玄武岩试件应变岩爆实验结果

试件编号	实验方法	卸载前应力 $(\sigma_1/\sigma_2/\sigma_3)$/MPa	应变岩爆应力 $(\sigma_1/\sigma_2/\sigma_3)$/MPa	应变岩爆过程特征			
				$\dot{\sigma}_1$/(MPa/s)	破坏特征	Δt_1	Δt_2
FRXW-I-1	I	120.5/54.1/51.2	113.4/53.5/0	83.9	整体垮塌	2min	2s
FRXW-II-1	II	60.9/40.9/39.3	112.6/40.8/0	78.2	竖向劈裂	6min 29s	6s
FRXW-II-2	II	35.3/31.0/18.6	101.2/31.0/0	81.2	片粒弹射	5min 16s	1s

图 3.11 为表 3.10 所列芙蓉玄武岩试件应变岩爆实验应力-时间曲线。其中，试件 FRXW-II-1 在经历三次循环加-卸载后在第 4 次卸载后的竖向加载过程中，右上角有小颗粒弹射，卸载后约 6min 29s 时，试件发生爆裂，应变岩爆时的临界应力为 112.6MPa/40.8MPa/0MPa。

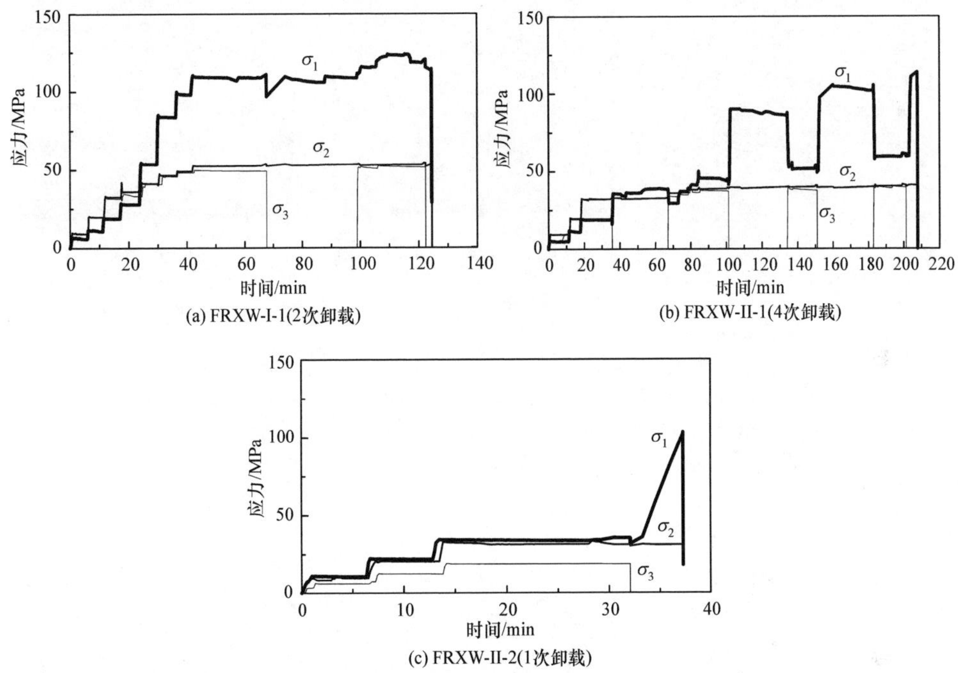

图 3.11　芙蓉玄武岩试件应变岩爆实验应力-时间曲线

采用方法 II 的试件 FRXW-II-2 经历 1 次卸载后，以 0.25MPa/s 的速率加载 σ_1，约 5min 16s 时发生应变岩爆，临界应力为 101.2MPa/31.0MPa/0MPa。

采用方法 I 的试件 FRXW-I-1，在第 2 次卸载后的保载过程中，右下角出现小颗粒剥离现象，之后试件表面不断有小颗粒弹射，约 2min 时发生应变岩爆，对应的临界应力为 113.4MPa/53.5MPa/0MPa。

图 3.12 为芙蓉玄武岩试件应变岩爆破坏图片。可以看出，3 例应变岩爆实验均有明显的爆坑，试件 FRXW-I-1 的爆坑尺寸为 150mm×60mm×15mm，试件 FRXW-II-1 和 FRXW-II-2 的爆坑尺寸分别为 40mm×20mm×5mm 和 40mm×40mm×15mm。

(a) FRXW-I-1

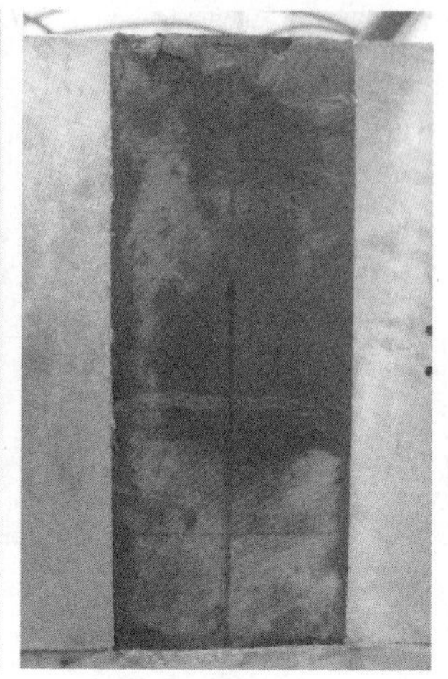
(b) FRXW-II-1

(c) FRXW-II-2

图 3.12 芙蓉玄武岩试件应变岩爆破坏图片

芙蓉玄武岩试件的应变岩爆实验特征为：破坏形式有局部爆裂（FRXW-II-1、FRXW-II-2）和全面爆裂（FRXW-I-1）两种形式；灰色玄武岩在卸载 σ_3 后，σ_1 产生应力降，破坏瞬间应力下降明显。

5. 大理岩

1）锦屏大理岩

表 3.11 列出了 4 例锦屏大理岩试件应变岩爆实验结果。其中，采用方法 I 的有 3 例，采用方法 II 的有 1 例。可以看出，采用方法 II 的 JPDL-II-1 试件卸载前的应力水平最低，采用方法 I 的 3 例实验应力水平都不相同，σ_1 最小为 106.6MPa，最大为 144MPa，中间值为 125.2MPa；σ_2 有 2 例分别为 40.3MPa 和 40.6MPa，1 例为 50.9MPa；σ_3 差距较小，最大为 27MPa，最小为 22.9MPa。采用方法 I 的应变岩爆时刻对应的最大主应力降要大于采用方法 II 的，且采用方法 I 的 3 例应变岩爆实验现象较为明显，而采用方法 II 的表现为全面爆裂。应变岩爆持续时间都较为接近，卸载后到应变岩爆发生持续的时间除 JPDL-I-2 试件较长外，其余都比较短而且接近。

表 3.11 锦屏大理岩试件应变岩爆实验结果

试件编号	实验方法	卸载前应力 $(\sigma_1/\sigma_2/\sigma_3)$/MPa	应变岩爆应力 $(\sigma_1/\sigma_2/\sigma_3)$/MPa	应变岩爆过程特征			
				$\dot{\sigma}_1$ /(MPa/s)	破坏特征	Δt_1	Δt_2
JPDL-I-1	I	106.6/40.6/22.9	102.4/40.5/0	1227.9	颗粒、板块弹射	36s	0.5s

续表

试件编号	实验方法	卸载前应力 ($\sigma_1/\sigma_2/\sigma_3$)/MPa	应变岩爆应力 ($\sigma_1/\sigma_2/\sigma_3$)/MPa	应变岩爆过程特征			
				$\dot{\sigma}_1$ /(MPa/s)	破坏特征	Δt_1	Δt_2
JPDL-I-2	I	125.2/40.3/27	123.0/39.8/0	402.2	颗粒、板块弹射	148s	1s
JPDL-I-3	I	144.2/50.9/25.7	139.4/0/25.4	848.5	片粒弹射	39s	1s
JPDL-II-1	II	36.5/28.1/22.1	60.2/27.5/0	149.7	全面爆裂后整体失稳	21s	0.2s

图 3.13 为锦屏大理岩试件应变岩爆实验应力-时间曲线。其中,试件 JPDL-I-1 共经历了 5 次循环加-卸载,每次加载三向应力均有所增高,第 5 次卸载后,发生应变岩爆,对应的临界应力为 102.4MPa/40.5MPa/0MPa。

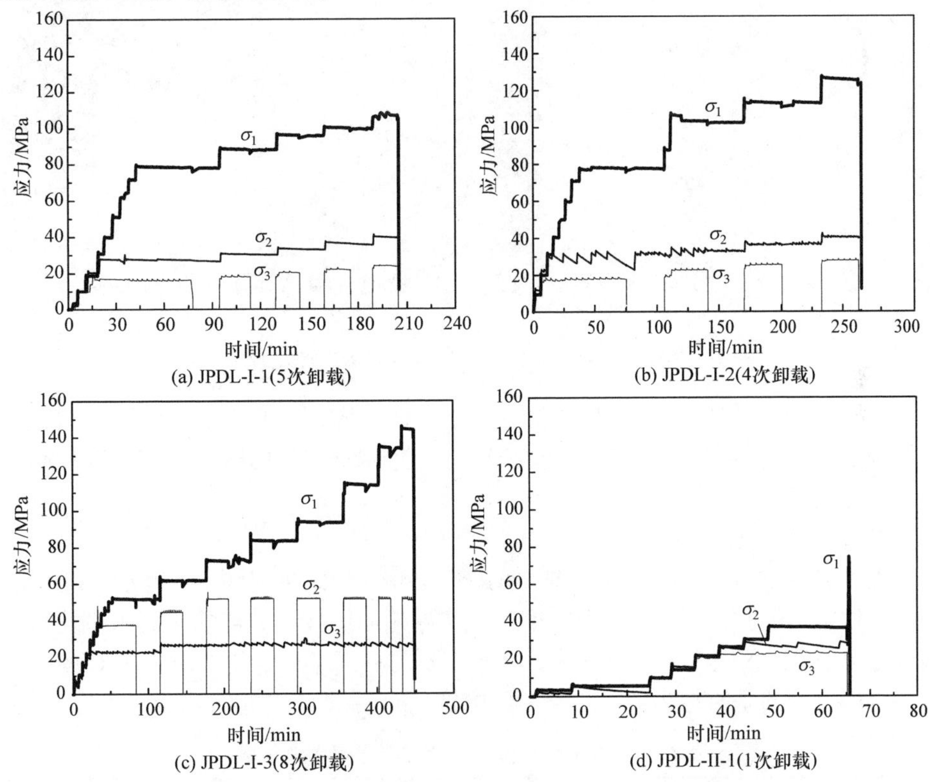

(a) JPDL-I-1(5次卸载)　(b) JPDL-I-2(4次卸载)

(c) JPDL-I-3(8次卸载)　(d) JPDL-II-1(1次卸载)

图 3.13　锦屏大理岩试件应变岩爆实验应力-时间曲线

试件 JPDL-I-2 前 3 次卸载均未产生明显的现象,第 4 次卸载后约 30s 时试件左下角出现一弧形裂纹,约 2min 27s 时发生应变岩爆,右下角有片状碎屑颗粒弹射,左下角沿前述裂纹产生剥离,中部出现横向裂纹,该裂纹右侧末端向斜上方扩展。应变岩爆无任何前兆,瞬间完成,临界应力为 123.0MPa/39.8MPa/0MPa。

试件 JPDL-I-3 经历了 8 次循环加-卸载，在第 8 次卸载后 39s 时碎屑从顶部弹射，应变岩爆发生，对应的临界应力为 139.4MPa/25.4MPa/0MPa。

试件 JPDL-II-1 第 1 次卸载后约 13s 时开始进行竖向加载后，在 20～21s 时试件上部有少量片状碎屑颗粒弹射，中上部出现一横向裂纹，再过 26～28s 后出现片状剥离，产生挤出后发生全面爆裂后整体失稳破坏，应变岩爆时的临界应力为 60.2MPa/27.5MPa/0MPa。

图 3.14 为锦屏大理岩试件应变岩爆破坏图片。可以看出，试件 JPDL-I-1 实验前有一条斜向裂纹，最终试件顶部碎屑颗粒弹射；试件 JPDL-I-2 在试件中部产生一条明显裂纹，在右下角发生碎屑颗粒弹射；JPDL-I-3 试件在中上部有明显裂纹，在试件顶部有碎屑颗粒弹射；试件 JPDL-II-1 破坏严重，呈碎块状。

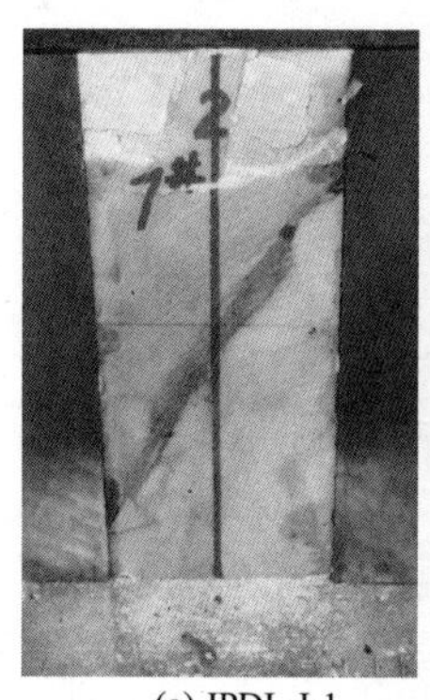

(a) JPDL-I-1

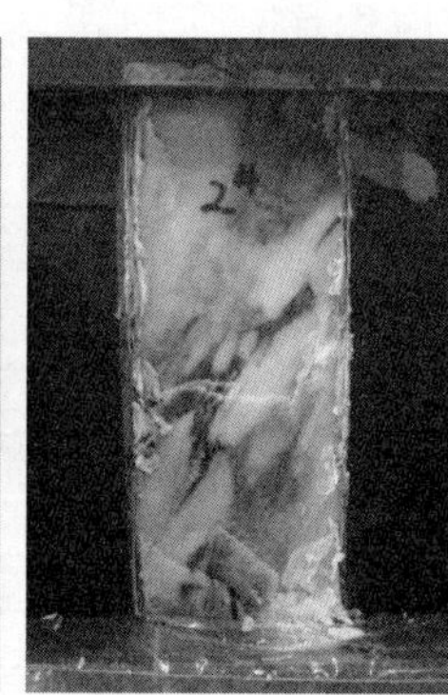
(b) JPDL-I-2

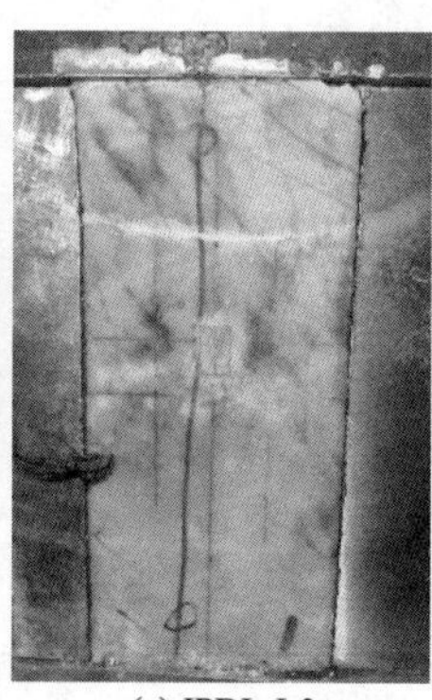
(c) JPDL-I-3

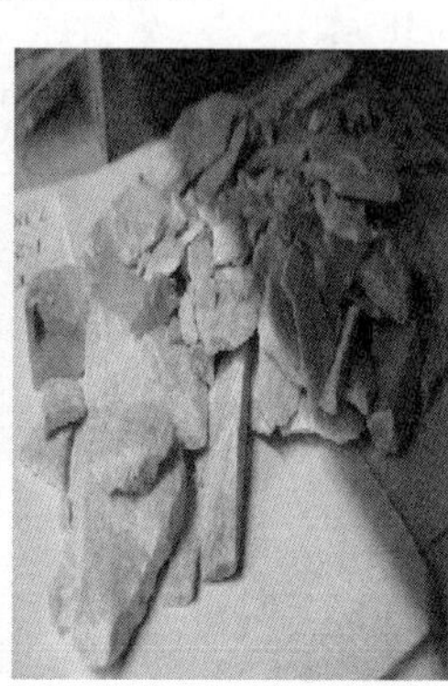
(d) JPDL-II-1

图 3.14　锦屏大理岩试件应变岩爆破坏图片

锦屏大理岩试件的应变岩爆实验特征为：破坏形式有颗粒、板块状碎屑弹射、碎屑颗粒混合弹射、全面爆裂；应变岩爆发生时伴随有试件开裂的声音；破坏瞬间应力下降明显。

2）意大利大理岩

表 3.12 列出了 7 例意大利大理岩的应变岩爆实验结果，其中，采用方法 I 的有 3 例，采用方法 II 的有 4 例。可以看出，采用方法 I 的试件卸载前的应力水平均比采用方法 II 的高，且应变岩爆时的应力水平也比方法 II 高，但是采用方法 II 的试件应变岩爆时刻的垂直应力降大部分要比方法 I 的大(除 IDL-II-2 较低外)。

表 3.12　意大利大理岩试件应变岩爆实验结果

试件编号	实验方法	卸载前应力 $(\sigma_1/\sigma_2/\sigma_3)$/MPa	应变岩爆应力 $(\sigma_1/\sigma_2/\sigma_3)$/MPa	应变岩爆过程特征			
				$\dot{\sigma}_1$ /(MPa/s)	破坏特征	Δt_1	Δt_2
IDL-I-1	I	109/40/42	98/33/0	8.83	压致剪切	14min	11s
IDL-I-2	I	102.9/34.2/18.8	102.9/34.2/0	58.5	片状剥离	—	5s

续表

试件编号	实验方法	卸载前应力 ($\sigma_1/\sigma_2/\sigma_3$)/MPa	应变岩爆应力 ($\sigma_1/\sigma_2/\sigma_3$)/MPa	应变岩爆过程特征			
				$\dot{\sigma}_1$ /(MPa/s)	破坏特征	Δt_1	Δt_2
IDL-I-3	I	131.8/43/47.4	131.8/43.0/0	111.9	片状剥离	—	—
IDL-II-1	II	30.5/14.4/12.6	60.9/14.2/0	225.4	片状剥离	1min 11s	10s
IDL-II-2	II	12/12/32.8	60.1/11/0	5.3	压致剪切	5min 34s	9s
IDL-II-3	II	30.4/11.4/11.7	71.2/12.6/0	150.3	颗粒弹射	2min 25s	2s
IDL-II-4	II	32.6/13.7/11.2	50.0/12.5/0	130.4	片状剥离	24s	11s

图 3.15 为意大利大理岩试件应变岩爆实验应力-时间曲线。试件 IDL-I-1 共经历了 13 次加-卸载，应变岩爆时的临界应力为 98MPa/33MPa/0MPa。试件 IDL-II-1 和 IDL-II-2 均经历了 4 次加-卸载，对应的临界应力分别为 60.9MPa/14.2MPa/0MPa 和 60.1MPa/11.0MPa/0MPa。试件 IDL-I-2、IDL-I-3 和 IDL-II-3 均在第 1 次卸载后发生破坏，应变岩爆临界应力分别为 102.9MPa/34.2MPa/0MPa、131.8MPa/43.0MPa/0MPa 和 71.2MPa/12.6MPa/0MPa。试件 IDL-II-4 卸载后破坏，应变岩爆临界应力为 50.0MPa/12.5MPa/0MPa。

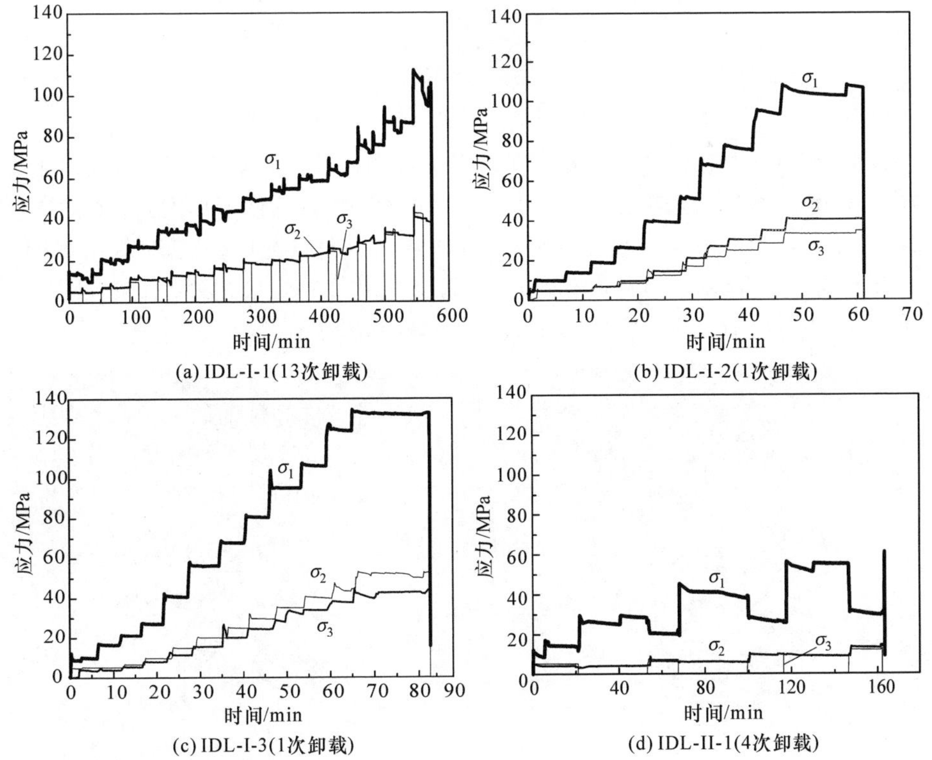

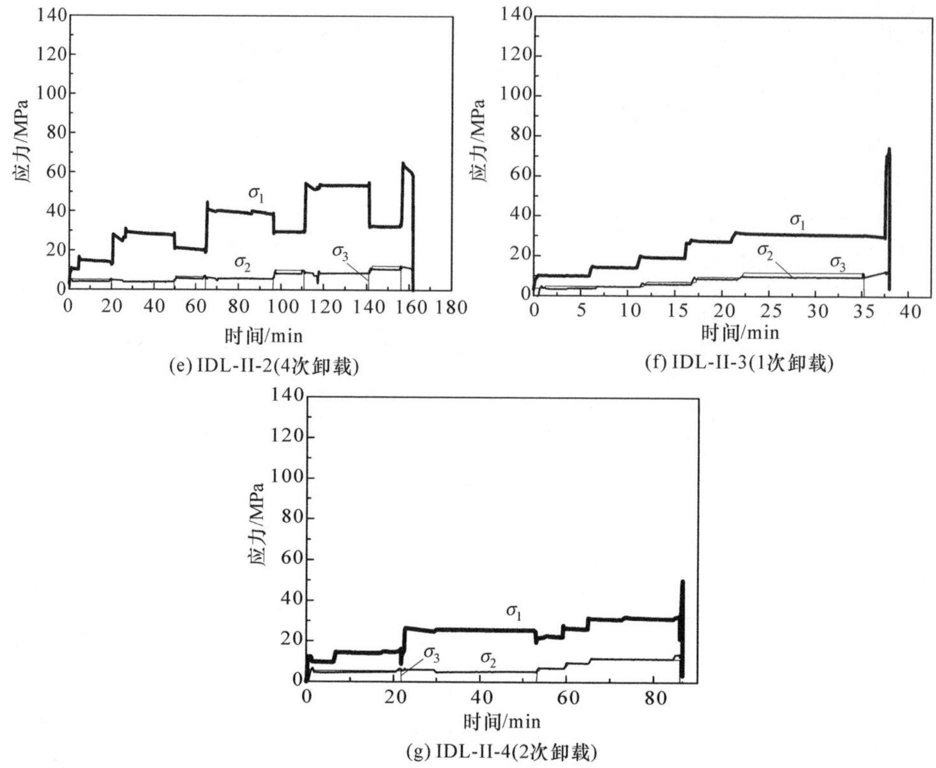

(e) IDL-II-2(4次卸载)

(f) IDL-II-3(1次卸载)

(g) IDL-II-4(2次卸载)

图 3.15 意大利大理岩试件应变岩爆实验应力-时间曲线

图 3.16 为意大利大理岩试件应变岩爆破坏图片。可以看出,试件 IDL-I-1 中部有明显裂纹;试件 IDL-I-2 中部有 1 块大片碎屑剥离;试件 IDL-I-3 左上角碎屑剥离;试件 IDL-II-1 1、2 区域碎屑剥离,试件侧面有明显剪切裂纹;试件 IDL-II-2 中上部区域产生剪切破坏,并伴有碎屑剥离;试件 IDL-II-3 1、2 区域有大块碎屑颗粒弹射;试件 IDL-II-4 中上部大面积的碎屑弹射剥离。

(a) IDL-I-1 (b) IDL-I-2 (c) IDL-I-3 (d) IDL-II-1

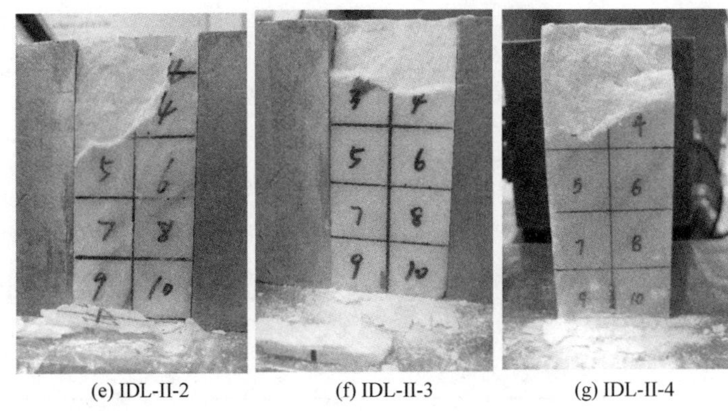

图 3.16　意大利大理岩试件应变岩爆破坏图片

意大利大理岩试件的应变岩爆实验特征为：卸载时有应力降；破坏形式主要为卸载面顶部先有颗粒弹射，随后薄片状碎屑剥离，侧面主要为剪切破裂。

6. 煤

应变岩爆实验的样品取自 7 个不同矿区，试件由从现场取回的煤块经机械切割磨平而成，不同矿区的煤破坏现象有很大差异。

1）姚桥煤

表 3.13 列出了 11 例姚桥煤试件应变岩爆实验结果，其中，采用方法 I 的有 9 例，采用方法 II 的有 2 例。

表 3.13　姚桥煤试件应变岩爆实验结果

试件编号	实验方法	卸载前应力 ($\sigma_1/\sigma_2/\sigma_3$) /MPa	应变岩爆应力 ($\sigma_1/\sigma_2/\sigma_3$) /MPa	应变岩爆过程特征			
				$\dot{\sigma}_1$/(MPa/s)	破坏特征	Δt_1	Δt_2
YQM-I-1	I	19/17/10	15.4/14/0	105	片状剥离、块状弹射	6.6s	0.5s
YQM-I-2	I	20/16/8	18.0/15.0/0	—	块状剥离	2min 11s	失稳
YQM-I-3	I	21/16/8	19.5/15.0/0	—	块、片弹射	3min 18s	—
YQM-I-4	I	28/16/8	26.6/17.6/0	5720	全面爆裂	65s	2s
YQM-I-5	I	22/14/9	20.2/15.3/0	115	全面爆裂	11s	1.5s
YQM-I-6	I	20/12/8	15.6/11.4/0	732	片状剥离	2s	短

续表

试件编号	实验方法	卸载前应力($\sigma_1/\sigma_2/\sigma_3$)/MPa	应变岩爆应力($\sigma_1/\sigma_2/\sigma_3$)/MPa	应变岩爆过程特征			
				$\dot{\sigma}_1$/(MPa/s)	破坏特征	Δt_1	Δt_2
YQM-I-7	I	13/6/4	12.1/6.2/1.9	缓慢	片状剥离	11s	13s
YQM-I-8	I	21/12/8	20.5/11.7/0	缓慢	碎屑弹射，压致挤出	17min	—
YQM-I-9	I	25/15/8	21.2/14.1/0	80	压致挤出	8min 39s	—
YQM-II-1	II	8.5/8.1/6.9	16.5/8.1/0	2262	颗粒及片状弹射	13s	10s
YQM-II-2	II	24.3/15.1/9.0	29.5/17.6/0	133	片状剥离	48s	短

图 3.17 为部分姚桥煤试件应变岩爆实验应力-时间曲线。大部分试件是 1 次卸载，只有试件 YQM-I-9 经历了 3 次循环加-卸载，应变岩爆时的临界应力状态已列于表 3.13。

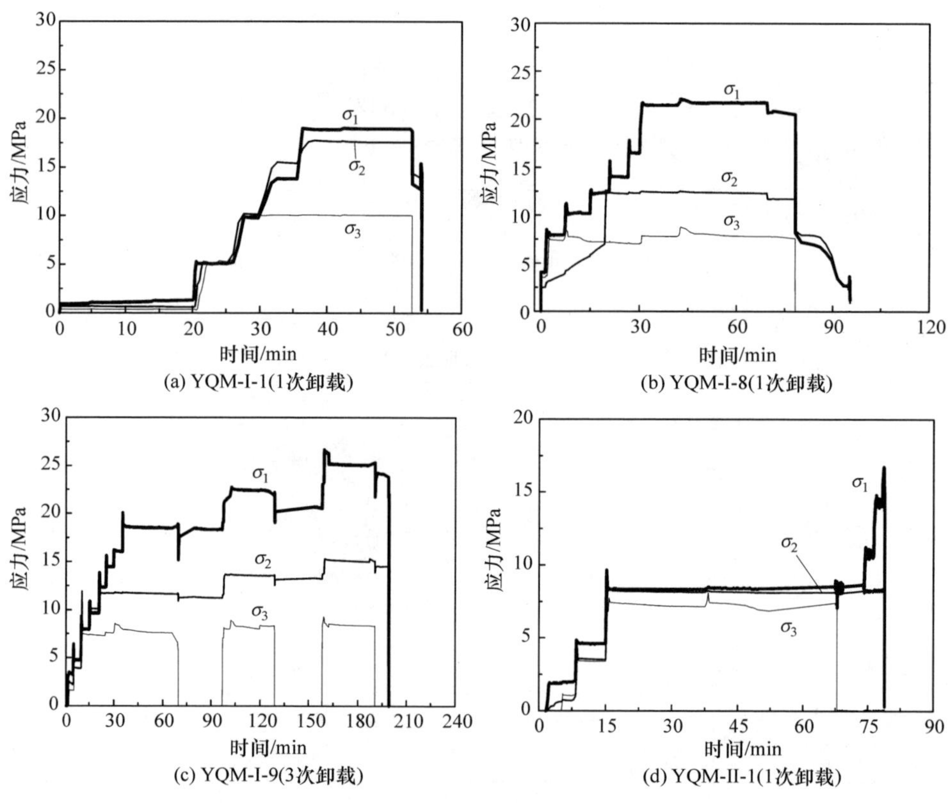

图 3.17 姚桥煤试件应变岩爆实验应力-时间曲线

图 3.18 为部分姚桥煤试件应变岩爆破坏图片。可以看出，试件 YQM-I-1 有明显的颗粒弹射以及片状剥离；试件 YQM-I-8 更多地表现为挤出，在试件中部有碎屑弹射；试件 YQM-I-9 破坏严重，试件已经破碎成为碎块状；试件 YQM-II-1 有明显的块状碎屑颗粒弹射，但是弹射距离都比较近。

(a) YQM-I-1　(b) YQM-I-8　(c) YQM-I-9　(d) YQM-II-1

图 3.18　姚桥煤试件应变岩爆破坏图片

姚桥煤试件应变岩爆实验特征为：破坏前有试件开裂的声音，而且一般会持续一段时间；应变岩爆时产生应力降；破坏特征可以分为突然全面爆裂和片状剥离后的全面爆裂两种类型。

2）孔庄煤

表 3.14 列出了孔庄煤试件应变岩爆的实验结果，其中采用方法 I 的有 6 例，采用方法 II 的有 1 例。可以看出，采用方法 I 的试件卸载前的应力水平整体高于采用方法 II 的。此外，除试件 KZM-I-1 卸载最大主应力、KZM-I-4 卸载中间主应力外，其余试件均是卸载最小主应力。

表 3.14　孔庄煤试件应变岩爆实验结果

试件编号	实验方法	卸载前应力 $(\sigma_1/\sigma_2/\sigma_3)$ /MPa	应变岩爆应力 $(\sigma_1/\sigma_2/\sigma_3)$ /MPa	应变岩爆过程特征					
				$\dot{\sigma}_1$ /(MPa/s)	$\dot{\sigma}_2$ /(MPa/s)	$\dot{\sigma}_3$ /(MPa/s)	破坏特征	Δt_1	Δt_2
KZM-I-1	I	40/13.9/7.6	0/12.8/7.1	4	7	1	弹射、剥离	4min 37s	2min 3s
KZM-I-2	I	11.8/8.7/3.8	11.7/8.5/0	—	—	—	失稳破坏	1min 3s	—
KZM-I-3	I	19.3/10.9/5.3	16.1/9.8/0	7	5	54	全面爆裂	35s	—
KZM-I-4	I	12.8/8.3/5.8	11.7/0/5.1	843	7	50	弹射、局部爆裂	2min 12s	—

续表

试件编号	实验方法	卸载前应力 ($\sigma_1/\sigma_2/\sigma_3$) /MPa	应变岩爆应力 ($\sigma_1/\sigma_2/\sigma_3$) /MPa	应变岩爆过程特征					
				$\dot{\sigma}_1$ /(MPa/s)	$\dot{\sigma}_2$ /(MPa/s)	$\dot{\sigma}_3$ /(MPa/s)	破坏特征	Δt_1	Δt_2
KZM-I-5	I	11.8/7.9/5.6	11.9/7.8/0	—	—	—	剪切破坏	3min 18s	—
KZM-I-6	I	33.7/19.5/9.5	32.4/18.4/0	175	33	12	弹射、剥离	4min	20min
KZM-II-1	II	12.4/7.6/5.8	17.0/7.5/0	—	—	4	弹射、全面爆裂	27min	4min

图 3.19 为部分孔庄煤试件应变岩爆实验应力-时间曲线。除试件 KZM-I-6 经历了 11 次加-卸载外，其余试件均是 1 次卸载后发生破坏。各个试件的卸载速率不同，且无论方法 I 还是方法 II，对应的最大主应力降都大于中间主应力降。试件 KZM-I-3 和 KZM-I-4 的破坏形式为局部爆裂或全面爆裂，试件 KZM-I-6 应变岩爆现象明显；试件 KZM-I-1 和 KZM-I-2 易发生碎屑弹射剥离或失稳破坏。

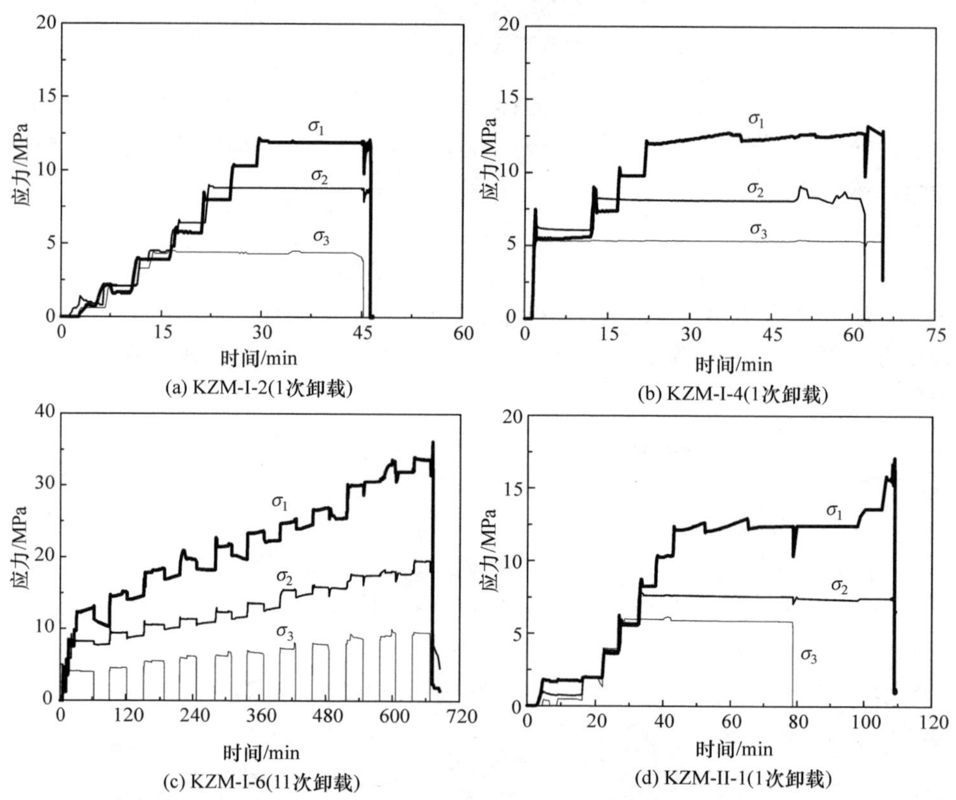

图 3.19　孔庄煤试件应变岩爆实验应力-时间曲线

图3.20为部分孔庄煤试件应变岩爆破坏图片。可以看出,试件KZM-I-2破坏最为严重;试件KZM-I-4表现为弹射和局部爆裂,弹射发生在试件的中下部,局部爆裂发生在试件的下部;试件KZM-I-6全断面均有弹射和剥离现象,且中上部弹射明显;试件KZM-II-1有明显的弹射和全面爆裂,试件的中部有片状碎屑颗粒弹射,上部有挤压冲出。

(a) KZM-I-2　(b) KZM-I-4　(c) KZM-I-6　(d) KZM-II-1

图3.20　孔庄煤试件应变岩爆破坏图片

孔庄煤试件应变岩爆实验特征为:应变岩爆前有试件开裂的声音,并且会持续一段时间;在水平一个方向卸载后其他两个方向的应力在卸载瞬间会降低,最大主应力方向的应力降增大。破坏过程特征表现为裂纹开裂后的突然全面爆裂和片状剥离伴随碎屑颗粒混合弹射。

3）平庄煤

表3.15列出了平庄煤试件应变岩爆实验的结果,所有试件全部采用方法I。除试件PZM-I-1、PZM-I-6和PZM-I-11卸载中间主应力外,其余试件均卸载最小主应力。除试件PZM-I-7外,其他试件的最大主应力降均大于其他方向的应力降,岩爆破坏特征各异,主要有局部弹射、剥离和爆裂。破坏过程持续时间为0.5～33s,且平静期时间也长短各异。

表3.15　平庄煤试件应变岩爆实验结果

试件编号	卸载前应力 $(\sigma_1/\sigma_2/\sigma_3)$/MPa	应变岩爆应力 $(\sigma_1/\sigma_2/\sigma_3)$/MPa	应变岩爆过程特征			
			$\dot{\sigma}_1$ /(MPa/s)	破坏特征	Δt_1	Δt_2
PZM-I-1	11.5/8.0/4.0	8.9/0/3.8	150	张拉破坏	9min 39s	2s
PZM-I-2	18.2/13.6/7.6	13.8/11.7/0	81	全面爆裂	2s	1s

续表

试件编号	卸载前应力 $(\sigma_1/\sigma_2/\sigma_3)$/MPa	应变岩爆应力 $(\sigma_1/\sigma_2/\sigma_3)$/MPa	应变岩爆过程特征			
			$\dot{\sigma}_1$ /(MPa/s)	破坏特征	Δt_1	Δt_2
PZM-I-3	13.0/4.4/4.3	9.9/3.3/0	47501	上部弹射	14min 47s	0.5s
PZM-I-4	18.6/10.2/5.7	11.2/8.1/0	66	上部碎块弹射	1min 17s	0.5s
PZM-I-5	16.0/7.9/4.3	12.0/6.9/0	44	中部压致挤出	16s	4s
PZM-I-6	14.7/7.1/3.9	11.7/0/3.7	1544	上部碎块弹射	4min 16s	33s
PZM-I-7	26.2/34.1/4.7	20.8/30.4/0	1326	整体剥离	1min 36s	3s
PZM-I-8	15.7/7.0/4.4	17.9/7.0/0	4750	局部颗粒弹射	3min 2s	1s
PZM-I-9	7.2/25.5/3.9	7.2/25.5/0	8	局部爆裂	1min 40s	5s
PZM-I-10	11.8/5.8/3.8	11.8/5.8/0	—	整体剥离	30s	8s
PZM-I-11	11.5/6.6/4.8	14.9/0/4.8	2642	下部局部弹射	5min 3s	5s
PZM-I-12	21.9/9.8/6.3	37.8/9.8/0	1330	上部张裂破坏	13min 31s	2s

图 3.21 为部分平庄煤试件应变岩爆实验应力-时间曲线。其中，试件 PZM-I-1

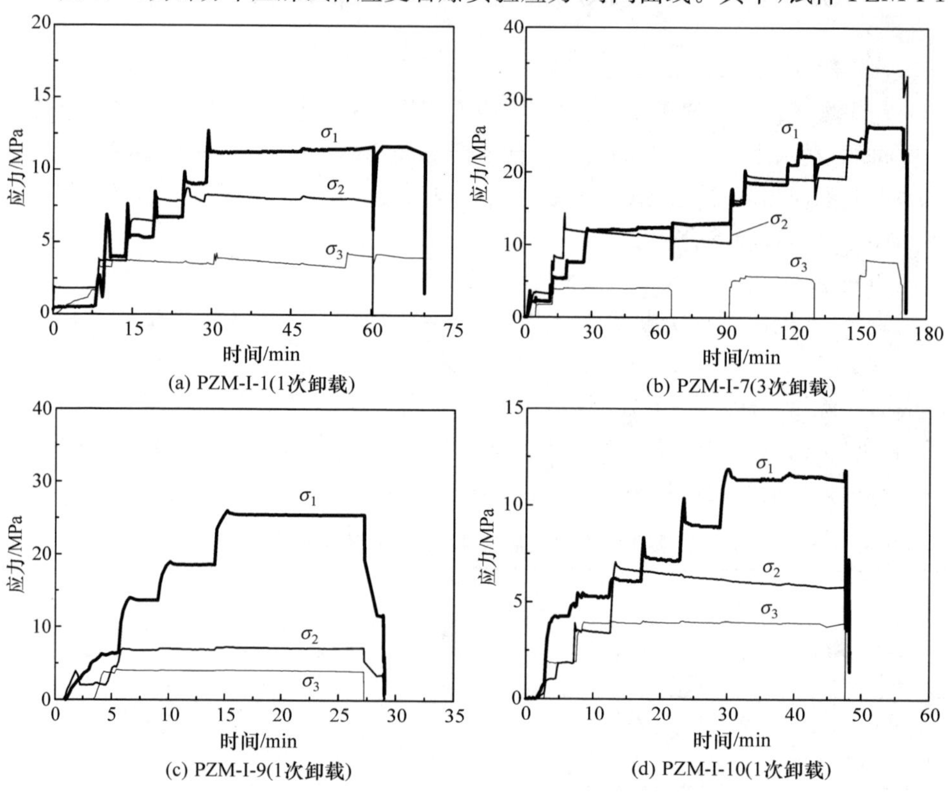

(a) PZM-I-1(1次卸载)　(b) PZM-I-7(3次卸载)

(c) PZM-I-9(1次卸载)　(d) PZM-I-10(1次卸载)

图 3.21　平庄煤试件应变岩爆实验应力-时间曲线

和 PZM-I-10 的初始应力水平较另外两个试件低，除试件 PZM-I-7 经历了 3 次加-卸载外，其余试件均是 1 次卸载后发生应变岩爆。应变岩爆应力状态详见表 3.15，其中，试件 PZM-I-7 对应的应变岩爆应力状态为 20.8MPa/30.4MPa/0MPa，在第 2 次卸载后 σ_2 加载超过了 σ_1。

图 3.22 为部分平庄煤试件应变岩爆破坏图片。可以看出，每个试件均有碎屑颗粒弹射、局部或全面爆裂。其中，试件 PZM-I-2 表面有碎屑颗粒弹射；试件 PZM-I-7 全断面都有剥离现象；试件 PZM-I-9 中上部发生严重爆裂；试件 PZM-I-10 中部有块状碎屑的剥离和弹射。

(a) PZM-I-2　(b) PZM-I-7　(c) PZM-I-9　(d) PZM-I-10

图 3.22　平庄煤试件应变岩爆破坏图片

平庄煤试件的应变岩爆实验特征为：破坏形式有局部颗粒及片状碎屑颗粒弹射、局部碎屑弹射、整体剥离破坏等。在破坏前有煤试件开裂的声音，表明在卸载存在临空面的条件下，煤试件在整体破坏前首先裂纹开裂。平庄煤富含裂纹，在破坏过程中能量消耗率较高，大部分应变岩爆过程不强烈。破坏时有较高的应力降速率。

4）安太堡煤

表 3.16 列出了安太堡煤试件应变岩爆实验的结果，其中，采用方法 I 的有 3 例，采用方法 II 的有 1 例。除试件 ATBM-I-2 卸载中间主应力外，其余试件均是卸载最小主应力。试件 ATBM-I-2 和 ATBM-I-3 卸载前的应力状态接近，均大于试件 ATBM-I-1，应变岩爆发生时均产生最大主应力降，且采用方法 II 的最大主应力降大于采用方法 I 的。破坏形式有片状剥离，颗粒弹射及局部爆裂。

表 3.16　安太堡煤试件应变岩爆实验结果

试件编号	实验方法	卸载前应力状态 $(\sigma_1/\sigma_2/\sigma_3)$/MPa	应变岩爆应力状态 $(\sigma_1/\sigma_2/\sigma_3)$/MPa	应变岩爆过程特征			
				$\dot{\sigma}_1$ /(MPa/s)	破坏特征	Δt_1	Δt_2
ATBM-I-1	I	11.7/4.2/2.2	11.4/4.2/0	1	整体片状剥离	8min	2s
ATBM-I-2	I	22.1/4.8/2.0	17.1/0/1.5	6	局部爆裂	7min	—
ATBM-I-3	I	26.4/8.4/4.3	26.2/8.3/0	22	片、块状碎屑弹射	—	1s
ATBM-II-1	II	2.5/3.0/3.0	15.8/4.0/0	104	颗粒弹射	—	—

图 3.23 为安太堡煤试件应变岩爆实验应力-时间曲线，实验过程加-卸载次数不同，有 1 次、5 次和 8 次。试件 ATBM-I-1 前 4 次卸载后，对应的最大主应力降分别为 3MPa、4MPa、4MPa 和 5MPa；第 5 次卸载时听到响声，试件表面开裂剥离，应力降为 9MPa；8min 后竖向应力基本稳定；再次加载竖向载荷后，试件在 2s 内迅速破坏。

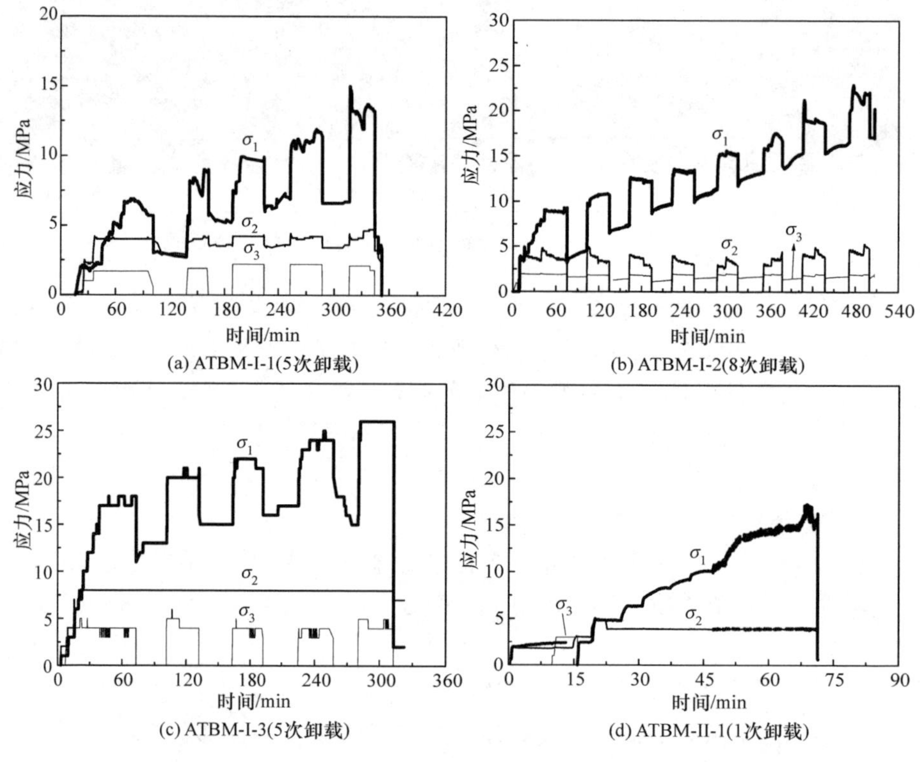

图 3.23　安太堡煤试件应变岩爆实验应力-时间曲线

试件 ATBM-II-1 在较低的应力状态下卸载最小主应力并加载其他两向应力至 4MPa，再继续增加轴向应力至试件破坏，破坏的临界应力状态为 15.8MPa/

4.0MPa/0MPa。试件 ATBM-I-3 在第 4 次卸载 10min 后有试件开裂的声音；第 5 次卸载的同时伴随有试件开裂的声音，试件在 1s 内迅速破坏。试件 ATBM-I-2 第 8 次卸载后 5min，有试件连续开裂的声音，7min 后试件破坏。

图 3.24 为部分安太堡煤试件应变岩爆破坏图片。可以看出，试件 ATBM-I-1 整个表面发生片状碎屑剥离；试件 ATBM-I-2 表层硬壳层折断，内部的破碎状煤块局部爆裂；试件 ATBM-I-3 上半部分有块、片状碎屑弹射；试件 ATBM-II-1 上部局部小区域有颗粒弹射，整体表现为劈裂破坏。

(a) ATBM-I-1　(b) ATBM-I-2　(c) ATBM-I-3　(d) ATBM-II-1

图 3.24　安太堡煤试件应变岩爆破坏图片

安太堡煤试件的应变岩爆实验特征为：破坏形式有局部颗粒弹射、整体劈裂、局部或全面爆裂等。在破坏前有煤试件开裂的声音，表明在卸载存在临空面的条件下，煤试件在整体破坏前首先裂纹开裂。在破坏过程中能量消耗较大，大部分煤试件应变岩爆过程不强烈。

5) 鹤岗南山煤

表 3.17 列出了鹤岗南山煤试件应变岩爆实验结果。其中，采用方法 I 的有 9 例，采用方法 II 的有 6 例。对于采用方法 I 的试件，除试件 HGM-I-8 的应力水平较高外，其余试件卸载前的三向应力状态均比较接近，而应变岩爆临界应力状态也比较接近，破坏时的最大主应力降速率除少数较大外，大部分小于 100MPa/s。

鹤岗南山煤试件应变岩爆表现为颗粒弹射，片、块状碎屑剥离以及挤出。卸载后平静期持续时间各异，与试件本身的状态有很大关系，除试件 HGM-I-8、HGM-II-4、HGM-II-6 外，其余试件应变岩爆破坏过程持续时间均较短。

表 3.17　鹤岗南山煤试件应变岩爆实验结果

试件编号	实验方法	卸载前应力 $(\sigma_1/\sigma_2/\sigma_3)$/MPa	应变岩爆应力 $(\sigma_1/\sigma_2/\sigma_3)$/MPa	应变岩爆过程特征			
				$\dot{\sigma}_1$ /(MPa/s)	破坏特征	Δt_1	Δt_2
HGM-I-1	I	17.4/8.2/3.9	13.5/7.6/0	16	压致挤出	2min 1s	23s
HGM-I-2	I	18.3/8.4/4	14.9/7.3/0	28	压致挤出	4s	3s
HGM-I-3	I	19.6/9.4/4	18.4/8.6/0	52	块片状剥离	10s	2s
HGM-I-4	I	17.8/8.5/4.0	10.6/4.8/0	32	弹射、片状剥离	55s	13s
HGM-I-5	I	18.6/9.1/4.1	15.6/6.9/0	30	压致劈裂	3min 56s	7s
HGM-I-6	I	24.1/14.0/5.5	20.0/12.8/0	446	压致粉碎	2min 44s	38s
HGM-I-7	I	14.2/11.7/5.6	14.2/11.7/0	38	压致粉碎	5s	2s
HGM-I-8	I	31.2/21.2/11.9	28.5/20.4/0	41272	粒片状弹射	6min 36s	11min 46s
HGM-I-9	I	15.0/7.9/16.9	14.5/7.4/0	69	压致挤出	1min 11s	3s
HGM-II-1	II	12.0/14.0/6.3	15.0/13.4/0	32	压致粉碎	3min 34s	11s
HGM-II-2	II	16.5/7.0/19.2	25.0/7.0/0	39	碎块冲击	2min 58s	2s
HGM-II-3	II	18.5/7.5/19.6	25.3/7.5/0	1667	压致挤出	2min 30s	4s
HGM-II-4	II	16.2/19.7/9.6	18.2/18.8/0	82	弹射、爆裂	10min 32s	30min 5s
HGM-II-5	II	14.1/9.4/15.8	21.3/9.2/0	101	弹射、压致挤出	1min 8s	5s
HGM-II-6	II	19.3/6.6/13.5	14.5/7.4/0	47	弹射、压致挤出	3min	10min

图 3.25 为鹤岗南山煤 6 个典型试件应变岩爆实验应力-时间曲线。可以看出,3 个试件在 1 次卸载后发生应变岩爆,最多的经历了 4 次循环加-卸载。

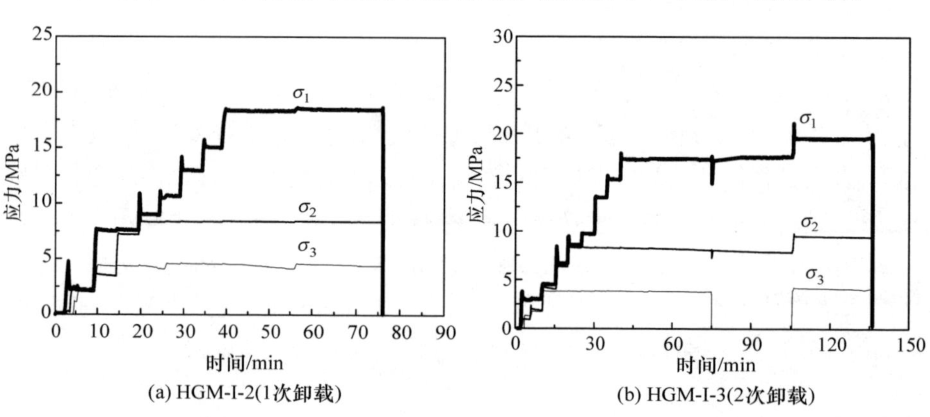

(a) HGM-I-2(1次卸载)　　(b) HGM-I-3(2次卸载)

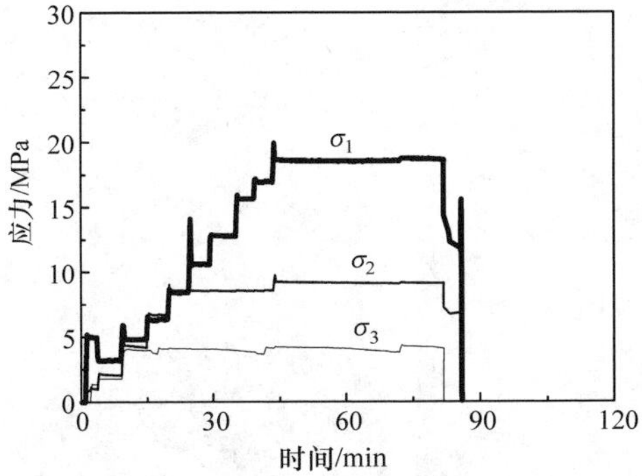

(c) HGM-I-5(1次卸载)

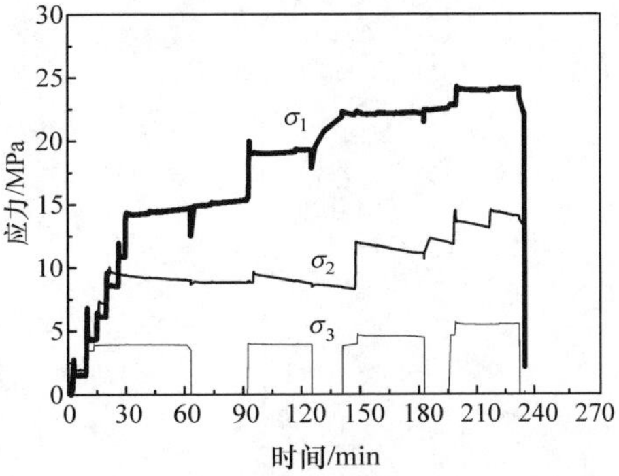

(d) HGM-I-6(4次卸载)

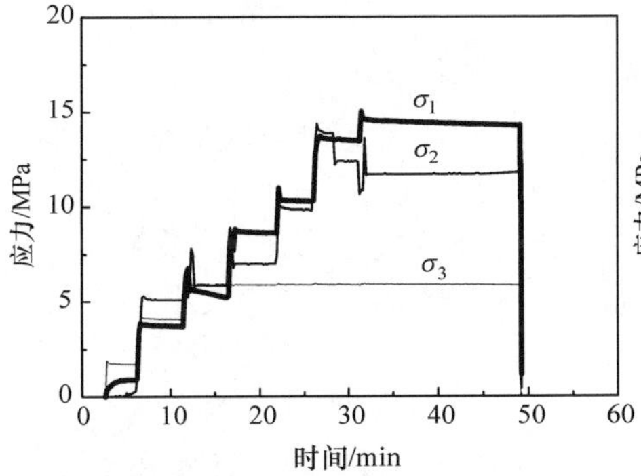

(e) HGM-I-7(1次卸载)

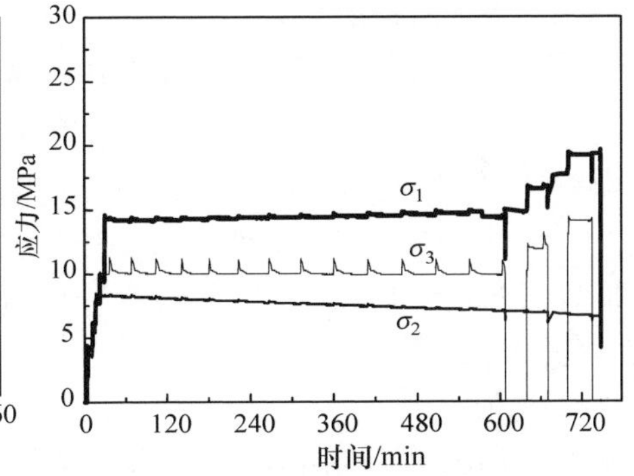

(f) HGM-II-5(3次卸载)

图 3.25　鹤岗南山煤试件应变岩爆实验应力-时间曲线

图 3.26 为部分鹤岗南山煤试件应变岩爆破坏图片。可以看出，试件 HGM-I-2 基本整个表面都压致挤出；试件 HGM-I-3 整个断面呈片状碎屑的弹射及剥离；试件 HGM-I-5 有明显的片状劈裂现象；试件 HGM-I-6 和 HGM-I-7 都表现为压致挤出，碎屑弹射；试件 HGM-II-5 在底部有碎屑弹射，并且有碎块挤出。

(a) HGM-I-2

(b) HGM-I-3

(c) HGM-I-5

(d) HGM-I-7

(e) HGM-I-6

(f) HGM-II-5

图 3.26 鹤岗南山煤试件应变岩爆破坏图片

鹤岗南山煤试件的应变岩爆实验特征为：破坏形式有局部颗粒及片状碎屑颗粒弹射、局部碎屑颗粒弹射、整体剥离破坏等。在破坏前有煤试件开裂的声音，表明在卸载存在临空面的条件下，煤试件在整体破坏前首先裂纹开裂。在破坏过程中能量消耗较大，大部分应变岩爆过程不强烈。破坏时应力降速率大小不等，相差较悬殊。

6）夹河煤

表 3.18 列出了 5 例夹河煤试件应变岩爆实验结果。其中，采用方法 I 的有 4 例，采用方法 II 的有 1 例，取自埋深 850m 的有 2 例，埋深 910m 的有 3 例，且埋深 910m 的 3 例均采用方法 I。各个试件均卸载最小主应力。埋深 850m 的 2 例对应的应力降整体要大于埋深 910m 的 3 例实验，应力水平相差不多，破坏形式也相似，应变岩爆过程持续的时间均较短(1～3s)，但平静期时间有很大差异，最长的为 16min 36s，最短的只有 0.24s。

表 3.18 夹河煤试件应变岩爆实验结果

试件编号	实验方法	卸载前应力 ($\sigma_1/\sigma_2/\sigma_3$) /MPa	应变岩爆应力 ($\sigma_1/\sigma_2/\sigma_3$) /MPa	应变岩爆过程特征				
				$\dot{\sigma}_1$ /(MPa/s)	$\dot{\sigma}_2$ /(MPa/s)	破坏特征	Δt_1	Δt_2
JHM1-I-1	I	25.8/13.1/4.8	16.2/12.0/0	1091	125	劈裂	59s	1s
JHM1-II-1	II	12.3/7.4/3.1	15.5/7.4/0	3938	563	弹射、劈裂	16min 36s	1s
JHM2-I-1	I	22/16.2/10.6	16.4/14.1/0	133	11	压致挤出	0.24s	2.4s
JHM2-I-2	I	18.8/15.3/7.6	11.3/12.0/0	5	5	块片剥离	0.3s	1.8s
JHM2-I-3	I	16.8/12.5/6.8	11.8/11.1/0	37	12	劈裂	4min 21s	3s

图 3.27 为部分夹河煤试件应变岩爆实验应力-时间曲线，均是 1 次卸载发生破坏，破坏时的临界应力状态见表 3.18。卸载后各个试件均有明显的应力降。

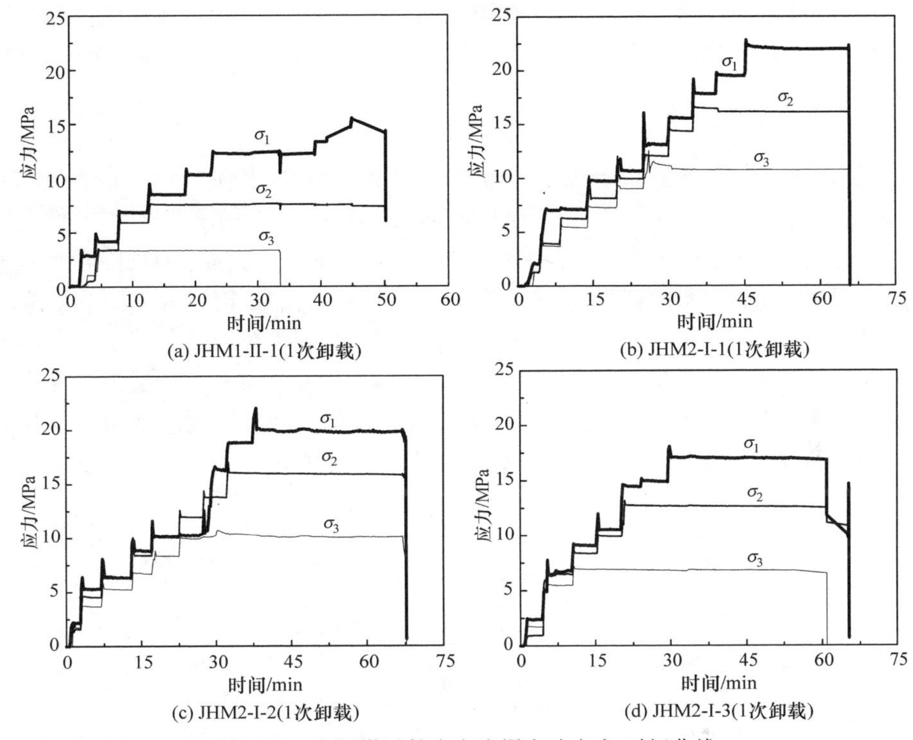

(a) JHM1-II-1(1次卸载)　(b) JHM2-I-1(1次卸载)

(c) JHM2-I-2(1次卸载)　(d) JHM2-I-3(1次卸载)

图 3.27　夹河煤试件应变岩爆实验应力-时间曲线

图 3.28 为部分夹河煤试件应变岩爆破坏图片。可以看出，试件 JHM1-II-1 整体表现为劈裂破坏，试件整个表面有块状、片状煤屑的弹射冲出；试件 JHM2-I-1 全断面都有片状颗粒弹射，试件中部挤出明显；试件 JHM2-I-2 中下部以及上部破坏严重，有大片状碎屑剥离；试件 JHM2-I-3 中部以及上部有明显的碎块状碎屑挤出，整体呈劈裂破坏。

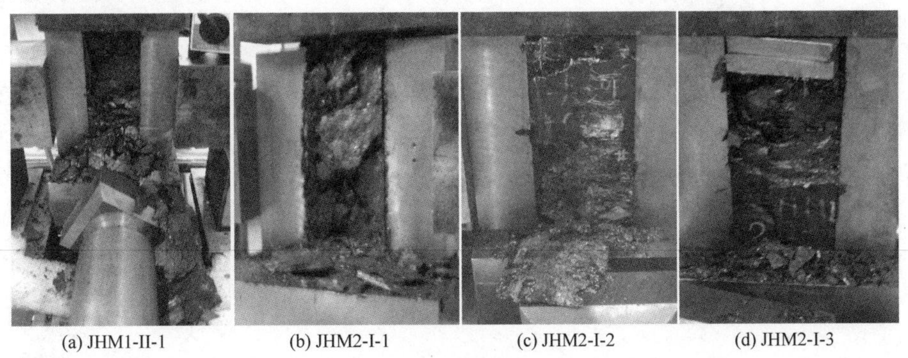
(a) JHM1-II-1　(b) JHM2-I-1　(c) JHM2-I-2　(d) JHM2-I-3

图 3.28　夹河煤试件应变岩爆破坏图片

夹河煤试件的应变岩爆实验特征为:大部分试件岩爆现象较明显,有颗粒及片状碎屑弹射或片状剥离;试件有初始肉眼可见裂纹;试件在卸载后有试件开裂声音;在三向六面应力状态下,快速卸载单面载荷后,其他两向应力瞬时略有降低。试件破坏时,未卸载的两个方向应力明显降低。一般最大主应力方向的应力降较大。

7) 济宁煤

表 3.19 列出了 9 例济宁煤试件应变岩爆实验结果,其中采用方法 I 的有 5 例,采用方法 II 的有 4 例。所有的试件均卸载最小主应力,采用方法 I 的 5 例实验卸载前的应力状态都比较接近,岩爆时有明显的应力降,且最大主应力降较大。采用方法 II 的 4 例实验卸载前的应力状态相差相对较大,岩爆时同样有明显的应力降,且最大主应力降大于方法 I 的,另外一个方向应力降与方法 I 的接近。采用方法 I 的应变岩爆现象较为明显,表现为颗粒弹射,采用方法 II 的应变岩爆现象有整体剪切破坏以及压致挤出,其余 2 例有片状碎屑弹射。卸载后到应变岩爆发生时的持续时间以及岩爆时间各异,与实验方法没有必然联系。

表 3.19　济宁煤试件应变岩爆实验结果

试件编号	实验方法	卸载前应力 $(\sigma_1/\sigma_2/\sigma_3)$/MPa	应变岩爆应力 $(\sigma_1/\sigma_2/\sigma_3)$/MPa	应变岩爆过程特征				
				$\dot{\sigma}_1$ /(MPa/s)	$\dot{\sigma}_2$ /(MPa/s)	破坏特征	Δt_1	Δt_2
JNM-I-1	I	19.1/12.5/7.5	16.3/7.6/0	25	4	颗粒弹射	6min 18s	6min 27s
JNM-I-2	I	19.5/11.0/4.2	15.4/10.9/0	51	6	压致劈裂	23s	27s
JNM-I-3	I	18.5/11.4/4.2	16.6/10.6/0	31	22	块片弹射	37s	15s
JNM-I-4	I	20.8/11.8/5.0	16.2/10.8/0	91	59	片状弹射	2min 11s	13s
JNM-I-5	I	18.5/10.2/4.2	12.8/9.0/0	113	10	压致挤出	20s	2s
JNM-II-1	II	19.7/13.2/7.7	24.3/13.5/0	108	10	剪切破坏	5min 40s	41s
JNM-II-2	II	16.4/10.0/4.3	18.4/6.2/0	104	21	块片弹射	1min 15s	23s
JNM-II-3	II	25.6/12.7/5.4	28.9/12.7/0	427	43	块片弹射	6min 56s	3min 14s
JNM-II-4	II	17.2/11.0/4.1	19.2/11.1/0	67	11	压致挤出	4min 38s	4min 51s

图 3.29 为部分济宁煤试件应变岩爆实验应力-时间曲线。可以看出,各个试件循环加-卸载的次数不尽相同(1～3 次),每次卸载均能看到明显的应力降,且最大主应力方向的下降幅度较大。

图 3.30 为部分济宁煤试件应变岩爆破坏图片。可以看出,试件 JNM-I-3 和 JNM-I-4 破坏形态类似,均有块状、片状碎屑剥离伴有混合弹射;试件 JNM-II-3 表面同样有块、片碎屑弹射;试件 JNM-I-5 中部有碎片状碎屑被挤出。

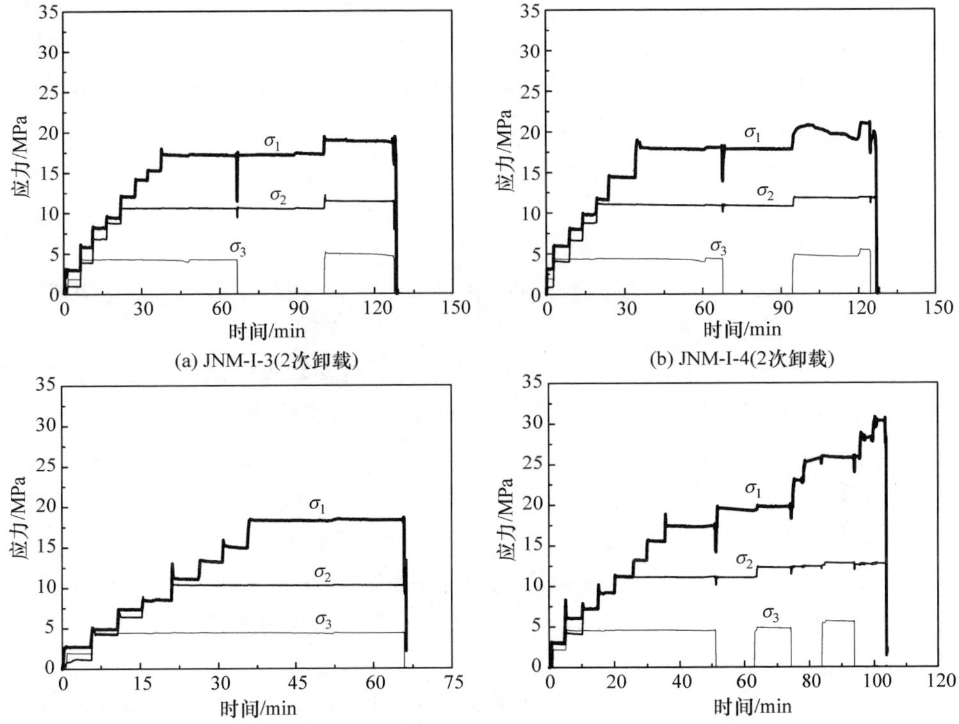

(a) JNM-I-3(2次卸载)

(b) JNM-I-4(2次卸载)

(c) JNM-I-5(1次卸载)

(d) JNM-II-3(3次卸载)

图 3.29　济宁煤试件应变岩爆实验应力-时间曲线

(a) JNM-I-3　　(b) JNM-I-5　　(c) JNM-I-4　　(d) JNM-II-3

图 3.30　济宁煤试件应变岩爆破坏图片

济宁煤试件的应变岩爆实验特征为：煤的两种应变岩爆实验都有压致挤出破坏、块片状碎屑剥离伴有混合弹射等。有时会在应力调整后局部开裂或有小颗粒弹射后达到暂时的稳定状态。

在单面卸载存在临空面的条件下，靠近临空部分的煤试件最容易受张应力作用而首先破坏。在破坏过程中能量消耗较大，大部分过程不强烈。应变岩爆破坏时应力降速率大小不等，相差较悬殊，大部分煤试件的最大主应力降较大。最大主应力降速率集中在 10～100MPa/s 范围内。

7. *砂质泥岩、页岩、板岩*

1）砂质泥岩

表 3.20 列出了 4 例安太堡砂质泥岩试件应变岩爆实验结果。其中，模拟瞬时岩爆 1 例，模拟滞后岩爆 3 例。

由表 3.20 可以看出，试件 ATBN-I-1 和 ATBN-I-2 卸载前的应力状态完全一致，区别在于：ATBN-I-1 卸载中间主应力，而 ATBN-I-2 卸载的是最小主应力；并且破坏时的最大主应力也相同，但 ATBN-I-1 的最大主应力降要大于 ATBN-I-2，并且 ATBN-I-1 卸载后立即破坏，试件底部压致挤出，ATBN-I-2 卸载 30min 后发生应变岩爆，破坏过程持续了 25s，试件表面有片状碎屑剥离。

试件 ATBN-I-3 同样是采用方法 I，卸载最小主应力，在卸载后 10min 发生应变岩爆，对应的最大主应力降速率为 1.4MPa/s，应变岩爆过程持续了 6s，表现为试件表面的块、片状碎屑剥离。

试件 ATBN-II-1 采用方法 II，卸载最小主应力，卸载前的应力水平较低，应变岩爆的应力水平也较方法 I 的低，但最大主应力降速率要比方法 I 高 1～2 个数量级，应变岩爆过程持续时间相对较短，试件表现为片状弯折破坏。

表 3.20 安太堡砂质泥岩试件应变岩爆实验结果

试件编号	实验方法	卸载前应力 ($\sigma_1/\sigma_2/\sigma_3$) /MPa	应变岩爆应力 ($\sigma_1/\sigma_2/\sigma_3$) /MPa	应变岩爆过程特征			
				$\dot{\sigma}_1$ /(MPa/s)	破坏特征	Δt_1	Δt_2
ATBN-I-1	I	80/30/15	80/0/15	35	底部压致挤出	瞬时	—
ATBN-I-2	I	80/30/15	80/30/0	3	层片状剥离	30min	25s
ATBN-I-3	I	92/35/15	92/35/0	1.4	块片状剥离	10min	6s
ATBN-II-1	II	30/30/15	70/30/0	519	片状剥离	14min	3s

图 3.31 为部分安太堡砂质泥岩试件应变岩爆实验应力-时间曲线。无论采用方法 I 还是方法 II，加载过程均采用分级加载，每级载荷为 5～10MPa，每级载荷保持 5min，加载到初始应力水平后保载 30min。试件 ATBN-I-2 经历了 2 次加-卸载，试件 ATBN-I-3 经历了 1 次加-卸载，快速卸载后另外两方向有明显应力降。

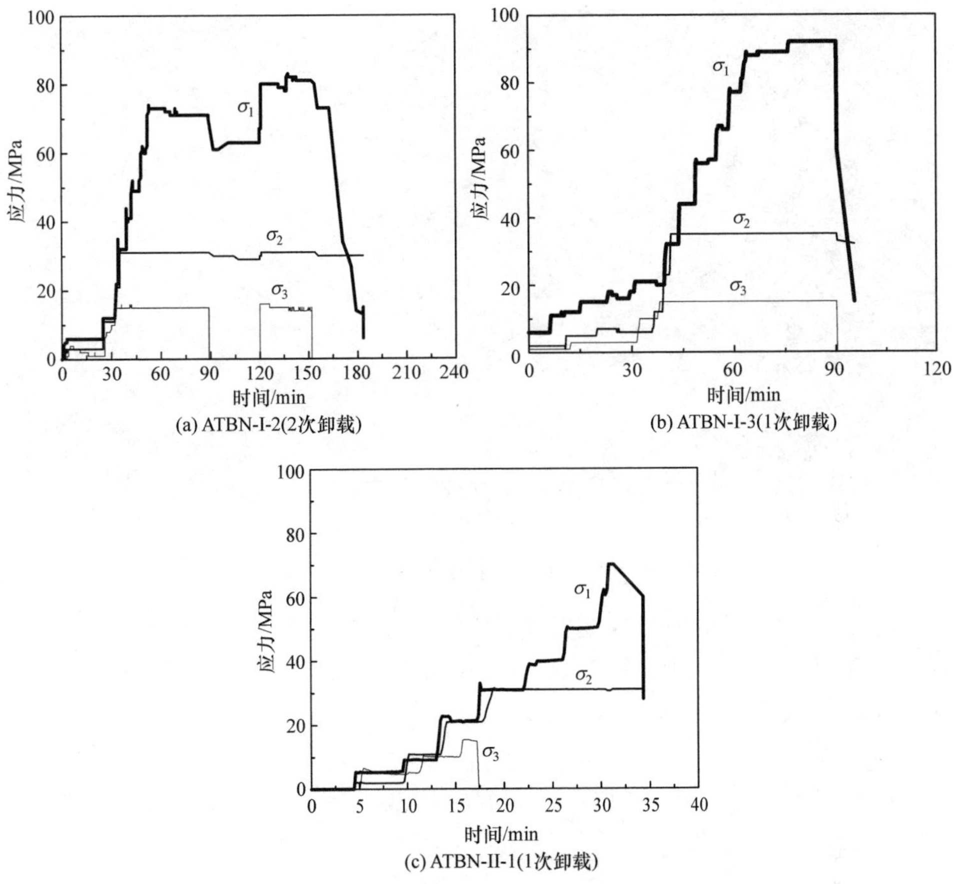

(a) ATBN-I-2(2次卸载)

(b) ATBN-I-3(1次卸载)

(c) ATBN-II-1(1次卸载)

图 3.31　安太堡砂质泥岩试件应变岩爆实验应力-时间曲线

试件 ATBN-II-1 在三向应力状态分别为 30MPa/30MPa/15MPa 时卸载最小主应力，并分级增加最大主应力到 60MPa 时有试件开裂的声音，试件表面开始产生裂纹；加载至 70MPa 时破坏，试件上部碎块剥离，下部产生裂纹。

图 3.32 为安太堡砂质泥岩 3 个试件的应变岩爆破坏图片。可以看出，试件 ATBN-I-2 整个上半部分均发生片状剥离；试件 ATBN-I-3 破坏最为严重，整个卸载面发生破坏，呈块、片状剥离；试件 ATBN-II-1 破坏相对较弱，只在顶部发生片状剥离，下部产生裂纹。

(a) ATBN-I-2　　(b) ATBN-I-3　　(c) ATBN-II-1

图 3.32　安太堡砂质泥岩试件应变岩爆破坏图片

安太堡砂质泥岩试件的应变岩爆实验特征为：在加载过程中有试件开裂的声音；每次卸载时有较大的应力降；试件破坏形式以剪切为主，只有试件 ATBN-I-3 劈裂明显，在破坏前表面有裂纹开裂现象。

2）夹河页岩

表 3.21 列出了 2 例夹河页岩试件应变岩爆实验结果，均采用方法 I，卸载最小主应力。破坏时其他两个方向同样都会产生应力降，破坏形式均是压致挤出。

表 3.21　夹河页岩试件应变岩爆实验结果

试件编号	实验方法	卸载前应力 $(\sigma_1/\sigma_2/\sigma_3)$/MPa	应变岩爆应力 $(\sigma_1/\sigma_2/\sigma_3/)$MPa	应变岩爆过程特征				
				$\dot{\sigma}_1$ /(MPa/s)	$\dot{\sigma}_2$ /(MPa/s)	破坏特征	Δt_1	Δt_2
JHY-I-1	I	58.6/40.1/17.4	36.2/28.3/0	21.3	9.3	压碎	0s	1.3s
JHY-I-2	I	46.4/29.1/13.7	43.9/32.8/0	152.0	4.7	压致挤出	1min 41s	1s

图 3.33 为夹河页岩试件应变岩爆实验应力-时间曲线。试件 JHY-I-1 在卸载 σ_3 时有试件开裂的声音，卸载时试件立即被压碎，历时 1.3s；试件 JHY-I-2 在卸载 σ_3 时没有试件开裂的声音，从卸载到破坏历时 1min 41s。

图 3.34 为夹河页岩试件应变岩爆破坏图片。可以看出，试件均是压致劈裂挤出。

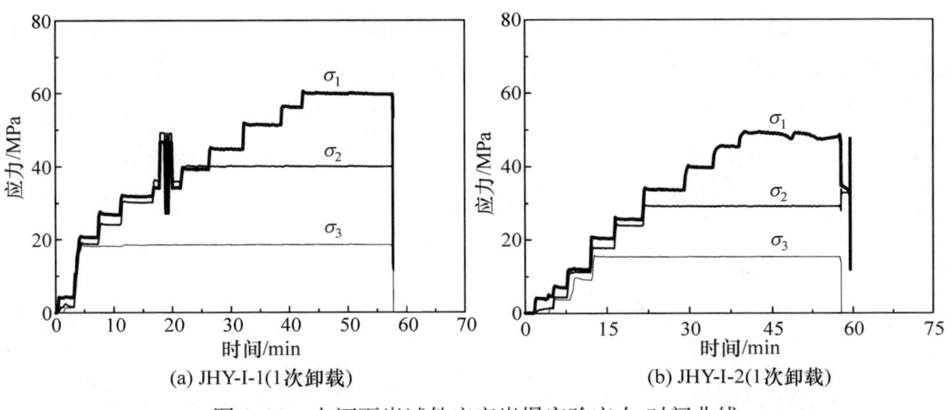

(a) JHY-I-1(1次卸载)　　(b) JHY-I-2(1次卸载)

图 3.33　夹河页岩试件应变岩爆实验应力-时间曲线

(a) JHY-I-1　　(b) JHY-I-2

图 3.34　夹河页岩试件应变岩爆破坏图片

夹河页岩试件的应变岩爆实验特征为：虽然单轴抗压强度较高，但黏土矿物含量高，没有发生典型的应变岩爆特征，其破坏形式为压致挤出。

3）板岩

表 3.22 列出了 2 例板岩试件应变岩爆实验结果，其中，采用方法 I 和方法 II 的各 1 例。采用方法 I 卸载前的应力水平要远高于采用方法 II 的，且破坏时采用方法 I 的试件最大主应力降也远大于采用方法 II 的试件。

表 3.22　板岩试件应变岩爆实验结果

试件编号	实验方法	卸载前应力 $(\sigma_1/\sigma_2/\sigma_3)$/MPa	应变岩爆应力 $(\sigma_1/\sigma_2/\sigma_3)$/MPa	应变岩爆过程特征			
				$\dot{\sigma}_1$ /(MPa/s)	破坏特征	Δt_1	Δt_2
B-I-1	I	153.5/41.0/19.3	140.3/40.5/0	609.7	沿层理劈裂	0.75s	0.06s
B-II-1	II	25.4/20.0/28.3	92/20/0	12.1	剪切破坏	—	1min 30s

图 3.35 为板岩试件应变岩爆实验应力-时间曲线。其中,试件 B-I-1 在卸载 σ_3 后,试件迅速破坏。沿层理劈裂,上部小范围剪切,整个过程约 1s,未见应变岩爆破坏现象。试件 B-II-1 在 25MPa/20MPa/30MPa 应力下保持 15min 后,卸载 σ_3 后,试件稳定,不断增加竖向载荷至 92MPa 时试件突然破坏,试件破坏形式为上部剪切破坏,如图 3.36 所示。

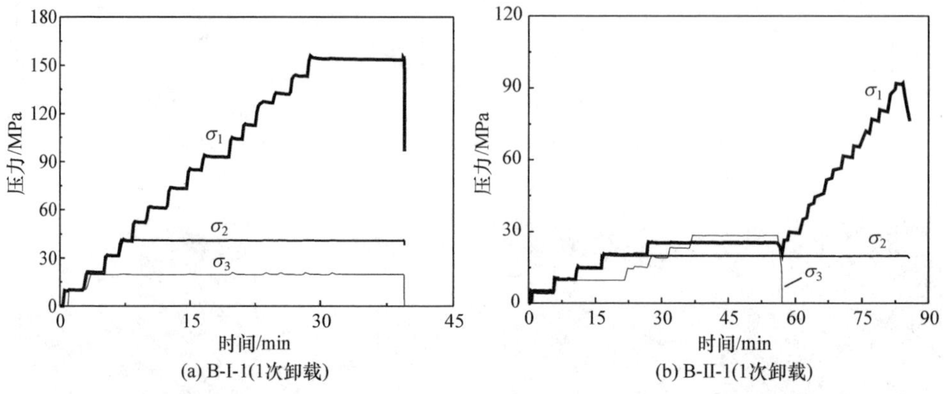

(a) B-I-1(1次卸载)　　(b) B-II-1(1次卸载)

图 3.35　板岩试件应变岩爆实验应力-时间曲线

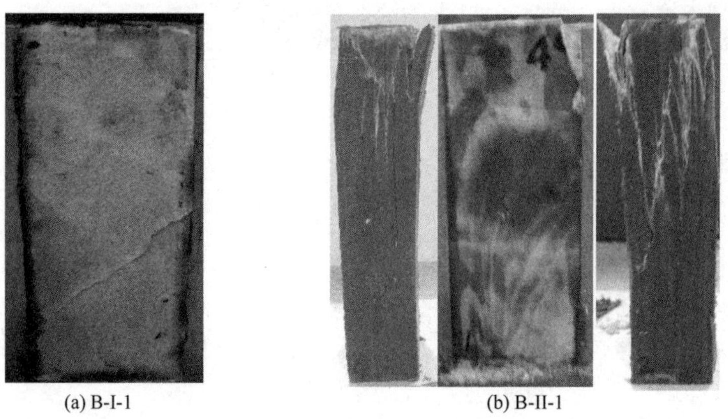

(a) B-I-1　　(b) B-II-1

图 3.36　板岩试件应变岩爆破坏图片

3.4　不同应力路径应变岩爆破坏特征

对应变岩爆过程特征的认识,以往主要来源于以下三个方面:一是现场观察到的现象记录;二是基于一些数值分析方法[8,9]及现场岩爆实验场实例[10];三是基于岩爆机理分析。本节根据应变岩爆实验结果,分析应力变化与试件破坏特征的相关性。

3.4.1　应力路径

通过对不同岩石试件应变岩爆实验结果的分析，可以对三向应力状态地下岩体由于开挖产生的岩爆破坏现象与应力变化的相关性有更科学的认识。本节重点分析不同应力变化模式对应变岩爆过程破坏特征的影响。

本节中涉及的应变岩爆应力变化模式是指三向受力岩体在单面快速卸载后各方向应力随时间变化的过程。应变岩爆演化过程是从初始静力学到破坏的非线性动力学问题。应变岩爆实验应力变化模式在一定程度上影响了其破坏方式，据此可对应变岩爆机理进行研究，并可作为建立数值模型参数的依据。

不同的岩石受结构、成分及应力变化的控制，其应变岩爆破坏特征不同。对于煤，其微观结构的缺陷较多，有大小不同尺度范围的裂隙、孔隙和孔洞。在外力作用下，这些缺陷部位将形成应力集中区，在达到一定应力水平后就会使缺陷继续扩展；对于硬度较大的花岗岩、大理岩等，由于弹性模量较大，在外力作用下产生的变形大部分是可恢复的弹性变形，由于不同矿物成分的差异，表现出局部应力异常，并最终导致能量瞬间快速释放，产生应变岩爆。对于具有明显层状结构的岩石，其岩爆特征将在第 5 章进行详细分析。

不同岩石的应变岩爆应力变化模式不同，影响了岩石的破坏进程及能量释放率，进而产生不同形状的破坏碎屑。花岗岩、砂岩、石灰岩、大理岩和玄武岩岩爆时，应力突然降低明显，而煤应力降没有那么明显，泥岩和泥质砂岩等应力降速率也没有花岗岩等脆性岩石大。

图 3.37 是应变岩爆应力变化模式的几种典型模式。图 3.37(a)中曲线代表初始应力很高，在卸载后瞬间破坏，应力快速降低，能量瞬间释放，往往产生与现场强烈岩爆相类似的岩爆碎屑；图 3.37(b)中曲线卸载后，其他两个方向的力缓慢降低，能量在缓慢释放，在此持续时间段内，试件内部的结构不断发生变化，并很快发生整体破坏达到新的平衡状态，试件往往发生整体破坏或局部剪切或弯折破坏；图 3.37(c)中曲线特征为在单面快速卸载后，其他两个方向一向应力增加、一向应力保持不变的条件下发生应变岩爆，与现场开挖后的应力集中或采场的二次来压相类似，可以产生上述任何一种破坏形式，高加载速率易产生快速的局部剪切破坏并引起试件表面的块、片碎屑颗粒弹射，低加载速率有可能产生间歇性的应变岩爆，产生薄片状、板状的岩爆碎屑。轻微的岩爆一般产生片状岩爆碎屑，张剪作用有先后顺序，突然猛烈的应变岩爆一般是张剪联合作用，因此产生的碎屑颗粒往往会是透镜体状或块状等。

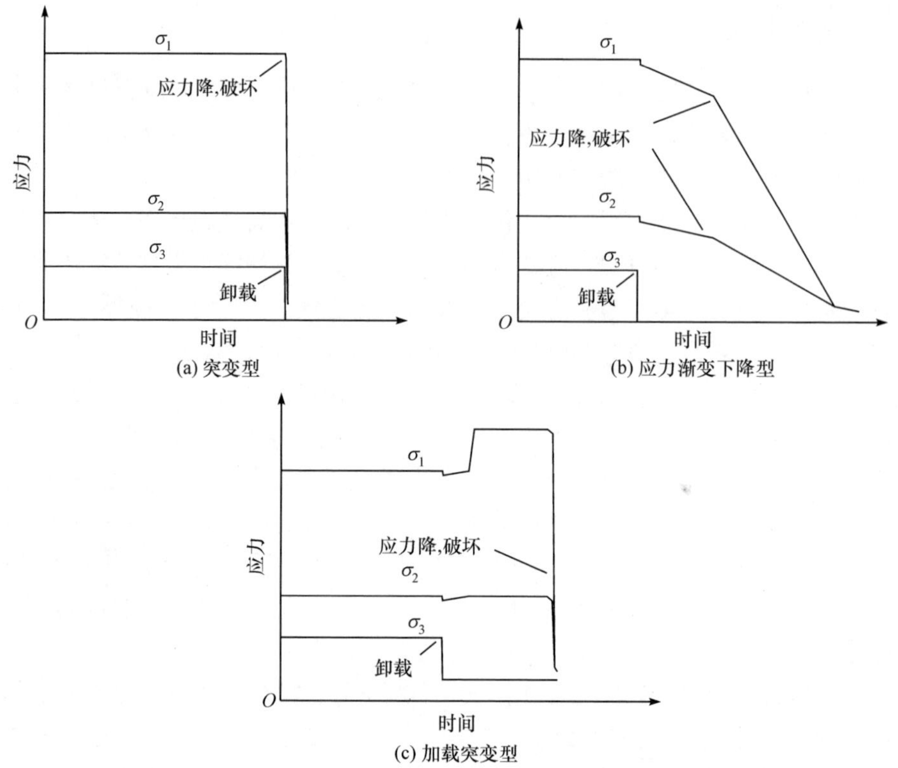

图 3.37　应变岩爆应力变化模式

3.4.2　破坏形态

对于不同岩石试件,其破坏碎屑特征不同。花岗岩、砂岩、石灰岩、玄武岩、大理岩及大部分的煤都有应变岩爆发生,如颗粒弹射、板状剥离、块片颗粒混合弹射等,形成薄片状、板状、块状等碎屑;泥岩、板岩和页岩等则没有应变岩爆发生,表现为压致挤出和剪切等,形成块状及不规则形状。

在进行的应变岩爆实验中,大部分花岗岩试件应变岩爆突然,许多试件在局部产生压致剪切折断破坏,也有试件发生渐进破坏的实例。LZHG-I-4 花岗岩的破坏过程是渐进的破坏:在三向应力作用下单面快速卸载后,开始 30s 为相对稳定期,应力基本不变;之后为小颗粒的弹射阶段,试件的局部有颗粒弹射,初速度较大;短暂的平静之后为较大的片状弹射,同时伴随有颗粒弹射,暴露的试件表面都有片状碎屑剥离,应力在不断降低;最后破坏时伴随着高应力降速率。

石灰岩的应变岩爆特征为:在一定应力条件下,出现试件开裂的声音,继而有小薄片的碎屑颗粒弹射;在内部不均匀应力的作用下逐渐演化到应变岩爆。破坏时有较明显的弹射特征。

砂岩的应变岩爆破坏特征有两种形式：一种有明显剪切破坏特征，表现为岩石试件的剪切破坏；另一种有明显的弹射破坏特征，首先表现为有试件开裂的声音，进而有碎屑颗粒弹射，瞬间释放的能量较大。

由于煤的特殊成分及结构特征，不同地区的煤应变岩爆特征不同，大部分煤在岩爆前首先有试件开裂的声音，和现场的岩爆相似，应变岩爆的强弱程度会因不同的煤质及应力状态而有所不同。有的在试件开裂的声音后会突然爆裂，有的首先颗粒弹射，再局部片状弹射，最后大面积冲出；也有局部冲出产生应变岩爆。

应变岩爆实验破坏与单轴压缩实验破坏、三轴压缩实验破坏有明显区别（见图 3.38），主要表现在以下几个方面：

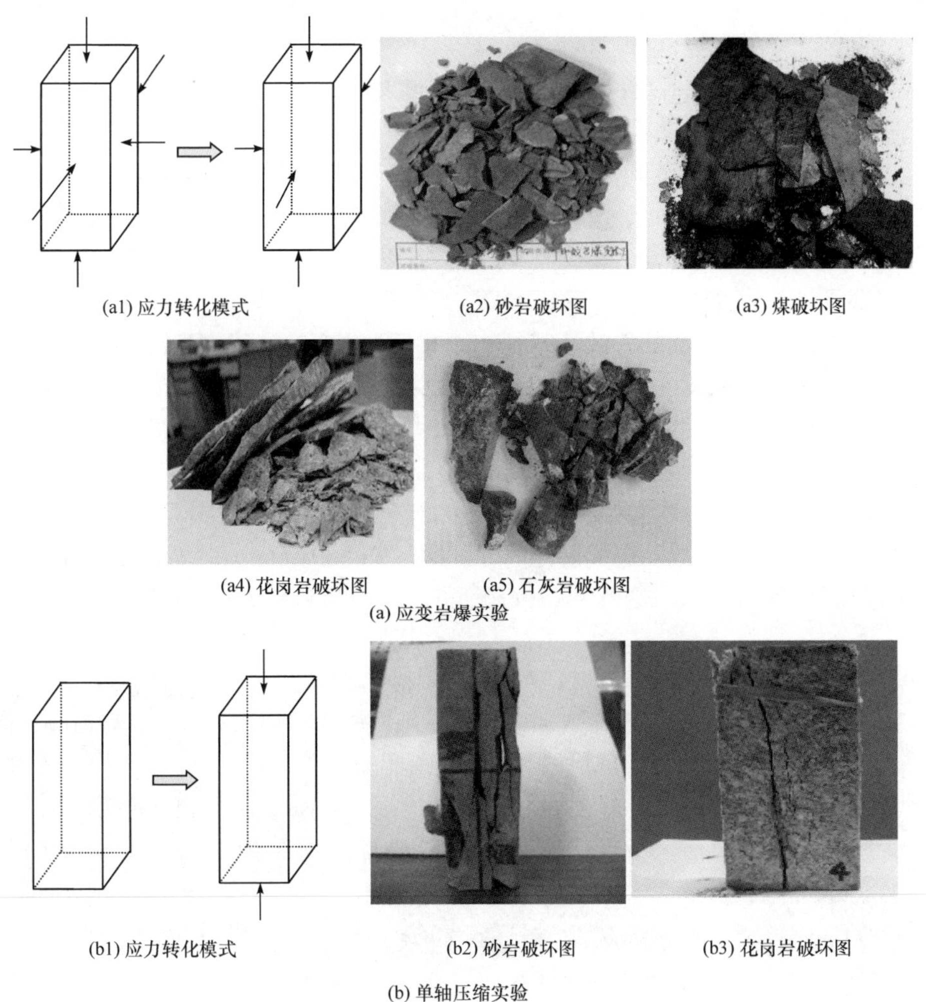

(a1) 应力转化模式　(a2) 砂岩破坏图　(a3) 煤破坏图

(a4) 花岗岩破坏图　(a5) 石灰岩破坏图

(a) 应变岩爆实验

(b1) 应力转化模式　(b2) 砂岩破坏图　(b3) 花岗岩破坏图

(b) 单轴压缩实验

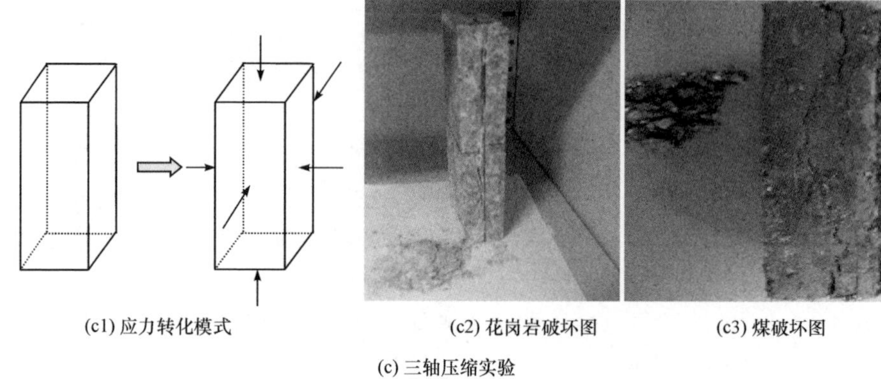

(c1) 应力转化模式　(c2) 花岗岩破坏图　(c3) 煤破坏图

(c) 三轴压缩实验

图 3.38　三种实验的应力转化及破坏图

(1) 应变岩爆实验试件处于三向应力状态时，最大主应力大于岩石的单轴抗压强度，在单面快速卸载后产生岩爆破坏。

(2) 应变岩爆实验破坏的试件没有明显的破坏优势面。受载荷不同作用过程的影响，岩爆碎块呈片状及碎块状[见图 3.38(a2)、(a3)、(a4)、(a5)]，单轴压缩实验竖向劈裂明显[见图 3.38(b2)、(b3)]，三轴压缩实验破坏存在剪切面或剪切弱化带[见图 3.38(c2)、(c3)]。

(3) 应变岩爆实验试件破坏特征表现出明显的应变能瞬间转化为动能的过程，这是因为应变岩爆实验有三向加载的能量积聚过程，又有单面卸载产生临空面的边界条件，有利于破坏的碎屑沿临空面运动，其应力转化模式见图 3.38(a1)，与单轴压缩实验和三轴压缩实验应力转化模式[见图 3.38(b1)、(c1)]不同。

图 3.39 是典型应变岩爆实验试件破坏形态。其中有试件碎屑颗粒弹射或全面爆裂具有方向性且有一定散射角的特征[见图 3.39(a)、(b)]，也有试件弧形爆坑及其阶梯形断口形状[见图 3.39(c)、(d)]，这些特征与现场的岩爆特征都很吻合[11]。

(a) 颗粒弹射形态

(b) 爆裂散布形态

(c) 弧形爆坑

(d) 阶梯形折断断口

图 3.39　典型应变岩爆实验试件破坏形态[9]

岩石是否会产生应变岩爆与岩性也有很大关系，应变岩爆实验也证明了这一点。含有大量黏土矿物的页岩、泥岩、泥质砂岩及板岩的应变岩爆实验结果表明，试件只在破坏前有开裂声音，塑性变形较大，呈剪切破坏。图 3.40 为泥质砂岩和板岩试件应变岩爆实验破坏后的图片。

(a) 泥质砂岩　(b) 板岩

图 3.40　泥质砂岩和板岩试件应变岩爆实验破坏后的图片

3.5　应变岩爆破坏过程分析

将应变岩爆实验的实验机、试件及周围影响实验的环境看成一个系统，处于三向应力状态下的岩石试件在没有卸载前是稳定的。单面/多面卸载后，整个系统的平衡发生破坏，引发岩石运动，系统在向新的动态平衡状态发展过程中，积聚的能量突然释放，发生应变岩爆。高速摄影图像记录显示在应变岩爆过程中卸载面呈阶段性变化。根据实验现象，将应变岩爆过程按时间顺序划分为四个主要阶段，主要包括平静期、颗粒弹射阶段、混合弹射阶段和全面爆裂阶段。

1. 平静期

平静期是应变岩爆发生的酝酿阶段，如图 3.41(a)所示。卸载后系统原平衡状态被破坏，岩石的内部结构和外部应力都有所改变。在卸载面方向试件会发生弹性变形恢复，同时，其他受力方向在力的作用下会因一个方向的弹性恢复而产生较大变形，甚至是塑性变形，如位错滑移等。若应力水平不是很高时，卸载后的应力调整过程表现为岩石类准脆性材料的稳定裂纹起裂，扩展过程与时间相关。在应变岩爆的变形阶段的岩石力学行为研究可以采用弹性力学、损伤力学、流变力学等理论进行分析。由于此阶段卸载面无明显变化，可结合红外热像探测仪来研究岩石的能量释放过程[12]。

2. 颗粒弹射阶段

颗粒弹射阶段是应变岩爆的初始阶段，如图 3.41(b)所示。颗粒弹射是由于试件内局部弹性能释放而产生的局部破坏现象。该阶段是在变形积累达到一定程度后，系统局部因张应力作用而在短时间内产生的非稳定破坏变形。颗粒弹射阶段在宏观上表现为局部的小片状及颗粒状的形成以及碎屑颗粒弹射或剥离，破坏已经从静态向动态转换。但是此阶段岩石整体处于稳定状态，宏观测量的平均应力和变形没有明显的变化。以整体为研究目标，该阶段仍可采用连续介质力学理论进行分析。实验过程中裂纹起裂可利用数字图像相关(digital image correlation，DIC)技术进一步研究。

3. 混合弹射阶段

在混合弹射阶段，岩石试件已进入不可控的动力学破坏过程，是应变岩爆的发展阶段，如图 3.41(c)所示。"混合"主要是指弹射岩块的形状不仅有颗粒状，还有片状岩块，即混合弹射阶段的特征是颗粒和片状弹射都有发生。试件在应变岩爆混合弹射阶段岩块的运动轨迹随时间变化。这个阶段，岩石试件的力学行为已经从静力学转化为非线性动力学。由于应变岩爆试件为长方体板状，其非线性动力学特征不仅与板的尺寸及边界条件有关，还与材料的损伤程度及材料特性有关[13~15]。三向受力的岩石试件在单面卸载瞬时会产生卸载波，在试件内反射到卸载面产生拉伸波[16]。同时，受力不均衡会引发岩块运动，受惯性力影响，系统向动态平衡发展过程中发生岩块混合弹射现象。应变岩爆实验时，应力降速率可以达到 5～20MPa/s，位于准动态的速率范围内，对岩石系统在混合弹射阶段的分析要考虑惯性力及应力波传播的作用。

4. 全面爆裂阶段

全面爆裂阶段是指试件整体无法达到动态平衡态而发生结构性破坏，表现为颗粒、岩屑的全面爆裂，如图 3.41(d)所示。试件积聚的能量迅速转化为颗粒动能，短时间内在卸载面发生多尺度岩块的弹射。之前系统局部状态的突变出现稳定分岔，继而进一步演化为相轨迹拓扑结构的突变而产生非稳定的分岔，在非线性系统的演化过程中就有可能演化为混沌现象[17]。

考虑应变岩爆的成因、应力来源和时间等因素，应变岩爆分为瞬时岩爆、岩柱岩爆和滞后岩爆三类。各类岩爆受其几何和应力边界条件变化，呈现不同应变岩爆阶段性特征。

瞬时岩爆是在应力状态较高的条件下、处于稳定状态的工程岩体在开挖瞬间

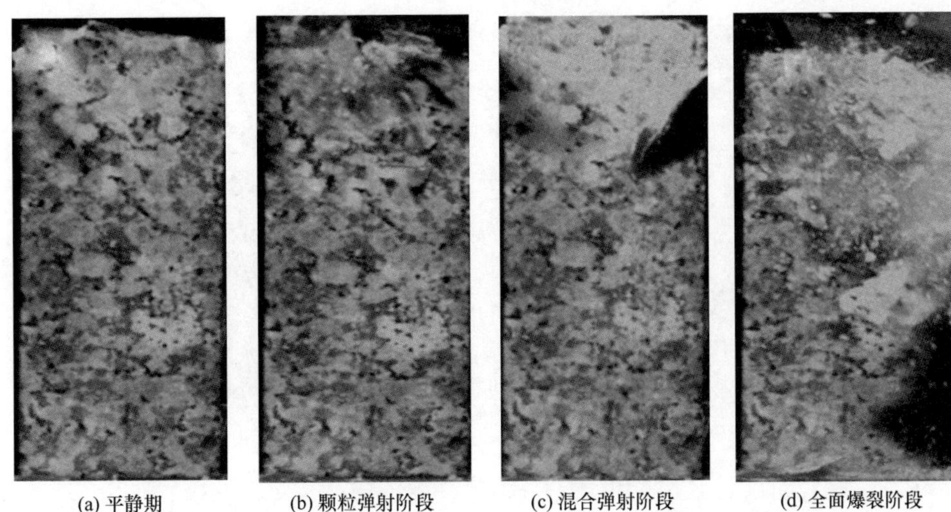

(a) 平静期　(b) 颗粒弹射阶段　(c) 混合弹射阶段　(d) 全面爆裂阶段

图 3.41　典型的应变岩爆四阶段图示(以试件 LZHG-I-4 应变岩爆为例)

出现的应变岩爆现象。瞬时岩爆多发生在深部岩体工程,其围岩最大主应力与岩体的单轴抗压强度比值较高,此时岩体内积聚的能量由于卸载产生临空面而瞬间向临空面内释放。是否会发生瞬时岩爆以及岩爆的强烈程度应根据岩石内部的损伤变化及应力的演化(代表能量的变化特征)来判断。应变岩爆实验结果表明,高应力条件下卸载易发生瞬时岩爆;瞬时岩爆第一阶段(变形阶段)很短或不明显,第二、第三阶段(颗粒弹射和混合颗粒弹射阶段)时间短且不易区分,并快速进入第四阶段(全面爆裂阶段)。瞬时岩爆破坏特征主要有两种:一种是在卸载瞬间整体呈粉碎性破坏[见图 3.4(a)];另一种是局部的剪切破坏,在临空面表现为局部片状弯折破坏[见图 3.4(h)]。

在开挖预留岩柱或者煤柱时,随着开挖的进行,矿柱尺寸变细,竖向应力 σ_1 增大,而水平侧向应力减小,当应力状态突破强度准则时,会发生岩柱岩爆。岩柱岩爆的加载设计为对岩石试件三向六面加载—单面分级卸载再快速暴露—轴向分级加载至破坏。岩柱岩爆实验结果表明试件的实验过程与卸载前后的受力状态相关。若岩柱岩爆发生在快速卸载最小主应力且增加最大主应力的时刻,其第一阶段不明显,第二阶段和第三阶段发生较快,在第四阶段多有大块弹射或剥离,破坏后的岩块较破碎,主要呈块状(见图 3.42)。岩柱岩爆与瞬时岩爆类似,岩爆破坏多在瞬时发生。

滞后岩爆是指在应变岩爆实验过程中,处于三向应力状态的岩石试件在一面卸载之后,外载荷与岩石强度相比较低,试件暂时处于稳定状态,但在长期作用下岩石强度降低或某一向或两向应力因载荷重分布而升高时才发生的应变岩爆类型。实验中采用两种方式模拟产生滞后岩爆:一种是在三向应力状态(小于岩体强

(a) 集宁花岗岩

(b) LZHG-III-3

图 3.42　岩柱岩爆破坏图片

度)下采用加载—单面卸载—轴向加载实验方法模拟应力集中;另一种是在有临空面的条件下,外加载荷不变,岩体强度随时间降低,岩体内积聚的能量瞬间释放产生滞后岩爆。应变岩爆实验结果表明:滞后岩爆的第一阶段较长,第二、第三、第四阶段均可观察到,时长不等。常见的滞后岩爆的破坏形式为剪切折断型[见图 3.4(j)]、张裂剪切型[见图 3.26(a)]和粉碎型[见图 3.18(d)]等。实验中观察到部分滞后岩爆实验的四个阶段可明显区分。具有明确阶段性的滞后岩爆是由于应力、变形等多种因素随时间迁移以不同速率变化而导致的,一般发生在最大主应力小于岩体强度且大于岩体的长期强度的条件下。应变岩爆后碎块大都呈片状,少量呈块状[见图 3.38(a4)]。若根据阶段性特征进行预报,滞后岩爆的可防控性较瞬时岩爆和岩柱岩爆更容易。

参考文献

[1] 陆栋,蒋平,徐至中. 固体物理学. 上海:上海科学技术出版社,2003.

[2] Rose J L. 固体中的超声波. 何存富等译. 北京:科学出版社,2004.

[3] 蔡美峰,何满潮,刘东燕. 岩石力学与工程. 2 版. 北京:科学出版社,2013.

[4] 孙叶,谭成轩. 中国现今区域构造应力场与地壳运动趋势分析. 地质力学学报,1995,1(3):3-10.

[5] 陈彭年,陈宏德,高莉青. 世界地应力实测资料汇编. 北京:地震出版社,1990.

[6] Mitri H S, Saharan M R. Destress blasting in hard rock mines—A state-of-the-art review. CIM Bulletin,2006,98(1091):413-420.

[7] 中华人民共和国地质矿产行业标准. 岩石物理力学性质试验规程(DZ/T 0276—2015). 北京:中国标准出版社,2015.

[8] 王耀辉,陈莉雯,沈峰. 岩爆破坏过程能量释放的数值模拟. 岩土力学,2008,29(3):790-794.

[9] 陆家佑. 岩爆数值模拟与预测//第 3 届全国岩石动力学学术会议,桂林,1992:436-447.
[10] Tannant D D, McDowell G M, Brummer R K, et al. Ejection velocities measured during a rockburst simulation experiment// Proceedings of the 3rd International Symposium on Rockbursts and Seismicity in Mines, Kingston, 1993:129-133.
[11] 谭以安. 岩爆特征及岩体结构效应. 中国科学:B 辑,1991,(9):985-991.
[12] 何满潮,任富强,宫伟力,等. 应变型岩爆物理模拟实验过程的温度特征. 中国矿业大学学报,2017,46(4):692-698.
[13] Reissner E. The effect of transverse shear deformation on the bending of elastic Plates. Journal of Applied Mechanics, 1945, 12(3):69-77.
[14] Mindlin R D. Influence of rotatory inertia and shear on flexural motions of isotropic elastic plates. Journal of Applied Mechanics, 1951, 18(1):31-38.
[15] 盛冬发,朱媛媛. 几何非线性损伤粘弹性中厚板的动力学行为分析. 动力学与控制学报,2005,3(4):50-59.
[16] 王礼立. 应力波基础. 北京:国防工业出版社,2005.
[17] 唐云. 对称性分岔理论基础. 北京:科学出版社,1998.

第 4 章　应变岩爆声发射频谱分析

应变岩爆实验过程采集到的声发射信号主要为岩爆破坏过程中释放的能量以弹性波传出的部分。本章对典型岩性应变岩爆实验过程的声发射参数、频谱、时频特征进行分析。此外，还对岩石应变岩爆破坏后的碎屑进行 SEM 测试，分析其微裂纹特征。最后，对应变岩爆阶段的主频特征和应变岩爆过程中可能产生的裂纹类型及释能特征进行分析。

4.1　声发射技术简介

4.1.1　概述

固体物质具有惯性和可变形性，在外载荷作用下，会产生弹性变形或塑性变形。在弹性变形内，外载荷越大，弹性变形越大，储存的弹性能也越多。当外力超过其弹性范围时，固体物质会瞬间发生破坏，释放的部分能量以弹性波的形式传播，称为声发射。岩石声发射是岩石在外载荷作用下，由于内部存在原始缺陷，产生应力集中，在裂纹的产生和扩展过程中，能量以弹性波的形式释放。人们开始时注意到的这种现象是可以听到的，因此称为声发射。实际接收到的声发射信号已经达到超声量级，可以测到弹性波在岩体中传播使固体表面变形为 10^{-11} mm 量级的微小变化[1]。

岩石的破坏过程是一个微裂纹形成、发展和汇合的过程，该过程伴随着损伤的演化，涉及从微观到宏观的各种尺度。在远离平衡条件下，微观的原子、分子层次与宏观层次之间没有简单的、直接的联系，可以通过介于微观与宏观的中间尺度（细观尺度）对岩石的破坏过程进行分析。从细观尺度上研究岩石的损伤、破坏过程时，必须考虑岩石所具有的非均质性。考虑了岩石的非均质性后，就可以发现其中应力分布的非均匀性，进而就可以研究断裂的局部化以及裂纹的萌生和扩展，乃至整个断裂过程。对声发射进行监测，并分析其信号特征，可以了解岩石内部的损伤演化过程[2]。

声发射微震方法在 1938 年最早应用于美国铅锌矿开采[3]，而应用于岩石力学实验研究起始于 20 世纪 60 年代[4]。声发射在岩体工程中的应用主要有室内实验的实时监测和现场声发射监测两部分，在室内已经进行了大量的不同岩性及力学条件下的声发射特征研究。

殷政钢等[5]进行了岩石的单轴声发射特性实验研究；付小敏[6]进行了单轴压缩变形及声发射特性实验研究；杨健和王连俊[7]利用声发射实验技术研究岩爆机理，对比了在单轴和三轴压缩条件下岩石的声发射参数特征，并依据声发射特征的不同划分了岩性与岩爆类型的对应关系；陈景涛和冯夏庭[8]对花岗岩在真三轴加载条件下的声发射特征进行了实验研究。从声发射的实验结果可以看出，不同的岩石，在不同的条件下，其声发射特征不同。Benson 等[9]对三轴压缩下的玄武岩试件由流体流动及裂纹破裂产生的声发射特征进行了研究，表明流体流动产生的是低频声发射波，压缩变形及开裂产生的是高频波；张宁博等[10]进行了大理岩在天然、饱水和渗流三种条件的单轴实验声发射特征的研究。

声发射应用到岩爆方面，主要从声发射事件计数、声发射能率和能量等对岩爆机理开展研究。这些研究对岩爆预测预报效果不是很理想，只是从定性的角度描述岩石破坏特征，而且不同岩性的岩石所表现出来的参数特征比较相似，对寻找不同岩性岩爆发生时的声发射参数特征带来了困难。

许多研究者开始从波形分析的角度对岩爆发生机理进行研究，寻求岩爆发生的充分必要条件；通过寻找不同岩性岩石岩爆过程中的频率响应特征和对应的谱图特征，将实验过程中不同阶段的声发射特征反映在相应的信号波形图上，从声发射信号波形图中分析出反映岩爆发生时刻的本质信息[11]。

声发射应用于现场的监测和预报技术较成熟，而在室内实验方面的应用还有很多问题没有解决。室内实验的尺度和现场监测的尺度毕竟相差很多，直接把现场的实践经验用于室内的结果分析是不恰当的。采用声发射波形分析技术对岩石进行的室内实验，主要研究实验过程中岩石变形破坏的波形、时频、频谱以及加-卸载过程中各个阶段的谱图特征等。

1. 以频谱特征为出发点

刘新平等[12]对细砂岩进行单轴压缩声发射实验，指出声发射事件计数及频谱特征与加载应力的关系，得出随着应力的增加，频谱从几乎没有变化到临界应力时的频谱突变特征，谱形状也由单峰变为多峰，并且声发射事件计数急剧增加。潘长良等[13]对岩石进行单轴压缩实验，利用声发射计数和加载时的应力水平的关系，得出声发射计数的突跳点和声发射频谱的关系，认为声发射计数突跳点与主频转换点时的应力水平相符。

此外，袁子清和唐礼忠[14]对岩石进行室内声发射实验，比较岩石中各种应力水平阶段主频的稳定性和分布范围，并观察了频谱曲线特征，认为可以从频谱特征中分析和总结出岩石发生岩爆的前兆特征。何建平[15]通过对比分析室内和现场采集到的岩体声发射信号波形，寻找到岩体在外界因素影响下从稳定状态发展变化到破裂阶段的波形变化规律，可用于判断岩体的危险性。苗金丽等[16]对真三轴应力状态下的快速卸载应变岩爆实验监测到的声发射原始波形数据进行了频谱分析和时频分析。根据三亚花岗岩岩爆实验前后样品微观结构特征,岩爆过程的声发射频谱特性及声发射撞击上升时间与幅度的比值(rise times/amplitude,RA)不同,分析其破坏过程的微观机制。结果表明岩爆过程中同时产生大量高频低幅和低频高幅特征的波,分别对应以张裂纹为主的穿晶或解理微裂纹和以剪切裂纹为主的沿晶或穿晶宏观裂纹。

2. 以主频特征为出发点

李俊平等[17,18]研究表明,岩石的声发射主频与岩石的强度有关,强度越高,主频也越宽。他们探讨了各类岩石声发射主频值与加载应力的关系,对比分析了低频成分在各类岩石中所占的比例,指出各类岩石的主频变化规律。Li 等[19]对煤进行了室内真三轴加载—快速卸载岩爆模拟实验,对实验过程中的卸载过程和岩爆发生时的声发射波形信息进行三维频谱转换,观察其主频变化规律后发现:卸载时主频为 100～200kHz,而岩爆发生时主频为 50～220kHz,说明岩爆时刻信号较丰富,主频跨度大于卸载时刻,声发射幅值远高于卸载时刻。He 等[20]对石灰岩和大理岩室内岩爆模拟实验过程的声发射频谱特征进行研究后发现:岩爆有两个主频带:低频带(60～100kHz)和高频带(170～190kHz);在初始加载和岩爆两个阶段特征点时刻的频谱特征为:初始加载阶段表现为高频低幅值,岩爆阶段表现为低频高幅值,且岩爆阶段的声发射信号量远远大于初始加载阶段。

此外,李楠等[21]对岩石试件分别进行循环加载和分级加载实验,观察岩石试件破坏全过程的声发射主频规律和频谱特性。在加载初期声发射主频值主要为低频;卸载阶段主频先增高后降低;恒载阶段主频值最低;破坏阶段主频增高,主频带变宽,并有次主频现象出现。Lu 等[22]对具有岩爆倾向的煤系岩石进行单轴压缩实验,指出随着载荷的增加,声发射主频向低频带过渡,当岩爆发生时,其主频带变宽并且低频特征明显;主频越低,对应的声发射能量越高,岩爆越猛烈,低频现象的出现可以用来预测岩爆。刘祥鑫等[23]通过对变粒岩、花岗岩、石灰岩和粉砂岩等四种岩石进行室内单轴声发射实验,获取其中的声发射波形信号,对其进行傅里叶变换,得出变粒岩、花岗岩和石灰岩三种坚硬、脆性岩石主频范围均为 0～625kHz,而粉砂岩这类中等强度、略显塑性的岩石主频范围相对较窄,分布范围为 0～312.5kHz。

岩爆是能量岩体沿开挖临空面瞬间释放能量的非线性动力学现象。岩爆大量发生于地下工程开挖过程中,且随着应力增加,在脆硬岩体中发生岩爆的频次增加。岩爆破坏也是岩体破坏的一种形式,其破坏演化过程也是岩石内部裂纹形成、扩展及贯通断裂的过程,只不过其断裂过程的动力学特征明显,因此岩爆过程也会有大量的声发射产生,并与释放的能量相对应,故对岩爆实验测到的声发射数据可以进行相关的特征分析。

4.1.2　声发射原理

声发射的产生是材料内部局部区域快速卸载，使弹性能得到快速释放造成的[24]。声发射监测原理如图 4.1 所示。岩石在实验过程中由于裂纹闭合、开展和贯通等一系列的损伤过程产生的弹性波传播到声发射传感器，经过传感器的声电转换和前置放大器放大，得到原始声发射波形数据，并对原始数据进行后处理，研究岩石破坏过程中的声发射规律。

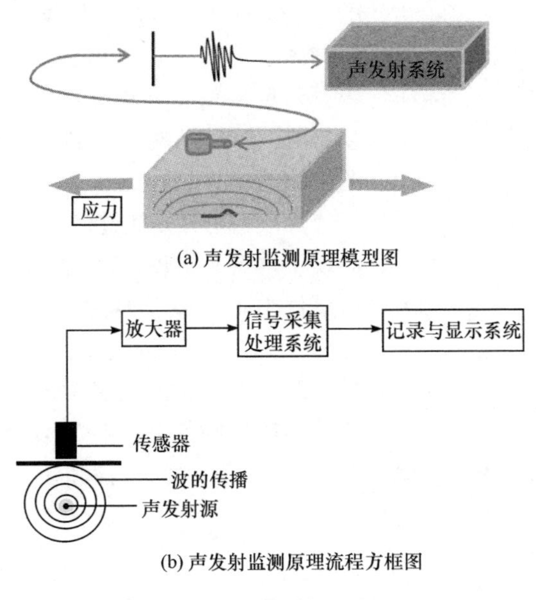

(a) 声发射监测原理模型图

(b) 声发射监测原理流程方框图

图 4.1　声发射监测原理图

1. 声发射源

材料在外力作用下发生变形或开裂，由于材料局部变化产生声发射事件的物理源或发生声发射波的机制源为声发射源。材料中有许多机制可以构成声发射源。材料的塑性变形、断裂、相变、磁效应和表面效应都会产生声发射信号而成为声发射源。

岩石类材料在外力作用下的声发射源主要有塑性变形产生的和从微观到宏观不同尺度裂纹开裂产生的。塑性变形包括位错、滑移和孪晶。例如，引起声发射源短暂的瞬时声发射事件是由弹性能的快速释放产生的，实际上是由于局部位错，局部位错是弹性波的发生源，产生的弹性波会不停地向各个方向传播，就像地震波一样。在缺陷处为震中，只不过这里说的“震中”的尺度与地震比起来会非常小，甚至达到微观尺度[24]。

2. 声发射信号组成

声发射信号成分复杂，从波的传播理论及在岩石类材料的波传播特性分析中可以看出，岩石试件在外力作用下因弹性释放而产生弹性波时，由于在到达传感器之前已经经过了在介质内的传播及传播过程中的散射、折射及衰减变化，所以声发射信号的组成是各种弹性波的综合信号，且与波源信号没有直接的一一对应关系，实际上这种对应关系在掺杂了各种因素的综合作用后很难再反演出波源特性。声发射信号是多种信息的综合反映，包括声源信息、传播特性、结构变化的影响和测量参数及环境的影响等。

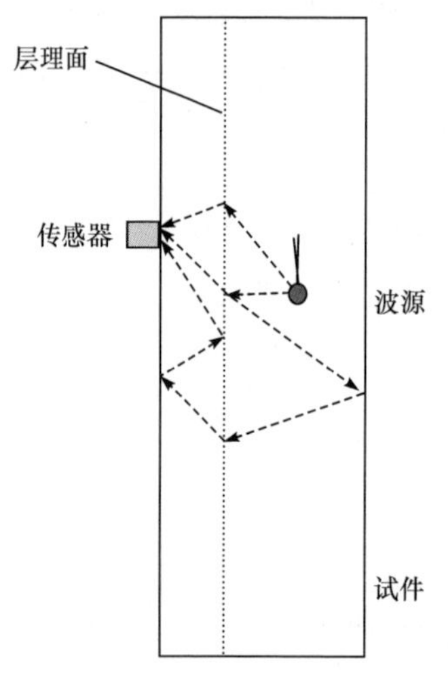

图 4.2　声发射信号传播过程[25]

声发射信号传播过程如图 4.2 所示[25]。图中，假设试件有一层理，声发射传感器置于试件左侧，在试件中有一声发射源，发出的波会沿各个方向传播，遇到交界面时会改变传播方向，发生反射、折射等以不同的传播路径被传感器接收。因此，传感器接收到的是一种复合波的形式，并且包含的信息不仅反映了波源的特性，还有波在介质中的传播和在各向异性非均匀介质中的衰减特性。

3. 声发射参数

根据声发射信号的波形特征不同，将其分为两种主要类型：一种是突发型的，一种是连续型的。突发型声发射可以清楚地看出波形，有上升时间和持续时间，幅值迅速衰减；连续型声发射是连续接收到声发射波形，几乎无法辨别单个波形，高幅值一直持续。图 4.3 为实验过程中采集到的两种典型声发射波形。

一般突发型声发射波形的基本参数有声发射事件数、振铃计数、上升时间、持续时间、幅度、门槛电压等，如图 4.4 所示[26]。某些声发射参数的计算（如振铃计数）是以门槛电压为基准进行统计的。对于连续型声发射信号，只有振铃计数和能量参数可以适用，要更确切地描述连续型声发射信号的特征，可用平均信号电平和有效电压值这两个参数。

声发射基本参数为：

(1) 撞击和撞击计数。撞击是超过阈值并使某一通道通过累计数据的任一声发射信号。撞击计数则是系统对撞击的累计计数，可分为总计数和计数率，反映声

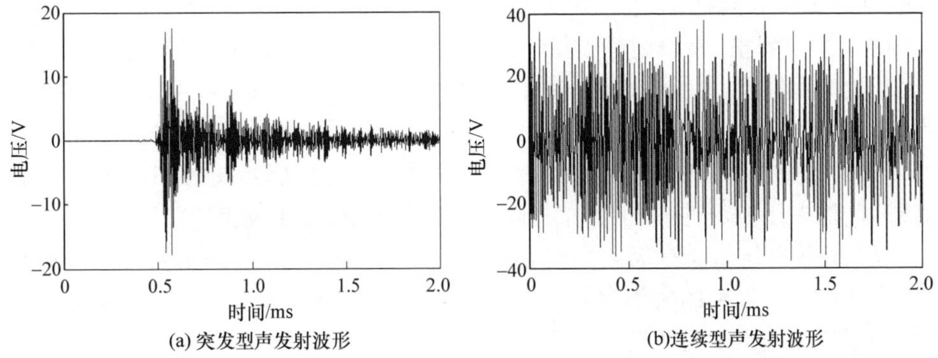

(a) 突发型声发射波形　　(b)连续型声发射波形

图 4.3 两种典型声发射波形

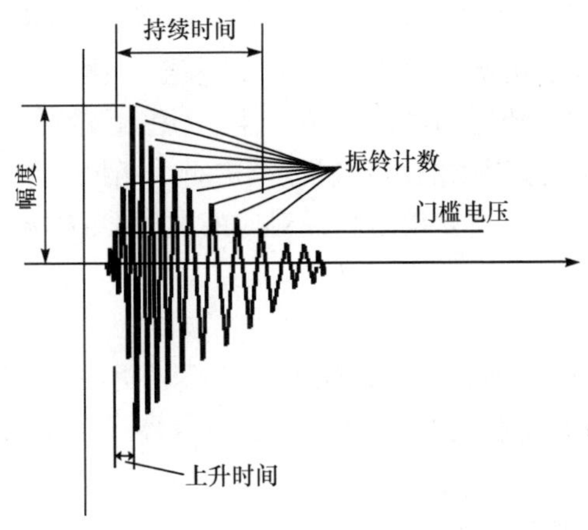

图 4.4 突发型声发射参数定义[26]

发射活动的总量和频度,常用于声发射活动性评价。

(2) 事件计数。产生声发射的一次材料局部变化称为一个声发射事件,可分为总计数和计数率。在一个阵列中,一个或几个撞击对应一个事件。事件计数反映了声发射事件的总量和频度,用于源的活动性和定位集中度评价。

(3) 振铃计数。振铃计数是指越过门槛信号的振荡次数,可分为总计数和计数率。振铃计数可以粗略反映信号的强度和频度,被广泛应用于声发射活动性评价。

(4) 幅度。幅度是指信号波形的最大振幅值,通常用 dB 表示(传感器输出 $1\mu V$ 为 0dB)。幅度与事件大小没有直接的关系,不受门槛的影响,直接决定事件的可测性,常用于波源的类型鉴别、强度及衰减的测量。

(5) 能量计数。能量计数是指信号检波包络线下的面积,可分为总计数和计数率,反映事件的相对能量或强度。能量计数对门槛、工作频率和传播特性不甚敏感，可取代振铃计数，也用于波源的类型鉴别。

(6) 持续时间。持续时间是指事件信号第一次越过门槛值至最终降到门槛值所经历的时间间隔，以 μs 表示。持续时间与振铃计数十分相似，但常用于特殊波源类型和噪声的鉴别。

(7) 到达时间。到达时间是指一个声发射波到达传感器的时间，以 μs 表示。持续时间取决于波源的位置、传感器间距和传播速度，用于波源的位置计算。

(8) 有效电压值。有效电压值是指采样时间内信号的均方根值，以 V 表示。有效电压值与声发射的大小有关，测量简便，不受门槛的影响，适用于连续型信号，主要用于连续型声发射活动性评价。

(9) 平均信号电平。平均信号电平是指采样时间内信号电平的均值，以 dB 表示。它提供的信息和用途与有效电压值相似，对幅度动态范围要求高而时间分辨率要求不高的连续型信号尤为有用，也用于背景噪声水平的测量。

(10) 时差。时差是指同一个声发射波到达各传感器的时间差，以 μs 表示。时差取决于波源的位置、传感器间距和传播速度，用于波源的位置计算。

当对应变岩爆实验过程中的声发射数据进行分析时，要考虑接收到的声发射信号的影响因素，进而对声发射信号特征对应的试件的破坏机理进行分析。

4. 声发射特征影响因素

对声发射传感器接收到的信号组成进行分析表明，实际监测到的声发射波形数据是包含信息丰富的波形数据，其影响因素有仪器设备参数、岩石成分与结构和传播路径。

1) 仪器设备参数影响

不同的声发射监测仪，当采集精度、采集参数及域值的设置等不同时，都会采集到不同的声发射数据。岩爆实验采用的声发射监测系统的采集卡的采样频率最高可达 20MHz，A/D 分辨率为 12bit。采集卡的设置对声发射原始波形的数据有直接的影响，主要是触发电平的设置，对于不同材料应设置不同的值，触发电平就是俗称的触发门槛，是指信号电平超过该触发设定后开始采集。设置触发电平的目的是对环境和机械的噪声在采集过程中进行剔除。

声发射信号频率与材料特性有关，其范围从次声波到超声波。低频成分易受机械噪声的干扰，高频成分衰减很快，因此不同声发射传感器对不同频率段的灵敏度是不同的。目前声发射传感器的使用频率为 20kHz～2MHz。声发射传感器分为两类：一类是谐振式传感器(窄带传感器)，灵敏度高，但频响范围低；另一类是宽带传感器(电容型或压电材料)，频响宽，但灵敏度低。由于岩石类材料的声发射频率范围较大，采用宽带传感器较适宜。与岩石成分结构和弹性波的传播对声发射信号的影响对比，仪器采集参数的影响是相对确定的。

2）岩石成分与结构影响

岩石成分与结构直接影响声发射源的特性和频率特性，而结构又影响波的传播特性，包括波的衰减和散射等。根据岩石类材料在工程力作用下的响应不同，可以将岩石分为两大类：一类是在外力作用下产生不可恢复的塑性变形很大，通常称为工程软岩；另一类是在外力作用下在各种破坏前没有显著的变形特征，破坏形式表现为脆性张裂，瞬间有多余能量提供脱离母岩的岩块、片和颗粒等剥离、爆裂或弹射，通常称为工程硬岩。两类表现不同工程特性岩体的成分组成有很大不同，因此声发射信号频率和幅值特征不同。

当岩石中的黏土矿物含量较多时，多为工程软岩。根据黏土矿物晶体结构特征——层状结构，在外力作用下，塑性变形特征明显，微观表现为滑移，塑性变形的声发射源较多。对于工程硬岩，在外力作用下，其破坏形式为裂纹稳定开裂扩展到非稳定的裂纹贯通直至失稳，表现为断裂特征，声发射源是断裂引起的，并伴随着剪切型声发射源。

由于岩石是由多种矿物组成的具有结构特征的材料，存在天然的不连续面及缺陷，这些特点都会影响到波的传播，当岩石破坏产生的声发射源被置于试件表面的传感器接收到时，已经包含了波在传播过程中各种可能的变化信息，包括波的反射、透射、折射，以及波在传到自由表面后的变化、幅度衰减及频散等。对于同一类岩性的岩石，利用声发射参数变化特征进行定量比较是可行的。

3）传播路径影响

声发射信号的特征是受传播路径影响的。同一特性的声发射传感器，当接收声发射源波形相同的弹性波时，由于传播途径不同，经传感器接收到的信号是不同的。

由于岩石是各向异性的非均匀介质的准脆性材料，弹性波在传播过程中会发生各种变化，主要表现在如下几个方面：

（1）波数已经是矢量，它依赖于波的传播方向。

（2）群速度也为矢量。

（3）波能并不平行于波速方向迁移。

（4）各向异性引起剪切波分裂。

（5）波的固有衰减和散射现象。

（6）声发射传感器在岩爆实验中的放置位置。

波在上述传播过程中的变化都是影响声发射波形数据的因素，即声发射信号受波在传播过程中的影响。例如，由于波的固有衰减特性，形态相同的波由于与声发射传感器距离不同，其声发射特征会不同；波在介质中传播的散射特征也同样会使接收到的波形与波源的特征波形明显不同。

5. 频谱及时频分析

频谱特征是指对声发射波形数据系列进行快速离散傅里叶变换后得到的数据在频域的特征，可以用来分析信号的频谱和系统的频率响应[27]。

典型的线性时频变换（或线性时频表示）是短时傅里叶变换（short-time Fourier transform，STFT）和 Gabor 变换（可以看成是最优短时傅里叶变换）。线性时频表示是由傅里叶变换演化而来的，满足线性叠加性[28]。短时傅里叶变换实质上是加窗的傅里叶变换，即为了达到时域上的局部化，在信号傅里叶变换前乘以一个时间有限的窗函数 $h(t)$，并假定非平稳信号在分析窗的短时间间隔内是平稳的，通过窗函数 $h(t)$ 在时间轴上的移动，对信号进行逐段分析得到信号的一组局部"频谱"。信号 $x(t)$ 的短时傅里叶变换定义为[29]

$$\mathrm{STFT}(t,f)=\int_{-\infty}^{\infty}x(\tau)h(\tau-t)\mathrm{e}^{-\mathrm{j}2\pi f\tau}\mathrm{d}\tau \tag{4.1}$$

式中，$h(\tau-t)$ 为分析窗函数。

式(4.1)表明，信号 $x(t)$ 在时间 t 处的短时傅里叶变换就是信号乘以一个以 t 为中心的分析窗函数 $h(\tau-t)$ 后所做的傅里叶变换。$x(t)$ 乘以分析窗函数 $h(\tau-t)$ 等价于取出信号在分析时间点 t 附近的一个切片。对于给定时间 t，$\mathrm{STFT}(t,f)$ 可以看成是该时刻的频谱。当窗函数取 $h(t)=1$ 时，短时傅里叶变换就退化为传统的傅里叶变换。要得到最优的局部化性能，时频分析中窗函数的宽度应根据信号特点进行调整，即正弦类信号用大窗宽，脉冲型信号用小窗宽。而短时傅里叶变换的窗宽是固定的，不能进行自适应调整；但其最大优点是其基本算法傅里叶变换，易于解释其物理意义，不存在双线性时频表示的交叉项问题。

双线性时频表示也称为二次型时频表示，其代表是 Cohen 类时频分布，它反映信号能量的时频分布，不满足线性叠加性。设信号为 $x(t)=ax_1(t)+bx_2(t)$，记 $x(t)$、$x_1(t)$、$x_2(t)$ 的线性时频表示分别为 $P(t,f)$、$P_1(t,f)$、$P_2(t,f)$，则有[29]：

$$P(t,f)=|a|^2P_1(t,f)+|b|^2P_2(t,f)+2R[abP_{12}(t,f)] \tag{4.2}$$

式中，等号右边最后一项称为交叉项（干扰项），是二次型时频表示的固有属性，其中 R 为信号 $x(t)$ 的时变自相关函数。信号 $x(t)$ 的 Cohen 类时频分布的一般表达式为[29]

$$P(t,f)=\int_{-\infty}^{\infty}\int_{-\infty}^{\infty}\int_{-\infty}^{\infty}x\left(u+\frac{\tau}{2}\right)x^*\left(u-\frac{\tau}{2}\right)\phi(t,v)\mathrm{e}^{-\mathrm{j}2\pi f\tau}\mathrm{d}u\mathrm{d}v\mathrm{d}\tau \tag{4.3}$$

式中，$\phi(t,v)$ 为核函数；x^* 为 x 的共轭函数。

Cohen 类时频分布中比较常见的是 Wigner-Ville 分布(Wigner-Ville distribution,WVD),信号 $x(t)$的 WVD 定义为[29]

$$\mathrm{WVD}(t,f)=\int_{-\infty}^{\infty}x\left(t+\frac{\tau}{2}\right)x^{*}\left(t-\frac{\tau}{2}\right)\mathrm{e}^{-\mathrm{j}2\pi f\tau}\,\mathrm{d}\tau \tag{4.4}$$

由定义可知,$\mathrm{WVD}(t,f)$为实值函数,在时频平面中分别是信号能量和功率谱分布,为信号自相关的傅里叶变换,不存在短时傅里叶变换中的固定窗口问题,具有很好的时频聚集性,是分析非平稳时变信号的有力工具。

然而,对于多分量信号,根据卷积定理,$\mathrm{WVD}(t,f)$会出现交叉项,如式(4.2)所示。交叉项会产生"虚假信号",这是 $\mathrm{WVD}(t,f)$应用中的主要缺陷。交叉项通常是振荡的,而且幅度可以达到自相关项的 2 倍,造成信号特征模糊不清[30]。与短时傅里叶变换不同,应用 Cohen 类(二次型类)时频分布应用的主要问题是如何抑制交叉项[31]。交叉项与时频分布的有限支撑特性密切相关,而交叉项的抑制又主要通过核函数的设计来实现。典型的加核函数的 WVD 有伪 Wigner-Ville 分布(pseudo Wigner-Ville distribution, PWVD)和平滑伪 Wigner-Ville 分布(smoothed pseudo Wigner-Ville distribution,SPWVD)等。SPWVD 是一种抑制交叉项的算法,其定义为[32]

$$\mathrm{SPWVD}(t,f)=\int_{-\infty}^{\infty}h(\tau)\int_{-\infty}^{\infty}g(s-t)x\left(s+\frac{\tau}{2}\right)x^{*}\left(s-\frac{\tau}{2}\right)\mathrm{e}^{-\mathrm{j}2\pi f\tau}\,\mathrm{d}\tau\mathrm{d}s \tag{4.5}$$

式中,$g(s-t)$为平滑核函数;$h(\tau)$为窗函数。

从一个连续信号中抽取一段,用矩形窗函数作为分析窗进行短时傅里叶变换,会使信号的频谱不仅出现在中心频带内,而且在中心频带以外都会有谱分量出现,即出现"频谱泄漏"现象[33]。由于矩形窗具有旁瓣高、衰减慢的特点,其频谱泄漏现象较为严重,虽具有高频率分辨率,但其频谱泄漏现象会对时频分析的准确性造成较大的影响。因此,窗函数的设计对保证时频分析结果的正确性具有重要意义。

窗函数设计包括两个问题:一是窗函数长度;二是窗函数滤波性能。窗函数长度涉及分段截取信号,这主要根据信号的性质和计算机实验来决定,以能够识别信号中的最小脉冲为原则,即窗宽应小于等于最短的基本波形的持续时间。理想窗函数的选取原则是:①窗函数的主瓣应尽量窄,使能量集中在主瓣内,在一定的时窗长度下获得较高的频率分辨率;②旁瓣高度尽可能小且随频率增高快速衰减,以减少频谱的泄漏失真。

由于声发射信号信息受多种因素影响的复杂性,本章二维频谱转换采用的是快速傅里叶变换,通过时频数据,对频率和幅值进行分区统计,得出不同实验阶段的特征点、不同岩性的应变岩爆实验过程声发射时频分布的频率和幅值的分布变化特征。三维频谱转换采用最基本的短时傅里叶变换,观察不同岩性应变岩爆过程中时间尺度下的频谱特征。

4.2　应变岩爆声发射特征

4.2.1　声发射仪器及参数

应变岩爆实验过程声发射测试选用的声发射监测系统，前期采用国产的声发射监测系统，采用的是窄带声发射传感器(见图 4.5)；后期采用进口的 PCI-2 声发射监测系统。国产的声发射监测系统具体指标见 2.3.5 节。

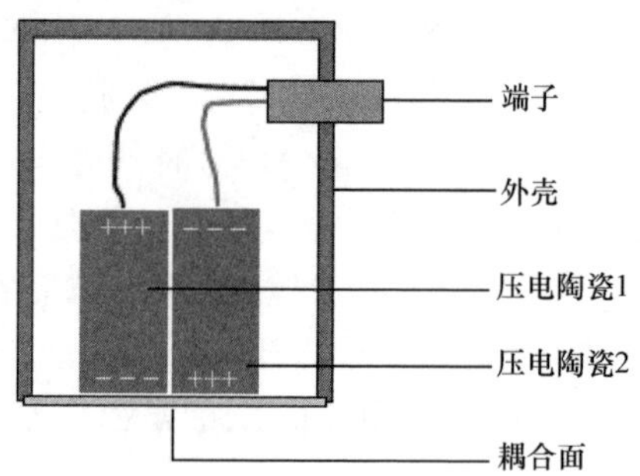

图 4.5　声发射传感器结构示意图

本章所列大部分数据是用 PCI-2 声发射监测系统采集的，该系统是对声发射特征参数/波形进行实时处理的 2 通道声发射系统；所配备的声发射传感器为宽带传感器(其具体指标见 2.3.5 节)，所配备的前置放大器为差分式传感器输入、可变带宽插件筛选器。图 4.6 为前置放大器实物图，此放大器有 20dB/40dB/60dB 三个挡，可以根据实际应用需要任意选取。实验中采用前放增益 20dB，由于岩石在岩爆时刻释放能量较大，如果选择 40dB 或者 60dB，携带能量较大波形就会满幅值或者超幅值，导致接收信号不完整。

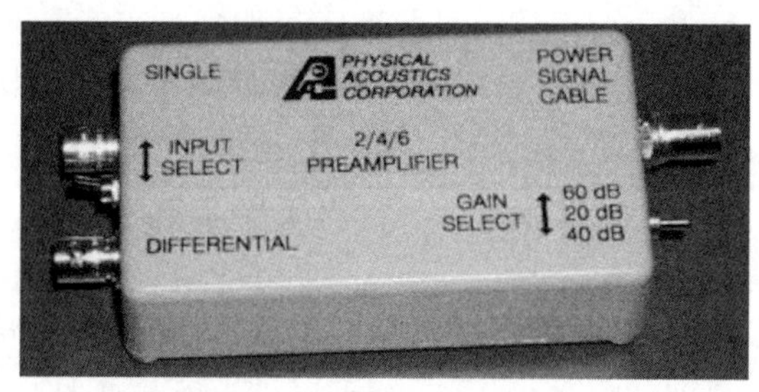

图 4.6　前置放大器实物图

4.2.2　声发射信号主频特征

总的来讲,岩土体材料的声发射频率范围为 1～500kHz[34],然而不同岩性及不同实验条件下岩石声发射频率不尽相同。文献[35]根据大理岩和辉长岩单轴压缩下的声发射频率特征,指出一半以上声发射能量集中在(72±32)kHz 范围内。振幅最大的频率定义为主频[23],本节利用自主研发的应变岩爆实验系统对花岗岩、玄武岩、砂岩、大理岩和板岩五种不同岩性的岩石进行应变岩爆实验,得到不同岩性在岩爆阶段的声发射幅值-频率分布点图,并统计其主频特征。

1. 不同岩性不同实验类型下的应变岩爆主频特征

1) 花岗岩

花岗岩应变岩爆阶段幅值-频率分布如图 4.7 所示。选取花岗岩样品 17 例,其中莱州花岗岩 11 例、北山花岗岩 3 例和集宁隧道花岗岩 3 例。17 例样品应变岩爆阶段主频特征为:声发射传感器所测岩石主频比较丰富,有比较明显的 3 个带:20～30kHz、100～110kHz和 250～280kHz,不同样品的主频也有所差异。

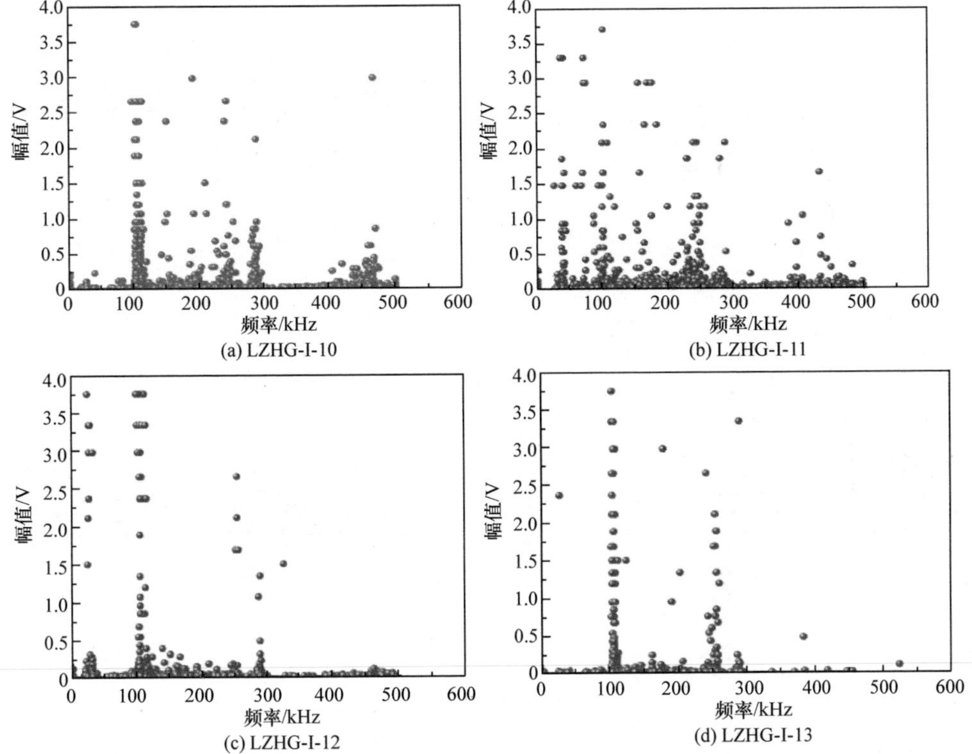

(a) LZHG-I-10　(b) LZHG-I-11
(c) LZHG-I-12　(d) LZHG-I-13

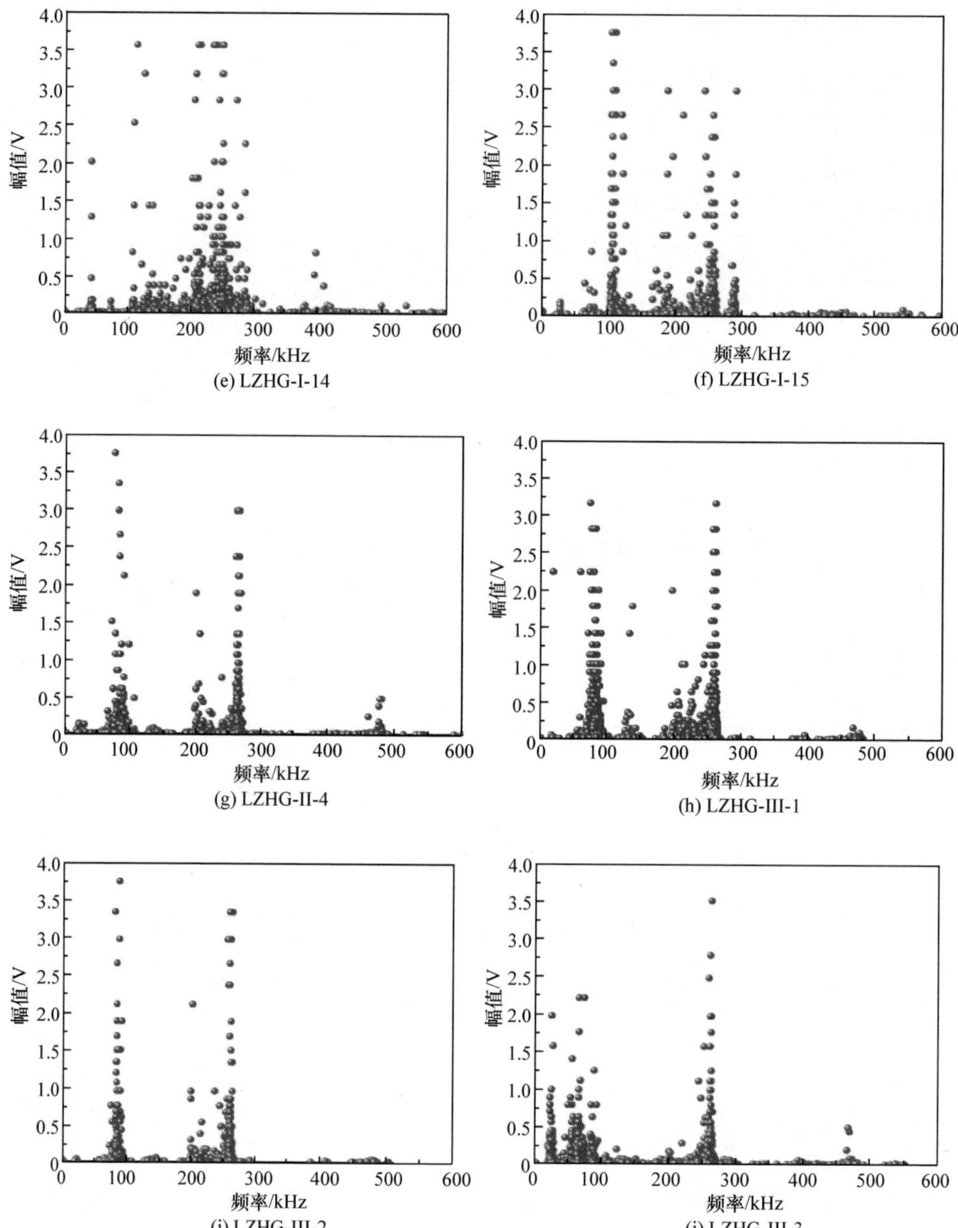

(e) LZHG-I-14

(f) LZHG-I-15

(g) LZHG-II-4

(h) LZHG-III-1

(i) LZHG-III-2

(j) LZHG-III-3

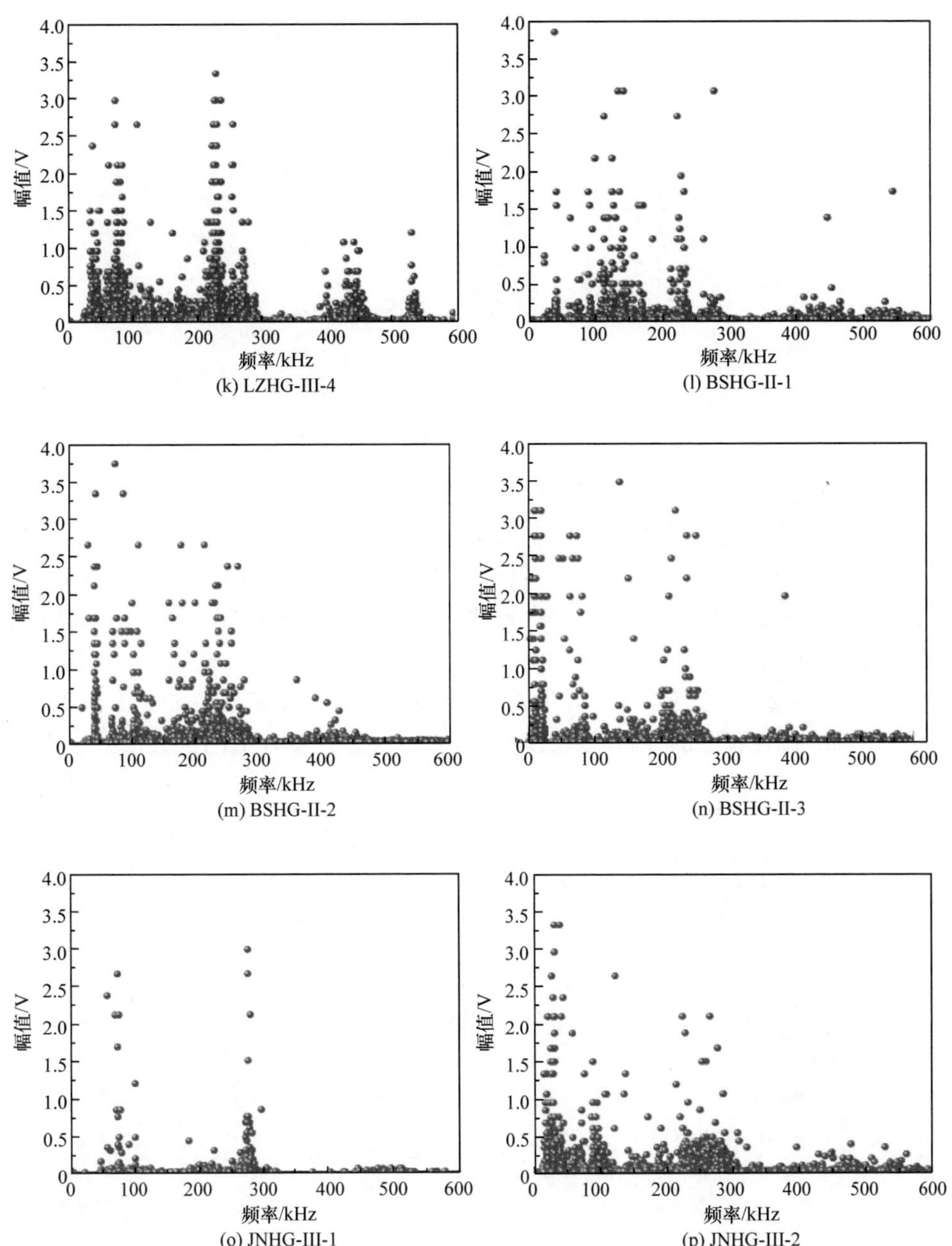
幅值/V
频率/kHz
(k) LZHG-III-4
(l) BSHG-II-1
(m) BSHG-II-2
(n) BSHG-II-3
(o) JNHG-III-1
(p) JNHG-III-2

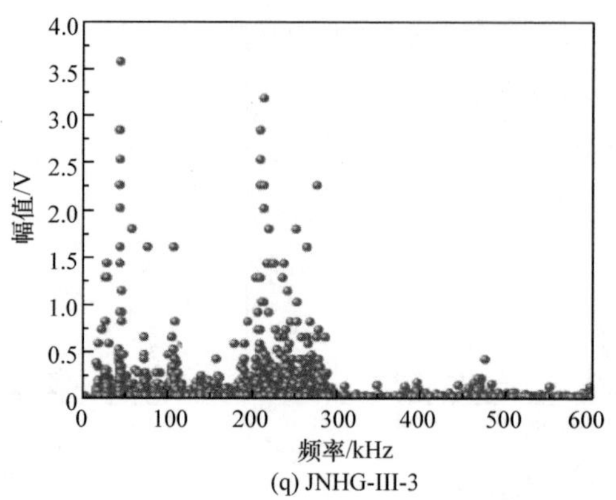

(q) JNHG-III-3

图 4.7　花岗岩应变岩爆阶段幅值-频率分布

对花岗岩应变岩爆阶段主频特征值进行统计，结果如表 4.1 所示。可以看出，莱州花岗岩主频带主要分布在 20～40kHz、90～115kHz 和 200～280kHz，其对应的主频值瞬时岩爆大多在 102～104kHz，平均值为 103kHz，其中 LZHG-I-14 的 113kHz 可以看成奇异点；滞后岩爆和岩柱岩爆集中在 78kHz 和 260kHz。北山花岗岩主频带主要分布在 30～40kHz、70～110kHz 和 170～260kHz，平均值为 40kHz 和 80kHz。集宁花岗岩主频带表现得比较分散，主要在 20～50kHz 和 210～260kHz 内有比较集中的分布，平均值为 35kHz，认为 JNHG-III-1 的 273kHz 为奇异点。

表 4.1　花岗岩应变岩爆阶段主频特征

岩性	试件编号	应变岩爆类型	主频带/kHz	主频值/kHz
莱州花岗岩	LZHG-I-10	瞬时岩爆	100～114、230～260	102、250
	LZHG-I-11		30～40、90～112	38、102
	LZHG-I-12		20～30、100～110	28、104
	LZHG-I-13		103～105、240～260	103、252
	LZHG-I-14		110～115、200～250	113、251
	LZHG-I-15		103～110、250～280	103、252
	LZHG-II-4	滞后岩爆	80～90、250～260	74、258
	LZHG-III-1	岩柱岩爆	80～90、250～260	74、260
	LZHG-III-2		80～90、250～260	87、260
	LZHG-III-3		50～80、250～260	72、260
	LZHG-III-4		50～80、220～280	72、230

续表

岩性	试件编号	应变岩爆类型	主频带/kHz	主频值/kHz
北山花岗岩	BSHG-II-1	滞后岩爆	30～40、90～140、210～230	37、132
	BSHG-II-2		30～40、70～110、170～260	40、85
	BSHG-II-3		30～40、70～100、230～280	30、80
集宁花岗岩	JNHG-III-1	岩柱岩爆	60～70、250～260	70、273
	JNHG-III-2		20～40、220～260	30
	JNHG-III-3		40～50、210～220	40、212

2）玄武岩

芙蓉玄武岩应变岩爆阶段幅值-频率分布如图 4.8 所示，共选取玄武岩样品 3 例。3 例样品应变岩爆阶段主频特征为：声发射传感器所测岩石频率比较丰富，但大部分对应的幅值很低，统计主频的时候可以忽略，主要有两个主频带：25～40kHz 和 95～100kHz，在95～100kHz比较集中；可以判定主频值为 100kHz。

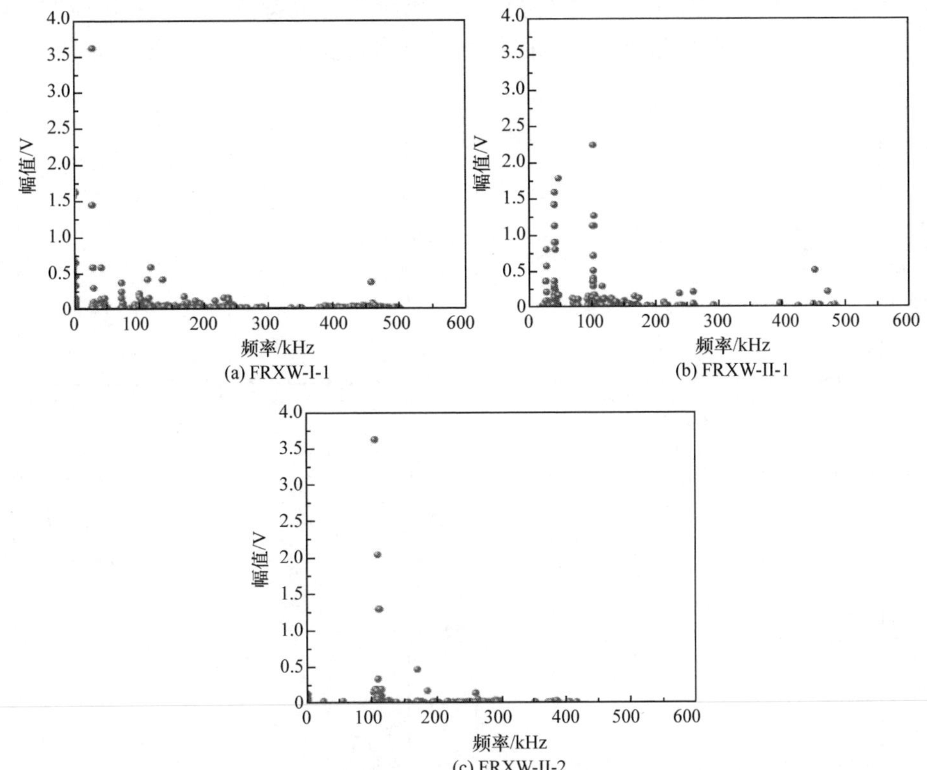

图 4.8　芙蓉玄武岩应变岩爆阶段幅值-频率分布

对玄武岩应变岩爆阶段主频特征进行统计，结果如表 4.2 所示。声发射对应应变岩爆阶段的频率特征为：FRXW-I-1 主频带为 30～40kHz，主频值不太明显；FRXW-II-2 声发射主频非常集中，可以判定主频值为 104kHz。可以看出，玄武岩的声发射信号无论从声发射能量幅值大小还是从声发射撞击的数量来看都远远低于莱州花岗岩和北山花岗岩，这与玄武岩岩石样品中石英和长石晶体的含量相对较少有关系。

表 4.2　芙蓉玄武岩应变岩爆阶段主频特征

试件编号	应变岩爆类型	主频带/kHz	主频值/kHz
FRXW-I-1	瞬时岩爆	30～40、90～100	30
FRXW-II-1	滞后岩爆	25～40、95～100	100
FRXW-II-2	滞后岩爆	100～105	104

3）砂岩

星村砂岩应变岩爆阶段幅值-频率分布如图 4.9 所示，共选取砂岩样品 5 例：2 例灰色砂岩和 3 例泥质砂岩。5 例样品应变岩爆阶段主频特征为：岩石频率比较丰富，但对应的幅值很低，统计主频的时候可以忽略，主频带在 20～30kHz 较明显。

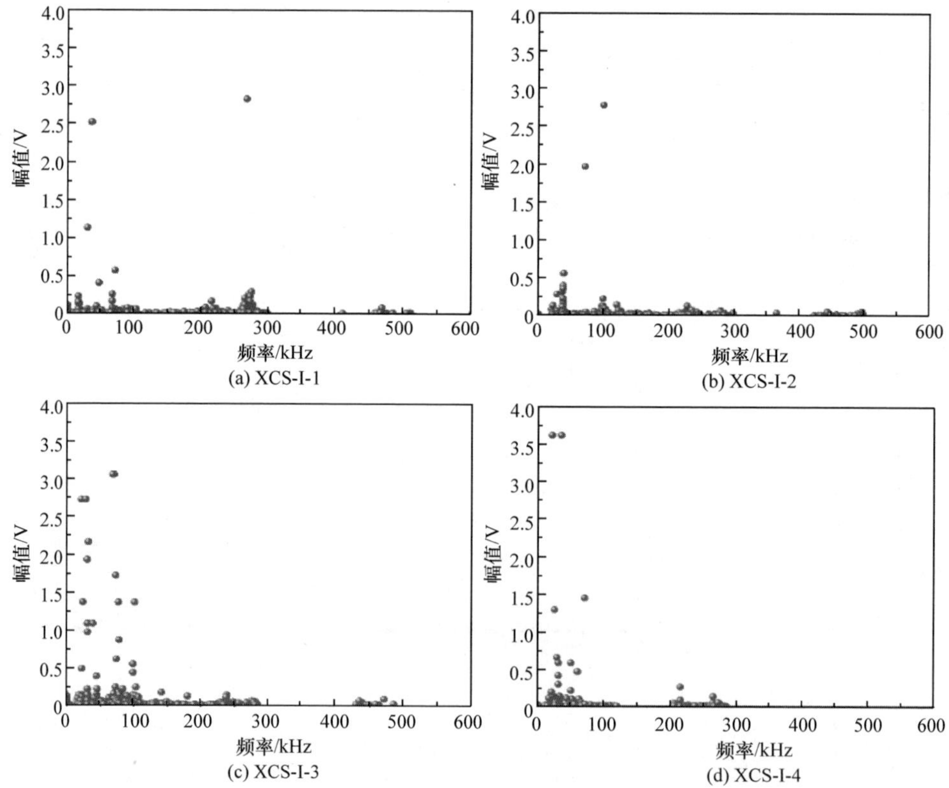

(a) XCS-I-1　(b) XCS-I-2

(c) XCS-I-3　(d) XCS-I-4

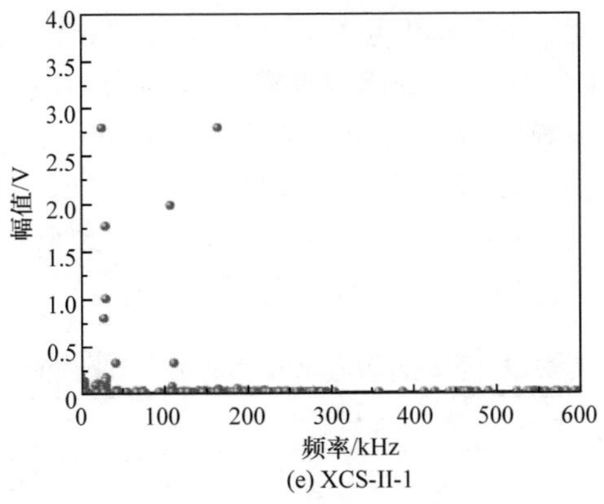

(e) XCS-II-1

图 4.9　星村砂岩应变岩爆阶段幅值-频率分布

对星村砂岩应变岩爆阶段主频特征进行统计，结果如表 4.3 所示。可以看出，声发射传感器所测主频带主要在 20～40kHz，分布较发散，平均值为 29.5kHz，其中 XCS-I-3 的 99kHz 可以看成奇异点。

表 4.3　星村砂岩应变岩爆阶段主频特征

岩性	试件编号	应变岩爆类型	主频带/kHz	主频值/kHz
灰色砂岩	XCS-I-1	瞬时岩爆	30～60	30
	XCS-II-1	滞后岩爆	20～40	23
泥质砂岩	XCS-I-2	瞬时岩爆	20～40	37
	XCS-I-3	瞬时岩爆	20～40	99
	XCS-I-4	瞬时岩爆	20～40	28

4）大理岩

锦屏大理岩应变岩爆阶段幅值-频率分布如图 4.10 所示，共选取大理岩样品 2

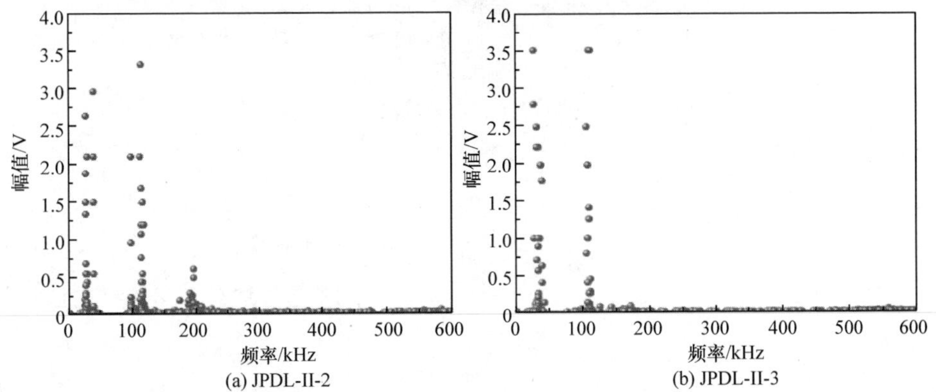

图 4.10　锦屏大理岩应变岩爆阶段幅值-频率分布

例。对锦屏大理岩应变岩爆阶段主频特征进行统计，结果如表 4.4 所示。可以看出，岩爆阶段主频特征为：岩石主频比较丰富，但大部分对应的幅值很低，统计主频的时候可以忽略。声发射对应的高能量事件的频率特征为：JPDL-II-2 主频带为 20～60kHz 和100～120kHz，主频值为 30kHz 和 112kHz；JPDL-II-3 声发射主频非常集中，可以判定主频值为 27kHz 和 109kHz。可以看出，两个试件所测岩爆阶段声发射主频特征大致相同。

表 4.4　锦屏大理岩应变岩爆阶段主频特征

试件编号	主频带/kHz	主频值/kHz
JPDL-II-2	20～60、100～120	30、112
JPDL-II-3	50～60、100～110	27、109

5）板岩

集宁板岩岩柱应变岩爆阶段幅值-频率分布如图 4.11 所示。岩石应变岩爆阶段主频特征为：声发射传感器所测岩石主频比较丰富，有比较明显的 1 个主频带，即 260～280kHz，主频值为 279kHz。

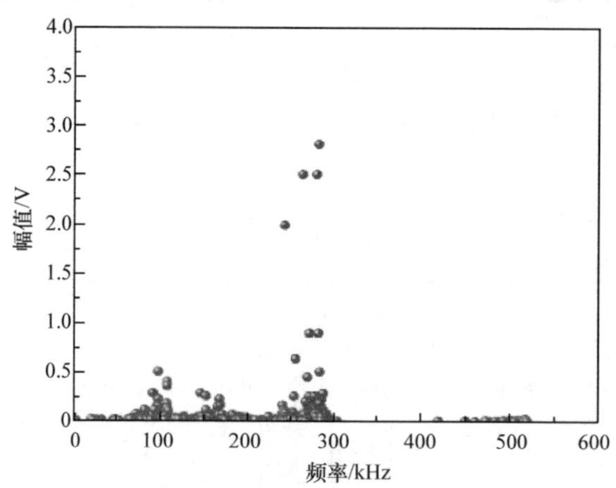

图 4.11　集宁板岩应变岩爆阶段幅值-频率分布

2. 不同岩性主频特征规律

表 4.5 为不同岩性岩石应变岩爆阶段主频带和主频值统计。图 4.12 和图 4.13 为对表 4.5 中数据的统计分析结果，其中黑色竖线代表不同岩性的分界线。

表 4.5　不同岩性岩石应变岩爆阶段主频特征

岩性	试件编号	应变岩爆类型	主频带/kHz	主频值/kHz
莱州花岗岩	LZHG-I-10	瞬时岩爆	100～114、230～260	102、250
	LZHG-I-11	瞬时岩爆	30～40、90～112	38、102
	LZHG-I-12	瞬时岩爆	20～30、100～110	28、104
	LZHG-I-13	瞬时岩爆	103～105、240～260	103、252
	LZHG-I-14	瞬时岩爆	110～115、200～250	113、251
	LZHG-I-15	瞬时岩爆	103～110、250～280	103、252
	LZHG-II-4	滞后岩爆	80～90、250～260	74、258
	LZHG-III-1	岩柱岩爆	80～90、250～260	74、260
	LZHG-III-2	岩柱岩爆	80～90、250～260	87、260
	LZHG-III-3	岩柱岩爆	50～80、250～260	72、260
	LZHG-III-4	岩柱岩爆	50～80、220～280	72、230
北山花岗岩	BSHG-II-1	滞后岩爆	30～40、90～140、210～230	37、132
	BSHG-II-2	滞后岩爆	30～40、70～110、170～260	40、85
	BSHG-II-3	滞后岩爆	30～40、70～100、230～280	30、80
集宁花岗岩	JNHG-III-1	岩柱岩爆	60～70、250～260	70、273
	JNHG-III-2	岩柱岩爆	20～40	30
	JNHG-III-3	岩柱岩爆	40～50、210～220	40、212
芙蓉玄武岩	FRXW-I-1	瞬时岩爆	30～40、90～100	—
	FRXW-II-1	滞后岩爆	25～40、95～100	100
	FRXW-II-2	滞后岩爆	100～105	104
灰色砂岩	XCS-I-1	瞬时岩爆	30～60	30
	XCS-II-1	滞后岩爆	20～40	23
泥质砂岩	XCS-I-2	瞬时岩爆	20～40	37
	XCS-I-3	瞬时岩爆	20～40	99
	XCS-I-4	瞬时岩爆	20～40	28
锦屏大理岩	JPDL-II-2	滞后岩爆	20～60、100～120	30、112
	JPDL-II-3	滞后岩爆	50～60	27、109
集宁板岩	JNB-III-1	岩柱岩爆	270～280	280

对比图 4.12 和图 4.13 可以看出：①岩石应变岩爆阶段声发射主频大都在300kHz以下；②不同岩性的主频大致分为三个频带，命名为高频（200～280kHz）、中频（60～150kHz）和低频（20～60kHz）；③岩石应变岩爆主频带的分布主要受岩性的影响较大，而实验方法的影响次之，同种岩性不同地区的岩石主频带也有些许的

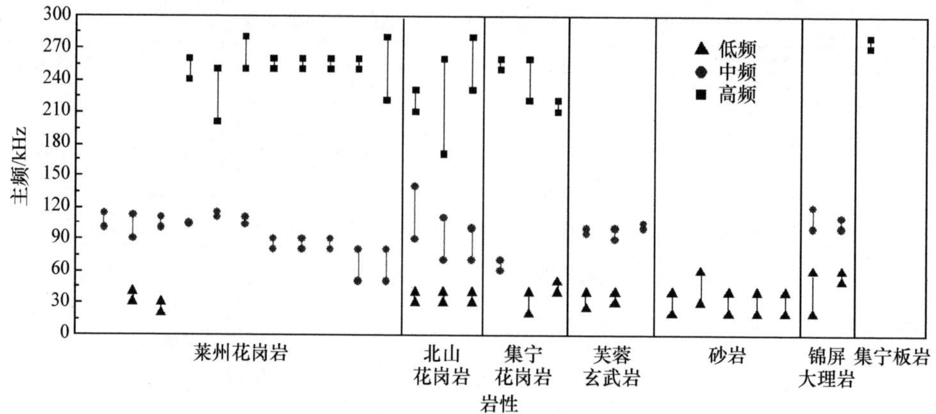

图 4.12　不同岩性岩石应变岩爆阶段主频带分区图

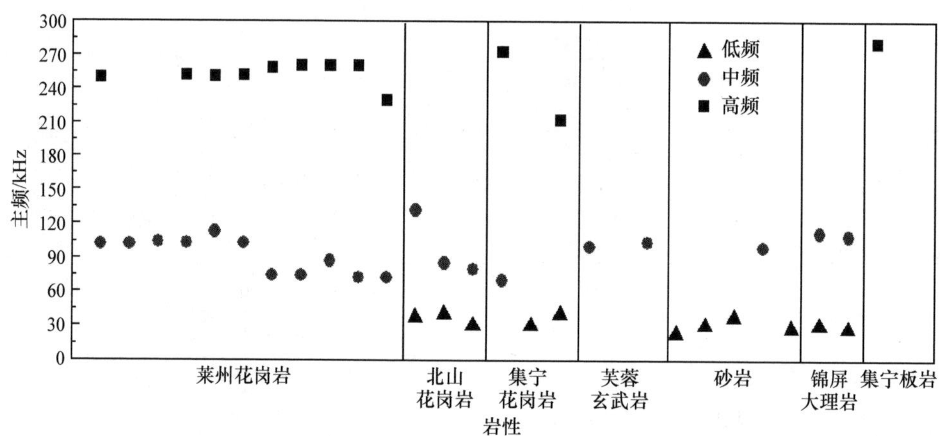

图 4.13　不同岩性岩石应变岩爆阶段主频值散点图

不同,或许与不同地区的岩石成分、结构和原始裂隙有关;④莱州花岗岩和北山花岗岩信号最为丰富,高频、中频和低频成分都有,莱州花岗岩以中高频成分为主,集宁花岗岩表现为低频和高频特征,芙蓉玄武岩表现为中低频特征,星村砂岩表现为低频特征,锦屏大理岩表现为中低频特征,集宁板岩表现为高频特征。

4.2.3　声发射参数特征

从岩石破坏机理分析,边界条件的不同导致岩石的宏观破坏形式不同。边界条件的不同会使岩石破坏的控制机制不同,导致其损伤的发展过程不同,这种不同会在声发射特征中表现出来。虽然只从设定的声发射特征参数及波形特征中无法区别应变岩爆过程的声发射特征与一般实验条件下的声发射特征的不同,但在卸载和应变岩爆破坏前声发射事件数增加,能量累计释放曲线斜率变陡;在应力保持过程中声发射事件数较少,而在加载或卸载及破坏时声发射事件数增加,这些特征也能定性说明声发射参数特征的确反映了岩体的动态损伤过程。

声发射特征参数是岩石试件在外力或内力作用下其内部损伤的综合反映。对声发射波形进行参数提取,获得声发射常用特征参数,主要有撞击数率、能率、能量等。

以下列出典型的砂岩、煤、石灰岩和花岗岩应变岩爆实验的声发射撞击数率、能率及累计释放能量随时间的变化特征规律。

图 4.14 为砂岩试件 YQXS-I-5 应变岩爆声发射参数曲线,将图中岩爆实验过程根据时间序列分为三个阶段:I 为初始加载阶段;II 为载荷保持阶段;III 为单面快速卸载至岩爆破坏阶段。

图 4.14(a)为声发射撞击数率与时间的关系曲线。可以看出,I 区每级加载对应产生大量声发射事件;II 区声发射事件连续发生,但声发射撞击数率较小;III 区声发射撞击数率突然增大,并一直保持较高的水平,岩爆破坏结束前达到最大。

图 4.14(b)为声发射能率与时间的关系曲线。可以看出,I 区声发射能率较低;II 区声发射能率最低,III 区声发射能率表现为两个突然增加的阶段,一是快速卸载阶段,二是岩爆前,说明在上述两个时间段内声发射能率明显增大,对应着试件的损伤。

图 4.14(c)为声发射累计释放能量与时间关系曲线。可以看出,I 区的累计释放能量与每级加载相对应,呈阶梯状均匀增加;II 区释放能量较少,累计释放能量曲线近水平状;III 区累计释放能量曲线斜率突然变陡,从单面快速卸载至最后岩爆结束斜率一直保持较大值。事实上,我们最关心从单面快速卸载至岩爆发生前的声发射参数变化特征,从该试件的累计释放能量曲线上发现卸载后能量快速释放,一直持续到岩爆结束。

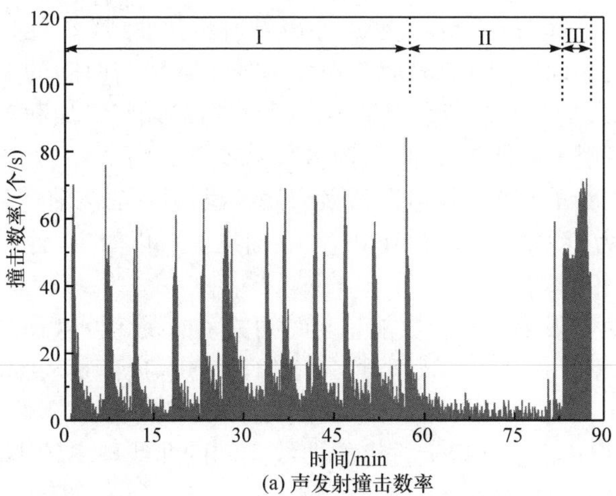

(a) 声发射撞击数率

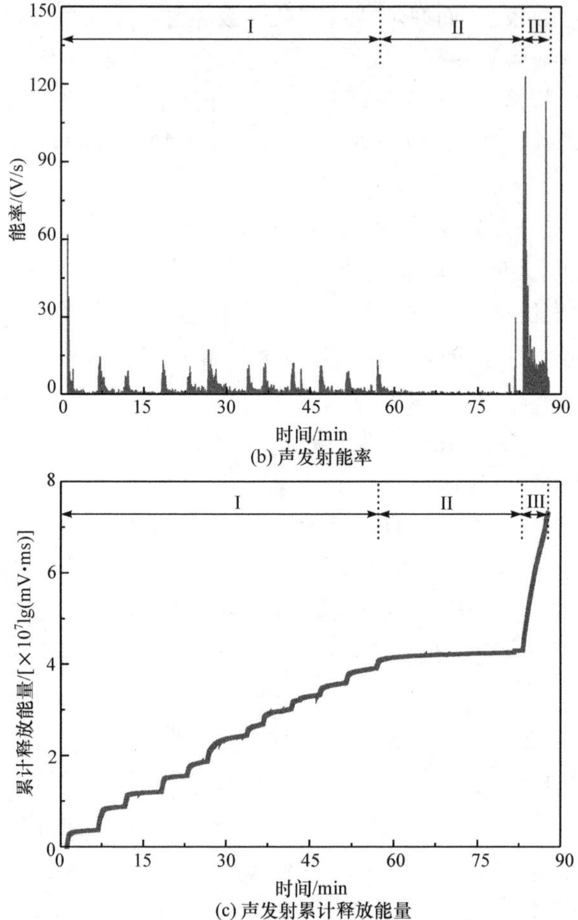

图 4.14　砂岩试件 YQXS-I-5 应变岩爆声发射参数曲线

图 4.15 为煤试件 JHM-I-4 应变岩爆声发射参数曲线，图中 I 区、II 区、III 区与图 4.14 的意义相同。图 4.15(a)为声发射撞击数率与时间的关系曲线。可以看出，I 区前期每级加载对应产生大量声发射事件，后期每级加载对应的声发射事件减少；II 区声发射事件偶尔发生，且撞击数率较小；III 区声发射撞击数率有两个突然增大区，分别为单面快速卸载阶段及岩爆阶段，且在岩爆前达到最大。

图 4.15(b)为声发射能率与时间的关系曲线。可以看出，各区的声发射能率特征与撞击数率相似。

图 4.15(c)为声发射累计释放能量与时间关系曲线。可以看出，I 区累计释放能量与每级加载相对应，呈阶梯状非均匀增加；II 区释放能量较少，累计释放能量曲线近水平状；III 区累计释放能量曲线斜率有两次突然变陡，近垂直状，分别为单面快速卸载及岩爆前。在两段近垂直的曲线之间的曲线斜率较小，表明试件处于相对稳定阶段，试件内部只有少量破裂产生。

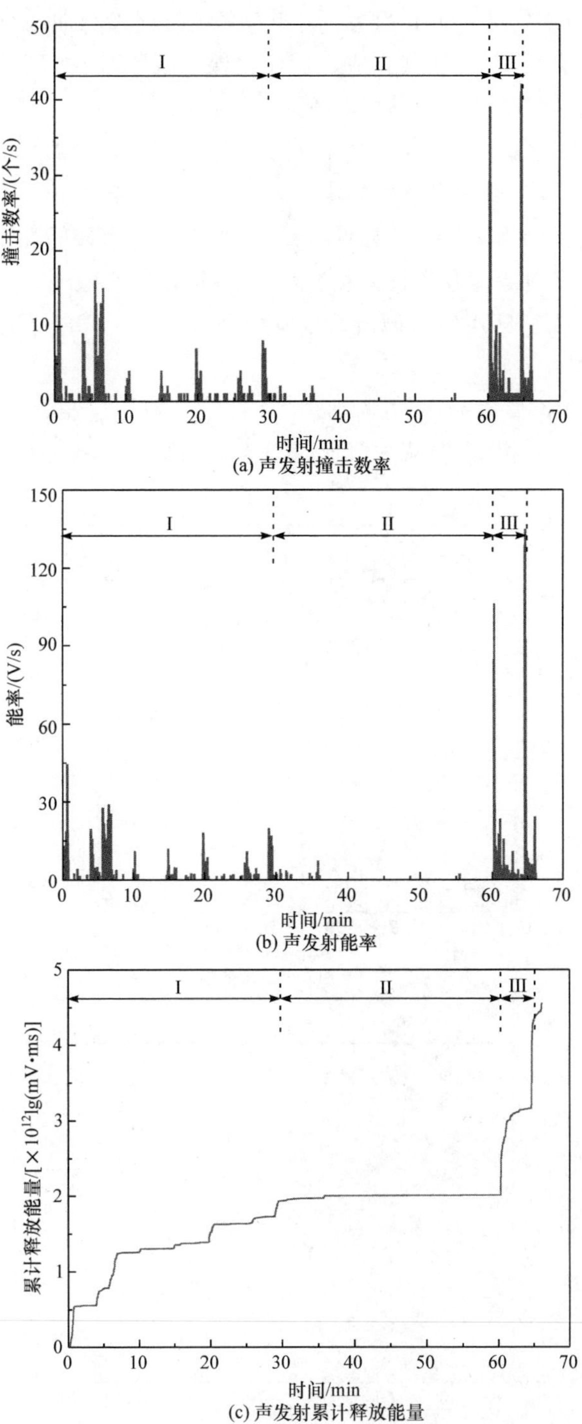

图 4.15　煤试件 JHM-I-4 应变岩爆声发射参数曲线

图 4.16 为石灰岩试件 JHSH-I-3 应变岩爆声发射参数曲线，图中 I 区为初始加载阶段，II_1 区及 II_2 区为加载完成之后应力保持阶段，III_1 区、III_2 区分别为第 1 次卸载保持阶段及第 2 次卸载至岩爆阶段。

图 4.16(a)为声发射撞击数率与时间的关系曲线。可以看出，I 区前期加载产生大量声发射事件，中期加载产生的声发射事件较少，中后期加载对应的声发射撞击数率略有增加；II_1 区及 II_2 区载荷保持过程中声发射事件间断发生；III_1 区单面快速卸载瞬间声发射撞击数率较大，之后声发射撞击数率减小，在恢复加载瞬间声发射撞击数率高；III_2 区声发射撞击数率有两个突然增大区，分别为单面快速卸载阶段及岩爆阶段。

图 4.16(b)为声发射能率与时间的关系曲线。可以看出，各区的声发射释放能率特征与撞击数率相似，但从数值上明显表现为最后一次卸载及岩爆的声发射释放能率较高。

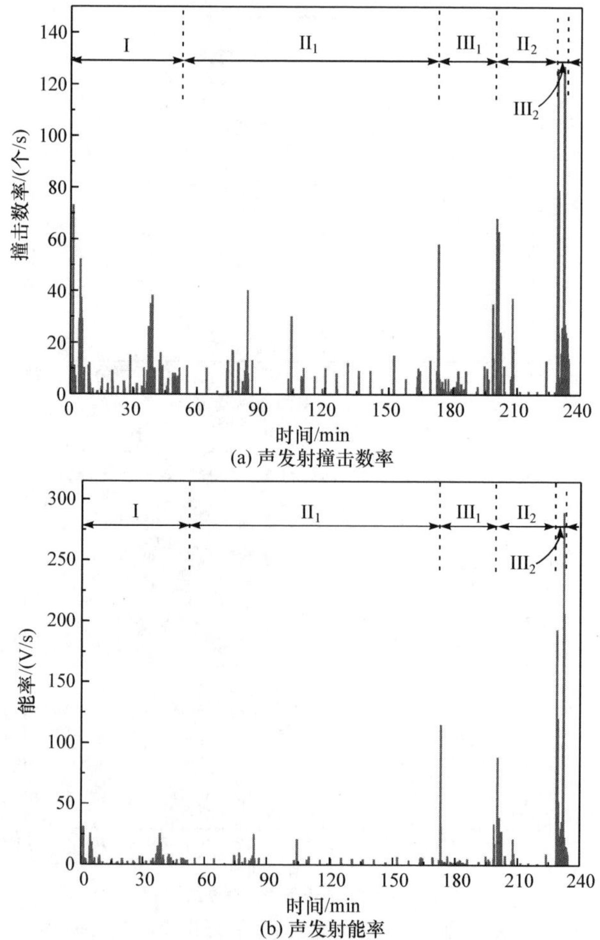

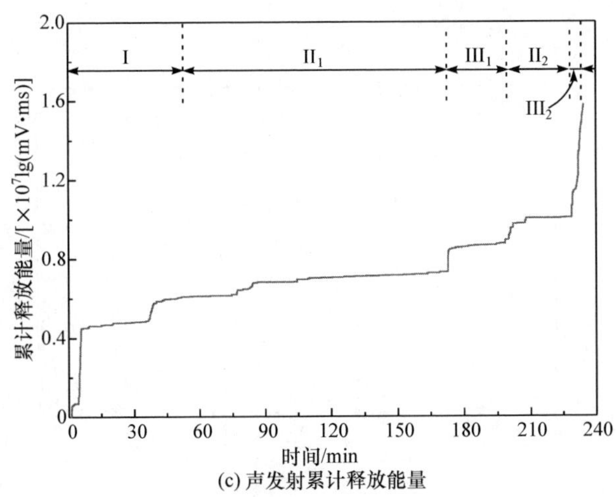

(c) 声发射累计释放能量

图 4.16　石灰岩试件 JHSH-I-3 应变岩爆声发射参数曲线

图 4.16(c)为声发射累计释放能量与时间关系曲线。可以看出，I 区前期加载阶段释放能量较大；II_1 区及 II_2 区释放能量较小；第 1 次卸载（III_1 区）瞬间声发射释放能量较大；III_2 区累计释放能量曲线斜率较陡，近直角，仔细观察，该段曲线有几次弯折，实际对应着卸载后的几次不同规模及特征的岩爆。

图 4.17 为花岗岩试件 LZHG-I-16 应变岩爆声发射参数曲线，图中 I 区为初始加载阶段，II 区为加载完成之后应力保持阶段，III 区为单面卸载至岩爆阶段。

图 4.17(a)为声发射撞击数率与时间的关系曲线。可以看出，I 区前期加载产生大量声发射事件，中期较少，后期加载声发射撞击数率略有增加；II 区载荷保持过程中声发射事件偶尔发生；III 区单面快速卸载瞬间声发射撞击数率较大，之后声发射撞击数率减小；岩爆前声发射撞击数率增加，与快速卸载时相当。

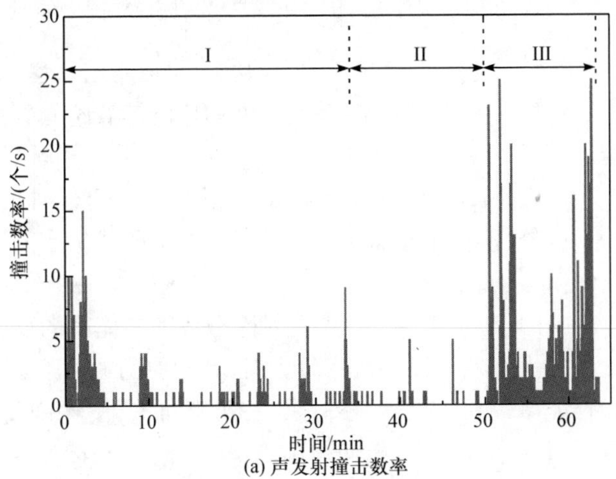

(a) 声发射撞击数率

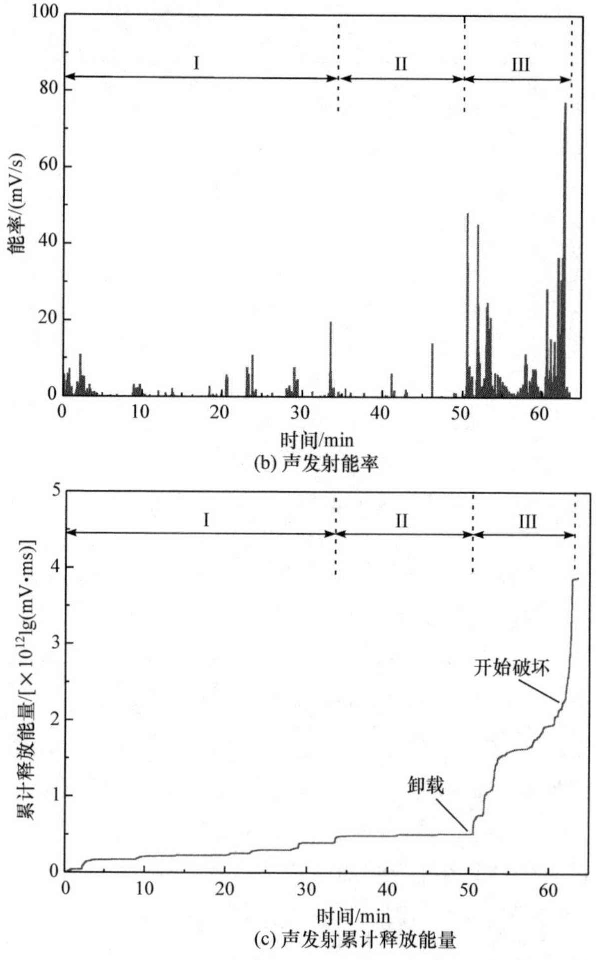

(b) 声发射能率

(c) 声发射累计释放能量

图 4.17　花岗岩试件 LZHG-I-16 应变岩爆声发射参数曲线

图 4.17(b)为声发射能率与时间的关系曲线。可以看出,I 区的声发射释能率较小;II 区载荷保持过程中声发射释能率也较小;III 区卸载瞬间释能率较大,岩爆时释能率最大。

图 4.17(c)为声发射累计释放能量随时间变化曲线。可以看出,I 区累计释放能量较小;II 区累计释放能量最小;III 区累计释放能量曲线斜率明显增加,快速单面卸载和最后岩爆阶段的斜率很大。

综合图 4.14～图 4.17 可以看出,声发射撞击数率与能率的变化幅度不同,尤其是在初始加载阶段当声发射撞击数率较大时,其对应的能率不是很大,一般在快速卸载或岩爆时释能率较高。除砂岩外,煤、石灰岩和花岗岩在初始加载阶段都表现为加载前期声发射撞击数率大,中期减小,后期又增大;载荷保持过程中较小;快速卸载及岩爆时增大；四种岩性的声发射释能率在快速卸载及岩爆前明显增加；从累计释放能量曲线上可以看出，一般在载荷较小及保持过程中释放能量低，单面快速卸载时瞬间释放大量能量，对应试件内的破裂，岩爆前累计释放能量曲线斜率陡增预示着试件的非稳定破坏。

以上实验结果表明，声发射能率更能说明岩石的破坏损伤过程，累计释放能量曲线的斜率可以表征岩石在外力作用下释放能量的速率，斜率大时表示瞬间释放能量大，试件在短时间内产生不同尺度的破坏，如微裂纹产生、断裂、细观及宏观破坏等；较缓的曲线段则代表试件局部产生小尺度的破坏，试件处于相对稳定阶段。声发射信号与试件的损伤直接对应，因此声发射累计释放能量与时间的关系曲线可以表明试件随时间的破坏进程；考虑到应变岩爆破坏主要与卸载后试件的破坏历程相关，因此应根据应变岩爆实验从单面快速卸载到岩爆结束阶段监测的声发射累计释放能量曲线形态特征对岩爆释放能量特征进行分析研究。

根据实验结果，可以将声发射累计释放能量曲线划分为四种类型：①卸载单线陡增型；②卸载双线陡增型；③卸载多线陡增型；④卸载双陡一缓型。图 4.18 为四种声发射累计释放能量曲线模式。图 4.18(a)一般与卸载后瞬时发生岩爆相对应；图 4.18(b)是卸载瞬间损伤增加很快，之后减缓，但很快岩爆，表现为声发射能量瞬间快速释放；图 4.18(c)一般与多次产生损伤并导致最后突然岩爆或发生多次规模不等的岩爆相对应，卸载对应短时间的快速损伤，之后是平稳、多次的损伤，每次快速释放能量与局部的损伤对应，当产生局部的颗粒及片状弹射特征时，就产生了 1 次岩爆；图 4.18(d)一般与滞后岩爆相对应，在累计释放能量曲线上表现为卸载瞬间能量快速释放，之后试件基本稳定，几乎没有能量释放，保持一段时间后岩爆突然发生，能量快速释放。

对应变岩爆实验中试件产生声发射的认识，应首先从单参数声发射特征入手，根据采集的波形文件，设置生成参数标准。大部分岩性在进行加载时声发射事件数频繁，卸载及破坏时声发射事件数最频繁，在相对低应力时只在加载瞬间有声发射事件产生，在达到平衡后则没有声发射产生，而在相对较高的应力条件下即使应力保持，也会一直有声发射事件产生。从监测的动态声发射信息中可以发现岩石行为的滞后性，或者说是变形和力的不同步性。

应变岩爆实验声发射特征与单轴及三轴压缩实验的声发射特征有所不同。单轴压缩实验的声发射特征一般从开始加载就有声发射信号产生，临近破坏时达到最大，峰后声发射信号一直活跃，可以说明是非平衡态在不断演化过程中。三轴压缩实验是一直以加载方式使岩石破坏，声发射信号在加载临近破坏时比较活跃。对于应变岩爆实验，其应力控制过程首先是加载，其次是卸载，在一定应力水平下卸载时往往对应着声发射事件数的急剧增加，同时幅值增大，信号较强。

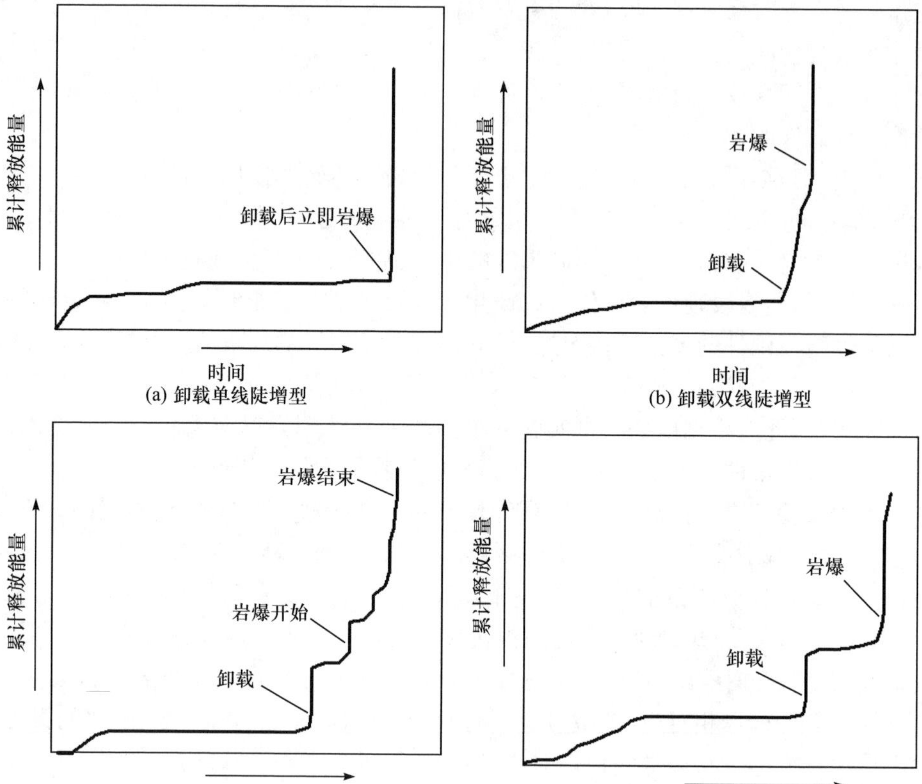

累计释放能量
卸载后立即岩爆
时间
(a) 卸载单线陡增型

累计释放能量
岩爆
卸载
时间
(b) 卸载双线陡增型

累计释放能量
岩爆结束
岩爆开始
卸载
时间
(c) 卸载多线陡增型

累计释放能量
岩爆
卸载
时间
(d) 卸载双陡-缓型

图 4.18　声发射累计释放能量曲线模式

图 4.19 为 LZHG-U-1 花岗岩单轴压缩实验声发射特征。从图 4.19(a)可以看出,在加载初期产生少量的声发射信号,在施加应力初期声发射撞击数率较大,

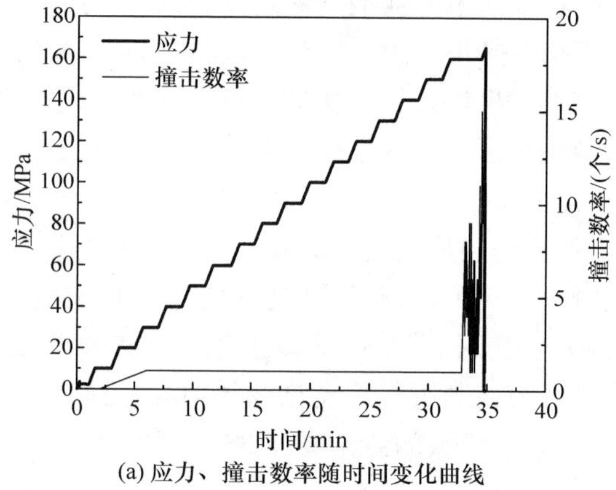

(a) 应力、撞击数率随时间变化曲线

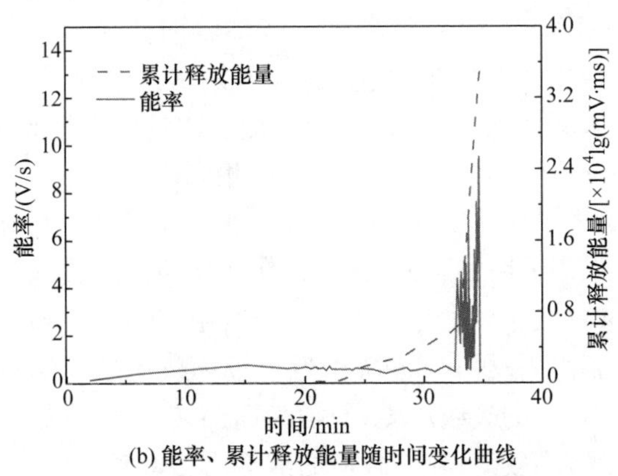

(b) 能率、累计释放能量随时间变化曲线

图 4.19　花岗岩试件 LZHG-U-1 单轴压缩实验声发射特征

之后趋于平稳，当 $\sigma=90\%\sigma_{peak}$ 时声发射活动加剧，并很快破坏；从图 4.19(b)可以看出，最后的高能率释放前有暂时的低能量释放区，声发射累计释放能量曲线也显示出短暂的变缓段。

图 4.20 为花岗岩试件 LZHG-B-1 双轴压缩实验声发射特征。从图 4.20(a)

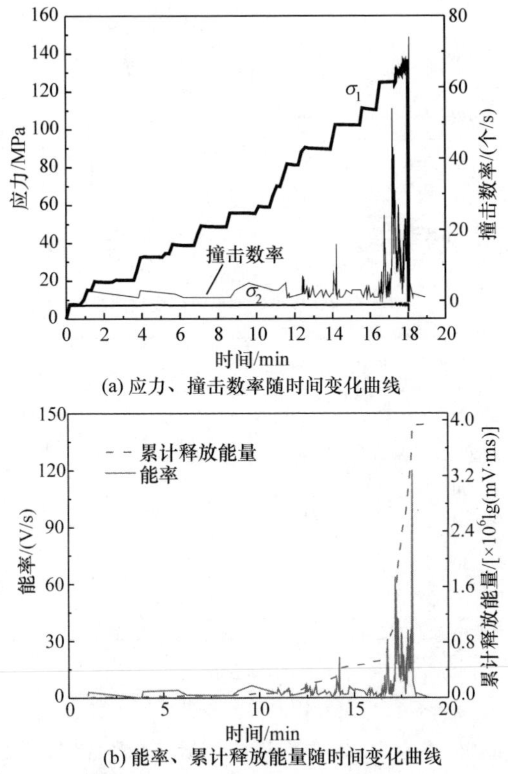

(a) 应力、撞击数率随时间变化曲线

(b) 能率、累计释放能量随时间变化曲线

图 4.20　花岗岩试件 LZHG-B-1 双轴压缩实验声发射特征

可以看出，在 $\sigma_3=0\text{MPa}$、$\sigma_2=7\text{MPa}$ 条件下增加轴向载荷 σ，当 $\sigma=42\%\sigma_1$（σ_1 为最后的破坏最大集中应力）时，声发射撞击数率开始增大；当 $\sigma=85\%\sigma_1$ 时，声发射活动急剧增加并很快破坏。图 4.20(b)显示在最后的高能率释放之前有短暂的低能率释放现象，这与单轴压缩实验的声发射特征相同。

图 4.21 为花岗岩试件 SYHG-T-1 真三轴压缩实验声发射特征。从图 4.21(a)可以看出，实验采用分级加载方式进行，在初始两级加载过程中，声发射撞击数率略高；在随后加载最大主应力过程中，当最大主应力小于破坏最大集中应力的 60%时，声发射撞击数率较少；当载荷相当于破坏载荷的 60%时声发射撞击数率开始增加，表明有大量新的裂纹产生；当载荷达到破坏载荷的 75%时，有试件开裂的声音，声发射撞击数率较多；随着载荷的继续增加，声发射撞击数率相对稳定，没有明显的增加趋势；加载至 236.8MPa/18.6MPa/8.3MPa 应力状态后开始缓慢卸载，声发射撞击数率不断增加，连续不断，在 199.8MPa/9.6MPa/4.5MPa 应力状态下试件破坏。

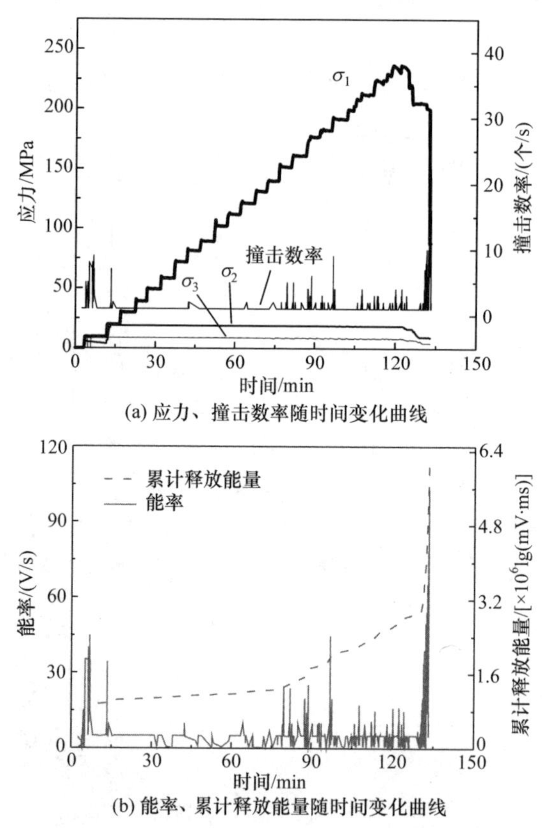

图 4.21　花岗岩试件 SYHG-T-1 真三轴压缩实验声发射特征

从图 4.21(b)可以看出,卸载过程中声发射能率值急剧增加。不考虑初始两级加载的情况下,可以看出累计释放能量曲线由 3 个折线段组成:初始的直线段斜率最小,近水平状;中间的一段直线斜率明显增加;最后卸载破坏段的斜率更大。这表明三个阶段的声发射能率在不断增大,可以认为分别对应试件弹性变形几乎无损伤阶段、弹塑性局部屈服稳定破坏阶段和非稳定岩爆孕育阶段。

图 4.22 和图 4.23 分别为花岗岩试件 LZHG-I-8 和 SYHG-I-1 应变岩爆实验声发射特征。图中显示的是从卸载到岩爆过程结束的声发射变化特征。从图 4.22 可以看出,LZHG-I-8 试件有两个声发射撞击数率及能率释放高峰,对应着单面快速卸载和岩爆破坏阶段声发射剧烈活动时间。在卸载后并没有增加载荷,因此声发射活动只能与试件内部的损伤相对应,较多的声发射活动对应损伤加剧。从图 4.23 可以看出,SYHG-I-1 的声发射变化特征与 LZHG-I-8 不同,主要表现在卸载后很短时间内有一个活跃的声发射时间段,此过程对应卸载后应力调整导致试件表面的局部颗粒弹射及开裂;之后声发射不稳定的小幅升降也直接与试件的开裂声音相对应;最后的突然岩爆对应声发射高能率释放。

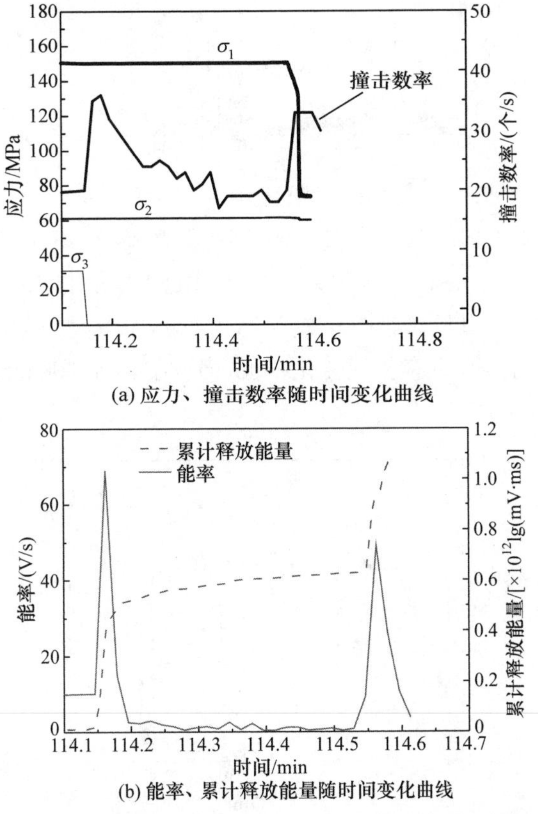

(a) 应力、撞击数率随时间变化曲线

(b) 能率、累计释放能量随时间变化曲线

图 4.22　花岗岩试件 LZHG-I-8 应变岩爆声发射特征

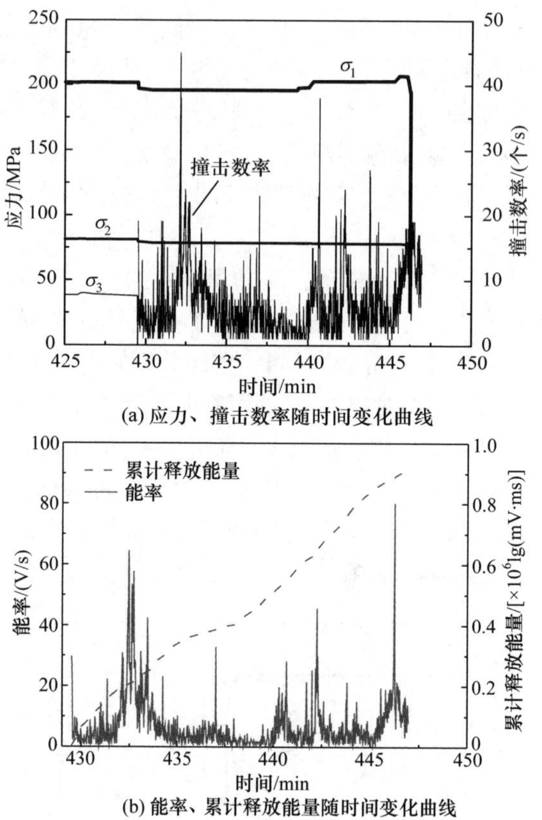

(a) 应力、撞击数率随时间变化曲线

(b) 能率、累计释放能量随时间变化曲线

图 4.23 花岗岩试件 SYHG-I-1 应变岩爆声发射特征

图 4.24 和图 4.25 分别为石灰岩试件 JHSH-I-1 和 JHSH-I-2 应变岩爆声发射特征。可以看出,其共同特征是声发射撞击数率在每次加载及单面快速卸载时都突然增加,声发射能率也有相似变化特征,声发射累计释放能量曲线斜率在最后岩爆阶段最大。

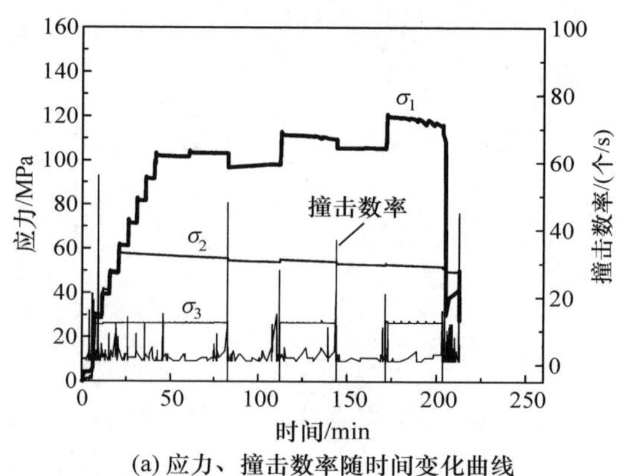

(a) 应力、撞击数率随时间变化曲线

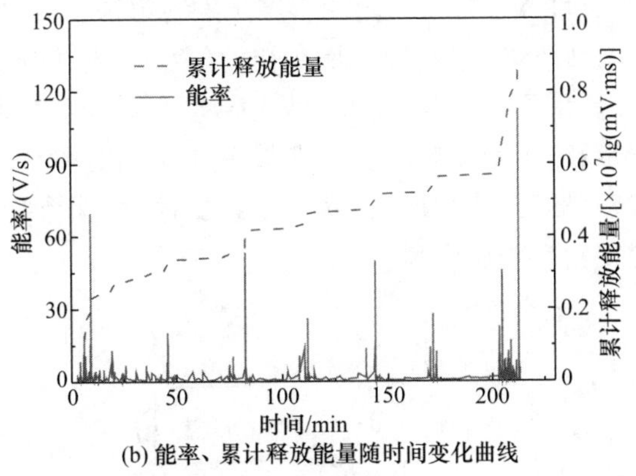

(b) 能率、累计释放能量随时间变化曲线

图 4.24　石灰岩试件 JHSH-I-1 应变岩爆声发射特征

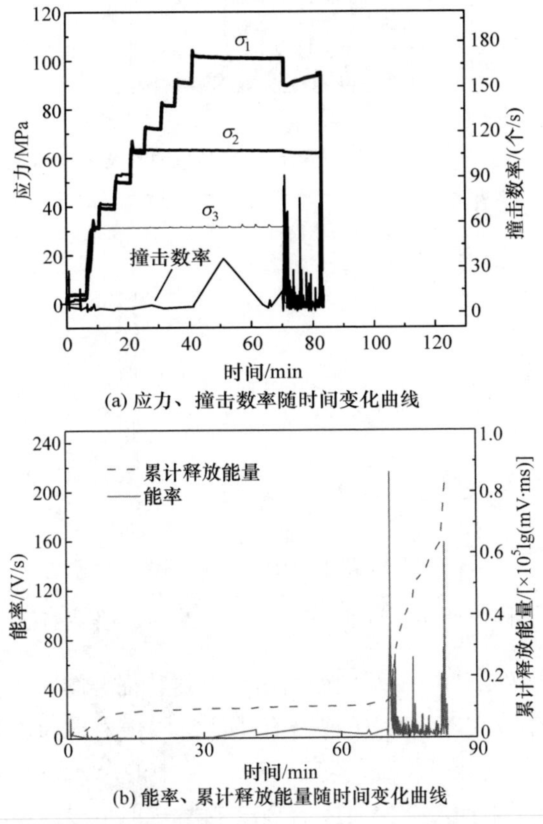

(a) 应力、撞击数率随时间变化曲线

(b) 能率、累计释放能量随时间变化曲线

图 4.25　石灰岩试件 JHSH-I-2 应变岩爆声发射特征

图 4.26 为砂岩试件 YQXS-I-5 应变岩爆声发射特征。可以看出，其变化特征与花岗岩和石灰岩有所不同，总的特征是在初始每级加载时声发射撞击数率也比较大，但对应的释放能率不高；在载荷保持阶段声发射撞击数率基本稳定在一个较小范围内；卸载和最后破坏阶段对应的撞击数率和释放能率都较大。累计释放能量曲线表现为加载阶段阶梯状增加，斜率基本不变；载荷保持阶段曲线近水平状；卸载至岩爆阶段曲线斜率明显变大。

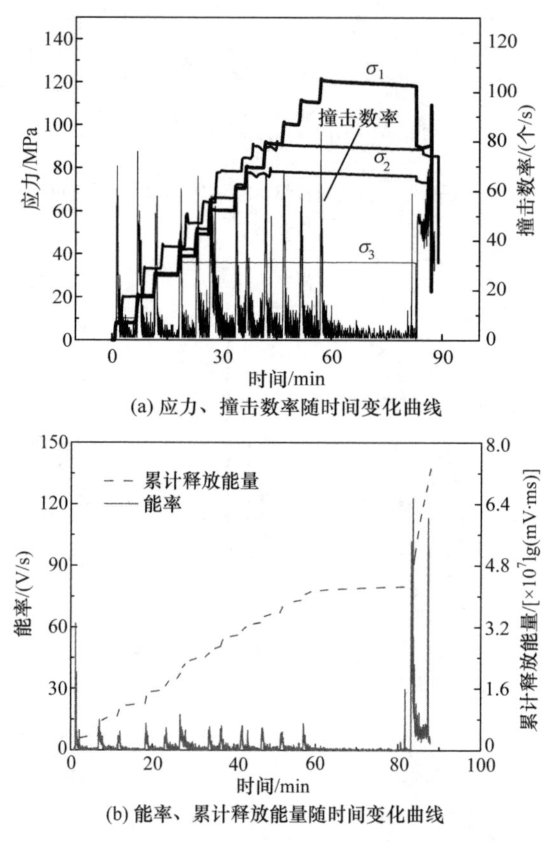

(a) 应力、撞击数率随时间变化曲线

(b) 能率、累计释放能量随时间变化曲线

图 4.26　砂岩试件 YQXS-I-5 应变岩爆声发射特征

图 4.27 为煤试件 HGM-II-7 应变岩爆声发射特征。图 4.27(a)在初始加载阶段，声发射撞击数率较大，载荷保持或略有降低阶段声发射撞击数率较小，在卸载及岩爆阶段声发射撞击数率增加。与图 4.27(b)中的声发射释放能率对比，可以看出初始加载高声发射撞击数率对应的释放能率并不是很高，释放能率峰值出现在卸载瞬间及岩爆时，在累计释放能量曲线上表现为斜率快速增加。

图 4.28 为煤试件 HGM-I-1 应变岩爆声发射特征。可以看出，该试件的声发射撞击数率、能率和累计释放能量曲线变化趋势与 HGM-II-7 相似，即初始加载阶

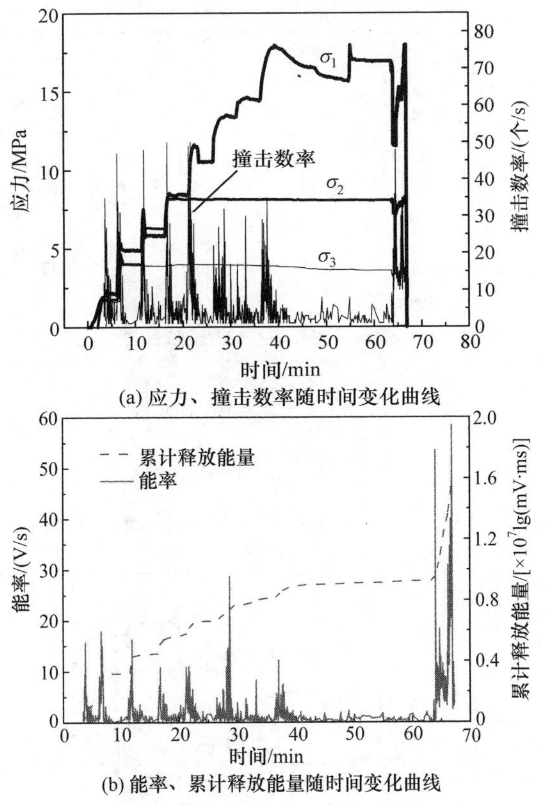

(a) 应力、撞击数率随时间变化曲线

(b) 能率、累计释放能量随时间变化曲线

图 4.27　煤试件 HGM-II-7 应变岩爆声发射特征

段声发射撞击数率较大，载荷保持阶段声发射撞击数率较小，在卸载至岩爆阶段声发射撞击数率明显增大；声发射能率峰值出现在岩爆时，在累计释放能量曲线上表现为斜率陡增。

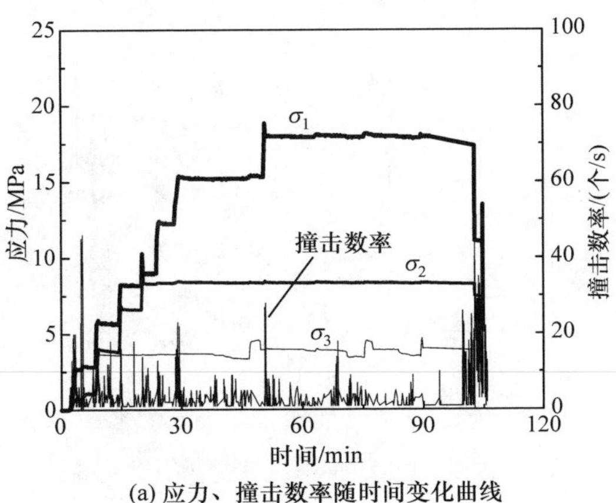

(a) 应力、撞击数率随时间变化曲线

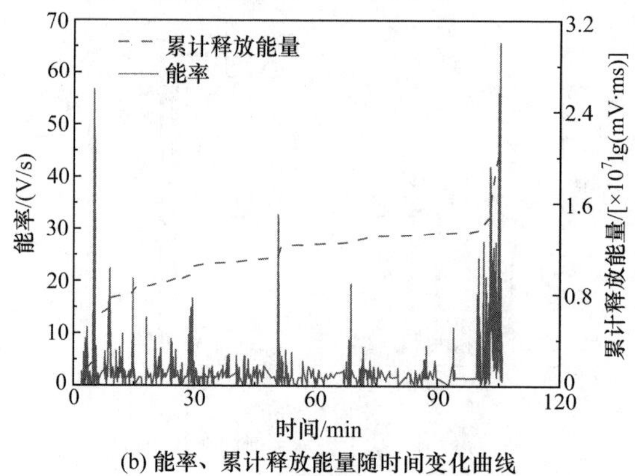

(b) 能率、累计释放能量随时间变化曲线

图 4.28　煤试件 HGM-I-1 应变岩爆声发射特征

图 4.29 为煤试件 YQM-I-9 应变岩爆声发射特征。可以看出,初始加载、每次

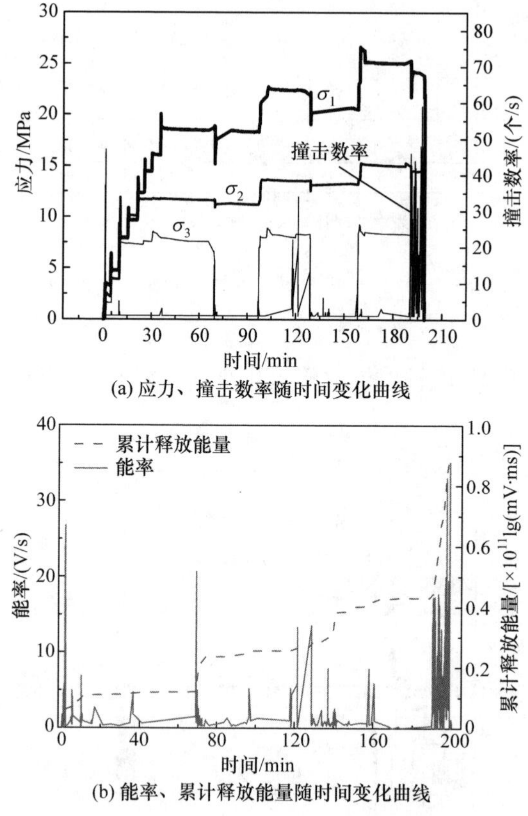

(a) 应力、撞击数率随时间变化曲线

(b) 能率、累计释放能量随时间变化曲线

图 4.29　煤试件 YQM-I-9 应变岩爆声发射特征

单面卸载及恢复加载对应的声发射撞击数率增加、能率增加、累计释放能量曲线斜率变陡；最后 1 次卸载至岩爆声发射活动增强，表现为声发射不断产生，说明试件内部破坏在不断发生，并伴有试件开裂的声音，损伤破坏的积聚导致最后岩爆突然发生。

从上面实验过程的声发射变化特征可以看出，在单轴压缩、双轴压缩和真三轴压缩实验过程中，声发射活动增加与载荷水平相对应。应变岩爆实验的特征是在三向应力状态下的单面快速卸载，无论是花岗岩、砂岩、石灰岩还是煤，声发射活动程度不能只与应力相比较，还必须考虑边界条件产生变化后引起试件的损伤过程，如单面快速卸载对应声发射增加(与试件强度相比，在相对较高的应力下卸载)；单面卸载后其他载荷保持不变时，由于卸载引起的试件内部应力调整没有结束，在局部产生破坏(不同尺度的损伤)同样会引起声发射的变化。

4.3　应变岩爆微裂纹特征与声发射频谱关系

虽然声发射波形信号是含有丰富信息的复合信号，受各种因素的制约，包括矿物的成分、结构及变化的边界条件等，但是从实验结果可以看出，对于不同岩性的岩石，在不同的边界条件及不同受力状态下，其声发射信号特征不同。从结果反演一一对应关系在目前的研究阶段还很难做到，但可以定性分析其不同机制的声发射源。

本节对不同岩性岩石的应变岩爆实验过程进行划分，分析其声发射释能特征，选取实验过程中的特征点的声发射波形信息并对其进行傅里叶变换，观察各特征点的原始波形特征、二维频谱及三维频谱特征，寻求岩爆时刻的频谱特征；从不同岩性的二维频谱功率谱图上获取各个特征点的频谱响应特征和其对应的幅值特征，研究其频谱响应规律。

基于不同岩性在应变岩爆实验各特征点的声发射频谱特征，对某些特征点对应时刻剥离的碎屑进行 SEM 扫描，观察其裂纹开展传播特征，并对实验碎屑微裂纹与频谱关系进行分析研究，比较特征点处碎屑的穿晶裂纹特征。从大量数据的统计观点出发，可以对应变岩爆过程声发射的主频特征、幅值变化特征等进行初步的定量描述。

4.3.1　岩石破坏过程裂纹特征和声发射频谱关系

在国外，Niwa 等[36]基于断裂理论的位错模型，将声发射源分为两类，即张裂源和剪切源。加载初期，声发射频谱表现为低频对应岩石中的张裂纹；而加载后期，声发射频谱在频域内变化相对平缓。Chang 和 Lee[37]对花岗岩和大理岩进行单轴和三轴不同围压下的声发射实验，并对其波形数据进行分析得出，在峰前和随着围压增加主要为剪切型裂纹；只有初始裂纹的类型属于张裂型。

Backers 等[38]对砂岩进行三点弯曲实验，并对声发射源机理进行计算表明，峰前声发射源类型主要为张裂型，峰后主要为剪切型。Ganne 等[39]对特制的石灰岩试件分别进行了宏观纯压应力和张应力作用下的实验，通过矿物薄片实验对不同载荷下的裂纹类型进行了分析。压应力作用下，产生大量的穿晶裂纹，主要沿解理面开裂；张应力作用下，在裂纹生成、扩展及生长阶段主要是穿晶裂纹，在裂纹非稳定扩展阶段有沿晶裂纹生长。

在国内，袁振明等[40]经过理论计算表明，裂纹扩展所需的能量要比裂纹形成需要的能量大 100～1000 倍，这样裂纹扩展产生的声发射很可能比裂纹形成的声发射还大得多。当裂纹扩展到接近临界裂纹长度时，就开始失稳扩展，最后快速断裂。He 等[20]通过对石灰岩进行应变岩爆实验，观察其声发射主频区的幅值变化特征，得到声发射信号的能量正比于声发射波形的面积，幅值的变化在一定程度上可以代表信号的能量。

上述研究表明，岩石断裂类型与声发射波形有很大的关系。本节基于上述理论研究基础，对莱州花岗岩、北山花岗岩和芙蓉玄武岩进行应变岩爆实验，对实验过程中采集到的波形数据利用傅里叶变换方法，得到岩爆实验过程中的声发射波形变化特征，分析其声发射能量释放特征。对不同岩性应变岩爆实验过程中的碎屑破坏断面进行 SEM 扫描实验，观察裂纹传播的方式，统计碎屑中微裂纹特征，并进行对比分析。

4.3.2　莱州花岗岩微裂纹与声发射频谱关系

1. 莱州花岗岩应变岩爆声发射频谱特征

1) 声发射能量释放特征分析

选取花岗岩试件 LZHG-II-4 进行滞后岩爆实验研究，实验的加载过程如图 4.30(a)所示，首先将岩石加载到现场地应力测试所得的三向地应力状态为 22MPa/30MPa/36MPa，快速卸载最小主应力暴露卸载面，并对最大主应力加载，模拟现场开挖导致的应力集中，观察在此应力状态下现场开挖能否发生岩爆，若没有岩爆发生，则重新加载最小主应力，直到岩爆发生。

为了对实验中的数据进行准确的分析，将应变岩爆实验过程进行划分，图 4.30(a)中I、II、III 分别代表初始加载阶段、卸载保持阶段和岩爆阶段。图 4.30(b)和(c)为实验过程中声发射能量的释放特征，在初始加载阶段能量释放较大，为岩石中存在原始孔隙和原生裂隙的闭合阶段；在加-卸载循环阶段，第 1 次卸载瞬间能量释放较大，岩石在此阶段单面卸载后最大主应力方向应力集中导致岩石在初始加载阶段积聚的能量有了释放口，岩石开始局部损伤，此外，每 1 次卸载时都会有能量的突然释放，而在卸载后保持阶段的声发射能量释放很小，说明岩石本身还处于弹性阶段；但第 5 次卸载时，岩石已经不能保持平衡，发生岩爆并伴随能量的急剧释放，对应着累计绝对能量斜率的陡增。

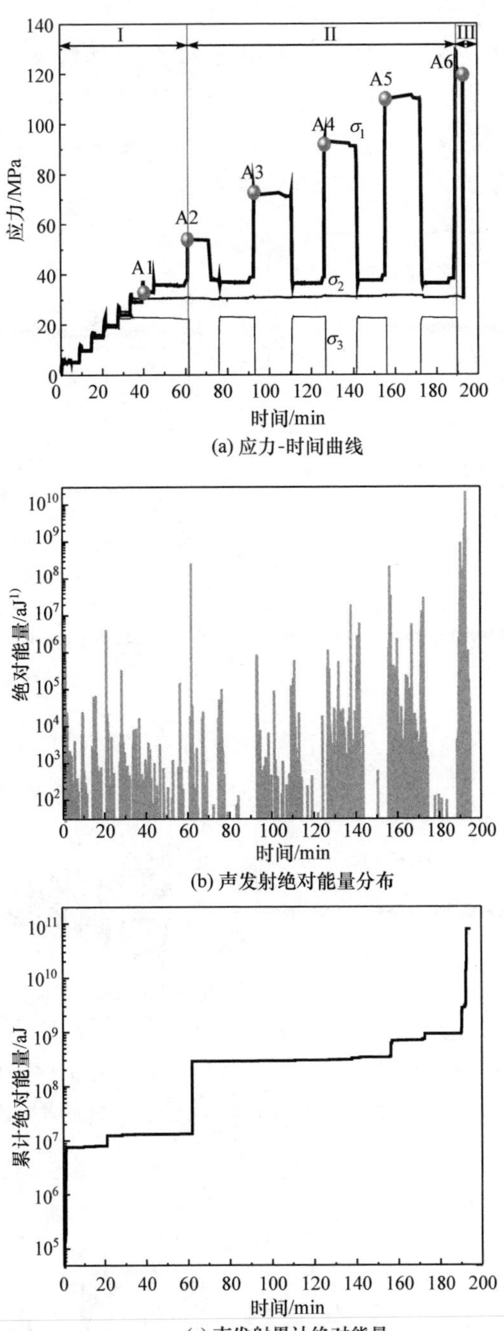

(a) 应力-时间曲线

(b) 声发射绝对能量分布

(c) 声发射累计绝对能量

图 4.30　花岗岩试件 LZHG-II-4 应变岩爆加载路径及声发射能量特征

1) 1aJ＝10^{-18}J,下同。

2）声发射各特征点频谱特征分析

选取花岗岩试件 LZHG-II-4 应变岩爆实验加-卸载过程的 6 个特征点[见图 4.30(a)]，分析每个特征点最大电压幅值所对应的波形特征。将岩爆时的最大主应力定义为 σ_{1c}，该花岗岩试件的 σ_{1c} 为 119.4MPa。图 4.31 和图 4.32 分别为各特征点对应的声发射原始波形和二维频谱特征。

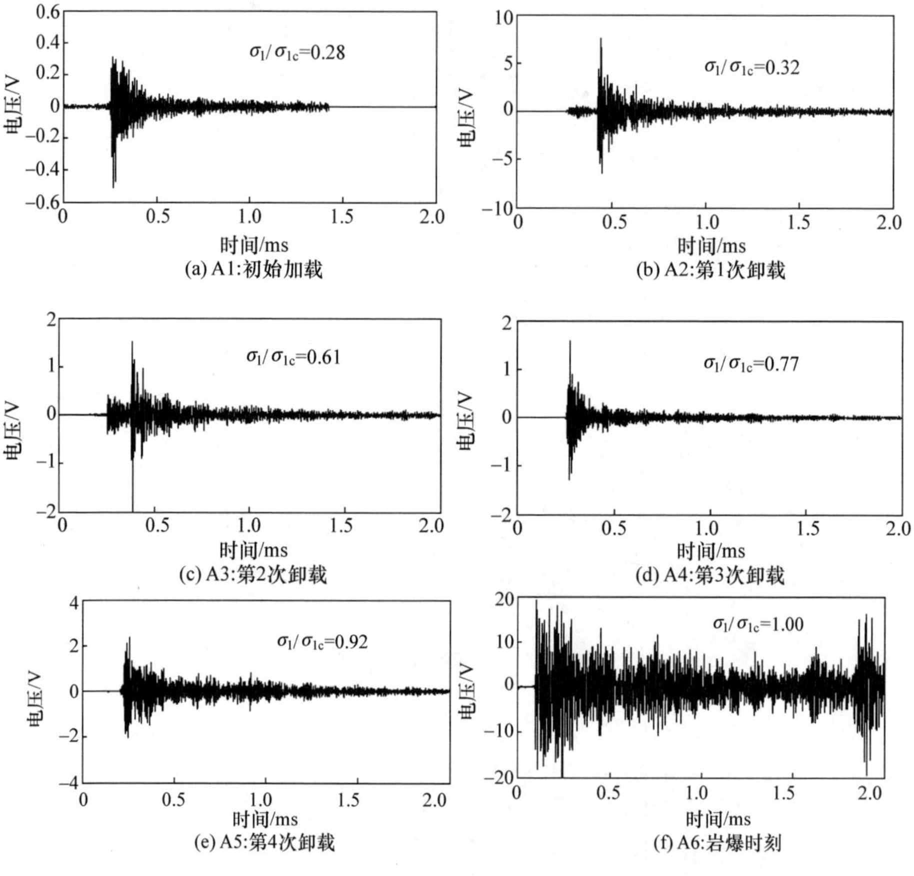

电压/V
时间/ms
σ1/σ1c=0.28
(a) A1:初始加载
σ1/σ1c=0.32
(b) A2:第1次卸载
σ1/σ1c=0.61
(c) A3:第2次卸载
σ1/σ1c=0.77
(d) A4:第3次卸载
σ1/σ1c=0.92
(e) A5:第4次卸载
σ1/σ1c=1.00
(f) A6:岩爆时刻

图 4.31　花岗岩试件 LZHG-II-4 应变岩爆各特征点原始波形

幅值/V
频率/kHz
次主频
主频
(a) A1:初始加载
主频
次主频
(b) A2:第1次卸载

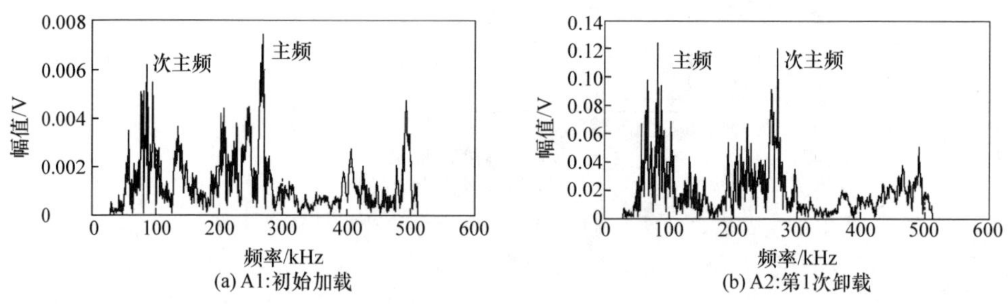

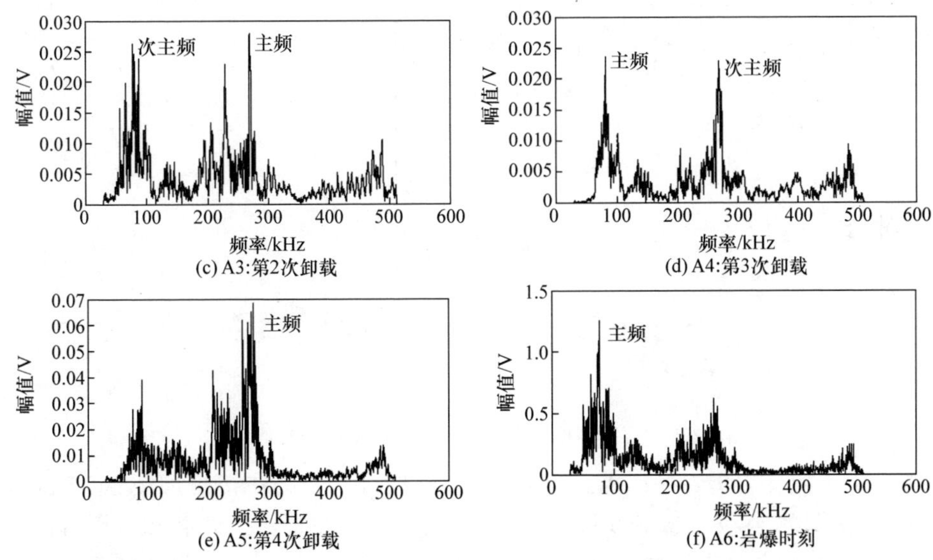

图 4.32　花岗岩试件 LZHG-II-4 应变岩爆各特征点二维频谱

从图 4.31 可以看出，岩石在初始加载和卸载保持阶段原始波形都是单波形文件，而岩爆阶段的原始波形表现为连续波，说明在岩爆时刻岩石裂纹全面开展，波形已经来不及单独成形，持续有声波现象出现，能量大量释放，即高能量连续型特征；第 1 次卸载阶段和岩爆阶段波形的电压值比其他四个阶段大，说明岩石在此刻裂纹扩展和能量释放较大。

振幅最大的频率定义为主频[23]，根据二维频谱图中的幅值大小，将出现的多个主频带定义为主频、次主频，将幅值大于等于主频值对应幅值的 80%的频率看成次主频或其他主频。从图 4.32 可以看出，岩石在初始加载和卸载保持阶段声发射几乎都有两个主频，大约在 80kHz 和 260kHz；岩爆时刻对应的主频值在 75kHz 左右，表现为低频特征，与 4.2.2 节统计的岩爆阶段主频特征值一致，说明应变岩爆阶段的主频特征值在很大程度上取决于岩爆时刻释放能量最大的波形。

图 4.33 为花岗岩试件 LZHG-II-4 应变岩爆实验过程中各个阶段的特征点主频和幅值特征。由图 4.33(a)可以看出，应变岩爆阶段主频特征值从高频向低频移动；结合图 4.33(b)可以看出，应变岩爆时刻相对于其他时刻为低频高幅值特征，初始加载和前 3 次卸载为高频-低频-低幅值特征(称为双频特征)，第 4 次卸载(A5)也就是岩石的应力状态达到临界应力的 92%时，出现了高频-低幅值特征；岩爆时刻(A6)的幅值要远高于其他特征点。

二维的频谱只能够得到应变岩爆实验过程中的主频变化规律，缺少时间尺度的信息，为了更清晰、更全面地观察应变岩爆实验过程中各个特征点的幅值-频谱特征变化规律，对各个特征点的波形图进行时频分析。图 4.34 为花岗岩试件

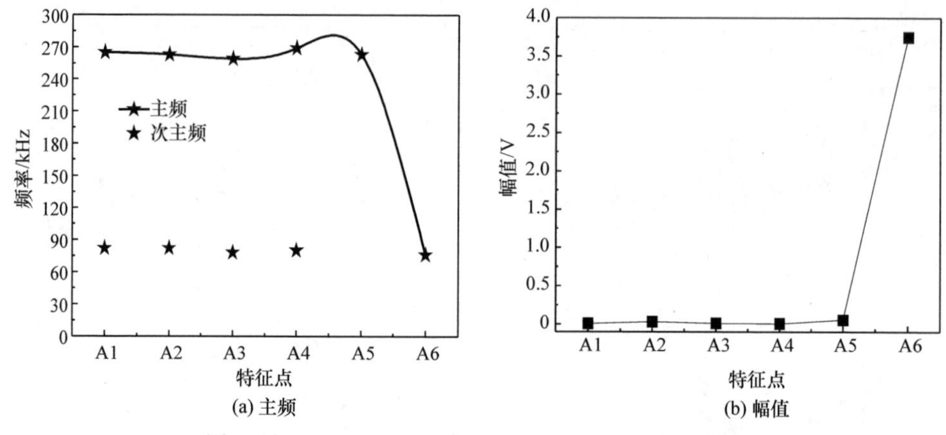

(a) 主频　　(b) 幅值

图 4.33　LZHG-II-4 花岗岩各特征点主频和幅值特征

LZHG-II-4 应变岩爆各特征点三维频谱。可以看出，岩石在初始加载、第 2 次卸载、第 3 次卸载、第 4 次卸载阶段能量释放量很小，而在第 1 次卸载和岩爆阶段能量释放量很大，并且在岩爆时刻为低频高幅值特征。表明岩爆时刻区别于其他阶段最明显的特点就是声发射表现为低频特征，并且对应的幅值很大，要远远高于其他任何一个特征点。

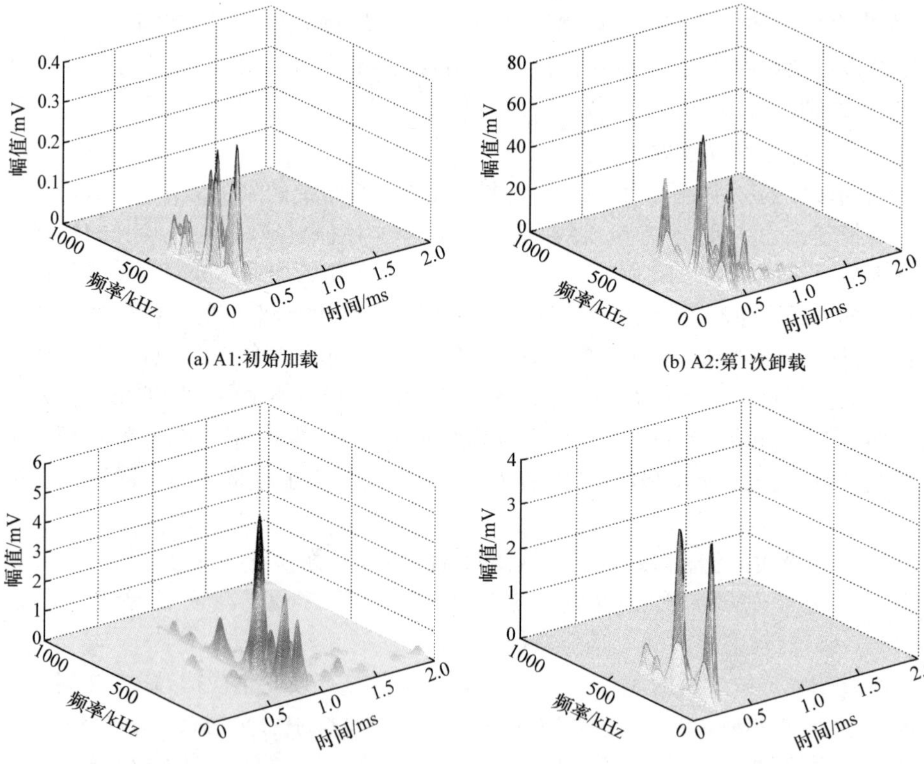

(a) A1:初始加载　　(b) A2:第1次卸载

(c) A3:第2次卸载　　(d) A4:第3次卸载

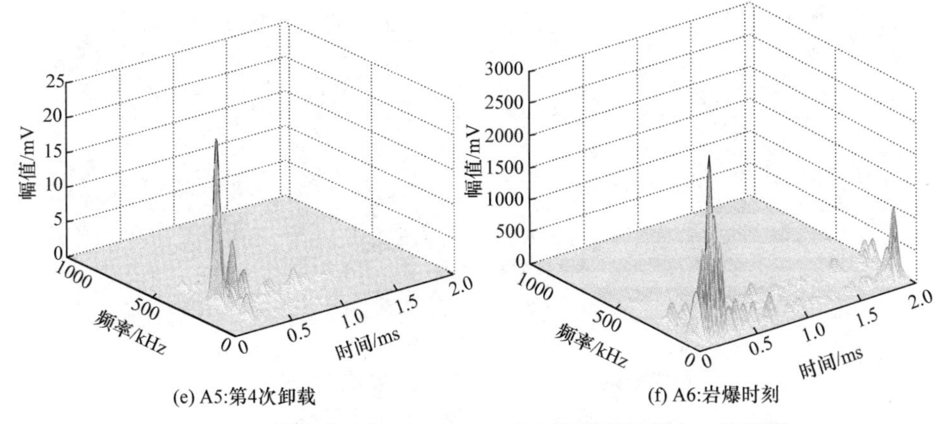

图 4.34　花岗岩试件 LZHG-II-4 应变岩爆各特征点三维频谱

2. 莱州花岗岩应变岩爆微裂纹特征

花岗岩试件 LZHG-II-4 在应变岩爆实验加-卸载过程中，经历了岩石压密阶段(原生裂纹和孔隙的闭合)、初始损伤阶段、裂纹继续损伤阶段和岩爆阶段。在应变岩爆实验整个过程中，在第 3 次卸载(A4)、第 4 次卸载(A5)和岩爆时刻(A6)都有小碎屑剥离，将剥离的碎屑进行收集，利用 SEM 拍摄相同放大倍数下样品破坏断面的照片，观察裂纹形态、大小和类型(包括穿晶裂纹、沿晶裂纹和穿沿耦合裂纹)。花岗岩试件 LZHG-II-4 应变岩爆特征点碎屑图片如图 4.35 所示。

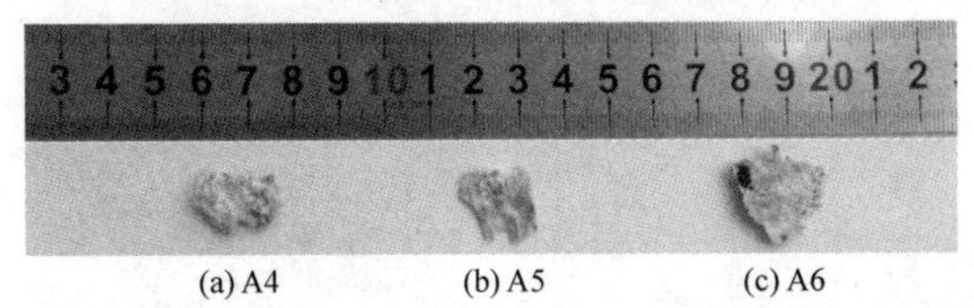

图 4.35　花岗岩试件 LZHG-II-4 应变岩爆特征点碎屑图片

1) 裂纹类型判别方法

对于待观察的 SEM 图片，找出所有裂纹并编号。观察每一条裂纹形状，根据图片标尺计算其长度和宽度，鉴别不同矿物晶体，判断裂纹性质；观察主要裂纹放大到几千倍的图片，核实裂纹性质及尺寸，观察断口形状。在判断沿晶裂纹、穿晶裂纹和穿沿耦合裂纹时采用 20%的界限，即当沿晶裂纹长度与穿晶裂纹长度相比小于 20%时，判断裂纹为穿晶裂纹；当沿晶裂纹长度与穿晶裂纹长度相比大于 20%且小于 80%时，判断裂纹为穿沿耦合裂纹，计算裂纹面积时穿晶和沿晶各按 50%计算；当沿晶裂纹长度与穿晶裂纹长度相比大于 80%时，判断裂纹为沿晶裂纹。

2) 特征点裂纹 SEM 图片

花岗岩试件 LZHG-II-4 应变岩爆特征点 SEM 微裂纹图片如图 4.36 所示，为了进行详细的对比分析，对图片进行同倍放大。

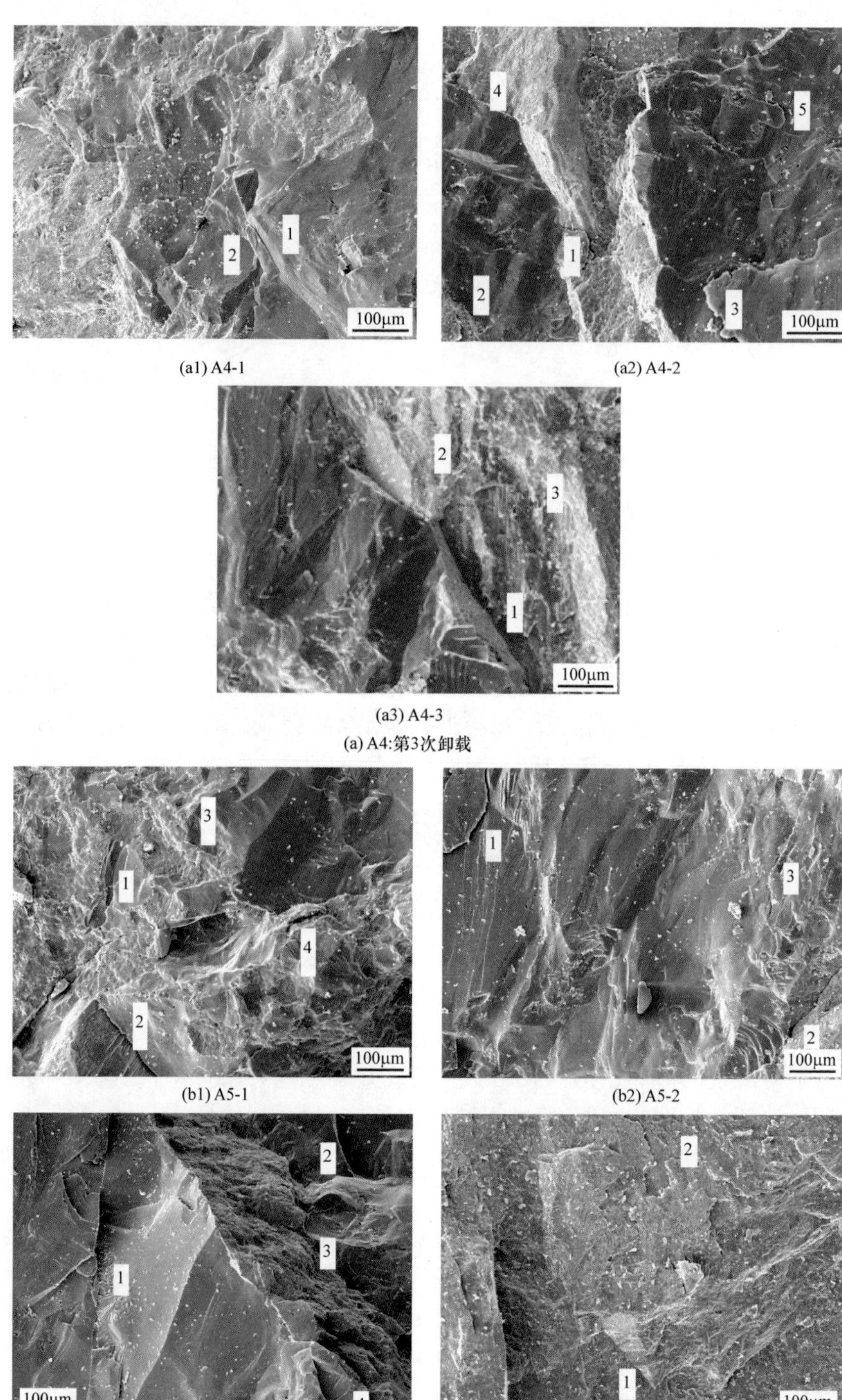

(a1) A4-1 (a2) A4-2

(a3) A4-3

(a) A4:第3次卸载

(b1) A5-1 (b2) A5-2

(b3) A5-3 (b4) A5-4

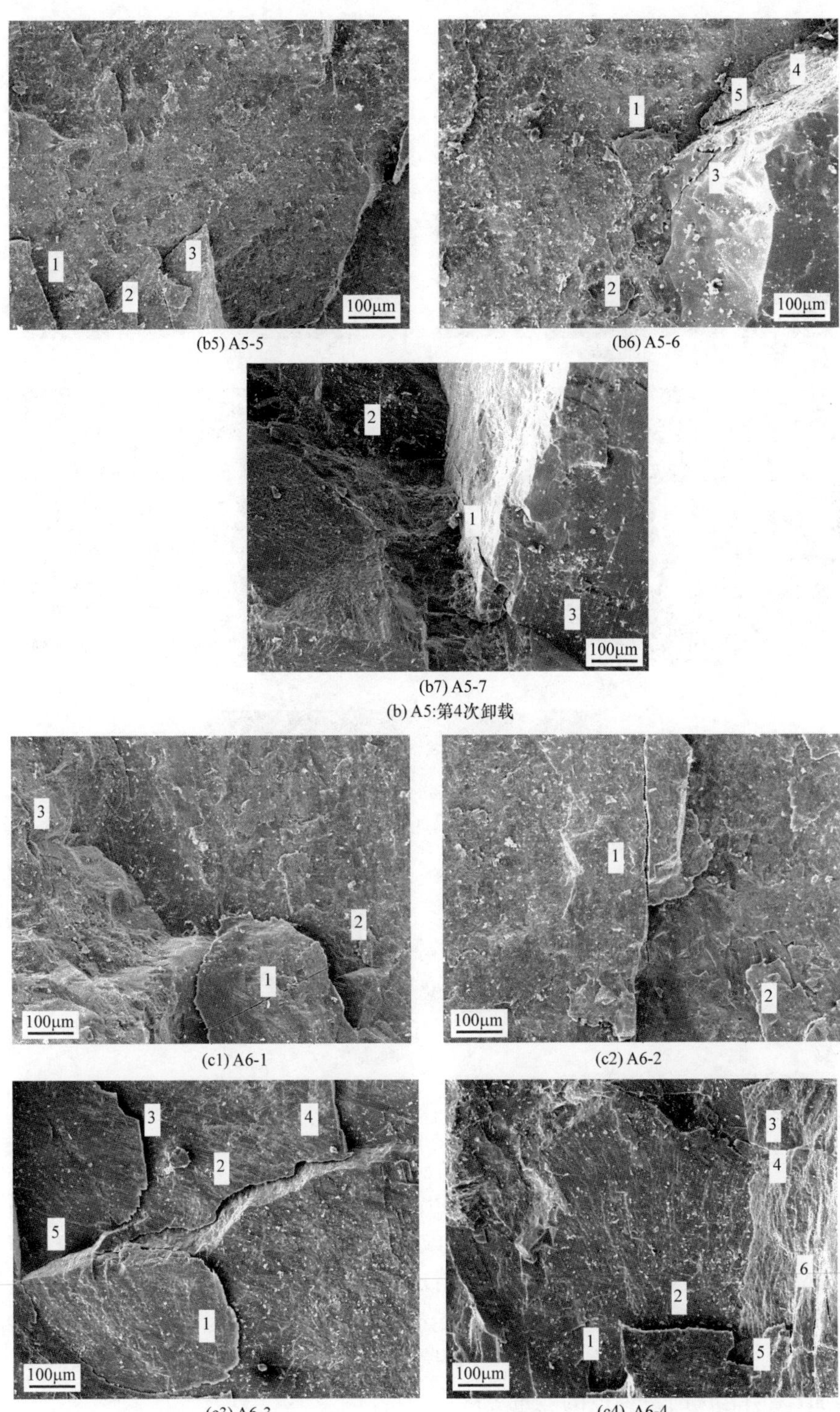

(b5) A5-5

(b6) A5-6

(b7) A5-7

(b) A5:第4次卸载

(c1) A6-1

(c2) A6-2

(c3) A6-3

(c4) A6-4

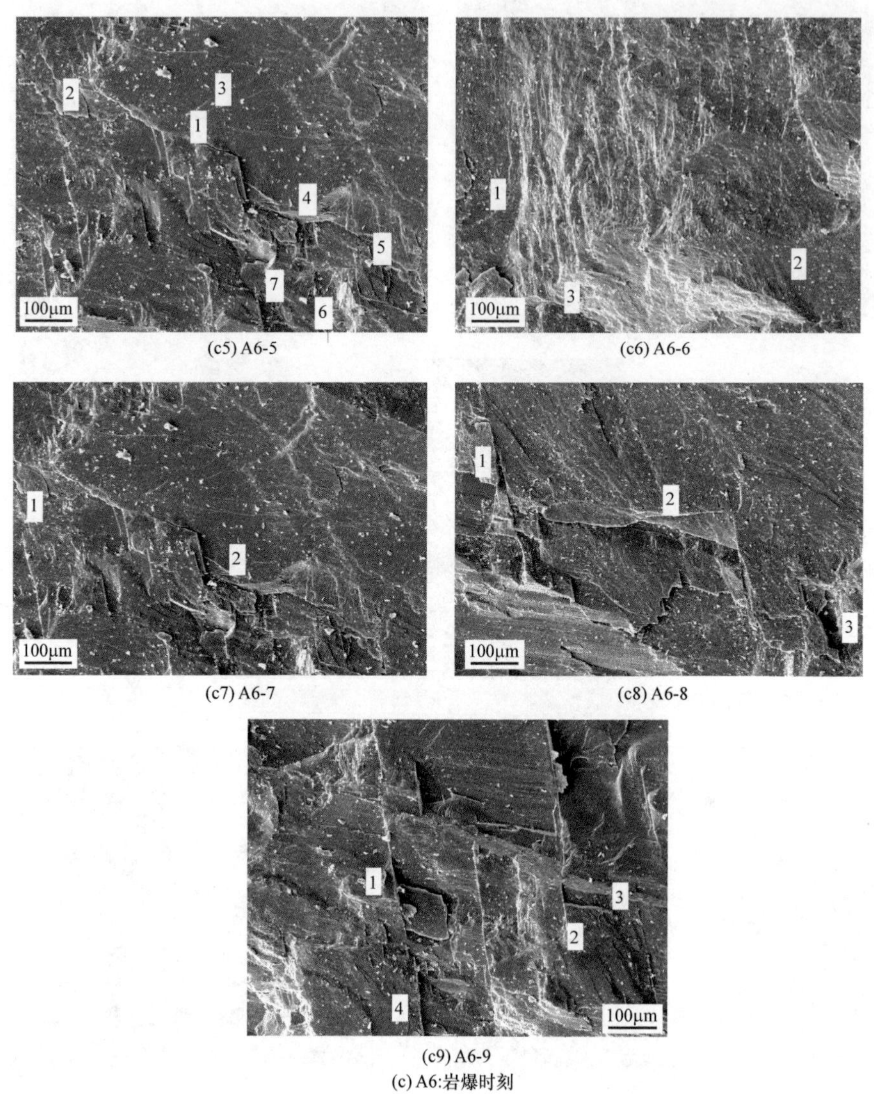

(c5) A6-5　(c6) A6-6

(c7) A6-7　(c8) A6-8

(c9) A6-9

(c) A6:岩爆时刻

图 4.36　花岗岩试件 LZHG-II-4 应变岩爆特征点碎屑微裂纹 SEM 图像

3）特征点裂纹信息统计

将每一编号对应的图片中的裂纹标出，如图 4.36 中的数字编号。根据图片右下角比例尺利用量测软件量测出每一裂纹的长度和宽度，并计算其面积，表 4.6 为图 4.36 所示微裂纹的统计信息。可以看出，A4 点处剥离碎屑裂纹的面积都较小，说明裂纹尺度比较小，对应着岩石的初始破坏，裂纹以沿晶为主，穿晶裂纹很少并且尺度都较小；在同样的放大倍数下，岩爆时刻的裂纹尺度明显加大，裂纹面积明显增加，说明岩爆时刻释放的能量更多。

表 4.6　花岗岩试件 LZHG-II-4 应变岩爆特征点碎屑微裂纹类型及几何参数

特征点	样品号	裂纹编号	裂纹类型	矿物成分	裂纹宽度/μm	裂纹长度/μm	裂纹面积/μm^2	裂纹总面积/μm^2
A4	A4-1	1	沿晶	斜长石-石英	1	300	300	440
		2	穿晶	石英-石英	1	140	140	
	A4-2	1	沿晶	斜长石-石英	0.5	600	300	1614
		2	沿晶	钾长石-石英	0.75	1000	750	
		3	沿晶	石英-石英	2	240	480	
		4	沿晶	钾长石-石英	0.75	80	60	
		5	穿晶	斜长石-斜长石	0.3	80	24	
	A4-3	1	穿晶	石英-石英	1	380	380	566
		2	沿晶	斜长石-石英	1	6	6	
		3	沿晶	斜长石-石英	1.5	120	180	
A5	A5-1	1	穿晶	斜长石-斜长石	0.75	500	375	1465
		2	穿晶	斜长石-斜长石	2	220	440	
		3	沿晶	斜长石-石英	1.5	200	300	
		4	穿晶	斜长石-斜长石	7	50	350	
	A5-2	1	沿晶	石英-石英	5	200	1000	1495
		2	穿沿耦合	石英-钾长石	1.5	220	330	
		3	穿晶	钾长石-钾长石	0.75	220	165	
	A5-3	1	穿晶	石英-石英	0.5	500	250	450
		2	沿晶	斜长石-石英	1	40	40	
		3	沿晶	斜长石-石英	1	60	60	
		4	穿晶	斜长石-斜长石	1	100	100	
	A5-4	1	穿晶	斜长石-斜长石	0.5	50	25	85
		2	沿晶	斜长石-钾长石	1	60	60	
	A5-5	1	沿晶	斜长石-斜长石	2	120	240	1340
		2	穿晶	斜长石-斜长石	1	800	800	
		3	沿晶	钾长石-斜长石	1.5	200	300	
	A5-6	1	穿沿耦合	钾长石-斜长石	2	250	500	1070
		2	沿晶	石英-斜长石	1	150	150	
		3	穿晶	斜长石-斜长石	1	100	100	
		4	穿晶	斜长石-斜长石	1	80	80	
		5	穿沿耦合	斜长石-钾长石	1	240	240	
	A5-7	1	沿晶	钾长石-斜长石	1	200	200	450
		2	穿晶	石英-石英	0.5	100	50	
		3	沿晶	石英-斜长石	1	200	200	

续表

特征点	样品号	裂纹编号	裂纹类型	矿物成分	裂纹宽度/μm	裂纹长度/μm	裂纹面积/μm^2	裂纹总面积/μm^2
A6	A6-1	1	穿晶	斜长石-斜长石	1	160	160	6320
		2	沿晶	斜长石-斜长石	15	400	6000	
		3	沿晶	石英-斜长石	1	160	160	
	A6-2	1	穿晶	钾长石-钾长石	7	400	2800	3000
		2	沿晶	钾长石-斜长石	1	200	200	
	A6-3	1	沿晶	钾长石-斜长石	3	300	900	6560
		2	穿晶	斜长石-斜长石	6.5	400	2600	
		3	沿晶	斜长石-石英	20	120	2400	
		4	沿晶	钾长石-斜长石	2	80	160	
		5	穿晶	石英-石英	0.5	200	100	
	A6-4	1	穿晶	石英-石英	1.5	80	120	4360
		2	沿晶	石英-石英	1	80	80	
		3	穿晶	斜长石-斜长石	0.5	40	20	
		4	穿晶	斜长石-斜长石	0.5	120	60	
		5	沿晶	石英-钾长石	20	200	4000	
		6	穿晶	钾长石-钾长石	1	80	80	
	A6-5	1	穿晶	石英-石英	2	100	200	595
		2	穿晶	石英-石英	1	50	50	
		3	穿晶	石英-石英	0.5	300	150	
		4	穿晶	石英-石英	0.1	50	5	
		5	穿晶	石英-石英	0.5	120	60	
		6	穿沿耦合	石英-斜长石	0.5	100	50	
		7	沿晶	石英-石英	1	80	80	
	A6-6	1	沿晶	石英-斜长石	1	160	160	250
		2	穿晶	石英-石英	0.5	100	50	
		3	穿晶	斜长石-斜长石	0.5	80	40	
	A6-7	1	穿沿耦合	斜长石-斜长石	0.5	120	60	260
		2	穿沿耦合	斜长石-石英	1	100	100	
		3	穿晶	石英-石英	0.5	80	40	
	A6-8	1	穿晶	斜长石-斜长石	0.5	200	100	140
		2	穿晶	石英-石英	0.5	60	30	
	A6-9	1	穿晶	石英-石英	0.5	160	80	230
		2	穿晶	斜长石-斜长石	0.5	40	20	
		3	穿晶	石英-石英	1.5	80	120	
		4	沿晶	斜长石-石英	1	80	80	

3. 特征点碎屑微裂纹与声发射频谱特征的关系

1) 特征点碎屑微裂纹数量比特征

将特征点 A4～A6 碎屑进行 SEM 扫描后的裂纹类型进行数量统计，并分别计算沿晶裂纹、穿晶裂纹和穿沿耦合裂纹的数量占各个特征点碎屑裂纹总数量的比例。通过对比 3 个特征点的数量特征、比值特征及对应的声发射频谱特征，找出其变化规律。表 4.7 为花岗岩试件 LZHG-II-4 应变岩爆特征点碎屑微裂纹数量统计表。

表 4.7　花岗岩试件 LZHG-II-4 应变岩爆特征点碎屑微裂纹数量统计表

特征点	裂纹类型	裂纹数量/条	裂纹总数/条	各裂纹数量占比/%
A4	沿晶	7	10	70
	穿晶	3		30
A5	沿晶	10	24	41.7
	穿晶	11		45.8
	穿沿耦合	3		12.5
A6	沿晶	10	35	28.6
	穿晶	22		62.9
	穿沿耦合	3		8.5

图 4.37 为花岗岩试件 LZHG-II-4 应变岩爆特征点碎屑微裂纹数量统计特征。从表 4.7 和图 4.37 可以看出，实验过程中随着应力的增加，3 个特征点处微裂纹的数量也在增加，说明随着岩石损伤的不断加剧，岩石中会产生更多的裂纹。图 4.37(b)表明，在初始损伤时刻(A4 点)岩石中只有沿晶和穿晶两种单一裂纹类

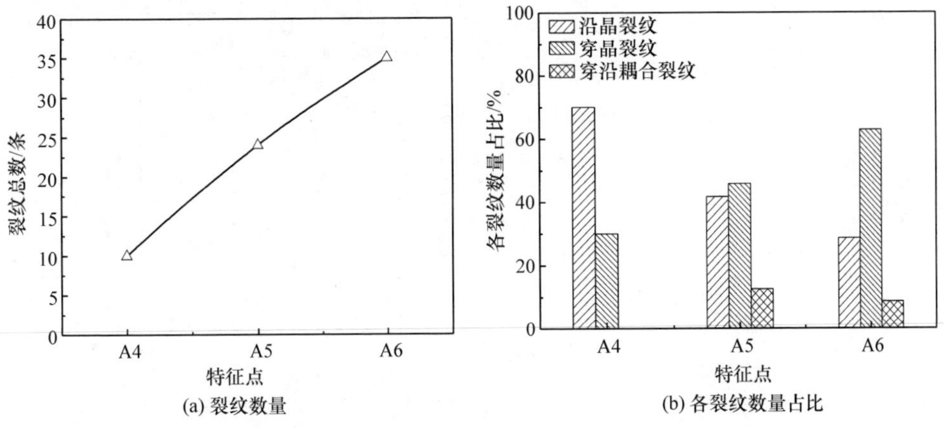

图 4.37　花岗岩试件 LZHG-II-4 应变岩爆特征点碎屑微裂纹数量统计特征

型，随着岩石损伤的不断增加，出现了穿沿耦合裂纹；3 个损伤时刻对应的沿晶裂纹比例逐渐减小，穿晶裂纹比例逐渐增加，穿沿耦合裂纹也在减少，说明在岩爆时刻有更多的穿晶裂纹出现，对应着更高的能量释放，与图 4.33 和图 4.34 所对应 3 个特征点的能量释放特征变化规律一致。

2）特征点碎屑微裂纹面积比特征

对特征点 A4～A6 碎屑 SEM 图片中的裂纹长度和宽度进行测量，并计算每条裂纹的面积，求每个特征点的裂纹总面积并对其进行对比分析；计算每种裂纹类型的面积占每个特征点裂纹总面积的比例，定量地比较每个特征点碎屑微裂纹开展的尺度和消耗的能量。表 4.8 为花岗岩试件 LZHG-II-4 应变岩爆特征点碎屑微裂纹面积统计表。

表 4.8　花岗岩试件 LZHG-II-4 应变岩爆特征点碎屑微裂纹面积统计表

特征点	裂纹类型	裂纹面积/μm^2	裂纹总面积/μm^2
A4	沿晶	2076	2620
	穿晶	544	
A5	沿晶	2550	6355
	穿晶	2735	
	穿沿耦合	1070	
A6	沿晶	14220	21775
	穿晶	7285	
	穿沿耦合	270	

图 4.38 为花岗岩试件 LZHG-II-4 应变岩爆特征点碎屑微裂纹面积统计特征。图 4.38(a)表明，各特征点裂纹的面积呈指数增长趋势，尤其在岩爆时刻裂纹

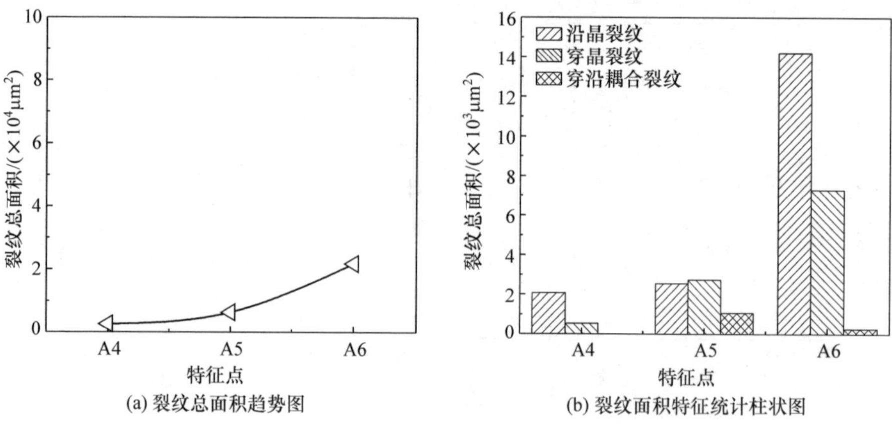

(a) 裂纹总面积趋势图　(b) 裂纹面积特征统计柱状图

图 4.38　花岗岩试件 LZHG-II-4 应变岩爆特征点碎屑微裂纹面积统计特征

面积大幅度增加，对应着岩爆发生时有大幅度的能量释放，与声发射能量释放特征规律一致。图 4.38(b)表明，3 个特征点处的不同类型裂纹面积都呈不同程度的增加，其中沿晶裂纹增加最大，说明在岩爆时刻沿晶裂纹从小尺度向大尺度发展，表明此阶段裂纹扩展加速贯通，并预示着岩爆的发生；穿晶裂纹也在大幅度增加，其扩展需要更多的能量，总体看来，沿晶裂纹比穿晶裂纹更容易产生，但岩爆时刻，穿晶裂纹的尺度也比前两个关键时刻大很多。说明应变岩爆的发生导致沿晶和穿晶裂纹数量增多、面积加大，并导致穿沿耦合裂纹的出现。

3）特征点碎屑微裂纹类型与矿物成分之间的关系

将特征点 A4～A6 碎屑 SEM 图片统计出来的不同裂纹扩展类型对应的矿物成分进行统计，观察裂纹扩展处的矿物成分，如表 4.9 所示。可以看出，实验过程中岩石中产生的沿晶裂纹和穿晶裂纹占绝大部分，穿沿复合型裂纹数量较少。

表 4.9　花岗岩试件 LZHG-II-4 应变岩爆特征点碎屑微裂纹类型与矿物成分关系

裂纹类型	矿物成分	裂纹数量/条	裂纹总数/条	裂纹数量比例/%
沿晶	钾长石-石英	3	30	10
	斜长石-斜长石	3		10
	石英-石英	4		13.34
	斜长石-钾长石	7		23.33
	斜长石-石英	13		43.33
穿晶	钾长石-钾长石	3	33	9.1
	石英-石英	14		42.42
	斜长石-斜长石	16		48.48
穿沿耦合	钾长石-石英	1	6	16.67
	斜长石-斜长石	1		16.67
	斜长石-钾长石	2		33.33
	斜长石-石英	2		33.33

图 4.39 为花岗岩试件 LZHG-II-4 应变岩爆特征点碎屑微裂纹类型与矿物成分关系图。图 4.39(a)表明，沿晶裂纹多发生在斜长石-石英晶体之间，其次为斜长石-钾长石之间，而在石英-石英、斜长石-斜长石及钾长石-石英之间分布较少，这与莱州花岗岩本身的矿物成分含量有关，也与矿物晶体本身的硬度有关。图 4.39(b)表明，穿晶裂纹一般发生在石英-石英和斜长石-斜长石晶体之间，发生在钾长石-钾长石晶体之间的较少；穿沿耦合裂纹数量较少，不具有可比性。

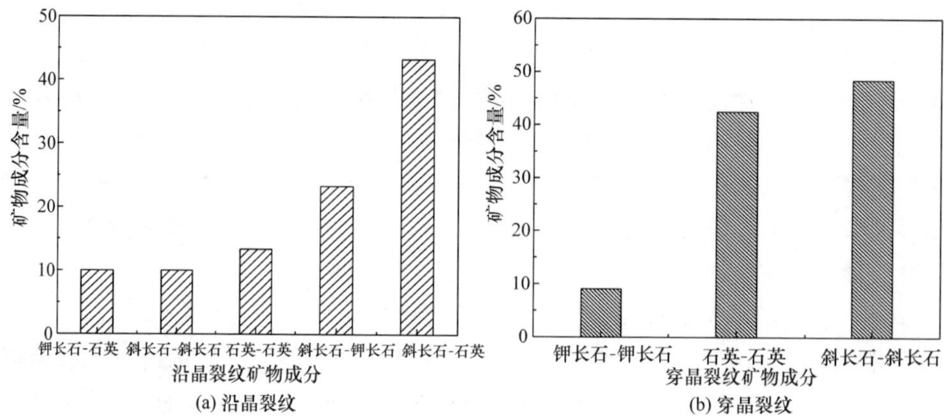

图 4.39 花岗岩试件 LZHG-II-4 应变岩爆特征点碎屑微裂纹类型与矿物成分关系图

4）特征点碎屑穿晶裂纹特征

提取 3 个特征点中的各个点所对应的所有裂纹中面积最大的穿晶裂纹，比较 3 个特征点穿晶裂纹的特征。图 4.40(a)为 3 个特征点穿晶裂纹 SEM 图片，对图

(a1) A4 (a2) A5

(a3) A6

(a) 穿晶裂纹SEM图片

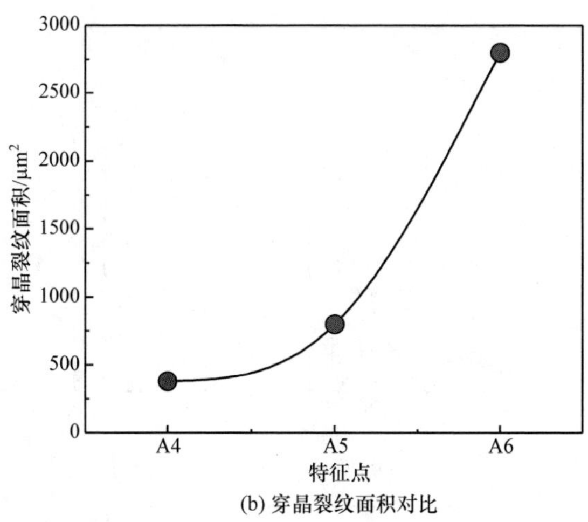

(b) 穿晶裂纹面积对比

图 4.40　花岗岩试件 LZHG-II-4 应变岩爆特征点碎屑穿晶裂纹特征对比图

片进行同倍放大，统计 3 条裂纹的面积，如图 4.40(b)所示。可以看出，随着损伤的增加，裂纹的面积也在大幅度增加，说明随着应力的加大，应变岩爆积聚的能量逐渐释放出来，表现为声发射能量释放量的突然增加。

4.3.3　北山花岗岩微裂纹与声发射频谱关系

1. 北山花岗岩应变岩爆声发射频谱特征

1) 声发射能量释放特征分析

选取花岗岩试件 BSHG-II-3 进行滞后岩爆实验研究，实验的应力-时间曲线如图 4.41(a)所示，实验方法与 4.3.2 节莱州花岗岩相同。图中 I、II、III 分别代表初始加载阶段、加-卸载保持阶段和岩爆阶段。

图 4.41(b)为整个实验过程中声发射绝对能量释放特征。可以看出，岩爆发生时释放的能量要远远大于其他阶段，岩爆实验过程声发射能量的释放特征与莱州花岗岩特征相似。图 4.41(c)为实验过程中声发射累计绝对能量随时间变化的曲线。可以看出，岩石在初始加载阶段和岩爆阶段的能量释放较大。

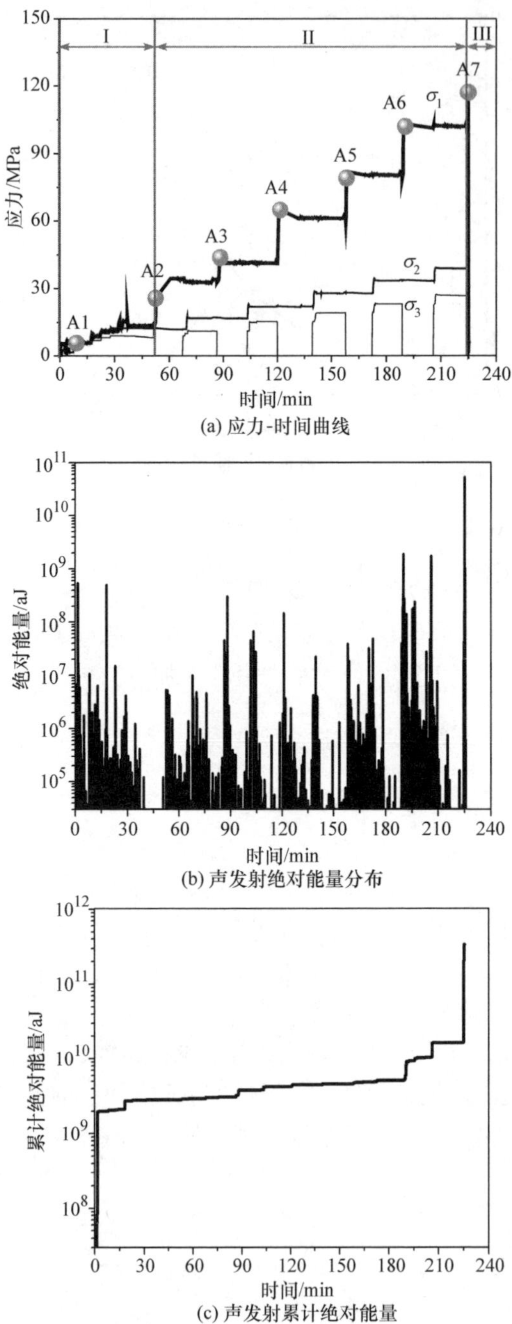

(a) 应力-时间曲线

(b) 声发射绝对能量分布

(c) 声发射累计绝对能量

图 4.41　花岗岩试件 BSHG-II-3 应变岩爆实验应力-时间及声发射能量特征曲线

2）声发射各特征点频谱特征分析

选取花岗岩试件 BSHG-II-3 应变岩爆实验加-卸载过程的 7 个特征点（A1～A7），分析每个特征点最大电压幅值所对应的波形特征。该花岗岩试件的 σ_{1c} 为 117.1MPa。

图 4.42 为花岗岩试件 BSHG-II-3 应变岩爆特征点原始波形，前 6 个特征点对应的波形都为突发型波形，岩爆时刻为连续型波形。图 4.43 为 7 个特征点对应声发射波形的二维频谱。

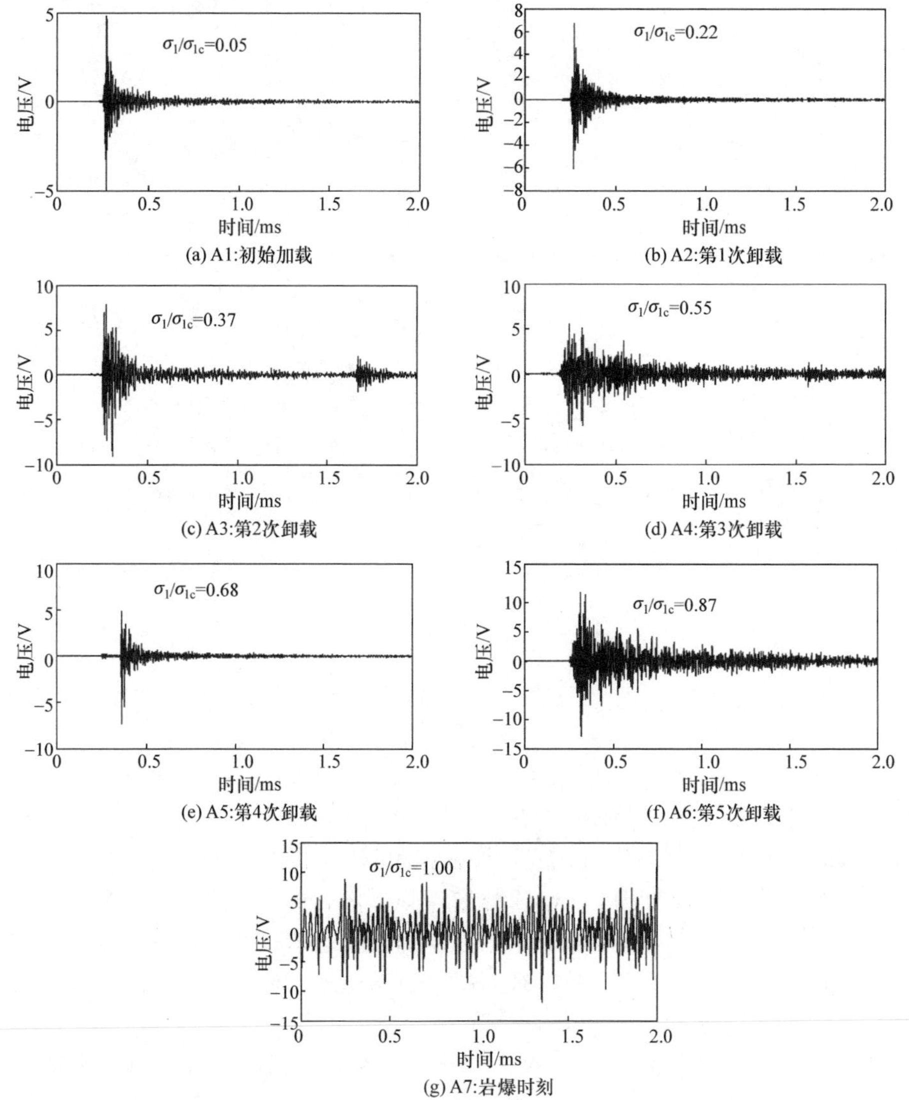

图 4.42　花岗岩试件 BSHG-II-3 应变岩爆特征点原始波形

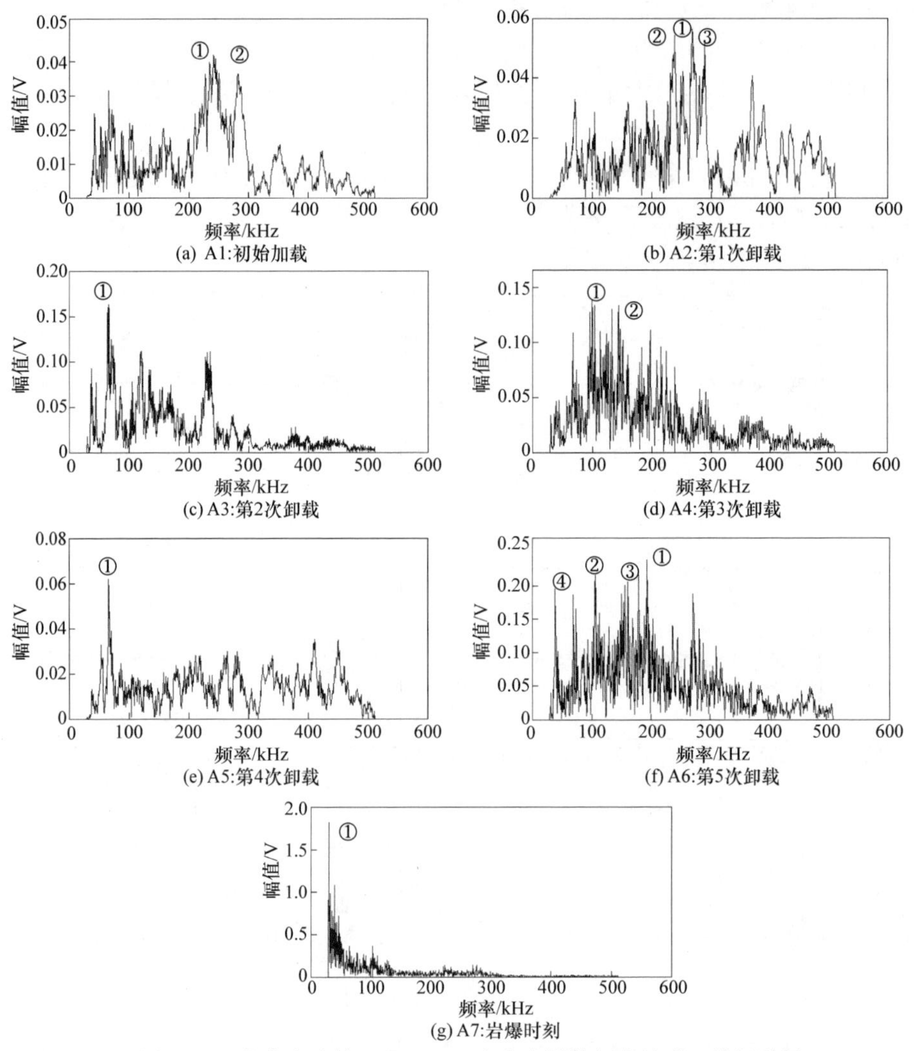

图 4.43 花岗岩试件 BSHG-II-3 应变岩爆特征点波形二维频谱图

①主频;②次主频;③第 3 主频;④第 4 主频

从图 4.43 可以看出,岩石在初始加载和卸载保持阶段各特征点声发射主频比较丰富,尤其是在最大主应力加载达到岩爆临界应力的 87%时,其声发射出现了多个主频带,分布在 30～70kHz、100～150kHz 和 250～280kHz。岩爆时刻对应的主频约为 31kHz,表现为低频特征,说明岩爆阶段的主频特征值在很大程度上取决于岩爆时刻释放能量最大的波形。

图 4.44 为花岗岩试件 BSHG-II-3 应变岩爆特征点主频和幅值特征。由图 4.44(a)可以看出,从初始加载到岩爆时刻主频特征值总体规律是从高频向低频移动,在第 5 次卸载时的主频特征值比第 2、第 3 和第 4 次卸载时要高;结合图 4.44(b)

可以看出，岩爆时刻相对于其他时刻为低频高幅值特征，初始加载和第 1 次卸载表现为高频低幅值特征，第 2、第 3 和第 4 次卸载表现为中-低频低幅值特征，第 5 次卸载对应的是中-高频低幅值特征。

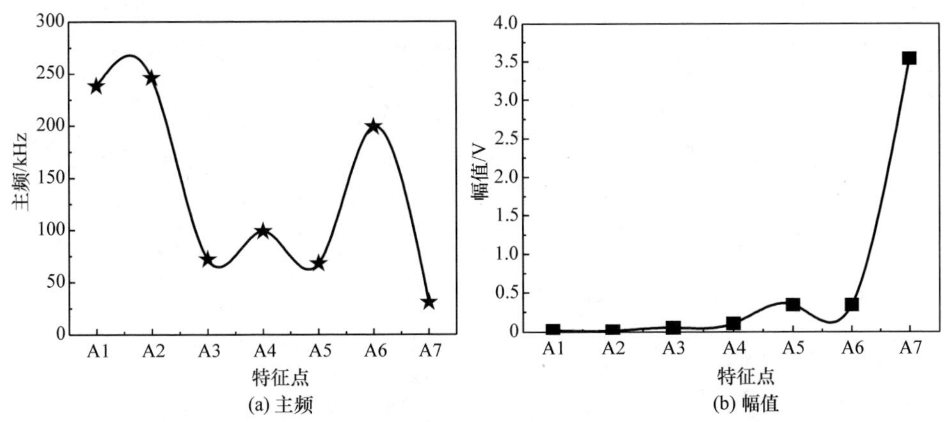

(a) 主频　　(b) 幅值

图 4.44　花岗岩试件 BSHG-II-3 应变岩爆特征点主频和幅值特征

因此，岩爆时刻区别于其他特征点的特征主要为：①原始波形多为连续型；②单一的主频特征值，表现为低频；③主频对应的幅值很大，要远远高于其他特征点时刻。

为了更清晰、更全面地观察应变岩爆实验过程中各特征点的幅值-频谱特征变化规律，对各特征点的波形进行三维频谱转换，如图 4.45 所示。可以看出，岩石在前 6 个特征点对应的能量释放量很小，而在岩爆时刻能量释放量很大，观察其频谱特征表现为低频高幅值特征。表明岩爆时刻区别于其他阶段最明显的特点就是声发射的频谱响应特性向低频转移，并且幅值很大，要远远高于其他任何一个特征点时刻。

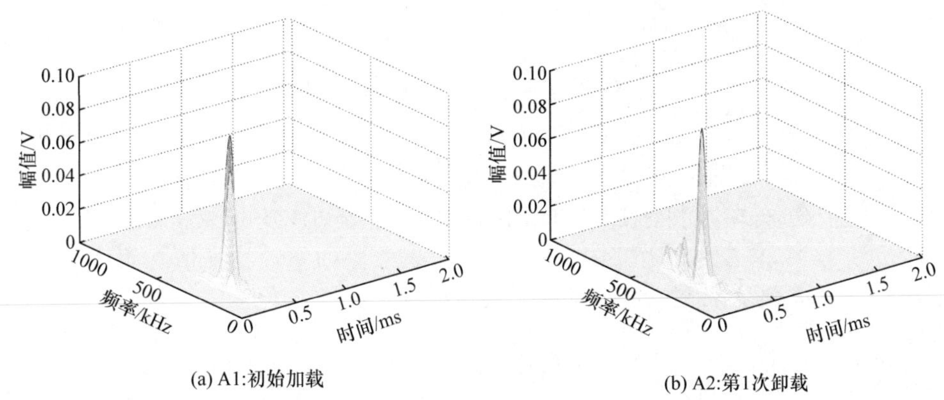

(a) A1:初始加载　　(b) A2:第1次卸载

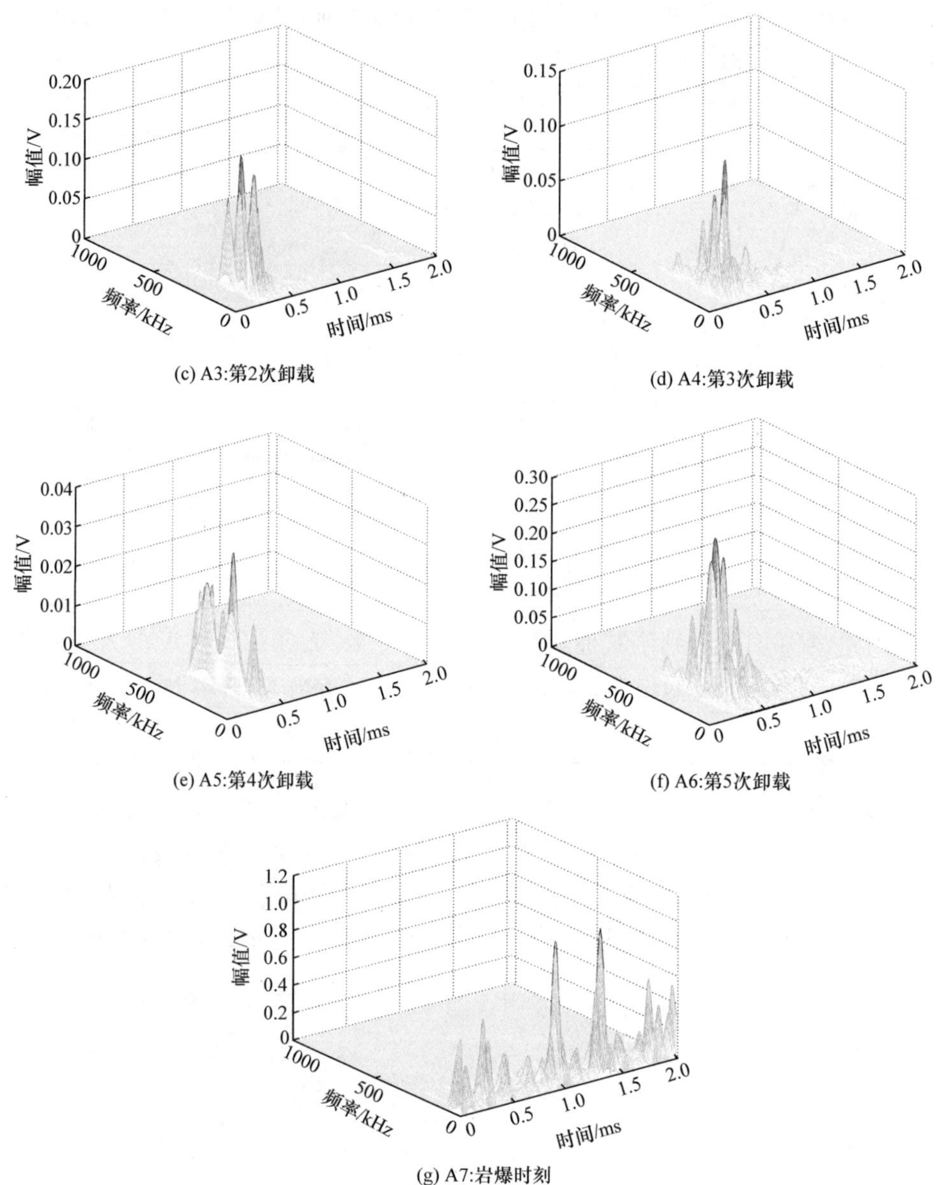

图 4.45　花岗岩试件 BSHG-II-3 应变岩爆特征点波形三维频谱图

2. 北山花岗岩应变岩爆碎屑微裂纹特征

花岗岩试件 BSHG-II-3 在应变岩爆实验加-卸载过程中，经历了岩石压密阶段(原生裂纹和孔隙的闭合)、初始损伤阶段、裂纹继续损伤阶段和岩爆阶段。在岩爆实验整个过程中，在第 4 次卸载时刻(A5 点)、第 5 次卸载时刻(A6 点)和岩爆时刻(A7 点)都有小碎屑的剥离，将剥离的碎屑进行收集，碎屑剥离点应力及对应的声发射累计能量特征如图 4.46 所示，表明在实验过程中的碎屑剥离点都有声发射能量的突然增加，说明岩石内部损伤和裂纹扩展导致碎屑从岩石表面剥离，从碎屑的形貌特征来看，在 A5 点和 A6 点碎屑剥离表现为薄片状，而在岩爆时刻碎屑以块状居多，如图 4.47 所示。

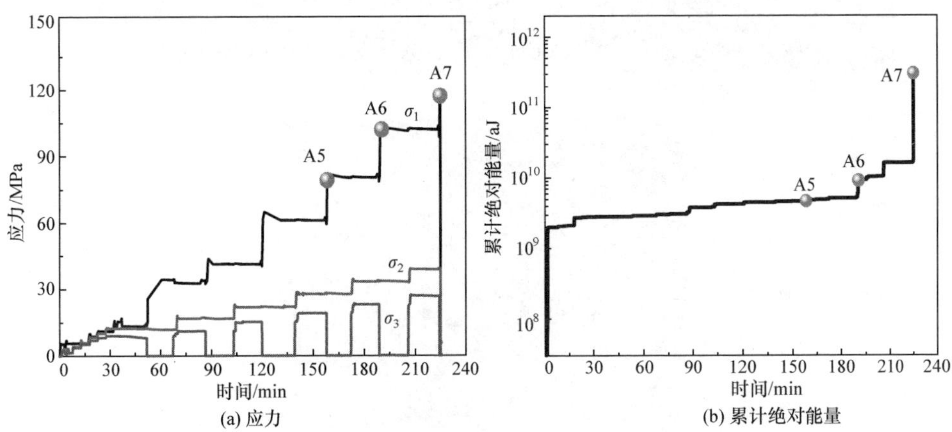

图 4.46　花岗岩试件 BSHG-II-3 应变岩爆特征点应力及声发射累计能量曲线

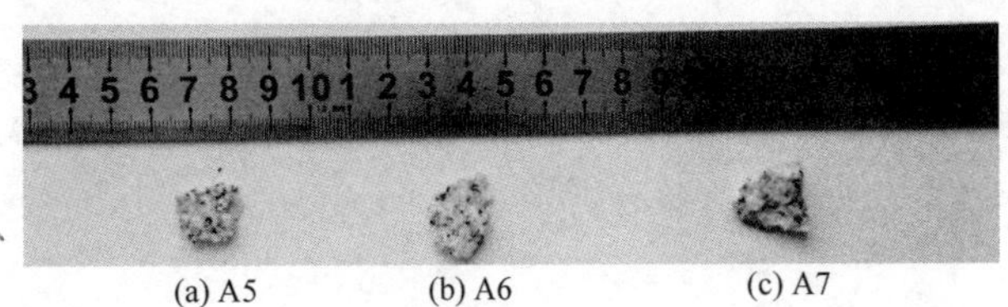

图 4.47　花岗岩试件 BSHG-II-3 应变岩爆特征点碎屑图片

1) 特征点裂纹 SEM 图片

花岗岩试件 BSHG-II-3 应变岩爆特征点碎屑微裂纹 SEM 图像如图 4.48 所示。可以看出，在同样的放大倍数下，岩爆时刻的裂纹尺度明显加大，裂纹面积明显增加，说明岩爆时刻有更多的能量释放出来。

(a1) A5-1　(a2) A5-2

(a3) A5-3

(a) A5:第4次卸载

(b1) A6-1　(b2) A6-2

(b3) A6-3　(b4) A6-4

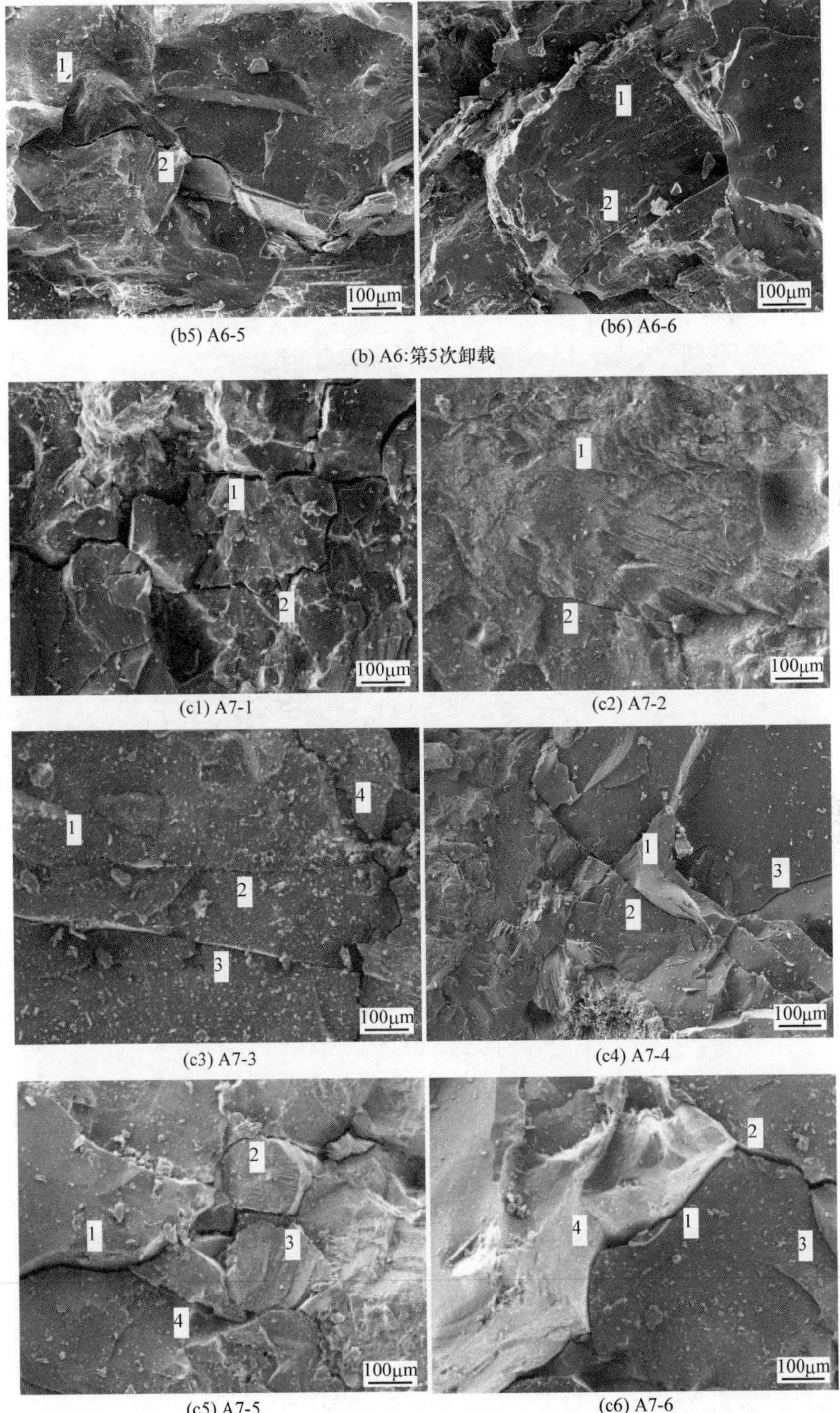

(b5) A6-5　(b6) A6-6

(b) A6:第5次卸载

(c1) A7-1　(c2) A7-2

(c3) A7-3　(c4) A7-4

(c5) A7-5　(c6) A7-6

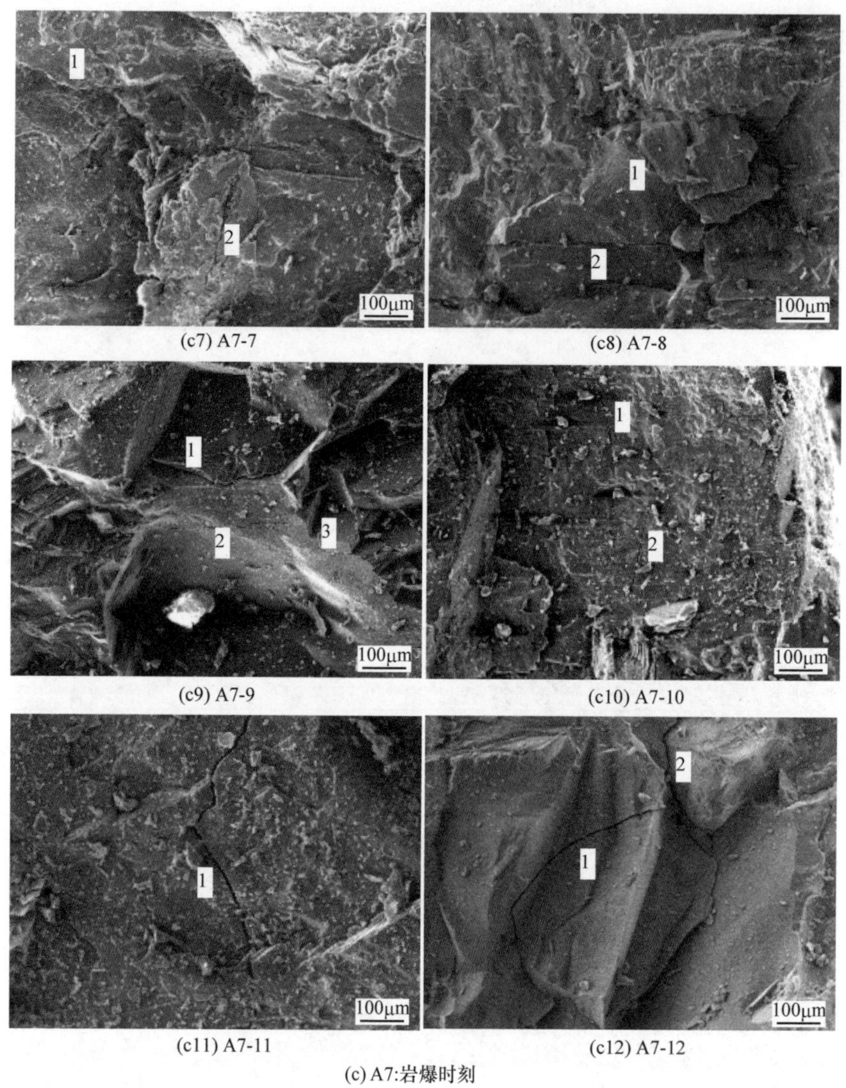

(c7) A7-7 (c8) A7-8

(c9) A7-9 (c10) A7-10

(c11) A7-11 (c12) A7-12

(c) A7:岩爆时刻

图 4.48 花岗岩试件 BSHG-II-3 应变岩爆特征点碎屑微观裂纹 SEM 图像

2）特征点裂纹信息统计

利用 4.3.2 节莱州花岗岩裂纹信息统计的方法，对北山花岗岩试件 BSHG-II-3 裂纹信息进行统计，结果如表 4.10 所示。可以看出，A5 点处剥离碎屑裂纹的面积都较小，说明裂纹尺度较小并且沿晶裂纹居多，穿晶裂纹的尺度非常小，对应着岩石的初始损伤；A6 点处裂纹尺度逐渐加大，并且裂纹数量增多；A7 点处裂纹开裂尺度急剧增大，穿晶裂纹数量急剧增多，裂纹总数急剧增大，预示着岩石中有更多的能量释放出来，是应变岩爆发生时的典型特征。

表 4.10　花岗岩试件 BSHG-II-3 应变岩爆特征点碎屑微裂纹类型及几何参数

特征点	样品号	裂纹编号	裂纹类型	矿物成分	裂纹宽度/μm	裂纹长度/μm	裂纹面积/μm^2	裂纹总面积/μm^2
A5	A5-1	1	沿晶	石英-钠长石	2.02	855.7	1728.5	1728.5
	A5-2	1	穿晶	石英-石英	2.49	69.7	173.6	2280
		2	穿晶	石英-石英	2.68	63.2	169.4	
		3	沿晶	石英-石英	3.67	527.8	1937.0	
	A5-3	1	沿晶	石英-钾长石	7.59	267.5	2030.3	2363.6
		2	沿晶	石英-钾长石	1.05	317.4	333.3	
A6	A6-1	1	穿晶	石英-石英	2.56	297.04	760.4	963.3
		2	穿晶	石英-石英	1.23	164.96	202.9	
	A6-2	1	沿晶	石英-石英	2.88	904.1	2603.8	4031.3
		2	沿晶	石英-石英	2.03	703.2	1427.5	
	A6-3	1	沿晶	石英-石英	4.97	732.7	3641.5	15317.9
		2	沿晶	石英-石英	5.23	336.5	1759.9	
		3	沿晶	石英-石英	14.11	702.8	9916.5	
	A6-4	1	沿晶	钠长石-钠长石	7.09	145.4	1030.9	9276.3
		2	沿晶	钠长石-钠长石	11.06	573.6	6344.0	
		3	穿晶	钠长石-钠长石	5.63	75.1	422.8	
		4	沿晶	钠长石-钠长石	3.67	402.9	1478.6	
	A6-5	1	穿晶	石英-石英	3.51	206.96	788.5	9811.8
		2	沿晶	石英-石英	12.21	787.99	9621.4	
	A6-6	1	穿晶	斜长石-斜长石	2.03	150.2	304.9	937.3
		2	穿晶	斜长石-斜长石	1.25	505.9	632.4	
A7	A7-1	1	沿晶	石英-石英	20.58	1384	28482.7	47112.7
		2	沿晶	石英-石英	16.2	1150.0	18630.0	
	A7-2	1	穿晶	钾长石-钾长石	2.05	633.6	1298.9	2530.8
		2	穿晶	钾长石-钾长石	2.31	533.3	1231.9	
	A7-3	1	穿晶	石英-石英	1.89	301.3	569.5	5983.8
		2	穿沿耦合	石英-石英	2.32	632.2	1466.7	
		3	穿晶	石英-石英	3.01	648.9	1953.2	
		4	穿沿耦合	石英-钠长石	2.76	722.6	1994.4	
	A7-4	1	穿晶	石英-石英	3.56	438.4	1560.7	3373
		2	穿晶	石英-石英	2.31	479.1	1106.7	
		3	沿晶	石英-石英	1.78	396.4	705.6	

续表

特征点	样品号	裂纹编号	裂纹类型	矿物成分	裂纹宽度/μm	裂纹长度/μm	裂纹面积/μm²	裂纹总面积/μm²
A7	A7-5	1	沿晶	石英-石英	21.39	447.8	9578.4	15863
		2	沿晶	石英-石英	5.62	402.6	2262.6	
		3	沿晶	石英-斜长石	2.17	328.6	713.1	
		4	沿晶	石英-斜长石	9.63	343.6	3308.9	
	A7-6	1	沿晶	石英-斜长石	1.86	706.4	1313.9	2527.3
		2	穿晶	石英-石英	1.92	329.1	631.9	
		3	穿晶	石英-石英	3.39	139.7	473.6	
		4	穿晶	斜长石-斜长石	1.01	106.8	107.9	
	A7-7	1	穿晶	石英-石英	2.79	163.4	455.9	1632.2
		2	穿晶	石英-石英	5.32	221.1	1176.3	
	A7-8	1	沿晶	石英-钾长石	2.02	200.5	405.0	2877.7
		2	穿晶	石英-石英	7.32	337.8	2472.7	
	A7-9	1	沿晶	石英-钾长石	6.87	486.2	3340.2	4290.4
		2	穿晶	钾长石-钾长石	1.77	378.0	669.1	
		3	沿晶	石英-钾长石	2.31	121.7	281.1	
	A7-10	1	穿晶	石英-石英	5.23	299.01	1563.8	2479.1
		2	穿晶	石英-石英	3.25	281.64	915.3	
	A7-11	1	穿晶	钾长石-钾长石	3.74	639.2	2390.6	2390.6
	A7-12	1	穿晶	石英-石英	4.35	636.9	2770.5	5607.6
		2	沿晶	石英-钠长石	4.21	673.9	2837.1	

3. 特征点碎屑微裂纹与声发射频谱特征的关系

1）特征点碎屑微裂纹数量比特征

将特征点 A5～A7 碎屑进行 SEM 扫描后的裂纹类型进行数量统计，并分别计算沿晶裂纹、穿晶裂纹和穿沿耦合裂纹的数量占各个特征点碎屑裂纹总数量的比例。通过对比 3 个特征点的数量特征、比值特征及对应的声发射频谱特征，找出其变化规律。表 4.11 为花岗岩试件 BSHG-II-3 应变岩爆特征点碎屑微裂纹数量统计表。

表 4.11　花岗岩试件 BSHG-II-3 应变岩爆特征点碎屑微裂纹数量统计表

特征点	裂纹类型	裂纹数量/条	裂纹总数/条	各裂纹数量占比/%
A5	沿晶	4	6	67.7
	穿晶	2		33.3
A6	沿晶	9	15	60
	穿晶	6		40
A7	沿晶	9	31	29
	穿晶	20		64.5
	穿沿耦合	2		6.5

图 4.49 为花岗岩试件 BSHG-II-3 应变岩爆特征点碎屑微裂纹数量统计特征。图 4.49(b)表明，在第 4 次卸载较低应力水平时(A5 点)岩石中只有沿晶和穿晶两种裂纹类型，随着岩石损伤的不断增加，出现了穿沿耦合裂纹；3 个损伤时刻对应的沿晶裂纹比例逐渐减小，穿晶裂纹比例逐渐增加，说明在岩爆时刻有更多的穿晶裂纹出现，对应着更高的能量释放。

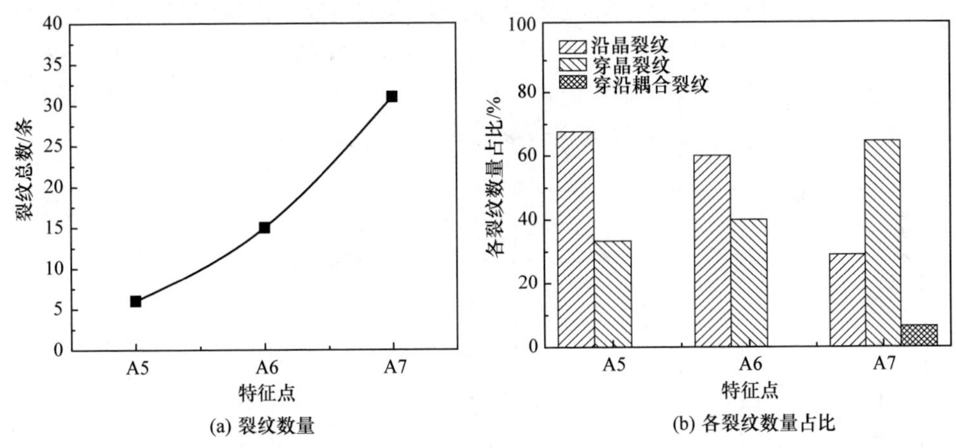

图 4.49　花岗岩试件 BSHG-II-3 应变岩爆特征点碎屑微裂纹数量统计特征

2) 特征点碎屑微裂纹面积比特征

对特征点 A5～A7 碎屑 SEM 图片中的裂纹长度和宽度进行测量，计算每条裂纹的面积，求每个特征点的裂纹总面积并对其进行对比分析；计算每种裂纹类型的面积占每个特征点裂纹总面积的比例，定量地比较每个特征点碎屑微裂纹开展的尺度和消耗的能量。表 4.12 为花岗岩试件 BSHG-II-3 应变岩爆特征点碎屑微裂纹面积统计表。

表 4.12 花岗岩试件 BSHG-II-3 应变岩爆特征点碎屑微裂纹面积统计表

特征点	裂纹类型	裂纹面积/μm²	裂纹总面积/μm²
A5	沿晶	6029.1	6372.1
	穿晶	343	
A6	沿晶	37824.1	40337.9
	穿晶	2513.8	
A7	沿晶	71858.6	97946.6
	穿晶	22626.9	
	穿沿耦合	3461.1	

图 4.50 为花岗岩试件 BSHG-II-3 应变岩爆特征点碎屑微裂纹面积统计特征。图 4.50(a)表明,各特征点裂纹的面积呈指数增长趋势,尤其是在岩爆时刻裂纹面积大幅度增加,对应着岩爆发生时有大幅度的能量释放,与声发射能量释放特征规律一致。图 4.50(b)表明,在 3 个特征点处的不同种类裂纹面积都在呈不同程度的增加,其中沿晶裂纹增加最大,说明在岩爆时刻沿晶裂纹从小尺度向大尺度发展,表明此阶段裂纹扩展加速贯通,并预示着岩爆的发生;穿晶裂纹也在大幅度增加,其扩展需要更多的能量,总体看来,沿晶裂纹比穿晶裂纹更容易产生,但岩爆时刻,穿晶裂纹的尺度也比前两个时刻大很多。说明岩爆的发生导致沿晶和穿晶裂纹数量增多、面积加大,并导致穿沿耦合裂纹的出现。

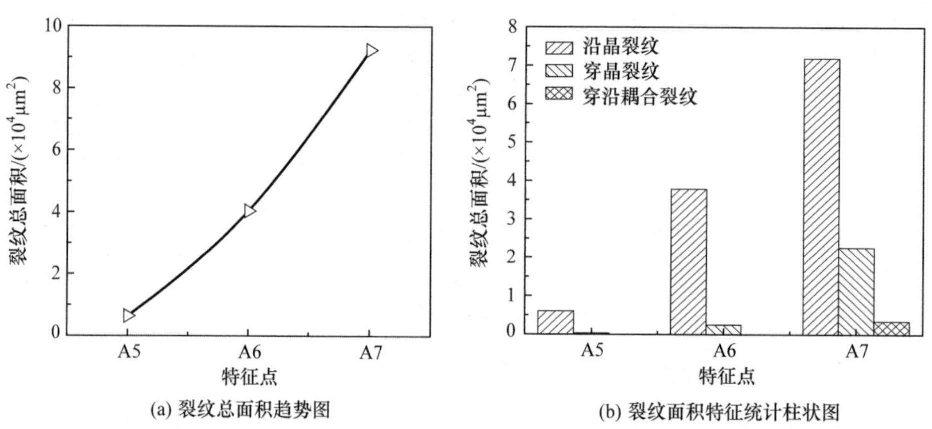

(a) 裂纹总面积趋势图　(b) 裂纹面积特征统计柱状图

图 4.50 花岗岩试件 BSHG-II-3 应变岩爆特征点碎屑微裂纹面积统计特征

3) 特征点碎屑微裂纹类型与矿物成分之间的关系

将特征点 A5～A7 碎屑 SEM 图片统计出来的不同裂纹扩展处所对应的矿物成分进行统计,观察裂纹扩展处的矿物成分,如表 4.13 所示。可以看出,实验过程中岩石中产生的沿晶裂纹和穿晶裂纹占绝大部分,穿沿耦合裂纹数量较少。

表 4.13　花岗岩试件 BSHG-II-3 应变岩爆特征点碎屑微裂纹类型与矿物成分关系

裂纹类型	矿物成分	裂纹数量/条	裂纹总数/条	各裂纹数量占比/%
沿晶	石英-钠长石	2	22	9.1
	石英-斜长石	3		13.6
	钠长石-钠长石	3		13.6
	石英-钾长石	5		22.8
	石英-石英	9		40.9
穿晶	钠长石-钠长石	1	28	3.6
	斜长石-斜长石	3		10.7
	钾长石-钾长石	4		14.3
	石英-石英	20		71.4
穿沿耦合	石英-石英	1	2	50
	石英-钠长石	1		50

图 4.51 为花岗岩试件 BSHG-II-3 应变岩爆特征点碎屑微裂纹类型与矿物成分关系图。图 4.51(a)表明，沿晶裂纹开展多发生在石英-石英晶体之间，其次为石英-钾长石之间，而在钠长石-钠长石、石英-斜长石及石英-钠长石之间分布较少，这与北山花岗岩本身的矿物成分含量及晶体之间的联结方式有关，也与矿物晶体本身的硬度有关；图 4.51(b)表明，穿晶裂纹开展一般发生在石英-石英和钾长石-钾长石晶体之间，发生在斜长石-斜长石和钠长石-钠长石晶体之间的较少；穿沿耦合裂纹数量较少，不具有可比性。

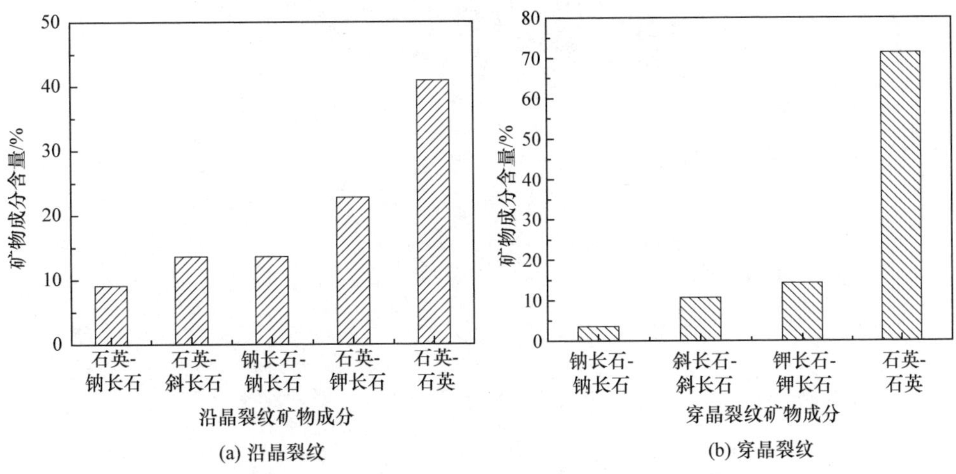

图 4.51　花岗岩试件 BSHG-II-3 应变岩爆特征点碎屑微裂纹类型与矿物成分关系图

4）特征点碎屑穿晶裂纹特征

提取 3 个特征点中的各个点对应的所有裂纹中面积最大的穿晶裂纹，比较 3

个特征点穿晶裂纹的特征。图 4.52(a)为 3 个特征点穿晶裂纹 SEM 图片，对图片进行同倍放大，统计 3 条裂纹的面积，如图 4.52(b)所示。可以看出，随着损伤的增加，裂纹的面积也在大幅度增加，说明随着应力的加大，越来越多积聚的能量在岩爆时刻释放出来，表现为声发射能量释放量的突然增大。

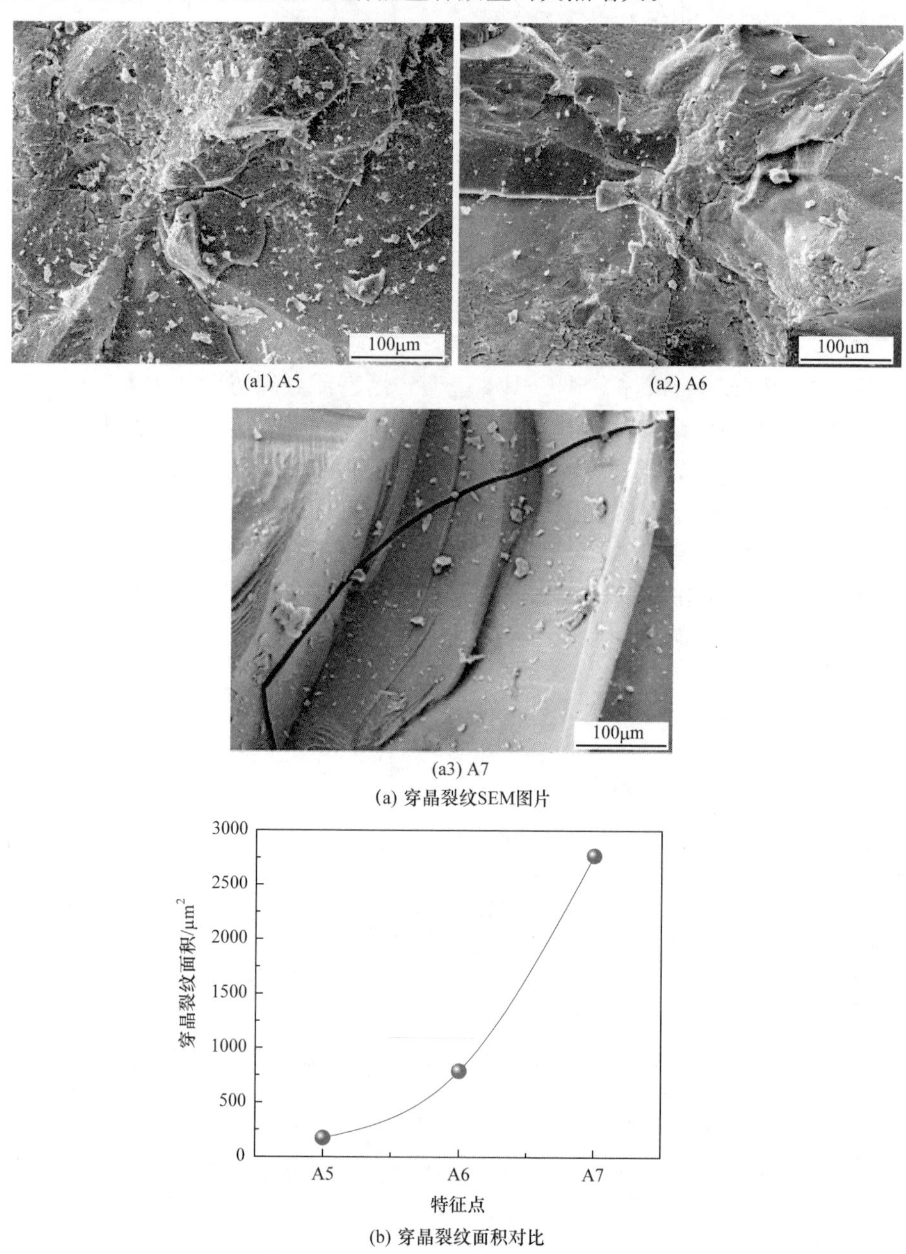

(a1) A5　(a2) A6　(a3) A7

(a) 穿晶裂纹SEM图片

(b) 穿晶裂纹面积对比

图 4.52　花岗岩试件 BSHG-II-3 应变岩爆特征点碎屑穿晶裂纹特征对比图

4.3.4　芙蓉玄武岩微裂纹与声发射频谱关系

1. 芙蓉玄武岩应变岩爆声发射频谱特征

1）声发射能量释放特征分析

选取玄武岩试件 FRXW-I-2 进行瞬时岩爆实验研究，实验的应力-时间曲线如图 4.53(a)所示，首先将岩石加载到现场地应力测试所得的三向应力状态为 9.92MPa/15.97MPa/28.01MPa，快速卸载最小主应力暴露卸载面，观察在此应力状态下能否发生岩爆。若没有岩爆发生，则重新加载最小主应力和其他两向应力，直到岩爆发生。图中 I、II、III 分别代表初始加载阶段、加-卸载保持阶段和岩爆阶段。

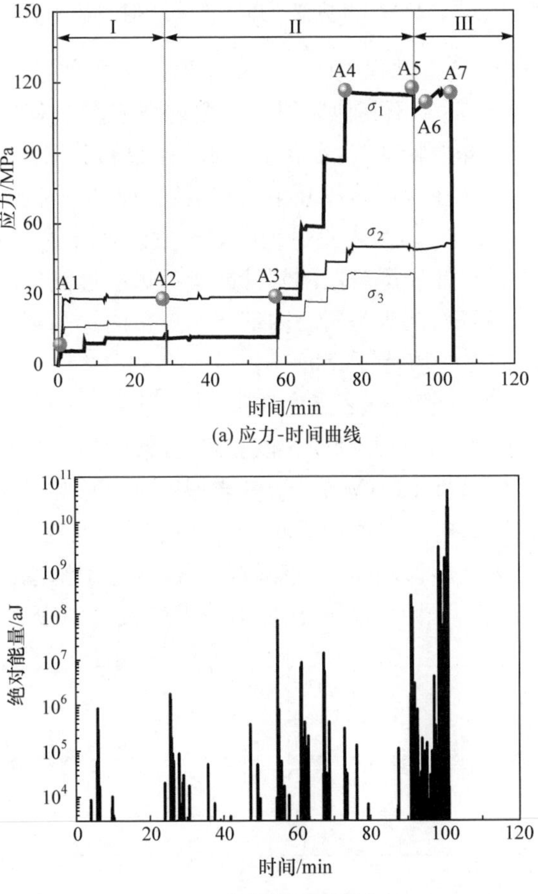

(a) 应力-时间曲线

(b) 声发射绝对能量分布

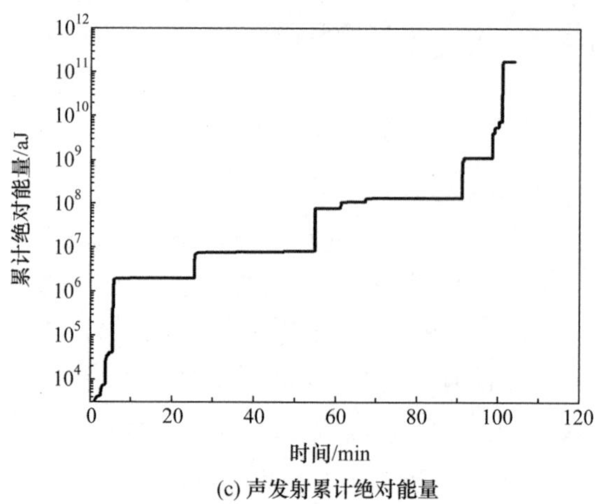

(c) 声发射累计绝对能量

图 4.53　玄武岩试件 FRXW-I-2 应变岩爆实验应力-时间及声发射能量特征曲线

图 4.53(b)为整个实验过程中的声发射绝对能量释放特征。可以看出,岩爆发生时释放的能量要远远大于其他阶段。应变岩爆实验过程中随着分级加-卸载的进行,声发射能量的释放特征为:在初始加载、卸载和分级加载阶段声发射都有不同程度的突增现象;而在保持阶段几乎没有声发射产生,说明此时岩石内部还处于相对平衡状态。图 4.53(c)为实验过程中的声发射累计绝对能量随时间的变化曲线。可以看出,声发射在岩爆阶段的累计能量远远超过其他阶段的总和;岩爆发生并伴随急剧的能量释放,认为是岩石内部产生较多的穿晶裂纹导致的。

2) 声发射各特征点频谱特征分析

选取 FRXW-I-2 玄武岩应变岩爆实验加-卸载过程的 7 个特征点,分析每个特征点最大电压幅值所对应的波形特征。该玄武岩试件的 σ_{1c} 为 117.5MPa。

图 4.54 为玄武岩试件 FRXW-I-2 应变岩爆特征点原始波形。可以看出,前 6 个特征点波形为突发型,电压幅值远远小于岩爆时刻并且随着应力的增加呈逐渐增大的趋势;岩爆时刻波形为连续型,布满整个区域,电压幅值也较大,是整个实验过程中独有的波形特征。图中岩爆时刻应力值占最大集中应力值的 98%,主要是

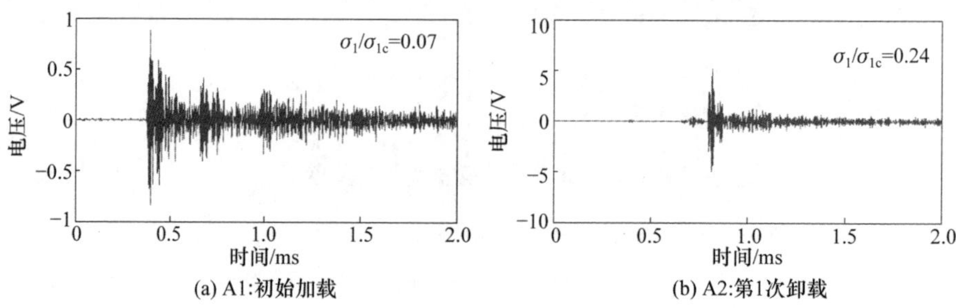

(a) A1:初始加载　　(b) A2:第1次卸载

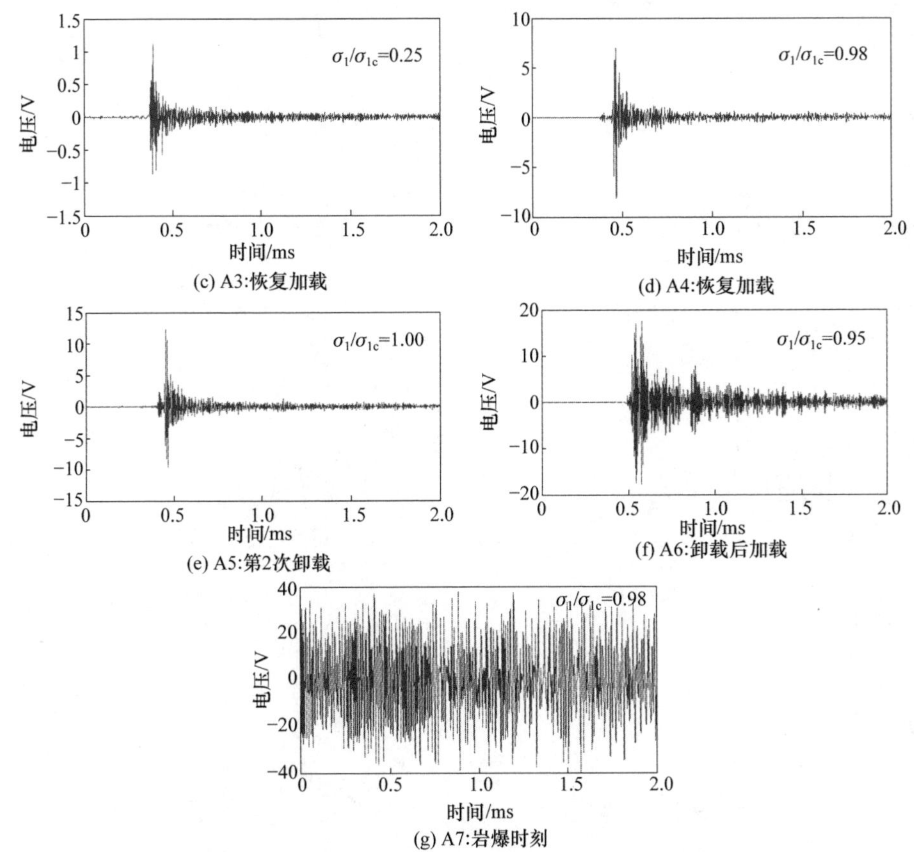

图 4.54　玄武岩试件 FRXW-I-2 应变岩爆特征点原始波形

因为实验过程中第 2 次卸载时在最大主应力方向有一个应力降，卸载导致岩石失去三向六面平衡状态，处于连续损伤阶段，岩石内部裂纹逐步衍生直至岩爆破坏。

图 4.55 为玄武岩试件 FRXW-I-2 应变岩爆特征点波形二维频谱图。可以看出，岩石在初始加载和卸载保持阶段各特征点声发射主频比较集中，在岩爆时刻出现了多个主频带并且都集中在 40～90kHz。芙蓉玄武岩主频带分布在 40～90kHz、130～140kHz、180～195kHz。岩爆时刻对应的主频值约为 78kHz，表现为低频特征，与 4.2.2 节统计的岩爆阶段主频特征值一致，说明岩爆阶段的主频特征值在很大程度上取决于岩爆时刻释放能量最大的波形。

图 4.56 为玄武岩试件 FRXW-I-2 应变岩爆特征点主频和幅值特征。由图 4.56(a)可以看出，从初始加载到岩爆时刻主频特征值总体规律是从高频向低频移动，在初始加载和第 1 次卸载时主频值较高，在恢复加载、分级加载、第 2 次卸载时主频值降低，之后随着岩爆的发生，主频值降到最低；结合图 4.56(b)可以看出，初始加载和第 1 次卸载表现为高频低幅值特征，恢复加载、分级加载、第 2 次卸

载表现为中-低频低幅值特征。

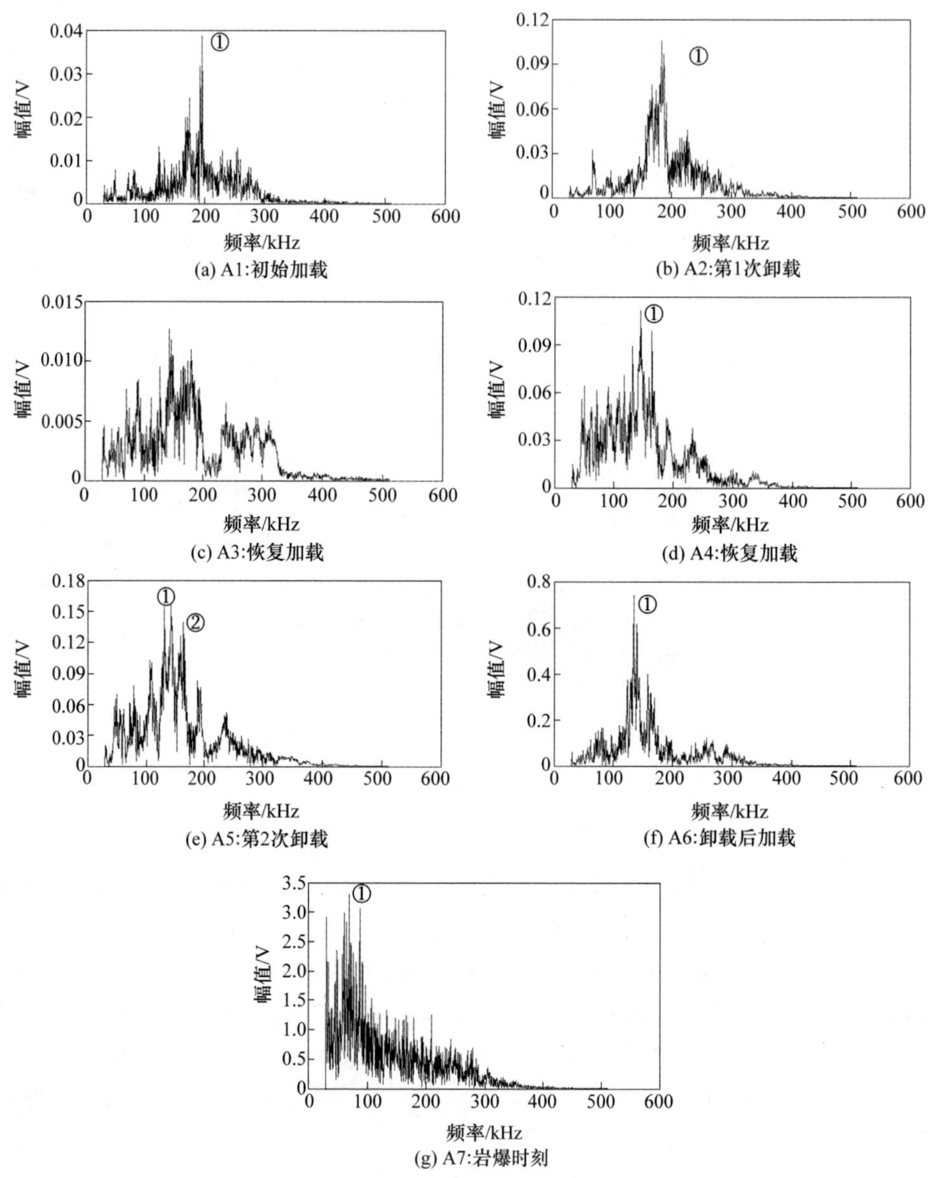

图 4.55　玄武岩试件 FRXW-I-2 应变岩爆特征点波形二维频谱图

①主频；②次主频

因此，岩爆时刻区别于其他特征点的特征主要为：原始波形多为连续型；主频特征值表现为低频；主频对应的幅值很大，要远远高于其他特征点时刻。

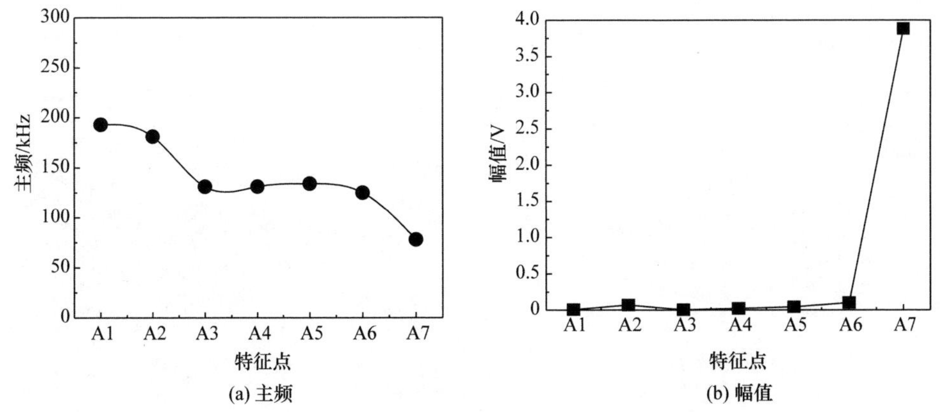

图 4.56　玄武岩试件 FRXW-I-2 应变岩爆特征点主频和幅值特征

为了更清晰、更全面地观察应变岩爆实验过程中各特征点的幅值-频谱特征变化规律，对各特征点的波形进行三维频谱转换，如图 4.57 所示。可以看出，随着应力的增加，声发射能量幅值逐渐增大，岩石在前 6 个特征点对应的能量释放量很小，而在岩爆时刻能量释放量很大，观察其频谱表现为低频高幅值特征。表明岩爆时刻区别于其他阶段最明显的特点就是声发射的频谱响应特性向低频转移，并且幅值很大，要远远高于其他任何一个特征点时刻。

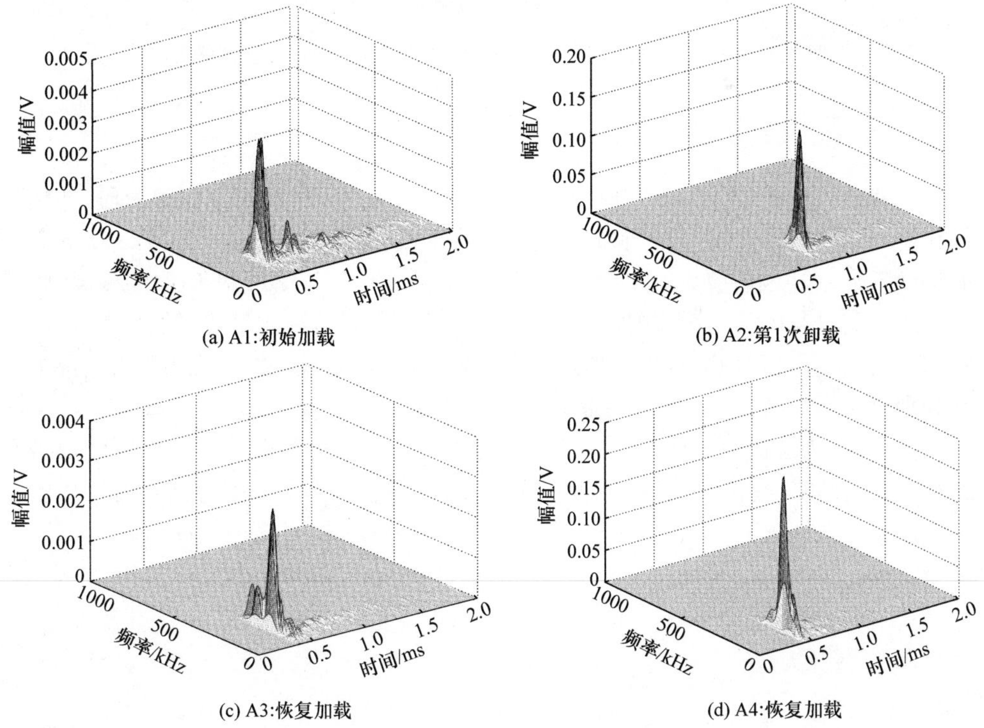

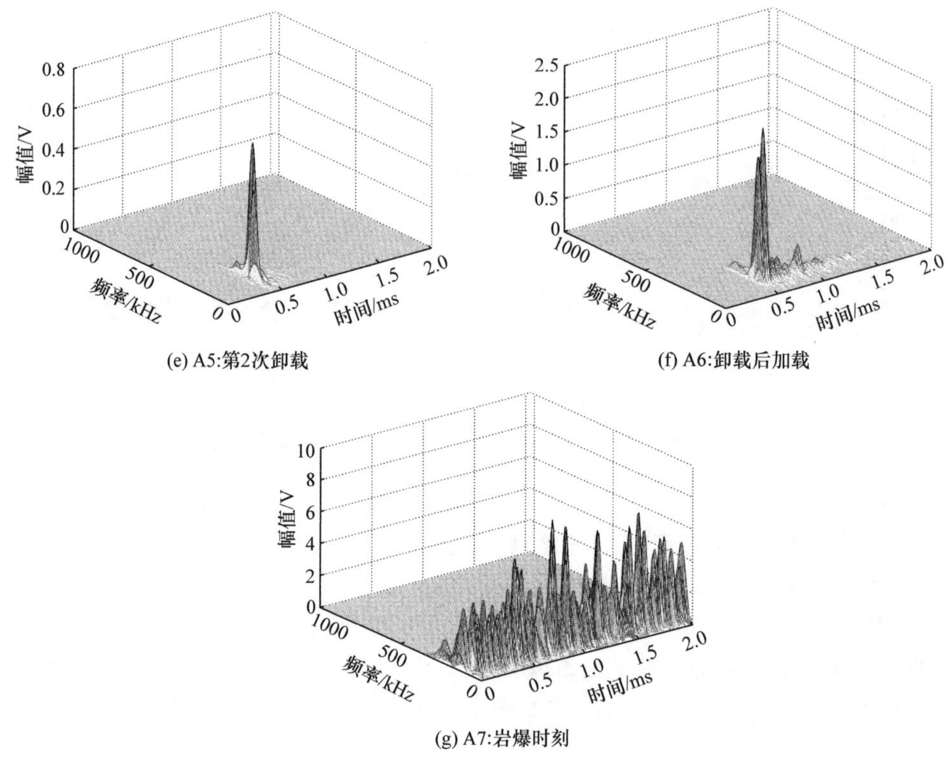

图 4.57 玄武岩试件 FRXW-I-2 应变岩爆特征点波形三维频谱图

2. 芙蓉玄武岩应变岩爆微裂纹特征

玄武岩试件 FRXW-I-2 在应变岩爆实验加-卸载过程中经历了压密阶段、初始损伤阶段、裂纹持续损伤阶段和岩爆阶段。在应变岩爆实验过程中，在第 2 次卸载时刻（A5 点）、卸载后应力调整（A6 点）和岩爆时刻（A7 点）都有小碎屑的剥离，将剥离的碎屑进行收集，碎屑剥离点应力及对应的声发射累计能量特征如图 4.58 所示，表明在实验过程中的碎屑剥离点都有声发射能量的突然增大，说明岩石内部损伤和裂纹扩展导致碎屑从岩石表面剥离。

图 4.59 为玄武岩试件 FRXW-I-2 应变岩爆特征点碎屑图片。从碎屑的形貌特征来看，在 A5 点和 A6 点碎屑表现为薄片状，而在 A7 点岩爆时刻碎屑以块状居多。

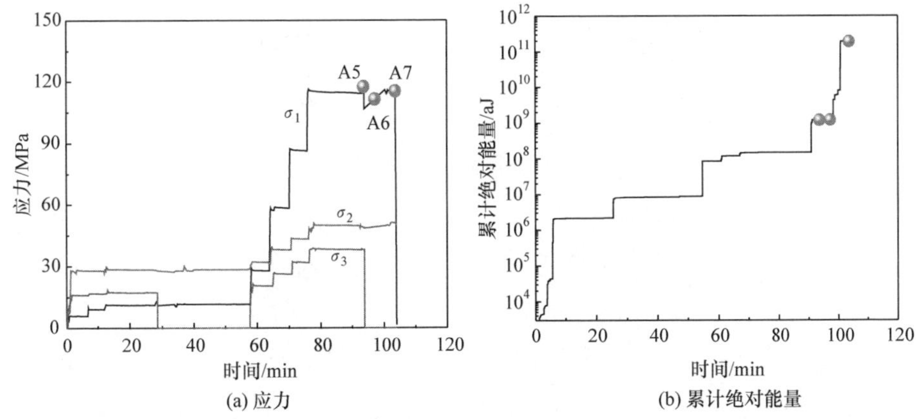

(a) 应力　(b) 累计绝对能量

图 4.58　玄武岩试件 FRXW-I-2 应变岩爆特征点应力及声发射累计能量曲线

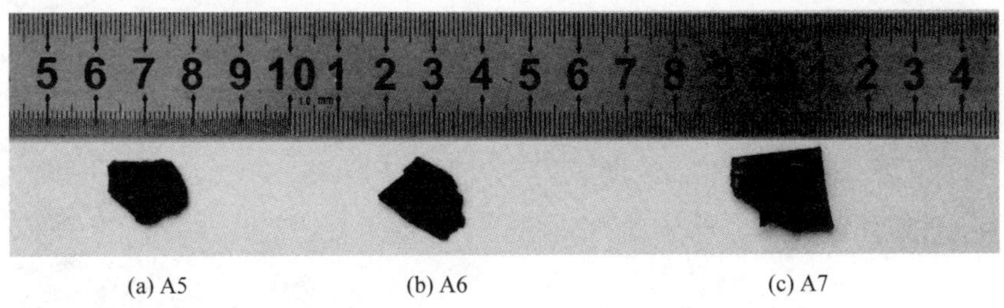
(a) A5　(b) A6　(c) A7

图 4.59　玄武岩试件 FRXW-I-2 应变岩爆特征点碎屑图片

1）特征点裂纹 SEM 图片

图 4.60 为玄武岩试件 FRXW-I-2 应变岩爆特征点碎屑微裂纹 SEM 图像。为了进行详细的对比分析，图片统一放大 200 倍。

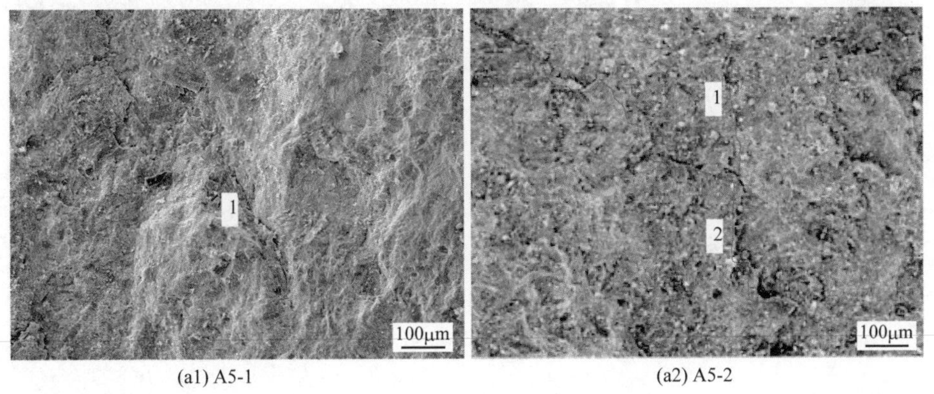

(a1) A5-1　(a2) A5-2

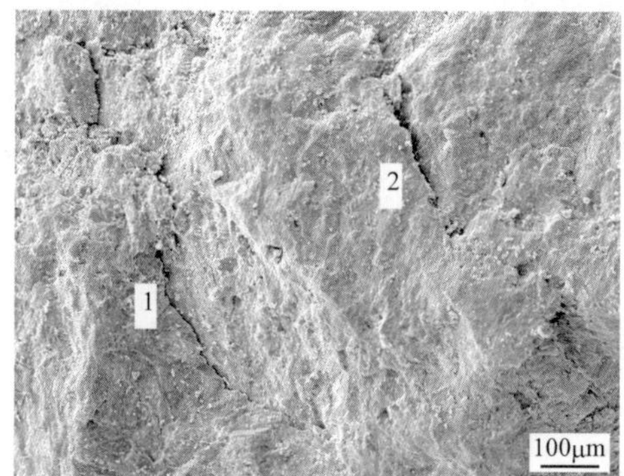

(a3) A5-3

(a) A5:第2次卸载

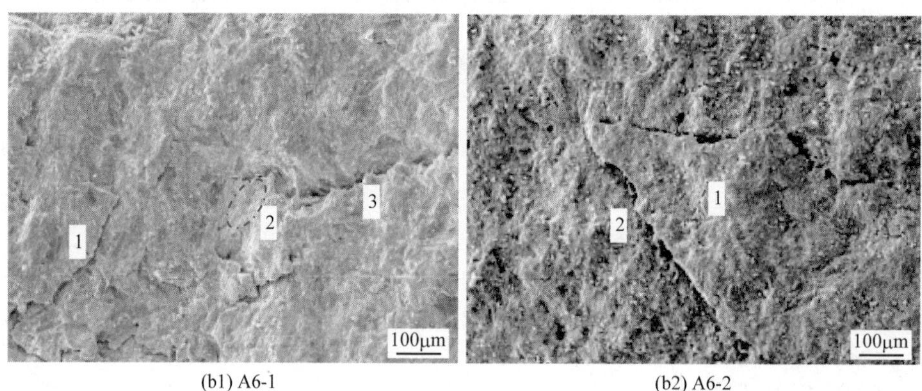

(b1) A6-1　　(b2) A6-2

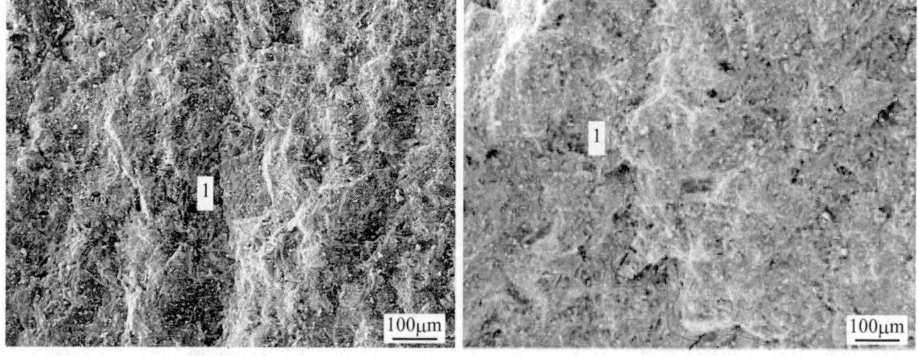

(b3) A6-3　　(b4) A6-4

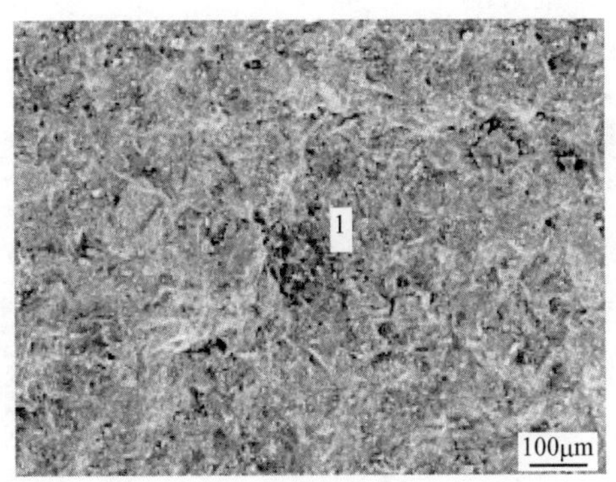

(b5) A6-5

(b) A6:卸载后加载

(c1) A7-1

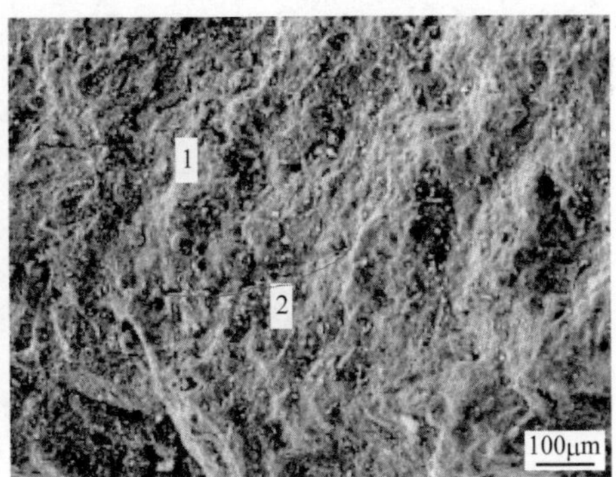

(c2) A7-2

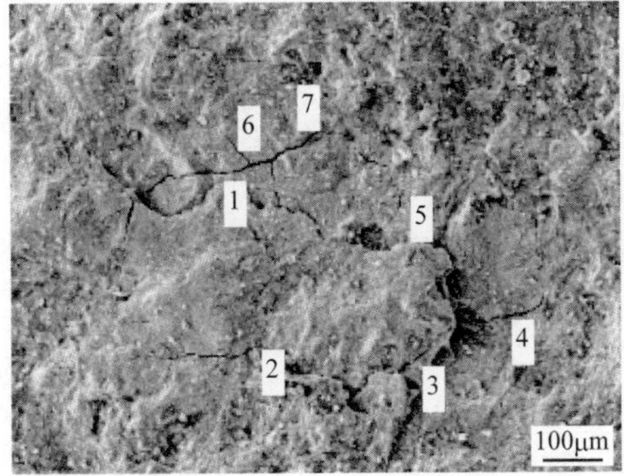

(c3) A7-3

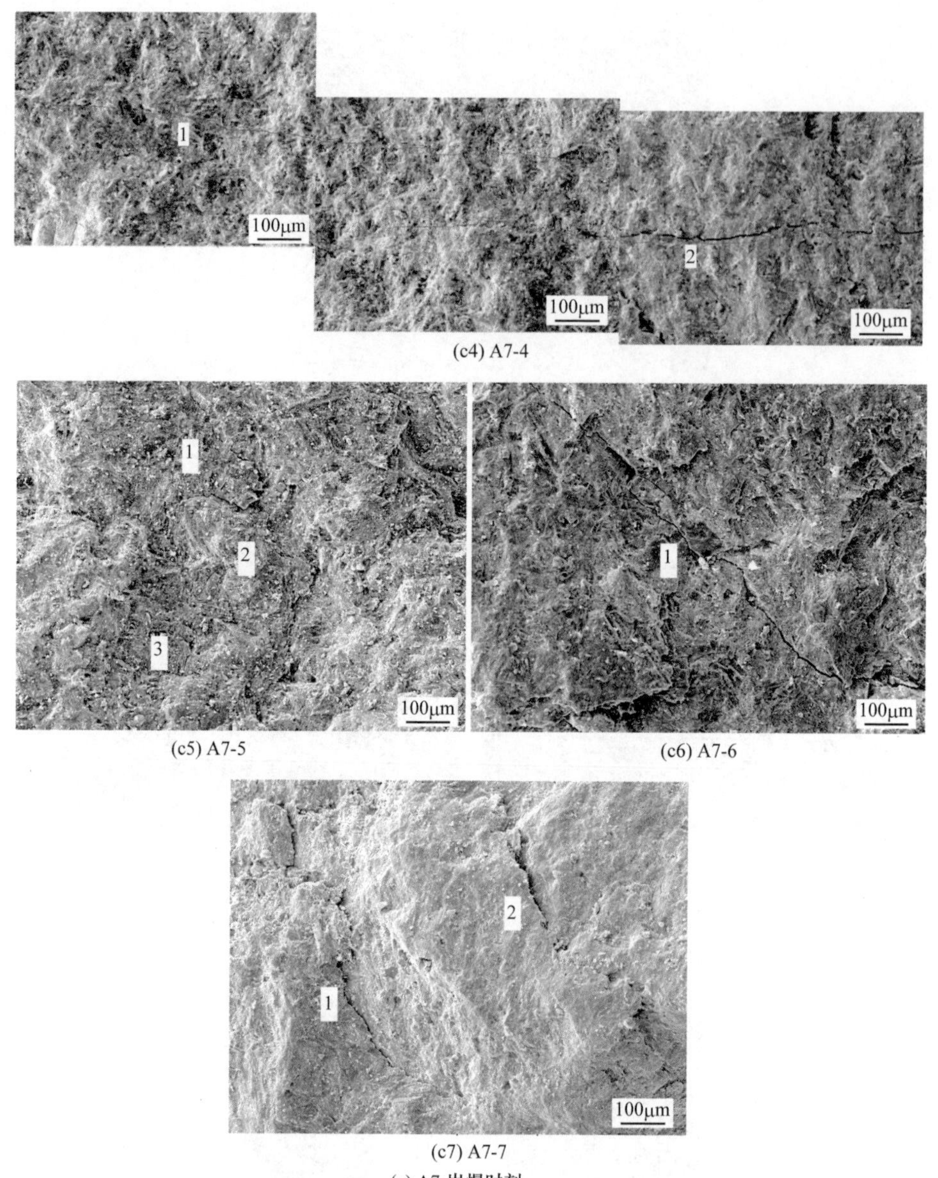

(c4) A7-4

(c5) A7-5

(c6) A7-6

(c7) A7-7

(c) A7:岩爆时刻

图 4.60 玄武岩试件 FRXW-I-2 应变岩爆特征点碎屑微裂纹 SEM 图像

2）特征点裂纹信息统计

利用 4.3.2 节莱州花岗岩试件裂纹信息统计的方法，对芙蓉玄武岩试件裂纹信息进行统计，结果如表 4.14 所示。可以看出，A5 点处剥离碎屑裂纹的面积都较小，说明裂纹尺度比较小并且只有沿晶裂纹，对应着岩石的初始损伤；A6 点处裂纹尺度逐渐加大，出现了穿沿耦合裂纹，并且裂纹数量增多，说明岩石内部损伤加大;A7 点处裂纹开裂尺度急剧增大,穿晶裂纹数量急剧增多,裂纹总数急剧增大,预示着岩石中有更多的能量释放出来,是岩爆发生时的典型特征。

表 4.14　玄武岩试件 FRXW-I-2 应变岩爆特征点碎屑微裂纹类型及几何参数

特征点	样品号	裂纹编号	裂纹类型	矿物成分	裂纹宽度/μm	裂纹长度/μm	裂纹面积/μm²	裂纹总面积/μm²
A5	A5-1	1	沿晶	斜长石-斜长石	1.92	338.6	650.11	650.11
	A5-2	1	沿晶	斜长石-斜长石	5.10	113.7	579.87	7405.42
		2	沿晶	斜长石-斜长石	7.13	957.3	6825.55	
A6	A6-1	1	沿晶	斜长石-斜长石	2.5	336.1	840.25	4175.47
		2	穿晶	绿泥石-绿泥石	1.11	61.8	68.60	
		3	沿晶	斜长石-绿泥石	6.88	474.8	3266.62	
	A6-2	1	穿晶	斜长石-斜长石	2.0	92	184	9613.90
		2	沿晶	斜长石-绿泥石	8.6	1096.5	9429.9	
	A6-3	1	沿晶	石英-斜长石	3.53	241.8	853.55	853.55
	A6-4	1	穿沿耦合	石英-斜长石	1.98	959.5	1899.81	1899.81
	A6-5	1	穿晶	斜长石-斜长石	1.79	54.9	98.27	98.27
A7	A7-1	1	穿沿耦合	斜长石-斜长石	1.57	1366.6	2145.56	2145.56
	A7-2	1	穿晶	斜长石-斜长石	2.2	463.1	1018.82	1607.64
		2	穿晶	斜长石-斜长石	2.32	253.8	588.82	
	A7-3	1	穿晶	绿泥石-绿泥石	5.99	367.4	2200.73	4650.26
		2	穿晶	绿泥石-绿泥石	2.74	301.8	826.933	
		3	穿晶	绿泥石-绿泥石	2.91	63.3	184.20	
		4	穿晶	绿泥石-绿泥石	2.56	279.2	714.75	
		5	穿晶	绿泥石-绿泥石	2.00	148.5	297.00	
		6	穿晶	绿泥石-绿泥石	2.12	151.5	321.18	
		7	穿晶	绿泥石-绿泥石	2.04	51.7	105.47	
	A7-4	1	穿晶	斜长石-斜长石	1.67	1468	2451.56	9249.90
		2	穿晶	石英-石英	4.6	1477.9	6798.34	
	A7-5	1	穿沿耦合	石英-石英	3.0	224.1	6825.55	10968.52
		2	沿晶	石英-斜长石	5.57	623.1	672.3	
		3	穿晶	斜长石-斜长石	1.33	28.2	3470.67	
	A7-6	1	穿晶	斜长石-斜长石	6.59	889.6	2451.56	2451.56
	A7-7	1	沿晶	斜长石-斜长石	3.43	763.7	2619.49	3572.31
		2	沿晶	斜长石-斜长石	5.53	172.3	952.82	

3. 特征点碎屑微裂纹与声发射频谱特征的关系

1）特征点碎屑微裂纹数量比特征

将特征点 A5～A7 的碎屑进行 SEM 扫描后的裂纹类型进行数量统计，并分别计算沿晶裂纹、穿晶裂纹和穿沿耦合裂纹的数量占各个特征点裂纹总数的比例。通过对比 3 个特征点的数量特征、比值特征及对应的声发射频谱特征，找出其变化规律。表 4.15 为玄武岩试件 FRXW-I-2 应变岩爆特征点碎屑微裂纹数量统计表。

表 4.15 玄武岩试件 FRXW-I-2 应变岩爆特征点碎屑微裂纹数量统计表

特征点	裂纹类型	裂纹数量/条	裂纹总数/条	各裂纹数量占比/%
A5	沿晶	3	3	100
A6	沿晶	4	8	50
	穿晶	3		37.5
	穿沿耦合	1		12.5
A7	沿晶	3	18	16.67
	穿晶	13		72.22
	穿沿耦合	2		11.11

图 4.61 为玄武岩试件 FRXW-I-2 应变岩爆特征点碎屑微裂纹数量统计特征。图 4.61(b)表明，在第 2 次卸载时刻（A5 点）岩石中只有沿晶裂纹，随着岩石损伤的不断增加，出现了穿沿耦合裂纹；3 个损伤时刻对应的沿晶裂纹比例逐渐减小，穿晶裂纹比例大幅增加，说明在岩爆时刻有更多的穿晶裂纹出现，对应着更高的能量释放，与图 4.58(b)所对应 3 个特征点的能量释放特征变化规律一致。

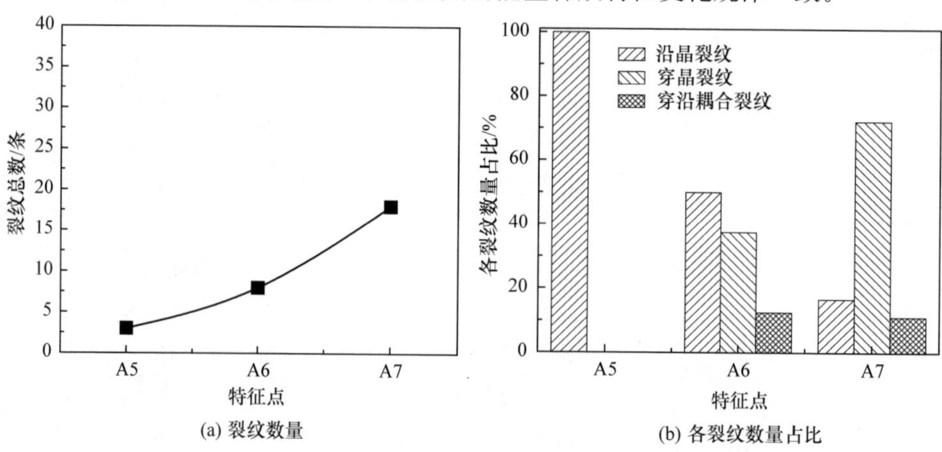

(a) 裂纹数量

(b) 各裂纹数量占比

图 4.61 玄武岩试件 FRXW-I-2 应变岩爆特征点碎屑微裂纹数量统计特征

2）特征点碎屑微裂纹面积比特征

对特征点 A5～A7 碎屑 SEM 图片中的裂纹长度和宽度进行测量，并计算每个裂纹的面积，求每个特征点碎屑裂纹总面积并对其进行对比分析；计算每种裂纹类型面积占每个特征点裂纹总面积的比例，定量地比较每个特征点碎屑微裂纹开展的尺度和消耗的能量。表 4.16 为玄武岩试件 FRXW-I-2 应变岩爆特征点碎屑微裂纹面积统计表。

表 4.16　玄武岩试件 FRXW-I-2 应变岩爆特征点碎屑微裂纹面积统计表

特征点	裂纹类型	裂纹面积/μm^2	裂纹总面积/μm^2
A5	沿晶	8055.53	8055.53
A6	沿晶	14390.32	16641.00
	穿晶	350.87	
	穿沿耦合	1899.81	
A7	沿晶	4244.61	34645.75
	穿晶	21430.03	
	穿沿耦合	8971.11	

图 4.62 为玄武岩试件 FRXW-I-2 应变岩爆特征点碎屑微裂纹面积统计特征。图 4.62(a)表明，各特征点裂纹的面积呈逐渐增长趋势，尤其在卸载后加载时刻到岩爆时刻裂纹面积大幅度增加，对应着岩爆发生时有大幅度的能量释放，与声发射能量释放特征规律一致。图 4.62(b)表明，3 个特征点处的不同类型裂纹面积都呈不同程度的增加，在岩爆时刻碎屑的穿晶裂纹的尺度从小尺度向大尺度发展，表明此阶段裂纹扩展加速贯通，并预示着岩爆的发生；穿晶裂纹也在大幅度增加，其扩

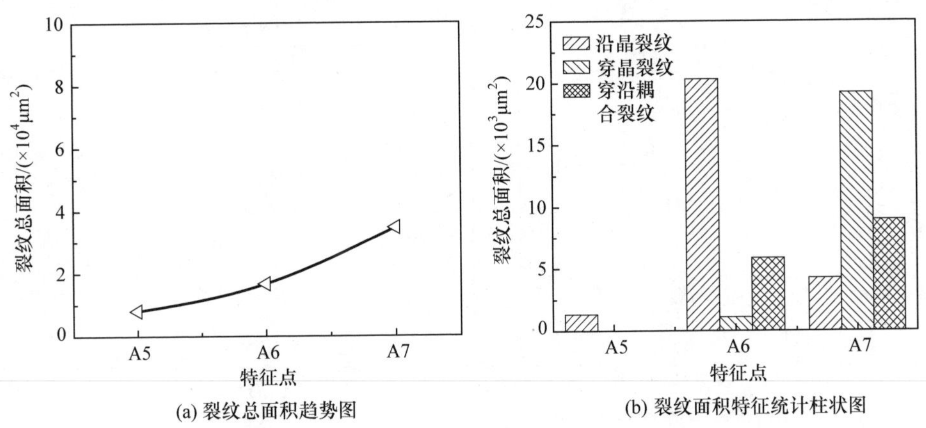

(a) 裂纹总面积趋势图　(b) 裂纹面积特征统计柱状图

图 4.62　玄武岩试件 FRXW-I-2 应变岩爆特征点碎屑微裂纹面积统计特征

展需要更多的能量释放，总体看来，沿晶裂纹比穿晶裂纹更容易产生，但岩爆时刻，穿晶裂纹的尺度也比前两个特征点时刻大很多。说明岩爆的发生导致沿晶和穿晶裂纹数量增多、面积加大，并导致穿沿耦合裂纹的出现。

3）特征点碎屑微裂纹类型与矿物成分之间的关系

将特征点 A5～A7 碎屑 SEM 图片统计出来的不同裂纹扩展处所对应的矿物成分进行统计，观察裂纹扩展处的矿物成分，如表 4.17 所示，由于穿沿耦合裂纹数量较少，就不再统计。

表 4.17　玄武岩试件 FRXW-I-2 应变岩爆特征点碎屑微裂纹类型与矿物成分关系

裂纹类型	矿物成分	裂纹数量/条	裂纹总数/条	各裂纹数量占比/%
沿晶	石英-斜长石	2	10	20
	绿泥石-斜长石	2		20
	斜长石-斜长石	6		60
穿晶	石英-石英	1	16	6.25
	斜长石-斜长石	7		43.75
	绿泥石-绿泥石	8		50
穿沿耦合	石英-石英	1	3	33.33
	石英-斜长石	1		33.33
	斜长石-斜长石	1		33.33

图 4.63 为玄武岩试件 FRXW-I-2 应变岩爆特征点碎屑微裂纹类型与矿物成分关系图。图 4.63(a)表明，沿晶裂纹多发生在斜长石-斜长石晶体之间，而在石英-斜长石、绿泥石-斜长石晶体之间分布较少，这与芙蓉玄武岩本身的矿物成分含

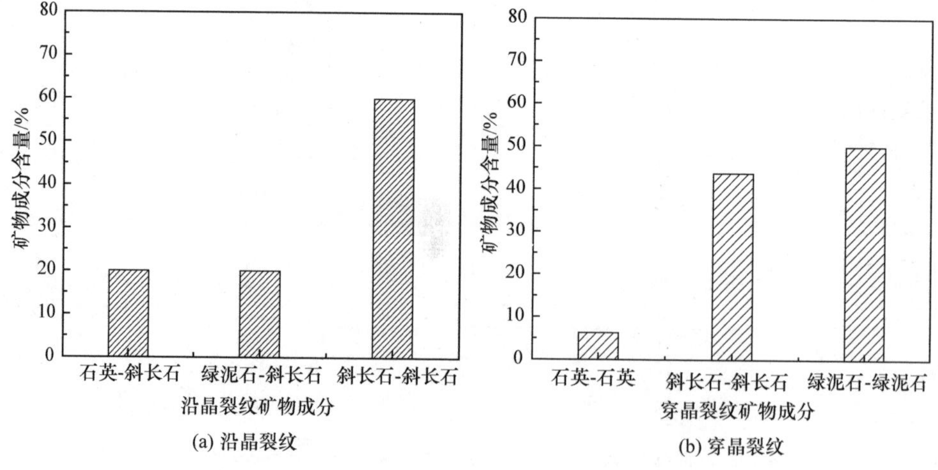

(a) 沿晶裂纹　　(b) 穿晶裂纹

图 4.63　玄武岩试件 FRXW-I-2 应变岩爆特征点碎屑微裂纹类型与矿物成分关系图

量及晶体之间的连结方式有关，也与矿物晶体本身的硬度有关。图 4.63(b)表明，穿晶裂纹多发生在绿泥石-绿泥石、斜长石-斜长石晶体之间，而在石英-石英晶体之间开裂的较少，认为绿泥石晶体硬度较小，斜长石晶体具有节理性，岩爆较容易在这样的晶体里产生；而石英晶体较硬，岩爆如果没有足够的能量，此晶体不容易开裂。穿沿耦合裂纹数量较少，不具有可比性。

4）特征点碎屑穿晶裂纹特征

提取 3 个特征点中的各点所对应的所有裂纹中面积最大的穿晶裂纹，比较 3 个特征点穿晶裂纹的特征，由于第 2 次卸载碎屑中没有发现穿晶裂纹，只能对比卸载后加载和岩爆时刻穿晶裂纹的情况。图 4.64(a)为 2 个特征点穿晶裂纹 SEM 图片，对图片同样进行同倍放大，统计 2 条裂纹的面积，如图 4.64(b)所示。可以看出，随着损伤的增加，裂纹的面积也在大幅度增加，说明随着应力的加大，越来越多积聚的能量在岩爆时刻释放出来，表现为声发射能量释放量的突然增加。可以看出，在岩爆时刻穿晶裂纹无论从长度和宽度上还是面积上，都远远超过第 2 次卸载和卸载后加载时刻，说明岩爆时刻穿晶裂纹尺度和数量的剧增都对应着声发射能量的突然释放，对应着岩爆时刻连续型低频高幅值独特的声发射频谱特征。

(a1) A6

(a2) A7

(a) 穿晶裂纹SEM图片

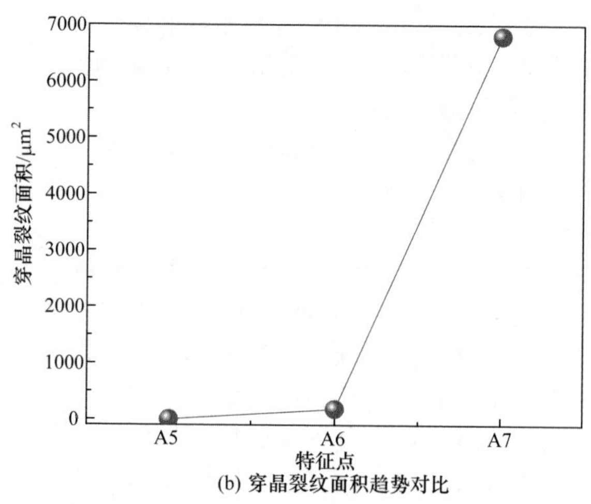

(b) 穿晶裂纹面积趋势对比

图 4.64　玄武岩试件 FRXW-I-2 应变岩爆特征点碎屑穿晶裂纹特征对比图

通过对不同岩性应变岩爆实验过程中的声发射频谱特征和可能产生的微观裂纹特征之间的关系进行分析，发现以下规律：

（1）对不同岩性岩石的应变岩爆实验过程进行了划分，并分析了其声发射释能特征，发现岩石在岩爆阶段的声发射能量突增；选取实验过程中的特征点声发射波形信息并对其进行傅里叶变换，观察各特征点的原始波形、二维频谱及三维频谱特征，发现岩爆时刻声发射频谱特征表现为连续型波形、低频高幅值等独有的特点，而实验过程中的其他特征点基本上表现为突发型波形、高-中频低幅值特征。

（2）从不同岩性的二维频谱上获取各个特征点的频谱响应特征及对应的幅值特征，总体规律为：随着最大主应力的增大，岩石响应频谱有从高频向低频移动的趋势，而对应的幅值从低到高变化。对次主频和其他主频进行了定义，发现莱州花岗岩的频谱在初始加载和加-卸载阶段呈现明显的双频特征，随着应力的增加呈现单频特征；北山花岗岩主频特征值较丰富，甚至出现了第三和第四主频；芙蓉玄武岩主频特征值比较集中，整体主频值都在 200kHz 以下，岩爆时刻主频值较丰富，但都处于低频状态。

（3）基于不同岩性在应变岩爆实验各特征点的声发射频谱特征，对某些特征点对应时刻剥离的碎屑进行了 SEM 扫描，观察其裂纹开展传播特征。本节统计了裂纹的长度、宽度、面积、裂纹传播类型和裂纹开展处的矿物成分；从裂纹的数量比、面积比、裂纹开展处的矿物成分和每个碎屑中面积最大的穿晶裂纹特征等方面进行分析，得出无论从裂纹总数、裂纹比例还是从裂纹开展面积上，岩爆时刻相比其他时刻都有大幅度增加的趋势，尤其是穿晶裂纹的急剧增多，说明应变岩爆实验过程中岩石中积聚的能量在各个阶段有所损伤，绝大部分能量在岩爆时刻释放，对应前面所述的岩爆时刻声发射独有的频谱特征。

(4) 从裂纹数量上来看,不同岩性莱州花岗岩最多,北山花岗岩次之,芙蓉玄武岩最少;各种岩性的数量比表明,沿晶裂纹数量比在初始加载和卸载时刻较大,而岩爆时刻的穿晶裂纹最大。从裂纹的面积和特征来看,花岗岩中的沿晶裂纹面积要远远超过穿晶裂纹,但芙蓉玄武岩中的穿晶裂纹面积占绝对优势,有可能和黏土矿物中的晶体类型有关,绿泥石板结成块晶体里面产生较多的穿晶裂纹。

(5) 不同岩性中碎屑裂纹开展处的矿物成分分析表明,莱州花岗岩中的沿晶裂纹主要发生在斜长石-石英晶体之间,其次为斜长石-钾长石晶体之间,穿晶裂纹主要发生在石英-石英和斜长石-斜长石晶体之间;北山花岗岩中的沿晶裂纹主要发生在石英-石英晶体之间,其次为石英-钾长石之间,穿晶裂纹主要发生在石英-石英和钾长石-钾长石晶体之间;芙蓉玄武岩中的沿晶裂纹主要发生在斜长石-斜长石晶体之间,穿晶裂纹主要发生在绿泥石-绿泥石、斜长石-斜长石晶体之间。总之,不同岩性岩石中的沿晶裂纹主要发生在斜长石-石英晶体之间,穿晶裂纹主要发生在石英-石英、斜长石-斜长石晶体之间,若黏土矿物中的晶体板结成块,则最先从黏土矿物晶体中展开。

参考文献

[1] 杨明纬. 声发射检测. 北京:机械工业出版社,2005.

[2] Kishinouye F. An experiment on the progression of fracture. Journal of Acoustic Emission, 1990,9(3):177-180.

[3] Obert L, Duvall W. Microseismic method of predicting rock failure in underground mining. Part Ⅱ. Laboratory Experiments. Bureau of Mines, Washington D. C., 1945.

[4] Mogi K. Study of the elastic shocks caused by the fracture of heterogeneous materials and its relation to earthquake phenomena. Bulletin Earthquake Research Institute, 1962, 40:125-173.

[5] 殷正钢,唐礼忠,李岳. 岩石的声发射对比试验研究. 采矿与安全工程学报,2005,22(2):95-97.

[6] 付小敏. 典型岩石单轴压缩变形及声发射特性试验研究. 成都理工大学学报(自然科学版),2005,32(1):17-21.

[7] 杨健,王连俊. 岩爆机理声发射试验研究. 岩石力学与工程学报,2005,24(20):3796-3802.

[8] 陈景涛,冯夏庭. 高地应力下岩石的真三轴试验研究. 岩石力学与工程学报,2006,25(8):1537-1543.

[9] Benson P M, Vinciguerra S, Meredith P G, et al. Laboratory simulation of volcano seismicity. Science, 2008, 322:249-252.

[10] 张宁博,齐庆新,欧阳振华,等. 不同应力路径下大理岩声发射特性试验研究. 煤炭学报,2014,39(2):389-394.

[11] 王晓伟,刘占生,窦唯. 基于 AR 模型的声发射信号到达时间自动识别. 振动与冲击,2009,28(11):79-83.

[12] 刘新平,刘英,陈颙. 单轴压缩条件下岩石样品声发射信号的频谱分析. 声学学报,1986,(2):18-25.

[13] 潘长良,祝方才,曹平,等. 单轴压力下岩爆倾向岩石的声发射特征. 中南大学学报(自然科

学版),2001,32(4):336-339.

[14] 袁子清,唐礼忠.岩爆倾向岩石的声发射特征试验研究.地下空间与工程学报,2008,4(1):94-98.

[15] 何建平.岩体声发射信号波形变化特征分析.工矿自动化,2008,(3):30-32.

[16] 苗金丽,何满潮,李德建,等.花岗岩应变岩爆声发射特征及微观断裂机制.岩石力学与工程学报,2009,28(7):1593-1603.

[17] 李俊平,周创兵.岩体声发射特征试验研究.岩土力学,2004,25(3):374-378.

[18] 李俊平,余志雄,周创兵,等.水力耦合下岩石的声发射特征试验研究.岩石力学与工程学报,2006,25(3):492-498.

[19] Li D J,Jia X N,Feng J L,et al. Acoustic emission and infrared characteristic of coal burst process. Controlling Seismic Hazard and Sustainable Development of Deep Mines,2009,2:1341-1346.

[20] He M C,Miao J L,Feng J L. Rock burst process of limestone and its acoustic emission characteristics under true-triaxial unloading conditions. International Journal of Rock Mechanics and Mining Sciences,2010,47(2):286-298.

[21] 李楠,王恩元,赵恩来,等.岩石循环加载和分级加载损伤破坏声发射实验研究.煤炭学报,2010,35(7):1099-1103.

[22] Lu C P,Dou L M,Liu H,et al. Case study on microseismic effect of coal and gas outburst process. International Journal of Rock Mechanics and Mining Sciences,2012,53(53):101-110.

[23] 刘祥鑫,张艳博,孙光华,等.不同岩石声发射时频特性实验研究.地下空间与工程学报,2014,10(4):776-782.

[24] 秦四清.岩石声发射技术概论.成都:西南交通大学出版社,1993.

[25] 宋守坚.固体介质中的应力波.北京:煤炭工业出版社,1989.

[26] 沈功田,耿荣生,刘时风.声发射信号的参数分析方法.无损检测,2002,24(2):72-77.

[27] 张玲华.随机信号处理.北京:清华大学出版社,2003.

[28] 宫宇新,何满潮,汪政红,等.岩石破坏声发射时频分析算法与瞬时频率前兆研究.岩石力学与工程学报,2013,32(4):787-799.

[29] Cohen L. Time-Frequency Analysis. Englewood Cliffs:Prentice Hall PTR,1995:69-83.

[30] Cohen L. Time-Frequency distributions-a review. Proceedings of the IEEE,1989,77(7):941-981.

[31] Hardy H R. Theory and application of acoustic emission/microseismic techniques. Clausthal:Trans. Tech. Publications,1985.

[32] Chan H L,Lin J L,Du C C,et al. Time-frequency distribution of heart rate variability below 0.05Hz by Wigner-Ville spectral analysis in congestive heart failure patients. Medical Engineering and Physics,1997,19(6):581-587.

[33] Ingle V K,Proakis J G.数字信号处理(MATLAB版).刘树棠译.西安:西安交通大学出版社,2008.

[34] Cai M,Morioka H,Kaiser P K,et al. Back-analysis of rock mass strength parameters using AE monitoring data. International Journal of Rock Mechanics and Mining Sciences,2007,44(4):538-549.

[35] 陶纪南,张克利,郑晋峰. 岩石破坏过程声发射特征参数的研究. 岩石力学与工程学报,1996,15(S1):452-455.

[36] Niwa Y,Kobayashi S,Ohtsu M. Source mechanisms and wave motions of acoustic emission in rock-like materials//Proceedings of the 3rd Conference on Acoustic Emission/Microseismic Activity in Geologic Structures and Materials,Clausthal,1981:101-115.

[37] Chang S H,Lee C I. Estimation of cracking and damage mechanisms in rock under triaxial compression by moment tensor analysis of acoustic emission. International Journal of Rock Mechanics and Mining Sciences,2004,41(7):1069-1086.

[38] Backers T,Stanchits S,Dresen G. Tensile fracture propagation and acoustic emission activity in sandstone:the effect of loading rate. International Journal of Rock Mechanics and Mining Sciences,2005,42(7):1094-1101.

[39] Ganne P,Vervoort A,Wevers M. Quantification of pre-peak brittle damage:Correlation between acoustic emission and observed micro-fracturing. International Journal of Rock Mechanics and Mining Sciences,2007,44(5):720-729.

[40] 袁振明,马羽宽,何泽云. 声发射技术及其应用. 北京:机械工业出版社,1985.

第 5 章　岩体矿物成分和结构对应变岩爆的影响

影响岩体岩爆倾向性的因素中岩体自身的矿物成分和结构面是岩体内在属性，是决定岩体岩爆的内在因素之一。本章对不同黏土矿物含量的岩石试件(如花岗岩、白云岩、橄榄岩、砂质泥岩、泥质砂岩、页岩和大理岩等)应变岩爆实验破坏特征进行了等级划分，分析了黏土矿物含量对发生应变岩爆倾向性及其强度等级的影响。利用含层理结构砂岩的应变岩爆实验，研究岩体结构对应变岩爆发生和破坏的影响，探讨岩体结构对应变岩爆的影响规律。

5.1　黏土矿物含量对应变岩爆的影响

选取代表性试件，对岩石进行全岩矿物成分及黏土矿物相对含量 X 射线衍射分析能够比较准确地确定岩石的矿物成分及黏土矿物成分的相对含量。针对岩石中的黏土矿物含量，分析其与岩石应变岩爆发生强度等级的关系也是研究应变岩爆发生趋势所关注的因素之一。

黏土矿物主要为蒙脱石、伊利石和高岭石三大类，三大类黏土矿物的特性有较大的差异[1]。从结构上看，蒙脱石的晶体有很多相互平行的晶胞组成，每个晶胞厚约 14Å，由三层组成，上层和下层为 Si-O 四面体，中间为 Al-O-OH 八面体，每个晶胞中的四面体和八面体数量比为 2∶1，晶胞与晶胞之间以 O^{2-} 接触，不够紧密，可吸收无定量的水分子，结构格架活动性大，亲水性高。由于蒙脱石的相邻晶胞具有同号电荷，因此具有斥力，活动性大。伊利石也具有蒙脱石的特性，只是伊利石三层结构中的 SiO_2 比蒙脱石少一些，其上、下两层 Si-O 四面体中的 Si^{4+} 可以被 Al^{3+}、Fe^{3+} 所取代，因而游离原子价与蒙脱石不同，在相离晶胞间可出现较多的一价正离子，甚至出现两价正离子，以补偿晶胞中正价离子的不足，所以伊利石比蒙脱石的活动性小。高岭石晶胞由两层 Si-O 四面体组成，比蒙脱石和伊利石稳定，活动性小[2]。

当岩石中含有大量的黏土矿物时，会有明显的遇水膨胀、崩解现象。该类岩石在外载荷的作用下，表现出明显的非线性大变形特性和塑性滑移(流变)特性。在外力的作用下，矿物晶格的变形由弹性变形和塑性变形组成，且较小的外力施加于岩石后就表现为该特性，并决定了其形式不是突然猛烈的岩爆屈曲张裂，而是(大部分)剪切滑移。

1. *岩石试件的黏土矿物含量*

本章主要描述了星村砂岩试件应变岩爆模拟实验结果,此外在第 3 章及第 8 章中还对大量不同岩性岩石的应变岩爆实验进行了详细的叙述。表 5.1 列举了部分应变岩爆岩石试件的黏土矿物的含量。可以看出,沉积岩类岩石多含有大量黏土矿物,但也有例外,如安太堡中砂岩、姚桥细砂岩等的黏土矿物含量少,单轴抗压强度较高。白云岩、意大利大理岩及花岗岩等的黏土矿物含量很少,夹河石灰岩不含黏土矿物。

表 5.1　部分应变岩爆岩石试件的黏土矿物含量示例

岩性	取样地点	黏土矿物含量/%
石灰岩	夹河煤矿地下水仓	0
白云岩	黑石岭隧道	0.5
大理岩	意大利卡拉拉采石场	0.8
花岗岩	甘肃北山采石场	1.3
花岗岩	加拿大克瑞顿矿	1.4
白云岩	高黎贡山隧道	1.4
花岗岩	内蒙古集宁隧道	3.0
中砂岩	安太堡煤矿	3.4
花岗岩	山东莱州采石场	5.0
玄武岩	芙蓉白皎煤矿	6.0
细砂岩	姚桥煤矿	6.5
花岗岩	高黎贡山隧道	6.9
橄榄岩	加拿大加森矿	7.1
大理岩	锦屏 I 级水电站地下厂房	14.1
细砂岩	星村煤矿	19.1
砂岩	夹河煤矿	20.9
板岩	内蒙古集宁隧道	27.0
泥质砂岩	平庄煤矿	31.1
大理岩	锦屏 II 级水电站引水隧洞	31.6
页岩	夹河煤矿	44.7
砂质泥岩	安太堡煤矿	64.3

2. 应变岩爆实验强度等级划分

如表 1.1 所述,判定岩爆强度等级的参数可以分为两大类:一是与应力或强度有关的参数,包括切向应力 σ_θ、原岩最大集中应力 σ_1、岩石抗压强度 σ_c 或抗拉强度 σ_t 等;二是与能量有关的参数,包括弹性能量指数(冲击倾向性指数)W_{et}、与岩体储存能量(ϕ_0、ϕ_z)及岩爆体释放能量(ϕ_k、ϕ_h)有关的参数 η、W_{qx}、W_D 等。

结合多年对现场发生岩爆现象的分析及室内应变岩爆实验结果总结,我们将室内应变岩爆强度等级分为 4 级,分别为未岩爆、轻微岩爆、中等岩爆、强烈岩爆。不同的应变岩爆强度等级所对应的特征,包括卸载面特征、碎屑特征等,如表 5.2 所示。

表 5.2　不同应变岩爆强度特征

应变岩爆强度等级	侧面破裂形式	特征	碎屑特征	备注
未岩爆	剪切或劈裂	剪切滑移	块体,柱体	沿剪切面破坏
轻微	劈裂为主	颗粒弹射,片状剥离	片状为主	岩爆面平坦
中等	劈裂、剪切	颗粒及片状弹射,弧形爆坑	片状及板状	产生岩爆坑
强烈	前期劈裂为主后期剪切为主	片状及块状弹射,整体破碎	片状、板状、块状	试件整体破碎

3. 黏土矿物含量对岩爆实验结果的影响

从表 5.1 可以看出,所涉及的应变岩爆实验试件的黏土矿物含量变化范围为 0~64.3%。有关应变岩爆模拟实验的破坏具体特征请参见相关章节,此处仅将除煤以外的含不同黏土矿物含量岩石应变岩爆实验岩爆特征进行简单归纳说明,如表 5.3 所示。结果表明岩石中黏土矿物的含量与岩石应变岩爆发生的可能性及强烈程度有密切关系。当黏土矿物含量小于 5%时,岩石试件极易发生应变岩爆且较强烈。岩石试件应变岩爆可能性随黏土含量增多而降低,尤其黏土矿物含量大于 27%的岩石试件发生应变岩爆的可能性很小,在高应力下卸载后多发生挤出及压碎破坏,这与现场发生应变岩爆的岩体主要是在强度高、较坚硬的岩石中,而很少发生在泥岩等软岩中[1]的观测结果一致。

表 5.3　不同黏土矿物含量试件应变岩爆强度对比

岩性	黏土矿物含量/%	卸载面特征	侧面特征	应变岩爆强度等级
夹河矿石灰岩	0	剥离，片状颗粒弹射，全面爆裂	剪切	轻微～中等
黑石岭隧道白云岩	0.5	顶部颗粒弹射，岩片折断	折断	中等
意大利大理岩	0.8	颗粒弹射，片状剥离	剪切、劈裂	轻微～强烈
北山花岗岩	1.3	颗粒弹射，片状颗粒弹射，爆坑平直	剪切、劈裂	中等～强烈
加拿大花岗岩	1.4	片状颗粒弹射显著，爆坑平坦，全面爆裂	剪切	中等～强烈
高黎贡山白云岩	1.4	片状剥离或颗粒弹射	无明显破裂	轻微～中等
集宁花岗岩	3.0	颗粒弹射，片状剥离，全面爆裂	局部劈裂	轻微～强烈
安太堡中砂岩	3.4	先剥离后折断、挤出	—	轻微～中等
莱州花岗岩	5.0	颗粒弹射，片状颗粒弹射，全面爆裂，V形爆坑，弧形爆坑	剪切、劈裂	轻微～强烈
白皎玄武岩	6.0	片状颗粒弹射，爆坑平坦	折断、劈裂	轻微～强烈
姚桥细砂岩	6.5	剥离，小颗粒弹射，上部爆裂，全面爆裂，阶梯形爆坑，锅底状爆坑	剪切、弯折	中等～强烈
高黎贡山花岗岩	6.9	片状颗粒与小颗粒混合弹射，爆坑平坦	剪切	轻微～中等
加拿大橄榄岩	7.1	片状颗粒弹射，爆坑平坦	劈裂	中等～强烈
锦屏Ⅰ级水电站大理岩	14.1	顶部局部小颗粒弹射	剪切、劈裂	轻微～强烈
星村砂岩	19.15	剥离、弹射，岩片折断	剪切、劈裂	轻微～强烈
夹河矿砂岩	20.9	剪切挤出	剪切	轻微
板岩	27.0	片状剥离	劈裂	未岩爆
平庄泥质砂岩	31.1	无明显现象	剪切	未岩爆
锦屏Ⅱ级水电站大理岩	31.6	顶部局部小颗粒弹射	剪切、劈裂	轻微～中等
夹河矿页岩	44.7	片状压碎	—	未岩爆
安太堡砂质泥岩	64.3	先剥离后折断	劈裂	未岩爆

综合 124 例岩石应变岩爆实验结果，岩石黏土含量与试件发生应变岩爆强烈程度的统计结果如表 5.4 所示。

表 5.4 已进行的岩石应变岩爆强度等级统计

岩性	黏土矿物含量/%	实验数量/例	未岩爆/例	轻微岩爆/例	中等岩爆/例	强烈岩爆/例
夹河矿石灰岩	0	3	0	0	2	1
黑石岭白云岩	0.5	2	0	0	2	0
意大利大理岩	0.8	7	0	4	2	1
北山花岗岩	1.3	3	0	1	1	1
某隧道白云岩	1.4	5	0	0	3	2
加拿大花岗岩	1.4	5	0	1	3	1
集宁花岗岩	3.0	3	0	1	2	0
安太堡中砂岩	3.4	3	0	1	1	1
莱州花岗岩	5.0	48	0	5	30	13
白皎玄武岩	6.0	3	0	1	1	1
姚桥细砂岩	6.5	8	0	2	4	2
某隧道花岗岩	6.9	5	0	1	2	2
加拿大橄榄岩	7.1	2	0	0	1	1
锦屏Ⅰ级水电站大理岩	14.1	4	0	2	1	1
星村砂岩	19.1	4	0	2	1	1
夹河矿砂岩	20.9	1	0	1	0	0
板岩	27.0	4	4	0	0	0
平庄泥质砂岩	31.4	4	4	0	0	0
锦屏Ⅱ级水电站大理岩	31.6	2	0	1	1	0
夹河矿页岩	44.7	4	4	0	0	0
安太堡砂质泥岩	64.3	4	3	1	0	0
合计		124	15	24	57	28

根据黏土矿物含量将表 5.4 重新排列，如表 5.5 所示。可以看出，黏土矿物含量≤5%的试件总计 79 件，发生中等～强烈岩爆数量为 65 件，占 82.3%；而黏土矿物含量>30%的试件共计 14 件，未发生岩爆的有 11 件，占 78.5%。

表 5.5 按黏土矿物含量分组的应变岩爆强度等级统计

应变岩爆强度等级	CL≤5%	5%<CL≤10%	10%<CL≤30%	CL>30%	小计
未岩爆	0	0	4	11	15
轻微	14	4	5	2	25
中等	44	8	2	1	56
强烈	21	6	2	0	28

注：CL 为黏土矿物含量。

根据上述实验统计结果，在进行室内应变岩爆物理模拟实验时，可以初步判定岩石是否发生应变岩爆及可能发生应变岩爆的强度等级，具体判定标准如表 5.16 所示。当黏土矿物含量 CL≤5%时，岩石发生应变岩爆可能性很大且以强烈岩爆为主，少量中等强度岩爆；当黏土矿物含量 CL 在 5%～10%时，岩石发生应变岩爆可能性大且以中等岩爆为主，有少量强烈岩爆；当黏土矿物含量 CL 在 10%～30%时，岩石仍有可能发生轻微至中等程度的岩爆；当黏土矿物含量 CL>30%时，发生应变岩爆的可能性很小，且多发生轻微岩爆。

表 5.6　依据黏土矿物含量判定应变岩爆发生准则

黏土矿物含量	发生应变岩爆可能性	应变岩爆强度等级
CL≤5%	很大	强烈岩爆，少量中等岩爆
5%<CL≤10%	大	中等岩爆，少量强烈岩爆
10%<CL≤30%	中	轻微至中等岩爆，少量未岩爆
CL>30%	很小	未岩爆，少量轻微岩爆

5.2　岩体结构与岩石力学行为

岩体与完整岩石材料不同，其中存在断层、节理和裂隙等各种不连续面（或称结构面）。岩体的结构面对岩石的力学性质有重要的影响，早在 20 世纪 70 年代末，孙广忠[3]在大量的实验和实践基础上，指出岩体结构控制理论是岩体力学的基础理论。

结构体和结构面称为岩体结构单元或岩体结构要素，不同类型的岩体结构单元在岩体内的组合、排列形式称为岩体结构。在结构体强度较低时，结构体对岩体力学性质和力学效应在某些情况下具有控制作用，例如，沉积岩的各向异性特征是岩体结构力学效应的一个主要表现。

5.2.1　结构面及其力学特性

结构面是岩体内具有一定方向、延展较大、厚度较大的地质界面，包括物质的分异面及结构的不连续面，如层面、层理、节理、断层等[4]。结构面是在岩体形成、演化、过程中产生和发展来的，如表 5.7 所示[4]。不同成因的地质结构面往往在产状、分布及特性上有所不同，因而在岩体变形破坏过程中作用也不同。

表 5.7 岩体结构的形成和演化[4]

地质作用	地质体结构的成形		已形成结构的演化
	不均一性结构	不连续性结构	
沉积过程	韵律互层结构 互层结构 薄层结构 夹层结构 厚层结构	层面、层理 软弱夹层 不整合面 沉积间断面	原生
岩浆活动	基层 顺层侵入体 岩脉、岩墙 岩流层	接触面 原生节理 流层	原生
变质作用	块状结构 板状、片状结构 夹层结构 厚层结构	片理 片麻理 软弱夹层 板理 剥理	原生
构造变形	流动复式褶皱 挤压紧逼褶皱 挤压复式褶皱 舒缓波状褶皱 断裂牵引褶皱	深大断裂 区域断裂 断层 节理 劈理	层间错动 岩层截断 透镜化
次生改变	风化构散结构 溶蚀架空结构 卸荷松弛结构 次生充填结构	片理 片麻理 软弱夹层 板理 剥理	风化夹层 风化破碎带 泥化夹层 溶蚀裂隙

为研究各类结构面的力学特征，确定抗剪强度参数应注意以下四个方面[4]：

(1) 结构面的填充情况。无填充时，结构面表现为刚性接触面；充填物较薄时，结构面在剪切变形中呈现部分的刚性接触；充填物较厚时，结构面的剪切变形主要受充填物的抗剪强度影响。

(2) 充填物的组成、结构和形态。充填物可为原生的软弱夹层、错动破碎的角砾岩、构造碎屑物和糜棱岩，或为次生的泥质物，它们具有不同的变形和剪切特性。充填物的黏土含量、分布及亲水矿物成分对抗剪强度影响很大。

(3) 结构面的平整度和光滑度。波状起伏的结构面在剪切变形过程中滑动角可局部增大,形成较大的抗剪阻力,而平整的结构面则很少产生滑动角增值的现象,抗剪阻力较小。光滑的结构面在剪切变形中主要产生摩擦力,而粗糙结构面除此之外,局部岩石还会剪断,所以抗剪阻力较光滑结构面高。

(4) 结构面两侧岩石的力学性质。在结构面两侧岩石刚度都较大时,剪切破坏一般沿结构面发生。若一侧岩石刚度较小、强度很低,而结构面胶结良好,则剪切破坏可能部分会在刚度较小的岩石一侧发生。当结构面两侧的岩石刚度都很小,如两侧皆为软岩,在结构面上产生剪切破坏时,亦会局部伴有两侧岩石的剪切破坏。

5.2.2　含层理面岩体的强度特性

沉积岩由于沉积和构造过程影响,一般都具有明显的结构面特征,其中层理是沉积岩区别于岩浆岩、变质岩的最主要客观标志。沉积岩的层理是由其成分、结构、颜色以及结核、包体等在垂向上的变化所表现出来的成层现象。

1. 含层理面岩体的破坏准则

含层理面岩体的各向异性程度直接影响了其破坏准则。Saroglou 和 Tsiambaos[5]提出了考虑岩体各向异性条件的修正 Hoek-Brown 强度准则。这个准则主要考虑两个方面:一是随层理面倾角不同而变化的岩体单轴抗压强度 $\sigma_{c\beta}$;二是引入参数 $k_{c\beta}$来表示各向异性岩体最大强度与最小强度的变化,当加载方向与层理面垂直时,认为 $k_{90}=1$。该强度破坏准则表达为[3]

$$\sigma_1=\sigma_3+\sigma_{c\beta}\left(k_{c\beta}m_i\frac{\sigma_3}{\sigma_{c\beta}}+1\right)^{0.5} \tag{5.1}$$

2. 单轴抗压强度的各向异性特征

岩石的单轴抗压强度是衡量岩石物理力学性质的一个重要指标。为了研究含层理面岩体的单轴强度特征,引入变量 β,表示层理面走向与岩样轴向的夹角(锐角),如图 5.1(a)所示。定义各向异性系数 R_c 为

$$R_c=\frac{\sigma_{ci(90^\circ)}}{\sigma_{ci(\min)}} \tag{5.2}$$

式中,$\sigma_{ci(90^\circ)}$为层理面与轴向加载方向的夹角 β 为 90°,即加载方向与层理面垂直;$\sigma_{ci(\min)}$为不同层理面与轴向加载夹角下单轴抗压强度的最小值,一般 $\beta=30^\circ\sim45^\circ$。

Jaeger[6]曾给出反映原岩各向异性介质的单轴抗压强度公式，Donath[7]修正为

$$\sigma_{c\beta}=A-D[\cos2(\beta_m-\beta)] \tag{5.3}$$

式中：β_m 为不同层理面与轴向加载夹角下单轴抗压强度的最小值所对应的角度，一般为 30°～45°；A 为常数，由不同 β 下单轴抗压强度值确定（至少有 $\beta=0°$，$\beta=30°$ 和 $\beta=90°$ 三个值）；D 为与岩石强度各向异性有关的常数。

岩石单轴抗压强度 σ_c 与结构面倾角 β 关系示意如图 5.1(b)所示[5]。目前，不同层理倾角的岩石单轴抗压强度由单轴压缩实验确定。

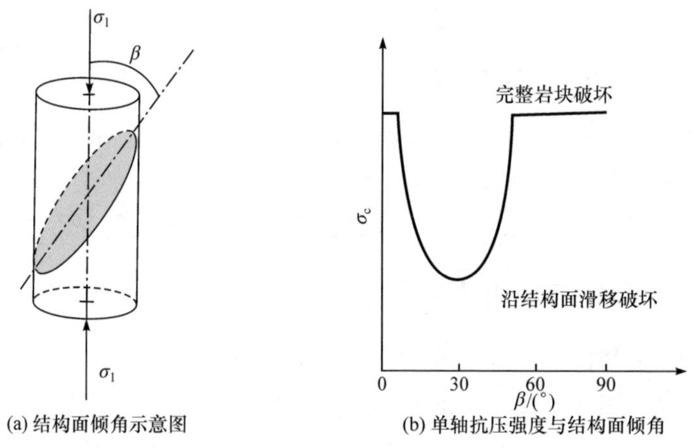

图 5.1　受结构面倾角影响的岩石单轴抗压强度示意图[5]

3. 沉积岩体的力学参数特点

针对沉积结构面的结构效应，孟召平和苏永华[8]做过相对集中的实验研究，实验结果显示：

(1) 垂直层面方向加载时的弹性模量比平行层面方向加载时的弹性模量低。

(2) 纵波波速和动弹性模量也表现出垂直于层面方向比平行于层面方向低的特征。

为了表达沉积岩体明显的各向异性特征，引入各向异性指数 k[8]，即为平行于层面的纵波波速 $V_{P/\!/}$ 与垂直于层面的纵波波速 $V_{P\perp}$ 之差，与平行于层面的纵波波速的百分比，即

$$k=\frac{V_{P/\!/}-V_{P\perp}}{V_{P/\!/}}\times100\% \tag{5.4}$$

4. 各向异性材料破坏模式

Tien 等[9]采用不同比例的水泥和高岭土制作的模型材料制成层状材料，进行单轴压缩实验，研究不同层理面影响下岩石的破坏模式。通过归纳总结，其破坏模式如表 5.8 和表 5.9 所示[9]。

表 5.8　横向各向异性材料破坏模式分类[9]

主破坏模式	副破坏模式	标志	层面走向及围压状况
沿层面的滑动破坏（SD 模式）	—	不连续面 断裂	15°≤β≤45°，0～35MPa
非沿层面的滑动破坏	沿层面的张拉劈裂破坏（TD 模式）	断裂 不连续面	β=0°，0MPa
	穿过层面的张拉破坏（TM 模式）	不连续面 断裂	60°≤β≤90°，0MPa
	穿过层面的滑动破坏（SM 模式）	不连续面 断裂	β=0°，6～35MPa 60°≤β≤90°，6～35MPa

如表 5.8 所示，正交各向异性岩石模拟材料的单轴压缩破坏随层面倾角的变化破坏形式有较明显差别。当 β 取较大值（如 β=90°，75°，60°）时，层面法向应力的增加比剪切应力大，沿层面产生的裂纹较少，即层面影响不大；当 β 取值较小时（如 β=0°）的单轴压缩实验，岩体易产生剥离破坏，主要由于一般层面的抗拉强度较低，会形成与加载方向平行的“宏观劈裂”，使得岩石最后发生屈曲破坏；β 取中值时（如 β=15°，30°，45°），岩体易产生沿层面的剪切破坏，此时的岩体强度受层面剪切强度的影响较大。

如表 5.9 所示，常规三轴压缩实验中，岩体的破坏模式主要分为两类：一种是沿层面的滑动破坏；另一种是穿过层面的滑动破坏。第一种沿层面滑动破坏模式会因倾角趋于中值或围压减小而增强。但是，如果围压增大，层面会被压紧，破坏趋于第二种。当围压超过 120MPa 时，岩石的层面会被完全压紧而不发生沿层面的滑移。

表 5.9　横向各向同性材料的实验室破坏模式[9]

σ_3 /MPa	β 90°	75°	60°	45°	30°	15°	0°
0 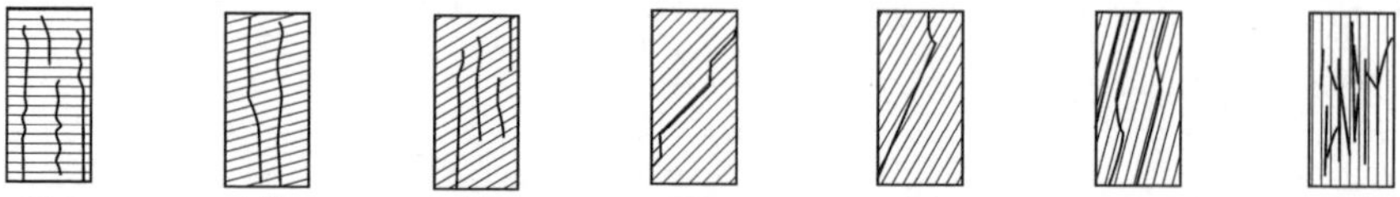	TM	TM	TM	SD	SD	SD	TD
6 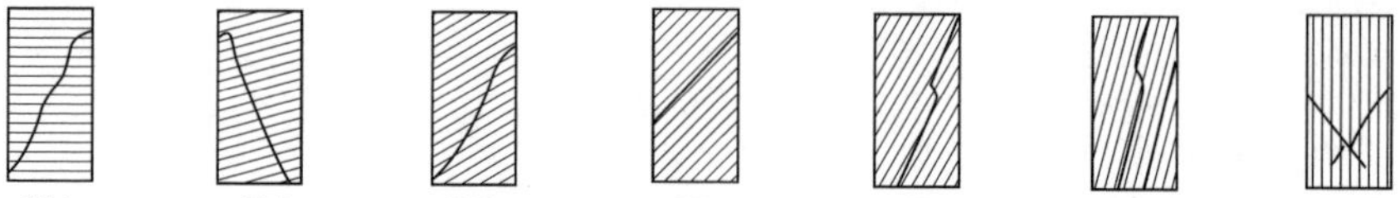	SM	SM	SM	SD	SD	SD	SM
14 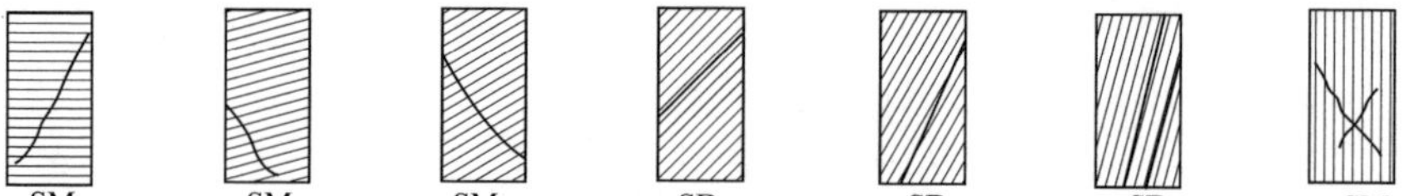	SM	SM	SM	SD	SD	SD	SM
35 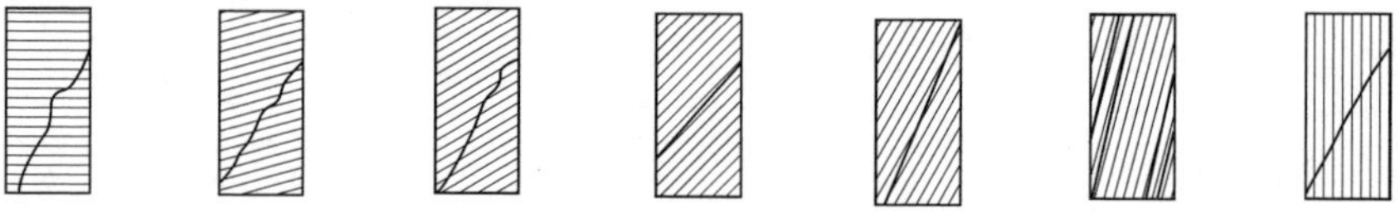	SM	SM	SM	SD	SD	SD	SM

注：①TD 为沿层面的张拉劈裂破坏模式；②TM 为穿过层面的拉破坏模式；③SM 为穿过层面的滑动破坏模式；④SD 为沿层面的滑动破坏模式。

5.2.3　现场岩爆的岩体结构效应

在深部地下开采工程中，结构面附近易形成应力集中区，使得靠近地质结构面的临空面更易发生岩爆[10～12]。我国的煤矿岩巷、金属矿和地下工程隧道都有含结构面岩体的岩爆记录，明显显露出岩体结构对岩爆破坏形式的影响。例如台吉矿岩巷的岩爆和天生桥水电站引水隧洞的岩爆均体现了岩体结构效应。

如图 5.2 所示为台吉矿岩爆造成巷道断面的破坏情况[13]。整体而言，岩爆发生在完整的坚硬脆性岩层中。在凝灰质砂岩层中，岩体呈片状垮落，巷道顶部呈“入”字状；在砾岩层中，岩体呈片状剥落，巷道呈“圈层状”；沿两种岩层界面掘进或穿过断层时发生的岩爆，砾岩层处巷道仍呈“圈层状”，危险性更大。此外，现场记录岩爆多发生在放炮 30 分钟后，或在打眼等有外力作用的作业过程中，并且表面岩爆发生的位置与掘进方向有关，如当平行岩层走向掘进时，岩爆发生在工作面后方巷道的顶板和侧帮，且绝大多数发生在顶板；当垂直岩层走向掘进时，岩爆发生在工作面迎头和巷道的顶板和两帮，通常比平行岩层走向所发生的岩爆强度弱。

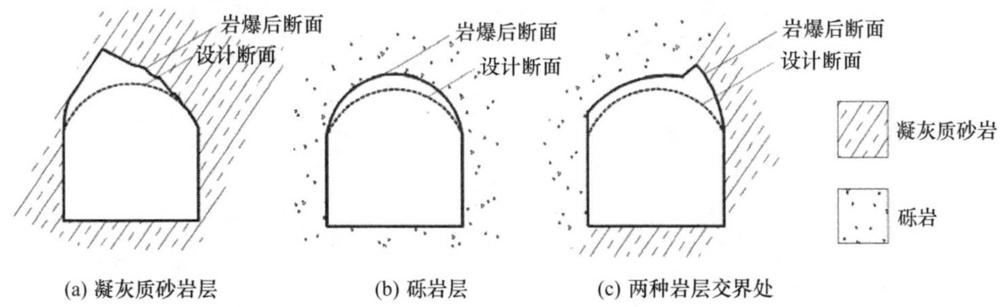

图 5.2　台吉矿岩爆造成巷道断面破坏情况示意图[13]

天生桥水电站的岩爆灾害主要发生在坚硬脆性的灰岩地带。此部分灰岩坚硬脆性，无肉眼可见裂纹，岩体干燥。如图 5.3 所示[14]，岩爆发生在隧洞断面的左肩和右墙下部，两个爆裂面的中心连线与最大初始应力 σ_1 接近垂直。

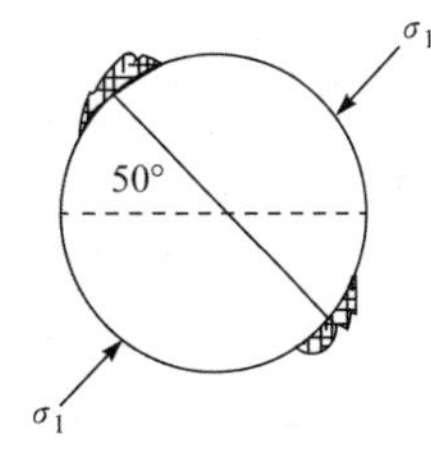

图 5.3　天生桥水电站Ⅰ号引水隧洞岩爆发生后断面图[14]

谭以安[14]将现场岩爆岩体结构效应总结为：岩爆与岩体主节理和最大主应力 σ_1 之间的夹角 β 有关。β 越小，岩爆越强烈；当 $\beta=20°\sim30°$ 时，岩爆烈度降低到弱级；当 $\beta=30°\sim45°$ 时，有时产生剪切破坏，而无岩爆发生；在 $\beta>45°$ 的地段，通常有弱级岩爆发生。因此，岩体结构对工程岩体发生岩爆有较大影响，需要进一步研究结构面的影响机理。

5.3　层状结构砂岩岩爆实验设计

实验室尺度下研究的具有弱结构面的岩石结构一般是指微观尺度下的解理面或者微结构面。本节将以含层理面砂岩为研究对象，利用应变岩爆实验系统，再现含结构面岩体的应变岩爆过程，为分析含结构面岩体的应变岩爆机理提供参考依据。

5.3.1　砂岩试件的矿物组成

实验选用的砂岩试件取自星村煤矿，地处滋阳断层和峄山断层下降盘。试件为东翼二号轨道下山拐点处底板灰色砂岩(埋深 1170m)。此试件结构较密实，层理面清晰，且分布较均匀，局部有原生闭合节理。选取层状砂岩中不同颜色的星村砂岩试件 XCS-a(灰色)及星村砂岩试件 XCS-b(黑色)进行矿物成分 X 射线衍射分析，其全岩和黏土矿物成分及相对含量分别如表 5.4 和表 5.5 所示。对比发现星村砂岩试件 XCS-a 的矿物种类与星村砂岩试件 XCS-b 的有较大区别，其中前者的石英矿物含量为后者的 2.5 倍，但后者的方解石含量比前者的含量高 22%。两种试件的黏土矿物成分和含量差别不大。如图 5.4 所示，SEM 微观图像表明此砂岩结构为胶结连结，晶体颗粒具有方向性。上述实验结果表明灰色的试样主体含石英晶体较多；黑色层状结构面含更多的方解石晶体，可能是此砂岩的弱结构面。

表 5.10　星村砂岩全岩矿物成分

试件编号	矿物成分含量/%							
	石英	钾长石	斜长石	方解石	白云石	菱铁矿	黄铁矿	黏土矿物
XCS-a	57.7	8.7	13.8	0.5	—	—	1.5	17.8
XCS-b	23.4	4.6	3.0	22.5	5.1	20	0.9	20.5

表 5.11　星村砂岩黏土矿物成分

试件编号	黏土矿物成分含量/%						混层比	
	S	I/S	I	K	C	C/S	I/S	C/S
XCS-a	—	26	12	57	5	—	30	—
XCS-b	—	27	10	59	4	—	30	—

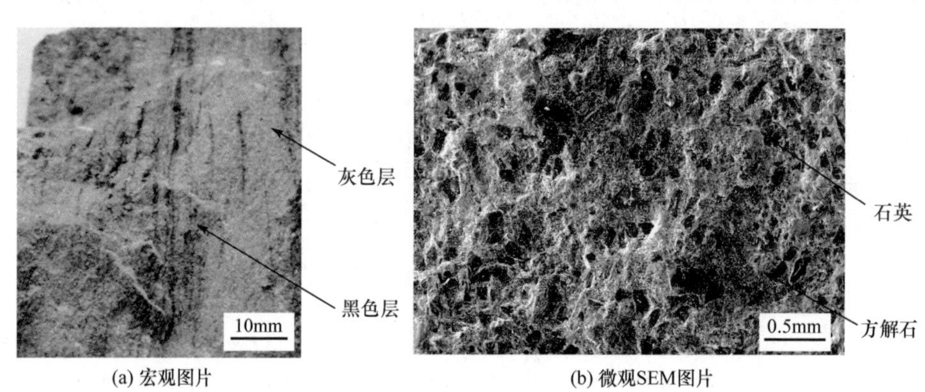

(a) 宏观图片　(b) 微观SEM图片

图 5.4　星村砂岩宏观与微观结构图

5.3.2　砂岩试件的基本力学性质

岩石的单轴抗压强度是衡量岩石强度的重要指标。根据实验要求，在制样时选择一定倾角钻孔取芯，设计岩芯轴向与结构面方向夹角为 β，制成试件的基本参数如表 5.12 所示。

表 5.12　星村砂岩试件物理性质

试件编号	试件尺寸/(mm×mm)	质量/g	纵波波速/(m/s)	横波波速/(m/s)	结构面方向夹角
XCS-U-1	ϕ49.41×99.43	508.92	5125.4	2234.5	β= 90°
XCS-U-2	ϕ49.39×100.73	519.64	5245.8	2243.4	β= 0°
XCS-U-3	ϕ49.43×102.63	529.51	5345.3	2192.9	β= 0°
XCS-U-4	ϕ49.39×101.59	497.54	4979.9	2533.5	β≈ 40°

单轴压缩实验采用电液伺服微机控制岩石实验仪(轴向最大载荷 2000kN)。实验采用位移控制加载,速度为 0.001mm/s。如表 5.13 所示,当 $\beta=90°$时,岩石单轴抗压强度为 125.6MPa,弹性模量为 39GPa;当 $\beta=0°$时,岩石单轴抗压强度和弹性模量都有所减小,平均值分别为 71.3MPa 和 35.7GPa;当 $\beta=40°$时,岩石单轴抗压强度和弹性模量为 4 例实验中最低,并且试件沿灰暗色层理剪切破裂。实验结果证实了黑色层状结构面是砂岩试件的弱结构面。

表 5.13　星村砂岩试件力学性质

试件编号	单轴抗压强度 σ_c/MPa	弹性模量 E/GPa	泊松比	破坏模式
XCS-U-1	125.6	39.11	0.36	劈裂破坏,穿过层理面
XCS-U-2	72.85	33.52	0.13	沿层理暗色层理面张裂破坏
XCS-U-3	69.79	37.91	0.11	沿层理暗色层理面张裂破坏
XCS-U-4	26.03	17.35	0.43	沿层理暗色层剪切破坏

根据式(5.3),对星村砂岩试件受层理面影响下的单轴压缩强度进行拟合,得到

$$\sigma_{c\beta}=97.17-65.73\cos\left[2\left(\frac{\pi}{6}-\beta\right)\right] \tag{5.5}$$

$\sigma_{c\beta}$最大值为 125MPa,最小值为 26MPa,代入式(5.2)得到各向异性系数 $R_c=4.81$,即此砂岩试件受层理面影响呈现较明显的力学各向异性特征。

5.3.3　受结构面影响的应变岩爆实验设计

华北地区应力场归一公式为[13]

$$\begin{cases}\sigma_H=0.0293H+1.3548\\ \sigma_h=0.01801H+1.0018\\ \sigma_V=0.02532H+0.4177\end{cases} \tag{5.6}$$

式中,σ_H 为较大水平主应力;σ_h 为较小水平主应力;σ_V 为竖向主应力。

假设第一级加载初始应力状态为:$\sigma_H=49.7$MPa,$\sigma_V=42.2$MPa,$\sigma_h=30.7$MPa。模拟卸载面(最大面)与最小主应力方向垂直,竖向(最小面)与最大主应力方向垂直。

应变岩爆实验选用 4 个试件,编号分别为 XCS-I-1、XCS-II-1、XCS-II-2 及 XCS-II-3。各试件的取样方向如图 5.5(a)所示,其中星村砂岩试件 XCS-I-1 与星村砂岩试件 XCS-II-1 的层理结构面与长方体最大面垂直,星村砂岩试件 XCS-II-2 与星村砂岩试件 XCS-II-3 的层理结构面与长方体最大面平行。

具体结构方向与加载方向的设计如表 5.14 所示。星村砂岩试件 XCS-I-1 的结构面与卸载面垂直,且与最大主应力方向平行,如图 5.5(b)所示。实验时,选用“加载—单面快速卸载—轴向保持”的加载模式,模拟瞬时岩爆发生的可能性。星

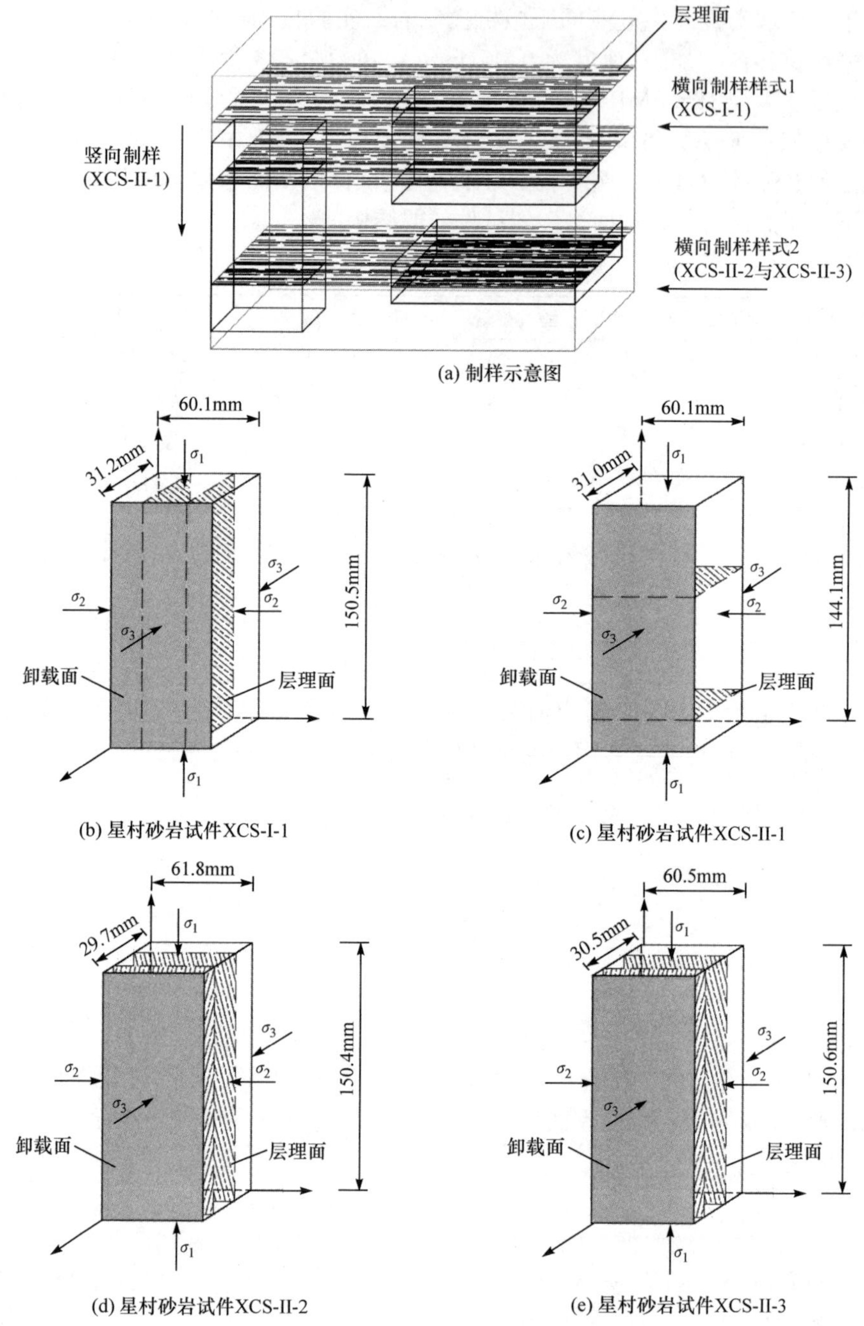

图 5.5　星村砂岩试件应变岩爆试件示意图

村砂岩试件 XCS-II-1 的结构面与卸载面垂直，且与最大主应力方向亦垂直，如图 5.4(c)所示，设计实验加载路径为“加载—单面快速卸载—竖直方向加载”模式，模拟滞后岩爆发生的可能性。星村砂岩试件 XCS-II-2 和 XCS-II-3 的结构面与卸载面平行，而且与最大主应力方向平行，如图 5.5(d)和(e)所示，实验时，星村砂岩试件 XCS-II-2 选用“加载—单面快速卸载—竖向加载”的滞后岩爆模拟应力路径，而星村砂岩试件 XCS-II-3 最初选用“加载—单面快速卸载—轴向保持”的瞬时岩爆模拟应力路径，由于实验中发现瞬时岩爆可能性较小，更改为模拟滞后岩爆的应力路径设计，详见 5.4.2 节。

表 5.14　星村砂岩试件应变岩爆实验设计

试件编号	结构面与卸载面关系	结构面与 σ_1 关系	结构面与 σ_2 关系	模拟应变岩爆类型
XCS-I-1	垂直	平行	垂直	瞬时岩爆
XCS-II-1		垂直	平行	滞后岩爆
XCS-II-2	平行	平行	平行	滞后岩爆
XCS-II-3		平行	平行	滞后岩爆

5.4　层状结构砂岩应变岩爆特征

5.4.1　试件结构面与卸载面垂直时实验结果

1. 星村砂岩试件 XCS-I-1：结构面与最大主应力方向平行

如图 5.6(a)所示为星村砂岩试件 XCS-I-1 应变岩爆实验应力-时间曲线及声发射撞击数率。实验过程中共进行 6 次卸载，声发射撞击数在前 5 次加卸载时刻有突发。在第 6 次卸载后应力保持过程中发生应变岩爆[见图 5.6(b)]，岩爆时声发射撞击数瞬间快速增加，发生瞬时岩爆。

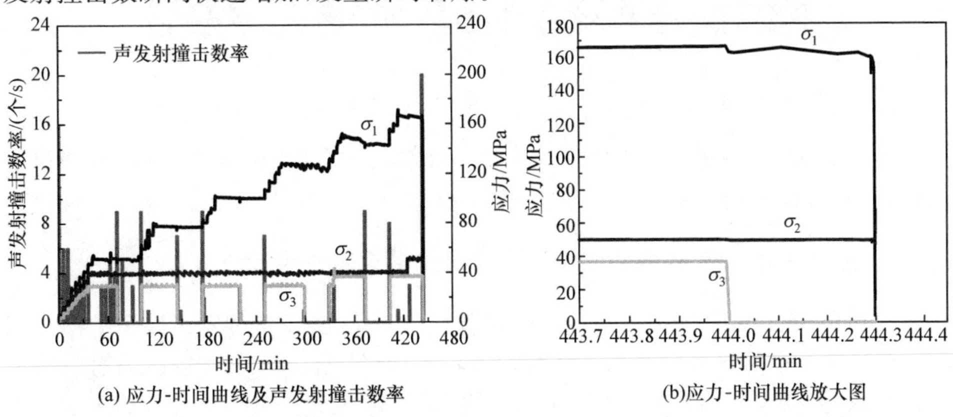

图 5.6　星村砂岩试件 XCS-I-1 应变岩爆实验应力-时间曲线及声发射参数特征

星村砂岩试件 XCS-I-1 卸载面按从左到右，从上到下顺序划分为 12 个区，例如1区在左上角,12区在右下角。在第1～4次卸载-保持中,均无试件破裂的声音。在第5次卸载初始有试件开裂的声音,持续时间很短,保持应力过程中无其他明显行为。应变岩爆发生在第6次卸载后载荷保持过程中,卸载刚结束即有试件开裂的声音,卸载10s后有试件连续开裂的声音。试件卸载面岩爆时的高速摄影记录如图5.7所示,试件从中下部开始破裂(7区与8区和9区与10区交界处),沿横向局部爆裂[见图5.7(a)～(c)],上部碎屑弹稍后弹出[见图5.7(d)],颗粒弹射速度很快,断裂处有小颗粒剥离[见图5.7(e)]。

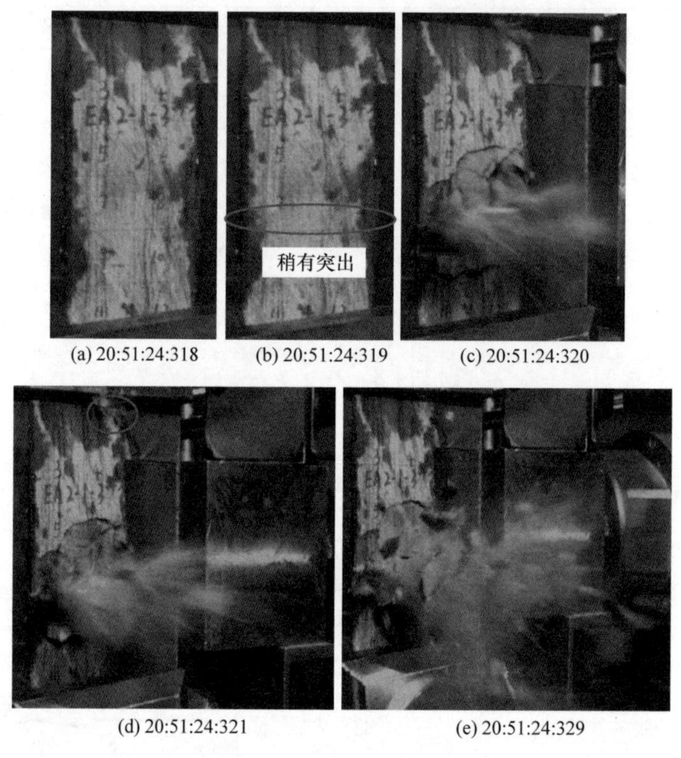

图5.7　星村砂岩试件XCS-I-1应变岩爆时中下部碎屑弹射高速图像

如图5.8所示,实验后收集了约5.170g的砂岩碎屑,取碎屑I为例,其弹射旋转倾斜向上,速度约为7.5m/s。

2. 星村砂岩试件XCS-II-1:试件结构面与最大主应力方向垂直

星村砂岩试件XCS-II-1应变岩爆实验应力-时间曲线与声发射撞击数率如图5.9(a)所示。砂岩试件共进行了12次卸载,声发射撞击数在每次卸载后有瞬时增加的现象,并且在载荷保持过程中声发射兼有发生,尤其是第5次卸载后声发射撞击数存在一个瞬间快速增加的峰值。如图5.9(b)所示,在第12次卸载后增加最大主应力值完成后发生应变岩爆,为典型滞后岩爆。

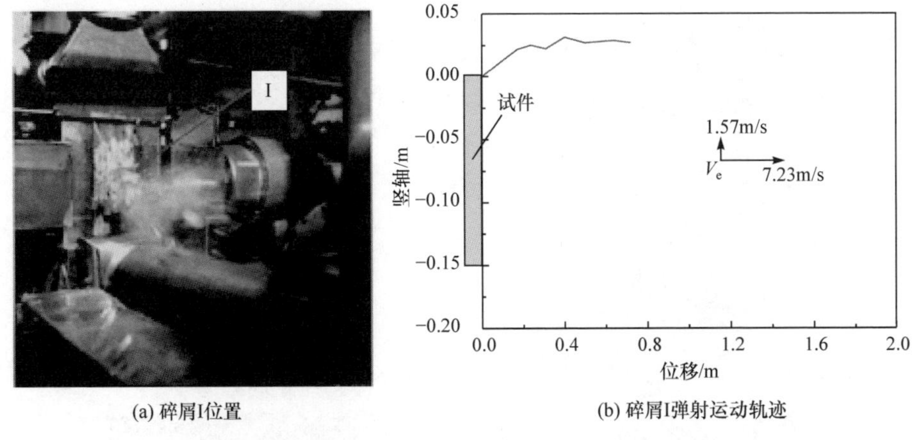

(a) 碎屑I位置　(b) 碎屑I弹射运动轨迹

图 5.8　星村砂岩试件 XCS-I-1 应变岩爆时碎屑 I 弹出位置示意图

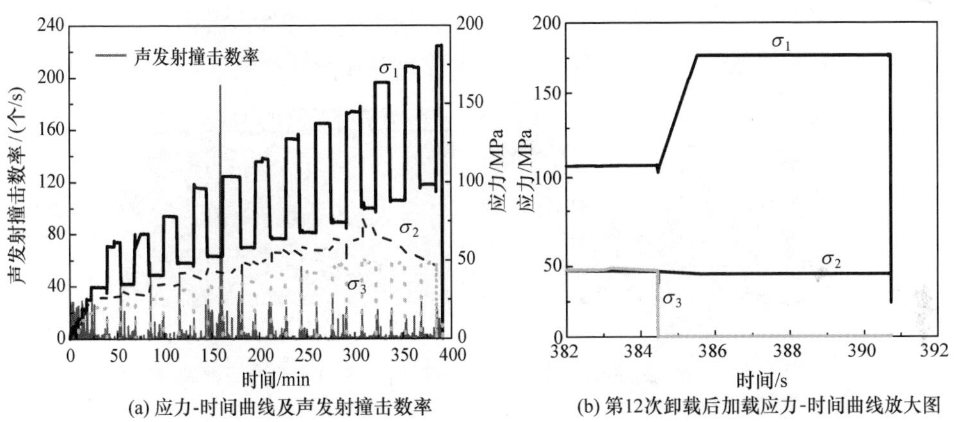

(a) 应力-时间曲线及声发射撞击数率　(b) 第12次卸载后加载应力-时间曲线放大图

图 5.9　星村砂岩试件 XCS-II-1 应变岩爆实验应力-时间曲线及声发射参数特征

星村砂岩试件 XCS-II-1 卸载面按从左到右、从上到下划分为 12 个区进行观测。在前 11 次卸载-加载过程中卸载面局部稍有变化，其中：①第 1～4 次卸载后无明显现象；②第 5 次卸载后，8 与 10 区内继续出现白点，如图 5.10(a)所示；③第 6 次卸载，6、8、10 及 12 区继续出现白点，如图 5.10(b)所示；④第 7 次卸载，仅卸载后加载初始有试件开裂的声音，没有持续，1 区有横向裂纹产生，如图 5.10(c)所示；⑤第8 次卸载，仅卸载后加载初始有试件开裂的声音，没有持续，1 区横向裂纹继续开展；⑥第 9 次卸载，无特殊现象；⑦第 10 次卸载，1 区横向裂纹扩展至 2 区，如图 5.10(d)所示；竖向载荷加载结束后声发射较频繁，3min 后趋于平稳；⑧第 11 次卸载-加载完成后 9min 有试件开裂的声音，载荷刚达到设计值时，有碎屑颗粒从顶部弹出，弹出后卸载面如图 5.10(e)所示，弹射颗粒位置如图 5.10(f)所示。

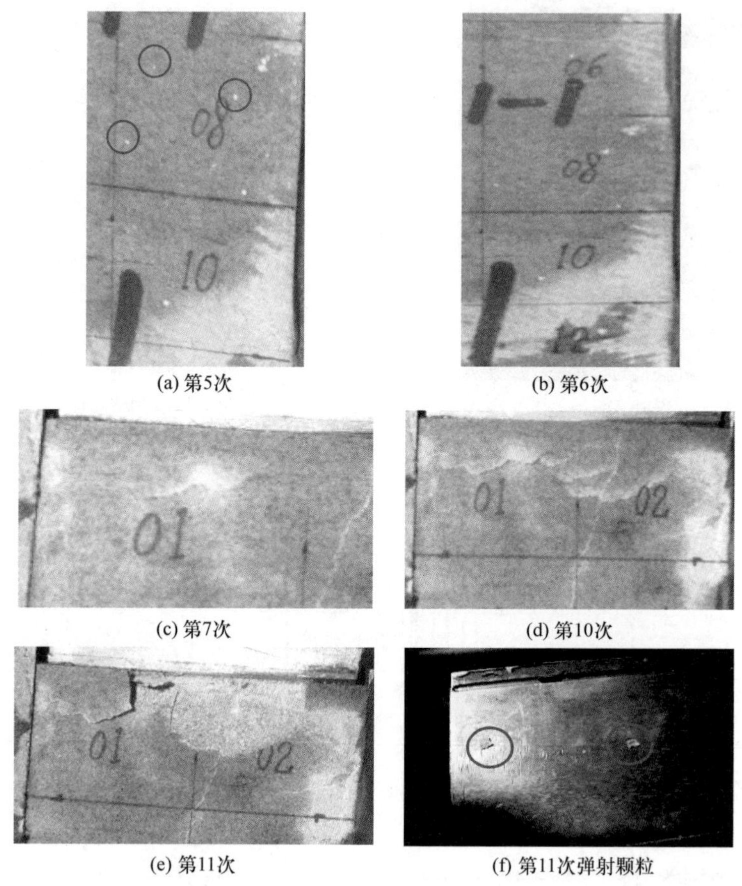
(a) 第5次　(b) 第6次

(c) 第7次　(d) 第10次

(e) 第11次　(f) 第11次弹射颗粒

图 5.10　星村砂岩试件 XCS-II-1 不同卸载-加载阶段卸载面局部破坏情况

下面利用高速摄影图像记录着重描述第 11 次和 12 次卸载-加载后卸载面的局部破坏特征。

(1) 第 11 次卸载顶部有碎屑弹射。

第 11 次卸载-加载完成瞬间，靠近顶部加载面 1 区与 2 区的横向翼形裂纹从竖向原生节理处外翻旋转，弹出片状碎屑，图 5.11 为此次卸载顶部颗粒弹射过程图示，弹射距离大概为 29cm，碎屑飞出到落地共经历 216ms，碎屑弹出过程中旋转前进，另有细小颗粒剥离。

(2) 第 12 次卸载后应变岩爆时碎屑弹射过程。

如图 5.12 所示为应变岩爆时试件表面碎屑的弹射过程。试件卸载面在 1 区、2 区靠近 3 区、4 区的位置出现翼形横向裂纹[见图 5.12(a)]，并在原生节理处折断，呈片状颗粒弹射，脱离卸载面[见图 5.12(b)～(d)]；上部岩石碎屑弹射出同时，稍往下部(4 区中部)另有横向裂纹展开，先向右、后向左上方展开，弹出

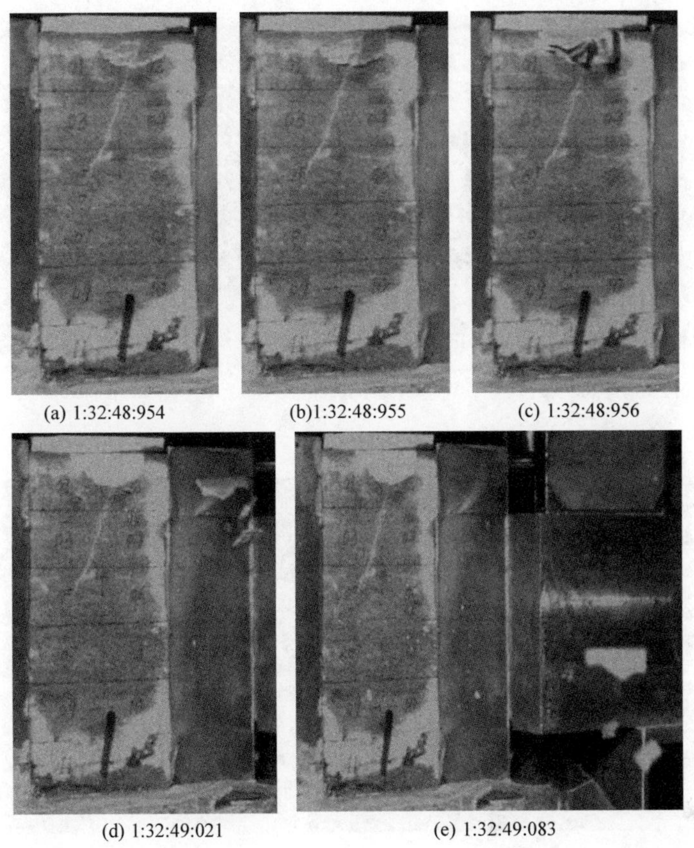

(a) 1:32:48:954　(b)1:32:48:955　(c) 1:32:48:956

(d) 1:32:49:021　(e) 1:32:49:083

图 5.11　星村砂岩试件 XCS-II-1 第 11 次卸载顶部颗粒弹射高速图像

碎屑[见图 5.12(e)～(h)]。弹射碎屑速度较快，部分弹到实验机端部并反弹[见图 5.12(i)]。初期弹出的碎屑落地后，试件表面仍有细碎屑剥离[见图 5.12(j)]。

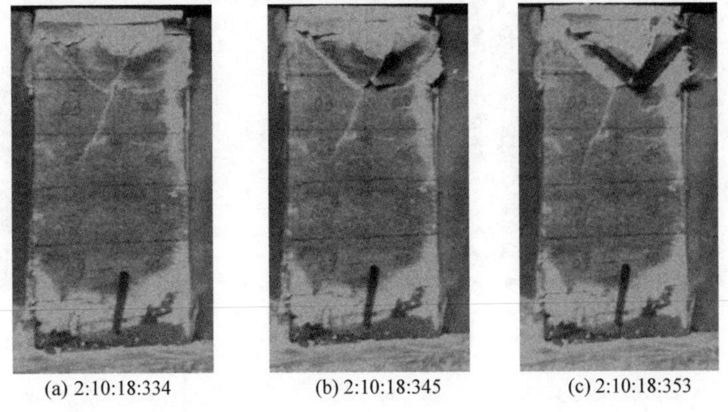

(a) 2:10:18:334　(b) 2:10:18:345　(c) 2:10:18:353

(d) 2:10:18:358

(e) 2:10:18:362

(f) 2:10:18:373

(g) 2:10:18:404

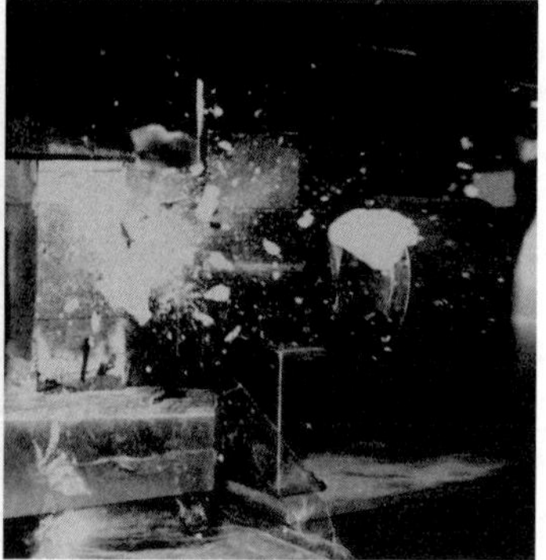
(h) 2:10:18:447

(i) 2:10:18:522

(j) 2:10:18:622

图 5.12　星村砂岩试件 XCS-II-1 应变岩爆时顶部碎屑弹射高速图像

如图 5.13 所示，实验后收集了约 1.837g 的砂岩碎屑，取碎屑 I 为例，其弹射方向接近水平，速度约为 2.8m/s。

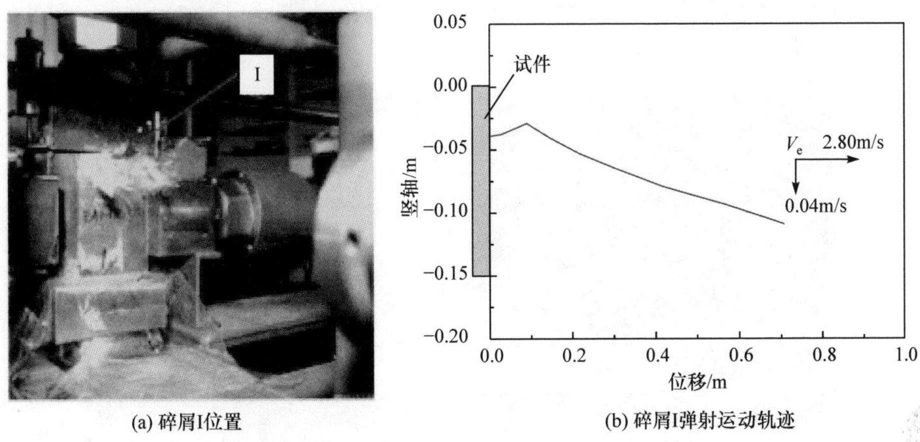

(a) 碎屑I位置　(b) 碎屑I弹射运动轨迹

图 5.13　星村砂岩试件 XCS-II-1 应变岩爆时碎屑 I 弹出位置示意图

5.4.2　试件结构面与卸载面平行时实验结果

星村砂岩试件 XCS-II-2 共经过 3 次加载-单面快速卸载-竖向加载应力过程，如图 5.14 所示。声发射在每次过程中都有发生，在第 3 次卸载增加最大主应力后声发射撞击数瞬间快速增加。如图 5.14(b)所示，应变岩爆发生于最大主应力增加过程中，为滞后岩爆。

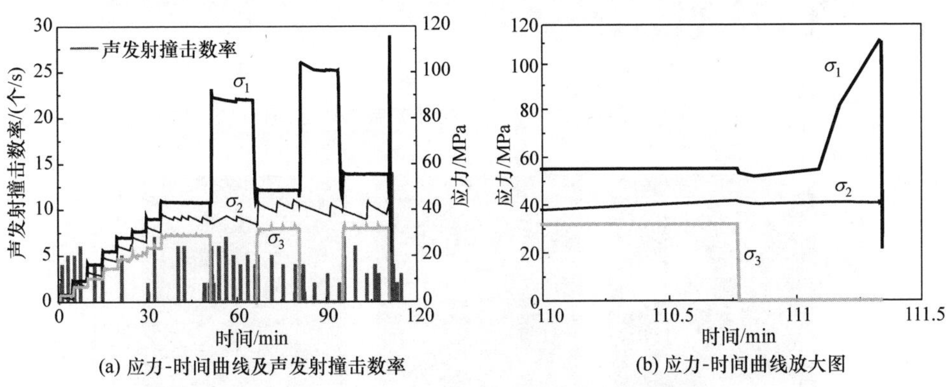

(a) 应力-时间曲线及声发射撞击数率　(b) 应力-时间曲线放大图

图 5.14　星村砂岩试件 XCS-II-2 应变岩爆实验应力-时间曲线及声发射参数特征

星村砂岩试件 XCS-II-2 卸载面从左到右、从上到下分为 10 个区。第 1 次卸载后加载前，有试件开裂的声音，10 区右下角有岩石小颗粒弹出[见图 5.15(a)]，声发射撞击数变化不大；加载后，1 区靠近加载面有裂纹开展[见图 5.15(b)]，声发射撞击数变化不大。第 2 次卸载有试件开裂的声音，加集中载荷时声发射撞击数稍有增加但很快稳定，在 2 区与 4 区边界有白色斑点[见图 5.15(c)]，1 区裂纹继续扩展[图 5.15(d)]。第 3 次卸载、加载 30s 后开始有细小颗粒从顶部剥离[见图 5.16(a)～(c)]，产生片状剥离并从试件中间折断[见图 5.16(d)～(f)]，过程经历仅 1s，为滞后岩爆。

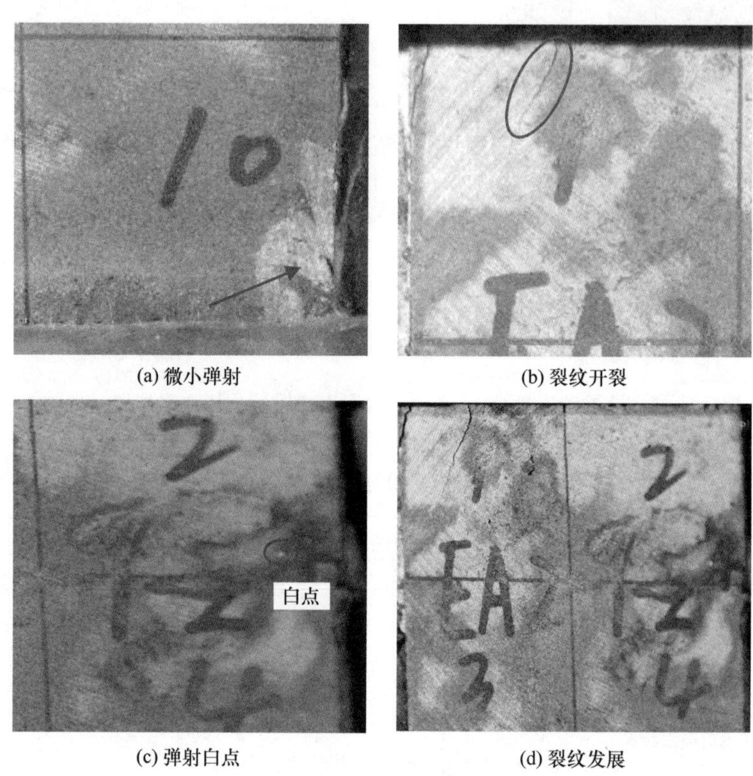

(a) 微小弹射 (b) 裂纹开裂

(c) 弹射白点 (d) 裂纹发展

图 5.15 星村砂岩试件 XCS-II-2 第一次卸载后卸载面局部破裂情况图像

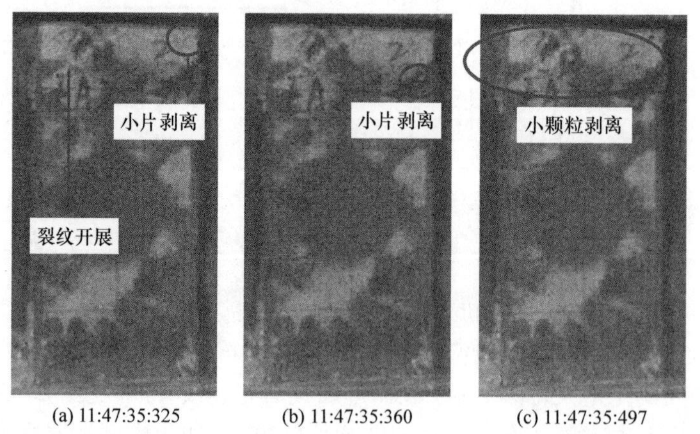

(a) 11:47:35:325 (b) 11:47:35:360 (c) 11:47:35:497

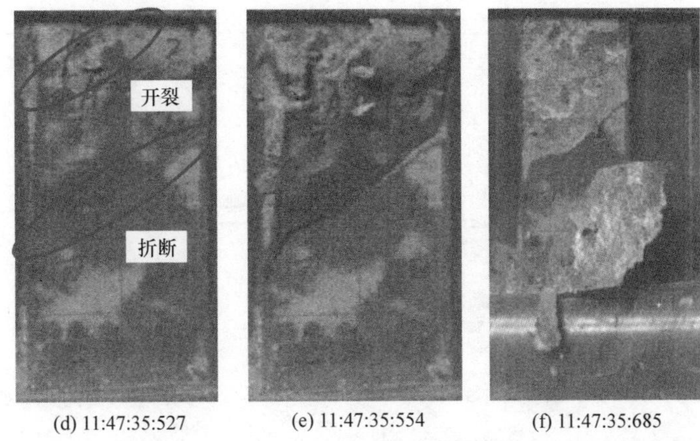

(d) 11:47:35:527　(e) 11:47:35:554　(f) 11:47:35:685

图 5.16　星村砂岩试件 XCS-II-2 应变岩爆时顶部颗粒剥离高速图像

如图 5.17 所示,实验后收集了约 0.854g 的砂岩碎屑,取碎屑 I 为例,其弹射速度约为 0.48m/s。

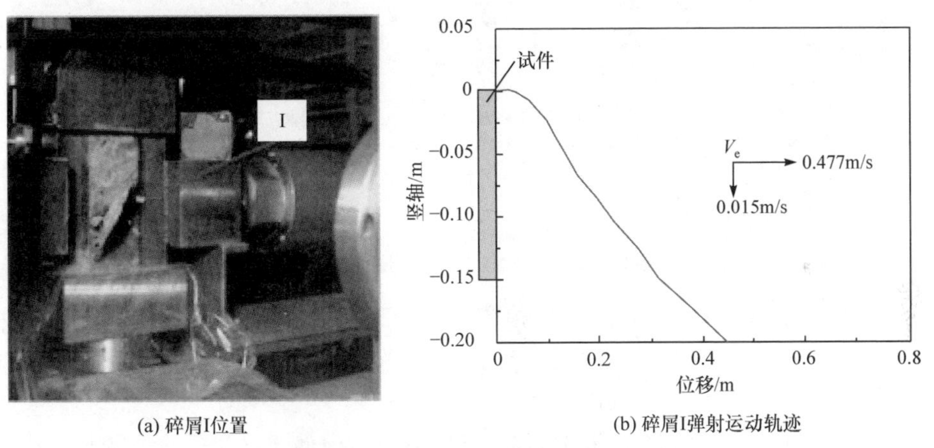

(a) 碎屑I位置　(b) 碎屑I弹射运动轨迹

图 5.17　星村砂岩试件 XCS-II-2 应变岩爆时碎屑 I 弹出位置示意图

如图 5.18(a)所示,星村砂岩试件 XCS-II-3 共经过 5 次加载-单面快速卸载-轴向保持过程,旨在模拟瞬时岩爆。然而,在第 5 次卸载后并无明显应变岩爆现象,并且应力已超过实验应力设计值,即试件发生瞬时岩爆可能性较小。考虑试件结构特征,采用增加最大主应力来模拟滞后岩爆。应变岩爆过程中声发射撞击数瞬间快速增加。此时,三向应力状态及最后应变岩爆时的应力变化如图 5.18(b)所示,为滞后岩爆。

星村砂岩试件 XCS-II-3 试件从左到右分为 3 个区,从上到下分为 8 个区,共 24 个区,例如,1～3 区分别对应卸载面上部左、中、右三部分。试件在第 1～3 次卸载,无试件开裂的声音。第 4 次卸载,无试件开裂的声音,但在 23 与 24 区内有白点出现[见图 5.19(a)]。第 5 次卸载,无试件开裂的声音,在 23 与 24 区间白点增大[见图 5.19(b)]。

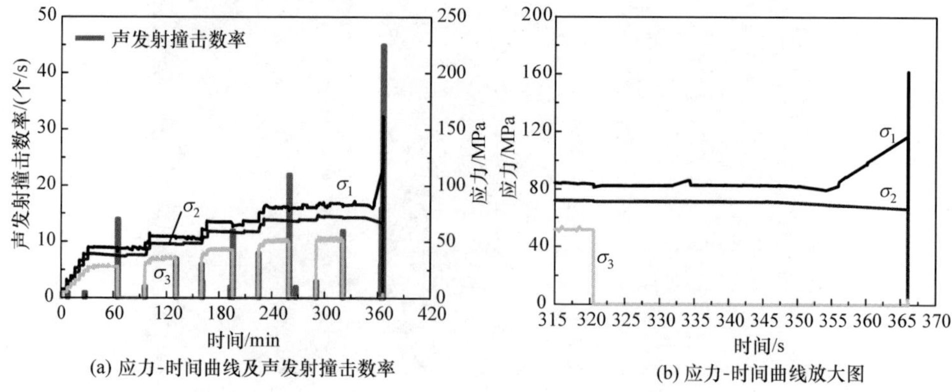

(a) 应力-时间曲线及声发射撞击数率　　(b) 应力-时间曲线放大图

图 5.18　星村砂岩试件 XCS-II-3 应变岩爆实验应力声发射参数特征

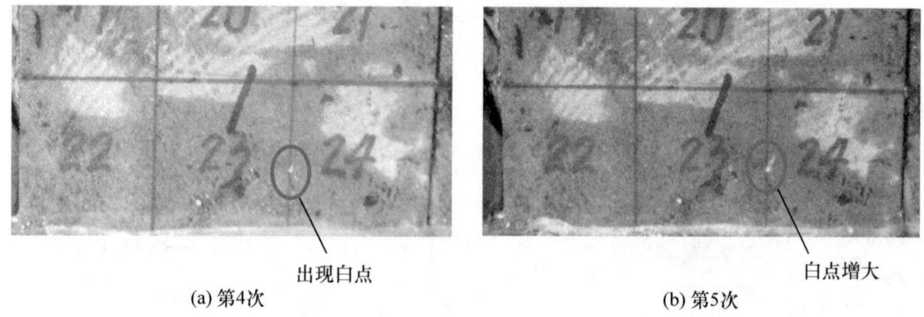

(a) 第4次　　(b) 第5次

图 5.19　星村砂岩试件 XCS-II-3 第 4、5 次卸载后卸载面局部破裂情况图像

在保持 30min 无明显应变岩爆现象发生后，保持卸载时刻水平第二主应力不变，以 0.05MPa/s 速率施加竖向载荷，加载初期没有试件开裂的声音，应变岩爆前 2min 开始有连续试件开裂的声音。

图 5.20(a)～(c)记录了 Y 形裂纹开裂的过程，根据裂纹开裂的长度及所用时间，可计算出裂纹开展速度为 106.6m/s。图 5.21(a)～(c)显示了高速摄影捕捉到的卸载面细小碎屑在三个不同时间所在位置，其运行轨迹近似垂直掉落。

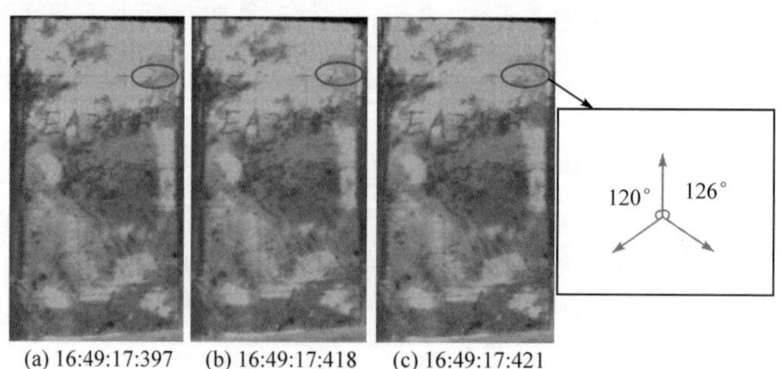

(a) 16:49:17:397　(b) 16:49:17:418　(c) 16:49:17:421

图 5.20　星村砂岩试件 XCS-II-3 应变岩爆时卸载面 Y 形裂纹扩展高速图像

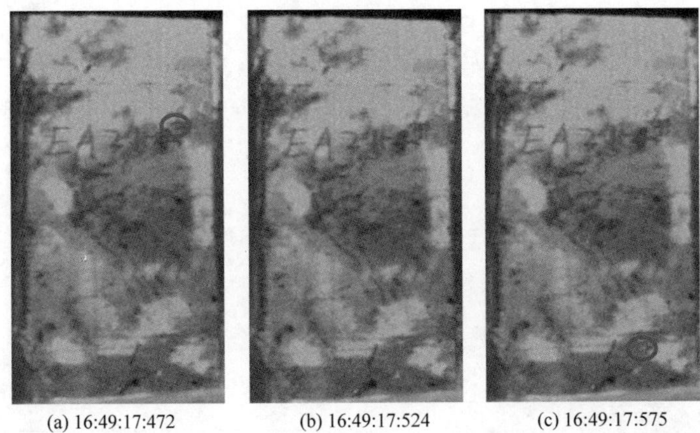

(a) 16:49:17:472　(b) 16:49:17:524　(c) 16:49:17:575

图 5.21　星村砂岩试件 XCS-II-3 应变岩爆时卸载面细小碎屑第 1 次垂直掉落高速摄影图片

如图 5.22 所示，星村砂岩试件 XCS-II-3 应变岩爆首先在 4～6 区发生片状开裂，然后从上向下剥离区域扩大至整个卸载试件表面，发生全面爆裂，并导致整个试件失稳。

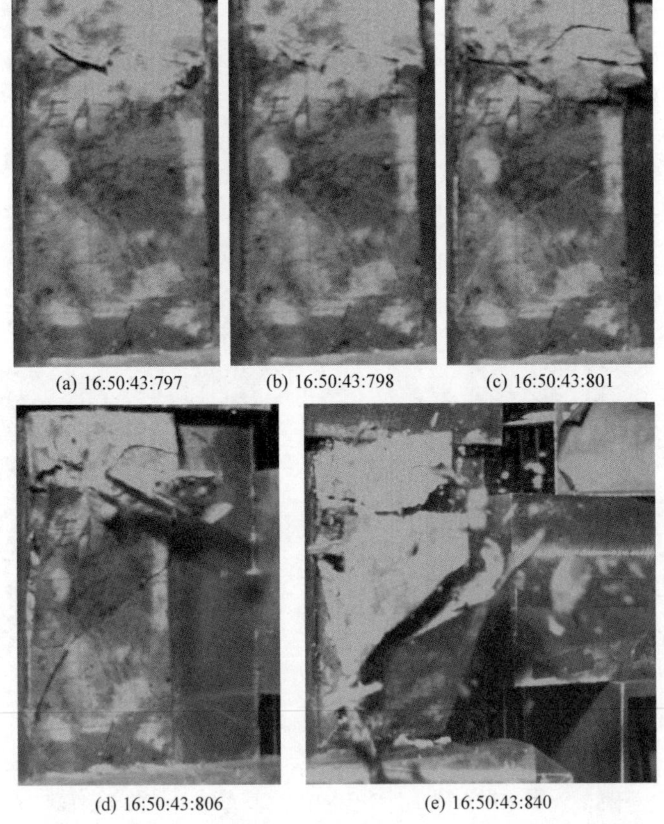

(a) 16:50:43:797　(b) 16:50:43:798　(c) 16:50:43:801

(d) 16:50:43:806　(e) 16:50:43:840

图 5.22　星村砂岩试件 XCS-II-3 应变岩爆时卸载面片状剥离至全面爆裂高速图像

如图 5.23 所示，星村砂岩试件 XCS-II-3 因发生全面爆烈而呈粉碎性破坏。实验后收集了约 33.9g 的砂岩碎屑，取碎屑 I 为例，其弹射速度约为 1.7m/s。

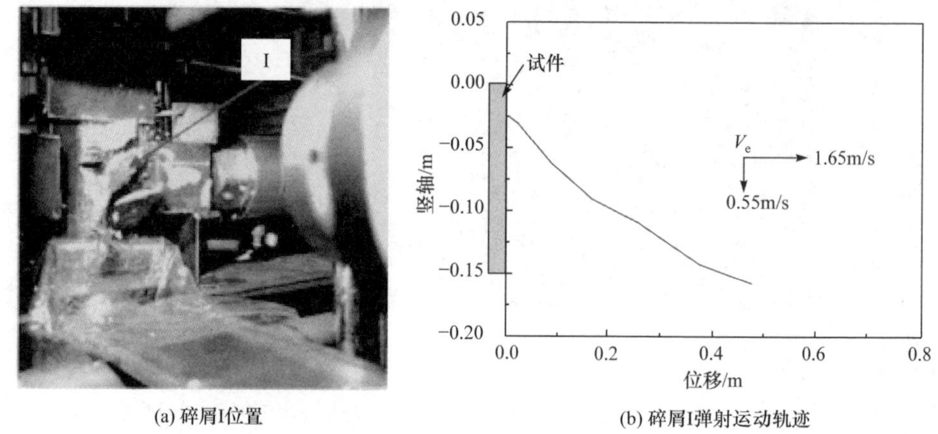

图 5.23　星村砂岩试件 XCS-II-3 应变岩爆时碎屑 I 弹出位置示意图

5.4.3　层状结构砂岩应变岩爆爆坑特征

1. 结构面与卸载面垂直时

如图 5.24 所示，星村砂岩试件 XCS-I-1 应变岩爆实验前后图像对比显示其岩爆爆坑亦呈锅底状。尤其在折断处由于较多小颗粒弹射形成深沟(约为 0.8cm)，两侧爆坑深度仅为 0.3cm。长轴与短轴长度相仿，均为 5.8cm。试件侧面贯穿裂隙以张剪为主，不受层理面结构的影响(见图 5.25)。

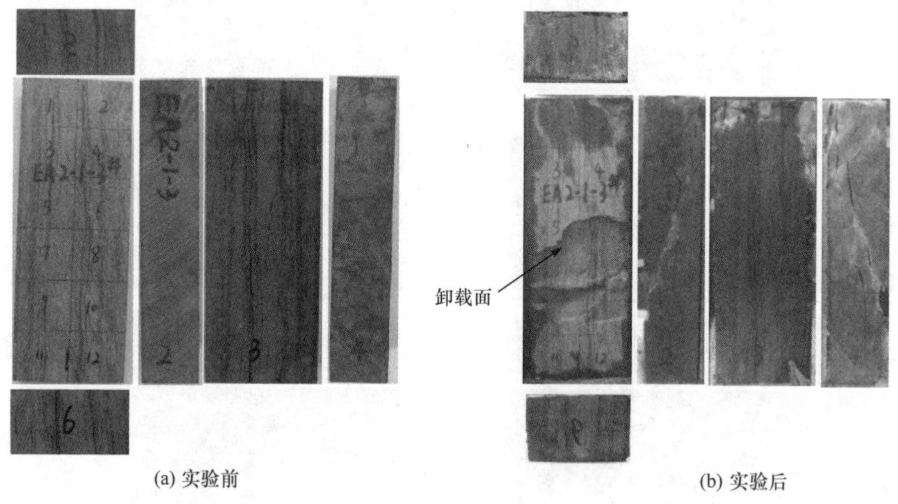

图 5.24　星村砂岩试件 XCS-I-1 应变岩爆实验前后图像

(a) 左侧面

(b) 右侧面

(c) 正面

图 5.25　星村砂岩试件 XCS-I-1 应变岩爆实验后试件裂纹贯通图像

星村砂岩试件 XCS-II-1 应变岩爆实验前后试件的六面对比如图 5.26 所示。卸载面顶部爆坑呈锅底状，约 0.7cm 深，长轴约 4.3cm，短轴约 2.3cm。如图 5.27 所示，顶部作为主加载面，以劈裂为主。

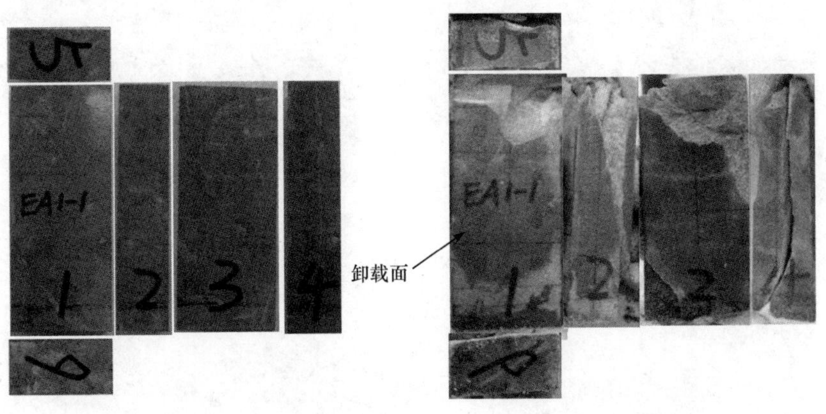

(a) 实验前　　(b) 实验后

图 5.26　星村砂岩试件 XCS-II-1 应变岩爆实验前后图像

2. 结构面与卸载面平行时

星村砂岩试件 XCS-II-2 从侧面看主要是沿层面展开的劈裂缝，兼有穿越层面的剪切裂纹，卸载面爆坑平坦(见图 5.28)。星村砂岩试件 XCS-II-3 应变岩爆时由于全面爆裂，发生整体破坏(见图 5.29)，爆坑无法观测。

(a) 左侧面　　(b) 右侧面

图 5.27　星村砂岩试件 XCS-II-1 应变岩爆实验后裂纹贯通图像

(a) 实验前　　(b) 实验后

图 5.28　星村砂岩试件 XCS-II-2 应变岩爆实验前后图像

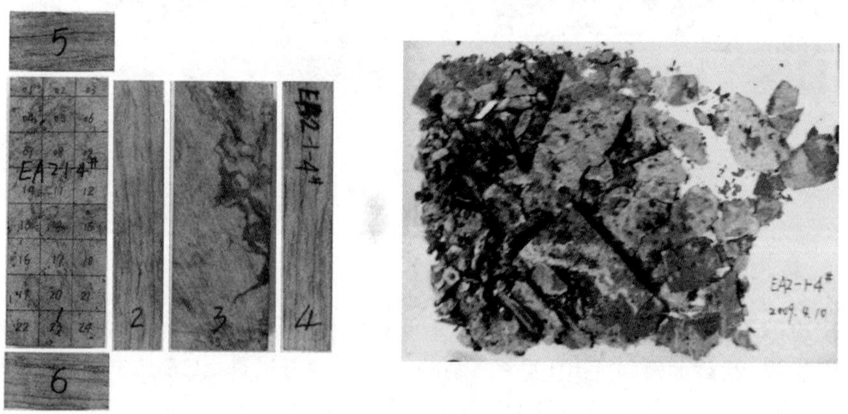

(a) 实验前　　(b) 实验后

图 5.29　星村砂岩试件 XCS-II-3 应变岩爆实验前后图像

5.4.4　层状结构砂岩应变岩爆的趋势

表 5.15 总结了受结构面影响的层状砂岩应变岩爆实验过程中最后 1 次卸载前的应力值,应变岩爆前的应力值及岩爆时刻的应力降。可见结构面与卸载面平行情况下(星村砂岩试件 XCS-II-2 和 XCS-II-3)比结构面与卸载面垂直(星村砂岩试件 XCS-I-1 和 XCS-II-1)发生应变岩爆临界应力要低。

表 5.15　星村砂岩试件应变岩爆实验的应力特征

试件编号	结构面与层理面	卸载前应力/MPa			应变岩爆应力/MPa			应变岩爆时刻应力降/(MPa/s)	
		σ_1	σ_2	σ_3	σ_1	σ_2	σ_3	σ_1	σ_2
XCS-I-1	垂直	166.4	49.7	36.6	156.1	49.4	0.0	2107.8	24.9
XCS-II-1		98.3	46.3	47.0	186.2	44.6	0.0	7105.8	42.1
XCS-II-2	平行	55.5	41.5	31.8	114.4	40.6	0.0	3042.9	20.1
XCS-II-3		83.4	71.9	51.4	113.5	65.6	0.0	210553.0	5898.6

应变岩爆过程显示,当砂岩的结构面垂直于卸载面时(星村砂岩试件 XCS-I-1 和 XCS-II-1),其应变岩爆受岩石强度控制较大,砂岩在较高承载力水平下发生应变岩爆。应变岩爆前,卸载面无明显的特征;应变岩爆产生时,弹射出的碎屑呈透镜状,有较高的弹射速度。应变岩爆结束后,卸载面有明显爆坑。

当砂岩的结构面平行于卸载面时,砂岩的承载力较低,其应变岩爆现象显示其过程受结构面控制。应变岩爆前,卸载面有细小碎屑剥离,中部有长的倾斜裂纹扩展。应变岩爆时,产生的岩片沿黑色矿物断裂,故表面呈暗色。弹射碎屑以薄片状为主,体积较大,弹射速度较慢。此类砂岩以岩石片状剥离为主,但一旦发生结构失稳,会造成整体坍塌。

参 考 文 献

[1] 何满潮,杨晓杰,孙晓明. 中国煤矿软岩粘土矿物特征研究. 北京:煤炭工业出版社,2006.
[2] 张有瑜. 粘土矿物与粘土矿物分析. 北京:海洋出版社,1990.
[3] 孙广忠. 岩体结构力学. 北京:科学出版社,1979.
[4] 王思敬. 中国岩石力学与工程世纪成就. 南京:河海大学出版社,2004.
[5] Saroglou H, Tsiambaos G. A modified Hoek-Brown failure criterion for anisotropic intact rock. International Journal of Rock Mechanics and Mining Sciences, 2008, 45(2): 223-234.
[6] Jaeger J C. Shear failure of anisotropic rocks. Geological Magazine, 1960, 97(1): 65-72.
[7] Donath F A. Experimental study of shear failure in anisotropic rocks. Geological Society of America Bulletin, 1961, 72(6): 985-989.
[8] 孟召平,苏永华. 沉积岩体力学理论与方法. 北京:科学出版社,2006.
[9] Tien Y M, Kuo M C, Juang C H. An experimental investigation of the failure mechanism of

simulated transversely isotropic rocks. International Journal of Rock Mechanics and Mining Sciences,2006,43(8):1163-1181.

[10] Paige E S,Laurent G,Stephen D M. The role of geologic structure and stress in triggering remote seismicity in Creighton Mine,Sudbury,Canada. International Journal of Rock Mechanics and Mining Sciences,2013,58:166-179.

[11] Jiang Q,Feng X T,Xiang T B,et al. Rockburst characteristics and numerical simulation based on a new energy index:A case study of a tunnel at 2500m depth. Bulletin of Engineering Geology and the Environment,2010,69(3),381-388.

[12] Manouchehrian A,Cai M,Numerical modeling of rockburst near fault zones in deep tunnels. Tunnelling and Underground Space Technology,2018,80:164-180.

[13] 赵本钧. 冲击地压及其防治. 北京:煤炭工业出版社,1995.

[14] 谭以安. 岩爆特征及岩体结构效应. 中国科学:B辑,1991,(9):985-991.

[15] 孙叶,谭成轩. 中国现今区域构造应力场与地壳运动趋势分析. 地质力学学报,1995,1(3):1-12.

第6章　应变岩爆的岩体刚度效应

环境岩体与岩爆岩体的相对刚度是影响应变岩爆的一个关键因素，会影响到工程岩体系统中能量的储存、释放及破坏的剧烈程度。利用应变岩爆实验系统，考虑不同岩性、不同环境岩体刚度及不同结构面条件，分析不同环境岩体与岩爆岩体刚度比条件下应变岩爆的破坏特征。利用颗粒流程序并进行二次开发，建立考虑包含环境岩体与岩爆岩体的工程岩体系统的应变岩爆数值分析模型，系统地分析在不同刚度比条件下的应变岩爆破坏特征与能量释放特征。同时对比分析一系列单组结构面、双组对称结构面、双组非对称结构面以及不同的结构面抗剪强度特征和分布间距影响下应变岩爆的岩体刚度效应，并分析应变岩爆破坏及能量释放的特征。

6.1　岩体刚度的基本概念

本书给出的实验结果表明，除硬脆岩体外，相对软弱岩体(如泥质砂岩)也能产生应变岩爆破坏。即使是同样的岩性，发生应变岩爆破坏的程度也可能会有较大差别。因此，应变岩爆与一般脆性破坏不同，仅从岩体材料强度等力学特性方面进行研究，不足以解释应变岩爆产生的机理，必须从更多方面深入探索。

一些学者尝试从系统刚度的角度来分析岩爆破坏的机理。1965年，Cook[1]利用大理岩和花岗岩进行单轴压缩实验，发现在刚度较低的实验机上进行实验时，岩石试件会产生剧烈破坏，但在刚度较高的实验机上进行实验时，岩石试件会表现出相对稳定的破坏形式；并据此指出，岩爆可以看成与室内压缩实验类似的稳定性问题，是否能发生剧烈的岩爆，取决于围岩与破坏岩体间相对刚度的大小。

Salamon[2]通过弹簧与岩样串联组成的加载系统来简化实验机与岩样组成的加载系统，推导出岩样稳定破坏的条件为 $k+\lambda>0$，其中 k 和 λ 分别为弹簧(实验机)和岩样的刚度，并指出岩柱群的刚度与顶底板的刚度也必须符合类似的条件才能保证岩柱的稳定破坏，否则就有可能发生岩爆等非稳定性破坏，如图6.1所示。

Blake[3]指出，如果岩体结构的刚度大于围岩加载系统，一旦破坏产生，储存在围岩加载系统中的应变能就会迅速释放并施加到岩体结构上，导致岩爆产生。他将该理论用于加利纳矿岩柱稳定性的分析。这种分析思路在许多研究中得到了发展及应用[4~8]。Aglawe[9]认为，系统刚度、应力水平及能量释放是三个必须综合起来评估岩爆等非稳定破坏的重要因素。

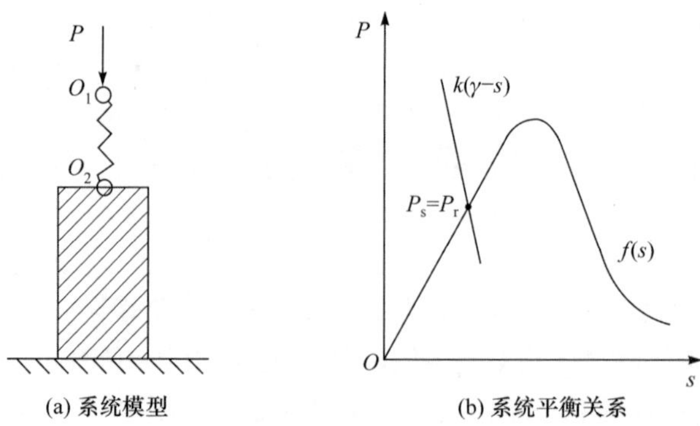

图 6.1　实验机与岩石试件系统模型及其平衡关系示意图[2]

基于这种思想,我们认为应变岩爆破坏与一般脆性破坏的区别在于,一般脆性破坏主要是由于岩石材料在达到其强度之后应力突然下降表现出的突然破坏,破坏形式主要为张拉破坏或剪切破坏。而应变岩爆破坏不仅取决于岩石材料本身的特性,还由于在岩爆岩体发生破坏时,周围环境岩体中储存的应变能释放出来,导致岩爆岩体发生颗粒及碎块弹射、甚至较大岩块抛射等非常剧烈的破坏。也就是说,应变岩爆是基于岩爆岩体与周围环境岩体组成的一个系统产生的破坏现象。因此在研究应变岩爆机理时,需要从工程岩体系统的角度来深入分析。

工程岩体系统包括环境岩体、岩爆岩体以及施加于岩体上的工程作用力。在工程力的作用下,环境岩体与岩爆岩体中同时储存一定量的应变能。开挖之后,当岩爆岩体发生破坏时,由于应力的下降,环境岩体内储存的应变能将随之释放出来,并产生一定的变形。如果环境岩体的刚度相对岩爆岩体来说比较小,在工程力的作用下,环境岩体中就会储存更多的应变能,也就会有更多的能量在岩爆岩体发生破坏之后释放出来,并产生较大的变形,这些能量释放与变形将施加给岩爆岩体,从而使岩爆岩体产生比较剧烈的岩爆破坏;如果环境岩体的刚度较大,在相应的工程力作用下,储存的应变能就会比较小,在破坏的时候释放的能量就比较小,所以破坏的形式也相对平稳。

下面定义一个环境岩体与岩爆岩体的刚度比:

$$R_K=\frac{K_e}{K_r} \tag{6.1}$$

式中,R_K 为刚度比;K_e 为环境岩体的刚度;K_r 为岩爆岩体的刚度。

综上所述,应变岩爆是工程岩体系统在一定的刚度比条件下产生的失稳破坏现象。在工程岩体系统中,环境岩体与岩爆岩体的刚度比会对应变岩爆产生很大的影响,即应变岩爆的岩体刚度效应。本章重点通过采用室内应变岩爆实验及数值分析两种方法研究应变岩爆的岩体刚度效应。

1. 室内应变岩爆实验

利用应变岩爆系统，分别进行以下实验：

（1）在相同的实验机刚度条件下，进行不同岩性试件的室内应变岩爆实验，对应分析不同岩性的岩爆岩体引起的不同刚度比对应变岩爆的影响。

（2）在不同的实验机刚度条件下，进行相同岩性试件的室内应变岩爆实验，对应分析不同环境岩体刚度引起的不同刚度比对应变岩爆的影响。

（3）在相同的实验机刚度条件下，进行含不同结构面试件的室内应变岩爆实验，对应分析具有不同结构面特征的岩爆岩体引起的不同刚度比对应变岩爆的影响。

2. 数值分析

利用颗粒流（PFC^{2D}）程序进行应变岩爆数值计算，主要进行以下分析：

（1）设置一系列不同环境岩体刚度的数值计算，根据两个临界刚度比，分析对应变岩爆破坏过程、能量释放等的影响。

（2）设置一系列含不同结构面的岩爆岩体的数值计算，分析不同的刚度比对应变岩爆破坏特征、能量释放等的影响。其中结构面的设置又包括如下几种情况：不同方向的单组结构面；不同方向双组对称结构面；不同方向双组非对称结构面；不同的结构面黏聚力、摩擦系数等力学特性及不同的结构面间距。

6.2　岩体刚度效应对岩爆影响的实验研究

6.2.1　应变岩爆实验设计

将实验机与试件看成一个整体系统，实验机刚度与试件刚度之比（$K_{实验机}/K_{试件}$）对应工程岩体系统中环境岩体与岩爆岩体的刚度比，会影响实验过程中实验机与试件中存储的应变能的大小，导致破坏发生后实验机释放的能量不同，从而影响试件的破坏特征。

1. 研究不同岩性引起的岩体刚度效应

在同样的实验机刚度条件下，用花岗岩和砂岩两种不同岩性的试件来进行实验，由于试件刚度不同，分析实验机刚度与试件刚度之比对应变岩爆破坏特征的影响。

2. 研究不同环境岩体刚度引起的岩体刚度效应

用相同刚度的花岗岩试件，在不同的实验机刚度条件下进行实验，来分析不同环境岩体刚度产生的不同刚度比对应变岩爆破坏特征的影响。

3. 研究不同结构面引起的岩体刚度效应

在相同的实验机刚度条件下，对含不同方向结构面的砂岩试件进行应变岩爆实验，观察其应变岩爆破坏特征。

6.2.2 不同岩性的岩体刚度效应

在相同的实验机刚度条件下，本组实验选择花岗岩和砂岩两种不同岩性的试件，其中花岗岩取自山东莱州，致密完整，整体为肉红色，夹杂部分黑褐色及白色矿物颗粒；砂岩取自山东星村煤矿埋深 1170m，主要为灰褐色，分布有些许黑褐色夹层，岩样的物理力学性质如表 6.1 所示。

表 6.1 岩样物理力学性质

试件编号	岩性	尺寸/(mm×mm×mm)	密度/(g/cm^3)	单轴强度/MPa	弹性模量/GPa	泊松比
LZHG-II-6	花岗岩	150.0×60.0×30.0	2.70	165	66.7	0.33
XCS-II-1	砂岩	144.1×60.1×31.0	2.67	125.6	39.1	0.36

对莱州花岗岩和星村砂岩分别进行 X 射线衍射实验并得到其矿物成分及含量(见表 6.2)，其中星村砂岩进行了两次取样及测试。可以看出，莱州花岗岩的主要成分为石英与长石等坚硬矿物，黏土矿物含量较少，而星村砂岩黏土矿物含量明显较高，常规力学实验也表明莱州花岗岩的弹性模量明显大于星村砂岩的弹性模量。由于莱州花岗岩的刚度大于星村砂岩的刚度，在相同的实验机刚度条件下，相对而言，莱州花岗岩处于比星村砂岩更为柔性的系统环境内，可以用这两种岩性来对照分析不同实验机与试件的刚度比条件下岩爆破坏的特征。

表 6.2 岩样矿物组成及含量

岩样	矿物组成及含量/%							
	石英	钾长石	斜长石	方解石	白云石	菱铁矿	黄铁矿	黏土矿物
莱州花岗岩	27.0	37.0	31.0	—	—	—	—	5.0
星村砂岩 1	57.7	8.7	13.8	0.5	—	—	1.5	17.8
星村砂岩 2	23.4	4.6	3.0	22.5	5.1	20	0.9	20.5

花岗岩试件 LZHG-II-6 和砂岩试件 XCS-II-1 的应变岩爆实验均按照“三向六面加载—单面快速卸载—轴向加载”的实验方法。下面分别描述两种不同岩性(试件刚度不同)在相同实验系统条件下(实验机刚度相同)的应变岩爆破坏特征。

1. 花岗岩试件 LZHG-II-6

图 6.2 和图 6.3 分别为花岗岩试件 LZHG-II-6 应变岩爆实验应力-时间曲线及应变岩爆实验过程高速摄影图片。在卸载后的加载过程中发生破坏,首先是试件上部出现裂纹,之后很快出现碎片剥落。然后试件中部出现裂纹扩展,两个较大的碎片弯折破断后发生弹射,紧接着试件全断面发生碎块与颗粒的向外弹射。整个岩爆破坏过程快速而剧烈,并伴有试件开裂的声音。

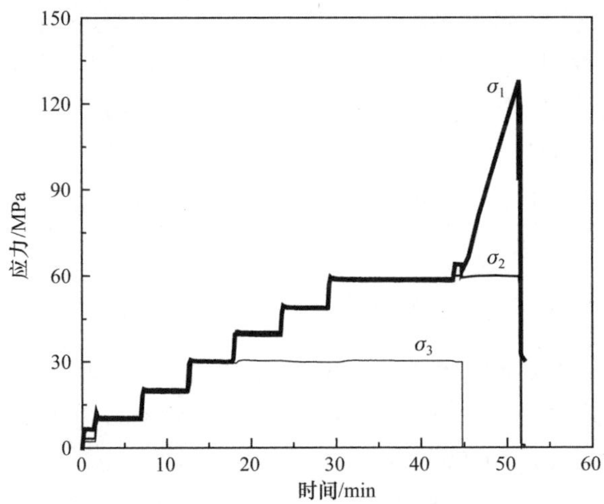

图 6.2　花岗岩试件 LZHG-II-6 应变岩爆实验应力-时间曲线

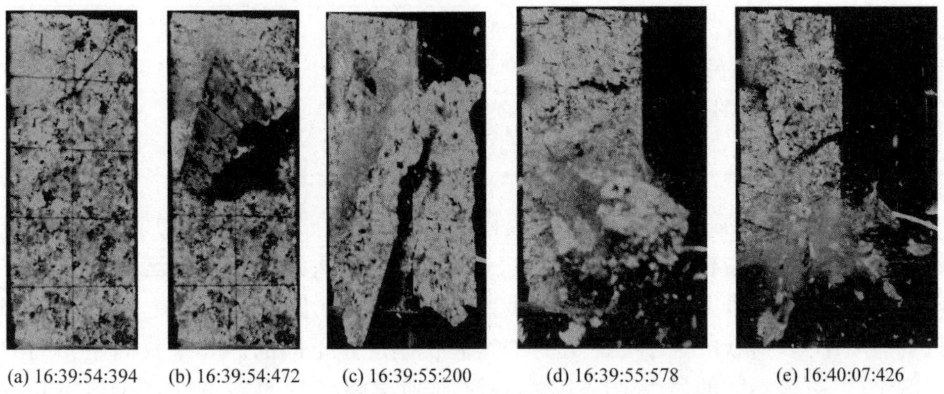

图 6.3　花岗岩试件 LZHG-II-6 应变岩爆实验过程高速摄影图片

2. 砂岩试件 XCS-II-1[10]

砂岩试件 XCS-II-1 应变岩爆实验过程应力-时间曲线及破坏过程在 5.3.1 节中有较为详细的描述。该试件在第 12 次卸载之后的竖向加载后发生应变岩爆破坏。岩爆破坏发生于试件上部,首先观察到试件临空面上部有裂纹扩展,随后两块碎片剥离开,紧接着碎片弹射以及碎片内部更多碎屑弹射出来。整个过程很短,伴随有试件开裂的声音。实验结束后,试件两侧面可见竖向张拉裂纹。

对比在相同的实验机刚度条件下莱州花岗岩和星村砂岩这两种岩性的应变岩爆破坏情况,可以总结如下:

(1) 在该实验条件下,花岗岩等硬脆岩石和砂岩等黏土矿物含量相对偏高、力学特性相对较软弱的沉积岩均能产生岩爆破坏。其条件是:相对于岩石试件,实验机的刚度要足够低。若满足该条件,在岩石发生破坏时,实验机本身会有足够的能量释放出来,导致试件发生非稳定的破坏。

(2) 从破坏特征来看,花岗岩试件相对砂岩试件的破坏更剧烈一些。因为实验机刚度条件是一致的,而花岗岩试件比砂岩试件的刚度高,所以实验机与花岗岩试件的刚度比相对更小一些。两个不同岩性试件破坏的剧烈程度与其所处系统的刚度比大小是相对应的。

6.2.3　不同实验机的岩体刚度效应

该组实验使用从同一取样地点取到的花岗岩试件,主要为灰白色,整体较致密完整。X 射线衍射实验结果表明,该试件矿物成分中石英占 36.3%,钾长石占 4.7%,斜长石占 51.0%,方解石占 1.1%,黏土矿物占 6.9%。该试件的物理力学性质如表 6.3 所示。

表 6.3　花岗岩试件物理力学性质

试件编号	尺寸 /(mm×mm×mm)	密度 /(g/cm^3)	单轴强度 /MPa	弹性模量 /GPa	泊松比
GLHG-I-1	151.93×61.29×32.07	2.65	70.7	27.6	0.25
GLHG-I-2	150.99×61.58×30.77	2.65	70.7	27.6	0.25

图 6.4(a)为应变岩爆实验系统实物图,三个方向的主要组成为框架承力杆、液压油缸、加载传力杆、加载压头、垫块(竖向为底座承台)等元件,这些元件通过串、并联的方式组合在一起。但是三个方向各个组成元件的构件尺度及串、并联方式均有所不同,这就决定了三个方向的实验机刚度是不同的。如果我们用相同的岩石试件,更换不同的最大主应力方向进行应变岩爆实验,那么试件所处的实验机刚度条件是不同的。具体实验方法在后面有详细阐述,下面先来估算这几个方向

的实验机刚度。

每个方向各个元件的刚度计算为

$$K=\frac{AE}{l} \tag{6.2}$$

式中，K 为元件的刚度；A 为元件的截面积；E 为元件的弹性模量；l 为元件受力方向的长度。

串联元件总刚度为

$$K_{串}=\frac{1}{\frac{1}{K_1}+\frac{1}{K_2}+\cdots+\frac{1}{K_n}} \tag{6.3}$$

并联元件总刚度为

$$K_{并}=K_1+K_2+\cdots+K_n \tag{6.4}$$

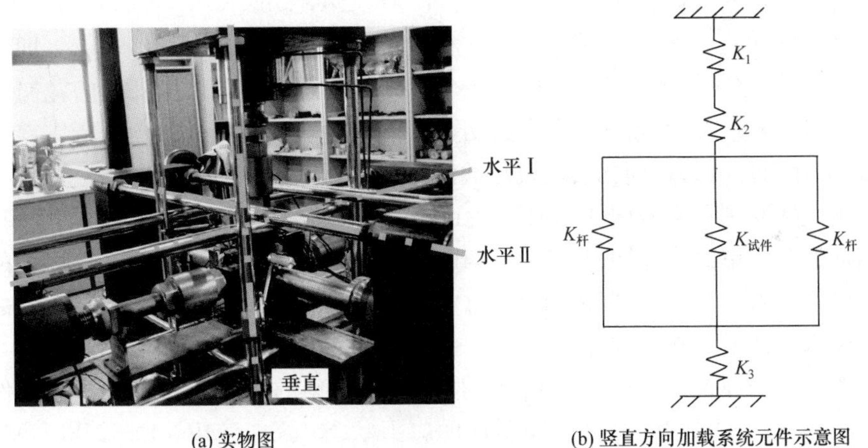

(a) 实物图　　(b) 竖直方向加载系统元件示意图

图 6.4　应变岩爆实验系统的实验机刚度分析

图 6.4(b)为应变岩爆实验系统竖直方向加载系统元件示意图。在这个方向上，主要的受力元件有上端传力杆、加载压头、底座承台、四根支承杆组成的框架以及液压油缸。因为液压油的刚度分析比较复杂，并且本节仅对各个方向的刚度进行比较，所以在分析各个方向的刚度时均不考虑液压的影响。这样竖直方向上实验机刚度可以看成上端传力杆(K_1)、加载压头(K_2)、底座承台(K_3)、四根支承杆组成的框架(K_4)相互串联，其中四根支承杆($K_{杆}$)相互并联。根据式(6.2)～式(6.4)，实验机竖向刚度可估算为

$$K_1=\frac{A_1E}{l_2}=\frac{\pi\left(\frac{55}{2}\right)^2\times 210}{257}\approx 1.94(\mathrm{GN/m})$$

$$K_2=\frac{A_2E}{l_2}=\frac{30\times 60\times 210}{115}\approx 3.29(\mathrm{GN/m})$$

$$K_3=\frac{A_3E}{l_3}=\frac{30\times 60\times 210}{60}\approx 6.3(\mathrm{GN/m})$$

$$K_4=4K_{杆}\frac{4K_{杆}\ E}{l_{杆}}=\frac{4\times 1520\times 210}{1100}\approx 1.16(\mathrm{GN/m})$$

$$K_{竖}=\frac{1}{\frac{1}{K_1}+\frac{1}{K_2}+\frac{1}{K_3}+\frac{1}{K_4}}\approx 0.54(\mathrm{GN/m})$$

式中，长度单位为 mm；弹性模量单位为 GPa。

用同样的方法估算水平 I 方向（即水平非卸载方向）及水平 II 方向（即水平卸载方向）的实验机刚度，结果分别为：$K_{水平\mathrm{I}}\approx 0.324\mathrm{GN/m}$，$K_{水平\mathrm{II}}\approx 0.524\mathrm{GN/m}$。

从上述实验机各个方向刚度的估算值可以得到：$K_{竖}>K_{水平\mathrm{II}}>K_{水平\mathrm{I}}$，即竖向刚度最大，水平 II 方向刚度次之，水平 I 方向刚度最小。可以用同样的花岗岩试件，分别将竖直方向和水平 I 方向这两个方向作为最大主应力方向进行应变岩爆实验，从而对比分析不同的实验机与试件的刚度比对应变岩爆的影响。

本组实验用花岗岩试件 GLHG-I-1 和 GLHG-I-2 进行的岩爆实验均采用"三向六面加载—单面快速卸载—轴向保载"的实验方法。其中，试件 GLHG-I-1 的岩爆实验将试件竖向安装，即使用竖直方向为最大主应力方向；试件 GLHG-I-2 的岩爆实验将试件横向安装，即使用水平 I 方向为最大主应力方向。

图 6.5 为花岗岩试件 GLHG-I-1 应变岩爆实验的应力-时间曲线。该试件经历了 3 次循环加-卸载，第 3 次卸载前的应力状态为 88.5MPa/40.7MPa/7MPa。在第 3 次卸载之后有试件开裂的声音，并在 41s 开始破坏，破坏过程持续 0.55s，表现为试件顶部很多小颗粒碎屑弹射。破坏后，试件侧面可见竖向张拉裂纹（见图 6.6），该试件的主要破坏模式为相对稳定的张拉破坏。

相比花岗岩试件 GLHG-I-1，GLHG-I-2 经历了 9 次循环加-卸载，其应变岩爆实验应力-时间曲线如图 6.7 所示。在第 9 次卸载前的应力状态为 119.8MPa/30.1MPa/10.4MPa，卸载后 47min44s 时开始发生应变岩爆破坏，试件右下方有碎块以较高速度弹射，并伴有试件开裂的声音。破坏后，试件侧面可见多条张拉裂纹，见图 6.8，该试件的破坏模式除了沿平行于卸载面的张拉破坏，还有多余能量的释放导致碎屑的高速弹射。

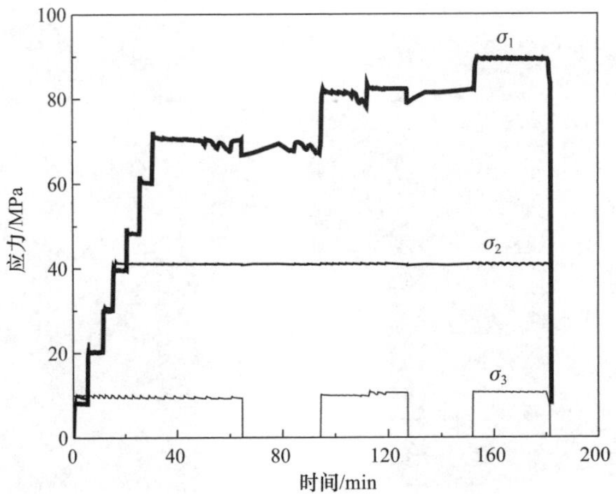

图 6.5　花岗岩试件 GLHG-I-1 应变岩爆实验应力-时间曲线

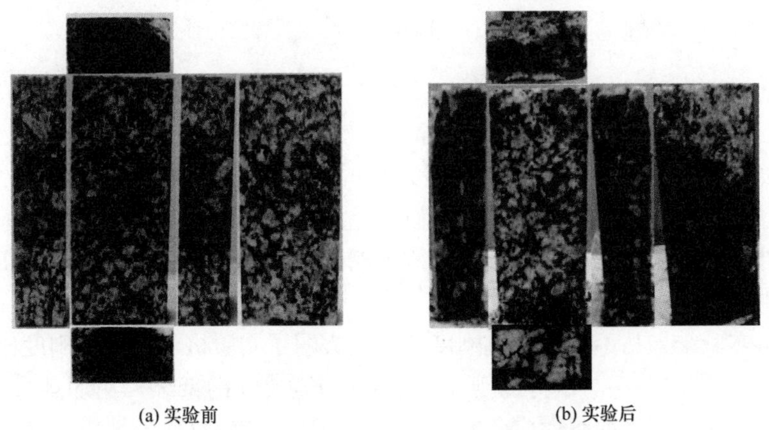

图 6.6　花岗岩试件 GLHG-I-1 应变岩爆实验前后照片

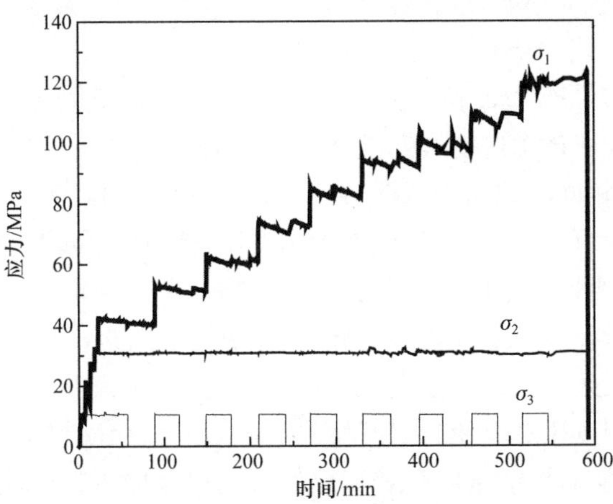

图 6.7　花岗岩试件 GLHG-I-2 应变岩爆实验应力-时间曲线

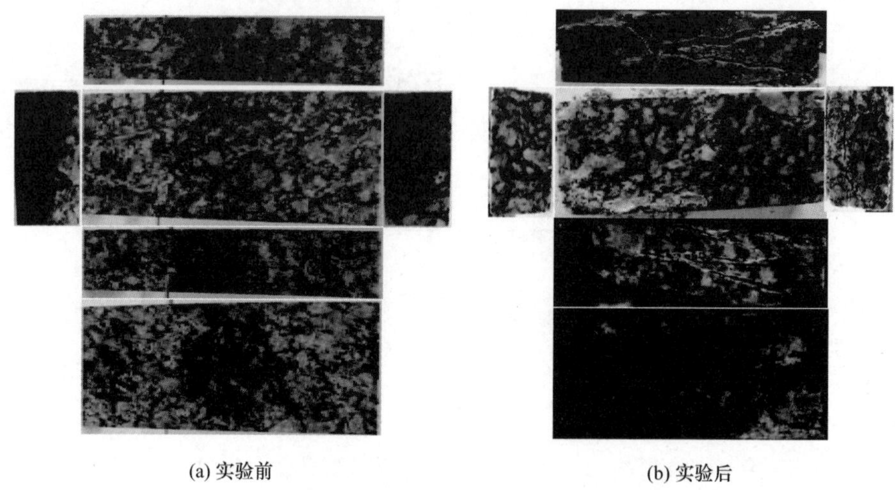

图 6.8　花岗岩试件 GLHG-I-2 应变岩爆实验前后照片

对比这两个实验，花岗岩试件 GLHG-I-1 仅是试件上部出现一些粉末状颗粒的飞出，与试件 GLHG-I-2 右下方有碎块以较高速度弹射的岩爆破坏相比，前者的破坏程度要弱得多。因为两个实验所采用的岩石试件为采自同一地点的相同岩性，矿物组成及试件尺寸基本相同，所以样品的刚度可以认为是一样的。但是前者实验条件中最大主应力方向的实验机刚度明显大于后者，也就是说，前者实验机与试件的刚度比高于后者。

本组实验结果从不同实验机刚度的角度表明了实验机与试件的刚度比对应变岩爆的影响，即实验机与试件的刚度比越低(即越柔性的系统)，在加载过程中，实验机本身会储存更多的弹性应变能，一旦试件发生破坏，这些弹性应变能就会释放出来，加剧试件的破坏程度，也越容易引起应变岩爆的产生或增加应变岩爆的剧烈程度。

通过 6.2.2 节和 6.2.3 节的实验可以看出，花岗岩等硬脆岩体以及砂岩等相对软弱的沉积岩均能产生应变岩爆破坏，但在相同的实验机刚度条件下破坏的剧烈程度有所不同；相同的花岗岩试件，在不同的实验机刚度条件下其破坏模式及剧烈程度也不一样。可见，实验机与试件的刚度比，即对应环境岩体与岩爆岩体的刚度比，是决定应变岩爆产生可能性及破坏程度的一个很重要因素。

由于试件本身物理力学性质的差异性、离散性等因素，较难进行一系列不同实验机与试件刚度比条件下的岩爆实验。因此，上述两组实验的结果虽然显示出了实验机与试件的刚度比对应变岩爆产生的影响，但刚度比具体对应变岩爆破坏特征影响的程度、对实验机能量储存及释放的影响以及能否产生应变岩爆破坏的临界刚度比等定量化的分析将在 6.3 节进行深入探索。

6.2.4　不同结构面的岩体刚度效应

结构面对岩体力学性质及现场工程岩体稳定都有很大影响，其对应变岩爆产生的可能性、剧烈程度及破坏模式尚缺乏比较系统的研究。结构面的存在可能会影响岩爆岩体的刚度，进而影响整个工程岩体系统的刚度比，并对应变岩爆特征产生影响。

5.3 节中含不同产状层理的砂岩试件应变岩爆实验可用来分析由结构面引起的刚度效应。选用取样地相同但层理面产状不同的 3 个试件 XCS-I-1、XCS-II-1 和 XCS-II-2 的应变岩爆实验来分析。其中，试件 XCS-I-1 的层理面垂直于卸载面，同时平行于垂直加载的方向；试件 XCS-II-1 含有垂直于垂直加载方向的水平层理；试件 XCS-II-2 的层理面平行于卸载面。

实验结果表明，砂岩试件 XCS-II-1 的应变岩爆产生于试件上部，破坏程度较剧烈，有碎块以较高速度弹射，破坏模式并未显示出结构面的太大影响。

砂岩试件 XCS-II-2 在第 3 次卸载后竖向加载时发生应变岩爆。在竖向集中加载过程中，从试件卸载面上部观察到裂纹扩展，然后形成片状剥离并掉落，其间只有零星的小碎片及小颗粒掉落，并未出现弹射现象，应变岩爆现象较微弱。实验结束后，可见试件侧面有两条沿着层理开裂的张拉裂纹。上述破坏特征受到了结构面的较大影响，开挖卸载之后，由于平行于开挖面的层理结构存在，很容易沿结构面产生张拉裂纹，剥离开后产生弯折破坏。这种结构导致试件产生破坏时的峰值应力也相对较低，试件与实验机中积聚的能量也相对较低，所以破坏后释放的能量也比较低，破坏程度也相对微弱。

砂岩试件 XCS-I-1 于第 6 次卸载后声发射事件数增加很快。约 10s 后，试件中下部突然有大量颗粒及碎屑以很高速度弹射。实验结束后，试件临空面方向留下一深度约为 80mm 的爆坑，爆坑上下方可见片状折断的断口，侧面可见以张拉为主的裂纹。

对照以上三个含不同方向层理面星村砂岩的应变岩爆实验，可见平行于卸载面的层理面对应变岩爆的破坏形态及剧烈程度影响最大，这种情况下裂纹主要沿层理面开裂，然后片状剥离并掉落，破坏时的应力水平较低，实验机与试件内积聚的能量较低，所以破坏时释放的能量也比较低，所以岩爆程度较轻微；而对于两种垂直于临空面的情况，无论垂直于竖直加载方向还是平行于竖直加载方向，层理面对岩爆破坏的形态影响并不大，岩爆破坏主要受岩石材料影响，这就要求有比较高的应力水平才能达到破坏的强度要求，使试件与实验机内都储存较高的应变能，一旦试件发生破坏，便有较高的能量释放出来，所以破坏程度均比平行于临空面的情况要剧烈。

6.2节中利用可以在真三轴应力状态下实现单面快速卸载来模拟现场开挖的室内应变岩爆实验的方法，通过实验机与岩石试件之间的关系，来对应工程岩体系统中环境岩体与岩爆岩体之间的关系，进行不同实验机与岩石试件的刚度比条件下完整岩石试件及相同实验机刚度条件下含不同结构面试件的应变岩爆实验，分析其刚度比对较完整岩石及结构岩体应变岩爆破坏特征的影响。由于岩石试件粒径分布及矿物成分的离散性、岩石试件结构面力学特征及分布的差异性等因素的存在，一系列考虑刚度比或结构面作为单一因素对岩爆破坏特征影响的室内实验较难以实现。数值分析是针对该问题进行深入研究的较好途径。

6.3 不同围岩条件下岩体刚度效应数值分析

在室内实验的基础上，运用数值分析可以对研究问题进行更深入、更系统的探索，而针对研究问题选取合理的数值分析方法非常重要。

本章要研究的是应变岩爆破坏的特征，更适合采用非连续方法进行分析。在非连续性方法中，颗粒流程序(particle flow code，PFC)建立的模型可以用来模拟岩石力学特性的许多特征，包括弹性、断裂、声发射、损伤累积造成的材料各向异性、滞后现象、扩容、峰后软化及微观特性等[11,12]。该方法在建立模型时，只需要赋予颗粒与颗粒间接触及黏结的属性，颗粒间的受力及运动符合牛顿第二定律及运动定律，通过这些参数与室内实验数据进行标定，而无须再赋予基于某些特定假设的本构关系[13]，较适合本章所研究的应变岩爆破坏特征问题。

6.3.1 颗粒流程序简介

颗粒流程序中广泛应用于岩土力学特性模拟的一种基本模型是黏结颗粒模型(bonded particle model，BPM)[11]。BPM的基本单元是圆形或球形刚体颗粒，这些非均匀尺度的颗粒在其接触点黏结在一起形成一个集合体，对基本单元赋予一定属性，则可以通过这个集合体的力学行为来模拟地质体的力学特征。BPM遵从如下基本假设[11,12]：

(1) 颗粒为圆形或球形刚体，具有有限大小的质量。

(2) 颗粒相互独立运动，可以平动及转动。

(3) 颗粒只在接触处相互作用。由于颗粒为圆形或球形，每一个接触只对应两个颗粒。

(4) 颗粒可以相互重叠，相对应颗粒大小，重叠的尺寸很小，所以颗粒间的接触仅占一个很小的区域，或者说是在一个点上。

(5) 在颗粒间的接触处可以产生具有有限大小刚度的黏结键，黏结键可以承受载荷，也可以断裂。位于黏结接触处的颗粒不需要重叠。

(6) 颗粒相对运动和颗粒接触处所受到的力或力矩之间的关系，可以通过每一个接触处的“力-位移”关系来定量进行描述。

上述假设对于利用BPM进行岩石材料的模拟是比较合理的。颗粒集合中颗粒间的黏结组合对应沉积岩颗粒间的胶结，或者结晶岩石(如花岗岩)颗粒间概念上的黏结组合。这样，黏结颗粒组合模型的变形与岩石的变形应该是相似的，在载荷增加的情况下随着黏结键的渐进断裂，BPM与真实岩石均会表现出损伤形成的过程，并且均会逐渐演化成粗糙的状态。如果单个颗粒或其他微结构用黏结颗粒组成的团簇(cluster)来模拟，BPM还能模拟出颗粒破坏以及比粒径更大尺度上的材料非均值特性[11,14~16]。

颗粒流程序的运算采用基于时步的算法，在运算中对每一个颗粒重复应用运动定律，对每一个接触重复应用力-位移定律，并且持续更新墙体的位置，其运算循环过程如图6.9所示。在每一步开始时，接触单元会根据已知的颗粒及墙体位置更新一次，然后根据接触单元所联系的两个实体单元(颗粒或墙体)之间的相对位移以及所使用的接触本构关系模型，在每一个接触单元都会利用力-位移定律来计算接触力。接下来，根据接触力所产生的力与力矩以及作用在颗粒上的体力，使用运动定律来计算每一个颗粒的速度与新的位置。同时，墙体单元的位置也会根据确定的墙体速度来计算并更新。

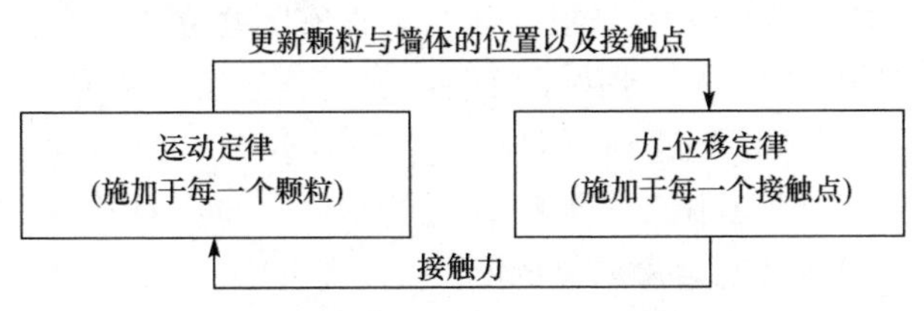

图6.9　颗粒流程序运算循环过程[12]

颗粒流程序所模拟材料的整体本构特征与每一个接触单元的简单本构模型相关[11,12]。作用于一个接触单元的本构模型包括三个部分：刚度模型、滑移模型及黏结模型。其中刚度模型给出接触力及相对位移之间的弹性关系；滑移模型确定切向与法向接触力之间的关系，从而保证两个接触颗粒产生相对滑移；黏结模型通过设置黏结强度极限值给出接触单元所能承受的法向力与切向力。

颗粒流方法在岩石力学领域得到了广泛应用。Diederichs等[17]利用黏结颗粒模型分析了花岗岩试件在围压为25MPa的压缩实验中，全应力应变过程对应各个阶段的微裂纹扩展过程，着重分析了张拉裂纹和剪切裂纹的数量及分布，对应试件在单轴压缩过程中的声发射事件，探讨了硬岩的损伤过程。Hazzard和Young[18]用黏结颗粒模型分析了花岗岩在渐进破坏过程中的声发射特征。

另外，An和Tannant[19]、Akbari等[20]分别利用黏结颗粒模型针对岩石冲击及岩石动态开挖等动力学问题进行了分析。Potyondy[21]运用黏结颗粒模型分析了应力腐蚀的问题。Wanne 和 Young[22]利用黏结颗粒模型分析 Lac du Bonnet 花岗岩在热力学作用下的破坏特征。Cai 等[23]利用颗粒流程序与基于有限差分的 FLAC 程序耦合起来研究了硐室分步开挖过程围岩中的声发射特征。Cho 等[24,25]利用颗粒流程序自带的 FISH 语言进行二次开发，建立了岩石的聚粒模型，有效地解决了常规的黏结颗粒模型在高围压下峰值应力偏低以及拉压强度比偏高的问题，并用该模型进行了岩石的直接剪切实验。

Potyondy[26]运用颗粒流程序中的光滑节理模型建立了多边形颗粒模型，使模拟常规黏结颗粒模型时遇到的高围压下峰值强度偏低及拉压强度比偏高的问题都得到了较好的解决，并且与聚粒模型相比，该模型中的颗粒可以在受力作用下产生破坏。Ivars 等[27]则利用光滑节理模型建立了人工岩体模型，能更好地模拟岩体的力学特性。

根据上述关于颗粒流程序基本原理及应用发展的情况，可以认为该方法比较适合本章岩爆破坏特征的模拟及分析。下面介绍模型的建立及数值分析的结果。

6.3.2 应变岩爆数值模型

建立应变岩爆分析的数值模型应立足于应变岩爆产生的工程地质条件及地质力学条件。因此本节的思路为：先根据现场工程实际建立工程开挖可能导致应变岩爆发生的工程地质模型及地质力学模型，在此基础上建立数值模型。

工程开挖过程中经常会遇到不同的岩层，不同的岩层具有不同的力学特性。当在某一个岩层开挖时，其围岩与开挖岩层的刚度比将会对开挖岩体的稳定性产生影响，即对应环境岩体与岩爆岩体的刚度比的影响。

图 6.10 为在岩层中进行开挖的工程地质模型。假设顶底板为相同的岩性，具有同样的弹性模量，考虑相同工程尺寸的区域，则顶底板具有相同的刚度（K_1），开挖岩层的刚度为 K_2。根据 6.2 节的室内应变岩爆实验结果，开挖后硐室的稳定性将会受到围岩刚度与开挖岩层刚度比的影响。通过设置一系列不同的围岩与开挖岩层的刚度比来分析不同的比值如何影响岩体裂纹扩展、破坏模式以及能量释放特征，是本节研究的重心。图 6.10 中虚线框内的区域为考虑围岩与开挖岩层的刚度比对应变岩爆影响重点研究的区域。

从工程地质模型可以进一步抽象出地质力学模型，如图 6.11 所示。该平面应变模型包含了具有与开挖岩层不同刚度的顶底板。在开挖前，顶底板与开挖岩层一同处于原岩应力状态，各个岩层均储存有一定量的应变能。开挖后，中间岩层的一面卸载临空，由于侧压减小，再加上开挖引起的应力集中，有可能达到岩层强度并使其产生破坏。一旦破坏产生，顶底板也会相应地产生变形并释放一部分能量。如果顶底板与开挖岩层的刚度比很大，顶底板的变形量及释放的应变能将不足以

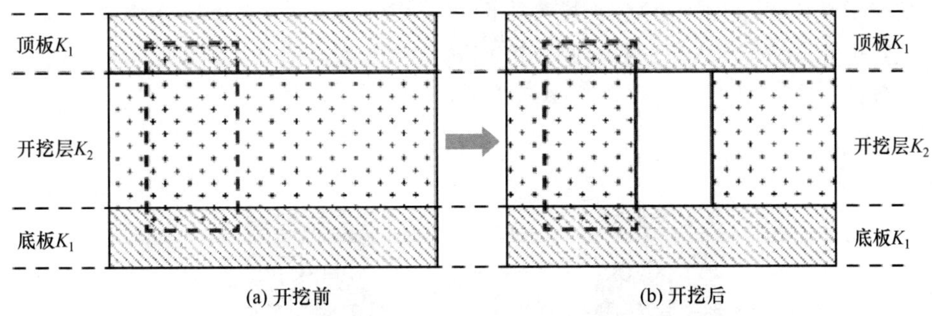

图 6.10　工程地质模型示意图

引起开挖岩层的非稳定性破坏；但如果顶底板与开挖岩层的刚度比较小，顶底板就会产生过大的变形并释放出多余的能量，致使开挖岩层非稳定破坏，可能会产生应变岩爆现象。

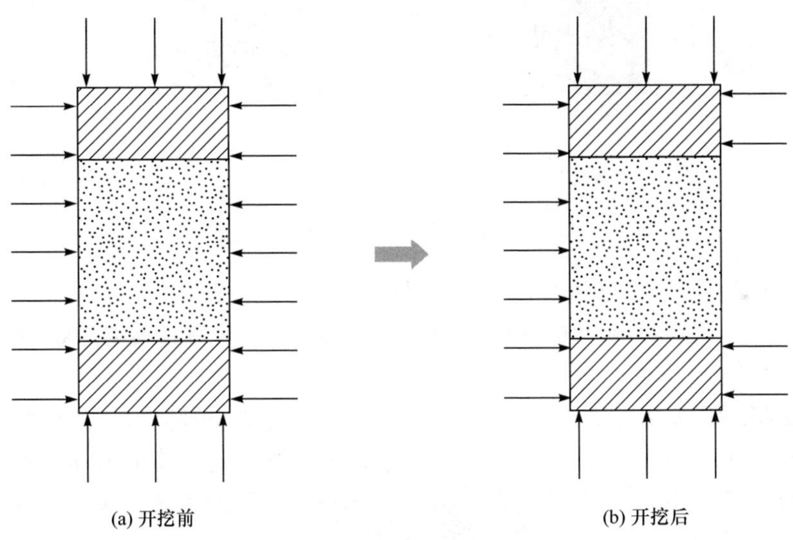

图 6.11　地质力学模型示意图

基于应变岩爆的工程地质模型和地质力学模型，利用颗粒流程序建立其数值模型。先利用颗粒流程序 FISH 库自带的模型生成方法，生成颗粒流模型(见图 6.12)，黏结键为平行黏结。开挖岩层的尺寸为 40mm×100mm，顶底板的尺寸均为 40mm×25mm。对开挖岩层与顶底板分别赋予颗粒及黏结的微观属性。岩层间的界面处理为一条节理模型，该界面两侧颗粒摩擦系数及黏结强度均设为 0，但由于颗粒模型的边界不可避免地具有一定的粗糙度，因此岩层间的边界在模型中具有一定的摩擦系数。顶底板模型的颗粒黏结强度设为很高的值，保证在实验过程中顶底板只产生变形而不发生破坏。固定开挖岩层模型中的颗粒弹性模量及黏结键弹性模量，只改变顶底板模型中的相应模量，因为顶底板尺寸相同，微观力学参数也相同，所以认为顶底板的刚度相同。这样可以实现一系列不同的顶底板刚度条件。

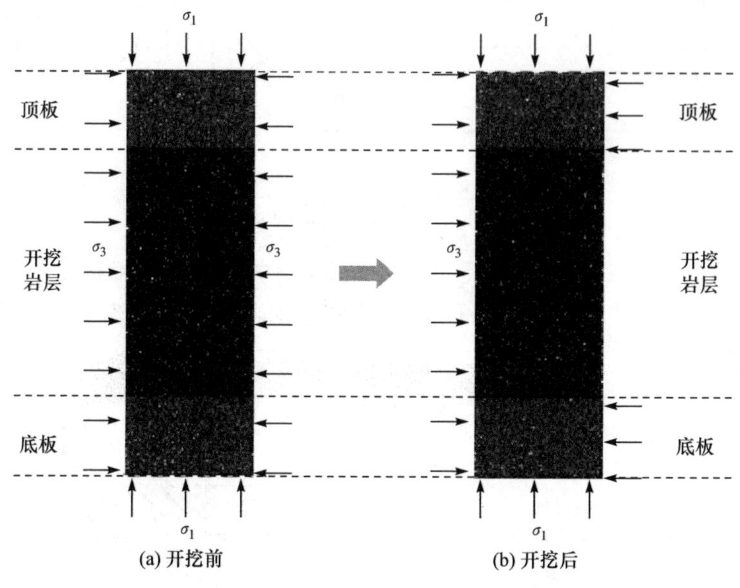

图 6.12 应变岩爆计算的颗粒流模型

模型的边界条件，通过在颗粒流程序自带函数库的程序基础上，利用 FISH 语言进行二次开发来实现。根据设置的模型边界条件，应变岩爆的数值分析步骤如下：

(1) 将顶底板及开挖岩层作为一个整体，对其施加原岩应力。方法为将最小主应力作为围压施加给模型的水平方向，竖直方向按一定的速率施加至最大主应力。竖向加载速率为 0.05m/s，基于颗粒流程序的运算逻辑，该速率属于合理的准静态加载范畴[16]。

(2) 当模型加载至原岩应力状态后，将开挖岩层一侧的墙体去掉，而保持该岩层另一侧及顶底板两侧的侧限，来模拟针对该岩层的开挖。同时，按一定速率增加竖向载荷来模拟开挖引起的应力集中。考虑应力集中的速率与初始应力状态准静态加载速率的不同，此处加载速率设为 0.2m/s。

(3) 破坏后，在竖向应力降低至峰值应力的 20%时，实验停止。实验过程中，当竖向应力降低 10%σ_p(σ_p 为峰值应力)时记录一次试件的破坏状态，并启动数值分析全过程的视频录像。

开挖岩层模型的参数标定采用刚性伺服压力机条件下的单轴压缩实验进行，所以并不考虑实验机刚度的影响。标定好的单轴压缩模型及实验得到的应力-应变曲线如图 6.13 所示。单轴强度约为 136.2MPa，弹性模量为 38.3GPa，根据试件尺寸可求得其刚度为 15.44MN/m，泊松比为 0.36。标定好的开挖岩层模型的细观属性参数如表 6.4 所示。顶底板模型的细观属性参数如表 6.5 所示。

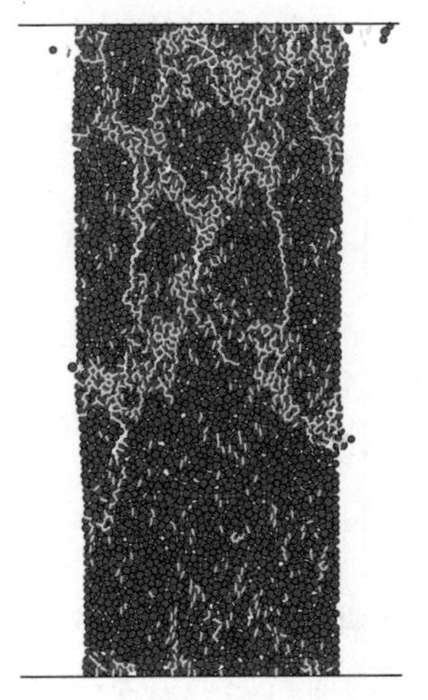

(a) 单轴压缩实验后的颗粒流模型

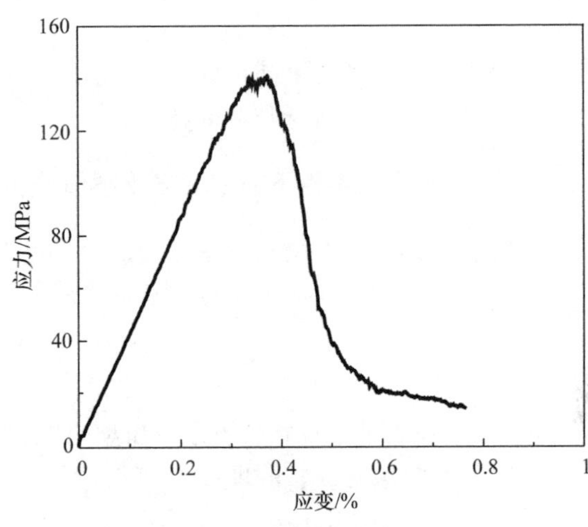

(b) 轴向应力-应变曲线

图 6.13　单轴压缩实验后的颗粒流模型及其轴向应力-应变曲线

表 6.4　开挖岩层模型细观属性参数

颗粒及黏结键的变形模量	48GPa	最小颗粒半径	0.42mm
颗粒及黏结键的法向与切向刚度比	6.0	最大与最小颗粒半径之比	1.66
黏结键的抗拉强度 （标准差）	110MPa （27.5MPa）	黏结键半径与最小颗粒半径之比	1.0
黏结键的抗剪强度 （标准差）	110MPa （27.5MPa）	颗粒摩擦系数	0.5

表 6.5　顶底板模型细观属性参数

颗粒及黏结键的变形模量	0.27～5000GPa	最小颗粒半径	0.42mm
颗粒及黏结键的法向与切向刚度比	6.0	最大与最小颗粒半径之比	1.66
黏结键的抗拉强度 （标准差）	1000GPa （0MPa）	黏结键半径与最小颗粒半径之比	1.0
黏结键的抗剪强度 （标准差）	1000GPa （0MPa）	颗粒摩擦系数	0.5

注：在本节的一系列数值分析中，顶底板的颗粒及黏结键的变形模量分别被设为 0.27GPa、0.3GPa、0.5GPa、1GPa、2GPa、3GPa、5GPa、5.5GPa、6GPa、10GPa、20GPa、30GPa、40GPa、50GPa、70GPa、100GPa、200GPa、300GPa、400GPa、450GPa、490GPa、500GPa、1000GPa、5000GPa。

对具有各种细观弹性模量参数的顶底板模型，分别在绝对刚性的单轴压缩实验条件下进行数值分析，分别得到对应的宏观弹性模量。根据模型尺寸(由于该模型为二维模型，假设厚度方向尺寸为单位长度 1mm)，由 $K=AE/l$ 可分别得到顶底板模型及开挖岩层模型的刚度比($R_K=K_{顶底板}/K_{开挖岩层}$)，后面的论述中统一简称为刚度比。

下面将根据一系列不同顶底板及开挖岩层的刚度比条件下的岩爆数值分析来对比分析各种情况下岩爆破坏的特征。

6.3.3 不同刚度比条件下的应变岩爆数值分析

开挖前的原岩应力状态按华北地应力回归公式[28]来进行设计，即

$$\begin{cases}\sigma_H=0.0293H+1.3548\\ \sigma_h=0.0180H+1.0018\\ \sigma_v=0.0253H+0.4177\end{cases} \tag{6.5}$$

式中，σ_H、σ_h、σ_v 分别为两个水平方向和竖向原岩应力；H 为埋深。

初始深度取星村砂岩的埋深 1170m，可得到三个方向的原岩应力分别为 $\sigma_1=35.7\text{MPa}$，$\sigma_2=30.0\text{MPa}$，$\sigma_3=22.1\text{MPa}$。按照平面应变问题进行分析，以中间主应力为硐室开挖轴线方向进行考虑，则在本模型施加初始应力时，竖向按最大主应力 $\sigma_1=35.7\text{MPa}$ 进行设计，水平方向按最小主应力 $\sigma_3=22.1\text{MPa}$ 进行设计。

按照前述数值模型实验步骤，先将顶底板与开挖岩层作为一个整体在侧压为 22.1MPa 的条件下，按 0.05m/s(数值程序中对应时步的速率值，与物理概念上的速率值不同)的速率进行竖向加载至最大主应力 35.7MPa。去除开挖岩层单侧墙体，保持其另一侧及顶底板两侧的侧限，同时按 0.2m/s 的速率进行竖向加载，模拟硐室开挖之后的应力集中。破坏发生后，当竖向应力降至峰值应力的 20%时，数值分析停止。

通过考虑一系列的不同刚度比条件，进行开挖卸荷的数值分析。图 6.14 给出了较为典型的一些计算结果，显示了不同刚度比条件下的破坏模式及裂纹扩展分布情况，图中 R_K 为刚度比。可以看出，当 $R_K\leqslant 0.1062$ 时，属于非常柔性的系统环境，对应的破坏模式也非常剧烈，表现出了弯折破断、颗粒及碎块弹射、较大岩块抛出等明显的岩爆特征；当 $0.1062<R_K\leqslant 0.2736$ 时，破坏虽没有前面的情况剧烈，但也发生了小碎块及颗粒的弹射等岩爆现象；当 $0.2736<R_K\leqslant 19.7441$ 时，依然可见极少数的颗粒弹射，但破坏的程度已经越来越微弱，破坏模式也逐渐转为整体的剪切破坏为主；当 $19.7441<R_K\leqslant 216.4508$ 时，试件破坏已经非常稳定，从裂纹分布上来看，主要是剪切破坏。

根据数值分析结果，可以确定针对该模型产生应变岩爆的两个临界值：

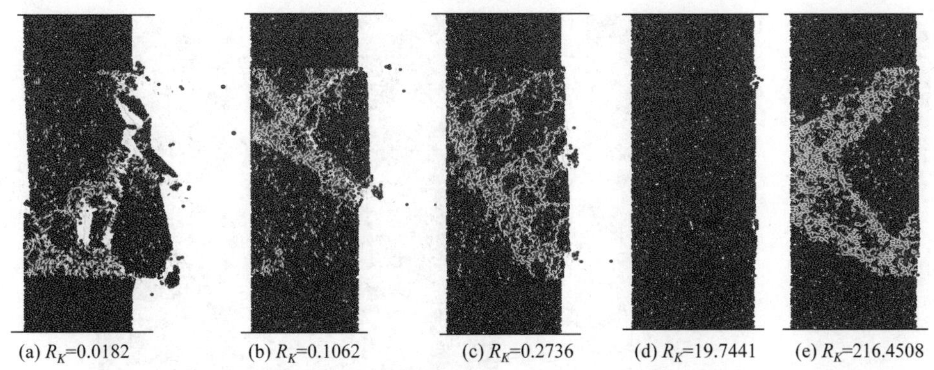

图 6.14　不同刚度比条件下数值分析的破坏模式及裂纹扩展

(1) R_K=0.2736，当刚度比小于该临界值时，开挖岩层位于一个比较柔性的系统环境中，破坏比较剧烈，主要表现为弯折破坏、较大岩块抛出、小碎块及颗粒的高速弹射等岩爆破坏特征。

(2) R_K=19.7441，当刚度比大于该临界值时，开挖岩层位于一个比较刚性的系统环境中，在达到其强度后发生以剪切破坏为主的稳定性破坏，无颗粒弹射等岩爆现象。

当刚度比处于这两个临界值之间时，开挖岩层处于一个柔性到刚性的过渡性系统环境中，可能会出现颗粒弹射等微弱岩爆破坏的情况，但总体上破坏并不剧烈。

6.3.4　刚度比对应变岩爆的影响分析

1. 刚度比对应变岩爆孕育及破坏过程的影响

从上述一系列不同刚度比条件下的数值实验中挑选出两个比较典型的情况，一个为非常柔性的刚度比条件(R_K=0.0182)，另一个为相对刚性的刚度比条件(R_K=19.7441)，来详细对比分析刚度比对岩石渐进破坏过程特征的影响。

1) R_K=0.0182

这是一个在非常柔性系统环境下进行的数值分析。图 6.15 为实验过程中竖向应力分别为峰值应力(σ_p)的 90%、80%、70%、60%、50%、40%、30%、20%时记录的破坏模式和裂纹扩展分布，分别与卸载后的应力-应变曲线上(见图 6.16)的 a～h点相对应。

卸载之后的最初阶段[见图 6.15(a)和(b)]，开挖岩层的上下端部部分区域裂纹比较发育，上部及下部均开始出现一些颗粒及碎块弹射，但对于整体模型，除散布一些微裂纹外，并未形成较贯通的优势裂纹。之后[见图 6.15(c)]，从试件下部开始有一条竖向裂纹开始形成并快速向上扩展，在卸载面附近开始有一些微裂纹逐渐连通，形成竖向的张拉裂纹，随后[见图 6.15(d)和(e)]，卸载面附近开

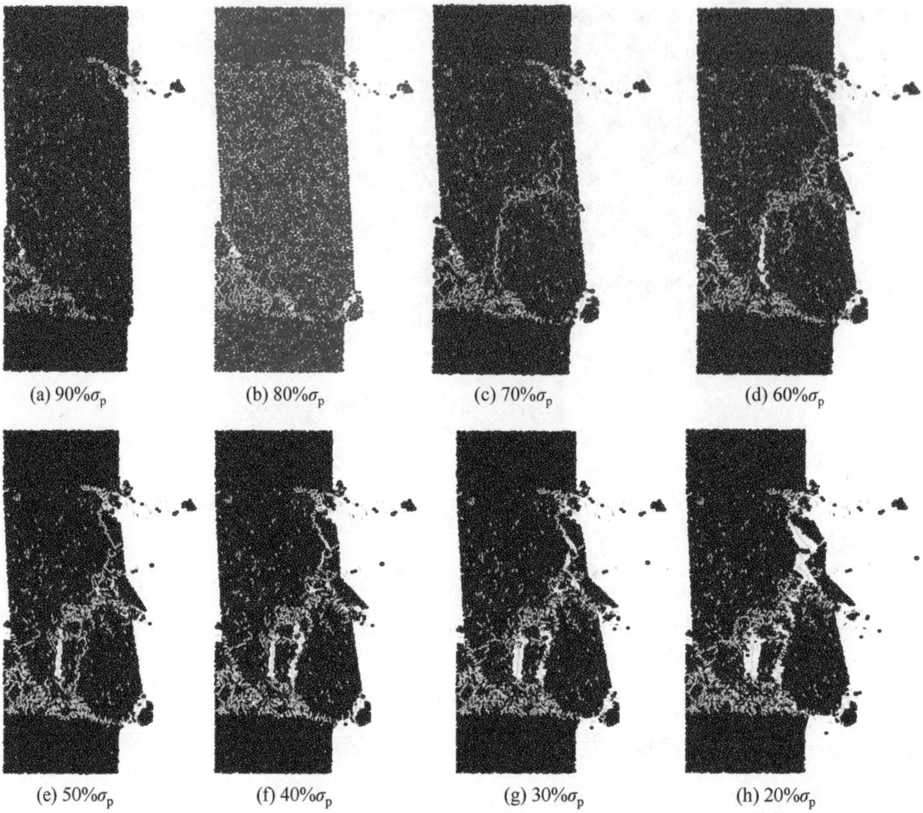

(a) 90%σ_p
(b) 80%σ_p
(c) 70%σ_p
(d) 60%σ_p
(e) 50%σ_p
(f) 40%σ_p
(g) 30%σ_p
(h) 20%σ_p

图 6.15 数值分析破坏过程(R_K=0.0182)

竖向应力
水平应力
应力/MPa
竖向应变/%
a
b
c
d
e
f
g
h
0
20
40
60
80
100
3
6
9
12

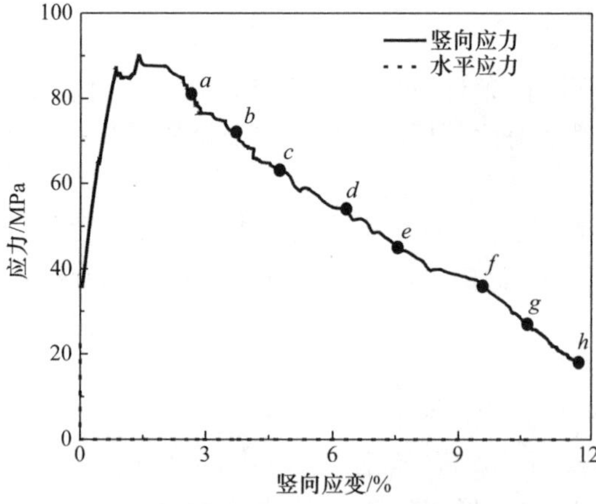

图 6.16 数值分析卸载后的应力-应变曲线(R_K=0.0182)

始出现剥离，中部竖向裂纹也进一步开裂。图 6.15(f)显示，卸载面附近出现弯折破坏，以及更多颗粒及碎块的高速弹射。随着中部竖向裂纹的更进一步开裂，开始有较大岩块抛出，卸载面出现全面爆裂。从整个渐进破坏过程来看，张拉作用引起的开裂、剥离、弯折是主要的破坏机理。

2) $R_K=19.7441$

这是一个在相对刚性系统环境下进行的数值分析。与上一个数值分析类似，图 6.17 为实验过程中竖向应力分别为峰值应力(σ_p)的 90%～20%时记录的破坏模式和裂纹扩展分布，分别与卸载后的应力-应变曲线(见图 6.18)上的 a～h 点相对应。

卸载之初[见图 6.17(a)]，微裂纹已基本连通成为一个剪切面的轮廓，之后微裂纹继续扩展，但基本都是沿着之前形成的剪切面分布。到最后数值分析结束时[见图 6.17(h)]，只看到极个别的小颗粒飞出。整个过程为比较稳定的破坏过程，主要破坏机理为剪切破坏。

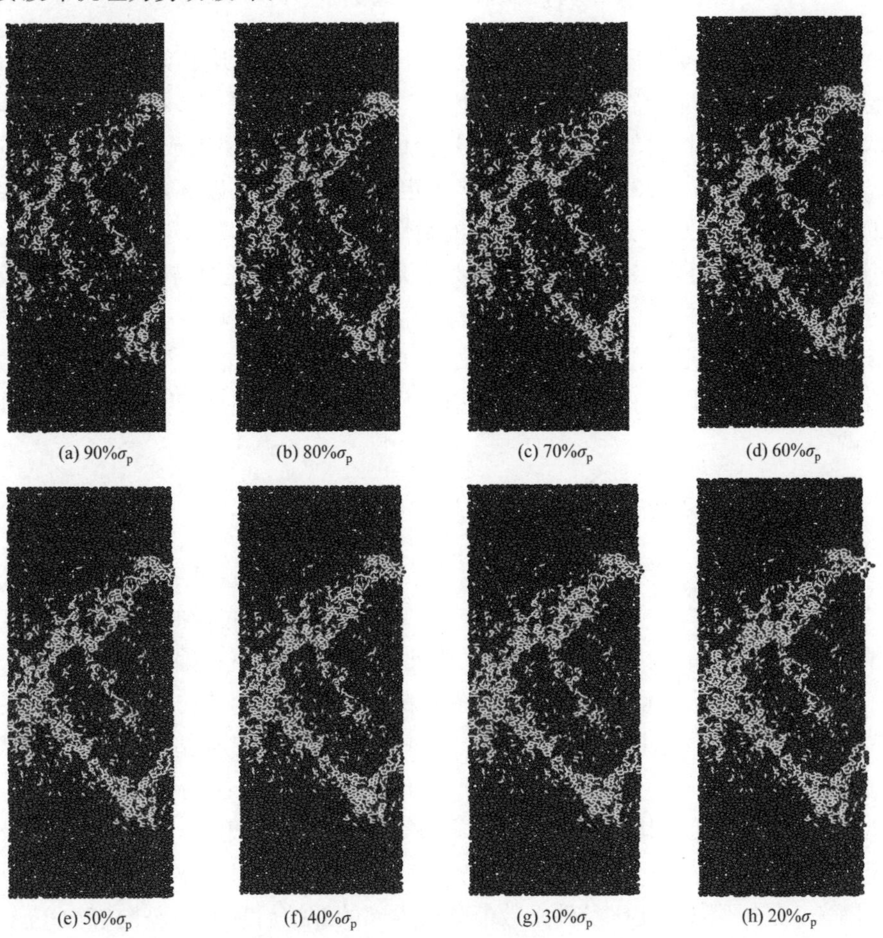

(a) 90%σ_p　(b) 80%σ_p　(c) 70%σ_p　(d) 60%σ_p

(e) 50%σ_p　(f) 40%σ_p　(g) 30%σ_p　(h) 20%σ_p

图 6.17　数值分析破坏过程($R_K=19.7441$)

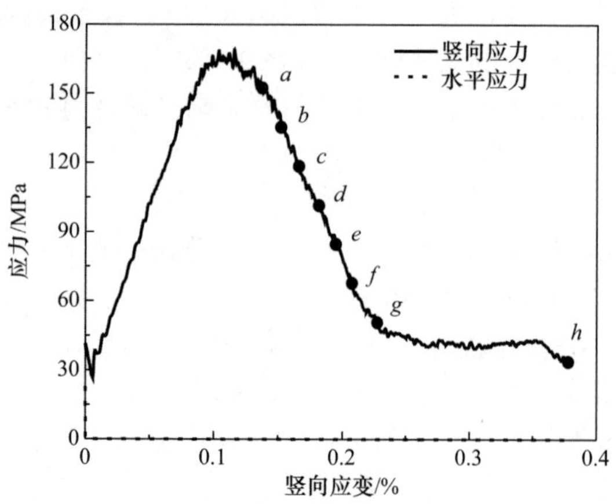

图 6.18　数值分析卸载后的应力-应变曲线($R_K=19.7441$)

整个一系列不同刚度比条件下的数值分析结果及两个典型实验的破坏过程分析与 6.2 节的室内应变岩爆实验结果相对应,这表明岩爆是否发生,并不是简单地仅取决于破坏岩体材料的力学特性,而是受围岩与开挖岩层组成的整个系统的影响。岩体强度与其所受的应力状态只能决定岩体是否发生破坏,但并不能决定破坏的剧烈程度。另外,只关注岩石材料的脆性、岩爆倾向性等力学特性而忽略系统环境影响的研究,对岩爆机理的探索也是有局限性的。综合本节的室内实验及数值分析,可以看出,较低的刚度比条件下更容易产生岩爆破坏,这与围岩(顶底板)在破坏发生后的变形与能量释放是有关系的。下面将继续根据上面的一系列数值分析结果来分析不同顶底板刚度对顶底板环境岩体应变、应变速率及应变能释放的影响。

2. 刚度比对环境岩体应变及应变速率的影响

要研究刚度比对岩体稳定性或岩爆发生可能性的影响,可以通过岩体破坏后围岩的变形及能量释放来进行分析。在本节中,统一用顶底板的竖直方向应变以及释放应变能密度的大小来对比分析。为此,利用 FISH 语言编写程序,在顶底板的上、下边缘分别设置监测颗粒进行顶底板随应力变化的竖直方向变形情况,变形与其原始尺寸(因为关注的重点是卸载之后模型的变形与破坏情况,此处将卸载时刻顶底板的尺寸统一定义为其原始尺寸)之比即为应变。顶底板的竖向应力-应变曲线下方的面积,即为其应变能密度。本节重点分析刚度比对环境岩体应变及应变速率的影响。

图 6.19 为不同刚度比条件下数值分析得到的开挖后顶底板竖向应力-应变曲线。顶板的曲线(实线)与底板的曲线(虚线)虽不完全重合,但趋势基本上是一致

的。卸载后往往并没有立即破坏，所以在一段时间内顶底板与开挖岩层在竖直方向均处于压缩状态，所以随着竖向应力的增加，竖向应变也继续增加。峰值后，顶底板均开始产生回弹变形，所以随着竖向应力的减小，其竖向应变也开始减小，甚至可能会出现负值，这是因为在卸载之前的原岩应力加载过程中，顶底板已经有一定的压缩变形及能量积累，在破坏后释放出来了。

对比图 6.19 中各种刚度比条件下顶底板的竖向应力-应变曲线，可以看出，随着刚度比的增加，顶底板竖向应力-应变曲线的斜率也在增加，但是其竖向应变的变化幅值越来越小，也就是说，顶底板在峰值强度前的压缩应变及破坏后的回弹应变都越来越小。因此，刚度比越大，顶底板在峰值强度后的回弹应变对开挖岩层的扰动也就越小，所以开挖岩层的破坏也就越稳定。

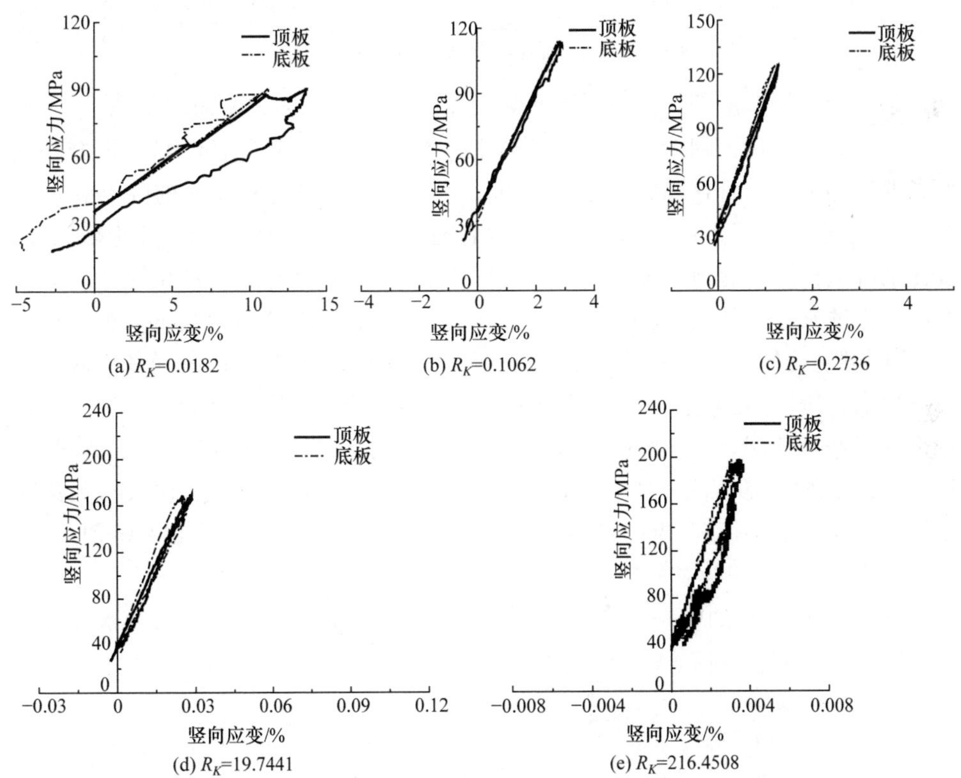

图 6.19　不同刚度比条件下开挖后顶底板竖向应力-应变曲线

图 6.20 为刚度比分别为 0.0182 和 19.7441 两种典型情况下顶底板竖向应变速率。可以看出，在刚度比较低的情况下，即环境岩体与岩爆岩体相对来说为柔性的情况下，顶底板的竖向应变速率要比刚度比相对较高的情况下大得多。这也表明了在柔性的工程岩体系统中，破坏发生后顶底板环境围岩要更大程度地对开挖

岩层造成扰动，容易产生岩爆这种剧烈的破坏形式。

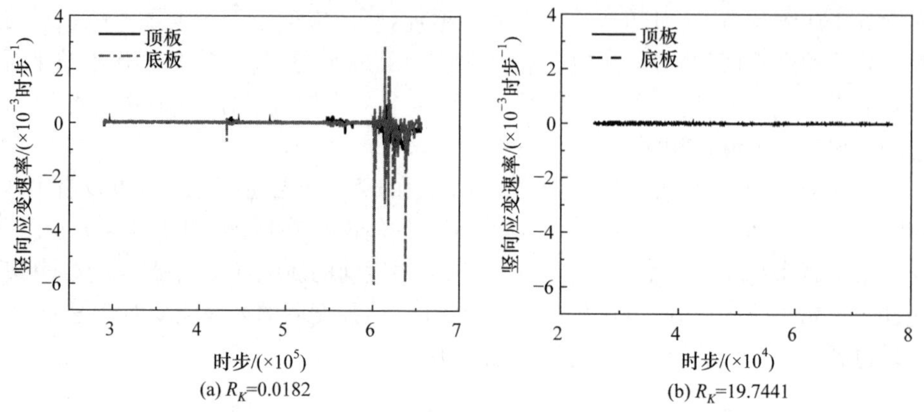

图 6.20 开挖卸载后顶底板竖向应变速率

顶底板在岩层达到峰值强度后的竖向应变与刚度比的关系曲线如图 6.21 所示。前述数值分析得到的两个应变岩爆临界值(R_K=0.2736、19.7441)正好将这两条曲线划分为三个区域：①当 $R_K \leqslant 0.2736$ 时，曲线随着刚度比的降低急剧上升，表明在这种情况下顶底板在峰值强度后的竖向应变对刚度比的变化很敏感，刚度比的降低极易引起顶底板释放较大的回弹变形，导致开挖岩层产生应变岩爆等非稳定性的破坏。②当 $0.2736 < R_K < 19.7441$ 时，曲线随着刚度比的降低缓慢上升，表明刚度比的变化在一定程度上影响顶底板竖向应变的变化，但总体上应变值不算太高。所以，在该范围内，随着刚度比的降低，开挖岩层仍可能会产生一些小规模的非稳定情况，如小颗粒的弹射，但总体上破坏是比较稳定的。③当 $R_K \geqslant 19.7441$ 时，曲线随着刚度比的变化基本平稳在一个很低的值，也就是说，无论刚度比变大还是变小，顶底板在峰值强度后的竖向应变都稳定在一个很小的值上，这

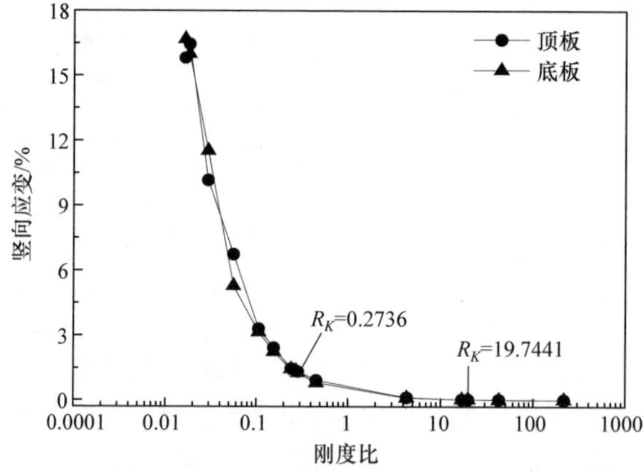

图 6.21 峰后顶底板竖向应变与刚度比的关系曲线

时候在该范围内的刚度比条件下，顶底板所产生的回弹变形都不足以扰动开挖岩层稳定的破坏模式，不会有应变岩爆破坏的现象发生。

3. 刚度比对环境岩体应变能释放的影响

卸载后试件并没有立即破坏，在一段时间内随着竖向应力的增加，竖向应变也继续增加，应力-应变曲线下方的面积也为正值，表明应变能处于积累过程。峰值强度后，可以明显地看到应变能的释放。

对比图 6.19 中不同刚度比条件下顶底板的竖向应力-应变曲线可以看出，随着刚度比的增加，峰后顶底板竖向应力-应变曲线下方的面积减小，即顶底板释放的应变能密度在降低。因此，刚度比越大，顶底板释放的能力越低，对开挖岩层破坏的影响也就越小，其破坏也就越稳定。

将各种刚度比条件下峰值强度后顶底板竖向应力-应变曲线下方的面积，即顶底板在峰值强度后应变能密度的变化量计算出来，得到其与刚度比的关系曲线，如图 6.22 所示。

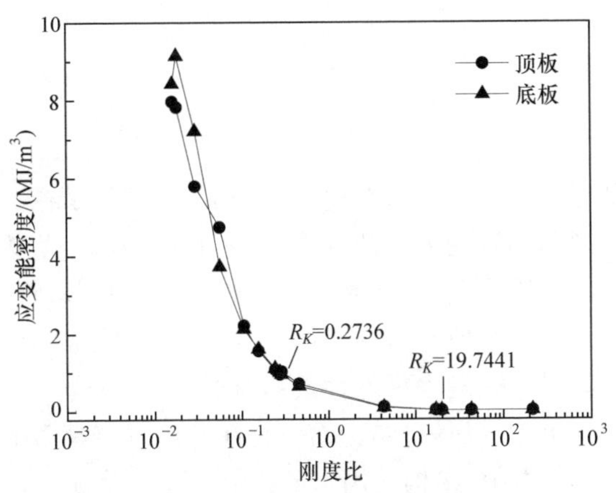

图 6.22　峰后顶底板应变能密度与开挖岩层刚度比的关系曲线

可以发现，除顶底板应变能密度曲线随顶底板刚度增加单调降低的趋势外，与刚度比对顶底板应变影响的特征相似，前述数值分析得到的两个应变岩爆临界值(R_K=0.2736、19.7441)也正好将这两条曲线划分为三个区域：①当 $R_K \leqslant 0.2736$ 时，曲线随着刚度比的降低急剧上升，表明在这种情况下顶底板在峰值强度后的应变能密度变化量对刚度比的变化很敏感，刚度比的降低极易引起顶底板释放较大的能量，导致开挖岩层产生岩爆等非稳定性的破坏。②当 $0.2736 < R_K < 19.7441$ 时，曲线随着刚度比的降低缓慢上升，表明刚度比的变化在一定程度上影响顶底板应变能密度的变化，但总体上应变能密度变化不算太大。所以，在该范围内，随着

刚度比的降低，开挖岩层仍可能会产生一些小规模的非稳定情况，如小颗粒的弹射，但总体上破坏是比较稳定的。③当 $R_K \geqslant 19.7441$ 时，曲线随着刚度比的变化基本平稳在一个很低的值，也就是说，无论刚度比变大还是变小，顶底板在峰值强度后的应变能密度都稳定在一个很小的值上，此时在该范围内的刚度比条件下，顶底板所产生的能量释放不足以扰动开挖岩层稳定的破坏模式，难以出现应变岩爆破坏的现象。

6.4 不同结构面条件下的岩体刚度效应数值分析

本节数值分析所考虑的对象为开挖面附近含结构面的岩体，使用 6.3 节的颗粒流数值模型，利用颗粒流程序中的节理模型来设置不同的结构面，研究含不同方向、组数、抗剪力学特性、分布间距结构面条件下的岩体刚度效应。其中方向和组数按照单组结构面、双组对称结构面、双组非对称结构面来分别分析，抗剪力学特性按照结构面的黏聚力和摩擦系数两个方面分别进行分析。

6.4.1 单组结构面

1. 数值模型建立

单组结构面是岩体结构中非常普遍的一种情况，尤其是在沉积岩层中，硐室开挖经常会遇到不同倾角的结构面。此处在 6.3 节建立的数值模型的基础上，设置一系列不同倾角的单组结构面，在初始应力状态下单面卸载，竖向应力增加来模拟硐室开挖以及应力集中的数值分析，同时考虑不同的顶底板刚度，来探索单组结构面引起的刚度比变化对岩爆发生可能性及破坏特征的影响。为统一对比，顶底板模型中不加入结构面单元，只是将结构面设置在开挖岩层模型上。

在 PFC2D 3.10 版本中，结构面用 JSET 命令进行设置。利用该命令，可以设置结构面的方向、数量等，也可以对所设置结构面处颗粒之间的接触单元属性以及颗粒属性进行定义。最基本的参数有：

(1) id，可以设置结构面的 id 号，来对其分别赋予不同的属性，也可以通过 id 号对具有相同属性的不同结构面用 range 命令统一设置属性。

(2) dip，设置结构面的倾角。结构面倾角可以设置一个平均倾角值及一个随机偏离值，使一组结构面的倾角位于一个设定波动幅度的范围内。

(3) origin，设置结构面的起始点。通过 dip 和 origin 两个参数，一个结构面的方向及位置便可以确定下来。

(4) number，设置具有相同倾角结构面的数量。

(5) spacing，设置具有相同倾角结构面之间的间距。结构面间距可以设置一个平均间距值以及一个随机偏离值，或者通过设置 Gauss 参数来使一组结构面的间距符合正态分布。

(6) fric，设置结构面两侧颗粒的摩擦系数。注意该摩擦系数并不是结构面的宏观摩擦系数。颗粒组成的结构面不可避免具有一定的粗糙度。

(7) pb_nstrength 和 pb_sstrength，设置结构面两侧颗粒间黏结键的法向及切向强度。该强度可以反映结构面的黏聚力。

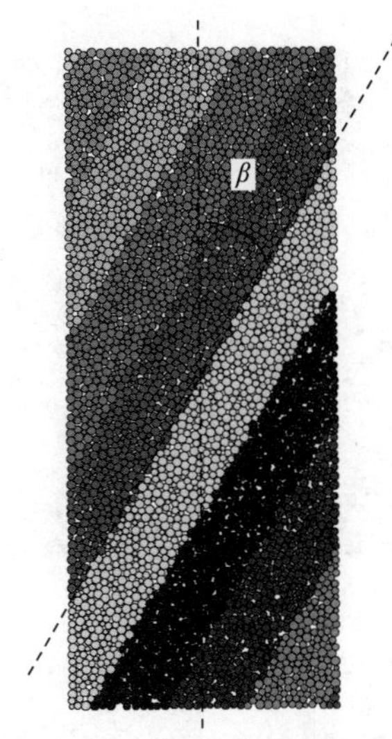

图 6.23　结构面方向角的定义

在本节中，结构面方向角 β 定义为，以穿过模型中心的纵轴线向上方向为起始线，到结构面的最小夹角，如图 6.23 所示。本节考虑的结构面方向角 β 为 0°～180°，间隔为 15°，结构面的模型参数见表 6.6。除结构面外，岩石材料模型参数与 6.3 节所用参数保持相同。

表 6.6　结构面模型参数

倾角	原点	间距	摩擦系数	法向及切向黏结强度
0°～180°，间隔为 15°	(0,0)	10mm	0.5	0MPa

图 6.24 为含不同方向单组结构面的岩体数值模型。图 6.25 为单轴抗压强度及弹性模量与结构面方向关系曲线。可以看出，单轴抗压强度随结构面方向的变化幅度较大，在结构面方向与纵向轴线之间夹角为 15°和 30°时强度值较低，在竖向结构面及接近水平结构面的情况下强度值较高。弹性模量随结构面方向的变化有类似的趋势。

基于 6.3 节的应变岩爆数值分析模型，分别在开挖岩层模型中加入不同方向的结构面，顶底板模型的颗粒及颗粒间接触变形模量的细观参数 E_c（其大小可以间接反映顶底板刚度的大小）分别设为 0.3GPa、1GPa、10GPa、100GPa 及 1000GPa，来考虑不同的顶底板刚度对岩爆特征的影响。实验的边界条件与 6.3 节保持一致。由于算例较多，此处仅给出 $\beta=15°$ 时在不同顶底板刚度条件下（$E_c=0.3\sim100$GPa）的计算结果（见图 6.26），并根据所有计算结果对不同工况的破坏特征进行总结分析。

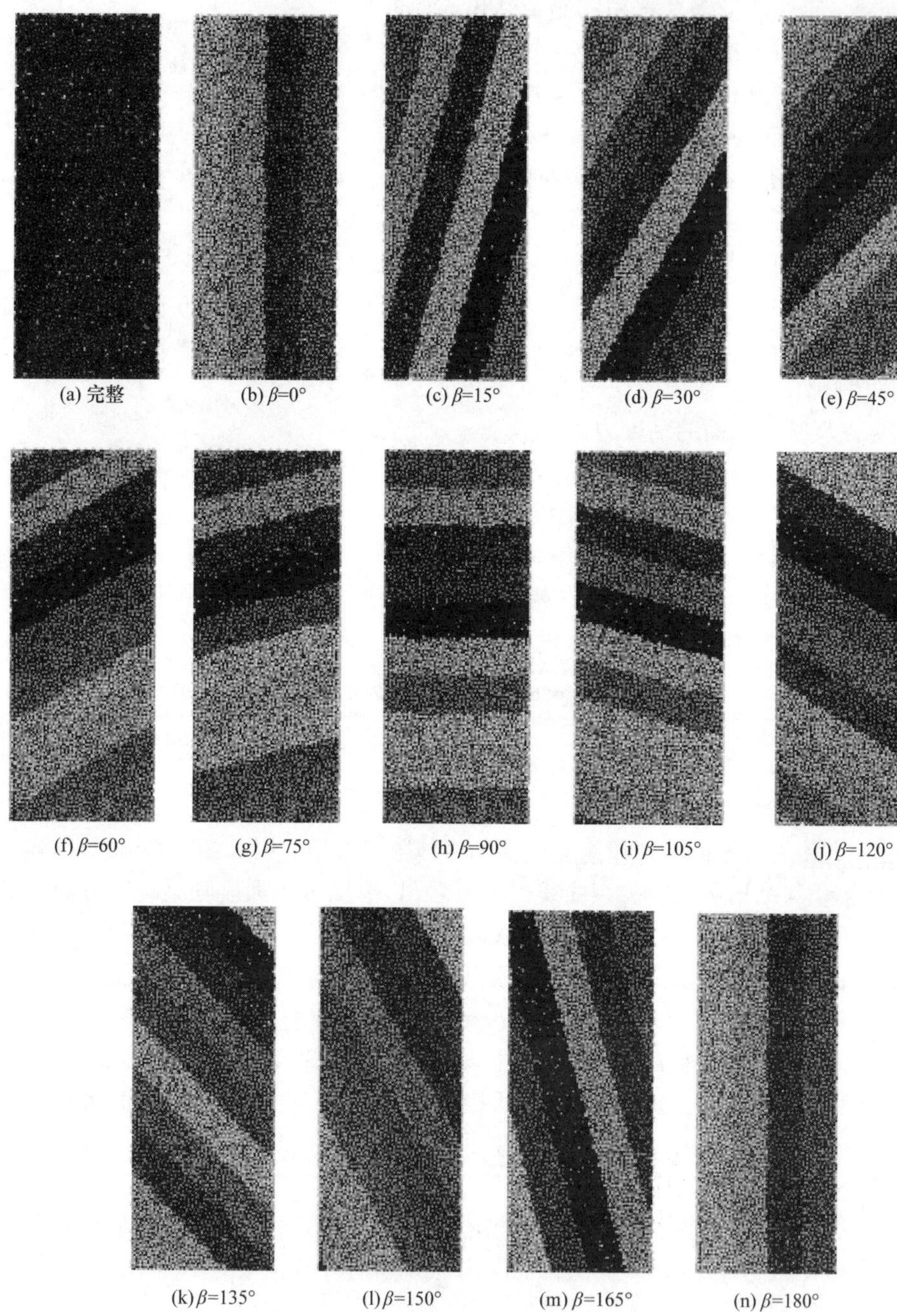

图 6.24　含不同方向单组结构面的岩体数值模型

不同色差仅为显示结构面分布，不代表不同岩层

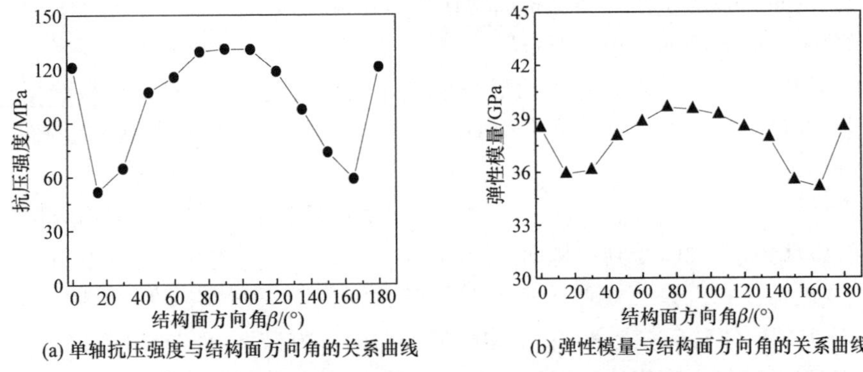

(a) 单轴抗压强度与结构面方向角的关系曲线　　(b) 弹性模量与结构面方向角的关系曲线

图 6.25　单轴抗压强度及弹性模量与结构面方向角的关系曲线

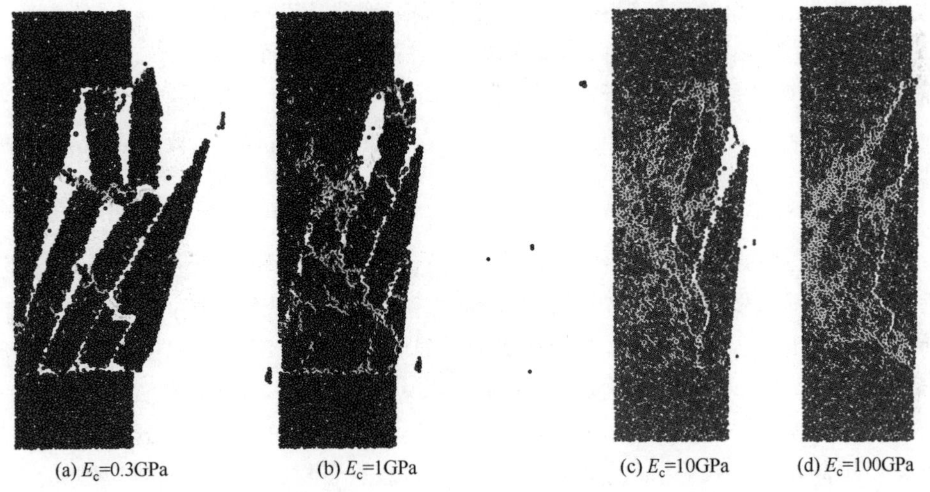

(a) E_c=0.3GPa　　(b) E_c=1GPa　　(c) E_c=10GPa　　(d) E_c=100GPa

图 6.26　$\beta=15°$时在不同顶底板刚度条件下的计算结果

2. 计算结果

1) $E_c=0.3$GPa

在$\beta=0°$或$\beta=180°$时，岩体结构表现出明显的沿结构面张拉，以及张拉开的细长柱体受弯及折断，并出现一些颗粒及碎块的弹射；在$\beta=15°$时，同样明显表现出了沿结构面的张拉破坏，同时出现了沿结构面的滑移及弯折破坏，同时有颗粒及碎块的弹射。在$\beta=30°$及$\beta=45°$时，主要表现为沿结构面的滑移，这两种情况基本上并未表现出沿结构面的张拉，故除沿着一组结构面中的某一条滑移开裂外，其他结构面并未开裂，在岩石材料内部出现部分张拉破坏，破坏后也出现了个别小颗粒的弹射。

在 $\beta=60°$时，除了沿一条结构面剪切滑移外，在岩石材料内部出现了较剧烈的竖向张拉破坏，卸载面出现了弯折破坏，同时有碎块弹射飞出；在 $\beta=75°$及 $\beta=90°$时，破坏模式则与完整岩石材料的破坏模式比较接近，主要为岩石材料的张拉破坏，但是在破坏的过程中会受到结构面的一些影响，在弯折破坏时会沿结构面方向产生开裂。

在 $\beta=105°$时，结构面与 $\beta=75°$的情况对称，破坏模式也主要以岩石材料的竖向张拉破坏为主，同时受到结构面的影响；在 $\beta=120°$时，结构面与 $\beta=60°$的情况对称，主要破坏模式也是竖向张拉劈裂与沿结构面的剪切滑移。在 $\beta=105°$及 $\beta=120°$时，上部岩体破碎较严重，沿结构面的方向向下方破坏，而与之对称的 $\beta=75°$及 $\beta=60°$的情况，下部岩体破碎较严重，沿着结构面方向向上破坏。

在 $\beta=135°$及 $\beta=150°$时，结构面分别与 $\beta=45°$及 $\beta=30°$的情况对称，破坏模式也主要为沿结构面的剪切滑移，主要为上盘向下滑移，而 $\beta=45°$及 $\beta=30°$时主要为下盘向上滑移。在 $\beta=165°$时，结构面与 $\beta=15°$的情况对称，破坏模式也以沿结构面的张拉与剪切滑移为主，所不同的是 $\beta=165°$时，结构面上盘岩体张拉及折断后从下方产生破坏，而 $\beta=15°$时结构面下盘岩体张拉及折断后，破坏主要发生在上部。

2）$E_c=1\mathrm{GPa}$

在 $\beta=0°$或 $\beta=180°$时，主要破坏模式依然为沿竖向结构面的张拉破坏，但破坏程度已经明显减弱，竖向张拉裂纹并未贯通，在临空面上依然有些许颗粒及碎块的弹射；在 $\beta=15°$及 $\beta=165°$时，结构面仍然对破坏模式起控制作用，但张拉及弯折破坏的程度大大减弱，同时在岩石材料内部出现较多的张拉裂纹；在 $\beta=30°$及 $\beta=150°$时，依然以沿结构面的滑移为主；在 $\beta=45°$及 $\beta=135°$时，破坏模式与上一种情况有所不同，除了沿结构面的剪切滑移外，同时有岩石材料内的竖向张拉破坏。

在 $\beta=60°$及 $\beta=120°$时，沿结构面的剪切滑移已很不明显，主要为竖向的张拉破坏及部分岩石材料内部的剪切破坏；在 $\beta=75°$及 $\beta=105°$时，破坏已很接近完整岩石的情况，主要以竖向张拉及部分剪切为主。在 $\beta=90°$时，以岩体内部的张拉破坏及卸载面附近的张拉及弯折破坏为主，局部可见剪切破坏，该情况下结构面对破坏模式的影响很小。

3）$E_c=10\mathrm{GPa}$

随着顶底板刚度的提高，不仅破坏的剧烈程度越来越弱，破坏模式也有所改变。在 $\beta=0°$或 $\beta=180°$时，除在卸载面附近出现沿结构面但并未贯通的竖向张拉破坏、剥离以及很少的颗粒与碎块弹射外，开挖岩体内部出现了明显的剪切破坏，这些剪切破坏并不受结构面控制；在 $\beta=15°$及 $\beta=165°$时，在靠近卸载面一侧，结构面依然影响很大甚至起控制作用，但结构面并未完全裂开，在 $\beta=15°$时，邻近卸载面处还出现了不受结构面控制的张拉劈裂。在岩体内部可见比较明显的剪切破坏,部分剪切裂纹沿控制面发育,部分剪切裂纹穿越结构面产生。

在 $\beta=30°$ 及 $\beta=150°$ 时,以剪切破坏为主,较多部分的剪切破坏沿结构面发育,另一条剪切带沿基本上垂直于结构面的方向扩展。在邻近卸载面附近,有较少的竖向张拉裂纹及些许颗粒弹射。竖向张拉裂纹的情况更发育一些,出现一些剥离的现象。在 $\beta=45°$ 及 $\beta=135°$ 时,与 $\beta=30°$ 及 $\beta=150°$ 时的情况比较类似,主要为沿结构面及垂直于结构面方向的剪切破坏;在 $\beta=60°$ 及 $\beta=120°$ 时,虽然也以沿结构面及垂直于结构面方向的剪切破坏为主,但垂直于结构面的剪切破坏占了较大的比例;在 $\beta=75°$ 及 $\beta=105°$ 时,主要以不受结构面影响的剪切破坏为主,在邻近卸载面处可见局部的张拉破坏及剥离现象;在 $\beta=90°$ 时,临空面附近可见较大程度的竖向张拉以及较微弱的弯折破坏,岩体内部可见较发育的剪切破坏带,该种情况下基本不受结构面的影响。

4) $E_c=100$GPa

在 $\beta=0°$ 或 $\beta=180°$ 时,破坏模式与完整岩石的破坏模式相似,未见到沿竖向结构面的张拉开裂,主要为剪切破坏,可见极少的颗粒弹射;在 $\beta=15°$ 及 $\beta=165°$ 时,主要以剪切破坏为主,但卸载面附近的结构面显然已经张开;在 $\beta=30°$ 及 $\beta=150°$ 时,与 $\beta=45°$ 及 $\beta=135°$ 时的情况比较类似,为沿结构面与垂直结构面的剪切破坏,其中 $\beta=30°$ 及 $\beta=45°$ 时,结构面并未明显张开,但 $\beta=150°$ 及 $\beta=135°$ 时,可见到临空面附近明显张开的部分结构面;在 $\beta=60°$ 及 $\beta=120°$ 与 $\beta=75°$ 及 $\beta=105°$ 时,破坏模式主要为与结构面无关的剪切破坏,与完整岩石的破坏模式接近;在 $\beta=90°$ 时,未见沿结构面的竖向张拉开裂,主要也是与完整岩石破坏类似的剪切破坏模式。

3. 破坏特征分析

根据前面对不同顶底板刚度条件下含不同方向单组结构面岩体的应变岩爆破坏模式,可以总结如下破坏特征:

(1) 随着顶底板刚度的提高,除破坏程度减弱外,结构面对破坏模式的影响也逐渐减弱。在顶底板刚度足够高的情况下,各种方向单组结构面的岩体破坏均类似于完整岩石在对应顶底板刚度条件下的破坏模式。

(2) 在较低的顶底板刚度条件下,不同方向的单组结构面对岩体破坏特征的影响各不相同,主要有如下几种情况:①在竖向结构面($\beta=0°$ 或 $\beta=180°$)的情况下,以沿结构面竖向张拉和弯折破坏为主;②在较陡倾角($\beta=15°$ 及 $\beta=165°$)的情况下,破坏同时包括沿结构面的张开、折断及沿结构面的剪切滑移;③在中度倾角($\beta=30°$ 及 $\beta=150°$ 与 $\beta=45°$ 及 $\beta=135°$)的情况下,主要为较大块状沿某条结构面产生的剪切滑移;④在较平缓倾角($\beta=60°$ 及 $\beta=120°$ 与 $\beta=75°$ 及 $\beta=105°$)的情况下,以不受结构面控制的竖向张拉破坏为主,同时受到一些沿结构面方向剪切的影响;⑤在水平结构面($\beta=90°$)的情况下,破坏模式与完整岩石在对应顶底板刚度条件下的破坏模式类似，以竖向张拉破坏和剪切破坏为主，基本不受结构面方向的影响，只是在卸载面出现完整破坏时可能容易在结构面处断开。

（3）随着顶底板刚度的逐步增加，较平缓倾斜的结构面首先表现出对破坏模式影响不大；中度倾斜结构面首先是结构面控制与岩体内部的张拉破坏同时存在，在顶底板刚度足够高的情况下结构面的影响也渐渐消失；较大倾角结构面在比较大的顶底板刚度情况下依然表现出对破坏模式的影响，但影响也逐渐减弱甚至消失。竖向结构面在顶底板刚度足够高的情况下也逐渐失去对破坏模式的影响。

4. 能量特征分析

上述破坏特征的分析仅仅是岩体在不同情况下的破坏表现形式，这与各种情况下顶底板围岩在开挖岩层产生破坏之后产生的变形及能量释放是相关的。

图 6.27 为不同顶底板刚度条件下，含不同方向单组结构面岩体在开挖卸荷并产生破坏后，顶底板释放的应变能密度（计算方法与 6.3 节相同）变化曲线。顶底板在不同的结构面方向角情况下的应变能密度值会有一些不同，但整体趋势是相似的，通过分析图 6.27 可以发现如下特征：

（1）随着顶底板刚度的提高，顶底板释放的应变能密度值均有较大幅度的降低。这与破坏特征中随着顶底板刚度的提高破坏程度逐渐减弱是相对应的。

（2）在较低的顶底板刚度条件下，顶底板释放应变能密度值随结构面方向的变化有较大幅度的变化，而在顶底板刚度足够高的情况下，随结构面方向的变化，顶底板释放应变能密度逐渐平稳在一个较低的值上。这与破坏特征中，顶底板刚度足够高的情况下，各种不同方向的结构面对岩体破坏影响逐渐消失，破坏模式与完整岩石的破坏模式比较类似的现象相对应。

（3）在较低的顶底板刚度条件下，可以看出：①在竖向结构面（$\beta=0°$或$\beta=180°$）的情况下，在破坏发生时顶底板释放应变能较高；②在较陡倾角（$\beta=15°$及$\beta=165°$）的情况下，应变能的释放是最小的，但该种结构易于产生弯折破坏，所以破坏的模式很明显；③在中度倾角（$\beta=30°$及$\beta=150°$与$\beta=45°$及$\beta=135°$）的情况下，应变能释放较低；④在较平缓倾角（$\beta=60°$及$\beta=120°$与$\beta=75°$及$\beta=105°$）及在水平结构面（$\beta=90°$）的情况下，易于产生较大的应变能释放，同时不易于产生平行于临空面的张拉破坏，所以一旦破坏产生，破坏的程度会非常剧烈。

图 6.28 为含不同方向单组结构面岩体，在不同顶底板刚度条件下，开挖卸荷并产生破坏后，顶底板释放的应变能密度变化曲线。可以看出，随着顶底板刚度的增大，顶底板释放应变能密度值均有所降低，但是变化的敏感度有很大的差别。

（1）在水平结构面（$\beta=90°$）及竖直结构面（$\beta=0°$或$\beta=180°$）的情况下，顶底板释放应变能密度值对顶底板刚度的敏感度最大。随着顶底板刚度增加，敏感度逐渐趋缓。

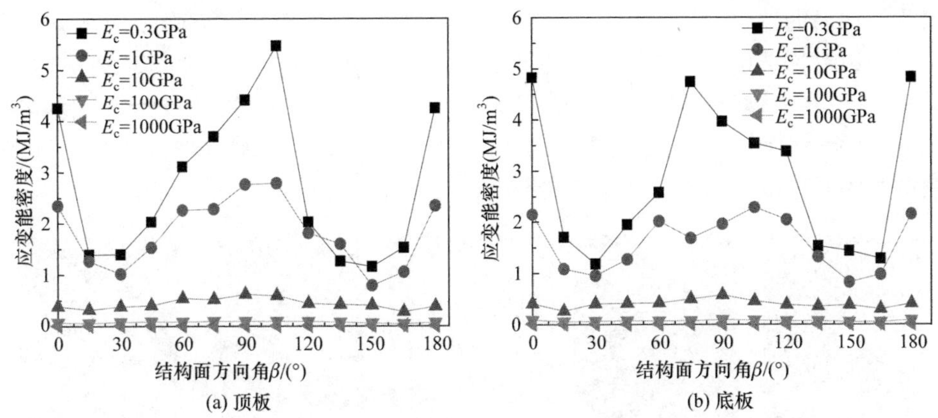

图 6.27　不同顶底板刚度条件下，含不同方向单组结构面岩体在开挖卸荷并产生破坏后，顶底板释放的应变能密度变化曲线

(2) 在较平缓结构面($\beta=75°$及$\beta=105°$)的情况下，顶底板释放应变能密度对顶底板刚度的敏感度也比较大，甚至有超过水平或竖直结构面的情况。

(3) 在较陡结构面($\beta=15°$及$\beta=165°$)及中度倾斜结构面($\beta=30°$及$\beta=150°$与$\beta=45°$及$\beta=135°$)的情况下，顶底板释放应变能密度对顶底板刚度的敏感度较低。

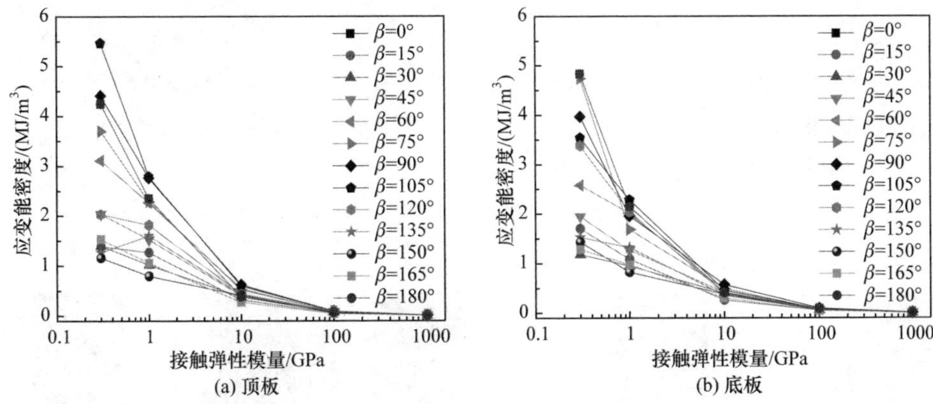

图 6.28　含不同方向单组结构面情况下不同顶底板刚度条件下顶底板应变能密度变化曲线

6.4.2　双组对称结构面

1. 数值模型建立

在实际工程岩体中，结构面往往不会仅有一组，常常会更加复杂。在前面考虑单组结构面的基础上，进一步分析双组结构面对岩爆特征的影响。本节考虑双组

对称结构面的情况。

双组对称结构面的情况只有五种：①$\beta_1=15°$、$\beta_2=165°$；②$\beta_1=30°$、$\beta_2=150°$；③$\beta_1=45°$、$\beta_2=135°$；④$\beta_1=60°$、$\beta_2=120°$；⑤$\beta_1=75°$、$\beta_2=105°$，其岩体结构模型如图 6.29 所示。其中结构面的力学属性与单组结构面的力学属性保持一致，岩石材料的力学属性也与前面章节中的岩石材料模型保持一致。

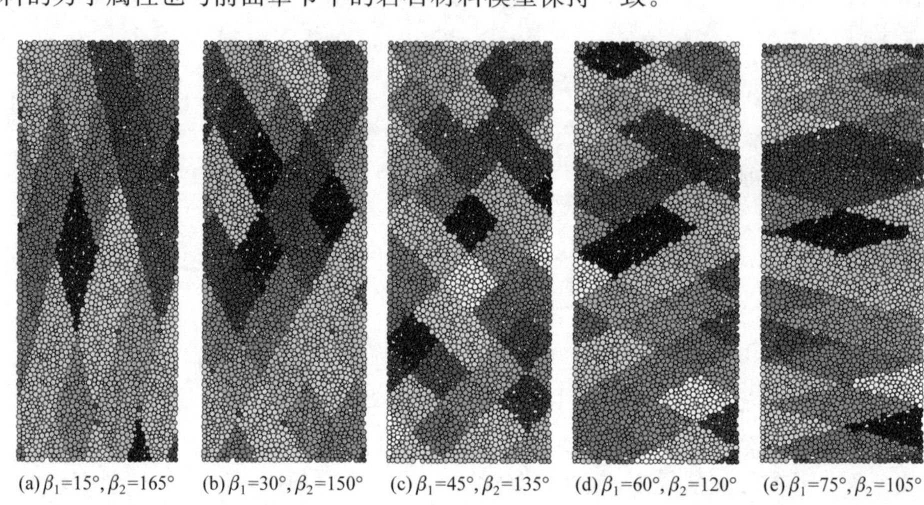

(a) β_1=15°, β_2=165°　(b) β_1=30°, β_2=150°　(c) β_1=45°, β_2=135°　(d) β_1=60°, β_2=120°　(e) β_1=75°, β_2=105°

图 6.29　含不同方向双组对称结构面岩体数值模型

实验方法同样为在一系列不同顶底板刚度条件下单面卸载模拟工程开挖，竖向加载模拟开挖后引起的应力集中。初始应力值及加载的速率均与前面章节保持一致。由于算例较多，此处只给出 $\beta_1=15°$、$\beta_2=165°$时在不同顶底板刚度条件下(E_c=0.3～1000GPa)的计算结果(见图 6.30)，并根据所有计算结果对不同工况的破坏特征进行总结分析。

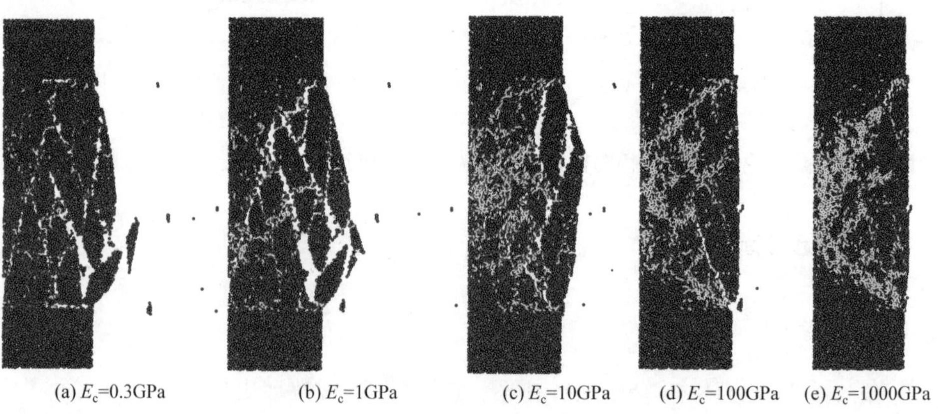

(a) E_c=0.3GPa　(b) E_c=1GPa　(c) E_c=10GPa　(d) E_c=100GPa　(e) E_c=1000GPa

图 6.30　$\beta_1=15°$、$\beta_2=165°$时在不同顶底板刚度条件下的计算结果

2. 计算结果

1) $E_c=0.3\text{GPa}$

在较陡倾角的双组结构面($\beta_1=15°$、$\beta_2=165°$)的情况下，以沿结构面的张拉破坏为主，在卸载面附近沿结构面的张拉破坏尤其严重，出现了剥离、折断及颗粒与块状弹射的岩爆破坏现象；在中度倾斜的双组结构面($\beta_1=30°$、$\beta_2=150°$及$\beta_1=45°$、$\beta_2=135°$)的情况下，同时有沿结构面的张拉破坏及剪切滑移，在临近卸载面处有颗粒弹射及块状抛出现象，并且$\beta_1=30°$、$\beta_2=150°$的情况比$\beta_1=45°$、$\beta_2=135°$的情况破坏要更剧烈一些；在较平缓倾斜的双组结构面($\beta_1=60°$、$\beta_2=120°$及$\beta_1=75°$、$\beta_2=105°$)的情况下，与结构面无关的竖向张拉破坏占据了主导位置，但同时也受到结构面的影响，在卸载面附近出现了块状抛出及颗粒弹射的现象。

2) $E_c=1\text{GPa}$

在较陡倾角的双组结构面($\beta_1=15°$、$\beta_2=165°$)的情况下，破坏模式与上一种刚度条件下的情况相类似，以沿结构面的张拉破坏为主，临空面附近出现剥离、折断及弹射现象；在中度倾斜的双组结构面($\beta_1=30°$、$\beta_2=150°$及$\beta_1=45°$、$\beta_2=135°$)的情况下，破坏模式也与$E_c=0.3\text{GPa}$刚度条件下的情况相类似，兼具沿结构面的张拉及剪切滑移，但破坏程度相比之下要有所减弱；在较平缓倾斜的双组结构面($\beta_1=60°$,$\beta_2=120°$及$\beta_1=75°$,$\beta_2=105°$)的情况下，破坏模式与完整岩石的破坏模式较为接近，主要为竖向张拉破坏及临空面附近的剥离、弹射。在$\beta_1=60°$、$\beta_2=120°$的情况下尚可见到局部有结构面对破坏的影响，但在$\beta_1=75°$、$\beta_2=105°$的情况下已基本看不出结构面的影响。

3) $E_c=10\text{GPa}$

在较陡倾角的双组结构面($\beta_1=15°$、$\beta_2=165°$)的情况下，虽然在卸载面附近的破坏仍很明显地受到结构面的影响，表现出一些相对微弱的剥离及颗粒弹射，但在岩体结构内部则主要分布一些与结构面影响无关的张拉及剪切破坏；在中度倾斜的双组结构面($\beta_1=30°$、$\beta_2=150°$及$\beta_1=45°$、$\beta_2=135°$)的情况下，结构面的影响也大大减弱，虽然以沿结构面方向的剪切破坏为主，但许多结构面并未开裂或并未完全开裂，仍有一些颗粒的弹射，但规模已经非常微弱；在较平缓倾斜的双组结构面($\beta_1=60°$、$\beta_2=120°$及$\beta_1=75°$、$\beta_2=105°$)的情况下，主要为岩体结构内部的张拉及剪切破坏，在$\beta_1=60°$、$\beta_2=120°$的情况下有沿结构面方向的剪切带，但并未沿结构面明显开裂，在$\beta_1=75°$、$\beta_2=105°$的情况下产生的张拉及剪切破坏基本上与结构面的方向无关。

4) $E_c=100\text{GPa}$

在较陡倾角的双组结构面($\beta_1=15°$、$\beta_2=165°$)的情况下，有一些沿结构面方向的剪切裂纹，但只有一部分明显张开，岩体内部还显示出许多与结构面方向并不一致的剪切裂纹，卸载面处只看到很少量的颗粒弹射；在中度倾斜的双组结构面($\beta_1=30°$、$\beta_2=150°$及$\beta_1=45°$、$\beta_2=135°$)的情况下，在岩体内部产生沿结构面方向的剪切裂纹，但并未明显张开或完全张开，出现极个别的小颗粒弹射；在较平缓倾斜的双组结构面($\beta_1=60°$、$\beta_2=120°$及$\beta_1=75°$、$\beta_2=105°$)的情况下，破坏模式基本与结构面无关，主要为与对应顶底板刚度条件下的完整岩石破坏模式类似的剪切破坏。

5) $E_c=1000$GPa

在较陡倾角的双组结构面($\beta_1=15°$、$\beta_2=165°$)的情况下，主要为岩体内部与结构面无关的剪切破坏，可见局部有沿结构面分布但并未完全连通的微裂纹；在中度倾斜的双组结构面($\beta_1=30°$、$\beta_2=150°$及$\beta_1=45°$、$\beta_2=135°$)的情况下，产生了与结构面方向较一致的剪切带，部分可见轻微张开的结构面；在较平缓倾斜的双组结构面($\beta_1=60°$、$\beta_2=120°$及$\beta_1=75°$、$\beta_2=105°$)的情况下，基本没有与结构面相关的裂纹。在该顶底板刚度条件下，各种情况基本上都属于稳定的剪切破坏，基本没有颗粒弹射现象。

3. 破坏特征分析

根据上述各种不同顶底板刚度条件下含不同方向组合双组对称结构面岩体的破坏模式，可以总结出如下特征：

(1) 随着顶底板刚度的提高，岩体由非稳定破坏转变为稳定破坏，结构面对破坏模式的影响也逐渐减弱。在顶底板刚度足够高的情况下，各种方向单组结构面的岩体破坏均类似于完整岩石在对应顶底板刚度条件下的破坏模式。

(2) 在较低的顶底板刚度条件下，在较陡倾角及中度倾斜的双组对称结构面情况下，结构面对破坏模式的影响比较大，主要为沿结构面的张拉破坏或剪切滑移；在较平缓倾斜的双组对称结构面情况下，岩体内部的张拉破坏与结构面的影响共同对岩体的破坏模式起作用。

(3) 随着顶底板刚度的提高，较平缓倾斜的双组对称结构面的岩体破坏模式中受结构面的影响首先开始减弱，当顶底板刚度足够大时基本没有受结构面影响的裂纹出现；其次是较陡倾斜的双组对称结构面情况，岩体内部与结构面无关的剪切裂纹所占比例越来越大；对于中度倾斜的双组对称结构面情况，随着顶底板刚度的提高，破坏模式逐渐由沿结构面的张拉及剪切滑移逐渐转为沿结构面方向分布的剪切带裂纹，但结构面并未张开或并未完全张开。

4. 能量特征分析

对应上述岩体在不同情况下的破坏表现形式，来追踪分析各种情况下顶底板围岩在开挖岩层破坏之后产生的变形及能量释放特征。

图 6.31 为不同顶底板刚度条件下，含不同方向组合的双组对称结构面岩体在开挖卸荷并产生破坏后，顶底板释放的应变能密度变化曲线。顶底板在不同的结构面倾角组合情况下的应变能密度值整体趋势是相似的，通过分析该图可以总结出如下特征：

(1) 随着顶底板刚度的提高，顶底板释放的应变能密度值均有较大幅度的降低，这与破坏特征中随着顶底板刚度的提高破坏程度逐渐减弱相对应，也与完整岩石及含不同方向单组结构面岩体在不同顶底板刚度条件下的破坏剧烈程度结论相似。

(2) 在较低顶底板刚度条件下，随着双组对称结构面的倾斜程度由陡变缓，顶底板释放的应变能密度值先降低后升高，在中度倾斜($\beta_1=30°$、$\beta_2=150°$及$\beta_1=45°$、$\beta_2=135°$)的情况下，顶底板释放的应变能密度值最低。

(3) 在较高顶底板刚度条件下，随着双组对称结构面的倾斜程度由陡变缓，顶底板释放的应变能密度值从总体趋势上持续升高。

(4) 在较低顶底板刚度条件下，顶底板释放的应变能密度值随双组对称结构面的倾斜程度变化而波动幅度较大。随着顶底板刚度的提高，顶底板释放的应变能密度值随双组对称结构面的倾斜程度变化而波动幅度越来越小。在足够高的顶底板刚度条件下，该应变能密度值趋于稳定在一个很低的值上。

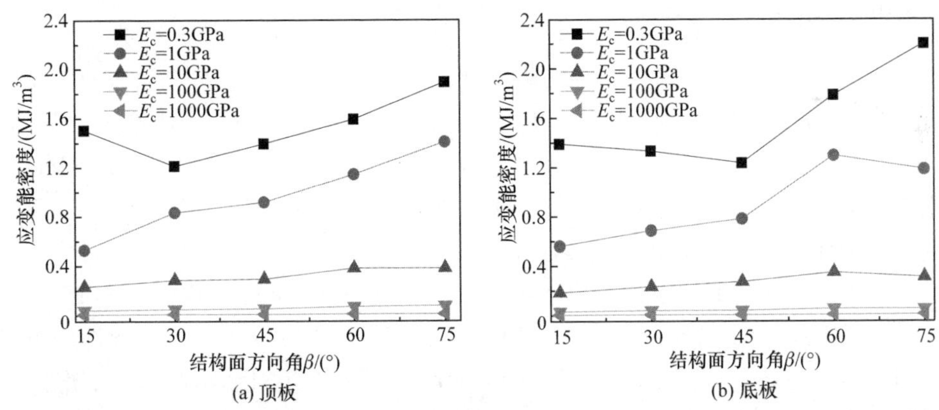

图 6.31　不同顶底板刚度条件下，含不同方向组合的双组对称结构面岩体在开挖卸荷并产生破坏后，顶底板释放的应变能密度变化曲线

图 6.32 为含不同方向组合的双组对称结构面岩体，在不同顶底板刚度条件下，开挖卸荷并产生破坏后，顶底板释放的应变能密度变化曲线。除与图 6.31 得出的相似结论外，还可以分析总结出如下特征：①随着顶底板刚度的提高，较平缓倾斜的双组对称结构面($\beta_1=60°$、$\beta_2=120°$及$\beta_1=75°$、$\beta_2=105°$)的情况下，顶底板在破坏后释放的应变能密度对顶底板刚度的变化最为敏感；②中度倾斜的双组对

称结构面($\beta_1=30°$、$\beta_2=150°$及$\beta_1=45°$、$\beta_2=135°$)的情况下,顶底板在破坏后释放的应变能密度对顶底板刚度的变化相对不太敏感;③而较陡倾斜的双组对称结构面($\beta_1=15°$、$\beta_2=165°$)的情况下,顶底板在破坏后释放的应变能密度在较低顶底板刚度条件下对刚度的变化非常敏感,但在较高刚度条件下很不敏感。

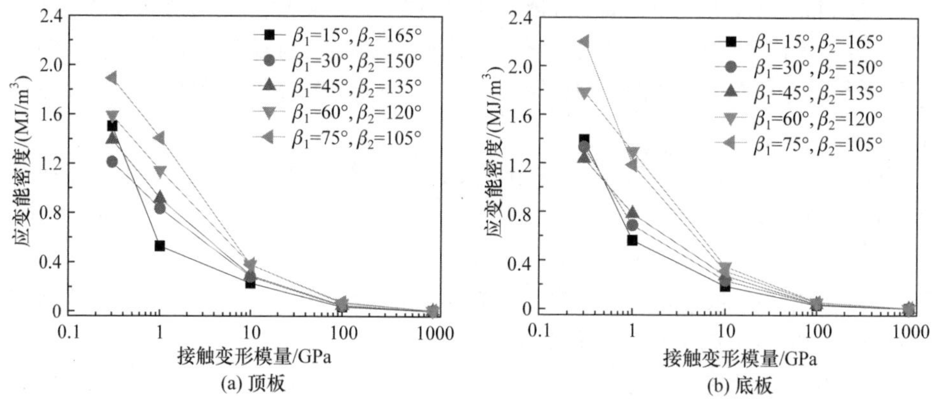

图 6.32 含不同方向组合的双组对称结构面岩体,在不同顶底板刚度条件下开挖卸荷并产生破坏后,顶底板释放的应变能密度变化曲线

6.4.3 双组非对称结构面

本节研究双组非对称结构面对岩爆特征的影响。由于不同方向结构面组合情况很多,根据本章前述的室内实验及数值分析结果,在较高顶底板刚度条件下,岩体破坏趋于稳定性破坏。故本节仅考虑在较低顶底板刚度条件($E_c=0.3$GPa)下不同结构面组合情况下的破坏特征。结构面及岩石材料的力学属性参数,以及实验条件仍与 6.4 节前述相关参数与条件保持一致。

双组不同结构面的组合模式采用正交组合的方法,即先确定$\beta_1=0°,15°,\cdots,165°$,然后将之分别与$\beta_2=0°,15°,\cdots,165°$进行组合。其中$\beta_1=\beta_2$的情况即为单组结构面的情况,同时正交组合的过程中还会出现所有双组对称结构面的情况。为保证该组分析对比情况的完整性和系统性,单组结构面与双组对称结构面的情况也一并进行对比分析。由于算例太多,这里只给出根据计算结果总结得到的主要特征:

(1) 两组结构面中,较陡倾斜的结构面容易对岩体的破坏模式造成影响,通常是张拉开裂后完成破坏;中度倾斜的结构面也会对岩体的破坏模式造成影响,但多为沿该结构面的剪切滑移,引起破坏的剧烈程度一般不大;较平缓倾斜及水平结构面对岩体破坏的影响一般很小,由于开裂及滑移都不易产生,较容易产生岩体内部的张拉破坏,从而形成颗粒及块状弹射或抛出等较剧烈的应变岩爆现象。

(2) 两组结构面如果以较小角度交叉，或方向基本一致，容易形成近似方向的一个主剪切破坏，如果两个结构面都比较平缓，则容易产生岩体内部的张拉破坏；如果两个结构面以较大角度交叉，则容易形成沿两个结构面的开裂及剪切滑移现象。对于容易产生沿结构面张拉破坏的情况，一般容易产生破坏，但由于顶底板刚度的增加，产生破坏时释放的应变能并不高；对于不易产生受结构面控制的破坏的情况，会产生较剧烈的应变岩爆破坏。

6.4.4　结构面特性影响

结构面的力学特性，包括黏聚力与摩擦系数，以及结构面间距可能会引起不同程度的岩体刚度效应。

1. 结构面黏聚力的影响

干燥、未填充节理的黏聚力基本为 0，沉积岩中形成的层理或弱面的黏聚力就会比较大一些，但仍会远小于岩石材料的黏聚力，变质岩中不连续面的黏聚力会更大一些，而岩浆岩中形成的岩脉的黏聚力会非常大，甚至超过周围岩石材料的黏聚力。6.4 节前述相关参数与条件会因其不同的黏聚力对岩体产生岩爆的可能性及破坏特征产生较大的影响。

在颗粒流数值模型中，我们可以通过设置结构面处颗粒间法向及切向的黏结强度来考虑具有不同黏聚力的结构面。在本组数值实验中，设计了 5 个不同的黏结强度来进行对比数值分析，分别为 0MPa、10MPa、30MPa、50MPa 及 80MPa。考虑到 $\beta=0°$、15°、30°、45°四种结构面方向对岩体破坏模式影响最大，所以在本组实验中，只考虑这四个方向单组结构面对岩爆破坏的影响，并且考虑较柔性的顶底板刚度条件($E_c=0.3$GPa)。由于算例较多，此处仅给出 $\beta=15°$时在 $E_c=0.3$GPa 条件下的计算结果(见图 6.33)，并根据所有计算结果对不同工况的破坏特征进行总结分析。

(1) $\beta=0°$。随着黏结强度的增加，竖向张拉破坏的程度大大减弱，当黏结强度为 30MPa 时，虽然沿结构面分布有贯通的张拉裂纹，但裂开的情况不多，并且局部产生了岩体内的剪切破坏，在卸载面产生了弯折破坏；当黏结强度为 50MPa 时，岩体内的剪切破坏已经很明显，但沿结构面的张拉裂纹仍然占很大比例，卸载面同样产生了弯折破坏；当黏结强度为 80MPa 时，岩体内部主要产生与结构面无关的张拉及剪切破坏，此时结构面的影响很微弱。

(2) $\beta=15°$。同样在结构面黏结强度较低时，沿结构面的张拉破坏占主导地位，在黏结强度达到 50MPa 及 80MPa 时，主要破坏模式为岩体结构内部产生的不受结构面控制的张拉或剪切破坏。

(3) $\beta=30°$。当结构面黏结强度为 0MPa 或 10MPa 时，结构面明显张开；当黏结强度为 30MPa 时在许多结构面上分布有明显的剪切裂纹；当黏结强度为

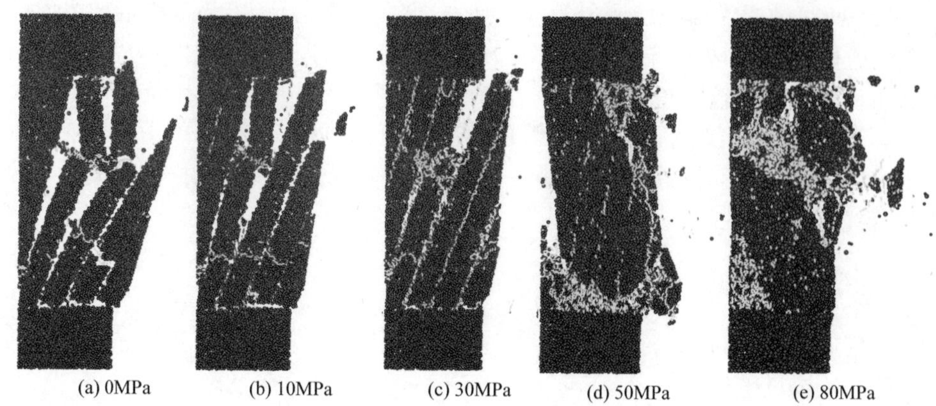

图 6.33　$\beta=15°$时在 $E_c=0.3$GPa 条件下不同结构面黏聚力的影响

50MPa 时，主要破坏仍然沿结构面方向，但出现了许多岩体内部的张拉破裂；当黏结强度为 80MPa 时，主要破坏模式成为岩体内部的张拉破坏，未见到沿结构面方向产生的破坏。

(4) $\beta=45°$。在结构面黏结强度为 0MPa 时，主要破坏模式为沿结构面的剪切滑移；当黏结强度为 10MPa 及 30MPa 时，沿结构面的剪切与岩体内部产生的张拉破坏同时存在，且影响都比较大；当黏结强度为 50MPa 时，主要为岩体内与结构面无关的张拉与剪切破坏，但此时仍可见沿结构面分布的剪切裂纹；当黏结强度为 80MPa 时，较少有与结构面相关的破坏产生，岩体内部的张拉或剪切破坏占主导位置。

根据上述破坏特征分析，对于含竖向、较陡及平缓倾斜结构面的岩体，在低结构面黏聚力的情况下，容易沿结构面发生张拉及剪切破坏，竖向及较陡的结构面还会引起卸载面处产生剥离及弯折破坏，随着黏聚力的提高，结构面的影响逐渐减弱，最后演变成与完整岩石破坏模式类似的张拉及剪切破坏。

2. 结构面摩擦系数的影响

在由颗粒构成的模型中，结构面具有一定的粗糙度。在本组数值分析中，仅通过调整结构面两侧颗粒摩擦系数来分析结构面摩擦系数(f)对岩爆破坏特征的影响。选择比较柔性的顶底板模型($E_c=0.3$GPa)，并仅对破坏模式比较大的几种单组结构面($\beta=0°$、15°、30°、45°)进行分析。由于算例较多，此处仅给出 $\beta=15°$时在 $E_c=0.3$GPa 条件下的计算结果(见图 6.34)，并根据所有计算结果对不同工况的破坏特征进行总结分析。

当 $\beta=0°$时，在摩擦系数增大的情况下，虽然沿结构面开裂的程度相对有所减小，但减小的程度并不大，即使将摩擦系数从 0.5 调整至 10(这样并不太符合实际

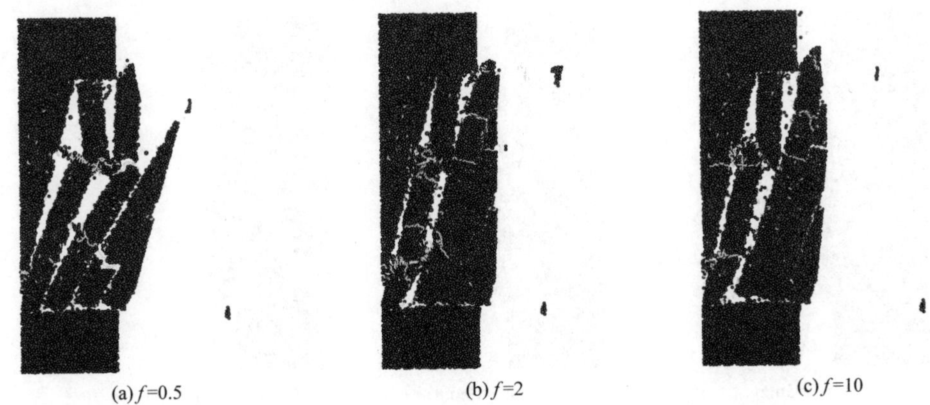

图 6.34　$\beta=15°$时在 $E_c=0.3$GPa 条件下不同结构面摩擦系数的影响

工程意义的超高值)，破坏模式也并没有太大的变化，依然为沿竖向结构面的张拉破坏为主，在卸载面处出现弯折破坏。对于 $\beta=15°$及 $\beta=30°$的情况，结论比较相似，结构面摩擦系数的提高并未明显改变结构面对岩爆破坏模式的影响。对于 $\beta=45°$的情况，随着结构面摩擦系数的提高，破坏模式除了有沿结构面的剪切滑移，也有在岩体内部产生的与结构面无关的竖向张拉破坏，导致在卸载面处出现颗粒弹射及块状抛出。

由于在初始应力状态下的开挖卸荷，容易在开挖面附近产生张拉应力区，对于竖向结构面($\beta=0°$)以及较陡倾斜的结构面($\beta=15°$及 $\beta=30°$)的情况，沿结构面的张拉破坏容易产生，所以结构面的黏聚力会对张拉破坏能否产生起较大作用，但摩擦系数对其影响比较有限。在 $\beta=45°$的情况下，结构面的角度决定了其水平方向的张拉破坏会受到抑制，结构面上的摩擦力会显现出来。

3. 结构面间距的影响

在本组的对比数值分析中，结构面的间距(S)分别选择 5mm、10mm 及 30mm。与前述两组数值分析类似，选择比较柔性的顶底板模型($E_c=0.3$GPa)，并仅对破坏模式影响比较大的几种单组结构面($\beta=0°$、15°、30°、45°)进行分析。由于算例较多，此处仅给出 $\beta=15°$时在 $E_c=0.3$GPa 条件下的计算结果(见图 6.35)，并根据所有计算结果对不同工况的破坏特征进行总结分析。

在竖向结构面($\beta=0°$)及较陡倾斜结构面($\beta=15°$)的情况下，容易产生张拉破坏，较小的结构面间距(如 5mm)会使破坏时的岩块更破碎，更易于发生弯折破坏；在间距较大(如 30mm)时，当应力足够大时，卸载面处仍会出现张拉及弯折破坏。在中度倾斜结构面($\beta=0°$及 $\beta=45°$)的情况下，当结构面间距较小时，破坏也会更加破碎；当结构面间距较大时，沿结构面的剪切滑移占主导作用。

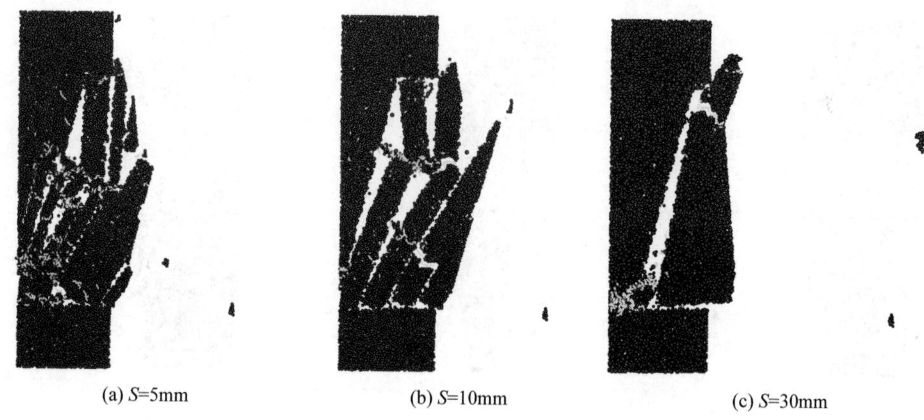

图 6.35 $\beta=15°$时在 $E_c=0.3$GPa 条件下不同结构面间距的影响

参考文献

[1] Cook N G W. A note on rockbursts considered as a problem of stability. Journal of the Southern African Institute of Mining and Metallurgy, 1965, 65(8): 437-446.

[2] Salamon M D G. Stability, instability and design of pillar workings. International Journal of Rock Mechanics and Mining Sciences and Geomechanics Abstracts, 1970, 7(6): 613-631.

[3] Blake W. Rock-burstmechanics. Quarterly of the Colorado School of Mines, 1972, 67: 1.

[4] Brady B H G, Brown E T. Energy changes and stability in underground mining: Design applications of boundary element methods. Transactions of the Institution of Mining and Metallurgy, 1981, 90: 61-68.

[5] Simon R, Aubertin M, Mitri H S. Evaluation of rockburst potential in hard rock mines//Proceedings of the 97th Annual General Meeting of the CIM Rock Mechanics and Strata Control Session, Halifax, 1995.

[6] Kaiser P K, Tannant D D, McCreath D R. Canadian rockburst support handbook. Sudbury: Laurentian University, 1996.

[7] Fairhurst C. Experimental Physics and Rock Mechanics: Results of Laboratory Study. Tokyo: A. A. Balkema Publishers, 2001.

[8] Kias E M C, Gu R, Garvey R, et al. Modeling unstable rock failure during a uniaxial compressive strength test//The 45th U. S. Rock Mechanics/Geomechanics Symposium, San Francisco, 2011.

[9] Aglawe J P. Unstable and violent failure around underground openings in highly stressed ground. Kingston: Queen's University, 1999.

[10] He M C, Nie W, Zhao Z Y, et al. Experimental investigation of bedding plane orientation on the rockburst behavior of sandstone. Rock Mechanics and Rock Engineering, 2012, 45(3):

311-326.

[11] Potyondy D O,Cundall P A. A bonded-particle model for rock. International Journal of Rock Mechanics and Mining Sciences,2004,41(8):1329-1364.

[12] Itasca Consulting Group. PFC2D(Particle Flow Code in 2 Dimensions),Version 3. 1. Minneapolis:Itasca Consulting Group,2004.

[13] Park E S,Martin C D,Christiansson R. Simulation of the mechanical behavior of discontinuous rock masses using a bonded-particle model//The 6th North America Rock Mechanics Symposium (NARMS),Houston,2004.

[14] Robertson D,Bolton M D. DEM simulations of crushable grains and soils//The 4th International Conference on Micromechanics of Granular Media Powders and Grains,Sendai,2001:623-626.

[15] Potyondy D,Autio J. Bonded-particle simulations of the in-situ failure test at Olkiluoto//The 38th U. S. Symposium on Rock Mechanics,Balkema,2001:1553-1560.

[16] Autio J,Wanne T,Potyondy D. Particle Mechanical Simulation of the Effect of Schistosity on Strength and Deformation of Hard Rock//The 5th North American Rock Mechanics Symposium and the 17th Tunnelling Association of Canada Conference,Toronto,2002.

[17] Diederichs M S,Kaiser P K,Eberhardt E. Damage initiation and propagation in hard rock during tunnelling and the influence of near-face stress rotation. International Journal of Rock Mechanics and Mining Sciences,2004,41(5):785-812.

[18] Hazzard J F,Young R P. Simulating acoustic emissions in bonded-particle models of rock. International Journal of Rock Mechanics and Mining Sciences,2000,37(5):867-872.

[19] An B,Tannant D D. Discrete element method contact model for dynamic simulation of inelastic rock impact. Computers & Geosciences,2007,33(4):513-521.

[20] Akbari B,Butt S D,Munaswamy K,et al. Dynamic single PDC cutter rock drilling modeling and simulations focusing on rate of penetration using distinct element method//The 45th U. S. Rock Mechanics/Geomechanics Symposium,San Francisco,2011.

[21] Potyondy D O. Simulating stress corrosion with a bonded-particle model for rock. International Journal of Rock Mechanics and Mining Sciences,2007,44(5):677-691.

[22] Wanne T S,Young R P. Bonded-particle modeling of thermally fractured granite. International Journal of Rock Mechanics and Mining Sciences,2008,45(5):789-799.

[23] Cai M,Kaiser P K,Morioka H,et al. FLAC/PFC coupled numerical simulation of AE in large-scale underground excavations. International Journal of Rock Mechanics and Mining Sciences,2007,44(4):550-564.

[24] Cho N,Martin C D,Sego D C. A clumped particle model for rock. International Journal of Rock Mechanics and Mining Sciences,2007,44(7):997-1010.

[25] Cho N,Martin C D,Sego D C. Development of a shear zone in brittle rock subjected to direct shear. International Journal of Rock Mechanics and Mining Sciences, 2008, 45 (8):

1335-1346.

[26] Potyondy D O. A grain-based model for rock: approaching the true microstructure//Proceedings of Rock Mechanics in the Nordic Countries, Kongsberg, 2010.

[27] Ivars D M, Pierce M E, Darcel C, et al. The synthetic rock mass approach for jointed rock mass modelling. International Journal of Rock Mechanics and Mining Sciences, 2011, 48(2): 219-244.

[28] 孙叶，谭成轩. 中国现今区域构造应力场与地壳运动趋势分析. 地质力学学报，1995，1(3)：1-12.

第 7 章　应变岩爆的碎屑特征

本章将对应变岩爆碎屑形成的影响因素及破坏特征进行分析。首先，根据不同岩性应变岩爆实验结果，对其碎屑尺度特征进行统计分析；其次，不同应变岩爆强度的岩爆碎屑特征不同，并与单轴压缩实验、三轴压缩实验条件下的破坏碎屑进行对比；再次，根据应变岩爆碎屑不同粒组的质量分布特征、尺度特征及应变岩爆碎屑的块度分形维数结果，对形成应变岩爆碎屑的耗散能量特征进行定性分析；最后，考虑不同层状结构岩体的应变岩爆碎屑特征，以砂岩为例，分析砂岩应变岩爆碎屑的质量分布特征、分形特征、三维形貌特征和尺度特征等。

7.1　应变岩爆碎屑分类

应变岩爆碎屑的特征在一定程度上反映了其破坏机制，过去研究人员就是根据现场大量的岩爆破坏后特征(包括岩爆碎块形状、范围、发生部位、弹射碎块在现场的分布特征及岩爆坑形状等)，对岩爆破坏机理、动力学机理等进行分析的[1]。可以认为，只对岩爆碎屑破碎程度与耗能关系的研究应该属于静力学范畴，并没有涉及岩爆的动态能量释放过程。但应变岩爆碎屑的形成过程毕竟消耗了大量的能量，要知道在释放能量有限的条件下，岩石破坏过程消耗的能量多时，转化为动能的就会少，可能引起的威胁就会变小。因此，研究应变岩爆碎屑消耗的能量的大小及其影响因素就变得很重要。

分形理论可以对材料断裂表面等各种复杂的形貌进行定量描述[2]，尤其是分形维数反映了原来欧氏几何空间无法定量表达的复杂形貌[3,4]，一些学者已经采用分形方法对爆破或冲击岩体破碎程度、破坏过程的能量释放特征进行了分析[5~7]。

7.1.1　粒组划分方法

将应变岩爆实验后获得的碎屑按粒度大小分为 4 组，分别为微粒碎屑、细粒碎屑、中粒碎屑和粗粒碎屑。4 个粒组的划分标准及相应采用的分析方法如表 7.1 所示[8]。

表 7.1　应变岩爆碎屑分类标准及分析方法[8]

碎屑分类	粒径(长度)范围/mm		研究方法
微粒碎屑	＜0.075		密度计法或移液管法
细粒碎屑	0.075～5	0.075～0.25	筛析法
		0.25～0.5	
		0.5～1	
		1～2	
		2～5	
中粒碎屑	5～30		SEM、尺度测量、三维形貌扫描
粗粒碎屑	＞30		尺度测量、三维形貌扫描

应变岩爆碎屑尺寸划分区间分别为＜0.075mm、0.075～5mm、5～30mm 和＞30mm。分区的标准为:对于粒径小于 5mm 的碎屑以筛析法为依据,对于粒径大于 5mm 的碎屑则以长度为标准。由于碎屑往往呈不规则状,在进行测量时选择最大尺度作为测量标准。

下面将根据筛析法及尺度测量的结果,对质量分布特征及尺度特征进行分析。

7.1.2　质量分布特征

1. 花岗岩

对 2 例花岗岩试件 LZHG-I-4 和 SYHG-I-1 应变岩爆碎屑、2 例花岗岩试件 SYHG-U-1 和 LZHG-U-2 单轴压缩实验碎屑、2 例花岗岩试件 SYHG-T-1 和 LZHG-T-2 真三轴压缩实验碎屑进行质量分布特征分析。

1) 碎屑图片

莱州花岗岩试件 LZHG-I-4 应变岩爆产生整体破坏,中粗粒乃至细粒碎屑以片状和不规则板状为主,碎屑数量较多,如图 7.1 所示。

(a) 微粒碎屑

(b) 细粒碎屑

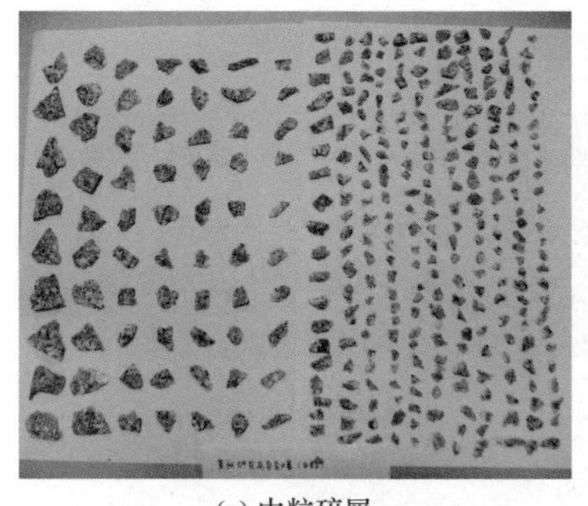

(c) 中粒碎屑

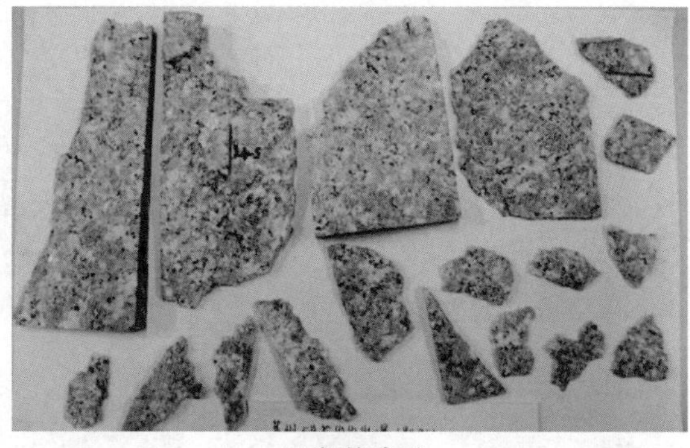

(d) 粗粒碎屑

图 7.1　莱州花岗岩试件 LZHG-I-4 应变岩爆碎屑图片

三亚花岗岩试件 SYHG-I-1 应变岩爆在局部产生弯折岩爆破坏，从破坏断口上可见片状剥离碎片，弹射出的粗粒碎屑呈片状，中粒碎屑呈不规则片状、块状，如图 7.2 所示。

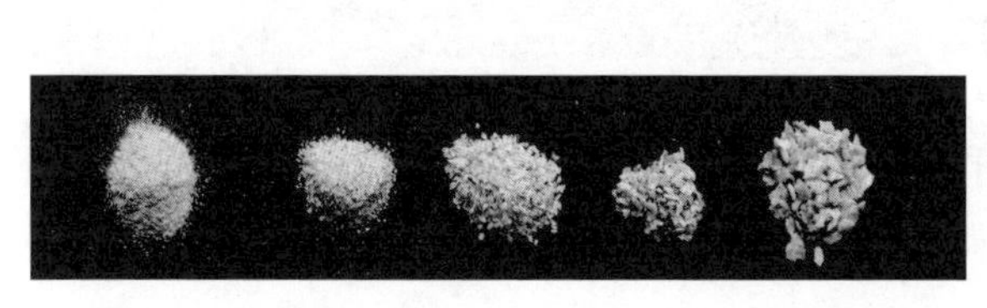

(a) 微粒碎屑

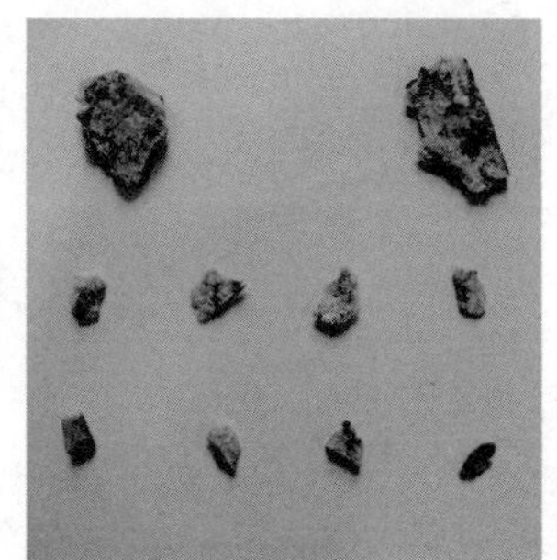

(b) 细粒碎屑

(c) 中粒碎屑

(d) 粗粒碎屑

图 7.2　三亚花岗岩试件 SYHG-I-1 应变岩爆碎屑图片

三亚花岗岩试件 SYHG-U-1 和莱州花岗岩试件 LZHG-U-2 单轴压缩实验都呈劈裂破坏。中、粗粒碎屑呈不规则棱锥状、长柱状或不规则块状，碎屑数量较少，如图 7.3 和图 7.4 所示。

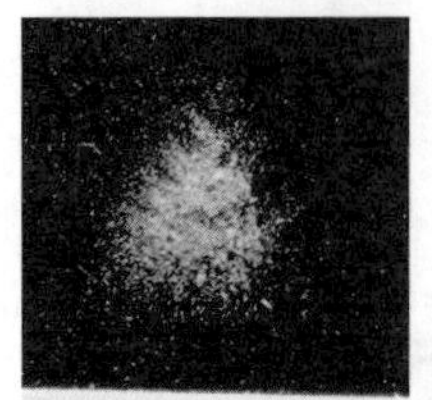

(a) 微粒碎屑

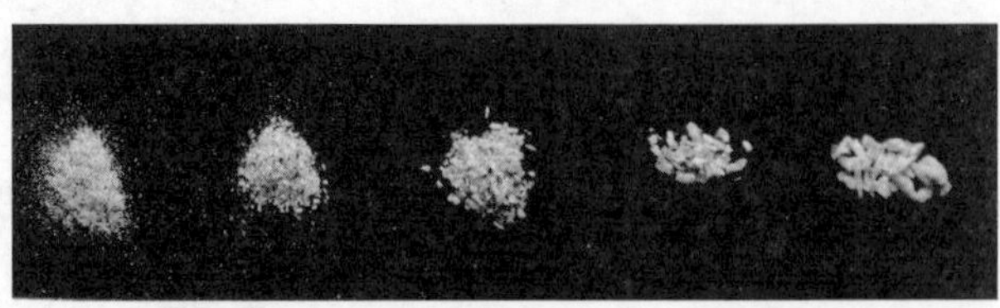

(b) 细粒碎屑

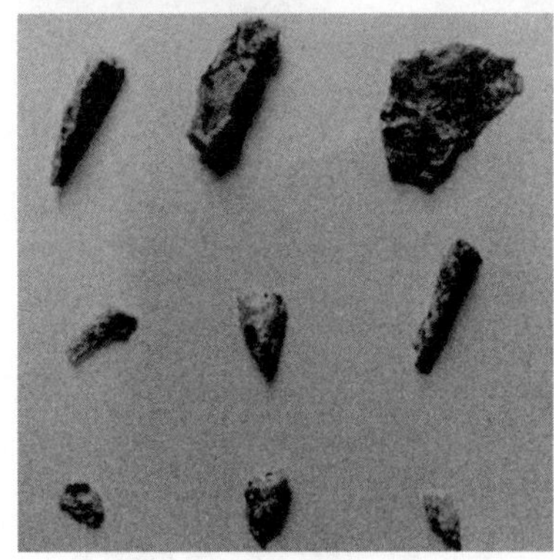

(c) 中粒碎屑

(d) 粗粒碎屑

图 7.3　三亚花岗岩试件 SYHG-U-1 单轴压缩实验碎屑图片

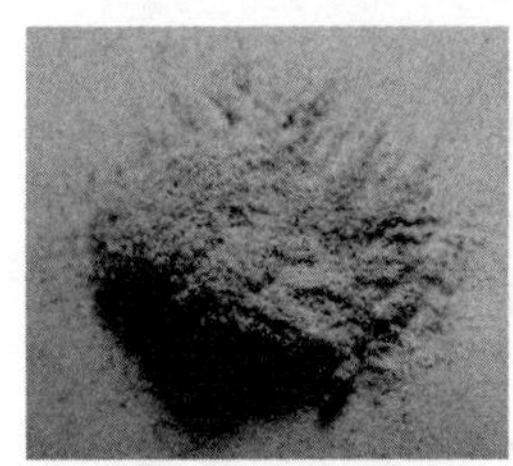

(a) 微粒碎屑

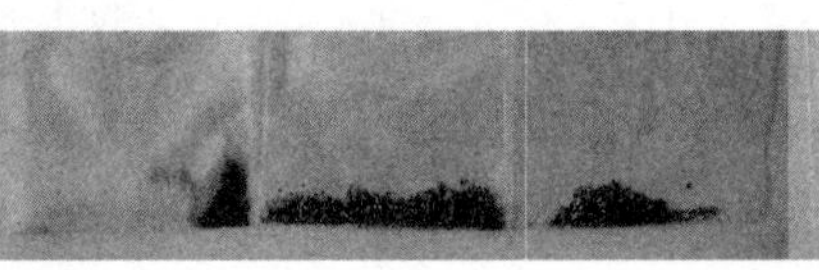

(b) 细粒碎屑

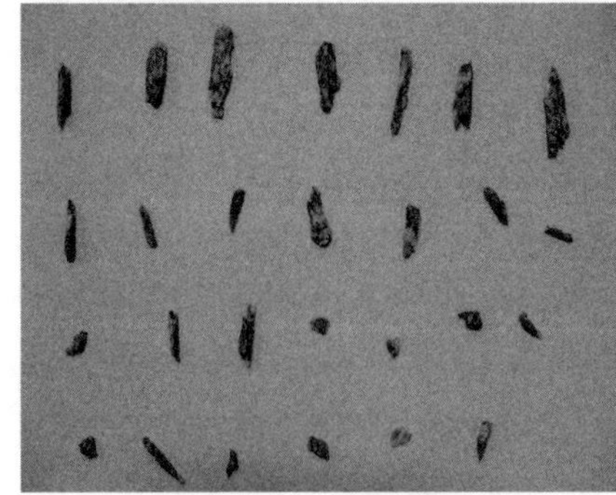

(c) 中粒碎屑

(d) 粗粒碎屑

图 7.4　莱州花岗岩试件 LZHG-U-2 单轴压缩实验碎屑图片

三亚花岗岩试件 SYHG-T-1 和莱州花岗岩试件 LZHG-T-2 真三轴压缩实验都表现为剪切破坏特征。沿剪切面两侧，或者说是破碎带形成中粒、细粒和微粒碎屑。中、粗粒碎屑形状呈不规则棱锥状、长柱状或不规则块状，碎屑数量较少，如图 7.5 和图 7.6 所示。

(a) 微粒碎屑

(b) 细粒碎屑

(c) 中粒碎屑

(d) 粗粒碎屑

图 7.5　三亚花岗岩试件 SYHG-T-1 真三轴压缩实验碎屑图片

2）碎屑质量分布特征

莱州花岗岩试件 LZHG-I-4 应变岩爆微粒碎屑质量为 2.09g；细粒碎屑质量为 68.09g；中粒碎屑共计 343 块，质量为 101.55g；粗粒碎屑共计 21 块，质量为 442.20g。三亚花岗岩试件 SYHG-I-1 应变岩爆微粒碎屑很少；细粒碎屑质量为 5.03g；中粒碎屑共计 26 块，质量为 9.15g；粗粒碎屑有 2 块，质量为 684.43g。

莱州花岗岩试件 LZHG-U-2 单轴压缩实验微粒碎屑质量为 0.15g；细粒碎屑质量为 6.49g；中粒碎屑共计 34 块，质量为 13.19g；粗粒碎屑有 6 块，质量为 685.61g。三亚花岗岩试件 SYHG-U-1 单轴压缩实验微粒碎屑质量为 0.02g；细粒碎屑质量为 1.04g；中粒碎屑共计 22 块，质量为 7.13g；粗粒碎屑共计 15 块，质量为 734.68g。

莱州花岗岩试件 LZHG-T-2 真三轴压缩实验微粒碎屑质量为 1.54g；细粒碎屑质量为 16.38g；中粒碎屑共计 21 块，质量为 8.46g；粗粒碎屑有 4 块，质量为 644.93g。三亚花岗岩试件 SYHG-T-1 真三轴压缩实验微粒碎屑质量为 1.08g；细粒碎屑质量为 10.67g；中粒碎屑共计 17 块，质量为 4.18g；粗粒碎屑有 2 块，质量为 705.22g。

(a) 微粒碎屑

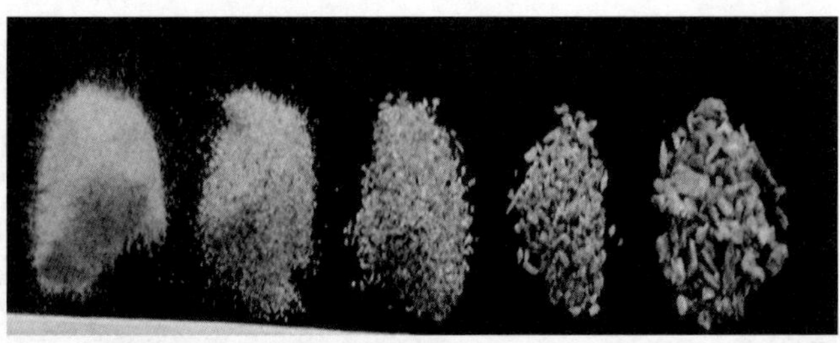

(b) 细粒碎屑

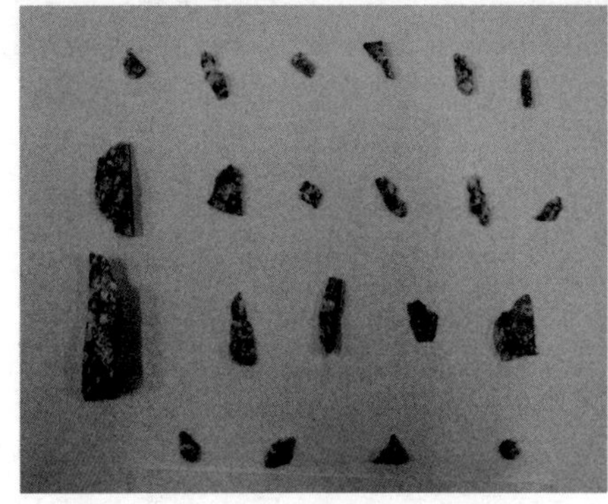

(c) 中粒碎屑

(d) 粗粒碎屑

图 7.6　莱州花岗岩试件 LZHG-T-2 真三轴压缩实验碎屑图片

莱州花岗岩试件和三亚花岗岩试件不同粒组碎屑质量分数如表 7.2 和表 7.3 所示，其中不同粒组细粒碎屑质量分数如表 7.4 和表 7.5 所示。

表 7.2　莱州花岗岩试件不同粒组碎屑质量分数

粒径/mm	LZHG-I-4 (应变岩爆实验)/%	LZHG-U-2 (单轴压缩实验)/%	LZHG-T-2 (真三轴压缩实验)/%
0～0.075	0.34	0.02	0.23
0.075～5	11.09	0.92	2.44
5～30	16.54	1.87	1.26
＞30	72.02	97.19	96.07

表 7.3　三亚花岗岩试件不同粒组碎屑质量分数

粒径/mm	SYHG-I-1 (应变岩爆实验)/%	SYHG-U-1 (单轴压缩实验)/%	SYHG-T-1 (真三轴压缩实验)/%
0～0.075	0	0	0.15
0.075～5	0.72	0.14	1.48
5～30	1.31	0.96	0.58
＞30	97.97	98.90	97.80

表 7.4 莱州花岗岩试件不同粒组细粒碎屑质量分数

粒径/mm	LZHG-I-4（应变岩爆实验）/%	LZHG-U-2（单轴压缩实验）/%	LZHG-T-2（真三轴压缩实验）/%
2～5	1.22	0.07	0.47
1～2	1.53	0.09	0.41
0.5～1	2.30	0.15	0.51
0.25～0.5	1.44	0.12	0.32
0.075～0.25	4.59	0.47	0.72

表 7.5 三亚花岗岩试件不同粒组细粒碎屑质量分数

粒径/mm	SYHG-I-1（应变岩爆实验）/%	SYHG-U-1（单轴压缩实验）/%	SYHG-T-1（真三轴压缩实验）/%
2～5	0.07	0.02	0.29
1～2	0.10	0.02	0.20
0.5～1	0.15	0.04	0.30
0.25～0.5	0.10	0.02	0.19
0.075～0.25	0.31	0.04	0.46

莱州花岗岩试件碎屑质量分数分布如图 7.7 所示。三亚花岗岩试件碎屑质量分数分布如图 7.8 所示。

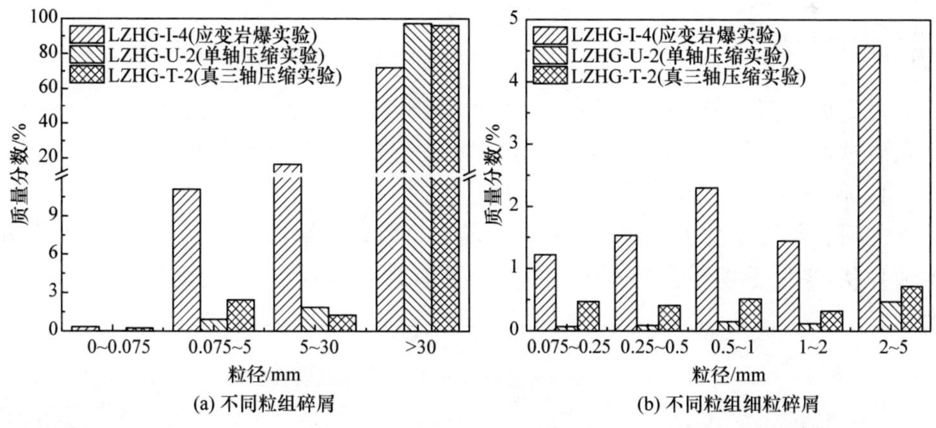

图 7.7 莱州花岗岩试件应变岩爆实验、单轴压缩实验和真三轴压缩实验碎屑质量分数分布直方图

莱州花岗岩试件和三亚花岗岩试件的应变岩爆实验、单轴压缩实验和真三轴压缩实验碎屑的质量分布趋势有所不同。莱州花岗岩试件的应变岩爆碎屑不同粒组的质量分数都较高，表明该试件岩爆破坏较充分，但三亚花岗岩试件的应变岩爆

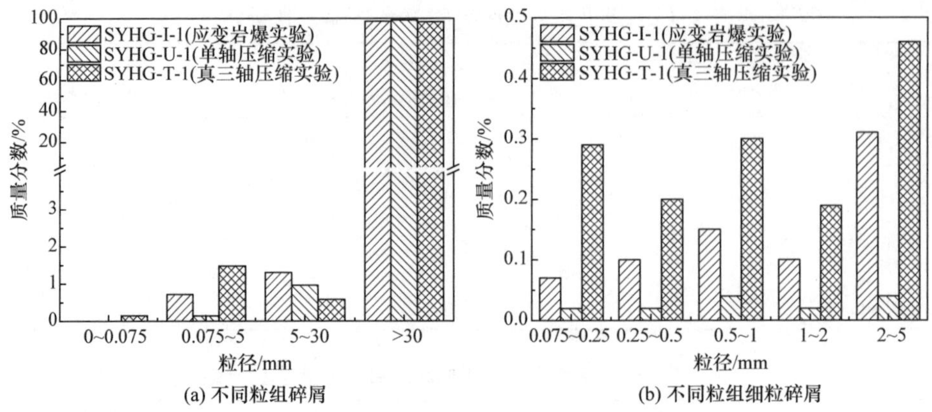

(a) 不同粒组碎屑　　(b) 不同粒组细粒碎屑

图 7.8　三亚花岗岩试件应变岩爆实验、单轴压缩实验和真三轴压缩实验碎屑质量分数分布直方图

试件只局部破坏,如图 7.2 中的粗粒碎屑,因此形成的微粒碎屑及细粒碎屑都很少,甚至不如对应的真三轴压缩条件下形成的细粒碎屑多(主要是沿剪切面滑移破坏时形成大量的细粒及微粒碎屑)。莱州花岗岩试件应变岩爆实验碎屑除粗粒外,其他三个粒组的质量分数都大于单轴压缩实验及真三轴压缩实验的。三亚花岗岩试件应变岩爆粗粒碎屑质量分数与真三轴压缩实验及单轴压缩实验的相当,中粒碎屑略大于真三轴压缩和单轴压缩的,细粒碎屑大于单轴压缩实验但小于真三轴压缩实验的,应变岩爆及单轴压缩的微粒极少,真三轴压缩实验的最多。

2. *石灰岩*

对 2 例夹河石灰岩试件 JHSH-I-2 和 JHSH-I-3 应变岩爆实验碎屑、1 例夹河石灰岩试件 JHSH-U-1 单轴压缩实验碎屑进行质量分布特征分析。

1) 碎屑图片

夹河石灰岩试件 JHSH-I-2 应变岩爆实验粗粒碎屑除最大的一块外,大部分为薄片状,少量不规则透镜体状。中粒碎屑有片状、板状及不规则板状,如图 7.9 所示。

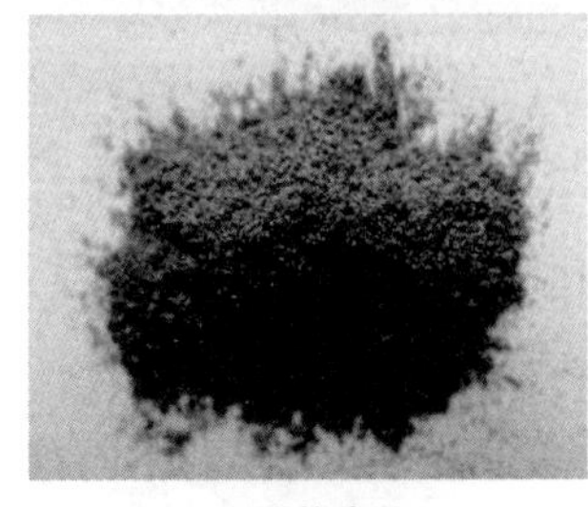
(a) 微粒碎屑

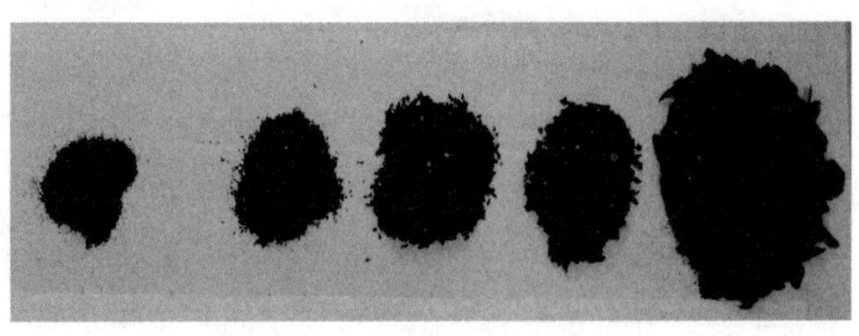
(b) 细粒碎屑

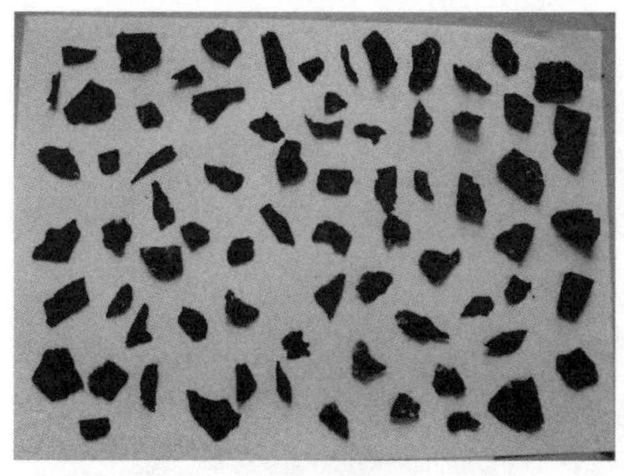
(c) 中粒碎屑

(d) 粗粒碎屑

图 7.9　夹河石灰岩试件 JHSH-I-2 应变岩爆实验碎屑图片

夹河石灰岩试件 JHSH-I-3 应变岩爆实验碎屑以不规则片状为主,中粒碎屑有少量长方形板状,如图 7.10 所示。

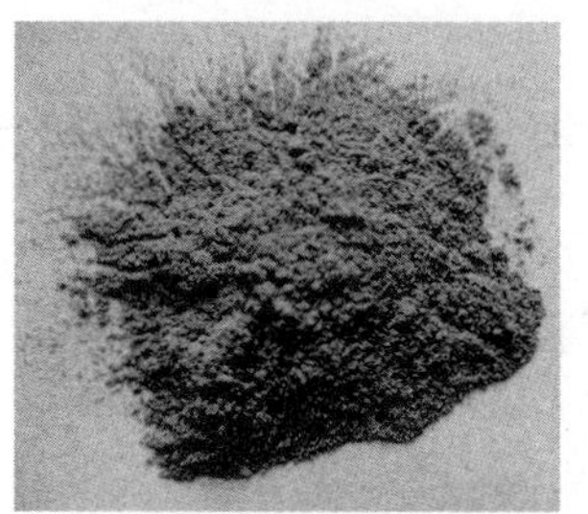
(a) 微粒碎屑

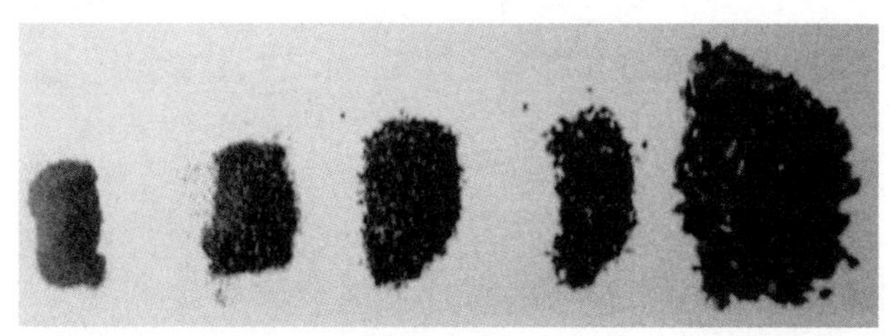
(b) 细粒碎屑

(c) 中粒碎屑

(d) 粗粒碎屑

图 7.10　夹河石灰岩试件 JHSH-I-3 应变岩爆实验碎屑图片

夹河石灰岩试件 JHSH-U-1 单轴压缩实验中粒及粗粒碎屑都是不规则的柱状及四面体状或锥状,如图 7.11 所示。

(a) 细粒碎屑

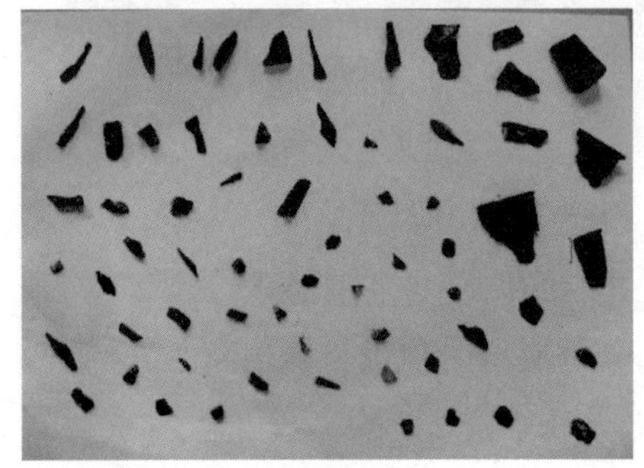

(b) 中粒碎屑

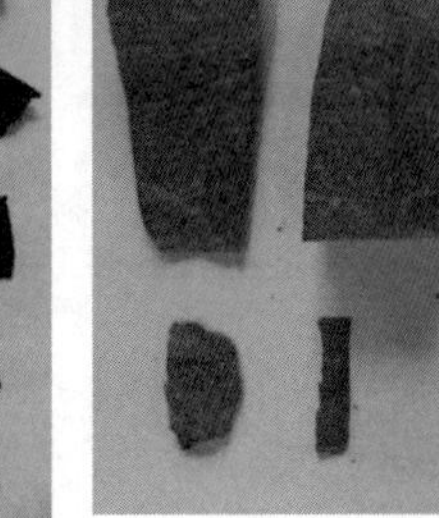

(c) 粗粒碎屑

图 7.11　夹河石灰岩试件 JHSH-U-1 单轴压缩实验碎屑图片

2）碎屑质量分布特征

夹河石灰岩试件 JHSH-I-2 应变岩爆实验微粒碎屑质量为 0.18g；细粒碎屑质量为 27.91g；中粒碎屑共计 82 块，质量为 75.38g；粗粒碎屑共计 16 块，质量为 754.13g。夹河石灰岩试件 JHSH-I-3 应变岩爆实验微粒碎屑质量为 0.39g；细粒碎屑质量为 34.70g；中粒碎屑共计 88 块，质量为 146.09g；粗粒碎屑共计 13 块，质量为 579.97g。

夹河石灰岩试件 JHSH-U-1 单轴压缩实验微粒碎屑质量约为 0g；细粒碎屑质量为 4.39g；中粒碎屑共计 64 块，质量为 27.64g；粗粒碎屑共计 14 块，质量为 420.06g。

夹河石灰岩不同粒组碎屑质量分数如表 7.6 所示，其中不同粒组细粒碎屑质量分数如表 7.7 所示。

表 7.6　夹河石灰岩试件不同粒组碎屑质量分数

粒径/mm	JHSH-I-2(应变岩爆实验)/%	JHSH-I-3(应变岩爆实验)/%	JHSH-U-1(单轴压缩实验)/%
0～0.075	0.02	0.05	0
0.075～5	3.25	4.56	0.97
5～30	8.79	19.19	6.11
>30	87.94	76.20	92.92

表 7.7　夹河石灰岩试件不同粒组细粒碎屑质量分数

粒径/mm	JHSH-I-2(应变岩爆实验)/%	JHSH-I-3(应变岩爆实验)/%	JHSH-U-1(单轴压缩实验)/%
2～5	0.13	0.23	0.02
1～2	0.23	0.29	0.05
0.5～1	0.47	0.61	0.15
0.25～0.5	0.38	0.52	0.13
0.075～0.25	2.05	2.91	0.62

夹河石灰岩试件应变岩爆实验、单轴压缩实验和真三轴压缩实验碎屑质量分数分布直方图如图 7.12 所示。可以看出,应变岩爆实验碎屑从微粒到中粒的质量分数都大于单轴压缩实验的,且粒径越小,其差值越大,说明应变岩爆破碎时消耗能量更大,即岩爆时释放能量更多。

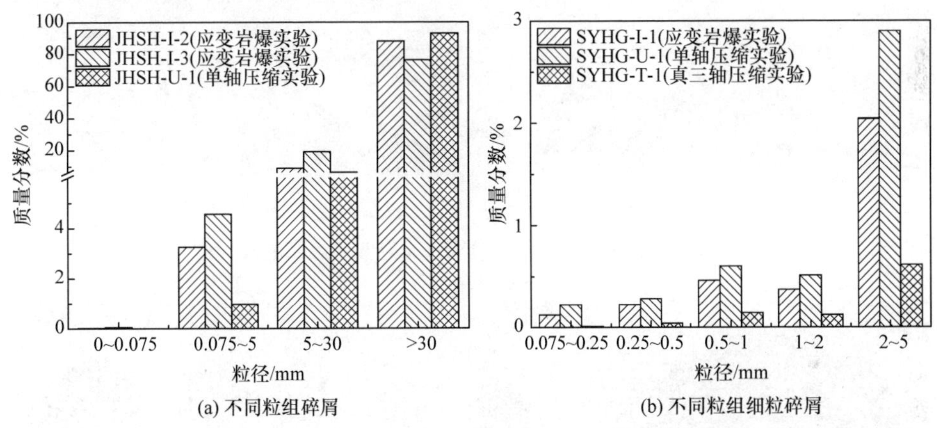

(a) 不同粒组碎屑　(b) 不同粒组细粒碎屑

图 7.12　夹河石灰岩试件应变岩爆实验、单轴压缩实验和真三轴压缩实验碎屑质量分数分布直方图

3. *砂岩*

对 1 例姚桥砂岩试件 YQXS-I-5 应变岩爆实验碎屑、1 例安太堡中砂岩试件 ATBZS-II-2 应变岩爆实验碎屑、1 例安太堡中砂岩试件 ATBZS-U-1 单轴压缩碎屑进行质量分布特征分析。

1) 碎屑图片

姚桥砂岩试件 YQXS-I-5 应变岩爆实验粗粒碎屑有两种形态,分别为薄片状和不规则块状。其中薄片状碎屑主要是应变岩爆初期在试件临空面附近形成的,而块状碎屑是应变岩爆后期阶段在剪切及张拉等复合作用条件下形成的。中粒及细粒碎屑中也可见片状碎屑,也有大量不规则的透镜体状的碎屑,见图 7.13。

安太堡砂岩试件 ATBZS-II-2 应变岩爆实验粗粒碎屑中有少量片状碎屑,其他大部分为不规则块状。中粒碎屑中有一些片状碎屑,其次为不规则的碎块状。两种类型碎屑的形成阶段或过程是受其形成过程中的应力及边界条件控制的,如图 7.14 所示。

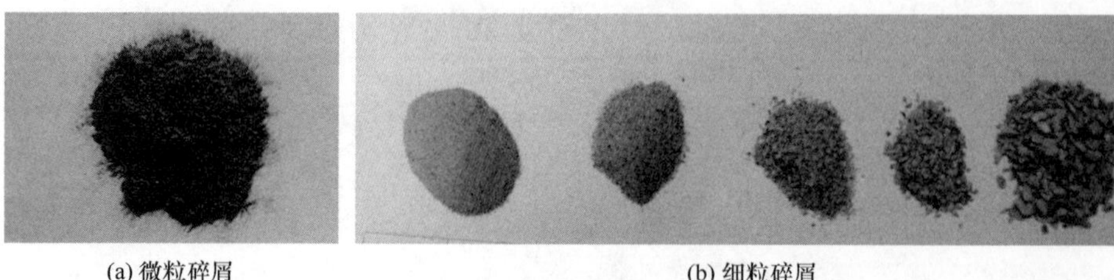

(a) 微粒碎屑　　　　(b) 细粒碎屑

(c) 中粒碎屑

(d) 粗粒碎屑

图 7.13　姚桥细砂岩试件 YQXS-I-5 应变岩爆实验碎屑图片

(a) 微粒碎屑

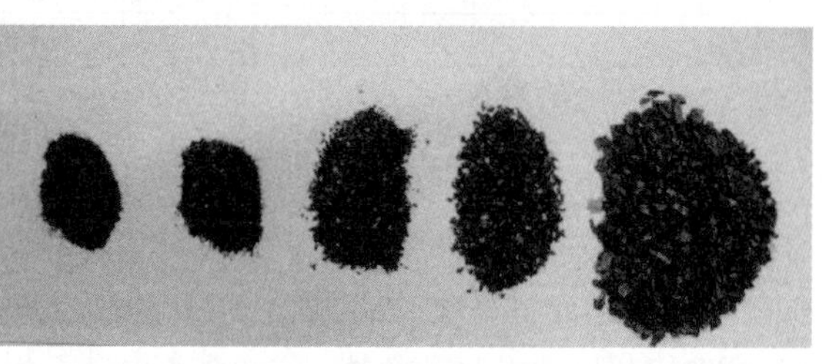

(b) 细粒碎屑

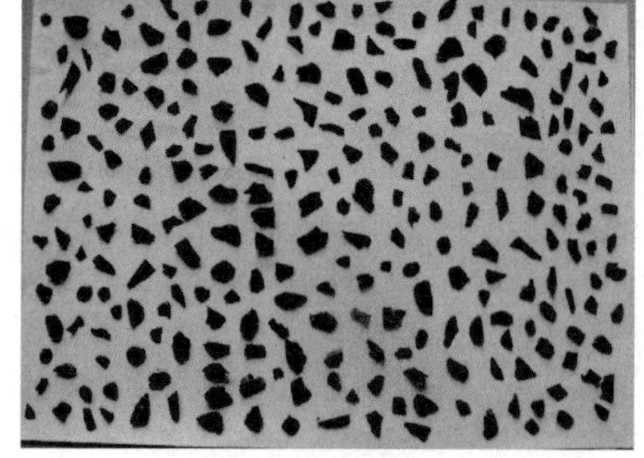

(c) 中粒碎屑

(d) 粗粒碎屑

图 7.14　安太堡中砂岩试件 ATBZS-II-2 应变岩爆实验碎屑图片

安太堡砂岩试件 ATBZS-U-1 单轴压缩实验的破坏形式是竖向劈裂。粗粒碎屑以长方体状和近似方块状为主，有两个碎屑显示为板状特征。中粒碎屑表现为不规则块状，细粒碎屑和微粒碎屑不多，以不规则块状为主，如图 7.15 所示。

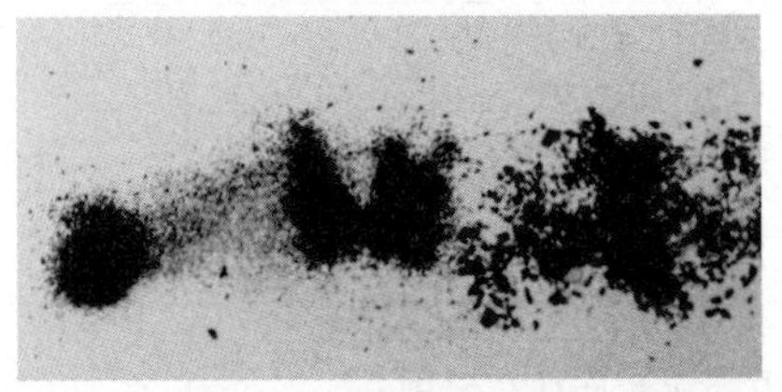
(a) 细粒碎屑

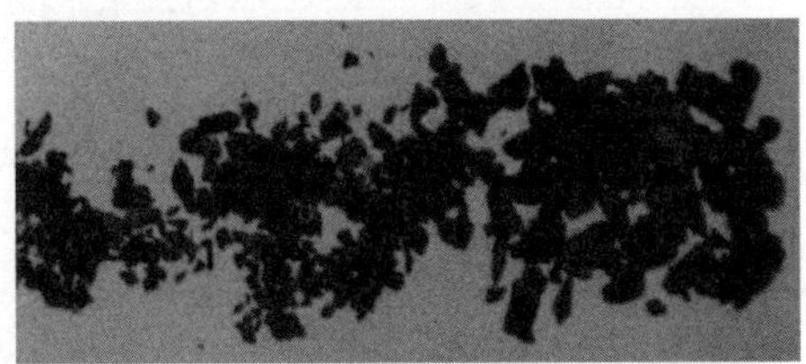
(b) 较小中粒碎屑

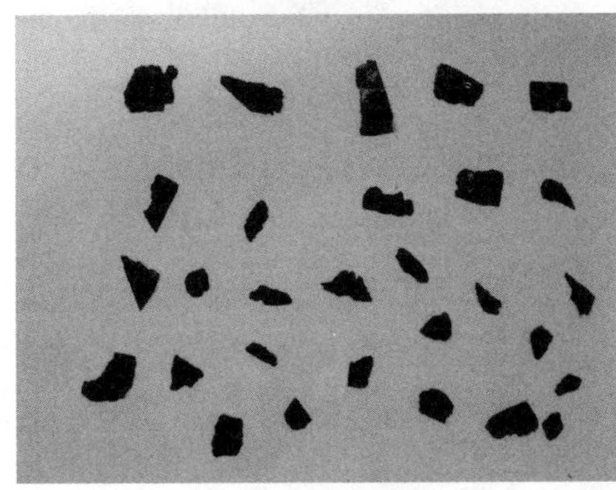
(c) 较大中粒碎屑

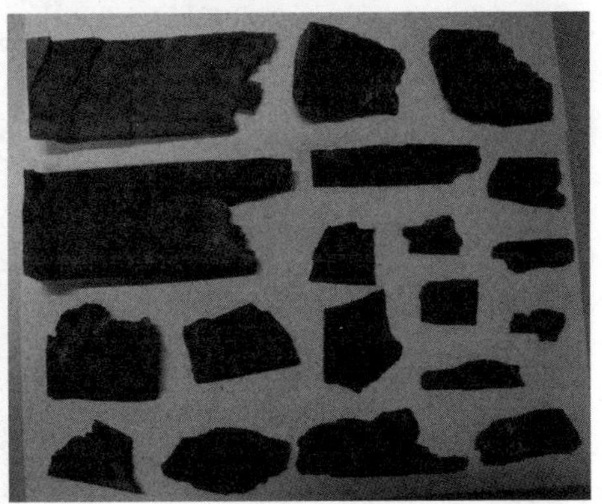
(d) 粗粒碎屑

图 7.15　安太堡中砂岩试件 ATBZS-U-1 单轴压缩碎屑图片

2）碎屑质量分布特征

姚桥砂岩试件 YQXS-I-5 应变岩爆实验微粒碎屑质量为 2.28g；细粒碎屑质量为 28.19g；中粒碎屑共计 284 块，质量为 126.38g；粗粒碎屑共计 34 块，质量为 473.00g。

安太堡中砂岩试件 ATBZS-II-2 应变岩爆实验微粒碎屑质量为 0.93g；细粒碎屑质量为 48.60g；中粒碎屑共计 368 块，质量为 151.48g；粗粒碎屑共计 21 块，质量为 135.08g。

安太堡中砂岩试件 ATBZS-U-1 单轴压缩实验未获得微粒碎屑；获得细粒碎屑质量为 3.77g；中粒碎屑共计 52 块，质量为 12.55g；粗粒碎屑共计 19 块，质量为 672.66g。

砂岩不同粒组碎屑质量分数如表 7.8 所示，其中不同粒组细粒碎屑质量分数如表 7.9 所示。砂岩试件应变岩爆实验、单轴压缩实验碎屑质量分数分布直方图如图 7.16 所示。根据碎屑的粒径质量分数，除粗粒碎屑外，其他粒径的应变岩爆碎屑都大于单轴压缩实验的相应碎屑组质量，尤其是细粒及微粒部分。砂岩碎屑质量分布特征表明形成应变岩爆碎屑时要消耗大量的能量，也就是说试件发生岩爆破坏时有较多能量供给。

表 7.8 砂岩试件不同粒组碎屑质量分数

粒径/mm	YQXS-I-5(应变岩爆实验)/%	ATBZS-II-2(应变岩爆实验)/%	ATBZS-U-1(单轴压缩实验)/%
0～0.075	0.36	0.28	0
0.075～5	4.48	14.46	0.55
5～30	20.07	45.07	1.82
>30	75.1	40.19	97.63

表 7.9 砂岩试件不同粒组细粒碎屑质量分数

粒径/mm	YQXS-I-5(应变岩爆实验)/%	ATBZS-II-2(应变岩爆实验)/%	ATBZS-U-1(单轴压缩实验)/%
2～5	0.84	0.6	0.01
1～2	0.5	0.81	0.02
0.5～1	0.56	1.79	0.06
0.25～0.5	0.5	1.85	0.06
0.075～0.25	2.07	9.42	0.39

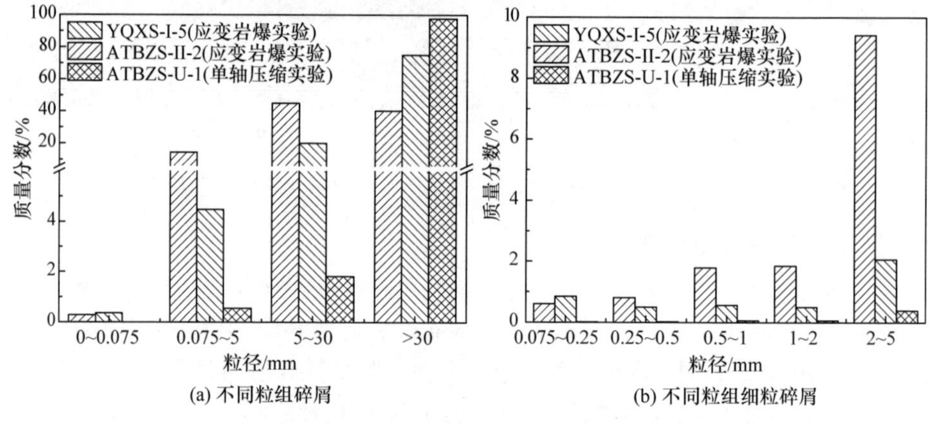

图 7.16 砂岩试件应变岩爆实验、单轴压缩实验碎屑质量分数分布直方图

4. 煤

对 2 例姚桥煤试件 YQM-I-1 和 YQM-I-4 应变岩爆实验碎屑、1 例济宁煤试件 JNM-U-1 单轴压缩实验碎屑进行质量分布特征分析。

1) 碎屑图片

姚桥煤试件 YQM-I-1 和 YQM-I-4 应变岩爆实验粗粒碎屑除少量为薄片状特征外，大部分为不规则的块状、板状、柱状等；中粒及细粒碎屑都较多，并且较破碎，中粒碎屑的形状也有片状、板状及不规则块状几种；较小细粒以颗粒状为主，如图 7.17 和图 7.18所示。从不同粒组的碎屑形状上可以看出，小尺度的碎屑与大尺度的碎屑存在几何相似性特征。

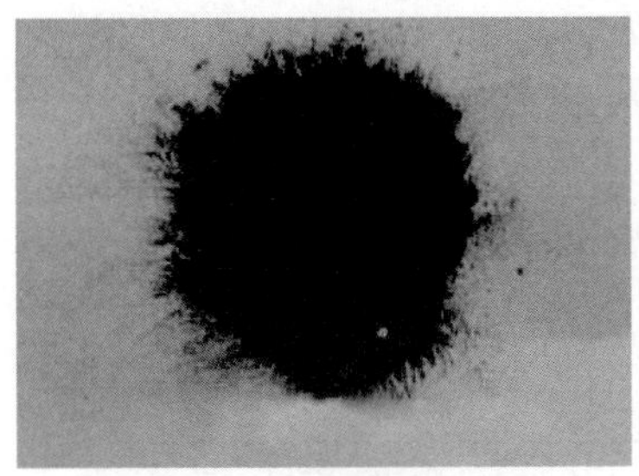

(a) 微粒碎屑

(b) 细粒碎屑

(c) 中粒碎屑

(d) 粗粒碎屑

图 7.17　姚桥煤试件 YQM-I-1 应变岩爆实验碎屑图片

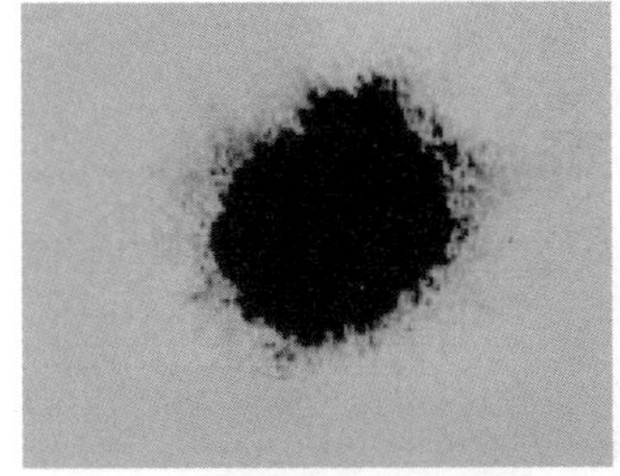

(a) 微粒碎屑

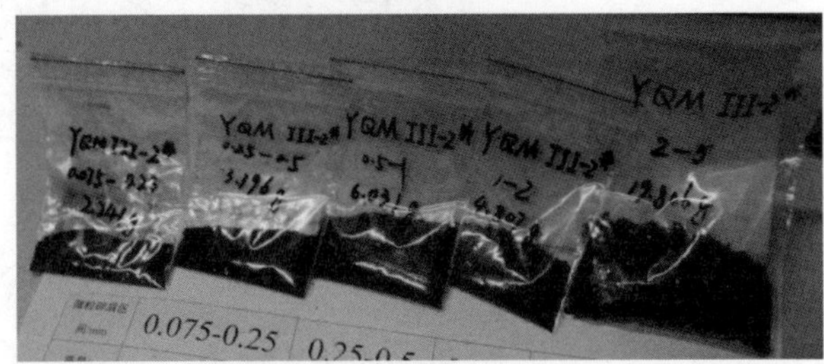

(b) 细粒碎屑

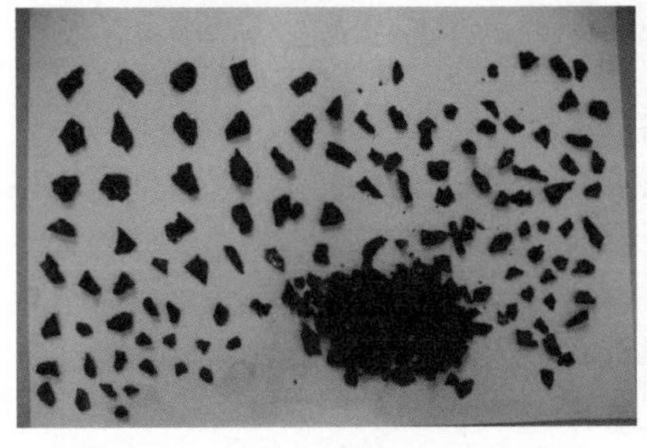

(c) 中粒碎屑

(d) 粗粒碎屑

图 7.18　姚桥煤试件 YQM-I-4 应变岩爆实验碎屑图片

2）碎屑质量分布特征

姚桥煤试件 YQM-I-1 应变岩爆实验微粒碎屑质量为 1.20g；细粒碎屑质量为 111.66g；中粒碎屑总计 1164 块，质量为 238.63g；粗粒碎屑总计 49 块，质量为 616.24g。

姚桥煤试件 YQM-I-4 应变岩爆实验微粒碎屑质量为 0.35g；细粒碎屑质量为 35.39g；中粒碎屑质量为 61.27g；粗粒碎屑共计 30 块，质量为 252.86g。

济宁煤试件 JNM-U-1 单轴压缩实验（见图 7.19）未获得微粒碎屑；获得细粒碎屑质量为 7.06g；中粒碎屑共计 74 块，质量为 10.68g；粗粒碎屑共计 14 块，质量为 239.94g。

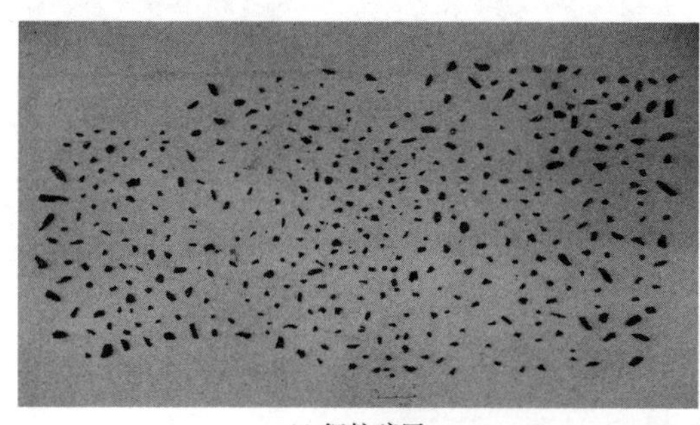

(a) 细粒碎屑

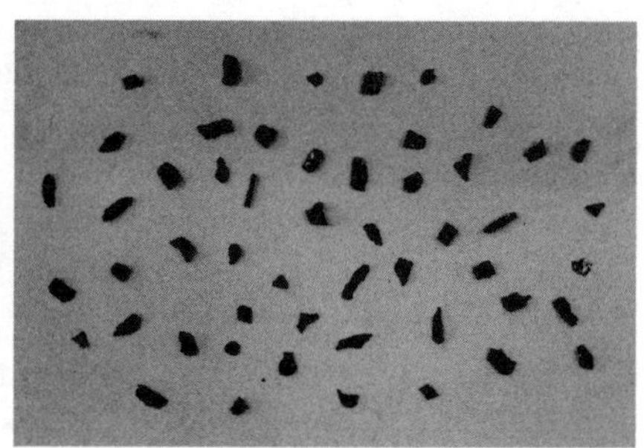

(b) 中粒碎屑

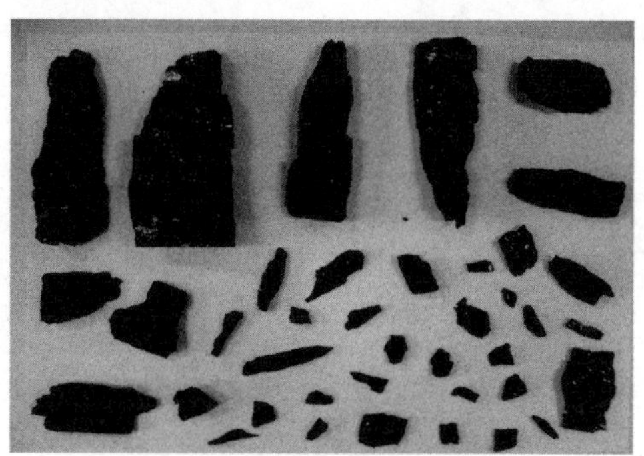

(c) 中-粗粒碎屑

图 7.19　济宁煤试件 JNM-U-1 单轴压缩实验碎屑图片

煤试件不同粒组碎屑质量分数如表 7.10 所示，其中不同粒组细粒碎屑质量分数如表 7.11 所示。煤试件应变岩爆实验、单轴压缩实验碎屑质量分数分布直方图如图 7.20 所示。可以看出，煤试件应变岩爆实验的中粒、细粒及微粒碎屑质量分数都大于单轴压缩实验的。说明应变岩爆时有大量的能量瞬间释放，试件破坏严重，消耗大量能量并产生中粒、细粒及微粒碎屑。

表 7.10 煤试件不同粒组碎屑质量分数

粒径/mm	YQM-I-1(应变岩爆实验)/%	YQM-I-4(应变岩爆实验)/%	JNM-U-1(单轴压缩实验)/%
0～0.075	0.12	0.10	0
0.075～5	11.54	10.12	2.74
5～30	24.66	17.51	4.14
>30	63.68	72.27	93.12

表 7.11 煤试件不同粒组细粒碎屑质量分数

粒径/mm	YQM-I-1(应变岩爆实验)/%	YQM-I-4(应变岩爆实验)/%	JNM-U-1(单轴压缩实验)/%
2～5	0.46	0.57	0.10
1～2	0.93	0.81	0.16
0.5～1	1.77	1.67	0.36
0.25～0.5	1.37	1.46	0.35
0.075～0.25	7.01	5.61	1.77

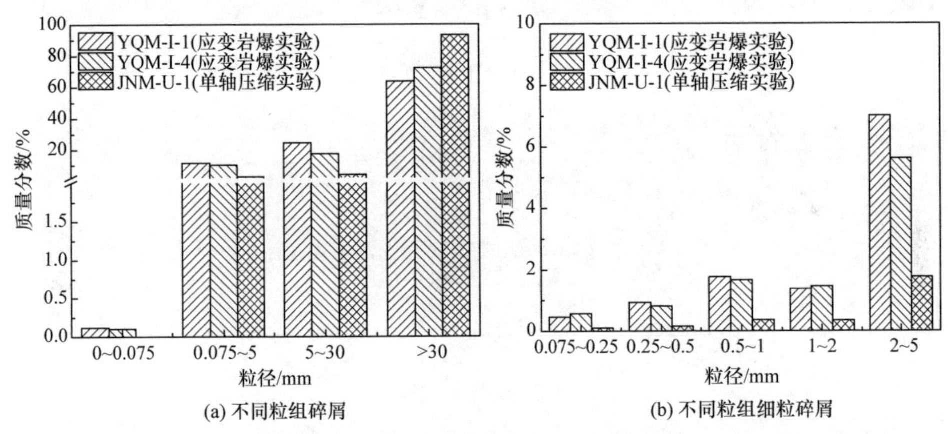

图 7.20 煤试件应变岩爆实验、单轴压缩实验碎屑质量分数分布直方图

7.1.3 尺度特征

为了对实验获得的碎屑尺度分布特征进行分析，对最长方向大于 5mm 的碎屑进行三个方向的测量。测量时为统一标准，取相应方向的最大长度进行测量，共统计了 18 例实验。对于不同岩性的应变岩爆实验碎屑，测量得到其最小厚度分别为：花岗岩 0.96mm，石灰岩 0.34mm，砂岩 0.66mm，煤 0.98mm。单轴压缩实验碎屑的最小厚度分别为：花岗岩 1.72mm，石灰岩 0.56mm，砂岩 0.94mm，煤 2.22mm。花岗岩真三轴压缩碎屑的最小厚度为 1.56mm。

图 7.21 为三种实验类型破坏后的碎屑。可以看出，应变岩爆实验碎屑片状及

块状特征明显，而单轴压缩实验和真三轴压缩实验的碎屑大部分为不规则的棱锥状，真三轴压缩实验试件呈明显的剪切破坏形式。

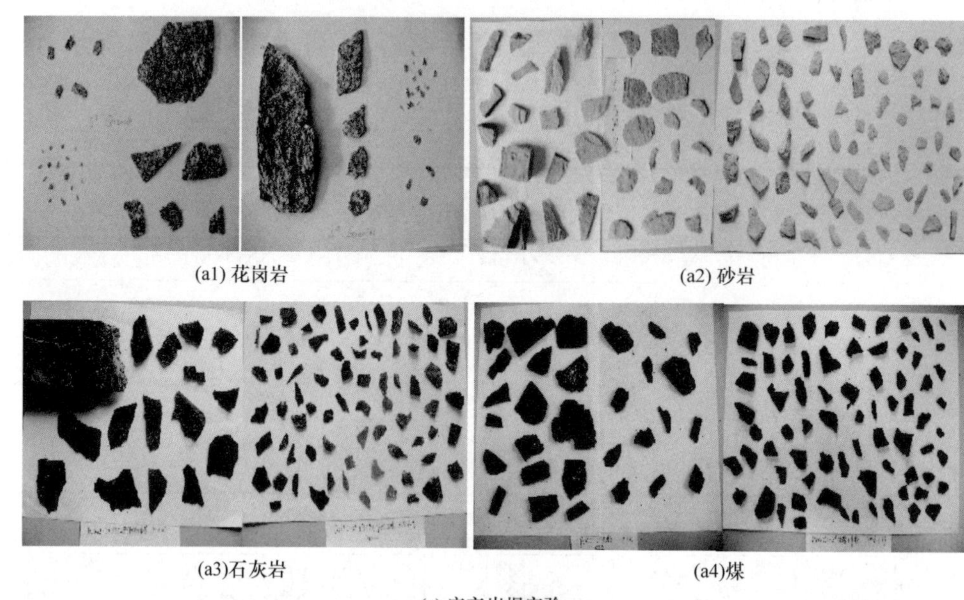

(a1) 花岗岩　　(a2) 砂岩

(a3)石灰岩　　(a4)煤

(a) 应变岩爆实验

(b1) 石灰岩　　(b2) 花岗岩

(b) 单轴压缩实验

(c1)花岗岩　　(c2) 花岗岩

(c) 真三轴压缩实验

图 7.21　不同岩性试件应变岩爆实验、单轴压缩实验和真三轴压缩实验碎屑图片

表 7.12 列出了共计 18 例应变岩爆实验、单轴压缩实验和真三轴压缩实验碎

屑不同方向的尺度比值结果，其中应变岩爆实验 10 例，单轴压缩实验 6 例，真三轴压缩实验 2 例。统计的应变岩爆实验碎屑数量为 11～165 块不等，单轴压缩实验碎屑数量比较接近，均为 30 块，真三轴压缩实验碎屑数量较少。

表 7.12　应变岩爆实验、单轴压缩实验和真三轴压缩实验的碎屑不同方向的尺度比值

岩性	试件编号	实验类别	统计数量	长度/厚度			长度/宽度			宽度/厚度		
				最大值	最小值	平均值	最大值	最小值	平均值	最大值	最小值	平均值
花岗岩	LZHG-I-1	应变岩爆	105	14.67	1.80	5.01	4.10	1.01	1.71	9.00	1.02	3.16
	LZHG-I-3	应变岩爆	99	17.07	3.25	7.63	3.44	1.02	1.62	11.09	1.04	4.94
	LZHG-I-4	应变岩爆	81	17.10	2.03	7.43	3.28	1.01	1.55	10.91	1.59	5.00
	SYHG-I-1	应变岩爆	11	12.84	3.80	6.08	2.50	1.18	1.56	10.33	1.71	4.17
	LZHG-U-2	单轴压缩	30	9.68	1.71	5.31	6.50	1.03	2.94	3.30	1.01	1.96
	LZHG-U-3	单轴压缩	24	6.44	1.83	4.20	3.10	1.05	1.83	5.04	1.19	2.41
	SYHG-U-1	单轴压缩	20	7.32	1.34	4.05	6.59	1.11	2.32	4.65	1.02	1.96
	LZHG-T-2	真三轴压缩	23	9.60	3.64	5.71	4.24	1.06	2.17	5.38	1.06	2.95
	SYHG-T-1	真三轴压缩	14	10.00	3.66	5.79	3.29	1.18	2.20	4.72	1.11	2.84
石灰岩	JHSH-I-2	应变岩爆	97	40.73	1.90	8.45	5.84	1.00	1.69	26.29	1.10	5.23
	JHSH-I-3	应变岩爆	165	15.75	1.35	5.01	4.21	1.02	1.82	9.90	1.05	2.92
	JHSH-U-1	单轴压缩	75	14.32	1.76	5.80	5.58	1.00	2.18	10.54	1.11	3.09
砂岩	YQXS-I-5	应变岩爆	85	15.13	1.30	6.14	4.78	1.02	1.74	11.20	1.19	3.80
	ATBZS-II-2	应变岩爆	106	18.41	1.09	5.40	5.30	1.00	1.65	10.54	1.00	3.47
	ATBZS-U-1	单轴压缩	50	19.45	2.51	6.60	4.25	1.01	1.84	8.04	1.67	3.81
煤	YQM-I-1	应变岩爆	91	11.75	1.47	4.77	4.25	1.09	1.50	7.54	1.03	3.31
	YQM-I-4	应变岩爆	87	14.36	1.43	5.21	4.23	1.00	1.55	9.38	1.03	3.59
	JNM-U-1	单轴压缩	36	10.61	1.72	4.10	5.08	1.02	2.20	4.08	1.08	1.99

为方便对比，表 7.13 列出了不同岩性和不同实验类型碎屑的尺度比值，此外，还将现场发生岩爆的石灰岩、花岗岩等 23 例岩爆碎屑尺寸的统计结果也列于表 7.13 中。

表 7.13　应变岩爆实验、单轴压缩实验和真三轴压缩实验及现场岩爆碎屑不同方向的尺度比值

岩性	实验类别	统计数量	长度/厚度	长度/宽度	宽度/厚度
			最小值～最大值(平均值)	最小值～最大值(平均值)	最小值～最大值(平均值)
花岗岩	应变岩爆	296	1.80～17.10(6.59)	1.01～4.10(1.63)	1.02～11.09(4.30)
石灰岩	应变岩爆	262	1.35～40.73(6.28)	1.00～5.84(1.77)	1.05～26.29(3.78)

续表

岩性	实验类别	统计数量	长度/厚度	长度/宽度	宽度/厚度
			最小值～最大值(平均值)	最小值～最大值(平均值)	最小值～最大值(平均值)
砂岩	应变岩爆	191	1.09～18.41(5.73)	1.00～5.30(1.69)	1.00～11.20(3.62)
煤	应变岩爆	178	1.43～14.36(4.99)	1.00～4.25(1.52)	1.03～9.38(3.45)
花岗岩等	岩爆现场	23	1.75～12.50(5.90)	1.00～3.00(1.47)	1.33～10.00(4.14)
花岗岩	真三轴压缩	37	3.64～10.00(5.74)	1.06～4.24(2.18)	1.06～5.38(2.91)
花岗岩	单轴压缩	74	1.34～9.68(4.61)	1.03～6.59(2.41)	1.01～5.04(2.11)

现场应变岩爆碎屑长度/厚度为1.75～12.50,平均值为5.90;宽度/厚度为1.33～10.00,平均值为4.14;长度/宽度为1.00～3.00,平均值为1.47。室内应变岩爆实验碎屑的长度/厚度较大,花岗岩为1.80～17.10,平均值为6.59;石灰岩为1.35～40.73,平均值为6.28;砂岩为1.09～18.41,平均值为5.73;煤为1.43～14.36,平均值为4.99。

应变岩爆实验碎屑的宽度/厚度特征为:花岗岩为1.02～11.09,平均值为4.30;石灰岩为1.05～26.29,平均值为3.78;砂岩为1.00～11.20,平均值为3.62;煤为1.03～9.38,平均值为3.45。长度/厚度的特征为:花岗岩为1.01～4.10,平均值为1.63;石灰岩为1.00～5.84,平均值为1.77;砂岩为1.00～5.30,平均值为1.69;煤为1.00～4.25,平均值为1.52。从形状上看是长方形板状,且室内实验与现场基本相同。

单轴压缩实验和真三轴压缩实验碎屑的长度/厚度与应变岩爆实验的相当或略小,宽度/厚度小于应变岩爆的,但长度/宽度大于应变岩爆的,并且长度/宽度与长度/厚度相差较小。真三轴压缩和单轴压缩实验碎屑的长度/厚度平均值分别为5.74和4.61,宽度/厚度平均值分别为2.91和2.11,长度/宽度平均值分别为2.18和2.41。单轴压缩和真三轴压缩实验的碎屑接近于厚板状。

图7.22为不同岩性试件应变岩爆实验、单轴压缩实验和真三轴压缩实验碎屑尺度分布特征,其中,横坐标是碎屑数量,是按长度/厚度从小到大排列的,纵坐标是不同方向的尺度比值。对于应变岩爆实验碎屑,随着长度/厚度的增大,长度/宽度也有振荡增大趋势,但宽度/厚度基本在某个值附近小幅振荡。对于单轴压缩实验和真三轴压缩实验碎屑,随着长度/厚度的增大,长度/宽度和宽度/厚度相差不大,且交织在同一区间。

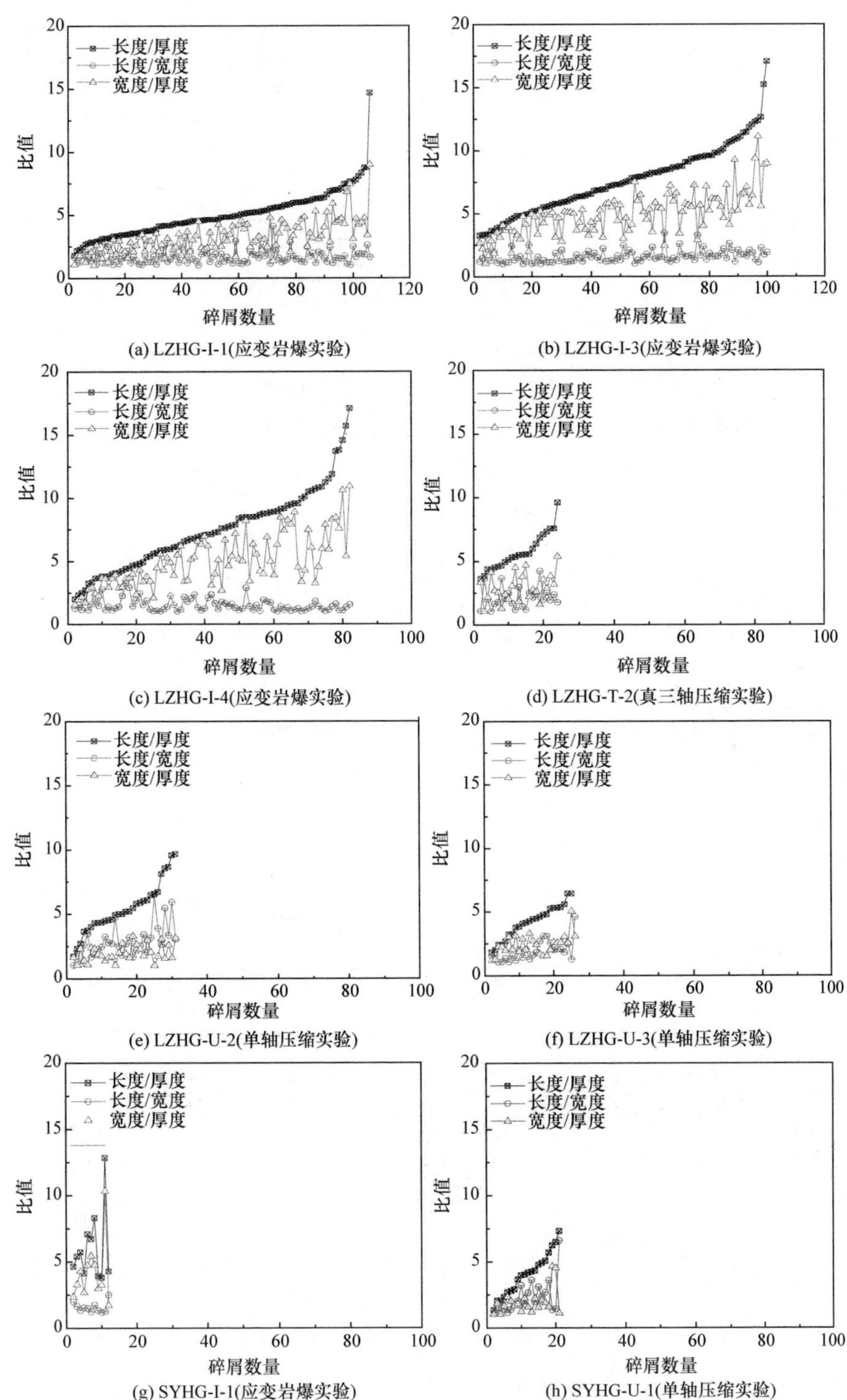

(a) LZHG-I-1(应变岩爆实验)

(b) LZHG-I-3(应变岩爆实验)

(c) LZHG-I-4(应变岩爆实验)

(d) LZHG-T-2(真三轴压缩实验)

(e) LZHG-U-2(单轴压缩实验)

(f) LZHG-U-3(单轴压缩实验)

(g) SYHG-I-1(应变岩爆实验)

(h) SYHG-U-1(单轴压缩实验)

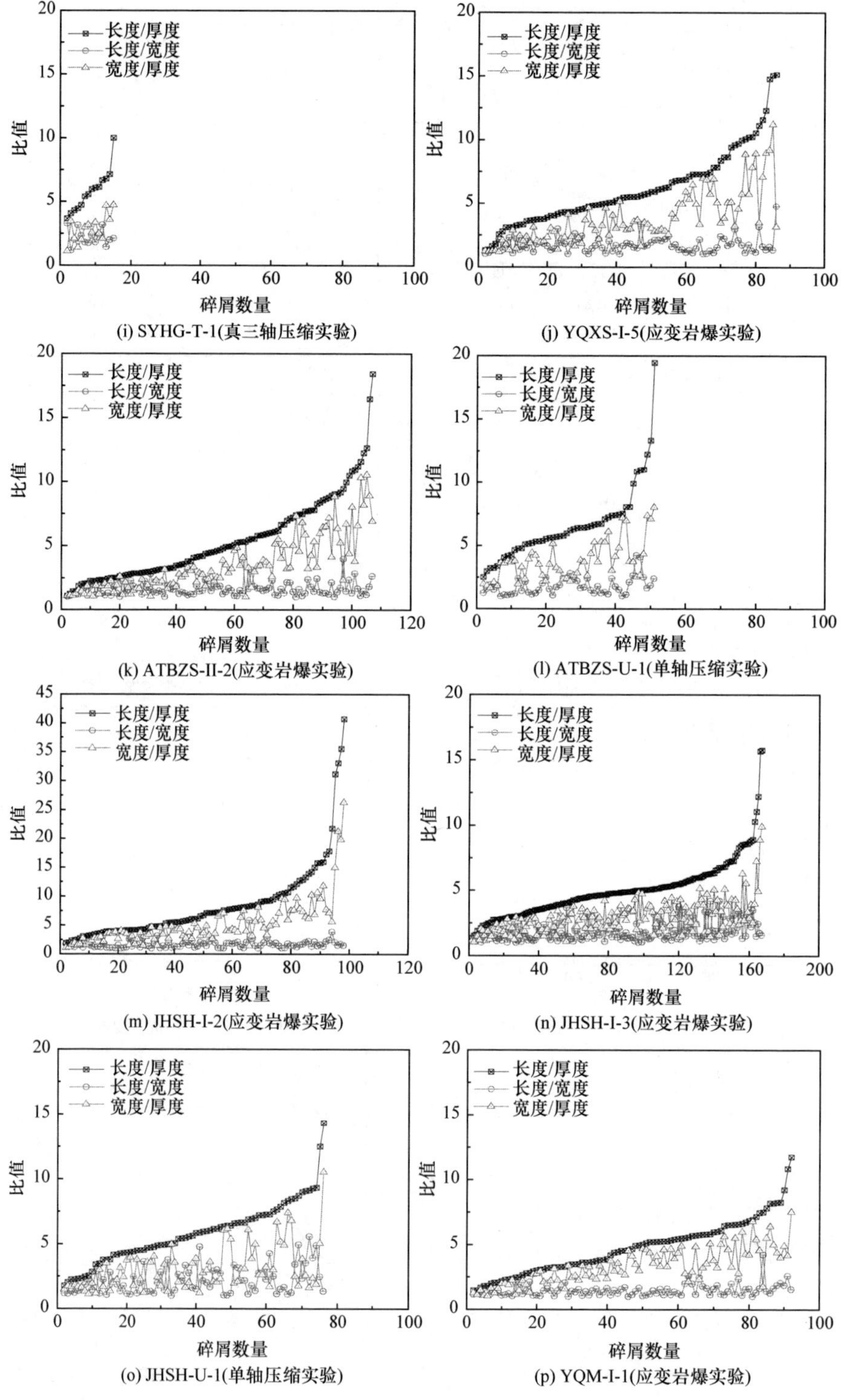

(i) SYHG-T-1(真三轴压缩实验)

(j) YQXS-I-5(应变岩爆实验)

(k) ATBZS-II-2(应变岩爆实验)

(l) ATBZS-U-1(单轴压缩实验)

(m) JHSH-I-2(应变岩爆实验)

(n) JHSH-I-3(应变岩爆实验)

(o) JHSH-U-1(单轴压缩实验)

(p) YQM-I-1(应变岩爆实验)

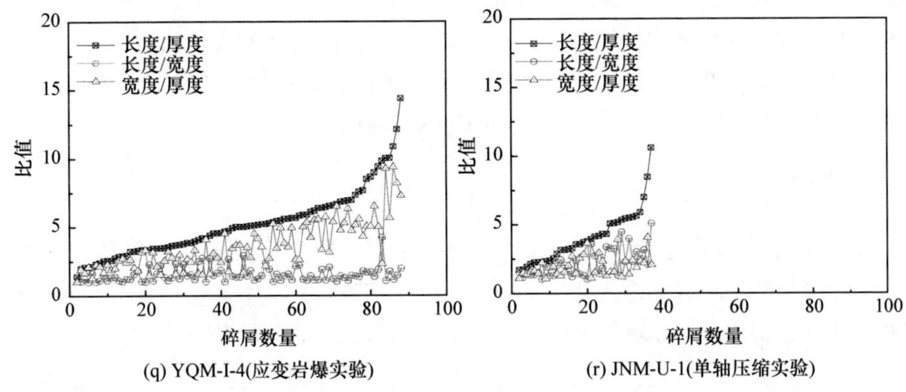

(q) YQM-I-4(应变岩爆实验)　(r) JNM-U-1(单轴压缩实验)

图 7.22　不同岩性试件应变岩爆实验、单轴压缩实验和真三轴压缩实验碎屑尺度分布特征

7.2　应变岩爆碎屑分形特征

7.2.1　分形维数计算方法

根据破碎块度的质量-频率关系式(7.1)[8]，可以对不同岩性在应变岩爆实验条件下的碎屑按式(7.3)进行分形维数计算。

$$N=N_0\left(\frac{M}{M_{\max}}\right)^{-b} \tag{7.1}$$

式中，M 为碎屑质量；N 为质量大于等于 M 的碎屑数；N_0 为具有最大质量 $M_{\max}$ 的碎屑数量；b 为质量-频率分布指数。

根据分形维数的最基本公式：

$$N=N_0\left(\frac{R}{R_{\max}}\right)^{-b} \tag{7.2}$$

由于质量与碎屑尺度的相关性：$M\propto R^3$，则分形维数 D 与 b 的关系为

$$D=3b \tag{7.3}$$

材料的宏观破碎是其内部微裂纹不断发育、扩展、聚集和贯通的最终结果。这个从微观损伤发展到宏观破碎的过程是能量耗散过程。实验观察表明，材料的宏观破碎是由小破裂群体集中而形成的，小破裂又是由更微小的裂隙演化和集聚而来，这种自相似的行为必然导致破碎后碎块块度和能量耗散也具有自相似的特征，目前人们已广泛应用分形来模拟和描述这种材料破碎的自相似特征。另外，在有

关专家实验测定中还发现，分形维数大的试件，碎块多，体积小，破碎程度高；分形维数小的试件，碎块少，体积大，破碎程度较低。因此块度分布的分维能够定量地反映材料破碎的程度[9]。本节基于以上理念，对比分析不同岩石在应变岩爆、单轴压缩和真三轴压缩三种不同实验条件下破坏碎屑的分形特征。

7.2.2 分形特征分析

本节分别计算了花岗岩、石灰岩、砂岩和煤试件应变岩爆实验和单轴压缩实验及花岗岩两个真三轴压缩实验破坏碎屑的分形维数，其拟合曲线见图 7.23。由拟合曲线可以获得 b 值，则分形维数为 $3b$，计算结果列于表 7.14 中。

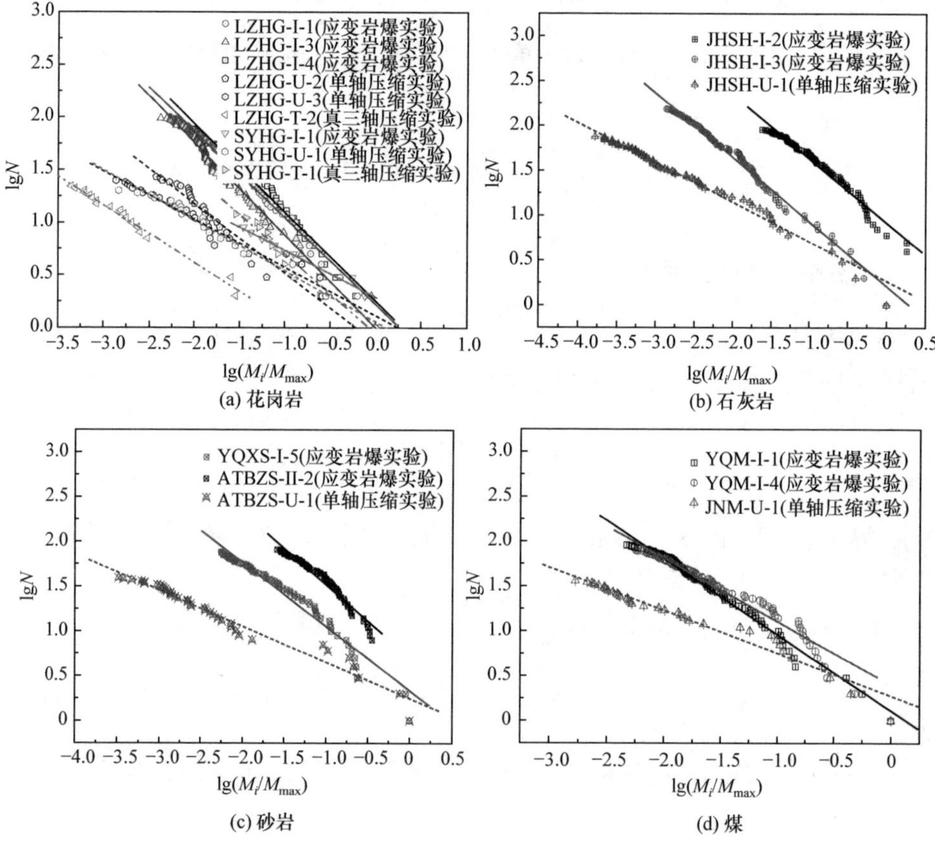

图 7.23 不同岩性试件应变岩爆实验、单轴压缩实验和真三轴压缩实验碎屑尺度分形维数拟合曲线

表 7.14　不同岩性试件应变岩爆实验、单轴压缩实验和真三轴压缩实验碎屑分形维数

岩性	试件编号	实验类别	碎屑块数	分布指数 b	分形维数	相关系数 R	破坏应力/MPa	碎屑特征
花岗岩	LZHG-I-1	应变岩爆	100	0.8213	2.4639	0.9920	202/77/0	碎块
	LZHG-I-3		97	0.8790	2.6370	0.9911	120/65/0	板状
	LZHG-I-4		78	0.8408	2.5224	0.9843	130/70/0	片状
	SYHG-I-1		8	0.4426	1.3278	0.9850	202/81/0	板状
	LZHG-U-2	单轴压缩	27	0.6600	1.9800	0.9794	131/0/0	棱角状
	LZHG-U-3		25	0.4578	1.3734	0.9835	86/0/0	不规则
	SYHG-U-1		20	0.4809	1.4427	0.9882	56/0/0	块状
	LZHG-T-2	真三轴压缩	18	0.5467	1.6401	0.9913	237/20/10	剪切
	SYHG-T-1		12	0.7513	2.2539	0.9818	200/10/5	卸载/剪切
石灰岩	JHSH-I-2	应变岩爆	87	0.7116	2.1348	0.9856	101/60/0	片状
	JHSH-I-3		153	0.7171	2.1513	0.9943	123/64/0	片状、块状
	JHSH-U-1	单轴压缩	75	0.4404	1.3212	0.9919	78/0/0	不规则
砂岩	YQXS-I-5	应变岩爆	76	0.7138	2.1414	0.9775	120/75/0	片状、块状
	ATBZS-II-2		74	0.8094	2.4282	0.9774	160/40/0	片状、块状
	ATBZS-U-1	单轴压缩	39	0.4023	1.2069	0.9810	83/0/0	板状、块状
煤	YQM-I-1	应变岩爆	91	0.8476	2.5428	0.9910	19/17/0	碎块
	YQM-I-4		78	0.7058	2.1174	0.9758	28/16/0	碎块
	JNM-U-1	单轴压缩	36	0.4772	1.4316	0.9779	10/0/0	不规则

不同岩性及实验条件下的分形维数如图 7.24 所示。可以看出，无论是花岗

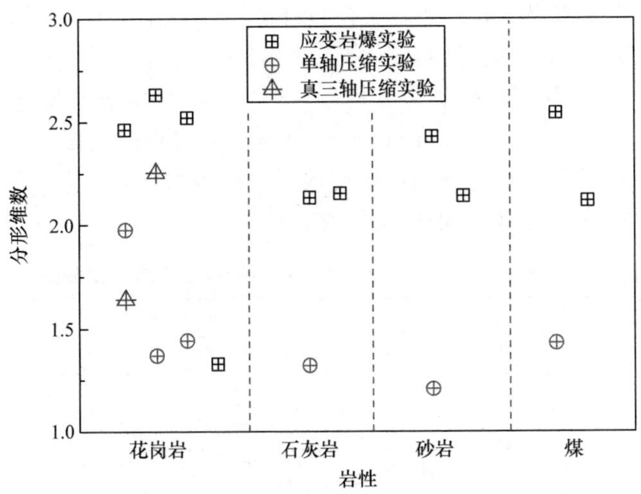

图 7.24　不同岩性试件应变岩爆实验、单轴压缩实验和真三轴压缩实验碎屑尺度分形维数特征

岩、石灰岩、砂岩还是煤，其应变岩爆的分形维数均偏高，除一个花岗岩试件的分形维数小于2外，其他都大于2，平均值为2.35；单轴压缩实验的分形维数偏低，平均值为1.46；真三轴压缩实验的只有两个试件，分形维数分别为1.64和2.25，其值介于单轴压缩实验和应变岩爆实验之间。

根据三种不同实验条件下获得的碎屑分形维数，可以看出应变岩爆实验消耗了大量的能量，真三轴压缩实验破坏消耗的能量次之，单轴压缩实验破坏消耗的能量最少。另外，分形维数较高的应变岩爆实验碎屑实际上是在真三轴卸载过程中发生的破坏，虽然其破坏形式与真三轴压缩条件相似，但从分形结果上看，在真三轴卸载条件下试件破坏消耗的能量还是比加载时多。三种不同实验条件下，试件破坏消耗的能量不同，原因在于单轴压缩实验缺少能量积聚的条件；真三轴压缩实验虽然有能量的积聚，但由于侧限的作用导致缺少能量释放的空间；应变岩爆积聚的能量会沿临空面瞬间释放，且具有区域性及方向性，也就导致了应变岩爆实验碎屑的大量形成，从而消耗大量的能量。

7.3 层状结构砂岩岩爆实验碎屑特征

本书5.3节介绍了星村砂岩应变岩爆的破坏过程。本节将结合7.1节提出的应变岩爆实验碎屑分类方法，来评估星村砂岩应变岩爆的破坏程度。除了采用质量频率分形计算之外，引入盒维数法和变量图法分别分析砂岩断口表面的微裂纹和宏观断口形态特征，利用分形维数来表征星村砂岩试件应变岩爆实验的能量耗散和岩爆破坏程度。

7.3.1 碎屑分组及其质量频率特征

星村砂岩应变岩爆实验碎屑分为粗粒(粒径>30mm)、中粒(粒径5～30mm)、细粒(粒径0.075～5mm)和微粒(粒径<0.075mm)。各个粒组碎屑质量分数如表7.15所示。在4例星村砂岩应变岩爆实验中，试件XCS-II-3应变岩爆实验碎屑含粗粒组碎屑质量分数最小，而在中粒和细粒组的碎屑质量分数均较大；试件XCS-II-2应变岩爆实验碎屑含粗粒碎屑质量分数最大；试件XCS-I-1与XCS-II-1在微粒组碎屑质量分数相当，比其他两例稍大。

表7.15 星村砂岩应变岩爆实验不同粒组碎屑质量分数

分组	粒径/mm	碎屑质量分数/%			
		XCS-I-1	XCS-II-1	XCS-II-2	XCS-II-3
粗粒	>30	95.364	94.277	97.004	63.404
中粒	10～30	2.350	1.550	1.759	15.071
	5～10	1.280	1.512	0.480	7.533

续表

分组	粒径/mm	碎屑质量分数/%			
		XCS-I-1	XCS-II-1	XCS-II-2	XCS-II-3
细粒	2～5	0.657	0.562	0.397	4.679
	1～2	0.131	0.138	0.061	0.920
	0.5～1	0.123	0.140	0.057	1.090
	0.25～0.5	0.066	0.094	0.031	0.692
	0.075～0.25	0.054	0.095	0.026	0.095
微粒	<0.075	0.016	0.013	0.009	0

统计粒径大于 5mm 的应变岩爆实验碎屑质量分布，代入式(7.1)～式(7.3)计算其质量频率分形维数，结果如图 7.25 所示。试件编号按其质量频率分形维数从大到小排列为 XCS-II-3($D=2.297$)、XCS-II-1($D=1.498$)、XCS-I-1($D=1.228$)和 XCS-II-2($D=1.189$)。

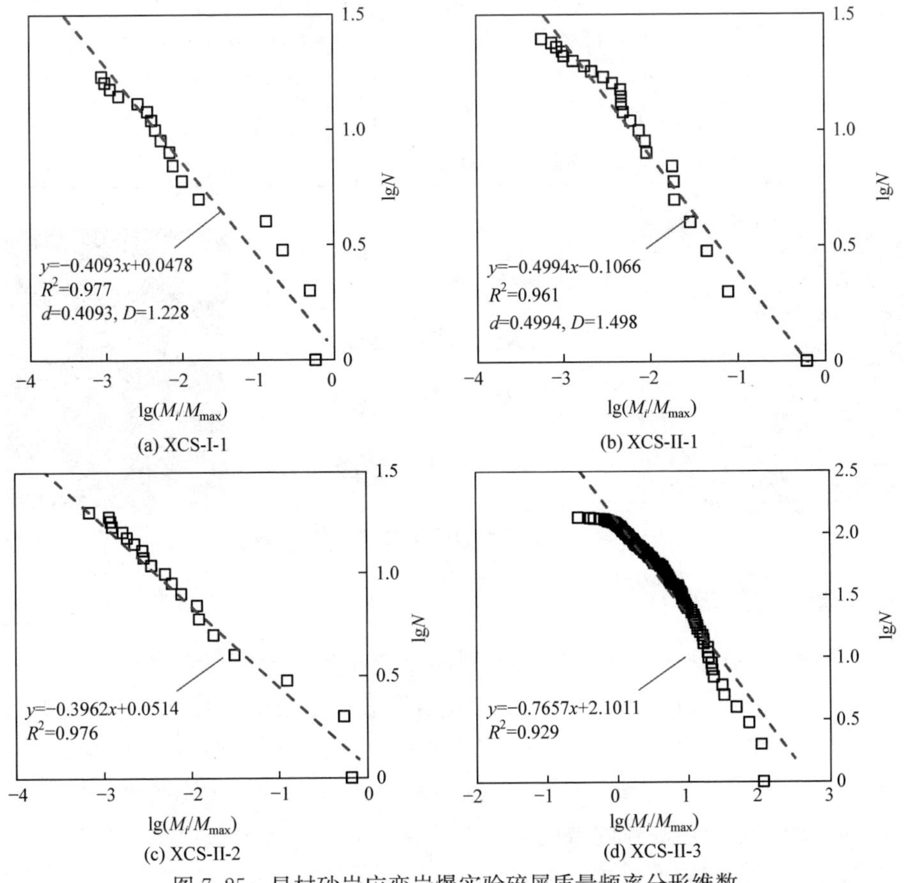

图 7.25　星村砂岩应变岩爆实验碎屑质量频率分形维数

7.3.2 碎屑尺度特征

选取粒径大于 10mm 的应变岩爆实验碎屑，利用图像处理方法进行长度与宽度的测量(见图 7.26)，手工测量厚度方向最大尺寸并记为厚度，将碎片的长、宽和厚尺寸列表，计算得到所有岩石碎片的长度/厚度、长度/宽度和宽度/厚度的各个比值，统计结果如表 7.16 所示。将不同碎屑的不同尺寸的比值变化绘制如图 7.27 所示，图中碎屑按长度与厚度的比值从大到小排序。结果显示应变岩爆实验碎屑的长度/厚度比平均值超过 6，长度/宽度比约为 1.5，即粒径大于 10mm 的应变岩爆实验碎屑主要呈片状。结构面与层理面垂直的试件(XCS-I-1 与 XCS-II-1)与结构面与层理面平行的试件(XCS-II-2 和 XCS-II-3)的几何特征未见明显差别。

表 7.16 星村砂岩应变岩爆实验碎屑尺度比值(碎屑粒径>10mm)

结构面与层理面几何关系	试件编号	碎屑数量	长度/厚度 最小值～最大值(平均值)	长度/宽度 最小值～最大值(平均值)	宽度/厚度 最小值～最大值(平均值)
垂直	XCS-I-1	18	2.267～15.476(6.519)	1.116～2.394(1.407)	1.916～11.673(4.610)
	XCS-II-1	25	1.221～14.820(5.971)	1.073～2.695(1.601)	1.008～10.205(4.015)
平行	XCS-II-2	19	1.297～21.116(8.004)	1.125～2.582(1.550)	1.002～8.510(5.048)
	XCS-II-3	136	1.993 ～16.353(6.800)	0.899～4.067(1.569)	0.735～13.200(4.572)

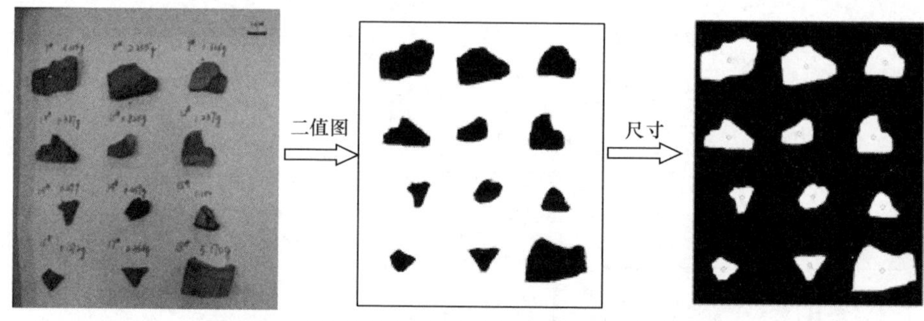

图 7.26 星村砂岩应变岩爆实验碎屑尺寸测量示意

7.3.3 微裂纹分形特征

为了避免二次制样对试件表面的破坏，选取星村砂岩应变岩爆实验碎屑中粒径 5～10mm 的代表性碎屑，置入扫描电镜观测表面微观破坏特征，辅以能谱分析检查裂隙两侧的矿物成分。如图 7.28(a)所示，石英晶体镶嵌在钙质胶结物中，呈椭圆形，粒径为 98～180μm。如图 7.28(b)所示，在局部可观测到石英晶体表面的撕裂裂隙，撕裂方向与晶体内微裂隙几乎垂直。但是大部分石英晶体颗粒无明显破裂，裂隙主要在胶结物质中开展，裂隙边界与石英颗粒的形态相关。如图 7.28

(c)所示，对受结构面影响的试件 XCS-II-3 应变岩爆实验碎屑，能谱分析结果表明碎屑表面主要为胶结物，且在主裂隙的两侧可观测到明显的擦痕。

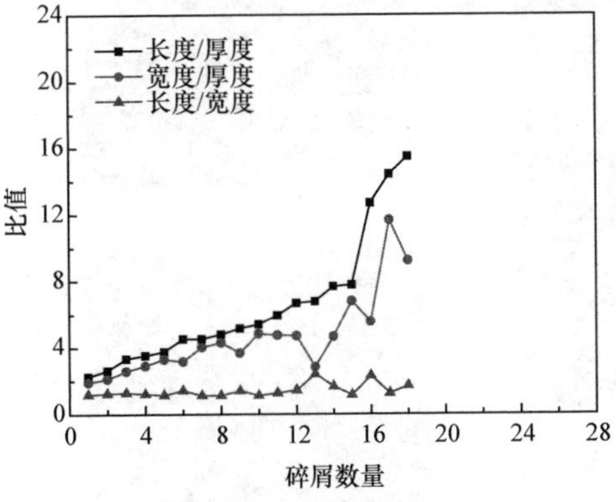

(a) XCS-I-1

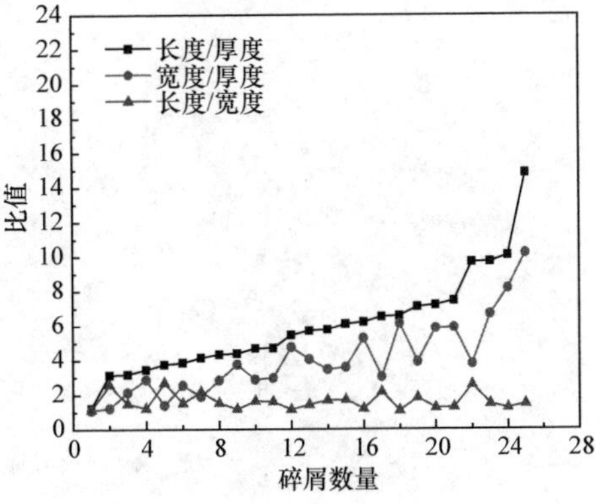

(b) XCS-II-1

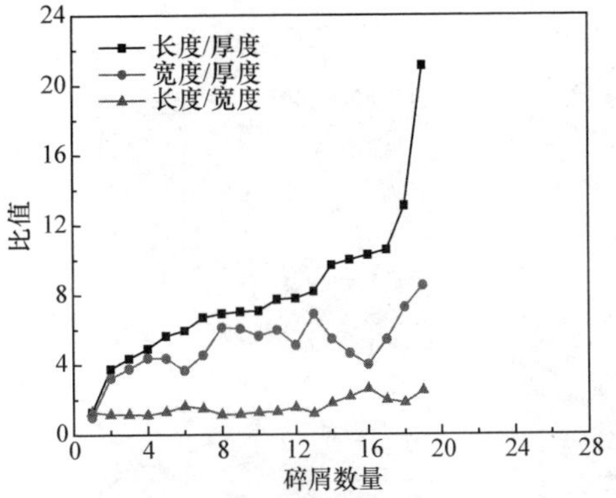

(c) XCS-II-2

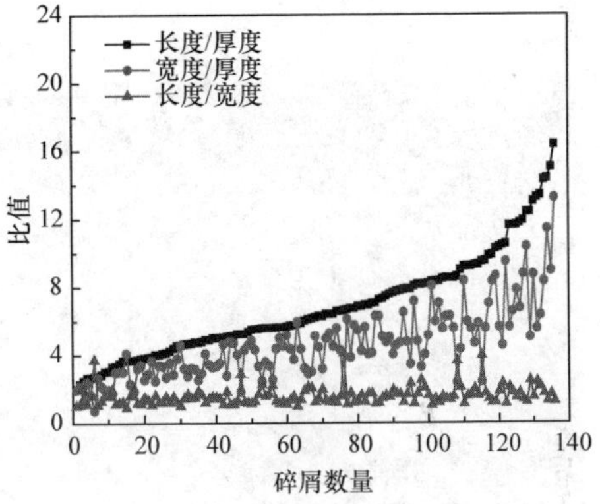

(d) XCS-II-3

图 7.27　星村砂岩应变岩爆实验碎屑尺度比值特征

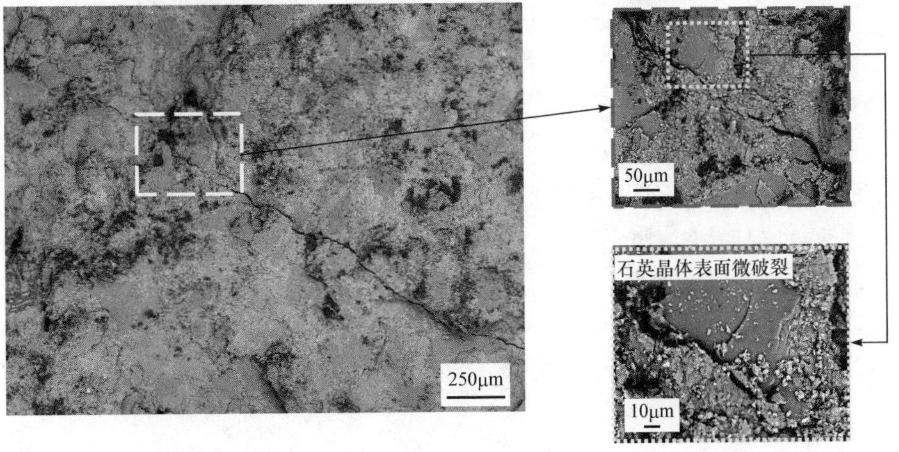

(a) XCS-I-1

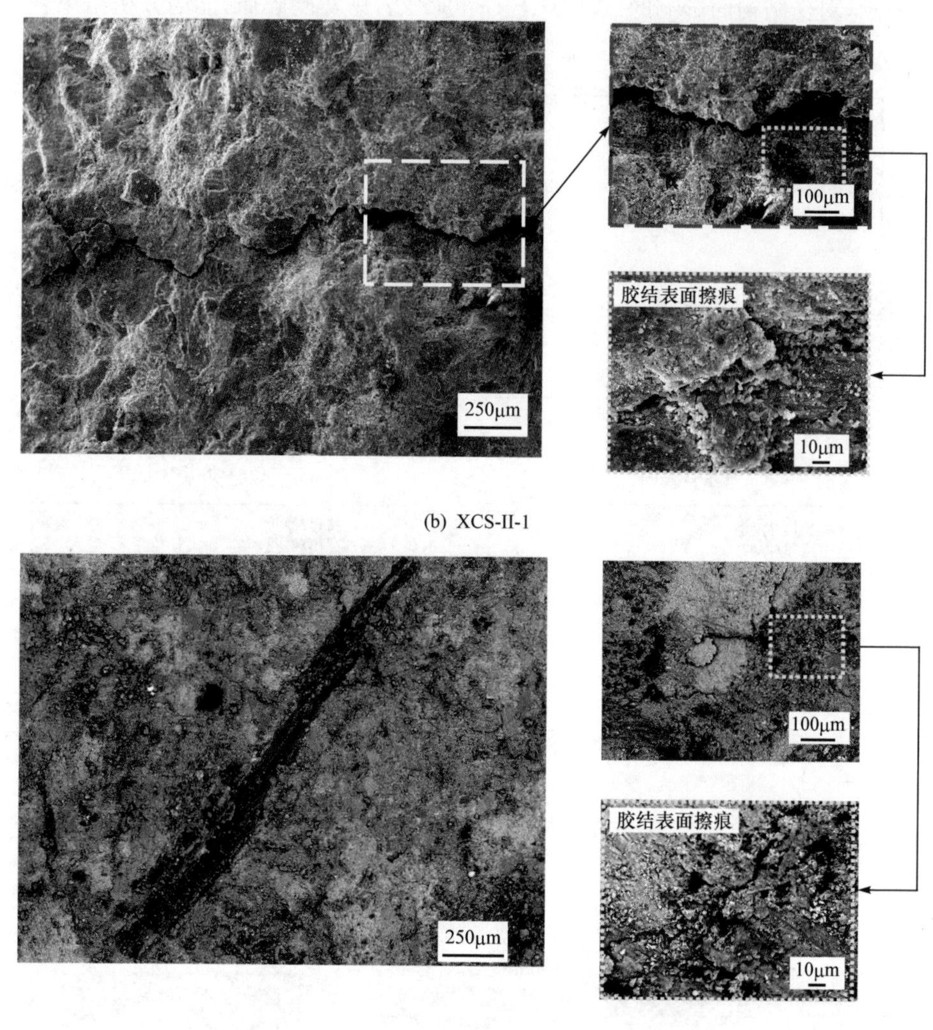

(b) XCS-II-1

(c) XCS-II-3

图 7.28 星村砂岩应变岩爆实验碎屑表面微观特征

取电镜扫描图片，改变其亮度及对比度生成二值图，利用盒维数法计算裂纹的分形维数，过程如图 7.29 所示。分形维数越大表示裂纹越曲折或者宽度越大，开裂发展时需要的能量越多[9]。通过双对数坐标下的线性拟合(见图 7.30)，试件编号按其微观图像内提取的裂隙平均分形维数从大到小排列为 XCS-II-3(D=1.412)、XCS-II-1(D=1.219)和 XCS-I-1(D=1.209)。

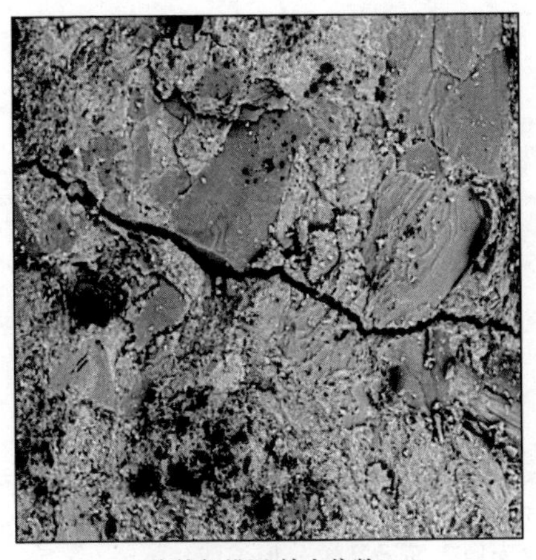

(a) 电镜扫描图(放大倍数300)

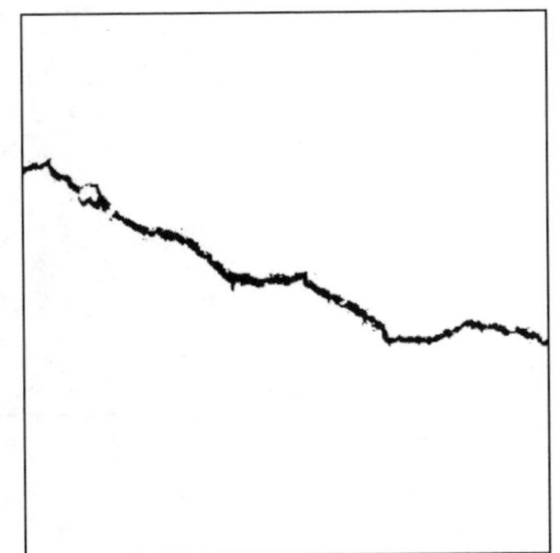

(b) 微裂隙二值图

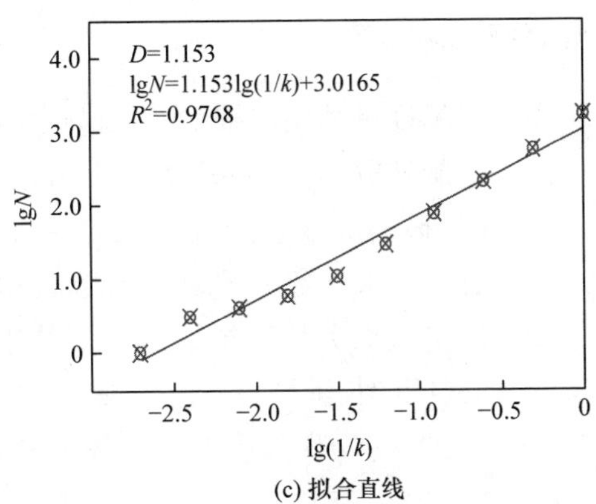

(c) 拟合直线

图 7.29　星村砂岩应变岩爆实验碎屑表面微裂纹分形维数计算举例

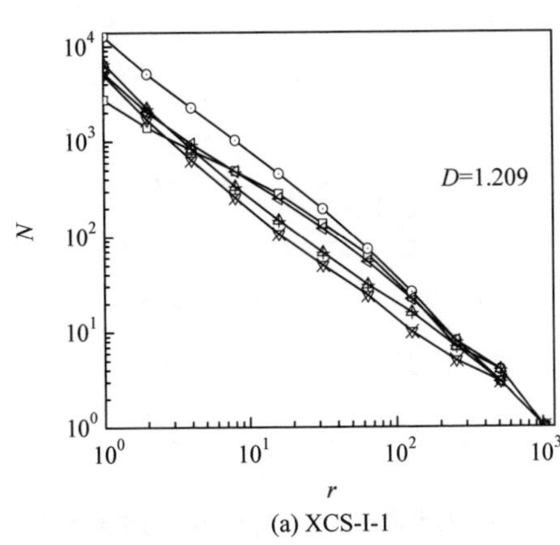

(a) XCS-I-1

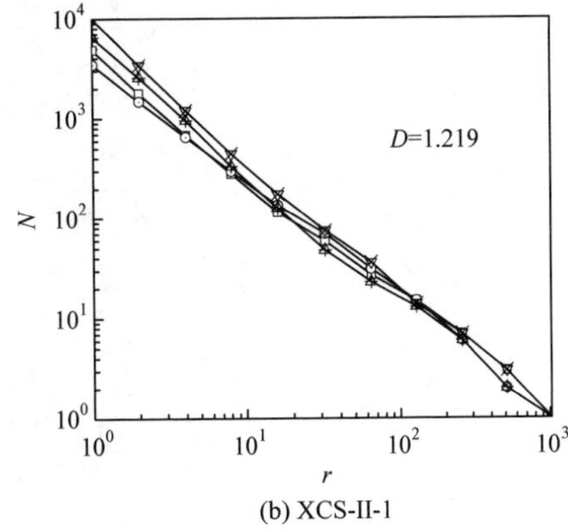

(b) XCS-II-1

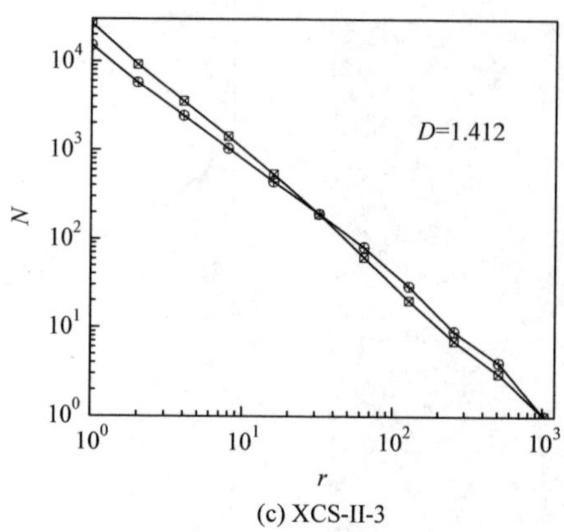

(c) XCS-II-3

图 7.30　星村砂岩应变岩爆实验碎屑表面微裂纹分形特征

7.3.4　卸载面爆坑形态分形特征

应变岩爆实验爆坑表面粗糙度可利用三维激光扫描仪来测量。首先获取爆坑表面云图，取正方区域，沿中心旋转取剖面，来截取不同角度的粗糙程度，并将数据利用变量图法来处理，分析星村砂岩应变岩爆实验后的断口分形特征，如图 7.31 所示。变量图法的分形参数分为分形维数 D 和均衡常数 K，有时两个参数的乘积 DK 也是表征应变岩爆实验爆坑表面分形特征的参数。其中分形维数 D 的分布利用椭圆来拟合其方向性，即椭圆的长轴倾角 θ 代表较大分形维数的倾向，短轴代表较小分形维数的倾向，而离心率 e 表现分形维数在各个方向的差异性。一般来

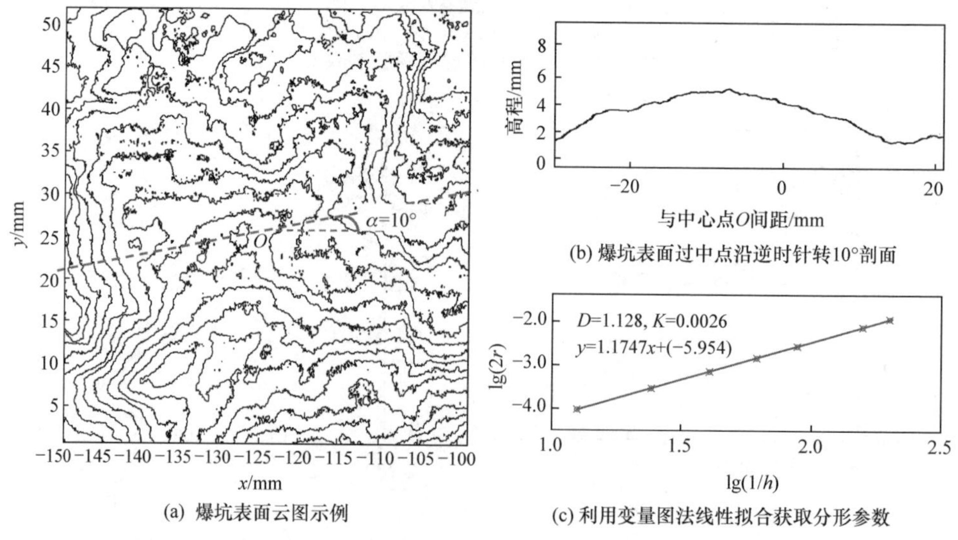

(a) 爆坑表面云图示例

(b) 爆坑表面过中点沿逆时针转10°剖面

(c) 利用变量图法线性拟合获取分形参数

图 7.31　应用变量图法计算应变岩爆实验爆坑表面特征过程示意图

讲，分形维数越大，表示此方向的剖切线越粗糙，受拉力影响越大；反之，分形维数越小，表示剖切线越平滑，越接近剪切破坏。所以拟合分形维数的椭圆，短轴偏向于较大应力的方向。

星村砂岩应变岩爆实验中，选取了试件 XCS-1-1、XCS-II-1 和 XCS-II-2 的含爆坑断面进行表面粗糙度扫描。由于试件 XCS-II-3 已发生整体破坏，此实验中未考虑其取样。

星村砂岩试件 XCS-I-1 的爆坑在卸载面中间，有深 V 形凹槽。如图 7.32(a) 所示，断口表面分形维数在 $\alpha=95°$ 方向有最大值，为 1.5649；在 $\alpha=120°$ 方向有最小值，仅为 1.04。根据其椭圆拟合图，$\theta=84.7°$ 且其椭圆离心率为 0.8582。星村砂岩 XCS-II-1 爆坑在试件上半部，其断面扫描等高线如图 7.32(b)所示。所研究

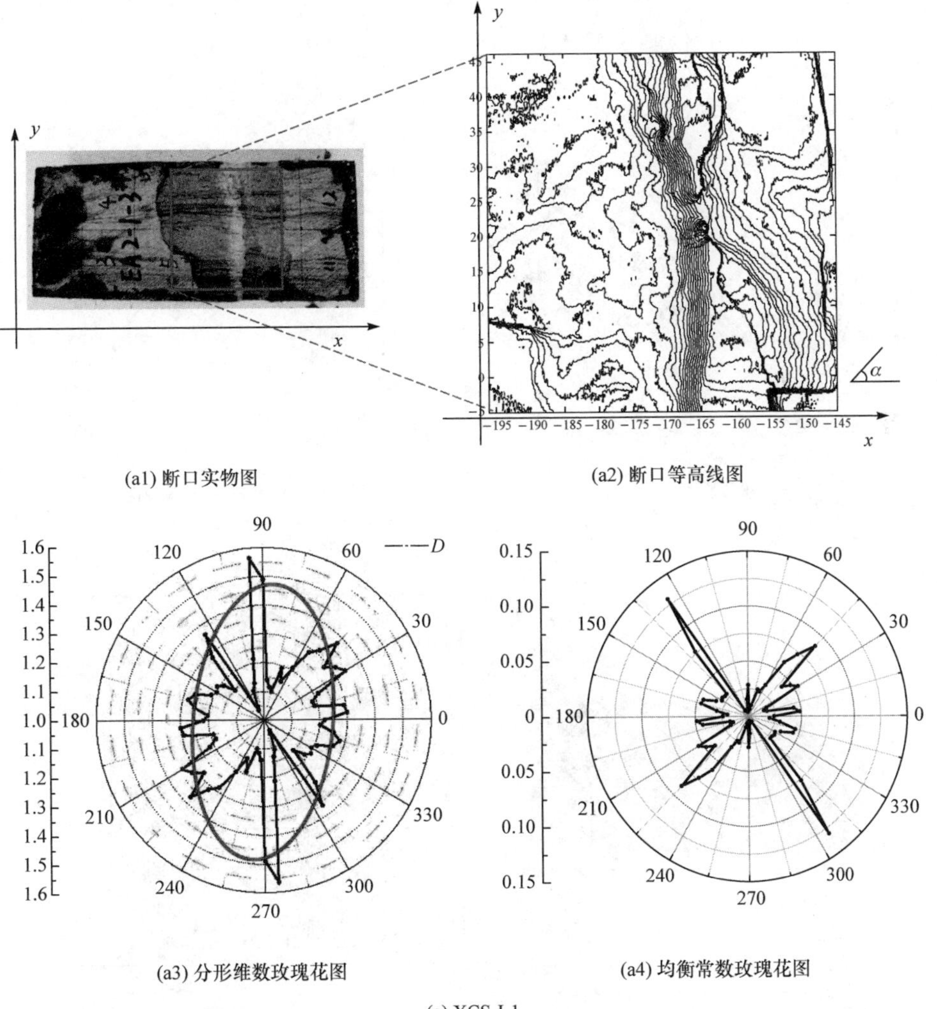

(a1) 断口实物图

(a2) 断口等高线图

(a3) 分形维数玫瑰花图

(a4) 均衡常数玫瑰花图

(a) XCS-I-1

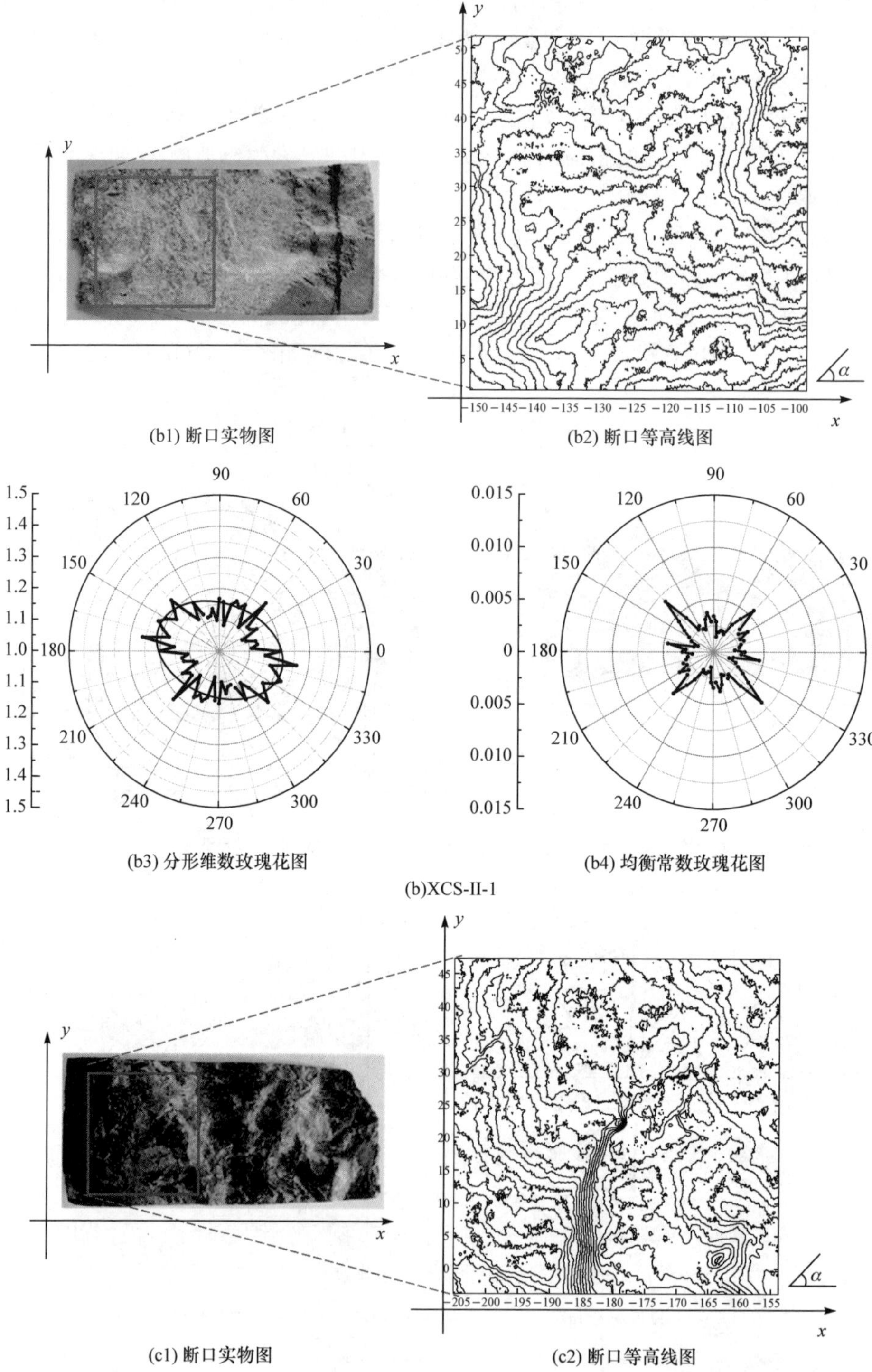

(b1) 断口实物图　　(b2) 断口等高线图

(b3) 分形维数玫瑰花图　　(b4) 均衡常数玫瑰花图

(b)XCS-II-1

(c1) 断口实物图　　(c2) 断口等高线图

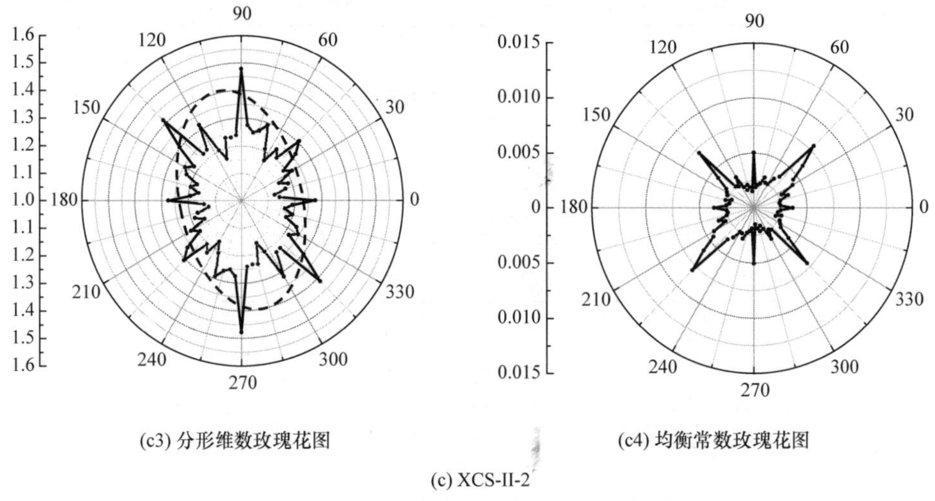

(c3) 分形维数玫瑰花图

(c4) 均衡常数玫瑰花图

(c) XCS-II-2

图 7.32　星村砂岩应变岩爆实验爆坑表面特征

表面分形维数 D 在 $\alpha=170°$时取最大值，为 1.26；在 $\alpha=25°$时取最小值，为 1.08。分形维数分布的拟合椭圆显示其长轴方向 $\theta=163.8°$方向，离心率约为 0.6928。星村砂岩 XCS-II-2 含爆坑表面断口呈起伏结构，爆坑区有凹陷且部分呈深切陡坡，如图 7.32(c)所示。断口表面分形维数在 $\alpha=90°$方向取最大值，为 1.48；在 $\alpha=10°$时取最小值，为 1.13。分形维数的拟合椭圆显示其长轴方向沿 $\theta=104.3°$方向，离心率约为 0.8126。

综合上述分析，试件编号按断口表面粗糙度最大分形维数从大到小排列为 XCS-I-1($D=1.565$)、XCS-II-2($D=1.478$)和 XCS-II-1($D=1.260$)。

7.3.5　应变岩爆破坏程度与分形特征的关系

应变岩爆的发生是由于岩体内能量的不稳定变化所引起的。在加载阶段，加载系统施加给岩石的能量主要转化为存储于岩石内部的应变能和岩石内部裂纹闭合或者扩展的断裂能。一旦发生卸载，岩石内部能量将以应力波的形式释放出来，其中有部分消耗于岩石块开裂，也有部分能量转化为岩块的弹射动能。如表 7.17 所示，星村砂岩试件 XCS-II-3 在应变岩爆发生过程的声发射能量累计值最高，质量频率分形维数和微裂纹的分形维数都最高，与试件 XCS-II-3 的应变岩爆破坏程度最强裂相对应。而试件 XCS-II-2 发生的应变岩爆破坏程度最小，其应变岩爆过程的声发射能量累计值和质量频率分形维数均是 4 例实验中最小的。在评判应变岩爆破坏程度等级时，声发射能量、质量频率分形维数和微裂纹的分形维数都可以用来参考定义，但是爆坑表面的分形维数与应变岩爆破坏程度无明显关系。以上结果表明有关碎屑分类的研究方法也可以用于含结构面岩体的应变岩爆破坏程度分析。

表 7.17 星村砂岩应变岩爆实验碎屑分形特征与实验应力比和声发射能量的对比

结构面与层理面几何关系	试件编号	应力比 $\frac{\sigma_1+\sigma_2}{UCS}$	应变岩爆过程声发射能量累计	质量频率分形维数	微裂纹分形维数	爆坑表面分形维数 ($D_{min}/D_{max}/e/\theta$)
垂直	XCS-I-1	2.94	4.8×10^9	1.228	1.209	1.040/1.565/0.858/84.7°
	XCS-II-1	1.85	1.3×10^{10}	1.498	1.219	1.084/1.260/0.693/163.8°
平行	XCS-II-2	2.21	1.5×10^9	1.189	N. A.	1.126/1.478/0.813/104.3°
	XCS-II-3	2.56	4.2×10^{10}	2.297	1.412	N. A.

参考文献

[1] 谭以安. 岩爆特征及岩体结构效应. 中国科学:B辑,1991,(9):985-991.

[2] Dlouhy I,Strnadel B. The effect of crack propagation mechanism on the fractal dimension of fracture surfaces in steels. Engineering Fracture Mechanics,2008,75(3):726-738.

[3] 高安秀树. 分数维. 沈步明,常子文,译. 北京:地震出版社,1989.

[4] Kenneth F. 分形几何数学基础及其应用. 2 版. 曾文曲译. 北京:人民邮电出版社,2007.

[5] 胡柳青,李夕兵,赵伏军. 冲击载荷作用下岩石破裂损伤的耗能规律. 岩石力学与工程学报,2002,21(s2):2304-2308.

[6] 王利,高谦. 基于损伤能量耗散的岩体块度分布预测. 岩石力学与工程学报,2007,26(6):1202-1211.

[7] 邓涛,杨林德,韩文峰. 加载方式对大理岩碎块分布影响的试验研究. 同济大学学报(自然科学版),2007,35(1):10-14.

[8] 何满潮,杨国兴,苗金丽,等. 岩爆实验碎屑分类及其研究方法. 岩石力学与工程学报,2009,28(8):1521-1529.

[9] 谢和平. 分形-岩石力学导论. 北京:科学出版社,1996.

第 8 章　应变岩爆工程实例物理模拟实验

本章将介绍国内外四个地下工程现场的岩石室内应变岩爆实验研究，包括大屯煤电公司的姚桥煤矿和孔庄煤矿煤、锦屏水电站大理岩、加拿大克瑞顿(Creighton)矿花岗岩及加森(Garson)矿橄榄岩和意大利卡拉拉采石场大理岩。以共计近100例国内外典型应变岩爆实验为例，分析各例岩爆实验过程和破坏特征、声发射释能和频谱特征以及岩爆碎屑耗能特征。利用岩爆判据对岩爆临界深度进行判定，并对现场节理化岩体发生岩爆可能性及其临界深度的确定提出建议。

8.1　大屯姚桥煤矿及孔庄煤矿煤岩爆

8.1.1　大屯矿区工程概述

大屯矿区位于中国江苏省徐州市沛县沛城镇以北 10km，面积约 100km^2，主要由姚桥煤矿、孔庄煤矿、徐庄煤矿和龙东煤矿四个煤矿组成。矿区的煤炭开采是大屯煤电公司的支柱产业，近年来采矿不断向深部发展，地应力增加，受水平采动影响，应力处于不断地调整过程中。为保证生产正常进行，岩爆的防治是一项基本任务。

姚桥煤矿和孔庄煤矿的目前开采深度已经达到 800m 以下，岩爆的初始临界深度分别为 610m 和 550m。

1. 区域构造及地应力[1]

大屯矿区位于秦岭构造带东延部分的北支，新华夏系第二隆起带的西侧，第二沉降带的东侧，东邻郯庐大断裂，受东西向构造和新华夏两种构造应力场的作用。

姚桥煤矿和孔庄煤矿小范围的构造主要是一些小规模的断层，姚桥煤矿断层走向有东西向、北东东向和北西西向，孔庄煤矿主要是北北东向和北东向的断层相互交错。

对孔庄煤矿的三个测点进行地应力测试，结果如表 8.1 所示。

表 8.1 孔庄煤矿各测点的主应力实测结果

主应力		测点 1 埋深(818m)	测点 2 埋深(819m)	测点 3 埋深(819m)
最大主应力 σ_1	数值/MPa	26.66	26.61	26.78
	方向/(°)	144.86	128.05	144.49
	倾角/(°)	8.84	9.96	10.79
中间主应力 σ_2	数值/MPa	23.87	22.87	23.0
	方向/(°)	40.05	43.90	55.71
	倾角/(°)	−13.78	−30.17	−6.37
最小主应力 σ_3	数值/MPa	23.27	21.57	22.32
	方向/(°)	186.10	201.80	175.76
	倾角/(°)	−73.53	−57.89	−77.42

孔庄煤矿埋深 785m 大巷位置实测地应力结果为：最大主应力为 26.6～26.8MPa，接近水平，方向为 128°～144°，为南东 36°～52°。在埋深 785m 水平以水平应力为主。

姚桥煤矿的东七煤仓(埋深 653m)地应力测量结果为[2]：最大主应力为 17.2MPa，中间主应力也是水平方向，为 13.0MPa，最小主应力为近垂直方向，为 9.8MPa。

随着开采深度的增加，地应力值也相应增加。地应力的实测结果显示，大屯矿区姚桥煤矿及孔庄煤矿目前的开采水平上原岩应力场还受构造应力控制。

2. 地层岩性及参数

1) 地层岩性

本区位于华北晚古生代聚煤坳陷盆地之东南部。全区在太古界的结晶基底上沉积了震旦系、寒武系、中下奥陶统，由于加里东运动的影响，上奥陶统至下石炭统地层缺失，在中奥陶统的剥蚀面上覆沉积地层依次为：中、上石炭统，二叠系，侏罗系，白垩系，第三系和第四系。

孔庄煤系地层为华北晚古生代含煤建造。本区煤系地层有太原组、山西组、下石盒子组，属华北型石炭、二叠系含煤地层。

(1) 太原组(C_3t)：厚度为 137.97～161.96m，平均厚度为 154.67m。岩性主要为石灰岩、砂质泥岩、砂岩及煤，其特点是石灰岩层数多，且层间距稳定。本组含灰岩 16～17 层，灰岩平均总厚度为 34.82m。

(2) 山西组(P_1^1sh)：主要含煤地层，厚度为 92.67～136.13m，平均厚度为

109.29m，主要岩性为灰白、灰绿色砂岩，深灰、灰黑色砂质泥岩，泥岩及 3～4 层煤。

(3) 下石盒子组(P_1^2xs)：全区发育，厚度为 187.21～293.00m，平均厚度为 223.5m。岩性主要为杂色、灰绿色泥岩，砂质泥岩及灰白、灰绿色砂岩。

姚桥煤系地层基本与孔庄煤系地层相同，为华北晚古生代含煤建造。从下到上依次为：

(1) 基底为奥陶系灰岩，厚度为 500～600m，为区域性强含水层。

(2) 太原组(C_3t)：该层总厚度为 156m。岩性主要为石灰岩、砂质泥岩、砂岩及煤，其特点是石灰岩层数多，且层间距稳定。本组含灰岩 14 层。

(3) 山西组(P_1^1sh)：主要含煤地层，岩性为灰白、灰绿色砂岩，深灰、灰黑色砂质泥岩，泥岩及煤。

(4) 下石盒子组(P_1^2xs)：厚度为 7.0～30.0m，平均厚度为 10.0m，主要由砂岩组成。

(5) 上侏罗系：砾岩，厚度为 16～28m，砾径为 2～5cm，砾石成分为灰岩、石英岩、砂岩等。

(6) 第四系：厚度为 100.7～226.8m，平均厚度为 163m，主要由黏土、砂质黏土、混粒土、砂组成。

2) 成分组成

对姚桥煤矿和孔庄煤矿煤层顶底板岩石及煤层进行矿物成分分析，如表 8.2 所示。可以看出，除孔庄煤矿石灰岩外，其他岩性的岩石主要由石英及黏土矿物组成，黏土矿物含量大于 30%，最高达到 60%以上；煤的成分主要为非晶态碳，占 90%以上，其他主要为黏土矿物，黏土矿物成分大部分为高岭石。姚桥煤试件取样深度为 540m 和 610m，孔庄煤试件取样深度为 810m。

表 8.2　姚桥煤矿和孔庄煤矿煤层顶底板岩石及煤层矿物成分

取样地点	岩性名称	矿物成分含量/%							
		石英	钾长石	斜长石	方解石	黄铁矿	菱铁矿	非晶态碳	黏土矿物
姚桥煤系岩层	细砂岩	38.5	4.0	15.8	1.8	1.7	6.7	—	31.5
	砂质泥岩 1	35.4	1.0	2.4	—	—	0.7	—	60.5
	砂质泥岩 2	34.7	4.8	15.0	—	—	7.4	—	38.1
	泥岩 1	34.7	1.9	2.3	—	—	—	—	61.1
	泥岩 2	39.9	1.4	0.1	—	—	—	—	58.6
	540m 煤	—	—	—	—	—	—	90.3	9.7
	610m 煤	1.2	—	—	—	0.8	—	97.0	1.0

续表

取样地点	岩性名称	矿物成分含量/%							
		石英	钾长石	斜长石	方解石	黄铁矿	菱铁矿	非晶态碳	黏土矿物
孔庄煤系岩层	砂岩	32.7	14.2	5.2	—	—	5.5	—	42.4
	砂质泥岩	37.0	5.2	6.6	—	—	3.3	—	47.9
	石灰岩	14.0	1.0	2.6	16.2	—	55.5	—	10.7
	泥岩 1	36.7	3.3	4.5	—	2.4	1.4	—	51.7
	泥岩 2	33.0	3.8	2.0	—	—	—	—	61.2
	810m 煤	—	—	—	—	—	—	94.0	6.0

3）结构特征

实验用姚桥煤矿和孔庄煤矿的煤样 SEM 图如图 8.1～图 8.3 所示。

图 8.1 为埋深 810m 的孔庄煤试件 SEM 图。图 8.1(a)为样品在低倍数下的

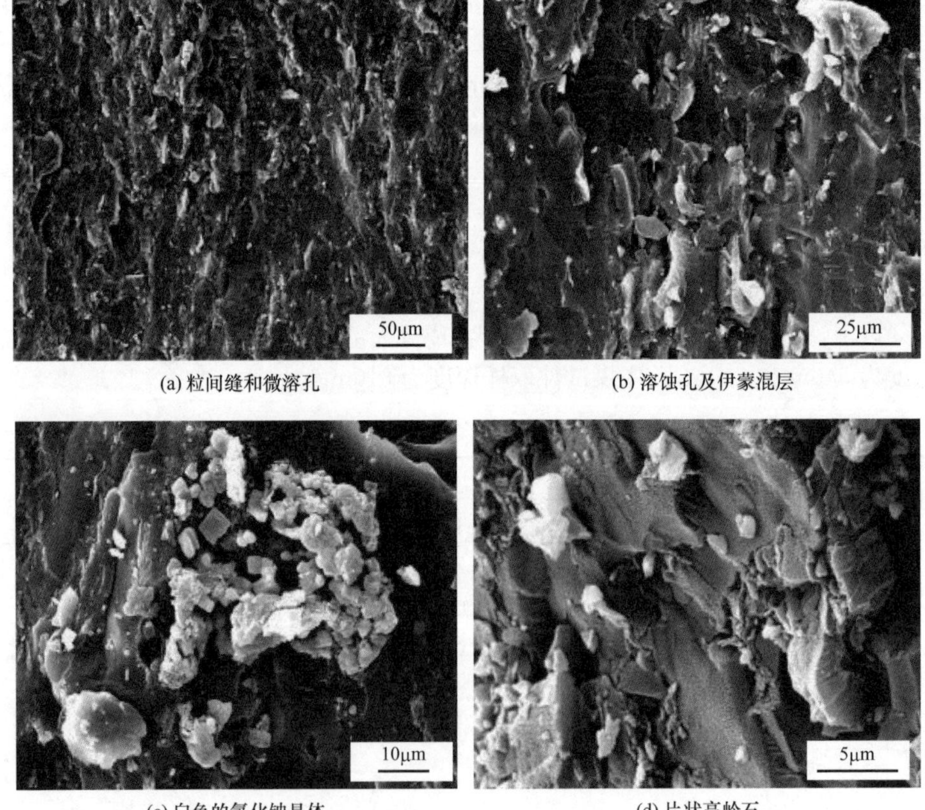

(a) 粒间缝和微溶孔　(b) 溶蚀孔及伊蒙混层

(c) 白色的氯化钠晶体　(d) 片状高岭石

图 8.1　孔庄煤(埋深 810m)SEM 图

结构，较致密，可见粒间缝和微溶孔；从图 8.1(b)可见煤表面的溶蚀孔及片状的伊蒙混层；从图 8.1(c)可见白色的氯化钠晶体和椭圆状小孔缺陷，长轴为 5μm，短轴为 2μm；从图 8.1(d)的裂缝中发现少量片状高岭石。从微观结构看，孔庄煤的微缺陷主要为裂纹及小孔，晶体矿物充填于孔隙中。

图 8.2 为埋深 540m 的姚桥煤试件 SEM 图。从图 8.2(a)可以看出大量的小孔及片状的伊蒙混层充填在较大的孔洞内；图 8.2(b)是较致密的碳表面有一椭圆孔，孔内充填了少量的黄铁矿和片状伊蒙混层；从图 8.2(c)可以看出煤粒间充填的片状伊利石和圆孔；从图 8.2(d)可以看出裂纹、圆孔以及充填的伊蒙混层和高岭石。

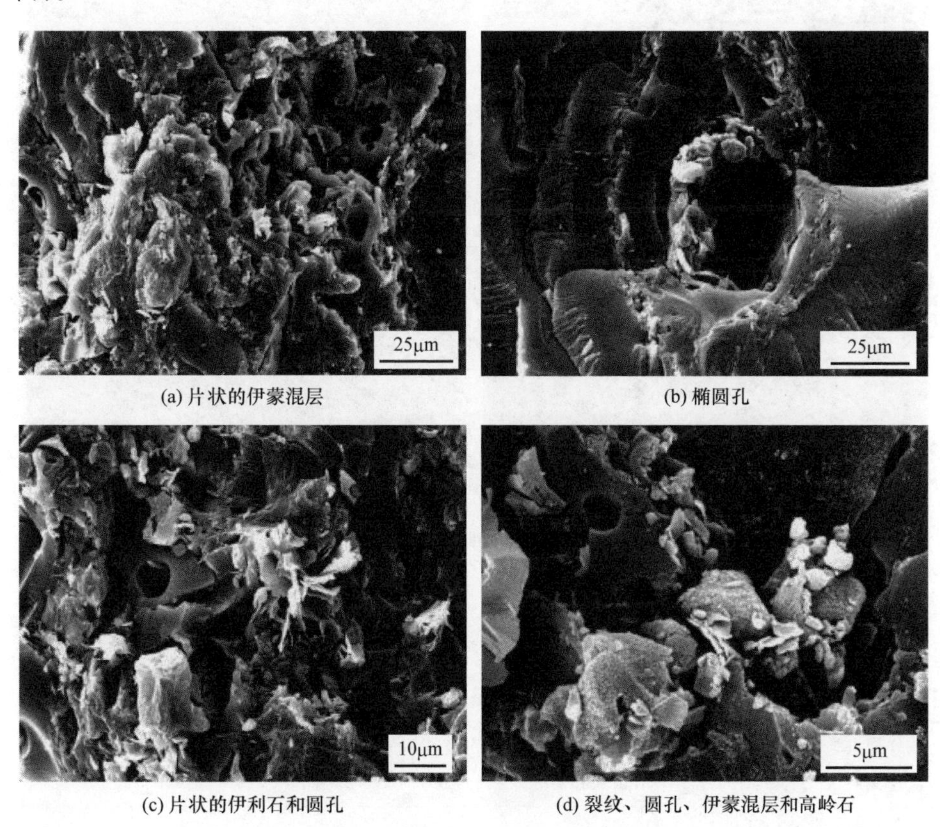

(a) 片状的伊蒙混层　(b) 椭圆孔

(c) 片状的伊利石和圆孔　(d) 裂纹、圆孔、伊蒙混层和高岭石

图 8.2　姚桥煤(埋深 540m)SEM 图

图 8.3 为埋深 610m 的姚桥煤试件 SEM 图。从图 8.3(a)可以看出由片状高岭石与煤组成的层状结构，高岭石层厚 120μm 左右，与其接触的下部煤致密，上部煤破碎；从图 8.3(b)可以看出煤中的裂纹、孔洞及孔隙中充填的片状伊蒙混层；从图 8.3(c)可以看出较长的裂纹及较大裂隙中由片状伊蒙混层充填的黏土矿物成分；从图 8.3(d)可以看出是大量小孔及较大孔中充填有高岭石。

微观结构表明煤多孔、多裂隙，充填物疏松。

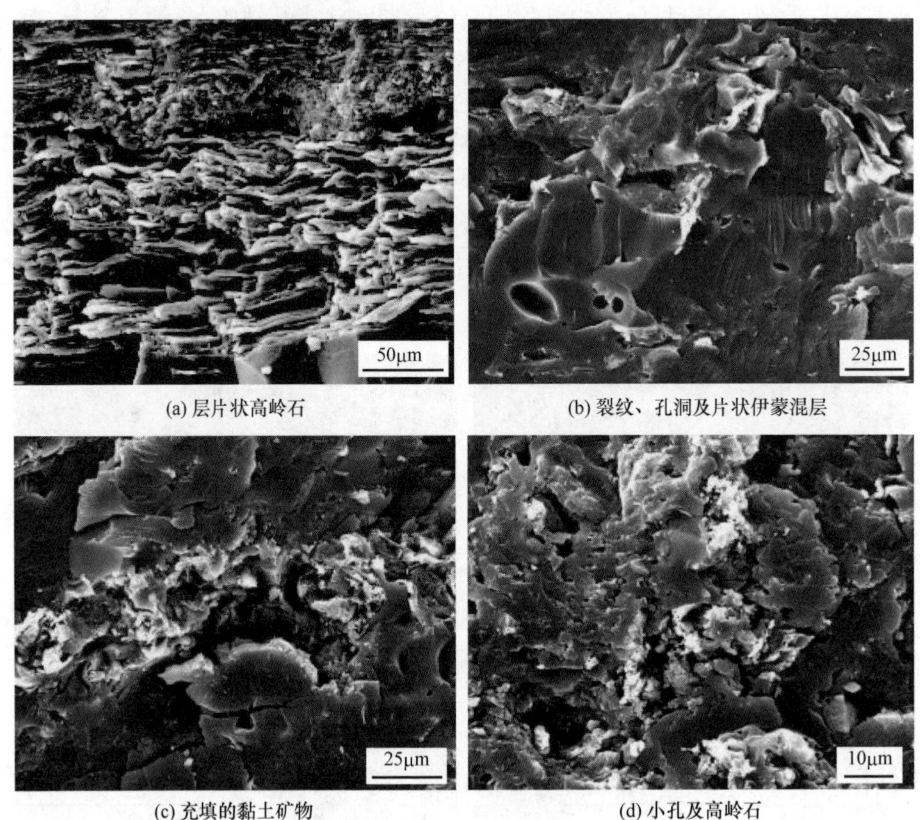

(a) 层片状高岭石　(b) 裂纹、孔洞及片状伊蒙混层　(c) 充填的黏土矿物　(d) 小孔及高岭石

图 8.3　姚桥煤(埋深 610m)SEM 图

4) 煤基本参数

姚桥煤和孔庄煤试件的基本物理力学参数如表 8.3 所示。

表 8.3　煤试件基本物理力学参数

取样地点(埋深)	试件编号	试件尺寸/(mm×mm)	密度/(g/cm³)	单轴抗压强度 σ_c/MPa	弹性模量 E/GPa	泊松比 μ
姚桥煤矿(540m)	YQM-U-1	ϕ49.0×97.0	1.33	13.0	2.1	—
	YQM-U-2	ϕ49.0×96.2		7.2	2.3	—
姚桥煤矿(610m)	YQM-U-3	ϕ49.0×96.9	1.34	8.0	3.1	0.3
	YQM-U-4	ϕ49.0×97.5		7.8	2.0	0.4

续表

取样地点（埋深）	试件编号	试件尺寸 /(mm×mm)	密度 /(g/cm³)	单轴抗压强度 σ_c/MPa	弹性模量 E/GPa	泊松比 μ
孔庄煤矿（810m）	KZM-U-1	ϕ47.0×98.0	1.35	7.7	2.1	—
	KZM-U-2	ϕ47.0×92.5		24.5	3.4	0.48
	KZM-U-3	ϕ47.0×92.4		28.2	3.0	0.31
	KZM-U-4	ϕ47.0×98.0		9.7	0.93	0.11

8.1.2　岩爆概况

1. 现场岩爆发生基本情况

姚桥煤矿和孔庄煤矿都有岩爆的发生。姚桥煤矿于 1993 年发生了岩爆，临界深度为 610m[3,4]；孔庄煤矿分别于 1997 年 2 月、1998 年 10 月和 1999 年 5 月发生了岩爆，临界深度为 550m。孔庄煤矿三次岩爆的情况如表 8.4 所示[5]。

表 8.4　孔庄煤矿三次煤岩爆情况[5]

时间	地点	条件	备注
1997.2.14	8217 水采工作面 600 顺槽	水枪掏槽与 8215 采空区采透瞬间	突然发生
1998.10.9	7255 工作面 704 顺槽	正常掘进，巷道距透窝 24m，迎头放炮，水冲煤	突然发生
1999.5.10	掘进 502 顺槽	巷道距透窝 14m，当班第二茬放炮出煤	发生冲击

姚桥煤矿可采煤层厚度为 10m，主要开采的是石炭二叠系山西组 7#、8# 煤层。7# 煤层厚度为 2.6～6.4m，平均厚度为 4.26m。1993 年 4 月 30 日，该矿在非岩爆危险的 7# 煤层首先发生岩爆。该层直接顶为 1.93m 厚的泥岩，老顶为砂质泥岩，分两层，分别为 3.96m 厚的深灰色砂质泥岩和 22.9m 厚的砂质泥岩。工作面标高为－585～－559m，埋深达 610m 左右，工作面长度为 67m，采高 2m，炮采工艺。

2. 岩爆发生特征

1）孔庄煤矿岩爆

（1）岩爆发生时有强烈的煤体震动，形成暴风和冲击波，巷道底臌，断面收缩，破坏通风设施。

（2）发生岩爆的埋深为 550～593m。

（3）岩爆均发生在顺槽上帮煤柱，对该煤柱上、下顺槽破坏较大，发生在应力集中区。

（4）岩爆前巷道完好，无冒顶现象。

(5) 岩爆的顶、底板岩石坚硬。

(6) 在高应力工作面掘进是岩爆的主要因素。

2) 姚桥煤矿岩爆

姚桥煤矿岩爆初始埋深约 610m,发生岩爆工作面标高在−585～−559m。表现形式为在工作面放炮时,下出口向外 70m 范围内,巷道严重变形,巷道内缩最大值达到 1000～1300mm(中宽),底臌 600～1000mm,破坏严重,梯形金属支架多处掉牙口,棚腿弯曲折断,煤帮臌出,隔爆水槽被吹掉,回柱绞车被翻倒,挡煤板的压柱折断数根,造成多人受伤。

8.1.3 岩爆物理模拟实验

对两个煤矿 3 个不同埋深的煤层进行应变岩爆实验,试件尺寸如表 8.5 所示。

表 8.5 姚桥煤试件应变岩爆实验结果

试件编号	试件尺寸/(mm×mm×mm)	卸载次数	卸载前应力($\sigma_1/\sigma_2/\sigma_3$)/MPa	破坏特征
YQM-I-5	215×95×47	3	22/14/9	全面爆裂,粉碎性破坏
YQM-I-6	208×80×50	1	20/12/8	侧面竖向劈裂,未岩爆
YQM-I-7	149×60×31	1	13/6/4	片状剥离
YQM-I-8	152×58×31	1	21/12/8	片状剥离
YQM-I-9	146×61×32	3	25/15/8	片状剥离
YQM-II-1	151×62×33	1	8.5/8.1/6.9	片状剥离伴有混合弹射、局部爆裂
YQM-II-2	150×62×32	3	24.3/15.1/9	片状剥离

实验初始应力设计时,先根据埋深按简单的自重应力考虑。最大主应力为自重应力,中间主应力按泊松效应计算,最小主应力在中间主应力基础上再折减50%,再考虑构造应力的作用及原岩应力在不同岩性中的变化以及开挖应力集中特征等进行适当调整,同时考虑从不同埋深的煤层开始模拟。初始应力组合(第 1 次卸载前应力状态)最小主应力为 4～10MPa,中间主应力为 8～17MPa,最大主应力为 8～21MPa,详细见表 8.5～表 8.7。

姚桥煤试件 YQM-I-5 共进行了 3 次卸载。前 2 次卸载时声发射事件数频繁,有试件开裂的声音,但试件后期稳定。第 3 次卸载后声发射事件数频繁,有试件开裂的声音,11s 后发生应变岩爆,岩爆过程持续 1.5s,卸载面发生全面爆裂,试件发生粉碎性破坏。

姚桥煤试件 YQM-I-6 卸载时有试件开裂的声音。从卸载到破坏开始时间为 2s。该煤试件未发生应变岩爆,侧面发生竖向劈裂。

姚桥煤试件 YQM-I-7 卸载时有试件开裂的声音。从卸载到破坏开始时间为 11s。卸载后声发射事件数频繁,应变岩爆过程持续 13s,卸载面发生阶段性片状剥离。

姚桥煤试件 YQM-I-8 从卸载到破坏开始时间为 17min。卸载后声发射事件数频繁,有试件开裂的声音,竖向应力降低,17min 后试件发生应变岩爆,卸载面上部发生片状剥离。

姚桥煤试件 YQM-I-9 共进行了 3 次卸载。第 1 次卸载后有试件开裂的声音,声发射事件数不频繁;第 2 次卸载后前 10min 试件稳定,之后有试件开裂的声音,声发射事件数较频繁,7min 后试件再次稳定,未发生破坏;第 3 次卸载后声发射事件数频繁,有试件开裂的声音,卸载到岩爆结束历时 8min 39s,卸载面中上部发生片状剥离。

姚桥煤试件 YQM-II-1 卸载时声发射事件数频繁,待声发射事件数稳定后再增加竖向载荷。在竖向应力达到 16MPa 后有试件开裂的声音,声发射事件数频繁,岩爆阶段性明显,卸载面先发生岩石颗粒弹射,后有片状剥离并伴随着颗粒弹射,最终在上部爆裂,岩爆过程持续 10s。

姚桥煤试件 YQM-II-2 共进行了 3 次卸载-竖向加载过程。第 1 次和第 2 次卸载-竖向加载时,没有试件开裂的声音,声发射事件数不频繁;第 3 次卸载后增加竖向应力至 28MPa 后有试件开裂的声音,声发射事件数频繁,发生应变岩爆,卸载面发生片状剥离。

姚桥煤试件应变岩爆实验现象如表 8.6 所示。

表 8.6　姚桥煤试件应变岩爆实验现象

试件编号	试件尺寸 /(mm×mm×mm)	卸载次数	卸载前应力 $(\sigma_1/\sigma_2/\sigma_3)$/MPa	破坏特征
YQM-I-1	229.0×100.8×51.4	第 1 次	19/17/10	有试件开裂的声音,小颗粒弹射,局部爆裂
YQM-I-2	220.0×98.0×57.0	第 1 次	20/16/8	有试件开裂的声音,块状剥离,压致挤出
YQM-I-3	201.0×95.0×51.0	第 1 次	14/12/8	有试件开裂的声音
		第 2 次	16/12/8	有试件开裂的声音
		第 3 次	18/13/8	有试件开裂的声音
		第 4 次	21/16/8	有试件开裂的声音,块状、片状碎屑弹射

续表

试件编号	试件尺寸 /(mm×mm×mm)	卸载次数	卸载前应力 ($\sigma_1/\sigma_2/\sigma_3$)/MPa	破坏特征
YQM-I-4	214.8×95.6×47.2	第1次	12/8/4	无试件开裂的声音
		第2次	14/9/4.5	无试件开裂的声音
		第3次	16/10/5	无试件开裂的声音
		第4次	18/11/5.5	无试件开裂的声音
		第5次	20/12/6	有试件开裂的声音
		第6次	22/23/6.5	有试件开裂的声音
		第7次	24/14/7	有试件开裂的声音
		第8次	26/15/7.5	有试件开裂的声音
		第9次	28/16/8	全面爆裂,有试件开裂的声音

姚桥煤试件YQM-I-1在加载过程中有试件开裂的声音,卸载时试件也有开裂的声音,卸载后发生应变岩爆,卸载面先有小颗粒弹射,后在中上部局部爆裂。

姚桥煤试件YQM-I-2卸载时有连续试件开裂的声音,卸载到岩爆结束历时3min,卸载面发生块状剥离,最终试件压致挤出。

姚桥煤试件YQM-I-3共进行了4次卸载,前3次卸载后都有试件开裂的声音,但卸载面无破裂现象。第4次卸载后,有试件开裂的声音,初始时刻卸载面无开裂现象,试件稳定,卸载后198s发生岩爆,卸载面发生局部块状、片状碎屑弹射。

姚桥煤试件YQM-I-4共进行了9次卸载。每次卸载后声发射事件数频繁,从第5次卸载后有试件开裂的声音。第9次卸载后开始为平静期,60s后有试件开裂的声音,65s卸载面全面爆裂,岩爆过程持续1s。

表8.7为孔庄煤试件应变岩爆实验现象。除孔庄煤试件KZM-I-6外,其他煤试件岩爆破坏时的最大主应力都小于20MPa。岩爆过程中的破坏特征有所不同,破坏形式有压致劈裂、片状弹射及剥离等,从卸载到岩爆结束持续的时间相差也很大,从35s到20min不等。

表8.7　孔庄煤试件应变岩爆实验现象

试件编号	试件尺寸 /(mm×mm×mm)	卸载次数	卸载前应力 ($\sigma_1/\sigma_2/\sigma_3$)/MPa	破坏特征
KZM-I-1	215×99×49	第1次	12/8/4	有试件开裂的声音,块状剥离
KZM-I-2	216×100×50	第1次	12/8/4	失稳破坏,未岩爆

续表

试件编号	试件尺寸/(mm×mm×mm)	卸载次数	卸载前应力$(\sigma_1/\sigma_2/\sigma_3)$/MPa	破坏特征
KZM-I-3	145×68×44	第 1 次	16/10/6	有试件开裂的声音
		第 2 次	20/11/6	有试件开裂的声音，全面爆裂
KZM-I-4	146×58×38	第 1 次	12/8/6	有试件开裂的声音，侧面剪切破坏，片状剥离
KZM-I-5	174×56×49	第 1 次	12/8/4	有试件开裂的声音，剪切破坏，未岩爆
KZM-I-6	152×61×35	第 1 次	12/8/4	无试件开裂的声音
		第 2 次	14/9/4.5	无试件开裂的声音
		第 3 次	16/10/5	无试件开裂的声音
		第 4 次	18/11/5.5	无试件开裂的声音
		第 5 次	20/12/6	无试件开裂的声音
		第 6 次	22/13/6.5	无试件开裂的声音
		第 7 次	24/14/7	无试件开裂的声音
		第 8 次	26/15/7.5	无试件开裂的声音
		第 9 次	28/16/8	无试件开裂的声音
		第 10 次	32/17/8.5	无试件开裂的声音
		第 11 次	34/19/9	有试件开裂的声音，片状剥离，颗粒混合弹射
KZM-II-1	182×90×48	第 1 次	16/8/6	岩爆阶段性明显，片状剥离，块状弹射，全面爆裂

孔庄煤试件 KZM-I-1 卸载时试件有开裂声音，从卸载到岩爆结束历时 4min 35s，卸载面发生块状碎屑剥离。

孔庄煤试件 KZM-I-2 在前期加载阶段有试件开裂的声音，卸载后 63s 试件发生失稳破坏，未岩爆。

孔庄煤试件 KZM-I-3 共进行 2 次卸载。第 1 次卸载时有试件开裂的声音，15min 后进入平静期，卸载面初始缺陷位置处产生一条竖向裂纹，试件稳定；第 2 次卸载后有试件开裂的声音，声发射事件数频繁，从卸载到岩爆结束历时 35s，卸载面发生全面爆裂。

孔庄煤试件 KZM-I-4 在卸载后有试件开裂的声音，声发射事件数频繁，从卸载到岩爆结束历时 2min 10s，卸载面发生片状碎屑剥离，侧面剪切破坏。

孔庄煤试件 KZM-I-5 在加载时有试件开裂的声音，卸载后试件发生剪切破坏，未岩爆。

孔庄煤试件 KZM-I-6 共进行 11 次卸载。在加载及前 10 次卸载时没有试件开裂的声音，第 5～10 次卸载后声发射事件数增加。第 11 次卸载后 2min 有试件开裂的声音，4min 后岩爆开始，卸载面发生片状碎屑剥离，并伴随碎屑颗粒混合弹射。

孔庄煤试件 KZM-II-1 在加载时没有试件开裂的声音，在卸载后有试件开裂的声音，之后试件很快进入平静期。加竖向载荷 1min 后发生岩爆。岩爆阶段性明显，卸载面先发生片状碎屑剥离，后有块状弹射，最后发生全面爆裂，岩爆过程持续 4min。

8.1.4 岩爆可能性分析

1. 岩爆可能性判定

根据 X 射线衍射分析结果，3 个不同埋深煤层的成分组成如表 8.8 和表 8.9 所示。

表 8.8 煤试件全岩矿物成分

取样地点	埋深/m	矿物成分含量/%					
		石英	钾长石	斜长石	菱铁矿	非晶态碳	黏土矿物
姚桥煤矿	540	—	—	—	—	90.3	9.7
	610	1.2	—	—	0.8	97.0	1.0
孔庄煤矿	810	—	—	—	—	94.0	6.0

表 8.9 煤试件黏土矿物成分

取样地点	埋深/m	黏土矿物成分含量/%						混层比	
		S	I/S	I	K	C	C/S	I/S	C/S
姚桥煤矿	540	—	—	18	82	—	—	—	—
	610	—	8	17	75	—	—	25	—
孔庄煤矿	810	—	10	—	90	—	—	50	—

注：S 表示蒙皂石类；I/S 表示伊蒙混层；I 表示伊利石；K 表示高岭石；C 表示绿泥石；C/S 表示绿蒙混层。

埋深为 540m 和 610m 的姚桥煤试件的黏土矿物含量分别为 9.7%和 1.0%，而孔庄煤试件的黏土矿物含量为 6.0%。黏土矿物的成分主要为高岭石，其含量大于 75%，其次是伊利石或少量的伊蒙混层。

根据黏土矿物含量，取样深度为 610m 的姚桥煤试件应变岩爆可能性很大，而埋深 540m 的姚桥煤试件和孔庄煤试件发生岩爆的可能性大。

煤试件应变岩爆实验现象表明，三个埋深水平的煤试件均有不同的应变岩爆现象发生。埋深 610m 的姚桥煤试件有明显的碎屑弹射特征，应变岩爆前有试件开裂的声音，表面现象不明显，应变岩爆突然，更容易发生冲击破坏；埋深 540m 的姚桥煤试件应变岩爆前也有试件开裂的声音，伴有颗粒弹射或局部开裂现象；埋深 810m 的孔庄煤试件应变岩爆表现为片状碎屑剥离伴有混合弹射。

2. 岩爆临界深度

根据不同试件的应变岩爆实验的应力组合，可以根据实际工程岩体的结构效应和现场应力环境，确定发生岩爆的临界深度。表 8.10 为考虑自重应力作用条件下的煤试件应变岩爆临界深度，现场岩爆深度根据煤试件岩爆临界深度进行了结构效应调整，姚桥煤试件临界深度乘以 0.65 的折减系数，孔庄煤试件临界深度乘以 0.85 的折减系数。

表 8.10　煤试件应变岩爆临界深度

取样地点（埋深）	试件编号	应变岩爆最大主应力 σ_1/MPa	应变岩爆实验临界深度 H_{cs}/m	现场岩爆临界深度 H_{ch}/m	H_{ch} 平均值 /m	应变岩爆应力条件
姚桥煤矿（610m）	YQM-I-1	19	860	559	580	自重应力
	YQM-I-2	20	910	591		
	YQM-I-3	20	910	591		
	YQM-I-4	28	1270	825*		
姚桥煤矿（540m）	YQM-I-5	22	1000	650	616	自重应力
	YQM-I-6	20	910	591		
	YQM-I-7	13	590	383		
	YQM-I-8	21	950	617		
	YQM-I-9	25.1	1140	741		
	YQM-II-1	16.5	380	247*		应力集中系数 1.95
	YQM-II-2	29.5	1100	715		应力集中系数 1.21
孔庄煤矿（810m）	KZM-I-1	14	630	536	553	自重应力
	KZM-I-2	12	545	463		
	KZM-I-3	20	910	773		
	KZM-I-4	12	545	463		
	KZM-I-5	12	545	463		
	KZM-I-6	34	1545	1313*		
	KZM-II-1	16	730	620		

注：表中带 * 的数值是计算平均值时应剔除的数据。

实际岩爆发生的应力条件极其复杂，尤其是在深部的开采条件下，采场工作面和巷道等往往受构造应力及采动扰动等影响，更容易发生岩爆破坏。表 8.10 的结果是只按自重应力作用反算的岩爆临界深度，其中有两个姚桥煤试件是在有临空面的条件下模拟切向应力增加时的实验结果，并将岩爆前加载的最大集中应力与卸载前的应力比认为是应力集中系数。

同一埋深的煤试件应变岩爆实验结果有一定的离散性，但总的趋势表明孔庄煤试件岩爆发生的埋深浅于姚桥煤试件。

关于岩爆的临界深度，Hou 等[6]根据水电工程，给出了在只考虑自重应力条件下的临界深度计算公式：

$$H_{ch}=\frac{0.318(1-\mu)}{(3-4\mu)\gamma}\sigma_c \tag{8.1}$$

式中，H_{ch}为临界深度，m；μ 为泊松比；σ_c 为单轴抗压强度，MPa；γ 为上覆岩体容重，kN/m^3。

此外，根据大量煤矿发生岩爆的深度，与单轴抗压强度进行回归，得到岩爆临界深度计算值 H_{cl}(统计公式)：

$$\lg H_{cl}=0.894\lg\sigma_c+1.602 \tag{8.2}$$

上述两个公式中都包含了岩石的单轴抗压强度指标，该指标反映的是岩爆发生的内在因素，在一定的条件下还是可以用来进行初步计算的。为了验证用应变岩爆实验结果预测岩爆发生深度的可行性，根据式(8.1)和式(8.2)计算姚桥煤试件和孔庄煤试件岩爆发生的临界深度，并将现场发生的临界深度及煤试件应变岩爆实验反算的临界深度一起列于表 8.11 中。可以看出，式(8.1)和式(8.2)都有适用的条件，对于姚桥煤矿和孔庄煤矿的煤岩爆，通过公式计算的结果值偏小，而由煤试件应变岩爆实验应力组合反算的临界深度与实际更接近。

表 8.11 煤试件应变岩爆实验临界深度与实际情况对比

取样地点(埋深)	临界深度 H_{cs}/m			H_{ch}/m	H_{cl}/m	现场岩爆位置/深度
	频数	范围值	平均值			
姚桥煤矿(610m)	3	559～591	580	40	257	7153 工作面/610m
姚桥煤矿(540m)	6	383～741	616	37	245	
孔庄煤矿(810m)	6	463～773	553	45	285	8217 工作面/550～557m 7255 工作面/587～593m 7256 工作面/569～571m

表 8.11 表明，在综合考虑现场影响应力变化的条件下，应变岩爆实验的结果可以用于现场岩爆临界深度判定。通过室内应变岩爆实验可以更准确地确定岩爆发生时的临界应力状态，但如何将室内的临界应力状态与现场的岩爆临界深度相

对应，还需要大量的实验及现场岩爆进行对比验证分析，并能不断完善室内应变岩爆实验结果用于指导现场工程。

对大屯矿区姚桥煤矿和孔庄煤矿的应变岩爆实验结果，利用岩爆评价方法进行了岩爆可能性和临界深度的计算，并与实际发生的岩爆进行了比较。结果表明，利用应变岩爆实验结果可以预测岩爆发生，预测的准确性取决于发生岩爆临界应力状态与现场的对应关系。

8.2　锦屏水电站大理岩岩爆

8.2.1　锦屏水电站工程概述

锦屏水电枢纽工程位于四川省冕宁、盐源、木里县境内，由 I 级、II 级两个梯级水电站组成。

锦屏 I 级水电站位于盐源县和木里县交界的雅砻江干流上，是雅砻江水能资源最富集的中、下游河段五级水电开发中的第 I 级。水库正常蓄水位 1880m，总库容 $77.6\times10^8 m^3$，死水位 1800m，调节库容 $49.1\times10^8 m^3$，为年调节水库。挡水建筑物为混凝土双曲拱坝，坝顶高程 1885m，建基面最低高程 1580m，最大坝高 305m，电站装机容量 360×10^4 kW。锦屏 I 级水电站发电厂房采用地下厂房形式，布置在右岸山体内，厂房尺寸为 276.99m×29.2m×68.83m。地下厂房硐室群主要包括厂房、主变室、尾水调压室、压力管道、尾水洞、母线洞、出线井等，其中主变室布置于厂房和尾水调压室之间，三洞硐室平行布置，尾水调压室中心线和厂房顶拱中心线间距为 145m，主变室和厂房间岩柱厚度为 45m，从而形成以三大硐室为主体、纵横交错、上下分层的地下厂房硐室群。地下厂房硐室群布置在水平进深约 120m、垂直埋深 160m 以上的大理岩夹绿片岩中，围岩类别以 III_1 类为主，涉及岩性为 $T_{2\text{-}3z}^{2(2)\sim2(8)}$ 层杂色厚层角砾状大理岩夹绿片岩透镜体、厚层状大理岩、中厚层状条带状大理岩夹少量绿片岩条带，岩体新鲜，完整或较完整，以厚层及块状结构为主，少量为薄至中厚层状结构，岩层产状 N40°～60°E，NW∠15°～35°。在副厂房及主变室、尾水调压室位置分布一条岩脉，N40°～70°E，SE∠65°～70°，厚 1.5～2.0m，新鲜，裂隙较发育，呈次块及镶嵌结构。F_{13} 断层带位于安装间中部，为 V 类围岩，其上盘北西向裂隙密集带为 IV_1 类围岩；主厂房、主变室、1# 尾水调压室将穿过 F_{14} 断层，F_{14} 断层带为 IV_1～V 类围岩[7]。

锦屏 II 级水电站位于四川省凉山州境内的雅砻江锦屏大河弯处雅砻江干流上，电站计划安装 8 台 600MW 的水轮发电机组，总装机容量 4800MW。该水电站为引水发电式电站，拟修建四条从景峰桥至大水沟的引水隧洞以及两条平行交通辅助洞(分别称为 A 洞和 B 洞)。其中辅助洞之间的距离为 35m，引水隧洞与辅助洞之间的距离为 65m，引水隧洞之间的距离为 60m。引水隧洞长 16.658km，为圆形断面，洞径 13m。辅助洞横断面采用城门洞形，A 洞断面尺寸为 5.5m×5.7m，B 洞断面尺寸为 6.0m×6.3m。引水隧洞上覆岩体一般埋深 1500～2000m，最大埋深 2525m，具有埋深大、洞线长、洞径大的特点。两条平行的辅助洞同时从东西两端掘进，在东西两端开挖的辅助洞中都有岩爆发生[7]。

1. 区域构造及地应力

锦屏水电枢纽工程所在区域处于青藏高原向四川盆地过渡到两级地貌阶梯带，地势西北高、东北低，海拔从 4000～5000m 降到约 2000m。地貌类型有强烈上升的高山区（高程 3600m 以上），中等切割的中山区（高程 2000～3600m），峡谷地貌、夷平面（4000m 左右、3000m 左右和 2200m 左右）及阶地、岩溶地貌和冰蚀地貌等。

本区位于松潘—甘孜地槽褶皱带的东南部，处于鲜水河断裂、安宁断裂、则木河断裂、小江断裂和金沙江断裂、红河断裂所围的“川滇菱形断块”之内。区内的断裂构造发育，主要构造形迹有近南北向、北北东和北东向、北北西和北西向。主要断裂有安宁河断裂、理塘—前波断裂、金河—箐河断裂、锦屏山断裂、小金河断裂及青纳断裂等。

对锦屏 II 级水电站初勘阶段的长探洞内采用两种方法进行地应力测试，分别为水压致裂方法和应力解除方法。所测的地应力结果如表 8.12 所示。可以看出，采用不同方法测试的地应力结果在同一埋深上有很大差异，主要表现为水压致裂方法所测结果明显小于应力解除方法所测的结果。

2. 地层岩性及参数

1）地层岩性

水库两岸出露的地层为三叠系下统（T_1）的绿泥石片岩及大理岩、三叠系中统杂谷脑组（T_{2z}）大理岩、三叠系上统（T_3）的砂岩及板岩、第四系覆盖层等。岩层走向大多与河道平行或斜交，倾向北西，即右岸为顺向坡，左岸为反向坡。大部分岩层陡立，倾角多在 70°以上。大理岩集中出露于景峰桥及库尾一带，水库其余河段皆为变质砂岩、板岩。

2）成分组成

表 8.13 为锦屏大理岩试件全岩矿物成分及其含量。其中，T_1 为绿泥石片岩，T_2 为大理岩，T_3 为粉砂岩。

表 8.12 锦屏 II 级水电站长探洞地应力实测结果

长探洞埋深/m	埋深/m	主应力									应力分量/MPa						测试方法
		σ_1			σ_2			σ_3									
		值/MPa	方位角/(°)	倾角/(°)	值/MPa	方位角/(°)	倾角/(°)	值/MPa	方位角/(°)	倾角/(°)	σ_x	σ_y	σ_z	τ_{xy}	τ_{yz}	τ_{xz}	
600	463	46.6	260.1	−4.8	18.87	17.9	−79.8	15.6	169.3	−9.0	45.48	16.61	18.99	5.24	−0.10	2.38	应力解除法
600	463	32.4	289.0	30.0	28.0	72.0	57.0	23.7	184.0	21.0	—	—	—	—	—	—	应力解除法
600	463	14.38	47.48	−6.45	10.03	152.41	−66.31	5.67	134.77	22.69	10.15	10.49	9.44	−4.00	−1.46	−0.77	水压致裂法
1200	960	32.21	20.47	47.65	18.20	75.73	−27.45	11.53	148.69	29.42	20.08	17.61	24.24	−4.33	0.69	−8.97	水压致裂法
1800	1182	38.02	120.69	57.97	27.26	110.01	−31.58	17.49	22.97	4.80	19.83	28.02	34.92	4.81	3.84	3.22	水压致裂法
2700	1599	36.93	136.38	57.04	34.86	115.03	−31.13	18.87	30.99	9.76	23.77	31.04	35.86	7.16	−0.73	2.97	水压致裂法
3005	1843	42.11	116.80	75.40	26.00	119.54	−14.59	19.06	29.36	−0.67	20.94	25.15	41.08	3.38	3.55	1.70	水压致裂法

注:本表据 2006 年 6 月锦屏岩爆咨询组提供资料整理。

表 8.13　锦屏大理岩试件全岩矿物成分

地点	岩性	矿物成分含量/%						
		石英	方解石	云母	绿泥石	绿帘石	白云石	黏土矿物
锦屏Ⅱ级水电站	T_1绿片岩	8	2	73	少量	少量	—	—
	T_{2y}^4大理岩	5	75	20	—	—	—	—
	T_{2y}^5大理岩	—	100	—	—	—	—	—
	T_{2y}^6大理岩	1	95	4	—	—	—	—
	T_{2b}大理岩	—	100	—	—	—	—	—
	T_{2z}大理岩	—	100	—	—	—	—	—
	T_3^1粉砂岩	70～85	5～10	10～15	—	—	—	—
锦屏Ⅱ级水电站	大理岩	0.4	47.4	—	—	—	20.6	31.6
锦屏Ⅰ级水电站	粗晶大理岩	—	83.9	—	—	—	2	14.1

3）结构特征

对锦屏Ⅱ级水电站大理岩进行 SEM 扫描，其微观特征如图 8.4 所示。可以看出，大理岩的结构致密，有方解石、白云石及片状的绿泥石，并有一些尺寸为20～

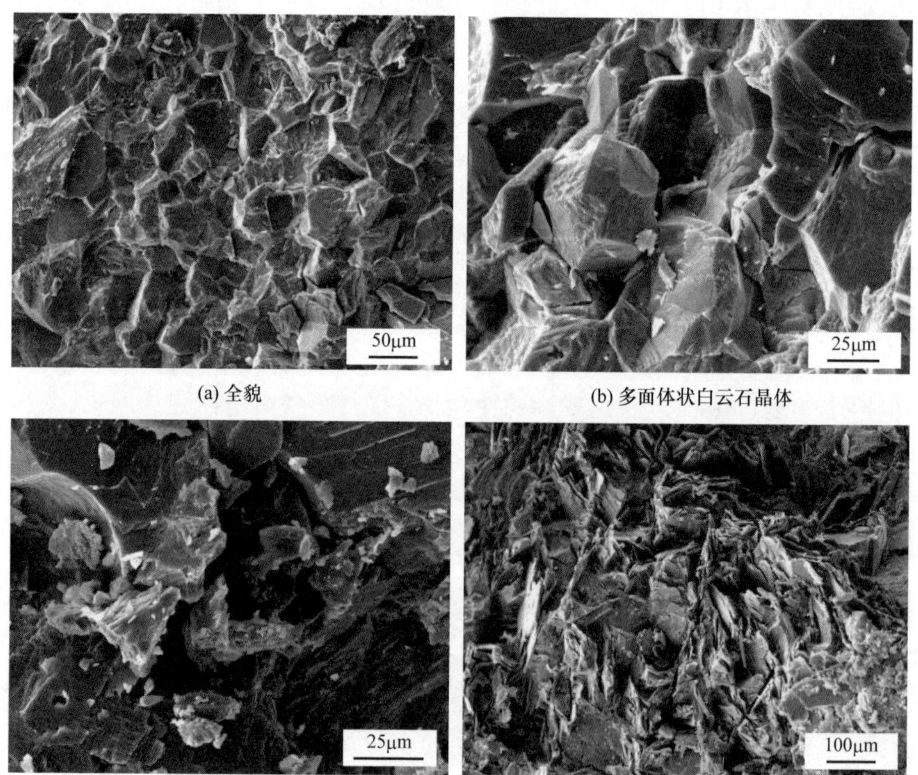

(a) 全貌　(b) 多面体状白云石晶体　(c) 20~30μm晶间溶孔　(d) 片状绿泥石

(e) 方解石晶体间片状绿泥石

图 8.4　锦屏 II 级水电站大理岩 SEM 图

30μm 的晶间溶孔。

4）基本物理力学参数

锦屏大理岩试件基本物理力学参数如表 8.14 所示。

表 8.14　锦屏大理岩试件基本物理力学参数

取样地点（埋深）	试件编号	试件尺寸 /(mm×mm×mm)	密度 /(g/cm³)	单轴抗压强度 σ_c/MPa	弹性模量 E/GPa	泊松比 μ
锦屏 II 级水电站引水隧洞(500m)	JPDL-I-1	153.01×57.35×27.50	2.80	108	40～60	0.2～0.25
	JPDL-I-2	151.58×58.7×27.29	2.79			
锦屏 I 级水电站地下厂房(1200m)	JPDL-I-4	145.86×55.47×26.83	2.74	65～70	—	—
	JPDL-II-2	149.29×58.77×29.43	2.72			
	JPDL-II-3	149.08×59.59×30.62	2.73			
	JPDL-II-4	149.10×62.07×28.15	2.72			

8.2.2　岩爆概况

1. 现场岩爆发生基本情况

锦屏 I 级水电站地下厂房在施工过程中没有发生强烈岩爆，但围岩有轻微的片状剥离破坏现象。锦屏 II 级水电站探洞及辅助洞施工过程中都发生了不同程度的岩爆。B 辅助洞在埋深 860m 开始有岩爆发生，埋深 1200m 后有强烈岩爆发生。岩爆临界深度为 860～1600m[8,9]。岩爆的基本情况如下：

(1) 锦屏水电枢纽辅助洞工程，最大埋深 2375m[9]，以可溶性大理岩为主，其次为砂(板)岩及少量绿泥石片岩和千枚岩,围岩的抗压强度为 30～210MPa,均质大理岩的最大抗拉强度为 8MPa,围岩以 II、III 类为主,有少量 IV、V 类;根据三维初始地应力场反演回归,在埋深 2300m 时,$\sigma_1=60\text{MPa}$;埋深 1305m 处,$\sigma_1=44.18\text{MPa}$。岩爆深度为 860～2200m,破坏特征如下:

① 埋深增大,岩爆强度及频率增大。

② 岩石越致密坚硬,脆性越强,完整性越好,则发生岩爆的概率越高。

③ 软硬岩层及裂隙密集(含断层)带与整体性较好岩层变换带附近为岩爆多发区。

④ 轻级:片状剥离或弹射,少量穹状爆裂,破裂面较平直、粗糙,呈平行条纹,有的呈锅底状,以扁平状块体居多。

⑤ 重级:最初表层有箔板状弹射,往深部发展时主要为板块状爆裂、劈裂崩落,多呈板块状、弯曲膨折、楔形爆裂,边缘参差不齐或呈梯状断裂。爆坑 1～3m,最深达 5m。

(2) 锦屏 II 级水电站施工排水洞,最大埋深 2525m[9],排水洞穿越岩层主要是大理岩,亦有砂板岩、绿泥石片岩和变质中砂岩等。岩层陡倾,其走向与主构造线方向一致。该水电站厂区位于高应力区,但埋深大于 1200m 后最大主应力主要由自重产生,埋深达 2525m 时,最大主应力为 63MPa,最小主应力为 26MPa。岩爆深度为 1600m,破坏特征如下:

① 岩爆多发生在中厚层致密块状构造的灰色、灰黑色大理岩,白色、灰白色中粒结晶大理岩,硬脆性岩石。

② 岩体裂隙不发育,较完整,干燥。

③ 在硐室开挖过程中岩爆产生处大多发育一条裂隙,其产状没有规律。

④ 岩爆多发生在硐室两侧。

(3) 施工排水洞,灰色、灰黑色及灰白色中细粒结晶大理岩,新鲜。总体上硐室岩体完整性较好,节理裂隙不发育。围岩类别为 III 类。岩爆深度为 1200m,破坏特征:岩爆声音清脆,岩体呈片状或板状剥离、剥落,爆坑深 0.6～1.0m。

辅助洞采用炮采施工方法,施工排水洞采用 TBM 施工。

2. 岩爆发生特征

1) 辅助洞

2006 年 6 月 30 日 19 点 30 分在距 B 洞掌子面(BK13+393.5)约 30m 处,出渣过程中 BK13+443～BK13+423 段(20m 长)左右拱壁先后发生了不同程度的岩爆,其中掌子面左侧比较严重,大块岩石崩落,只留锚杆悬挂在岩壁上,致使停止出渣并于 22 点 20 分开始进行锚喷支护,此前在掘进过程中锚喷支护系统基本被岩爆完全破坏。

辅助洞内轻微岩爆频繁发生，自2006年7月1～8日先后发生了5次大的岩爆。

2）施工排水洞

岩爆产生部位多发生于硐室两侧，产生时无征兆、具突发性、伴有清脆的声响或沉闷的声响，距掌子面3～4m最多，多为轻微岩爆。其中2次延时性中等岩爆部位距掌子面25～30m，表现为开挖揭露已经产生岩爆，支护24～72h后再一次发生岩爆，这种岩爆对人员及设备的安全带来极大隐患，对施工造成严重影响。岩性大多为中厚层致密块状构造的灰色、灰黑色大理岩，白色、灰白色中粒结晶大理岩，硬脆性岩石。岩体裂隙不发育，较完整，地下水不发育。在硐室开挖过程中岩爆产生处大多发育一条裂隙，其产状没有规律，推测地应力还是多在构造相对薄弱处释放。先后共在9处部位发生岩爆破坏，图8.5为岩爆发生位置示意图(箭头所指为岩爆位置)。

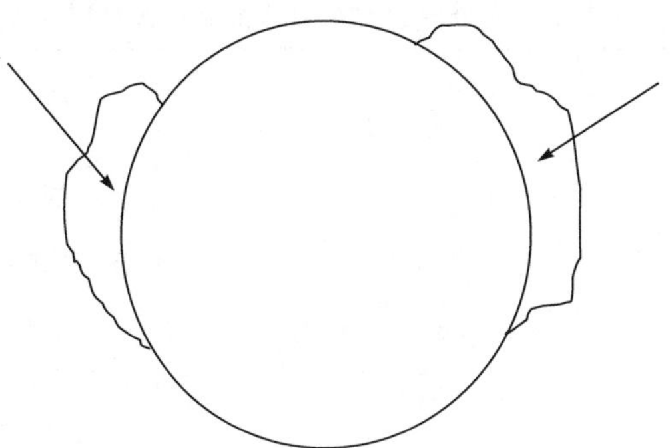

图8.5　岩爆发生位置示意图

8.2.3　岩爆物理模拟实验

对锦屏Ⅰ级水电站及Ⅱ级水电站的大理岩试件进行了应变岩爆实验。其中，在Ⅰ级水电站部位所取的大理岩为白色粗晶状及浅肉红色、灰绿白色条带状、致密，埋深500m；Ⅱ级水电站引水隧洞的大理岩为绿白色粗晶状，取样深度为1200m。

试件基本尺寸为150mm×60mm×30mm，共进行了6例应变岩爆实验。

1. 实验过程及破坏特征

实验初始应力设计时，充分考虑了原岩应力。根据现场岩爆发生的深度及实测的地应力数据，再考虑构造应力的作用及原岩应力在不同岩性中的变化以及开挖应力集中特征等进行适当调整。表 8.15 和表 8.16 分别为锦屏大理岩试件应变岩爆实验基本情况及实验过程中的现象。

表 8.15　锦屏大理岩试件应变岩爆实验结果

试件编号	试件尺寸/(mm×mm×mm)	卸载次数	卸载前应力($\sigma_1/\sigma_2/\sigma_3$)/MPa	破坏特征
JPDL-I-1	153.01×57.35×27.50	5	107/41/23	局部爆裂
JPDL-I-2	151.58×58.70×27.29	4	125/40/27	片状剥离
JPDL-I-4	145.86×55.47×26.83	1	70.2/22.3/21.3	失稳
JPDL-II-1	149.29×58.77×29.43	1	36.5/28.1/22.1(60.2/27.5/0)	片状剥离、压致挤出
JPDL-II-3	149.08×59.59×30.62	8	144.2/25.7/50.9	颗粒弹射、弯折剪切
JPDL-II-4	149.10×62.07×28.15	1	17.9/27.0/8.2(114.6/30.1/0)	片状剥离

注:表中括号内的应力值是第 1 次卸载值。

表 8.16　锦屏大理岩试件应变岩爆实验现象

试件编号	卸载次数	卸载前应力($\sigma_1/\sigma_2/\sigma_3$)/MPa	应变岩爆过程特征
JPDL-I-1	第 1 次	78.1/27.1/16.2	没有试件开裂的声音,声发射事件数少
	第 2 次	88.1/30.4/16.5	没有试件开裂的声音,声发射事件数少
	第 3 次	93.7/34.5/20.4	没有试件开裂的声音,声发射事件数少
	第 4 次	100.0/36.1/18.3	没有试件开裂的声音,声发射事件数有所增加
	第 5 次	106.6/40.6/22.9	没有试件开裂的声音,声发射事件数突然增加,28s 后局部爆裂
JPDL-I-2	第 1 次	77.4/25.4/17.0	没有试件开裂的声音,声发射事件数少
	第 2 次	103.1/15.4/22.0	没有试件开裂的声音,声发射事件数少
	第 3 次	112.6/16.9/25.0	没有试件开裂的声音,声发射事件数少
	第 4 次	125.2/40.3/27.0	没有试件开裂的声音,声发射事件数少,片状碎屑剥离、弹射
JPDL-I-4	第 1 次	70.2/22.3/21.3	失稳破坏
JPDL-II-1	卸载前	36.3/28.2/23.0	声发射事件数较少
	加载后	60.8/27.4/0	有少量声发射事件数产生,压致挤出

续表

试件编号	卸载次数	卸载前应力 $(\sigma_1/\sigma_2/\sigma_3)$/MPa	应变岩爆过程特征
JPDL-II-3	第 1 次	51.7/22.5/37.5	有少量声发射事件数产生,卸载面有微裂纹产生
	第 2 次	61.9/26.2/44.8	声发射事件数少,卸载面下部有斜竖向裂纹产生
	第 3 次	72.4/26.7/51.6	声发射事件数少
	第 4 次	83.5/27.8/51.7	声发射事件数少
	第 5 次	93.4/26.2/51.8	声发射事件数少
	第 6 次	114.0/27.1/51.6	声发射事件数少
	第 7 次	134.2/26.8/51.7	声发射事件数少
	第 8 次	144.2/25.7/50.9	声发射事件数略有增加,片状碎屑、小颗粒弹射,弯折、剪切破坏
JPDL-II-4	第 1 次	17.9/27.0/8.2 (114.6/30.1/0)	只是在最后破坏时,有少量声发射事件数产生,片状碎屑剥离

锦屏大理岩试件 JPDL-I-1 共进行了 5 次卸载。前 3 次卸载瞬间有少量声发射信号,但很快平静;第 4 次卸载后声发射事件数频繁,没有试件开裂的声音;第 5 次卸载后 28s 发生岩爆,在卸载面上部发生局部爆裂。

锦屏大理岩试件 JPDL-I-2 共进行了 4 次卸载。前 3 次卸载均未有明显的现象。第 4 次卸载后约 30s 卸载面左下角出现一弧形裂纹,约 2min 7s 时,有试件开裂的声音,发生岩爆。岩爆时,卸载面右下角有片状碎屑颗粒弹射,左下角沿前述裂纹产生剥离,中部出现横向裂纹,该裂纹右侧末端向斜上方扩展。在整个实验过程中,测得的声发射事件数较少。

锦屏大理岩试件 JPDL-I-4 在第 1 次卸载时就发生失稳破坏,历时 2s,试件破碎呈块状。

锦屏大理岩试件 JPDL-II-1 在第 1 次卸载后约 13s 开始竖向加载;加载过程中(约 7～8s)卸载面上部有少量片状颗粒弹射,伴随有试件开裂的声音,中上部出现一横向裂纹;再经过 6～7s,卸载面发生片状碎屑剥离,之后试件压致挤出。

锦屏大理岩试件 JPDL-II-3 共进行了 8 次卸载-加载过程,每次卸载后声发射事件数没有明显的增加。第 1 次卸载后卸载面中下部产生一条不明显的横向下倾裂纹,20min 后底部又产生一水平裂纹,并扩展;第 2 次卸载后,试件右下角底部出现斜竖向裂纹,横向裂纹变短;第 3～7 次卸载没有破坏迹象,声发射事件数也不多;第 8 次卸载后 39s 发生破坏,首先从试件上部有两个片状碎屑弹射出,伴随着许多小颗粒,随着顶部压头向下运动,试件在卸载面中上部出现弯折破坏,没有剥离。从卸载面顶部小颗粒弹射到试件最后的弯折破坏共计 0.405s,试件呈剪切破坏特征。

锦屏大理岩试件 JPDL-II-4 只卸载 1 次，卸载后约 30min 后 σ_1 及 σ_2 分别加载至 28MPa、32MPa，保持约 109min 后以 0.5～1MPa/min 的速率加载 σ_2 至 48MPa，保持约 290min（期间约 212min 时卸载面中部发现有两条斜向裂纹）后开始以 1MPa/min 的速率进行竖向加载，至 56min 时因控制台伺服控制磁阀出现故障，竖向载荷出现下降，71min 时恢复至正常状态，并继续进行竖向加载，74min 时发生岩爆，卸载面产生片状碎屑沿中下部两道横向裂纹剥离。

图 8.6 为锦屏大理岩试件应变岩爆 Hoek-Brown 强度准则机理图，图中水平虚线为岩石单轴抗压强度，所用的单轴抗压强度值取用完整锦屏大理岩的单轴强度值 65MPa，根据 Hoek 和 Brown[10] 提出的岩体质量和经验常数之间的关系表，取 $m=25$，$s=1$。图 8.6 中 $k_0=\sigma_1/\sigma_3$。

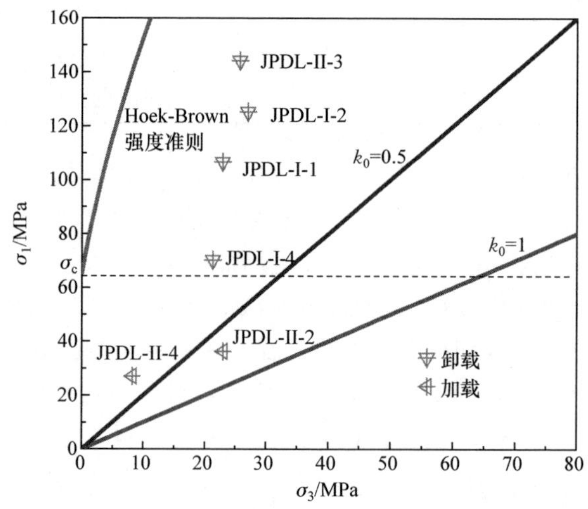

图 8.6　锦屏大理岩试件 Hoek-Brown 强度准则机理图

对照各个试件发生应变岩爆的临界应力点在图中的位置可以发现：大理岩试件 JPDL-I-1、JPDL-I-2、JPDL-I-4 及 JPDL-II-3 的应变岩爆临界应力状态均位于单轴抗压强度线之上和 Hoek-Brown 强度准则线之下。其中，试件 JPDL-I-1 在最后 1 次卸载后保持其他方向载荷不变，28s 后发生应变岩爆；试件 JPDL-I-2 在卸载后保持其他方向载荷不变，147s 后发生应变岩爆；试件 JPDL-I-4 卸载后瞬时发生应变岩爆；试件 JPDL-II-3 最后 1 次卸载后同样保持其他方向载荷不变，39s 后发生应变岩爆。试件 JPDL-II-2 卸载前的应力状态位于单轴抗压强度线之下，在卸载后竖向载荷集中过程中发生应变岩爆；试件 JPDL-II-4 卸载前的应力状态也位于单轴抗压强度线之下，在卸载后分段施加竖向载荷，在最后 1 次持续载荷集中过程中发生应变岩爆。

2. 岩爆释能特征

1）锦屏大理岩试件 JPDL-I-1

图 8.7 为锦屏大理岩试件 JPDL-I-1 应变岩爆实验应力-时间曲线及声发射参数特征。可以看出，初始加载阶段前 2 级加载时声发射撞击数率较高，后边的各级加载对应撞击数率比较低；从第 1 次卸载开始，基本每次卸载及恢复加载都会对应较高的声发射撞击数率；最后 1 次卸载及岩爆破坏时声发射撞击数率较高。能率随时间变化的特征与撞击数率相似。累计撞击数及累计释放能量随时间变化曲线在初始的前 2 次加载对应 2 次陡增，第 1 次加载最为明显；之后比较平稳，只是在每次恢复加载时对应一次较明显的台阶；在卸载后出现陡增，声发射累计能量释放曲线模式属于卸载单线陡增型，为瞬时岩爆。

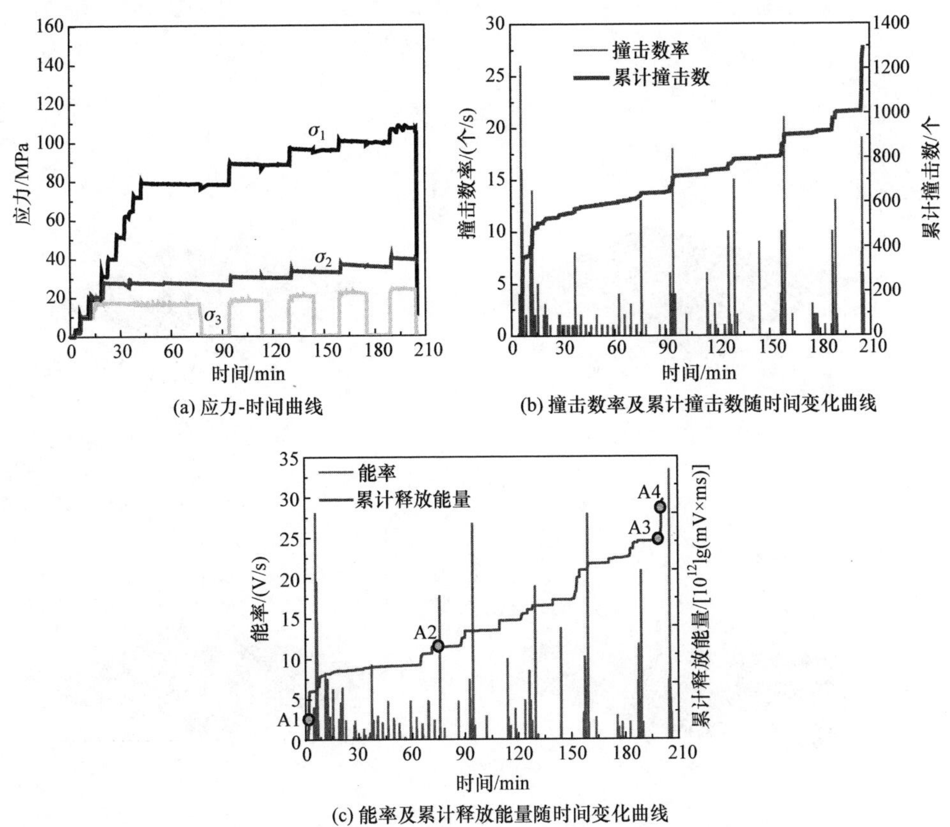

图 8.7 锦屏大理岩试件 JPDL-I-1 应变岩爆实验应力-时间曲线及声发射参数特征

选取实验过程中的四个关键阶段，分别为初始加载、第 5 次卸载、岩爆时刻及岩爆后，对这四个阶段产生的原始波形进行快速傅里叶变换，得到二维频谱，选取其中峰值频率对应的幅值绘制幅值-频率分布点图［见图 8.8(a)］；同时，选取四个关键阶段中的四个特征点：A1、A2、A3、A4［见图 8.7(c)］，对每个特征点处对应的原始波形进行短时傅里叶变换，得到三维频谱［见图 8.8(b)～(e)］。

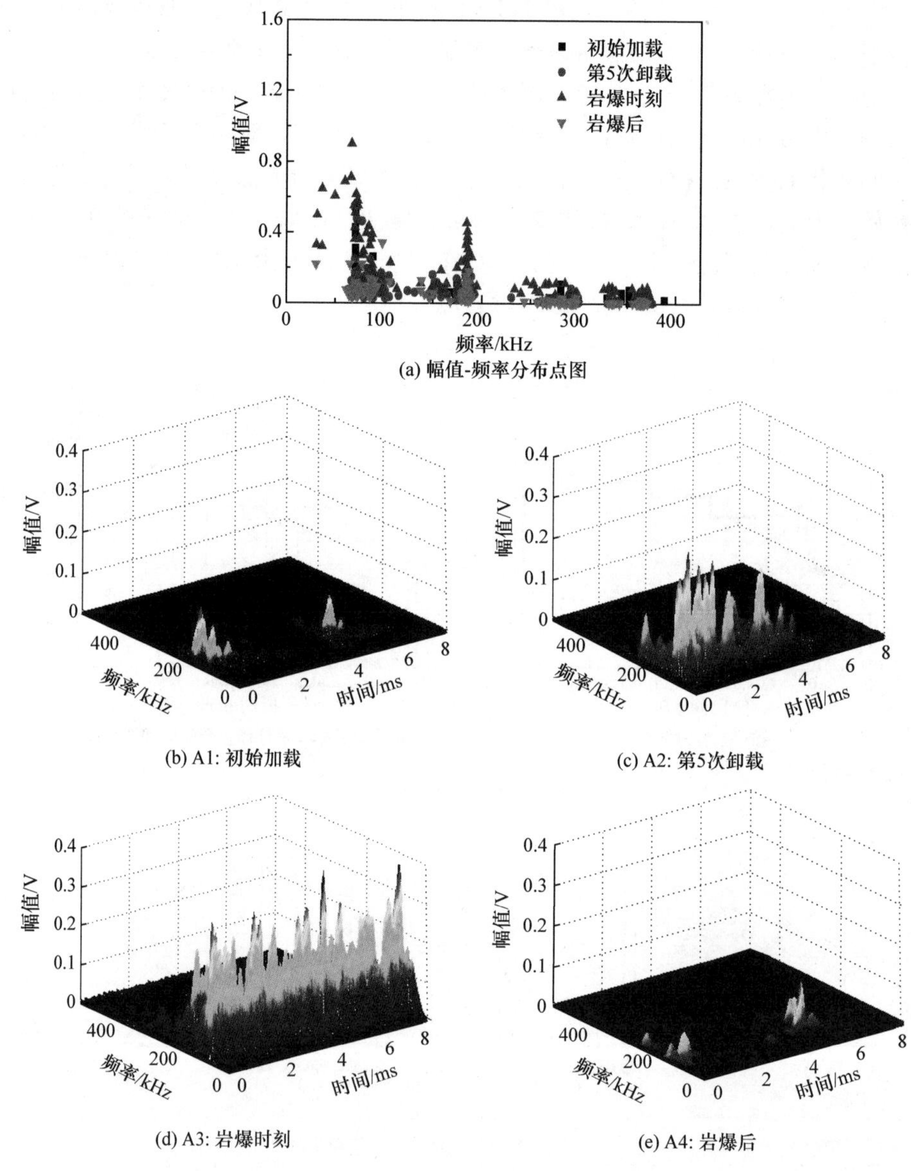

(a) 幅值-频率分布点图

(b) A1: 初始加载

(c) A2: 第5次卸载

(d) A3: 岩爆时刻

(e) A4: 岩爆后

图 8.8　锦屏大理岩试件 JPDL-I-1 应变岩爆声发射时频特征

由图 8.8(a)可以看出，主频位于 80kHz 附近，次主频位于 180kHz 附近，高频部分幅值较小。初始加载时，低频成分的幅值较高，主要产生大量的沿晶张裂纹，释放较低的能量；第 5 次卸载时，中低频成分的幅值较高，大于 0.3V 的数量较少，主要产生中小尺度的穿晶张裂纹及剪切裂纹，释放中低能量；岩爆时刻，不同频率的幅值都明显增大，低频成分幅值大于 0.3V 的较多，中频成分幅值范围为 0.1～0.5V，高频成分幅值比卸载时高，主要产生穿晶裂纹、穿沿耦合裂纹等，释放高能量；岩爆后，不同频率的幅值明显降低。

由三维频谱图 8.8(b)～(e)可以看出，四个特征点处典型波形在时间域上的频谱特征为：初始加载时的特征点 A1，波形低频成分的幅值较高，持续时间短；第 5 次卸载时的特征点 A2，波形频率分布域变宽，中低频成分的幅值增大，持续时间变长；岩爆时刻的特征点 A3，波形不同频率的幅值都明显增大，持续时间布满整个时间轴；岩爆后的特征点 A4，不同频率的幅值明显降低，且持续时间变短。

图 8.9 为锦屏大理岩试件 JPDL-I-1 应变岩爆碎屑微裂纹特征。可以看出，在方解石与白云石晶体间可见大量的沿晶裂纹，方解石晶体内有张性微裂纹。宏观沿晶剥离状裂纹比较普遍，在剥离状裂纹的末端及附近可见大量的微裂纹。

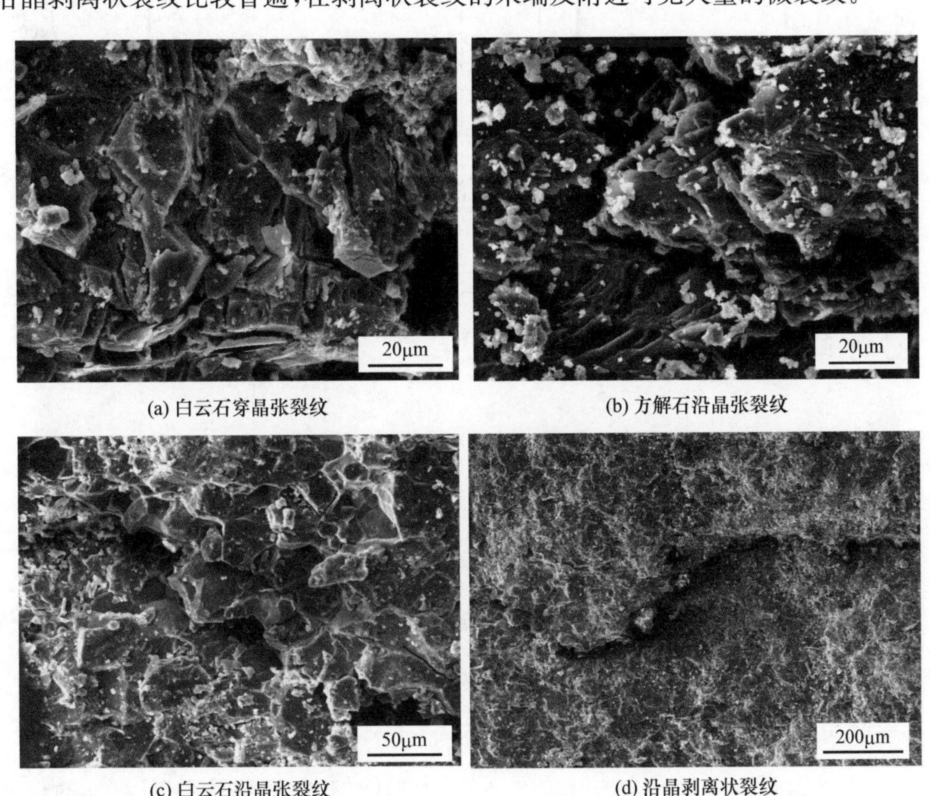

(a) 白云石穿晶张裂纹　(b) 方解石沿晶张裂纹

(c) 白云石沿晶张裂纹　(d) 沿晶剥离状裂纹

图 8.9　锦屏大理岩试件 JPDL-I-1 应变岩爆碎屑微裂纹特征

2）锦屏大理岩试件 JPDL-I-4

图 8.10 为锦屏大理岩试件 JPDL-I-4 应变岩爆实验应力-时间曲线及声发射参数特征。可以看出，初始加载阶段只有第 1 级加载时对应声发射撞击数率较高，之后的声发射撞击数率很小；初始加载完成后，在保持阶段出现两次较高的声发射撞击数率；卸载瞬间对应比较高的声发射撞击数率，对应试件在卸载后瞬间破坏。能率随时间变化特征与撞击数率的变化特征相似。累计撞击数与累计释放能量随时间变化曲线在第 1 级初始加载时出现 1 次陡增，在第 2 级初始加载时对应 1 次较明显的台阶；之后增长较平稳，直到在前述保持阶段对应较高撞击数率及能率处出现两次陡增；卸载后出现 1 次陡增，属于卸载单线陡增型。

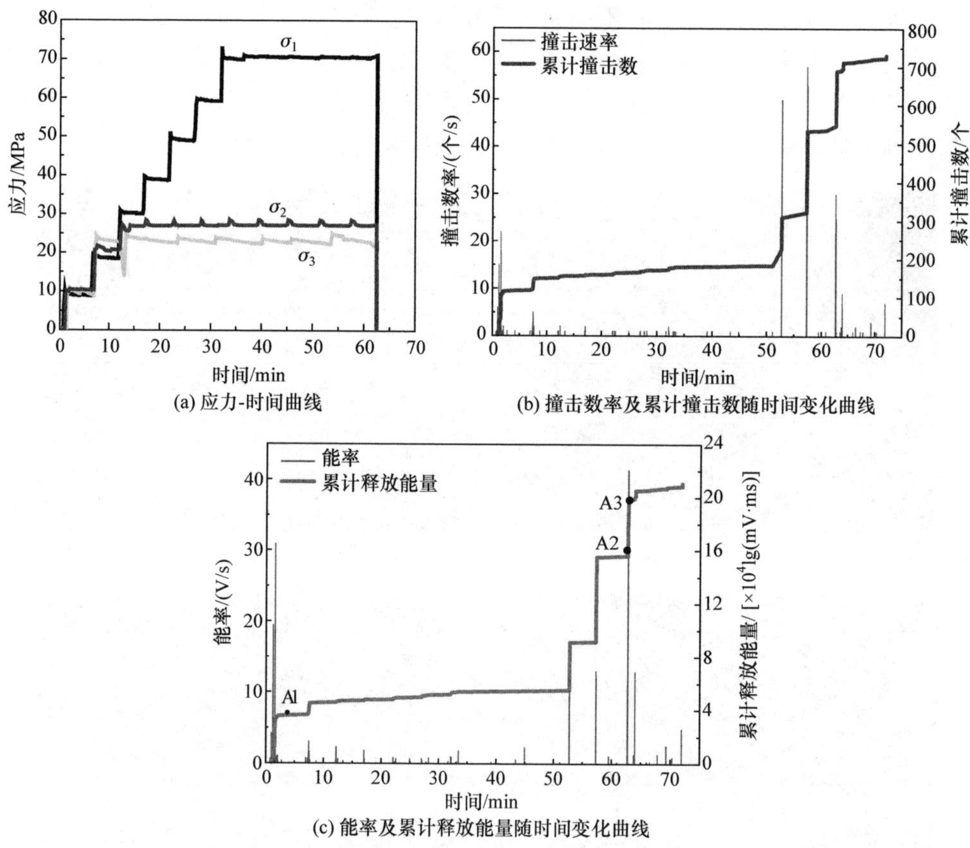

图 8.10 锦屏大理岩试件 JPDL-I-4 应变岩爆实验应力-时间曲线及声发射参数特征

选取实验过程中的三个关键阶段，分别为初始加载、卸载及岩爆时刻，对这三个阶段产生的原始波形进行快速傅里叶变换，得到二维频谱，选取其中峰值频率对应的幅值绘制幅值-频率分布点图［见图 8.11(a)］；同时，选取三个关键阶段中的三个特征点：A1、A2、A3［见图 8.10(c)］，对每个特征点处对应的原始波形进行短

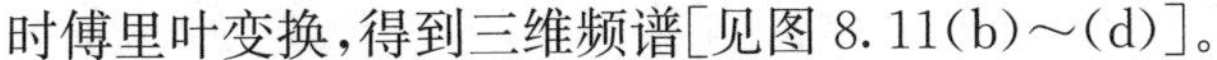
时傅里叶变换，得到三维频谱[见图 8.11(b)～(d)]。

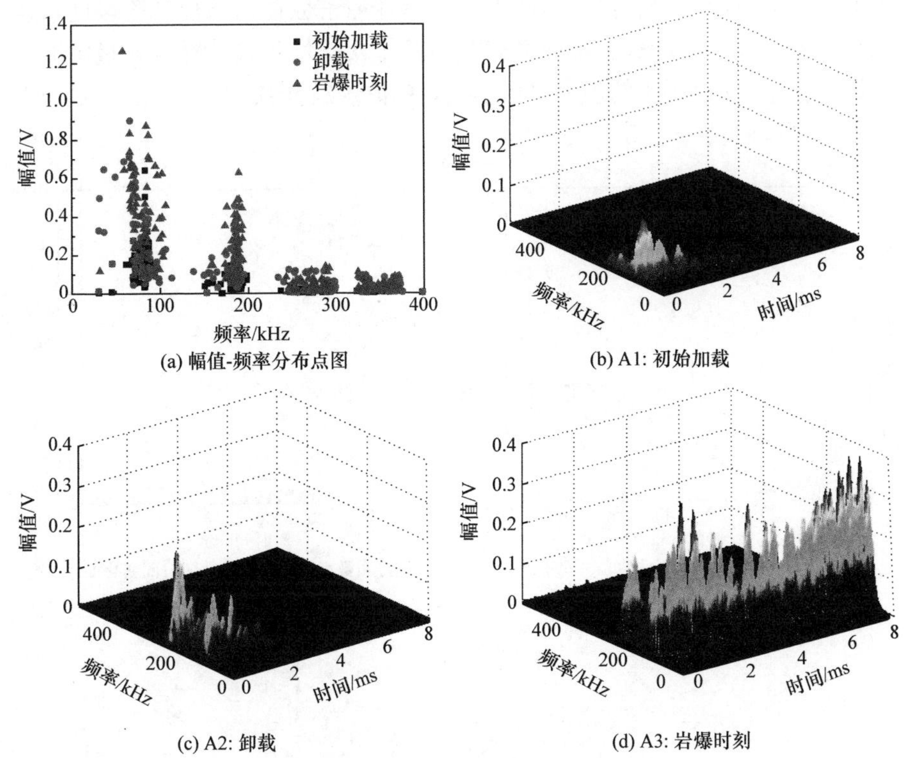

图 8.11　锦屏大理岩试件 JPDL-I-4 应变岩爆声发射时频特征

由图 8.11(a)可以看出，主频位于 70～80kHz，次主频位于 175～200kHz，高频部分幅值较小。初始加载时，主要为低频成分，幅值多介于 0.1～0.3V，主要产生沿晶张裂纹，释放较低的能量；卸载时，中低频成分的幅值都有所增加，主要产生中小尺度的穿晶张裂纹及剪切裂纹，释放中低能量；岩爆时刻，不同频率的幅值都明显增大，主要产生穿晶裂纹、穿沿耦合裂纹等，释放高能量。

由三维频谱图 8.11(b)～(d)可以看出，三个特征点处典型波形在时间域上的频谱特征为：初始加载时的特征点 A1，波形低频成分的幅值较高，持续时间短；卸载时的特征点 A2，波形频率分布域变宽，中低频成分的幅值增大，持续时间变长；岩爆时刻的特征点 A3，波形不同频率的幅值都明显增大，持续时间布满整个时间轴。

3）锦屏大理岩试件 JPDL-II-2

图 8.12 为锦屏大理岩试件 JPDL-II-2 应变岩爆实验应力-时间曲线及声发射参数特征。可以看出，初始加载阶段总体上声发射撞击数率较低，只在最后 2 级加载时撞击数率稍高一些；保持阶段撞击数率很小；卸载及轴向加载瞬间对应很高的

声发射撞击数率。能率在卸载之前一直较低，与撞击数率相似，在卸载及轴向加载瞬间对应很高的能率，岩石试件瞬间破坏。累计撞击数在初始加载阶段随每次加载呈现台阶式递增，在卸载及轴向加载时出现 1 次陡增。累计释放能量随时间变化曲线在卸载之前以很小的斜率平缓递增，在卸载及轴向加载后出现一次陡增，属于卸载单线陡增型。

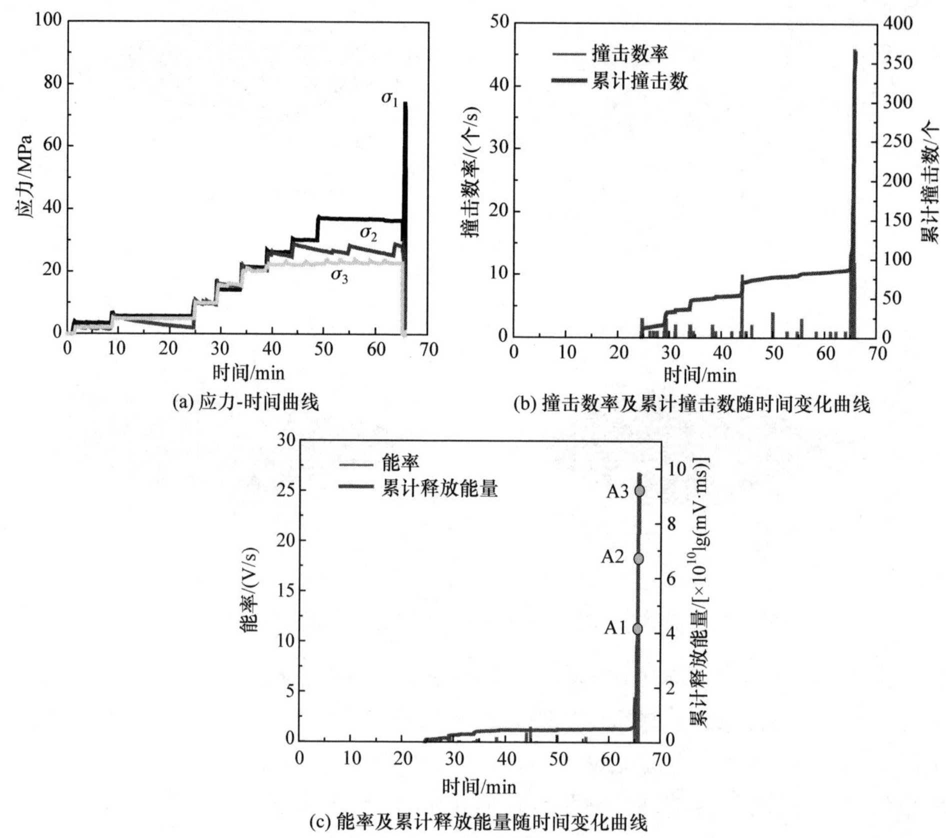

图 8.12　锦屏大理岩试件 JPDL-II-2 应变岩爆实验应力-时间曲线及声发射参数特征

选取实验过程中的三个关键阶段，分别为卸载、轴向加载及岩爆时刻，对这三个阶段产生的原始波形进行快速傅里叶变换，得到二维频谱，选取其中峰值频率对应的幅值绘制幅值-频率分布点图［见图 8.13(a)］；同时，选取三个关键阶段中的三个特征点：A1、A2、A3［见图 8.12(c)］，对每个特征点处对应的原始波形进行短时傅里叶变换，得到三维频谱［见图 8.13(b)～(d)］。

由图 8.13(a)可以看出，小于 200kHz 的主频有两个，主要位于 50～90kHz 和 180kHz 附近，幅值较高，大于 200kHz 的频率对应幅值相对较小，也有两个主要的分布区间，分别为 250～300kHz 和 330～370kHz。卸载时，低频成分的幅值多位

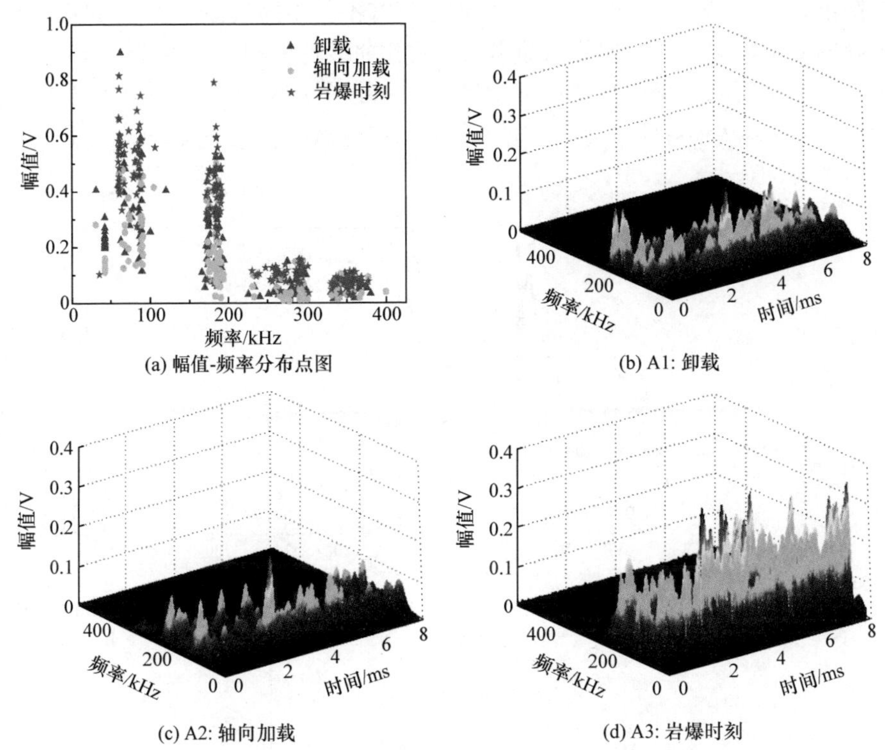

图 8.13　锦屏大理岩试件 JPDL-II-2 应变岩爆声发射时频特征

于 0.3V 附近，高频成分的幅值多位于 0.1V 附近，主要产生沿晶张裂纹，释放较低能量；轴向加载时，低频成分的幅值多降低到 0.3V 以下，而高频成分的幅值也多降低到 0.1V 以下；岩爆时刻，低频成分的幅值多增加到 0.3V 以上，高频成分的幅值也有所增加，多位于 0.1～0.2V，主要产生穿晶裂纹、穿沿耦合裂纹等，释放高能量。

由三维频谱图 8.13(b)～(d)可以看出，三个特征点处典型波形在时间域上的频谱特征为：卸载时的特征点 A1，波形低频成分的幅值较高，持续时间长，基本布满整个时间轴；轴向加载时的特征点 A2，波形频率分布域变宽，高频成分的幅值增大而中低频成分的幅值有所减少，持续时间长，基本布满整个时间轴；岩爆时刻的特征点 A3，波形不同频率的幅值都明显增大，持续时间布满整个时间轴。

4）锦屏大理岩试件 JPDL-II-4

图 8.14 为锦屏大理岩试件 JPDL-II-4 应变岩爆实验应力-时间曲线及声发射参数特征。可以看出，初始加载阶段只在第 1 级加载时对应较高的撞击数率，之后基本无事件数，直到卸载时对应略高的撞击数率；之后又较长时间内基本无事件数，直到竖向载荷由 48MPa 集中至 64MPa 时及集中完成后约 150min 时对应较明

显的撞击数率;从匀速增加载荷开始出现些许并不是太高的撞击数率,在破坏时对应极高的撞击数率。能率曲线与撞击数率变化曲线特征相似。累计撞击数及累计释放能量随时间的变化曲线在初始加载时有一陡增,卸载时对应一较明显的台阶,之后增长斜率很小,一直到匀速增加载荷开始以较高的斜率增长,在破坏瞬间出现陡增。

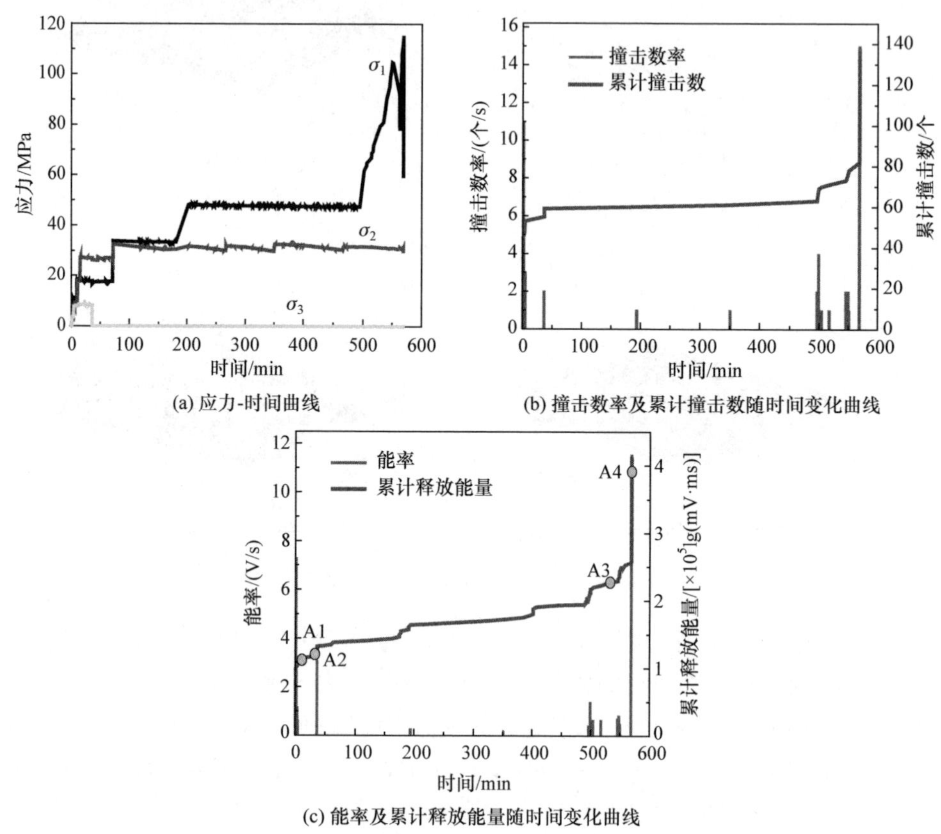

图 8.14 锦屏大理岩试件 JPDL-II-4 应变岩爆实验应力-时间曲线及声发射参数特征

选取实验过程中的四个关键阶段,分别为初始加载、卸载、匀速加载及岩爆时刻,选取四个关键阶段中的四个特征点:A1、A2、A3、A4[见图 8.14(c)],对每个特征点处对应的原始波形进行短时傅里叶变换,得到三维频谱[见图 8.15(a)～(d)]。

由三维频谱图 8.15(a)～(d)可以看出,四个特征点处典型波形在时间域上的频谱特征为:初始加载时的特征点 A1,波形低频成分的幅值较明显,持续时间较长;卸载时的特征点 A2,波形频率分布域变宽,尤其是中高频成分的幅值有所增大,持续时间较长;匀速加载时的特征点 A3,波形低频成分的幅值显著增大,但持续时间变短;岩爆时刻的特征点 A4,波形不同频率的幅值都明显增大,持续时间布满整个时间轴。

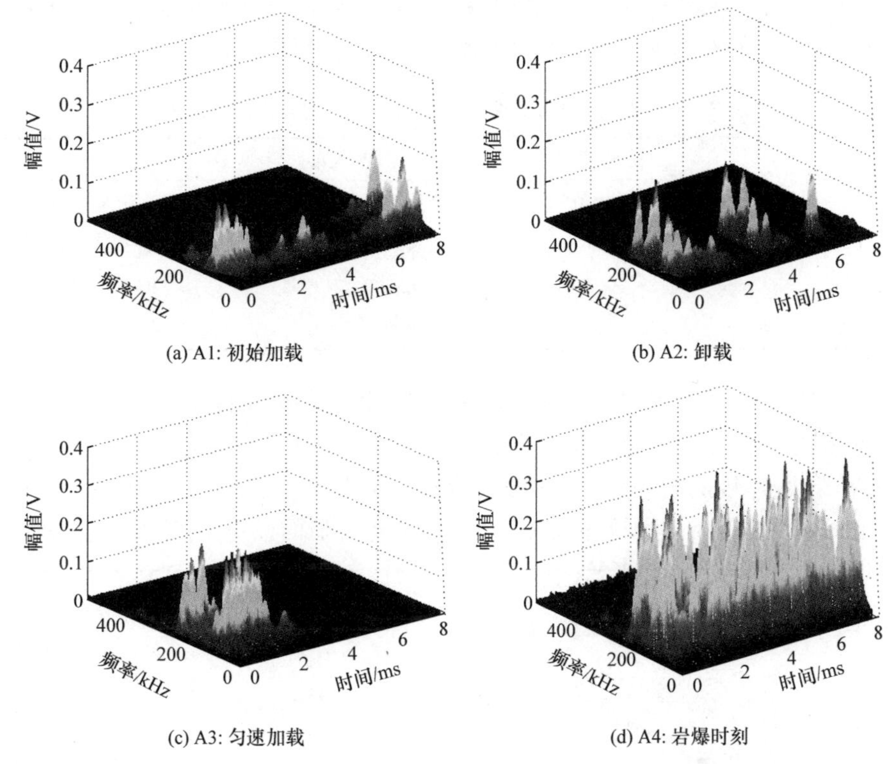

(a) A1: 初始加载　(b) A2: 卸载

(c) A3: 匀速加载　(d) A4: 岩爆时刻

图 8.15 锦屏大理岩试件 JPDL-II-4 应变岩爆声发射时频特征

3. 岩爆碎屑尺度特征

为了对锦屏大理岩试件应变岩爆碎屑尺度分布特征进行分析，对最长方向大于 5mm 的碎屑进行三个方向的测量。测量时为统一标准，取相应方向的最大长度进行测量，共统计了 3 个试件，测量结果如表 8.17 所示。测量的岩爆碎屑最小厚度为 0.98mm。

表 8.17 锦屏大理岩试件应变岩爆碎屑尺寸

试件编号	数量	长度/mm	宽度/mm	厚度/mm
		最小值～最大值(平均值)	最小值～最大值(平均值)	最小值～最大值(平均值)
JPDL-I-1	51	6.28～148.54(21.03)	3.22～61.40(12.35)	0.98～28.98(3.66)
JPDL-I-2	45	5.88～148.68(20.95)	5.02～59.08(12.95)	1.28～19.86(3.87)
JPDL-II-2	274	5.12～70.30(16.57)	4.06～60.18(10.79)	1.12～19.82(3.73)

表 8.18 为锦屏大理岩试件应变岩爆碎屑不同方向的尺度比值。可以看出，锦屏大理岩试件应变岩爆实验碎屑的长度/厚度的平均值与宽度/厚度的平均值均明

显大于长度/宽度的平均值，这就表明应变岩爆碎屑在厚度上明显小于长度或宽度，也就表明锦屏大理岩试件应变岩爆碎屑具有明显的片状或板状特征。

表 8.18　锦屏大理岩试件应变岩爆碎屑不同方向尺度比值

试件编号	数量	长度/厚度	长度/宽度	宽度/厚度
		最小值～最大值(平均值)	最小值～最大值(平均值)	最小值～最大值(平均值)
JPDL-I-1	51	2.70～11.67(6.06)	1.08～3.64(1.84)	1.18～8.03(3.44)
JPDL-I-2	45	3.02～10.71(4.95)	1.00～2.75(1.55)	1.69～5.17(3.23)
JPDL-II-2	274	1.28～14.80(4.90)	1.00～4.54(1.64)	1.01～9.82(3.14)

图 8.16 为锦屏大理岩试件应变岩爆碎屑尺度比值分布特征，其中横坐标是碎屑数量，纵坐标是三个方向的尺度比值，按长度/厚度从小到大进行排列。可以看出，随着长度/厚度的增大，宽度/厚度也有振荡增大的趋势，但长度/宽度基本在某个值附近小幅振荡。这种特征也表明了应变岩爆碎屑的板片状特征。岩爆破坏突

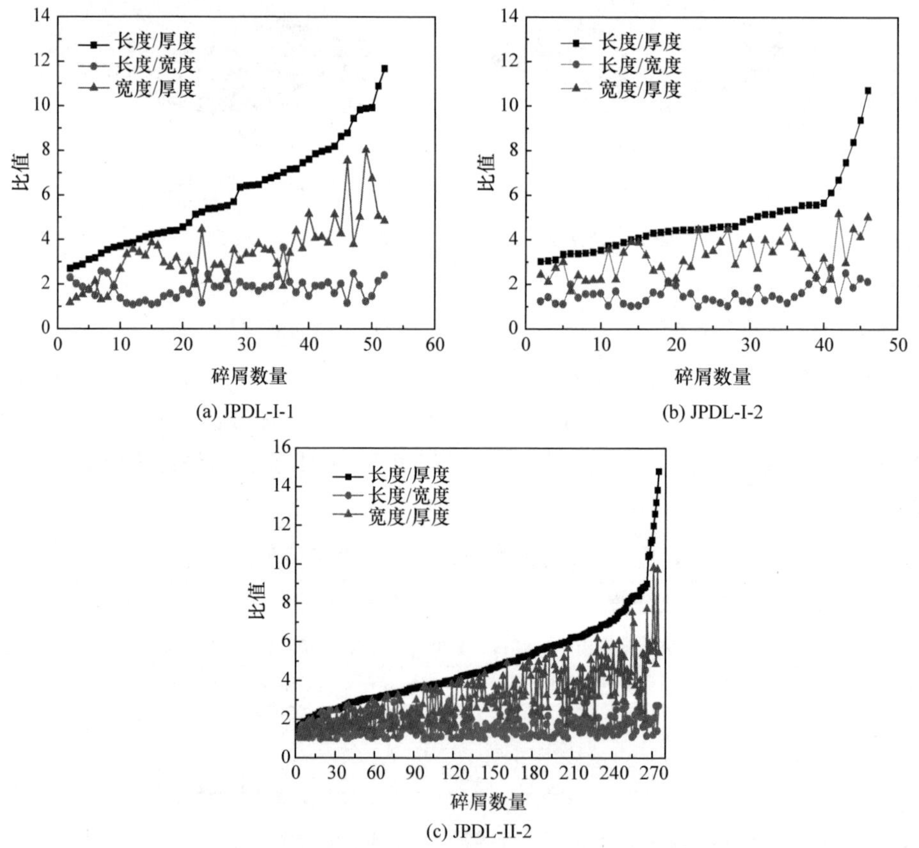

图 8.16　锦屏大理岩试件应变岩爆碎屑尺度比值分布特征

出表现了瞬间内能及变形能量转化为动能的过程。应变岩爆实验有三向加载的能量积聚过程，又有单面卸载产生临空面的边界条件，有利于破坏的碎片沿临空面运动，最先弹射的碎块最薄。

8.2.4　岩爆可能性分析

1. 岩爆可能性判定

根据 X 射线衍射分析结果，锦屏 I 级水电站和 II 级水电站的大理岩全岩矿物成分含量及黏土矿物成分含量如表 8.19 和表 8.20 所示。

表 8.19　锦屏大理岩试件全岩矿物成分

取样地点(埋深)	矿物成分含量/%			
	石英	方解石	白云石	黏土矿物
锦屏 I 级水电站地下厂房(500m)	—	83.9	2.0	14.1
锦屏 II 级水电站引水隧洞(1200m)	0.4	47.4	20.6	31.6

表 8.20　锦屏大理岩试件黏土矿物成分

取样地点(埋深)	黏土矿物成分含量/%						混层比	
	S	I/S	I	K	C	C/S	I/S	C/S
锦屏 I 级水电站地下厂房(500m)	—	—	40	—	60	—	—	—
锦屏 II 级水电站引水隧洞(1200m)	—	—	12	—	88	—	—	—

注：S 表示蒙皂石类；I/S 表示伊蒙混层；I 表示伊利石；K 表示高岭石；C 表示绿泥石；C/S 表示绿蒙混层。

大理岩主要由方解石组成。锦屏 I 级水电站大理岩黏土矿物含量为 14.1%，锦屏 II 级水电站大理岩黏土矿物含量为 31.6%。根据黏土矿物含量，锦屏 II 级水电站大理岩发生岩爆的可能性不大。

锦屏 I 级水电站大理岩的 4 个试件应变岩爆实验结果表明，该种岩石没有发生明显的岩爆，其破坏形式主要是片状剥离及剪切破坏；锦屏 II 级水电站大理岩的 2 个试件应变岩爆表现为局部的片状剥离及剪切破坏。从总体上看，大理岩的岩爆破坏特征并不是很明显，现场的岩爆主要是轻微及中等岩爆，破坏形式以片状及板状剥离为主。

2. 岩爆临界深度

根据不同试件的应力组合，结合现场应力和开挖的影响及现场发生岩爆的临界深度，可以确定折减系数。根据现场岩爆发生记录，岩爆发生的临界深度在西端为 860m，在东端为 1600m。I 级水电站在硐室开挖过程中没有发生岩爆破坏的迹象，因此根据锦屏 II 级水电站的应变岩爆实验结果计算折减系数。

表 8.21 中的结果显示，根据室内实验结果进行现场岩爆临界深度预测时，其折减系数为 0.7～0.8，可以取 0.75。

表 8.21　锦屏大理岩试件应变岩爆临界深度

取样地点（埋深）	试件编号	临界深度计算应力 σ_1/MPa	临界深度 H_{cs}/m	现场岩爆临界深度 H_{ch}/m	折减系数	岩爆应力条件
锦屏 II 级水电站引水隧洞(1200m)	JPDL-I-1	107	2000	1600	0.8	现场工程应力
	JPDL-I-2	125	2300	1600	0.7	

关于岩爆的临界深度计算公式见式(8.1)，若单轴抗压强度为 100MPa，泊松比为 0.25，上覆岩体容重为 28kN/m^3，则岩爆临界深度为 420m，数值偏小。

综上所述，对锦屏 I 级水电站和 II 级水电站的大理岩进行了应变岩爆实验，利用岩爆评价方法进行了岩爆可能性和岩爆临界深度的计算，并与实际发生的岩爆进行比较，得出了岩爆临界深度折减系数。由于黏土矿物含量较高，岩爆破坏不明显。

8.3　加拿大克瑞顿矿花岗岩及加森矿橄榄岩岩爆

8.3.1　岩样基本情况

1. 成分组成

对克瑞顿矿花岗岩及加森矿橄榄岩分别进行矿物成分分析，结果如表 8.22 所示。克瑞顿矿花岗岩主要由石英、钾长石和斜长石组成；加森矿橄榄岩主要由斜长石、方解石及白云石组成，黏土矿物含量为 7.1%。

表 8.22　克瑞顿矿花岗岩及加森矿橄榄岩试件全岩矿物成分

岩性	矿物成分含量/%								
	石英	钾长石	斜长石	方解石	白云石	黄铁矿	菱铁矿	非晶态碳	黏土矿物
花岗岩	39.1	35.7	25.2	—	—	—	—	—	—
橄榄岩	—	—	78.7	8.4	5.8	—	—	—	7.1

2. 结构特征

对克瑞顿矿花岗岩试件及加森矿橄榄岩试件进行 SEM 扫描，其微观图片如

图 8.17 和图 8.18 所示。

1）克瑞顿矿花岗岩试件 SEM 图

从图 8.17(a)可以看到石英晶体表面有贝壳状断口；从图 8.17(b)可以看到片状云母聚集；从图 8.17(c)可以看到辉石颗粒黏结；从图 8.17(d)可以看到石英晶体黏结紧密，并存在有较大的裂缝。

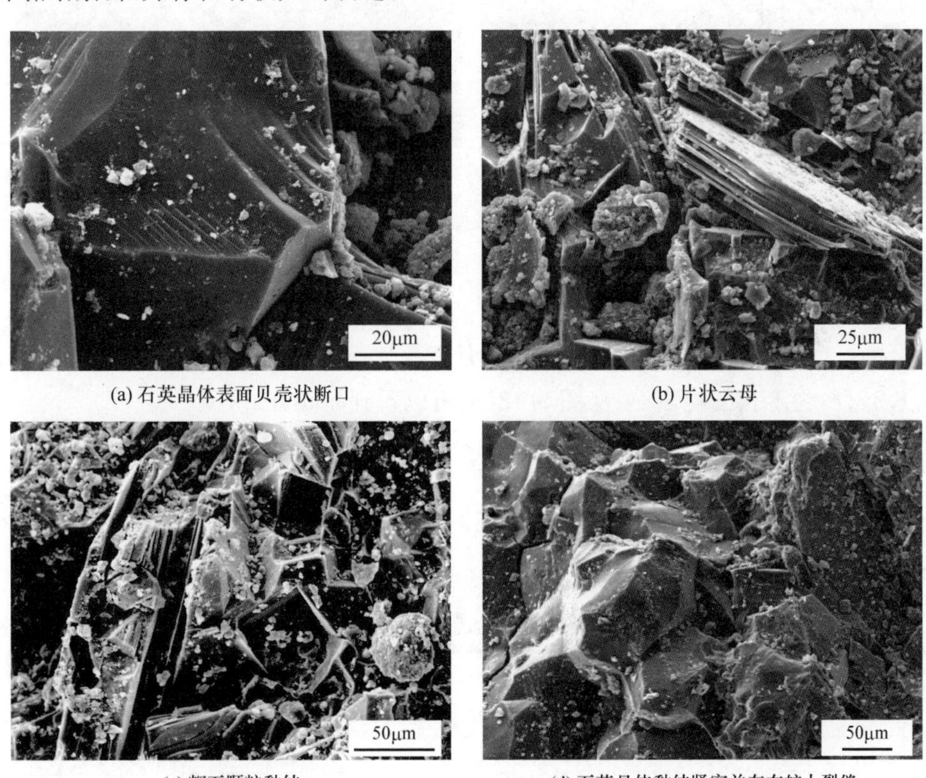

(a) 石英晶体表面贝壳状断口　(b) 片状云母

(c) 辉石颗粒黏结　(d) 石英晶体黏结紧密并存在较大裂缝

图 8.17　克瑞顿矿花岗岩试件应变岩爆实验前 SEM 图

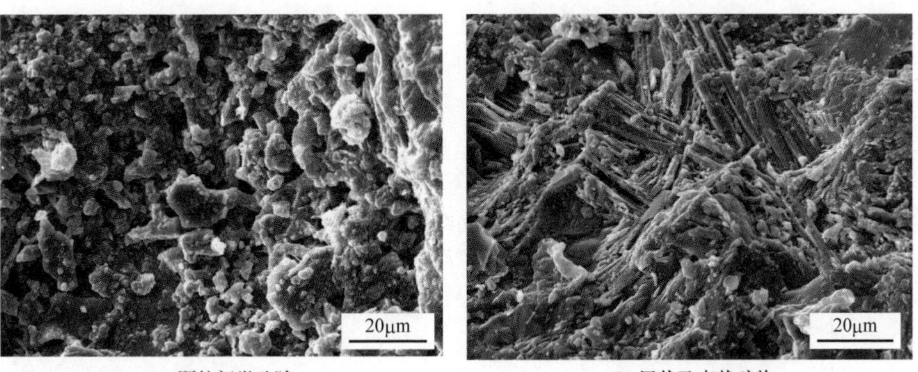

(a) 颗粒间微孔隙　(b) 层状及束状矿物

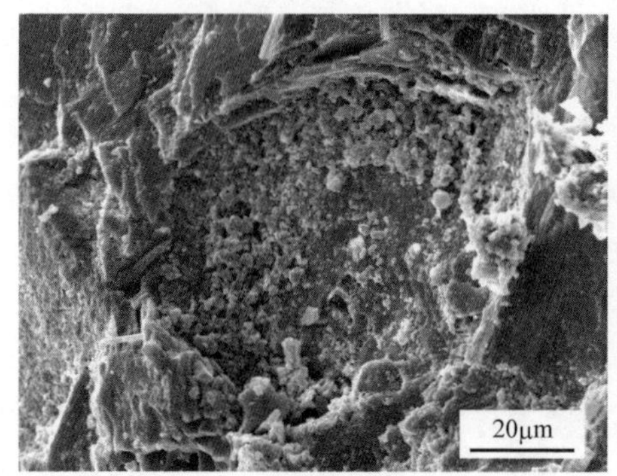

(c) 溶孔细粒填充

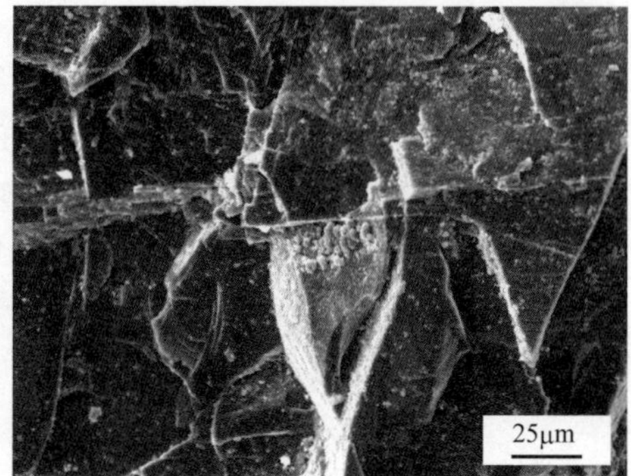

(d) 晶间方解石填充

图 8.18　加森矿橄榄岩试件应变岩爆实验前 SEM 图

2）加森矿橄榄岩试件 SEM 图

从图 8.18(a)可以看到微孔隙，填充的小颗粒成分几乎不同，并且颗粒间孔隙较多较大，石英晶体表面有贝壳状断口；从图 8.18(b)可以看到层状及束状矿物；图 8.18(c)为溶孔细粒填充；从图 8.18(d)可以看到晶间方解石填充。

3. 基本物理力学参数

克瑞顿矿花岗岩及加森矿橄榄岩试件基本物理及力学参数如表 8.23 和表 8.24 所示。

表 8.23　克瑞顿矿花岗岩及加森矿橄榄岩试件基本物理参数

试件编号	岩性	试件尺寸 /(mm×mm×mm)	密度/(g/cm³)	纵波波速/(m/s)
CHG-I-1	花岗岩	100.73×41.49×20.65	2.63	3312.1
CHG-I-2		97.87×41.95×20.58	2.66	3500.7
CHG-I-3		110.51×40.74×21.83	2.40	4531.5
CHG-II-1		100.60×40.60×21.83	2.74	3366.4
CHG-II-2		99.75×41.55×20.49	2.60	4001.8
CGL-I-1	橄榄岩	100.65×40.37×21.31	3.02	5299.0
CGL-II-1		100.53×40.32×21.85	3.00	5807.8

表 8.24　克瑞顿矿花岗岩及加森矿橄榄岩试件基本力学参数

试件编号	单轴抗压强度 σ_c/MPa	弹性模量 E/GPa	泊松比 μ
CHG-U-1	122.4	27.4	0.22
CGL-U-1	115	74.1	0.20

克瑞顿矿曾经有埋深 700m 矿柱发生过岩爆。之后，在埋深 1200m 位置曾发生过应变岩爆，在埋深 2000m 位置曾发生过爆破诱发的岩爆。从总体的岩爆统计来看，该矿大部分岩爆的发生与矿柱有关，大部分的应变岩爆则受到地质构造的影响[11]。加森矿在 2006～2008 年发生过 9 次岩爆，主要发生在埋深 1400～1550m 位置[12]。

8.3.2　岩爆物理模拟实验

1. 实验过程及破坏特征

岩爆破坏特征不同，其破坏形式有局部爆裂和全面爆裂，岩爆的强烈程度及声发射特征也明显不同。岩爆破坏过程的主要特征如下。

克瑞顿矿花岗岩试件 CHG-I-1 第 5 次卸载时发现试件的左上侧紧邻试件的边部出现裂纹，在出现裂纹时有试件开裂的声音，声发射事件数增加；在第 9 次卸载时声发射事件数很多，卸载后 17min，声发射事件数突然增加，有试件开裂的声音，在试件的右下部出现圆弧状的裂纹，约 20mm；第 11 次卸载后试件有开裂的声音，但试件基本稳定；第 12 次卸载后约 15s，从卸载面下部首先有极小的颗粒弹射，此时伴随试件间断开裂的声音，约 3s 后卸载面的下部有片状的碎屑弹射。破坏前的应力状态为 255.5MPa/55.7MPa/0MPa，破坏后为 32.4MPa/49.6MPa/0MPa。

克瑞顿矿花岗岩试件 CHG-I-2 第 3 次卸载后卸载面中上部右侧出现碎屑剥离，下部出现一条斜裂纹；第 7 次卸载后声发射事件数剧烈增加，与平稳期交替发生，但总体上呈急剧增加趋势，并在过程中出现数次声响；在卸载 75min 后发生岩爆(应力调整过程中最大主应力有所变化)，卸载面中部出现片状碎屑折断弹射，其中一片岩石碎屑飞离试件 9m，此次岩爆为滞后型。破坏前的应力状态为 282.1MPa/93.3MPa/0MPa，破坏后为 233.0MPa/91.7MPa/0MPa。

克瑞顿矿花岗岩试件 CHG-I-3 在初始加载过程中有声发射信号，至第 4 级加载仍有试件开裂的声音，但是声发射事件数不多；而第 1 次卸载后，试件基本稳定，没有试件开裂的声音，在恢复加载过程中无试件开裂的声音，声发射事件数较少。第 2 次卸载后声发射事件数频繁，有试件开裂的声音，试件很快从顶部开始发生失稳破坏。破坏前的应力状态为 105.3MPa/50.4MPa/23.2MPa，破坏后为 99.9MPa/49.2MPa/0MPa。

克瑞顿矿花岗岩试件 CHG-II-1 第 1 次卸载前及恢复加载后基本稳定，在恢复加载过程中有试件开裂的声音，声发射事件数较频繁；第 2 次卸载后声发射事件数频繁，有试件开裂的声音，但声发射事件数很快趋于平静；第 2 次增加竖向载荷至设计值后，有试件开裂的声音，约 2min 40s 后从卸载面底部破坏。破坏前的应力状态为 129.0MPa/54.1MPa/0MPa，破坏后为 53.5MPa/52.9MPa/0MPa。

克瑞顿矿花岗岩试件 CHG-II-2 第 1 次卸载后试件表面出现三条横向裂纹，竖向加载时声发射事件数较频繁；第 2 次竖向集中加载后约 2min 有试件开裂的声音；第 3 次卸载后约 13s 开始竖向加载过程中约 14s 发生岩爆。卸载面发生岩片沿第 1 次卸载后产生的两条横向裂纹折断，中间片状碎屑剥离后弹射，上部剪开，伴随有试件开裂的声音。破坏前的应力状态为 101.5MPa/63.2MPa/0MPa，破坏后为 62.3MPa/7.9MPa/0MPa。

加森矿橄榄岩试件 CGL-I-1 在第 4 次卸载后声发射事件数频繁，并伴随有试件开裂的声音。卸载后约 4min 观测到卸载面左下角向斜上方有一条斜裂纹；第 4 次卸载后 12min 左右有试件开裂的声音；第 4 次卸载后 24min 左右卸载面发生碎屑颗粒弹射破坏，为滞后型。破坏前的应力状态为 139.7MPa/56.7MPa/0MPa，破坏后为 4.8MPa/56.2MPa/0MPa。

加森矿橄榄岩试件 CGL-II-1 在完成第 1 次卸载后，声发射活动较频繁，施加竖向载荷的过程中有试件连续开裂的声音，约 2min 30s 时卸载面右上角有片状岩石碎屑剥离，并伴有开裂试件的声音。在第 2～4 次卸载后施加竖向载荷的过程中声发射事件数增多，而竖向载荷加载完成后声发射信号又趋于平静，在第 3～4 次卸载后均有试件开裂的声音。在第 5 次竖向载荷加载完成后有连续试件开裂的声音，并发生应变岩爆。破坏前的应力状态为 109.0MPa/67.8MPa/0MPa，破坏后为 11.9MPa/7.3MPa/0MPa。

图 8.19 为克瑞顿矿花岗岩试件和加森矿橄榄岩试件 Hoek-Brown 强度准则机理图，图中水平虚线为岩石单轴抗压强度，所用的单轴抗压强度值取用完整花岗岩和橄榄岩的单轴强度值 122MPa 及 234MPa，根据 Hoek 和 Brown[10] 提出的岩体质量和经验常数之间关系表，取 m＝25，s＝1。图 8.19 中 $k_0=\sigma_1/\sigma_3$。

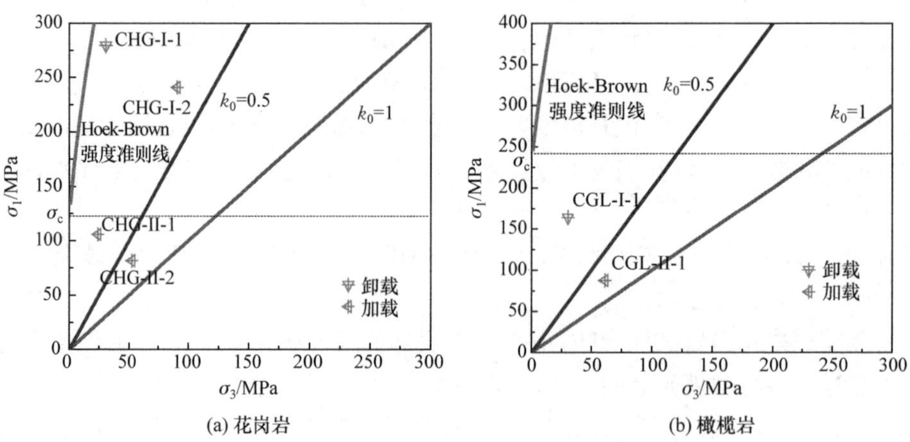

图 8.19 克瑞顿矿花岗岩试件和加森矿橄榄岩试件 Hoek-Brown 强度准则机理图

对照各个试件发生岩爆的临界应力点在图中的位置及其发生岩爆破坏的特征，可以看出，克瑞顿矿花岗岩试件 CHG-I-1 发生岩爆前的临界应力状态落在单轴抗压强度线上方，卸载后 15s 即出现颗粒弹射，18s 时试件下方有片状碎屑弹射，属于瞬时岩爆；克瑞顿矿花岗岩试件 CHG-I-2 发生岩爆前的临界应力状态落在单轴抗压强度线上方，岩爆发生在竖向载荷增加的过程中，试件侧面有一明显的斜向裂纹；克瑞顿矿花岗岩试件 CHG-I-3 发生失稳破坏，故未统计；克瑞顿矿花岗岩试件 CHG-II-1 发生岩爆前的临界应力状态落在单轴抗压强度线下方，其岩爆发生在卸载后集中竖直方向载荷之后 2min 40s，属于典型的滞后岩爆；克瑞顿矿花岗岩试件 CHG-II-2 发生岩爆前的临界应力状态落在单轴抗压强度线下方，但其破坏后的应力状态也并未突破 Hoek-Brown 强度准则线，发生岩爆的时间在卸载后集中竖向载荷的过程中，这可能是由于该岩样侧面及背面有贯通裂纹有关；橄榄岩试件 CGL-I-1 和 CGL-II-1 发生应变岩爆前的临界应力均位于单轴抗压强度线下方。

2. 岩爆释能特征

1）克瑞顿矿花岗岩试件 CHG-II-1

图 8.20 为克瑞顿矿花岗岩试件 CHG-II-1 应变岩爆应力-时间曲线及声发射参数特征。可以看出，初始加载时声发射撞击数率较高，对应每级加载均有明显声发射信号发生，但依次减少，最后 1 次初始加载后声发射撞击数率较高，保持阶段撞击数较少；卸载后竖向集中加载及卸载面恢复加载时对应撞击数率较高，破坏时撞击数率达到最高。但是初始加载过程中能率并不是太高，最后 1 次初始加载后对应能率较高，保持阶段能率较低，其后能率随时间变化特征与撞击数率变化特征类似，岩爆时能率达到最高。声发射累计释放能量曲线属于卸载双陡一缓型，“双陡”分别对应第 2 次卸载及应变岩爆，“一缓”对应卸载至应变岩爆发生之前的阶段。

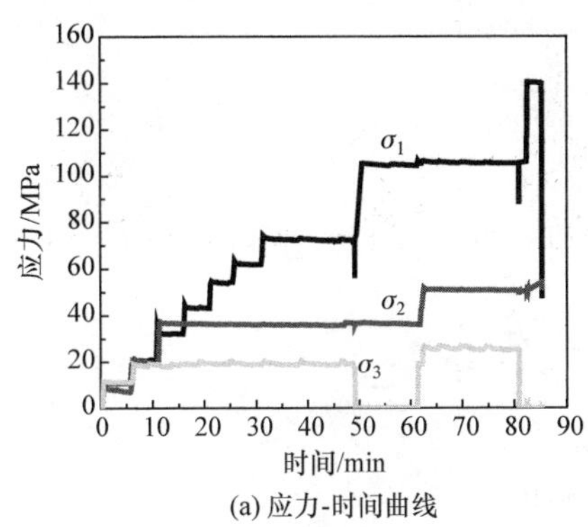

(a) 应力-时间曲线

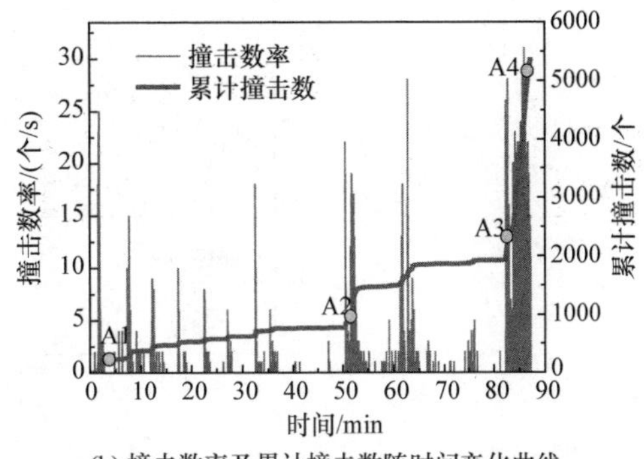

(b) 撞击数率及累计撞击数随时间变化曲线

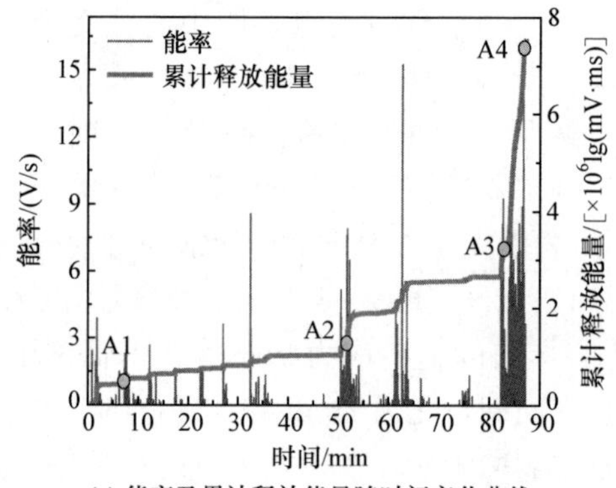

(c) 能率及累计释放能量随时间变化曲线

图 8.20 克瑞顿矿花岗岩试件 CHG-II-1 应变岩爆实验应力-时间曲线及声发射参数特征

选取实验过程中的四个关键阶段，分别为初始加载、第 1 次轴向加载、第 2 次轴向加载及岩爆时刻，对这四个阶段产生的原始波形进行快速傅里叶变换，得到二维频谱，选取其中峰值频率对应的幅值绘制幅值-频率分布点图［见图 8.21(a)］；同时，选取四个关键阶段中的四个特征点：A1、A2、A3、A4［见图 8.20(c)］，对每个特征点处对应的原始波形进行短时傅里叶变换，得到三维频谱［见图 8.21(b)～(e)］。

由图 8.21(a)可以看出，小于 200kHz 的主频有两个，主要位于 60～100kHz 和 180～200kHz，幅值较高，大于 200kHz 的频率对应幅值相对较小，也有两个主要的分布区间，分别为 275kHz～300kHz 和 350～370kHz。初始加载时，中低频成分的幅值主要位于 0.3V 以下，主要产生微张裂纹，释放较低能量；第 1 次和第 2 次轴向加载时，低频成分的幅值有所降低，而中高频成分的幅值有所增加；岩爆时刻，中低频成分的幅值升高到 0.3～0.5V，部分高频成分的幅值达到 0.1～0.2V，主要产生剪切穿晶裂纹，释放高能量。

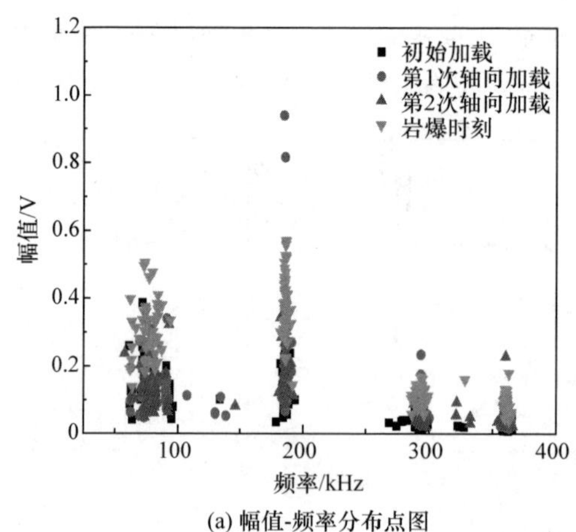

(a) 幅值-频率分布点图

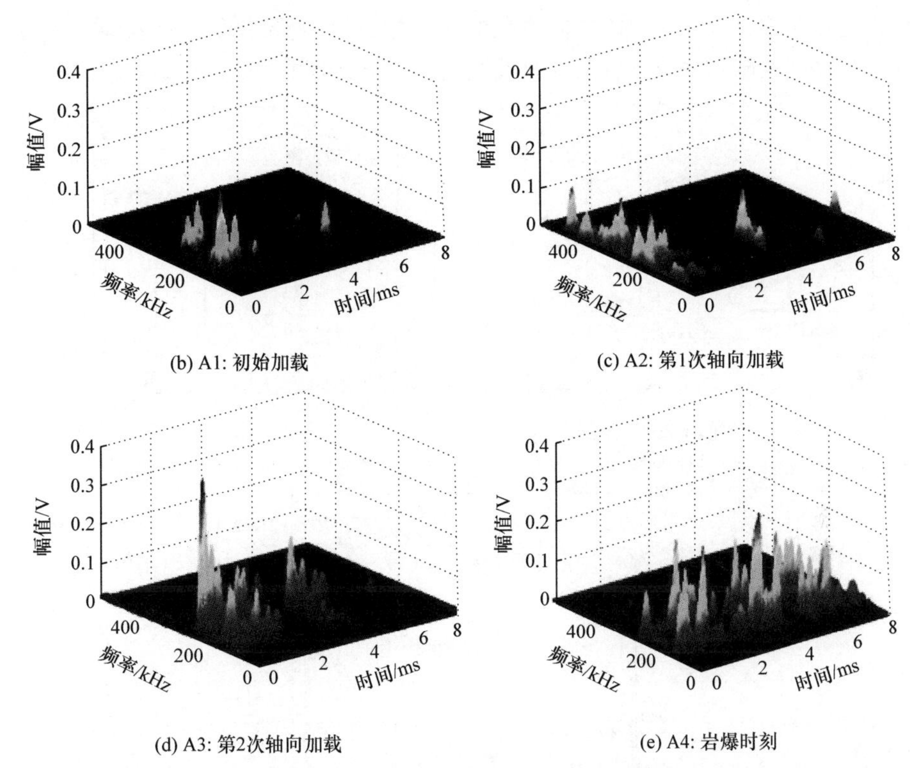

图 8.21　克瑞顿矿花岗岩试件 CHG-II-1 应变岩爆声发射时频特征

由三维频谱图 8.21(b)～(e)可以看出，四个特征点处典型波形在时间域上的频谱特征为：初始加载时的特征点 A1，波形低频成分的幅值较高，持续时间短；第 1 次轴向加载时的特征点 A2，波形频率分布域明显变宽，中低频成分的幅值增大，持续时间变长；第 2 次轴向加载时的特征点 A3，中低频成分的幅值进一步增大，尤其是中频成分的幅值显著高于其他频率，而高频成分的幅值有所降低，持续时间进一步变长；岩爆时刻的特征点 A4，低频成分的幅值明显增大而中高频成分的幅值有所降低，持续时间变长，布满整个时间轴。

2）克瑞顿矿花岗岩试件 CHG-II-2

图 8.22 为克瑞顿矿花岗岩试件 CHG-II-2 应变岩爆实验应力-时间曲线及声发射参数特征。可以看出，初始加载阶段总体声发射撞击数率不是很高，只有第 1 次加载时较高，以后依次减少；对应每次卸载及卸载后的轴向加载均有较高的声发射撞击数率，但卸载后恢复加载并没有对应很高的声发射撞击数率；最后岩爆破坏对应的声发射撞击数率达到最高。初始加载阶段的能率比较高，并且对应每一级加载能率有升高的趋势；在初始加载完成后的保持阶段也对应有部分较高的能率；之后的每次卸载及卸载后的集中载荷均对应较大的能率，前两次卸载后的保持阶段也对应部分较高的能率，卸载后的恢复加载时能率较高。岩爆时能率同样较高；

累计撞击数及累计释放能量随时间变化的特征相似，每次卸载及随之的轴向加载均对应累计曲线的陡增。累计释放能量曲线模式属于卸载单线陡增型，对应瞬时岩爆。

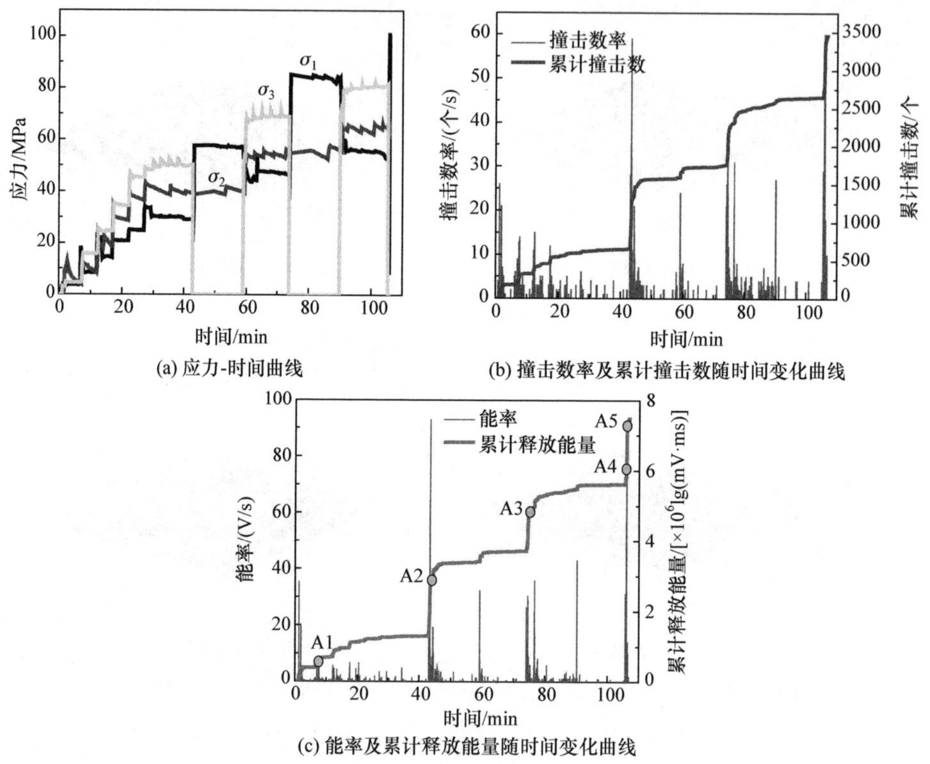

图 8.22 克瑞顿矿花岗岩试件 CHG-II-2 应变岩爆实验应力-时间曲线及声发射参数特征

选取实验过程中的五个关键阶段，分别为初始加载、第 1 次卸载、第 2 次卸载、第 3 次卸载及岩爆时刻，对这五个阶段产生的原始波形进行快速傅里叶变换，得到二维频谱，选取其中峰值频率对应的幅值绘制幅值-频率分布点图［见图 8.23(a)］；同时，选取五个关键阶段中的五个特征点：A1、A2、A3、A4 、A5［见图 8.22(c)］，对每个特征点处对应的原始波形进行短时傅里叶变换，得到三维频谱［见图 8.23(b)～(f)］。

由图 8.23(a)可以看出，主频为位于 45kHz 附近的低频，次主频为位于 180kHz 附近的中频。初始加载时，以中低频成分为主，但幅值较低，主要产生微张裂纹，释放较低能量；3 次卸载时，低频成分幅值分布范围较大，中频成分的幅值相较于初始加载阶段有明显增大，主要产生中小尺度的穿晶张裂纹及剪切裂纹，释放中低能量；岩爆时刻，不同频率的幅值都有增大，主要产生穿晶裂纹、穿沿耦合裂纹等，释放高能量。

由三维频谱图 8.23(b)～(f)，可以看出，五个特征点处典型波形在时间域上的频谱特征为：初始加载时的特征点 A1，波形中低频成分的幅值较高，持续时间

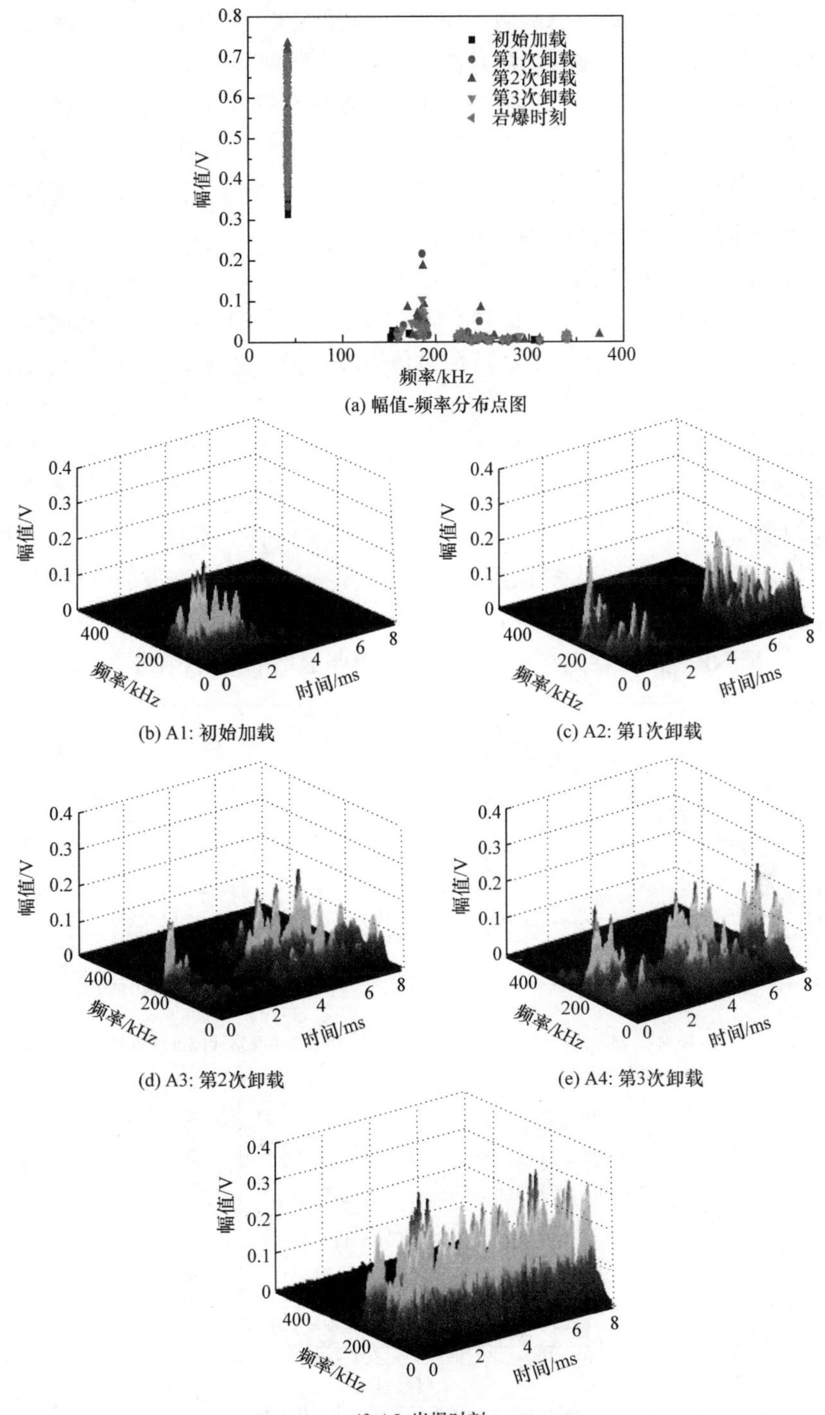

(a) 幅值-频率分布点图

(b) A1: 初始加载

(c) A2: 第1次卸载

(d) A3: 第2次卸载

(e) A4: 第3次卸载

(f) A5: 岩爆时刻

图 8.23　克瑞顿矿花岗岩试件 CHG-II-2 应变岩爆声发射时频特征

短；第1次卸载时的特征点A2，波形频率分布域变宽，中低频成分的幅值明显增大，持续时间变长；第2次卸载时的特征点A3，波形频率分布域进一步变宽，中低频成分的幅值进一步增大，尤其是中频成分的幅值显著高于其他频率，持续时间进一步变长；第3次卸载时的特征点A4，低频成分的幅值进一步增大，显著高于其他频率，持续时间进一步变长；岩爆时刻的特征点A5，波形不同频率的幅值都明显增大，持续时间进一步变长，布满整个时间轴。

3）克瑞顿矿花岗岩试件CHG-I-1

图8.24为克瑞顿矿花岗岩试件CHG-I-1应变岩爆实验应力-时间曲线及声发射参数特征。可以看出，初始加载阶段总体声发射撞击数率较高，第1次加载时最高，以后有所降低；每次卸载及恢复加载都会对应不同程度较高的声发射撞击数率；最后岩爆破坏时对应的声发射撞击数率并不是很高。初始加载对应能率随每级递减，各次卸载及恢复加载对应能率有高有低，不尽相同。累计撞击数曲线与累计释放能量曲线总体上较平缓，随每次卸载及恢复加载呈阶梯状上升。在第5次卸载时累计释放能量曲线有一次陡增，对应现象为试件左上侧边部出现裂纹，有试件开裂的声音；第9次卸载时有一次明显上升，试件在本次卸载17min后有试件开裂的声音，右下部出现圆弧状裂纹；第11次有一个明显增加，试件在本次卸载后有试件

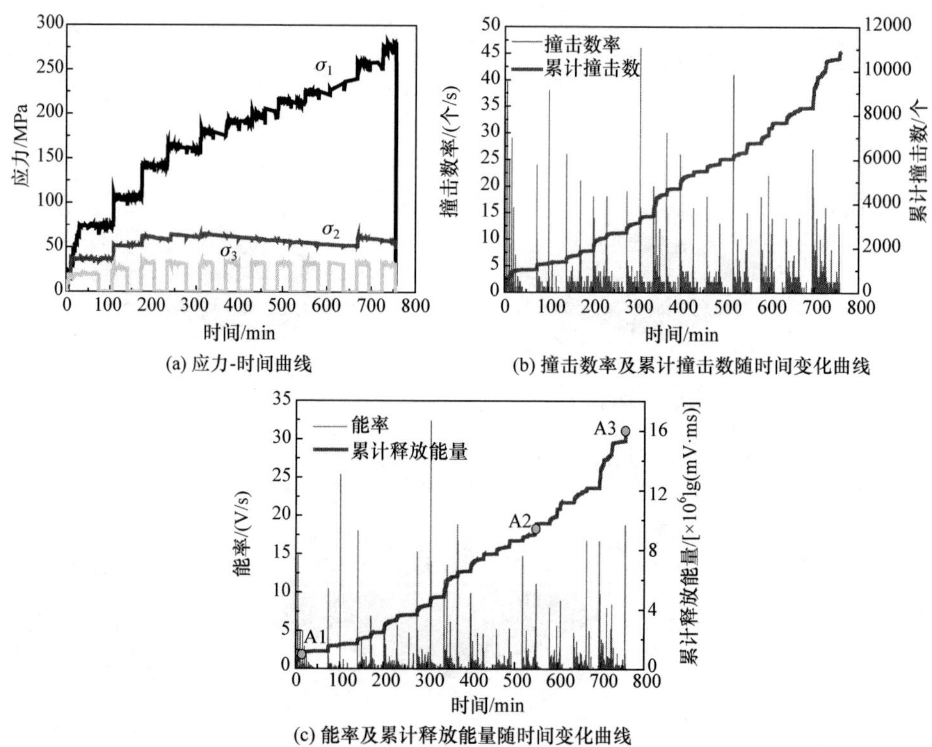

图8.24 克瑞顿矿花岗岩试件CHG-I-1应变岩爆实验应力-时间曲线及声发射参数特征

开裂的声音；最后 1 次卸载后又产生一次陡增，属于卸载单线陡增型，对应瞬时岩爆。

选取实验过程中的三个关键阶段，分别为初始加载、第 9 次卸载及岩爆时刻，对这三个阶段产生的原始波形进行快速傅里叶变换，得到二维频谱，选取其中峰值频率对应的幅值绘制幅值-频率分布点图［见图 8.25(a)］；同时，选取三个关键阶段中的三个特征点：A1、A2、A3［见图 8.24(c)］，对每个特征点处对应的原始波形进行短时傅里叶变换，得到三维频谱［见图 8.25(b)～(d)］。

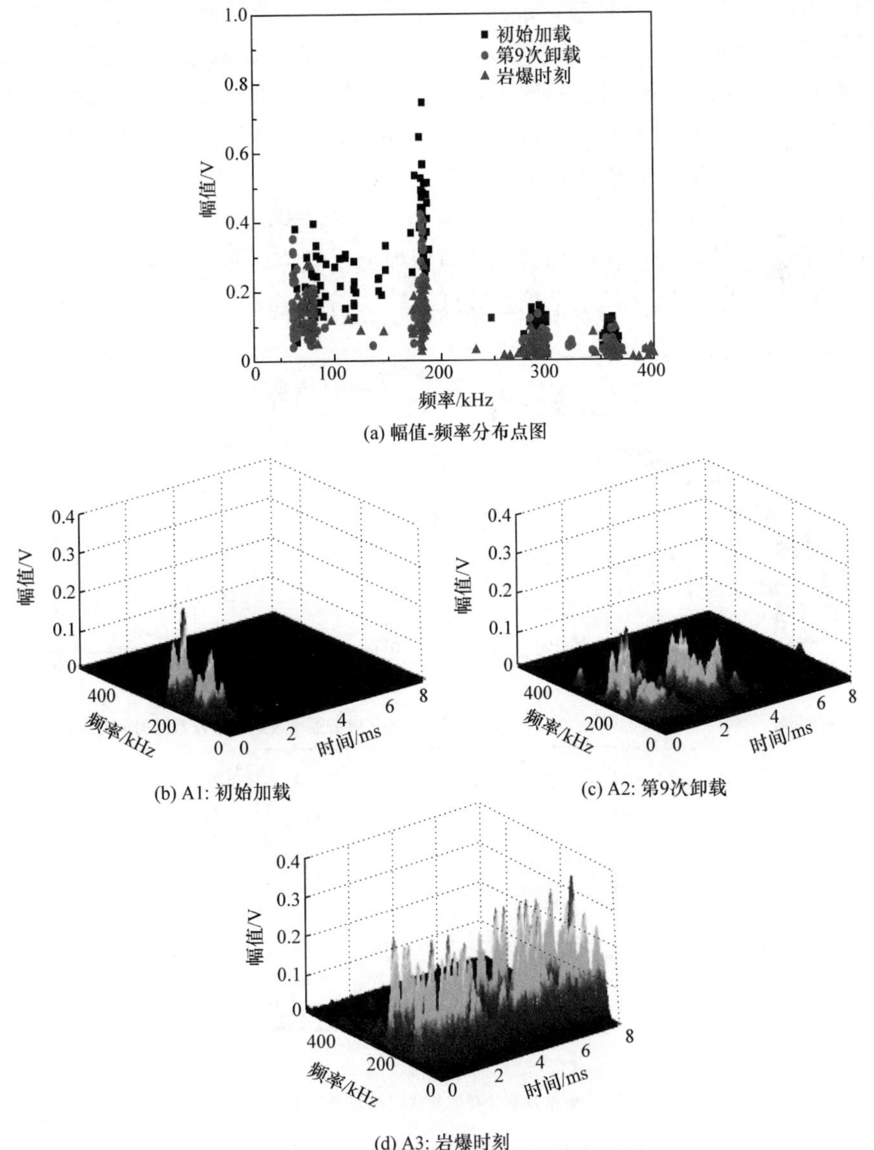

图 8.25　克瑞顿矿花岗岩试件 CHG-I-1 应变岩爆声发射时频特征

由图 8.25(a)可以看出，主频为位于 180kHz 附近的中频，次主频为位于 60～80kHz 的低频。初始加载时，以中低频成分为主，幅值较高，中频成分的幅值多介于 0.3～0.5V，有的甚至可达 0.5V 以上，主要产生剪切张裂纹及穿晶裂纹，释放较高能量；第 9 次卸载、岩爆时刻，各频段的幅值都明显增大，高频成分的幅值多介于 0.05～0.1V，有的达到 0.1V 以上，主要产生较大尺度的剪切穿晶裂纹，释放高能量。

由三维频谱图 8.25(b)～(d)，可以看出，三个特征点处典型波形在时间域上的频谱特征为：初始加载时的特征点 A1，波形中低频成分的幅值较高，持续时间短；第 9 次卸载时的特征点 A2，波形频率分布域变宽，低频成分的幅值明显增大，而中频成分的幅值有所降低，持续时间变长；岩爆时刻的特征点 A3，波形不同频率的幅值进一步增大，尤其是低频成分，持续时间进一步变长，布满整个时间轴。

4）克瑞顿矿花岗岩试件 CHG-I-2

图 8.26 为克瑞顿矿花岗岩试件 CHG-I-2 应变岩爆实验应力-时间曲线及声发射参数特征。可以看出，初始加载阶段声发射撞击数率较低，直至第 1 次卸载时撞击数率稍多一些，此后又趋于平稳且较低；第 3～5 次卸载及恢复加载时撞击数率

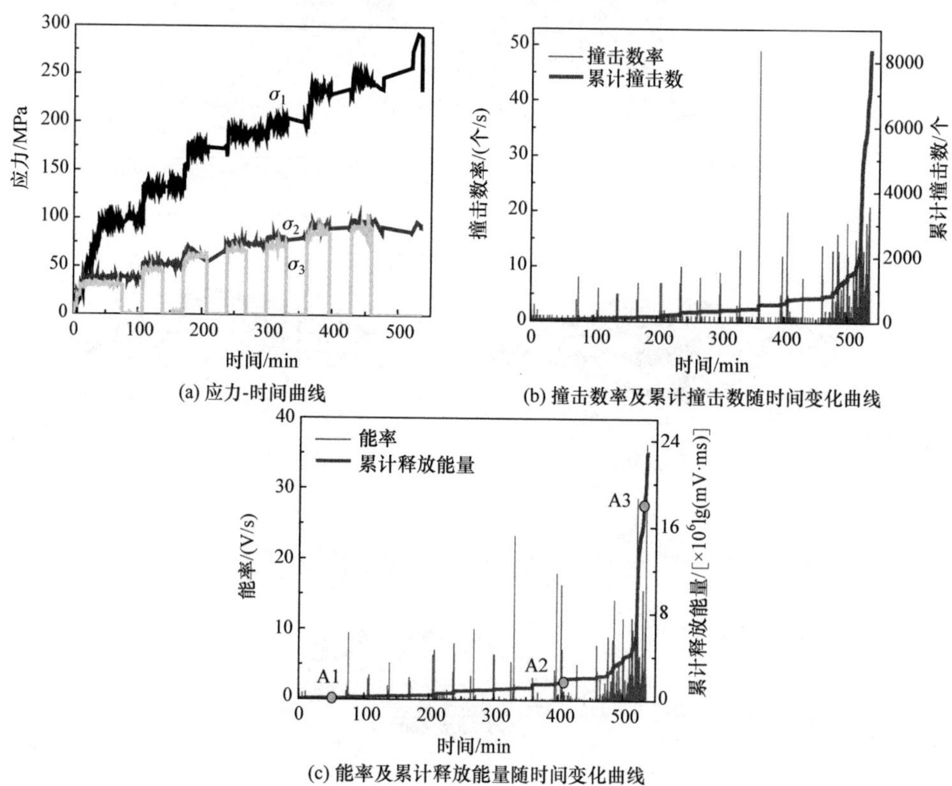

图 8.26　克瑞顿矿花岗岩试件 CHG-I-2 应变岩爆实验应力-时间曲线及声发射参数特征

稍多;第5次卸载后恢复加载时对应的撞击数率最高;第6次卸载后撞击数率较高;第7次卸载后直至最后岩爆声发射事件数较密集且声发射撞击数率较高。从能率变化曲线上来看,初始加载前期能率较高,但后期较低。之后每次卸载及恢复加载都对应较高的能率,从最后1次卸载后至最后岩爆破坏,能率分布很密集且较高,表明大量能量的释放。累计撞击数及累计释放能量曲线在最后1次卸载前增加斜率很低,最后1次卸载后随竖向载荷增加斜率开始增大,最后出现一次陡增,直至最后岩爆破坏。

选取实验过程中的三个关键阶段,分别为初始加载、第7次卸载及岩爆时刻,对这三个阶段产生的原始波形进行快速傅里叶变换,得到二维频谱,选取其中峰值频率对应的幅值绘制幅值-频率分布点图[见图8.27(a)];同时,选取三个关键阶段中的三个特征点:A1、A2、A3[见图8.26(c)],对每个特征点处对应的原始波形进行短时傅里叶变换,得到三维频谱[见图8.27(b)～(d)]。

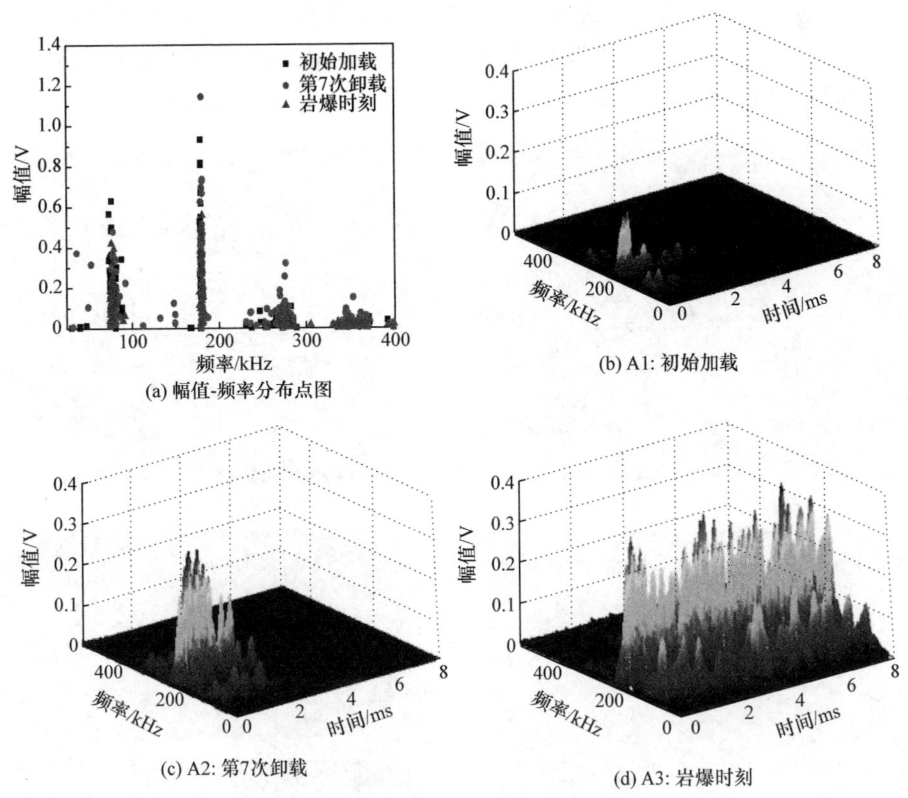

图8.27　克瑞顿矿花岗岩试件CHG-I-2应变岩爆声发射时频特征

由图8.27(a)可以看出,主频为位于180kHz附近的中频,次主频为位于75kHz附近的低频。初始加载时,以中低频成分为主,幅值较高,中频成分的幅值多介于 0.3～0.5V，有的甚至可达 0.5V 以上，主要产生中小尺度的穿晶张裂纹及剪切裂纹，释放较高能量；第 7 次卸载时，各频段的幅值都明显增大，其中高频成分的幅值多为 0.1V，有的达到 0.1V 以上，主要产生较大尺度的剪切裂纹，释放较高能量；岩爆时刻，相较于第 7 次卸载阶段，中低频成分的幅值有所增加，释放高能量。

由三维频谱图 8.27(b)～(d)，可以看出，三个特征点处典型波形在时间域上的频谱特征为：初始加载时的特征点 A1，波形中频成分的幅值较高，持续时间短；第 7 次卸载时的特征点 A2，波形频率分布域变宽，中低频成分的幅值增大，尤其是中频成分，持续时间变长；岩爆时刻的特征点 A3，波形不同频率的幅值进一步显著增大，持续时间进一步变长，布满整个时间轴。

对照克瑞顿矿花岗岩试件 CHG-I-1、CHG-I-2、CHG-II-1 和 CHG-II-2 的声发射时频特征及应变岩爆后裂纹特征（见图 8.28），可以得到如下结论：中-低频低幅值声发射信号一般是微小张裂纹形成时产生的，以 0.3V 和 0.5V 为界，小于 0.3V 的以微小张裂纹为主，可以是穿晶裂纹，也可以是沿晶裂纹，或是穿沿耦合裂纹，形成裂纹时释放能量小；大于 0.5V 的以大尺度剪切张裂纹或穿晶裂纹为主，形成裂

(a) 石英中沿晶及穿晶裂纹1

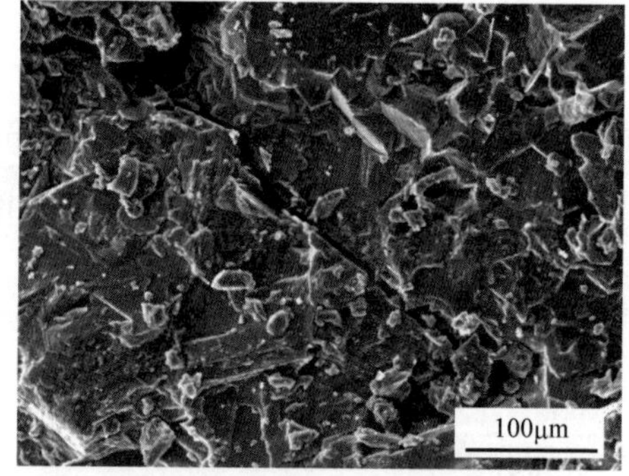

(b) 长石晶体沿晶裂纹(末端穿晶)

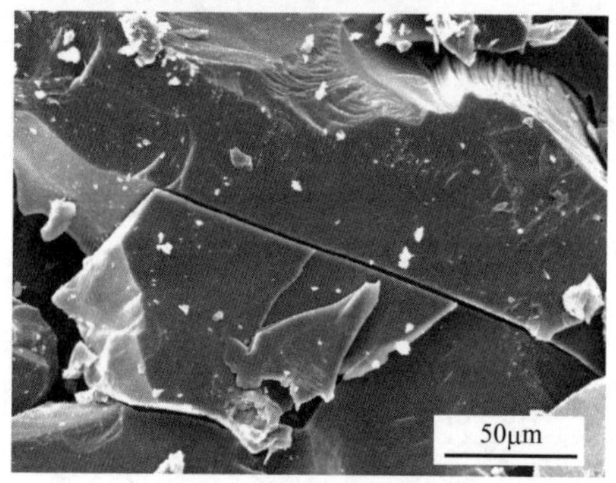

(c) 石英中沿晶及穿晶裂纹2

(d) 长石晶体节理台阶

图 8.28　克瑞顿矿花岗岩试件应变岩爆碎屑微裂纹特征

纹时释放较多的能量;介于 0.3～0.5V 的以中尺度的沿晶裂纹及小尺度的穿晶裂纹为主,形成裂纹时释放的能量为中等,从岩爆破坏后的微观图片中还可见到长石晶体中的解理台阶,也应该属于这个幅值范围。高频部分以 0.05V 和 0.1V 为界,小于 0.05V 的以张性沿晶裂纹为主,释放的能量较低;大于 0.1V 的以剪切穿晶裂纹为主,释放的能量较高。

5) 加森矿橄榄岩试件 CGL-I-1

图 8.29 为加森矿橄榄岩试件 CGL-I-1 应变岩爆实验应力-时间曲线及声发射参数特征。可以看出,初始加载阶段声发射撞击数率除第 1 级加载时稍高外,其余均较低,之后卸载及恢复加载会对应一些较高的声发射撞击数率;最后 1 次卸载后声发射撞击数率分布较密集,声发射撞击数较多,直到最后岩爆破坏。能率在初始加载阶段较小,在对应卸载和恢复加载时能率加大,从最后 1 次卸载至岩爆破坏能率较高。累计撞击数及累计释放能量随时间变化曲线在最后 1 次卸载之前斜率增长较小,此过程中随卸载或恢复加载有一些较明显的台阶。从最后 1 次卸载开始斜率明显增长,又经历两次陡增,直至岩爆破坏发生。

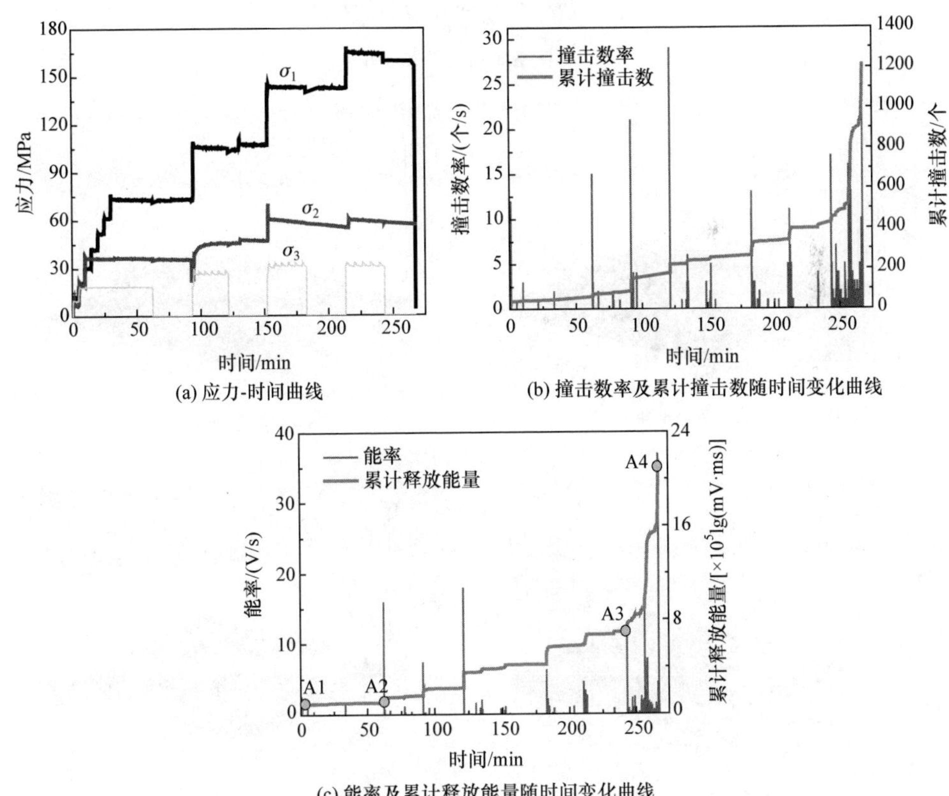

图 8.29　加森矿橄榄岩试件 CGL-I-1 应变岩爆实验应力-时间曲线及声发射参数特征

选取实验过程中的四个关键阶段，分别为初始加载、第 1 次卸载、第 4 次卸载及岩爆时刻，对这四个阶段产生的原始波形进行快速傅里叶变换，得到二维频谱，选取其中峰值频率对应的幅值绘制幅值-频率分布点图［见图 8.30(a)］；同时，选取四个关键阶段中的四个特征点：A1、A2、A3、A4［见图 8.29(c)］，对每个特征点处对应的原始波形进行短时傅里叶变换，得到三维频谱［见图 8.30(b)～(e)］。

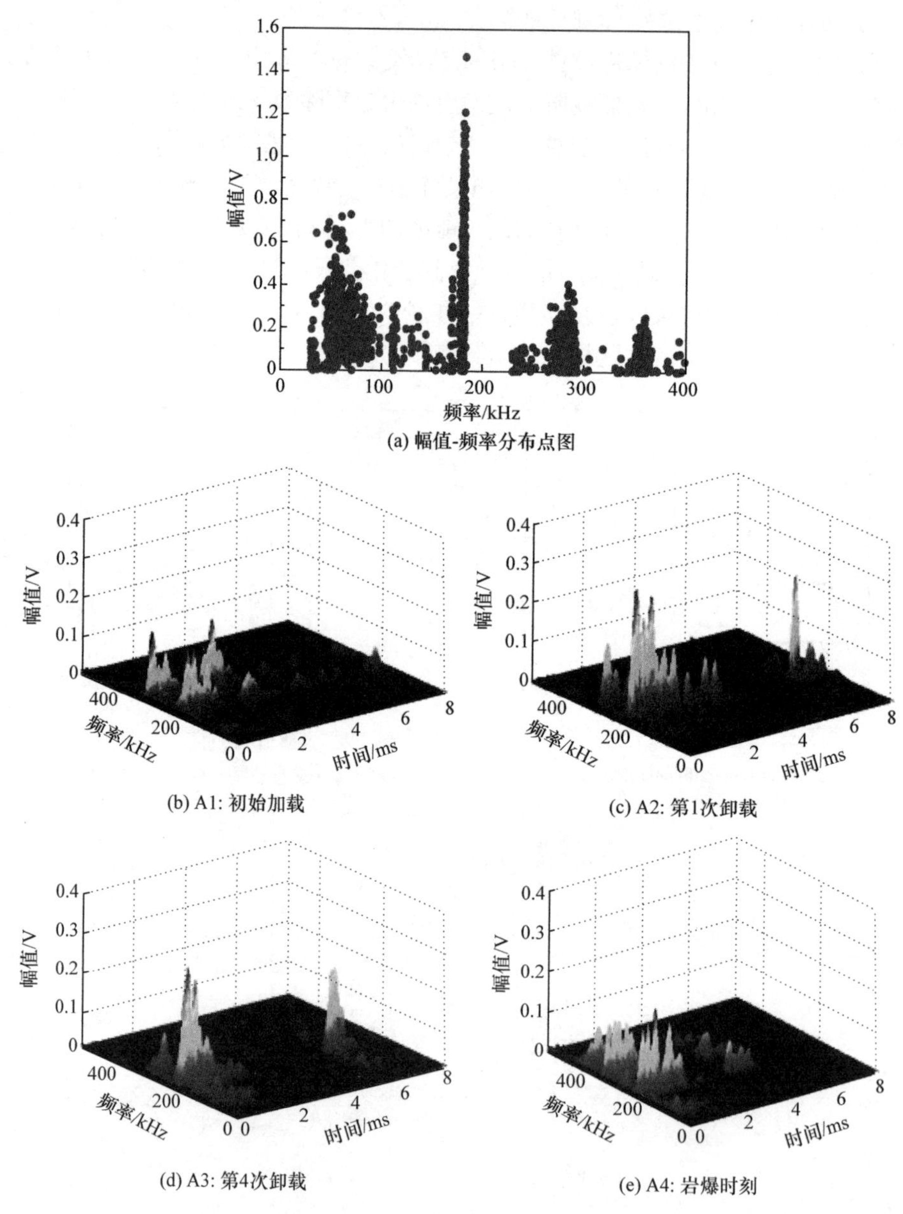

图 8.30　加森矿橄榄岩试件 CGL-I-1 应变岩爆声发射时频特征

由图 8.30(a)可以看出，小于 200kHz 的频段内频率对应的幅值较高，主频位于 180kHz 附近，次主频位于 30～90kHz，比较分散，大于 200kHz 的频段内频率对应的幅值较低，分布区间为 260～290kHz 和 350～370kHz。

由三维频谱图 8.30(b)～(e)，可以看出，四个特征点处典型波形在时间域上的频谱特征为：初始加载时的特征点 A1，波形中高频成分的幅值较高，低频成分的幅值很小，持续时间短；第 1 次卸载和第 4 次卸载时的特征点 A2 和 A3，波形频率分布域变宽，中低频成分的幅值增大，尤其是低频成分，但高频成分的幅值有所降低，持续时间变长；岩爆时刻的特征点 A4，波形频率分布域进一步变宽，高频成分的幅值明显增大。

根据时频分析三维图，初始加载阶段中频及在 230～300kHz 的中-高频幅值相对较高，低频部分较少；第 1 次卸载及第 4 次卸载时中频段幅值明显较高，高频段幅值明显降低；岩爆破坏时中频及分布在 300～350kHz 高频段的幅值都较明显。

6）加森矿橄榄岩试件 CGL-II-1

图 8.31 为加森矿橄榄岩试件 CGL-II-1 应变岩爆实验应力-时间曲线及声发

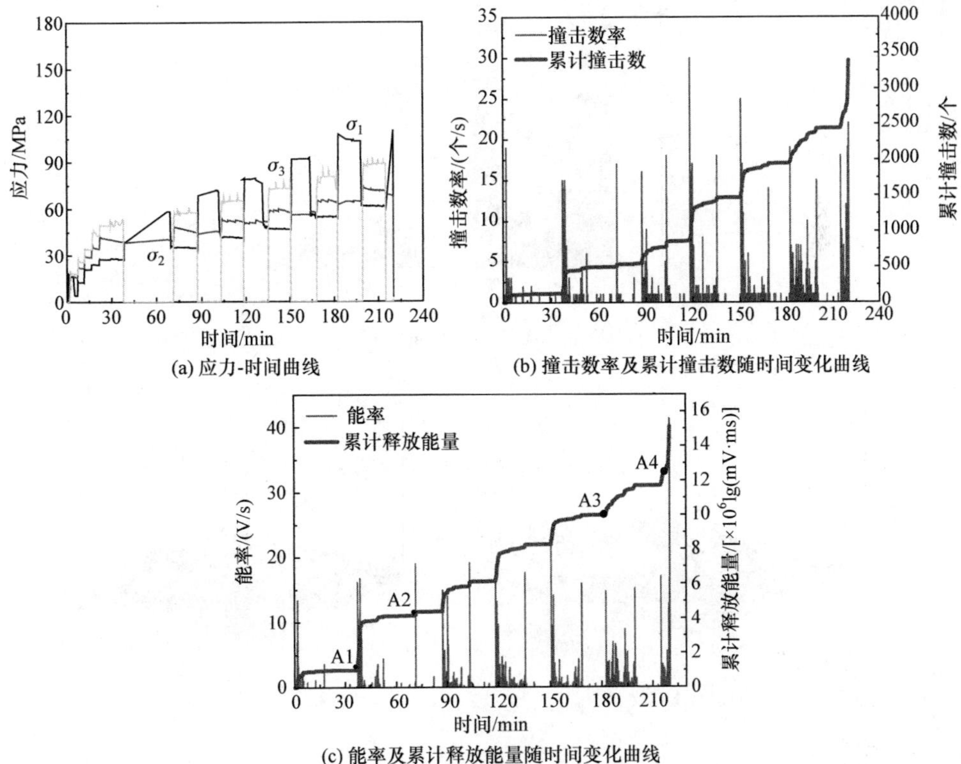

图 8.31　加森矿橄榄岩试件 CGL-II-1 应变岩爆实验应力-时间曲线及声发射参数特征

射参数特征。可以看出,初始加载阶段第 1 次加载时声发射撞击数率较高,其后每级加载时撞击数率均较低,之后卸载、轴向加载及恢复加载会对应一些较高的声发射撞击数率;最后 1 次卸载及轴向加载后声发射事件率分布较密集,声发射撞击数较多,直到最后岩爆破坏。能率在初始加载阶段总体上较小,在对应卸载和恢复加载时能率加大,从最后 1 次卸载至岩爆破坏能率较高。累计撞击数及累计释放能量随时间变化曲线随卸载及轴向加载或恢复加载呈台阶形增长。从最后 1 次卸载开始呈现出卸载双线陡增型的特征。

选取实验过程中的四个关键阶段,分别为第 1 次卸载、第 1 次轴向加载、第 6 次轴向加载及岩爆时刻,对这四个阶段产生的原始波形进行快速傅里叶变换,得到二维频谱,选取其中峰值频率对应的幅值绘制幅值-频率分布点图[见图 8.32(a)];同时,选取四个关键阶段中的四个特征点:A1、A2、A3、A4[见图 8.31(c)],对每个特征点处对应的原始波形进行短时傅里叶变换,得到三维频谱[见图 8.32(b)~(e)]。

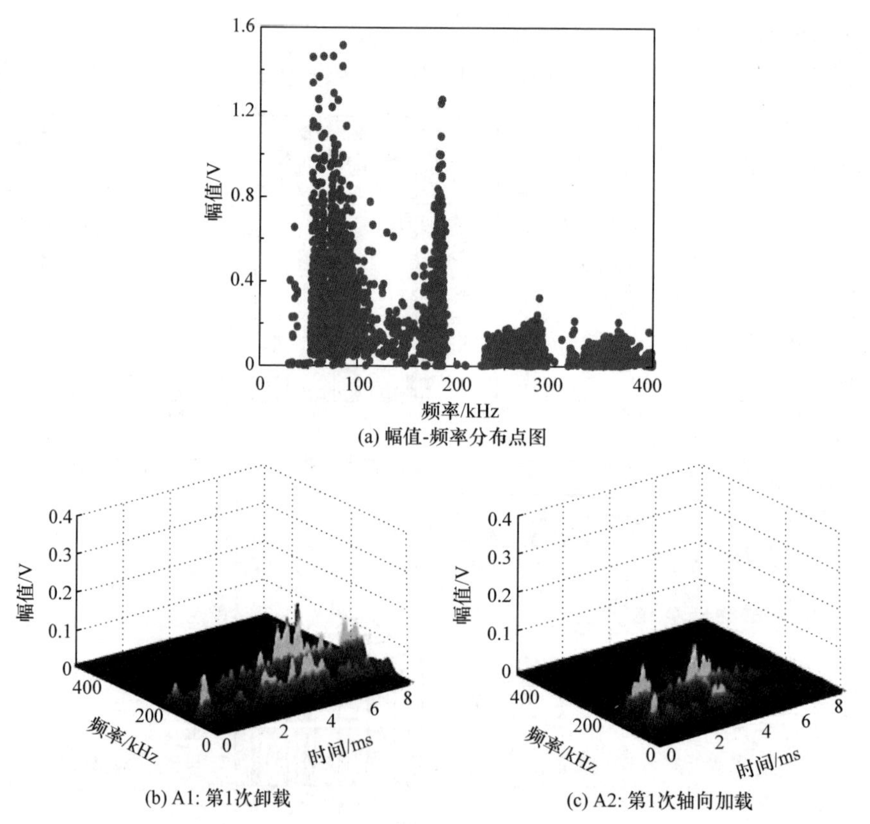

(a) 幅值-频率分布点图

(b) A1: 第1次卸载　　(c) A2: 第1次轴向加载

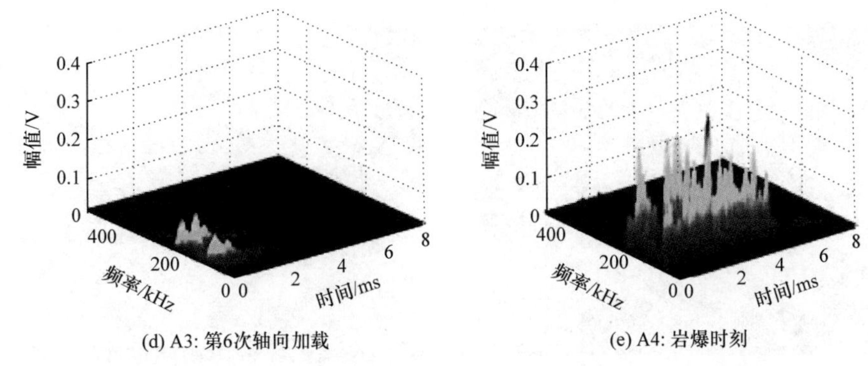

图 8.32　加森矿橄榄岩试件 CGL-II-1 应变岩爆声发射时频特征

由图 8.32(a)可以看出，小于 200kHz 的频段内频率对应的幅值较高，主频位于 50～90kHz，次主频位于 180kHz 附近，大于 200kHz 的频段内频率对应的幅值较低，分布区间为 230～290kHz 和 320～400kHz。

由三维频谱图 8.32(b)～(e)可以看出，四个特征点处典型波形在时间域上的频谱特征为：第 1 次卸载、第 1 次轴向加载和第 6 次轴向加载时的特征点 A1、A2 和 A3，波形频率主要集中在中低频范围内，但相对幅度值并不是很大。岩爆时刻的特征点 A4，波形频率分布域变宽，中低频成分的幅值显著增大，持续时间布满整个时间轴。

对照加森矿橄榄岩试件 CGL-I-1 和 CGL-II-1 声发射时频特征及破坏后裂纹特征(见图 8.33)，可以得到与克瑞顿矿花岗岩试件相类似的结论：中-低频低幅值声发射信号一般是微小张裂纹形成时产生的，以 0.3V 和 0.5V 为界，小于 0.3V 的以微小张裂纹为主，可以是穿晶裂纹，也可以是沿晶裂纹，或是穿沿耦合裂纹，形成裂纹时释放能量小；大于 0.5V 的以大尺度剪切张裂纹或穿晶裂纹为主，形成裂纹时释放较多的能量；介于 0.3～0.5V 的以中尺度的沿晶裂纹及小尺度的穿晶裂纹为主，形成裂纹时释放的能量为中等。高频部分以 0.05V 和 0.1V 为界，小于 0.05V 的以张性沿晶裂纹为主，释放的能量较低；大于 0.1V 的以剪切穿晶裂纹为主，释放的能量较高。

8.3.3　岩爆可能性分析

1. 岩爆可能性判定

根据样品 X 射线衍射分析结果，花岗岩及橄榄岩的矿物组成见表 8.22。花岗岩黏土矿物含量为 0，发生岩爆的可能性很大；橄榄岩黏土矿物含量为 7.1%，发生岩爆的可能性较大。

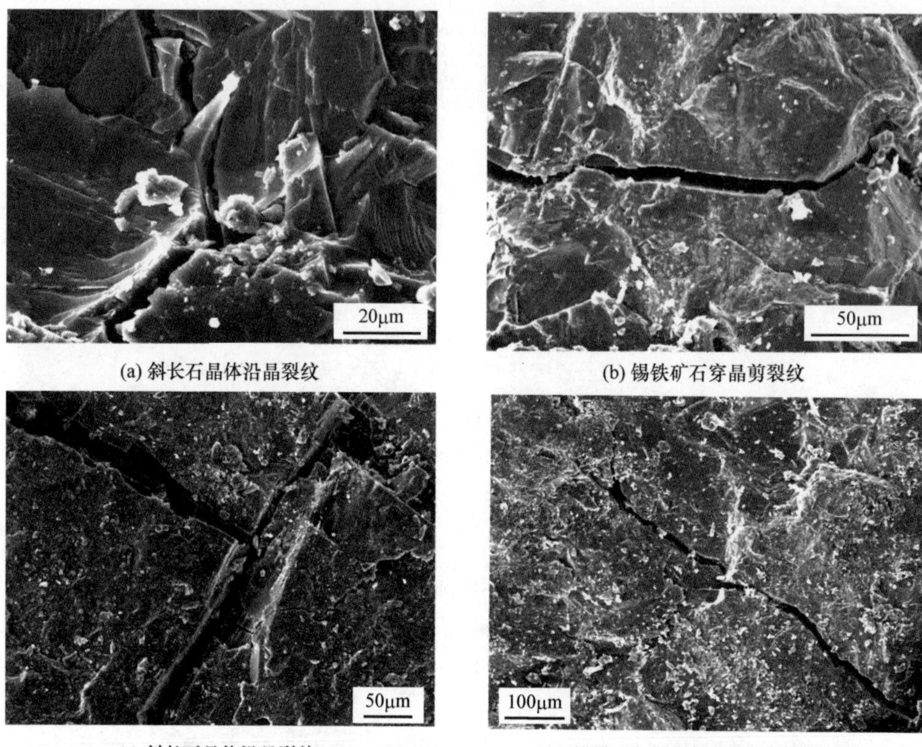

(a) 斜长石晶体沿晶裂纹　(b) 锡铁矿石穿晶剪裂纹

(c) 斜长石晶体沿晶裂纹　(d) 橄榄石与铁镁氧化物间沿晶剪裂纹

图 8.33　加森矿橄榄岩试件应变岩爆碎屑微裂纹特征

2. 岩爆临界深度

根据实验最后一次卸载前的应力水平作为岩爆的临界应力状态，取其中模拟竖向应力的临界应力来计算临界深度 H_{cs}（取上覆岩层容重 $\gamma=27.0kN/m^3$），如表 8.25 所示。

表 8.25　克瑞顿矿花岗岩及加森矿橄榄岩应变岩爆实验临界深度

试件编号	临界深度计算应力/MPa	临界深度 H_{cs}/m
CHG-II-1	24.0	889
CHG-II-2	52.4	1941
CHG-I-1	30.6	1133
CHG-I-2	90.6	3356
CHG-I-3	23.2	859
CGL-I-1	30.2	1119
CGL-II-1	61.0	2259

室内(较)完整岩体的强度与现场节理化岩体的强度有很大的差异,因此当利用室内应变岩爆实验的结果对现场工程岩体岩爆进行预测时,必须根据现场工程岩体的完整性,对实验获得的完整岩体的岩爆临界深度进行折减。

8.4　意大利大理岩岩爆

8.4.1　卡拉拉采石场岩爆现象概述

大理岩岩石取样位置位于卡拉拉采石场(托斯卡纳,意大利),如图 8.34 所示。

图 8.34　卡拉拉采石场位置示意图

卡拉拉采石场主要是对普通的白色大理石进行开采,该区域介于 S1 向斜与 S1 背斜之间,分别被标记为云状大理石和纹理状大理石。采石场轴向通过 NW 方向,以高变形控制型变形带为界。在开挖过程中,岩爆事故在一些掘进面不断发生,如图 8.35 所示。

图 8.35　迎头轴向掘进过程中发生的岩爆

8.4.2 岩爆物理模拟实验

1. 应变岩爆实验破坏特征

意大利大理岩试件 IDL-I-1 加载初期声发射信号较少,说明岩石本身内部裂隙较少,岩块较完整。随着应力的增加,声发射能量逐渐增大;当应力达到 108MPa 时声发射能量达到最大,随后岩爆发生,对应着撞击数急剧加快和积聚的能量突然释放。试件共经历了 13 次加-卸载过程,在第 13 次卸载后的 14min,岩爆突然发生,伴随有爆裂声,试件中部弯曲,卸载前的应力状态为 109MPa/40MPa/42MPa,岩爆时的临界应力为 108.8MPa/40.1MPa/0MPa。

意大利大理岩试件 IDL-I-2 初始加载时由于原生裂隙闭合,产生一定量的声发射信号,并伴随有较高的声发射能量释放,随后声发射撞击数变少,试件进入稳定状态,当应力达到 100MPa 时,声发射撞击数开始增多,能率增大,在岩爆发生时刻,声发射累计释放能量和能率均达到峰值。试件在第 1 次卸载后即发生细小薄碎屑首先从试件顶部剥离,随后一些小颗粒从试件中部弹射,最终的岩爆伴随着一大片碎屑从试件剥离。卸载前的应力状态为 102.9MPa/34.2MPa/18.8MPa,岩爆时的临界应力为 102.9MPa/34.2MPa/0MPa。

意大利大理岩试件 IDL-I-3 加载初期声发射信号较少,当应力进入保持阶段后,声发射撞击数开始增多,在岩爆发生时刻声发射累计释放能量和能率达到峰值。卸载前的应力状态为 131.8MPa/43MPa/47.4MPa,岩爆时的临界应力为 131.8MPa/43MPa/0.0MPa。

意大利大理岩试件 IDL-II-1 初始加载时声发射信号较多,释放能量较大。声发射累计能量缓慢累积,在岩爆发生时刻突增达到峰值,且能率达到最大。试件共经历了 4 次加-卸载过程,在第 4 次卸载后 1min 11s,两片碎屑从试件顶部位置剥离,随后岩爆破坏发生,一大块碎屑从顶部剥离,试件侧面有明显剪切裂纹。卸载前的应力状态为 30.5MPa/14.4MPa/12.6MPa,岩爆时的临界应力为 60.9MPa/14.2MPa/0MPa。

意大利大理岩试件 IDL-II-3 加载初期声发射信号较少,当应力进入保持阶段后,声发射撞击数开始增多,在岩爆发生时刻声发射累计释放能量和能率达到峰值。试件在第 1 次卸载后 2min 25s,斜裂缝从试件顶部贯通,随后一些小颗粒碎屑从试件右上部剥离,当岩爆发生时,试件沿着该斜裂缝发生破坏。卸载前的应力状态为 30.4MPa/11.4MPa/11.7MPa,岩爆时的临界应力为 71.2MPa/12.6MPa/0MPa。

意大利大理岩试件 IDL-II-4 加载初期,岩石内部空隙闭合,产生少量声发射信号。随着载荷的增加,声发射能量不断积累,当应力达到 31MPa,处于应力保持阶段后期时,声发射撞击数开始增大,能率增大,在岩爆发生时刻,声发射累计释放能量和能率均达到峰值。试件在第 2 次卸载后 24s 即发生细小颗粒从试件顶部弹射现象，随后发生岩爆破坏，试件表面约 1/3 面积大的薄片状碎屑快速剥离，伴随响声。卸载前的应力状态为 32.6MPa/13.7MPa/11.2MPa，岩爆时的临界应力为 50.0MPa/12.5MPa/0MPa。

图 8.36 为卡拉拉采石场大理岩试件 Hoek-Brown 强度准则机理图，图中水平虚线为岩石单轴抗压强度，所用的单轴抗压强度值取用完整大理岩的单轴强度值 58.4MPa，根据 Hoek 和 Brown 提出的岩体质量和经验常数之间关系表，取 $m=25$，$s=1$[10]。

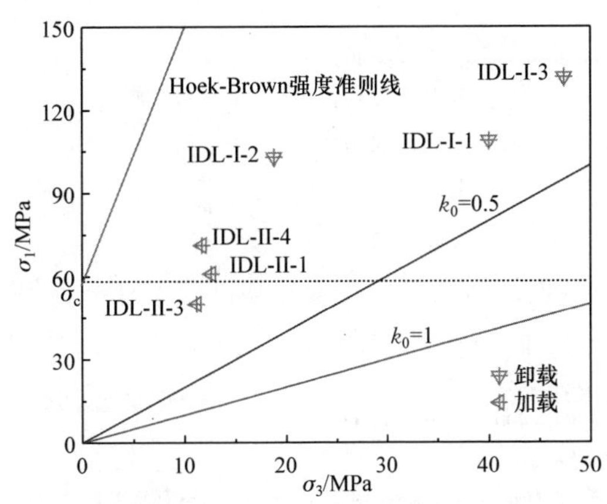

图 8.36　意大利大理岩试件 Hoek-Brown 强度准则机理图

对照各个试件发生岩爆的临界应力点在图中的位置及其发生岩爆破坏的特征，可以看出，意大利大理岩试件 IDL-I-1、IDL-I-2、IDL-I-3 的岩爆破坏临界应力全部位于单轴强度线上方，且位于 Hoek-Brown 强度准则线的下方，都是卸载后保持其他方向载荷，属于瞬时岩爆；意大利大理岩试件 IDL-II-1、IDL-II-4 的岩爆破坏临界应力全部位于单轴强度线上方，且位于 Hoek-Brown 强度准则线的下方，都是卸载后在轴向应力集中过程发生的破坏，属于滞后岩爆；意大利大理岩试件 IDL-II-3 的岩爆破坏临界应力位于单轴强度线及 Hoek-Brown 强度准则线下方，属于滞后岩爆。

2. 岩爆释能特征

1）意大利大理岩试件 IDL-I-1

图 8.37 为意大利大理岩试件 IDL-I-1 应变岩爆声发射参数特征。可以看出，初始加载阶段总体声发射撞击数率较高，第 1 次加载时最高，以后有所降低；每次卸载及恢复加载都会对应不同程度较高的声发射撞击数率；最后岩爆破坏时对应

的声发射撞击数率并不是很高。初始加载对应能率随每级递减,各次卸载及恢复加载对应能率有高有低,不尽相同。累计撞击数曲线与累计释放能量曲线总体相似,随每次卸载及恢复加载呈阶梯状上升。在第 5 次卸载时累计释放能量曲线有一次陡增,对应现象为试件左上侧边部出现裂纹,有试件开裂的声音;在第 9 次卸载时有一次明显上升,试件在本次卸载 17min 后有试件开裂的声音,右下部出现圆弧状裂纹;在第 11 次有一个明显增加,试件在本次卸载后有试件开裂的声音。累计撞击数及累计释放能量随时间变化的特征相似,每次卸载及随之的轴向加载均对应累计曲线的陡增。累计释放能量曲线模式属于卸载单线陡增型,对应瞬时岩爆。

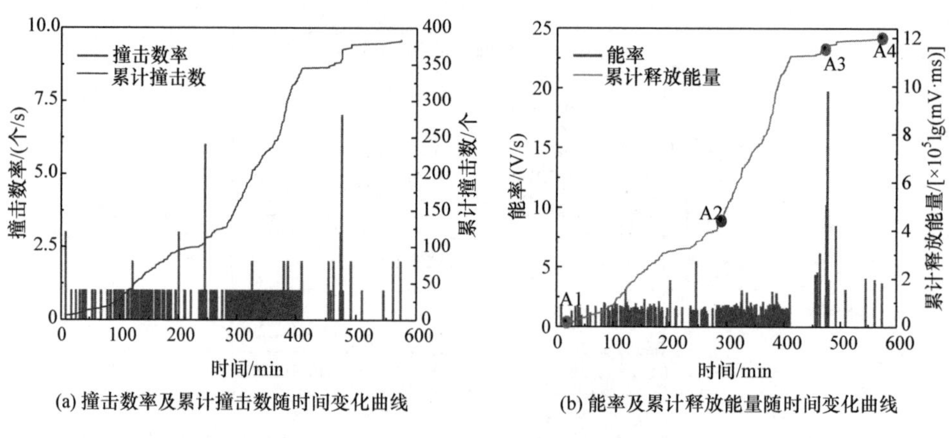

(a) 撞击数率及累计撞击数随时间变化曲线　　(b) 能率及累计释放能量随时间变化曲线

图 8.37　意大利大理岩试件 IDL-I-1 应变岩爆声发射参数特征

选取实验过程中的四个关键阶段,分别为初始加载、第 7 次卸载、第 11 次卸载及岩爆时刻,选取四个关键阶段中的四个特征点:A1、A2、A3、A4 [见图 8.37(b)],对每个特征点处对应的原始波形进行短时傅里叶变换,得到三维频谱[见图 8.38(a)～(d)]。

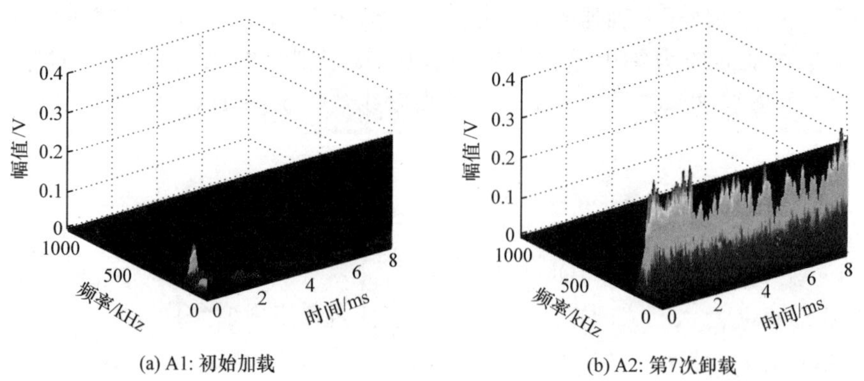

(a) A1: 初始加载　　(b) A2: 第7次卸载

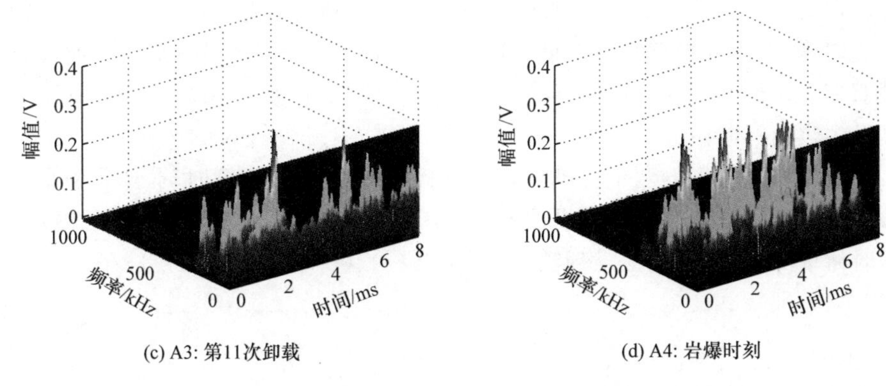

图 8.38　意大利大理岩试件 IDL-I-1 应变岩爆声发射时频特征

由三维频谱图 8.38(a)～(d)可以看出，四个特征点处典型波形在时间域上的频谱特征为：初始加载时的特征点 A1，波形中高频成分的幅值较高，低频成分的幅值很小，持续时间短；第 7 次卸载和第 11 次卸载时的特征点 A2 和 A3，波形频率分布域变宽，尤其是中低频成分的幅值显著增大，持续时间较长；岩爆时刻的特征点 A4，波形频率分布域进一步变宽，中低频成分的幅值进一步增大，持续时间布满整个时间轴。

2）意大利大理岩试件 IDL-II-1

图 8.39 为意大利大理岩试件 IDL-II-1 应变岩爆声发射参数特征。可以看出，初始加载阶段总体声发射撞击数率较高，第 1 次加载时最高，以后有所降低；每次卸载及恢复加载都会产生不同程度的声发射撞击数率，保持阶段声发射撞击数较少；最后岩爆时对应的声发射撞击数率不高。初始加载对应能率随每级递减，各次卸载及恢复加载对应能率有高有低。累计撞击数曲线与累计释放能量曲线总体上

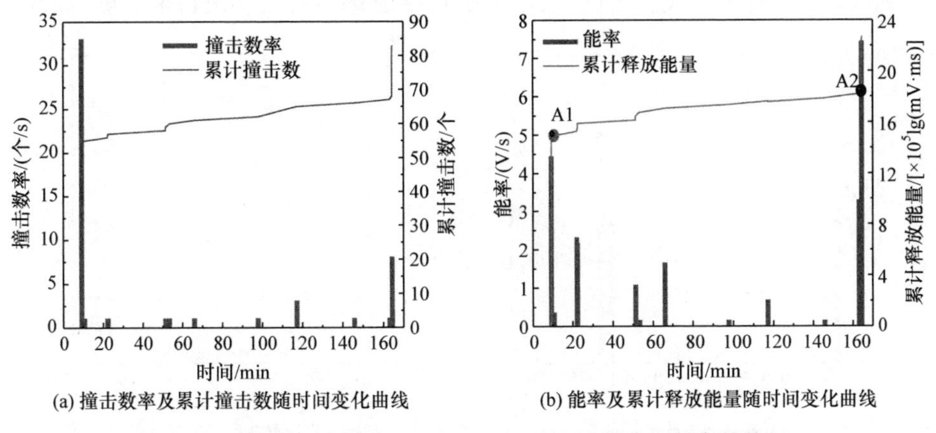

图 8.39　意大利大理岩试件 IDL-II-1 应变岩爆声发射参数特征

相似。在第 4 次卸载后能率明显增加,试件在本次卸载后有试件开裂的声音,紧接着发生岩爆,属于卸载单线陡增型,对应瞬时岩爆。声发射累计释放能量曲线属于卸载双陡一缓型,“双陡”分别对应第 1 次卸载及应变岩爆,“一缓”对应卸载至应变岩爆发生之前的阶段。

选取实验过程中的两个关键阶段,分别为初始加载及岩爆时刻,选取两个关键阶段中的两个特征点:A1、A2[见图 8.39(b)],对每个特征点处对应的原始波形进行短时傅里叶变换,得到三维频谱[见图 8.40(a)、(b)]。

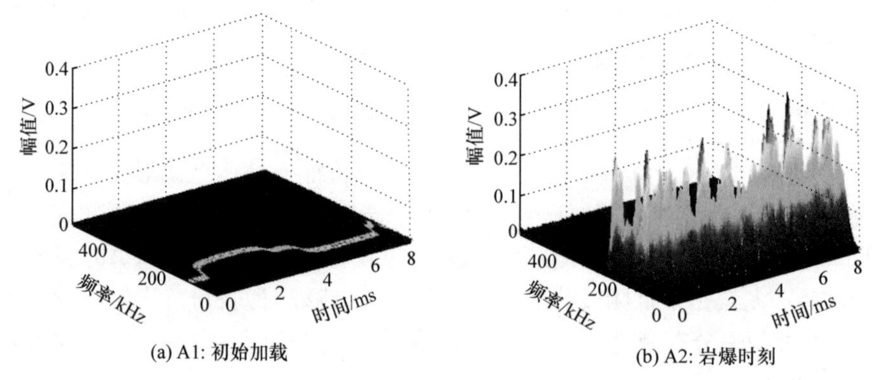

图 8.40 意大利大理岩试件 IDL-II-1 应变岩爆声发射时频特征

由三维频谱图 8.40(a)、(b)可以看出,两个特征点处典型波形在时间域上的频谱特征为:初始加载阶段中的特征点 A1,波形中低频成分的幅度相对值很小,持续时间短;岩爆阶段中的特征点 A2,波形频率分布域变宽,中低频成分的幅度相对值显著增大,持续时间布满整个时间轴。

3) 意大利大理岩 IDL-I-2

图 8.41 为意大利大理岩试件 IDL-I-2 应变岩爆声发射参数特征。可以看出,

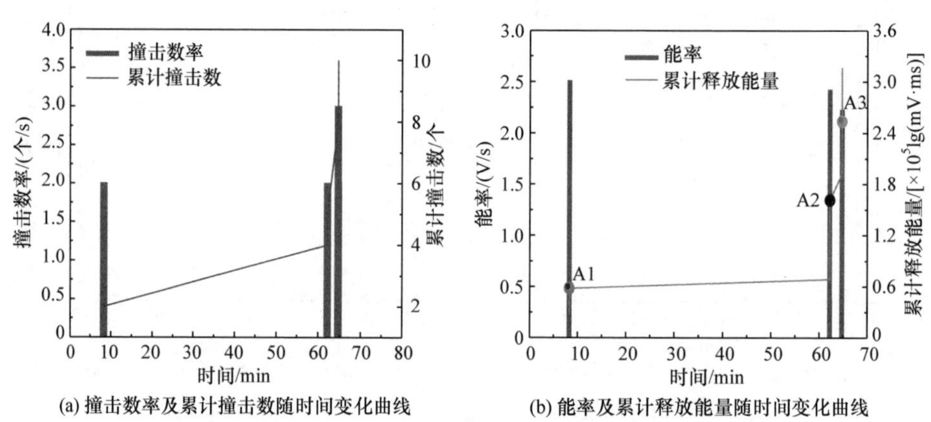

图 8.41 意大利大理岩试件 IDL-I-2 应变岩爆声发射参数特征

本次实验撞击数很少，初始加载阶段总体声发射撞击数率较高，第 1 次加载时最高；卸载后岩爆破坏时对应的声发射撞击数率明显增加。累计撞击数及累计释放能量随时间变化的特征相似，每次卸载及随之的轴向加载均对应累计曲线的陡增。累计释放能量曲线模式属于卸载单线陡增型，对应瞬时岩爆。

选取实验过程中的三个关键阶段，分别为初始加载、卸载及岩爆时刻，选取三个关键阶段中的三个特征点：A1、A2、A3[见图 8.41(b)]，对每个特征点处对应的原始波形进行短时傅里叶变换，得到三维频谱[见图 8.42(a)～(c)]。

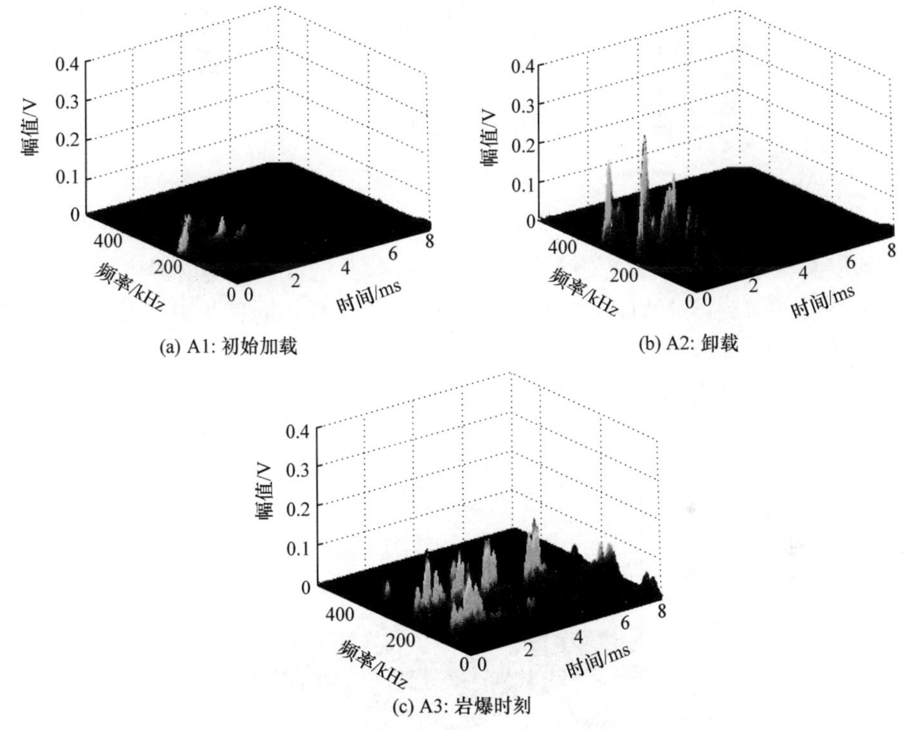

图 8.42　意大利大理岩试件 IDL-I-2 应变岩爆声发射时频特征

由三维频谱图 8.42(a)～(c)可以看出，三个特征点处典型波形在时间域上的频谱特征为：初始加载时的特征点 A1，波形中低频成分的幅值很小，持续时间短；卸载时的特征点 A2，波形频率分布域变宽，中高频成分的幅值显著增大，持续时间变长；岩爆时刻的特征点 A3，波形频率分布域进一步变宽，中低频成分的幅值显著增大，持续时间布满整个时间轴。

4）意大利大理岩试件 IDL-II-3

图 8.43 为意大利大理岩试件 IDL-II-3 应变岩爆声发射参数特征。可以看出，本次实验声发射信号很少，到了应力保持阶段才出现声发射信号，卸载时刻声发射能率很大，试件在本次卸载后轴向加载过程有试件开裂的声音，紧接着发生破坏，

声发射累计释放能量曲线属于卸载双陡一缓型,“双陡”分别对应卸载及应变岩爆,“一缓”对应卸载至应变岩爆发生之前的阶段。

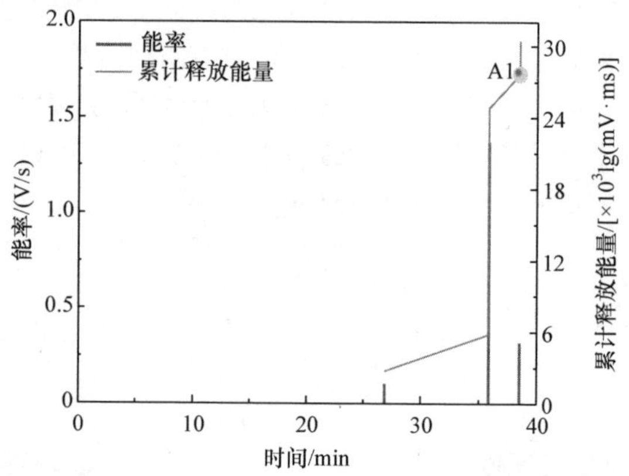

图 8.43　意大利大理岩试件 IDL-II-3 应变岩爆声发射参数特征

选取实验过程中的一个关键阶段,岩爆时刻,并选取该关键阶段中的一个特征点:A1[见图 8.43],对特征点处对应的原始波形进行短时傅里叶变换,得到三维频谱[见图 8.44]。

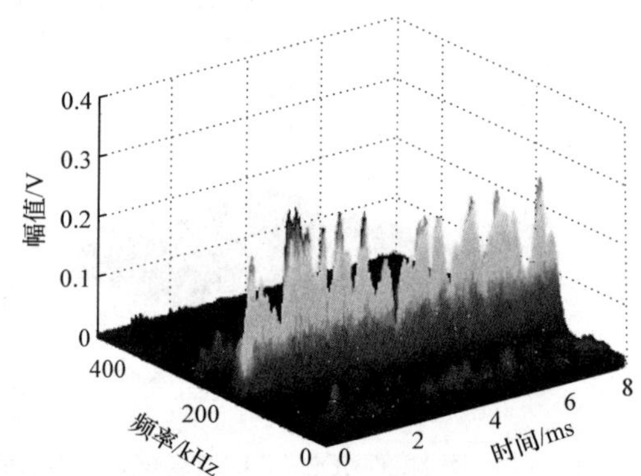

图 8.44　意大利大理岩试件 IDL-II-3 应变岩爆声发射时频特征

由三维频谱图 8.44 可以看出,特征点处典型波形在时间域上的频谱特征为:岩爆时刻的特征点 A1,波形频率分布域较宽,中低频成分的幅值较大,持续时间布满整个时间轴。

5) 意大利大理岩试件 IDL-I-3

图 8.45 为意大利大理岩试件 IDL-I-3 应变岩爆声发射参数特征。可以看出,本次实验撞击数很少,初始加载阶段尤其是第 3 次加载声发射撞击数率很大,中间几次加载声发射撞击数率相差不大且较低;卸载后岩爆破坏时对应的声发射撞击数率明显增加。累计撞击数及累计释放能量随时间变化的特征相似,初始加载能

率较低，而最终的岩爆破坏时能率和对应累计曲线陡增。累计释放能量曲线模式属于卸载单线陡增型，对应瞬时岩爆。

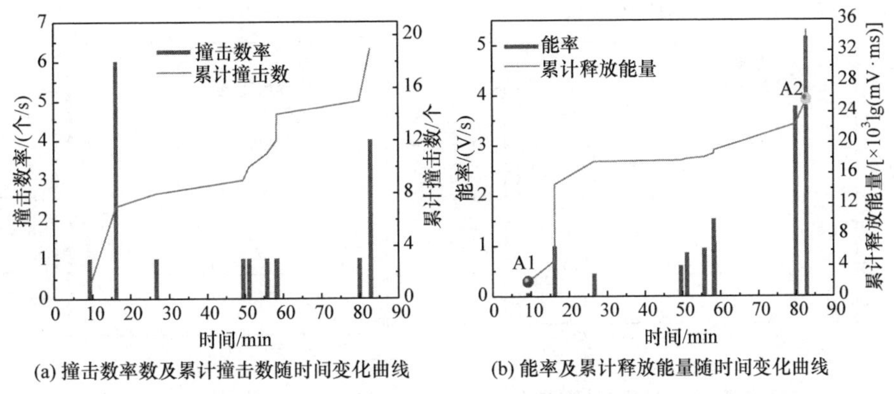

(a) 撞击数率数及累计撞击数随时间变化曲线　(b) 能率及累计释放能量随时间变化曲线

图 8.45　意大利大理岩试件 IDL-I-3 应变岩爆声发射参数特征

选取实验过程中的两个关键阶段，分别为初始加载及岩爆时刻，并选取两个关键阶段中的两个特征点：A1、A2[见图 8.45(b)]，对特征点处对应的原始波形进行短时傅里叶变换，得到三维频谱[见图 8.46(a)、(b)]。

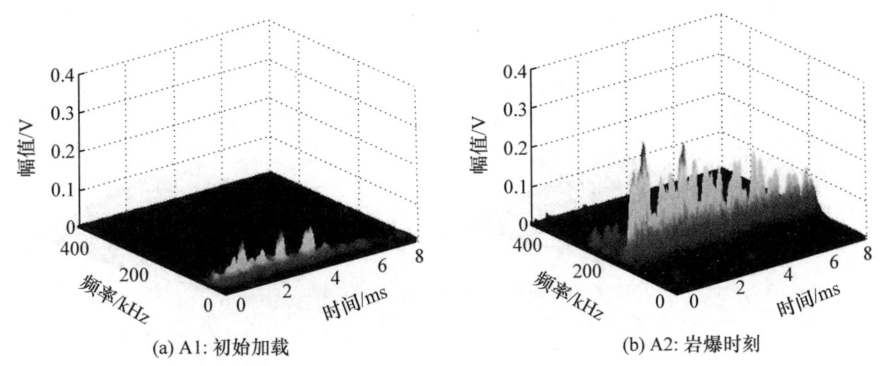

(a) A1: 初始加载　(b) A2: 岩爆时刻

图 8.46　意大利大理岩试件 IDL-I-3 应变岩爆声发射时频特征

由三维频谱图 8.46(a)、(b)可以看出，两个特征点处典型波形在时间域上的频谱特征为：初始加载时的特征点 A1，波形中以低频成分为主，其相对幅度值较小；岩爆时刻的特征点 A2，波形频率分布域变宽，中频成分的幅值显著增大，持续时间变长，布满整个时间轴。

6) 意大利大理岩试件 IDL-II-4

图 8.47 为意大利大理岩试件 IDL-II-4 应变岩爆声发射参数特征。可以看出，初始加载阶段总体声发射撞击数率较低，第 1 次卸载时明显增大，以后有所降低；最后岩爆时对应的声发射撞击数率达到最大。初始加载对应能率较低，第 1 次卸

载时能率增大，岩爆时刻达到峰值。累计撞击数曲线与累计释放能量曲线总体相似，属于卸载双陡一缓型，“双陡”分别对应第 1 次卸载及应变岩爆，“一缓”对应卸载至应变岩爆发生之前的阶段。

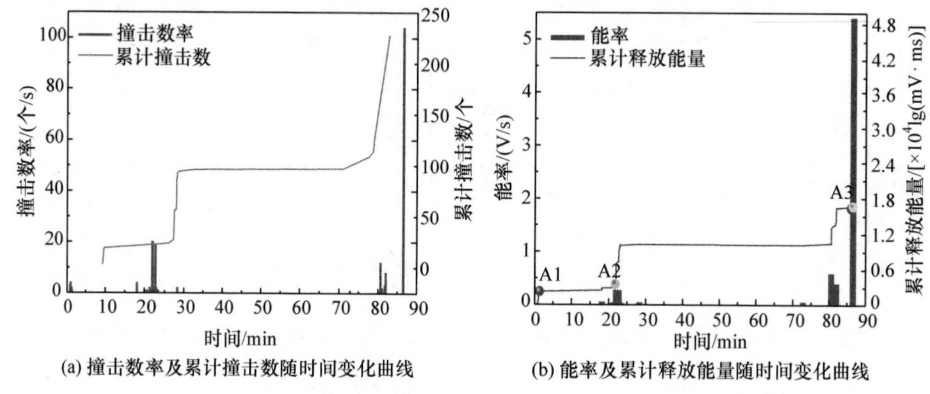

(a) 撞击数率及累计撞击数随时间变化曲线　　(b) 能率及累计释放能量随时间变化曲线

图 8.47　意大利大理岩试件 IDL-II-4 应变岩爆声发射参数特征

选取实验过程中的三个关键阶段，分别为初始加载、卸载及岩爆时刻，并选取三个关键阶段中的三个特征点：A1、A2、A3[见图 8.47(b)]，对特征点处对应的原始波形进行短时傅里叶变换，得到三维频谱[见图 8.48(a)～(c)]。

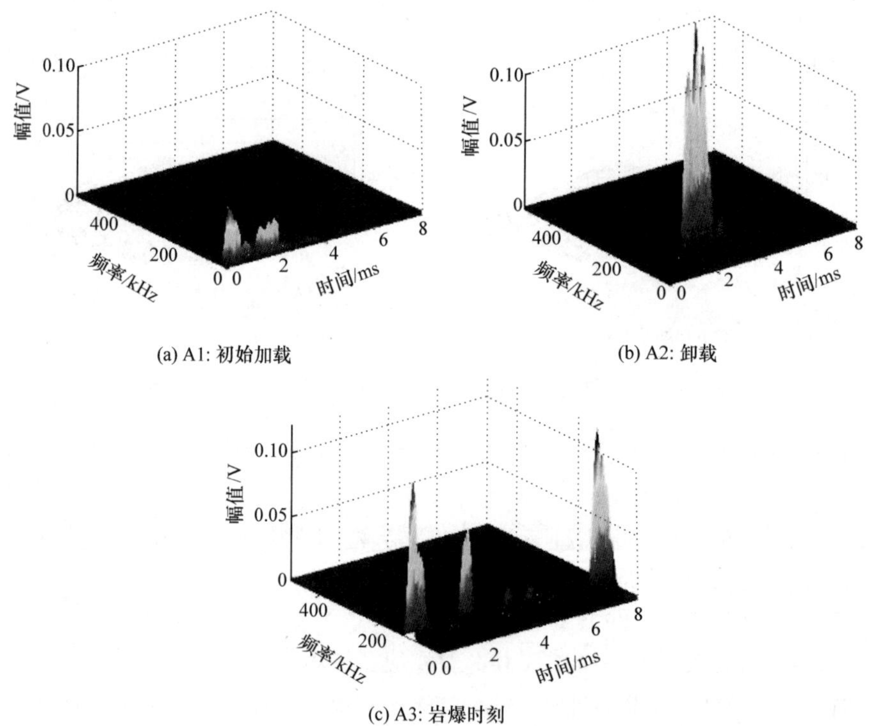

(a) A1: 初始加载　　(b) A2: 卸载

(c) A3: 岩爆时刻

图 8.48　意大利大理岩试件 IDL-II-4 应变岩爆声发射时频特征

由三维频谱图 8.48(a)～(c)可以看出，三个特征点处典型波形在时间域上的频谱特征为：初始加载时的特征点 A1，波形中以低频成分为主，其相对幅度值较小；卸载时的特征点 A2，波形频率分布域变宽，尤其中频成分的幅值显著增大，持续时间变长；岩爆时刻的特征点 A3，波形频率分布域进一步变宽，低频成分的幅值显著增大，持续时间变长，布满整个时间轴。

8.4.3　岩爆可能性分析

1. 岩爆可能性判定

根据意大利大理岩试件的 X 射线衍射结果可知，其主要组成矿物为方解石，含量为 99.2%，而黏土矿物仅占 0.8%，发生岩爆的可能性很大。

2. 岩爆临界深度

临界深度计算式为

$$H_{cs}=\frac{1000\sigma_1}{\gamma k} \tag{8.3}$$

式中，γ 为覆土容重，取 26.6kN/m^3；k 为应力集中系数。

依据应变岩爆实验临界应力状态及式(8.3)，考虑选取应力集中系数 k 为 2.0，可以得到岩爆临界深度，如表 8.26 所示。

表 8.26　意大利大理岩试件应变岩爆实验临界深度

试件编号	临界深度计算应力/MPa	临界深度 H_{cs}/m	应力集中系数 k
IDL-I-1	97.7	3592	1
IDL-I-2	76.8	2844	1
IDL-I-3	86.8	3203	1
IDL-II-1	61	1117	2
IDL-II-3	70.6	1303	2
IDL-II-4	50	919	2

本节对意大利卡拉拉采石场的大理岩进行应变岩爆实验，总结了各个试件的岩爆破坏特征、声发射释能特征及三维频谱特征。利用岩爆评价方法进行了岩爆可能性判定和岩爆临界深度的计算。

参考文献

[1] 周钢，李玉寿，吴振业. 大屯地应力测量与特征分析. 煤炭学报，2005，30(3)：314-318.
[2] 张仰强，程波，季卫宾. 基于地应力测量的综放沿空巷道合理护巷煤柱尺寸的设计研究. 煤

炭工程,2012,(12):4-6.

[3] 吕进国,姜耀东,李守国,等. 巨厚坚硬顶板条件下断层诱冲特征及机制. 煤炭学报,2014,39(10):1961-1969.

[4] 潘一山,李忠华,章梦涛. 我国冲击地压分布、类型、机理及防治研究. 岩石力学与工程学报,2003,22(11):1844-1851.

[5] 陶春玉,赵金明,谢连银. 孔庄煤矿水采工作面三次冲击地压分析也防治措施//高效洁净开采与支护技术研讨会,苏州,2000.

[6] Hou F L, Wang G, Wang W C. Analysis of rockburst formation in hard rock cavern and its prevent measures. International Symposium on Underground Engineering, 1988, 1:405-413.

[7] 陈秀铜,李璐. 大型地下厂房洞室群围岩稳定分析. 岩石力学与工程学报,2008,27(1):2864-2872.

[8] 陈卫忠,伍国军,戴永浩,等. 锦屏 II 级水电站深埋引水隧洞稳定性研究. 岩土工程学报,2008,30(8):1184-1190.

[9] 胡威东,杨家松,陈寿根. 锦屏辅助洞(西端)岩爆分析及其防治措施. 地下空间与工程学报,2009,5(4):834-840.

[10] 刘立鹏,汪小刚,贾志欣,等. 锦屏 II 级水电站施工排水洞岩爆机理及特征分析. 中南大学学报(自然科学版),2011,42(10):3150-3156.

[11] Hoek E, Brown E T. Empirical strength criterion for rock masses. Journal of Geotechnical and Geoenvironmental Engineering, 1980, 106(9):1013-1035.

[12] Trifu C I, Suorineni F T. Use of microseismic monitoring for rockburst management at Vale Inco mines//Proceedings of the 7th International Symposium on Rockburst and Seismicity in Mines, Dalian, 2009.

[13] Shnorhokian S, Mitri H S, Moreau-Verlaan L. Analysis of microseismic cluster locations based on the evolution of mining-induced stresses//Proceedings of the 7th International Conference on Deep and High Stress Mining, Perth, 2014.

索　引